中国国家标准汇编

2007年修订-2

中国标准出版社　编

中国标准出版社

北京

图书在版编目（CIP）数据

中国国家标准汇编：2007 年修订．2/中国标准出版社编．—北京：中国标准出版社，2008

ISBN 978-7-5066-4970-4

Ⅰ．中…　Ⅱ．中…　Ⅲ．国家标准-汇编-中国-2007　Ⅳ．T-652.1

中国版本图书馆 CIP 数据核字（2008）第 100968 号

中国标准出版社出版发行
北京复兴门外三里河北街 16 号
邮政编码：100045

网址 www.spc.net.cn
电话：68523946　68517548
中国标准出版社秦皇岛印刷厂印刷
各地新华书店经销

*

开本 880×1230　1/16　印张 39.5　字数 1 160 千字
2008 年 7 月第一版　2008 年 7 月第一次印刷

*

定价 200.00 元

出 版 说 明

1.《中国国家标准汇编》是一部大型综合性国家标准全集，自 1983 年起，按国家标准顺序号以精装本、平装本两种装帧形式陆续分册汇编出版。《汇编》在一定程度上反映了我国建国以来标准化事业发展的基本情况和主要成就，是各级标准化管理机构，工矿企事业单位，农林牧副渔系统，科研、设计、教学等部门必不可少的工具书。

2. 由于标准的动态性，每年有相当数量的国家标准被修订，这些国家标准的修订信息无法在已出版的《汇编》中得到反映。为此，自 1995 年起，新增出版在上一年度被修订的国家标准的汇编本。

3. 修订的国家标准汇编本的正书名、版本形式、装帧形式与《中国国家标准汇编》相同，视篇幅分设若干册，但不占总的分册号，仅在封面和书脊上注明"2007 年修订-1，-2，-3，……"等字样，作为对《中国国家标准汇编》的补充。读者配套购买则可收齐前一年新制定和修订的全部国家标准。

4. 修订的国家标准汇编本的各分册中的标准，仍按顺序号由小到大排列(不连续)；如有遗漏的，均在当年最后一分册中补齐。

5. 2007 年制修订国家标准 1 410 项，全部收入在《中国国家标准汇编》第 352～367 分册和 2007 年修订-1～修订-23 分册中。本分册为"2007 年修订-2"，收入新制修订的国家标准 50 项。

中国标准出版社

2008 年 6 月

目　录

ICS 21.060.10
J 13

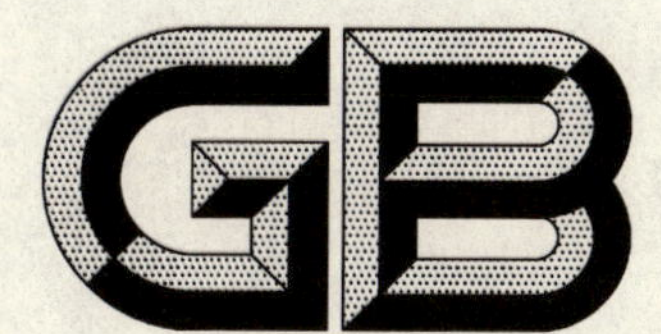

中华人民共和国国家标准

GB/T 878—2007
代替 GB/T 878—1986

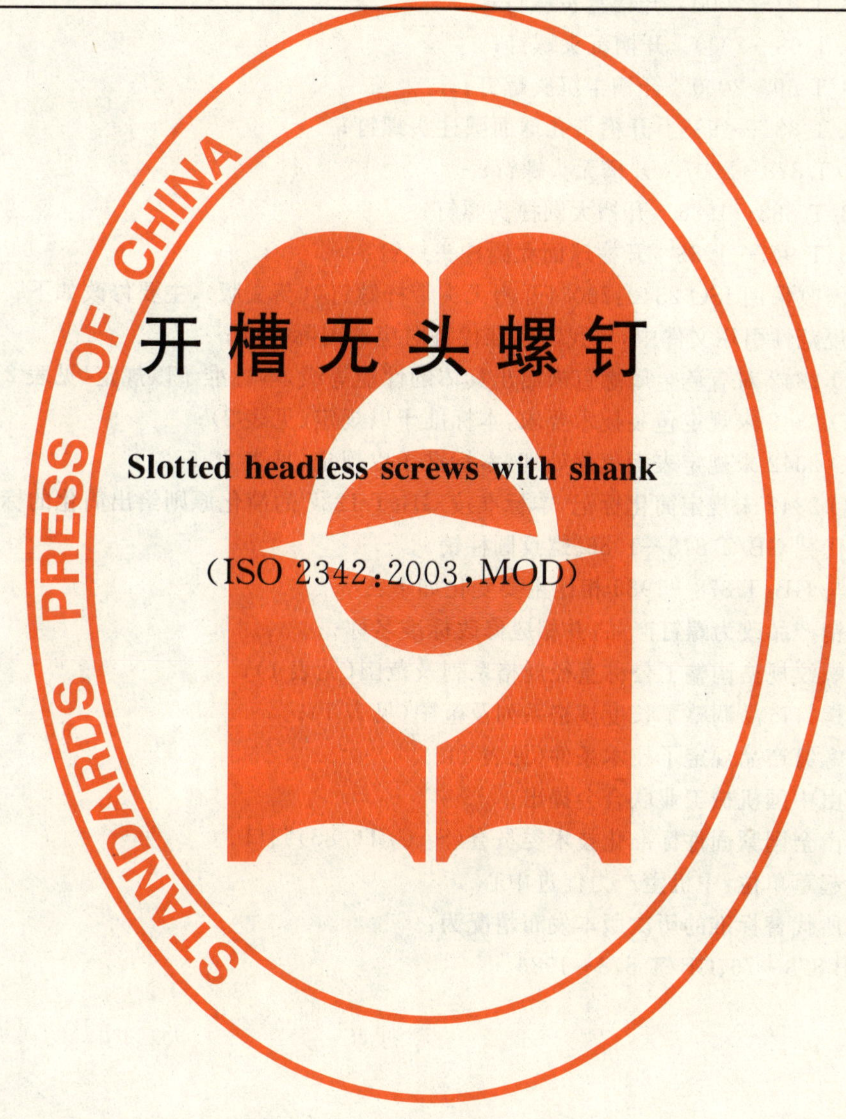

开槽无头螺钉

Slotted headless screws with shank

(ISO 2342:2003,MOD)

2007-07-02 发布　　2007-12-01 实施

中华人民共和国国家质量监督检验检疫总局
中国国家标准化管理委员会　发布

前言

本标准是国家标准“开槽螺钉”产品系列标准之一。该系列包括：

a） GB/T 65—2000 开槽圆柱头螺钉；

b） GB/T 67—2000 开槽盘头螺钉；

c） GB/T 68—2000 开槽沉头螺钉；

d） GB/T 69—2000 开槽半沉头螺钉；

e） GB/T 832—1988 开槽带孔球面圆柱头螺钉；

f） GB/T 878—2007 开槽无头螺钉；

g） GB/T 883—1988 开槽大圆柱头螺钉；

h） GB/T 947—1988 开槽球面大圆柱头螺钉。

本标准修改采用 ISO 2342:2003《开槽无头带杆螺钉》(英文版)，主要修改如下：

——在规范性引用文件中，用我国标准代替对应的国际标准；

——ISO 2342 对有色金属螺钉未给出具体的性能等级，本标准予以规定(见表 2)；

——ISO 2342 未规定包装技术要求，本标准予以规定(见表 2)；

——ISO 2342 未规定表面氧化处理，本标准予以规定(见表 2、5.2)；

——ISO 2342 未规定简化标记，本标准按 GB/T 1237 的简化原则给出简化的标记示例(见 5.2)。

本标准代替 GB/T 878—1986《螺纹圆柱销》。

本标准与 GB/T 878—1986 相比主要变化如下：

——由销产品改为螺钉产品，并相应修改标准名称；

——按螺纹规格调整了公称直径规格系列及范围(见表 1)；

——按螺钉产品调整了长度规格系列及范围(见表 1)；

——按螺钉产品规定了技术条件(见表 2)。

本标准由中国机械工业联合会提出。

本标准由全国紧固件标准化技术委员会(SAC/TC 85)归口。

本标准起草单位：中机生产力促进中心。

本标准所代替标准的历次版本发布情况为：

——GB 878—76、GB/T 878—1986。

开槽无头螺钉

1 范围

本标准规定了螺纹规格为 M1～M10,性能等级为 14H、22H、45H、A1-12H、CU2、CU3 和 AL4,产品等级为 A 级的开槽无头螺钉。

如需其他技术要求,应从现行标准(如 GB/T 193、GB/T 3098.3、GB/T 3098.10、GB/T 3098.16、GB/T 3103.1 和 GB/T 9145)中选择。

2 规范性引用文件

下列文件中的条款通过本标准的引用而成为本标准的条款。凡是注日期的引用文件,其随后所有的修改单(不包括勘误的内容)或修订版均不适用于本标准,然而,鼓励根据本标准达成协议的各方研究是否可使用这些文件的最新版本。凡是不注日期的引用文件,其最新版本适用于本标准。

GB/T 2 紧固件 外螺纹零件的末端(GB/T 2—2001,idt ISO 4753:1999)

GB/T 90.1 紧固件 验收检查(GB/T 90.1—2002,idt ISO 3269:2000)

GB/T 90.2 紧固件 标志与包装

GB/T 193 普通螺纹 直径与螺距系列(GB/T 193—2003,ISO 261:1998,ISO general purpose metric screw threads—General plan,MOD)

GB/T 1237 紧固件标记方法(GB/T 1237—2000,eqv ISO 8991:1986)

GB/T 3098.3 紧固件机械性能 紧定螺钉(GB/T 3098.3—2000,idt ISO 898-5:1998)

GB/T 3098.10 紧固件机械性能 有色金属制造的螺栓、螺钉、螺柱和螺母(GB/T 3098.10—1993,eqv ISO 8839:1986)

GB/T 3098.16 紧固件机械性能 不锈钢紧定螺钉(GB/T 3098.16—2000,idt ISO 3506-3:1997)

GB/T 3103.1 紧固件公差 螺栓、螺钉、螺柱和螺母(GB/T 3103.1—2002,idt ISO 4759-1:2000)

GB/T 5267.1 紧固件 电镀层(GB/T 5267.1—2002,ISO 4042:1999,IDT)

GB/T 5267.2 紧固件 非电解锌片涂层(GB/T 5267.2—2002,ISO 10683:2000,IDT)

GB/T 5276 紧固件 螺栓、螺钉、螺柱及螺母 尺寸代号和标注(GB/T 5276—1985,eqv ISO 225:1983)

GB/T 5779.1 紧固件表面缺陷 螺栓、螺钉和螺柱 一般要求(GB/T 5779.1—2000,idt ISO 6157-1:1988)

GB/T 9145 普通螺纹 中等精度、优选系列的极限尺寸(GB/T 9145—2003,ISO 965-2:1998,ISO general purpose metric screw threads—Tolerances—Part 2:Limits of sizes for general purpose external and internal screw threads—Medium quality,MOD)

ISO 8992:1986 紧固件 螺栓、螺钉、螺柱和螺母 通用技术条件

3 尺寸

尺寸代号和标注均符合 GB/T 5276。

螺钉的型式与尺寸见图 1 和表 1。

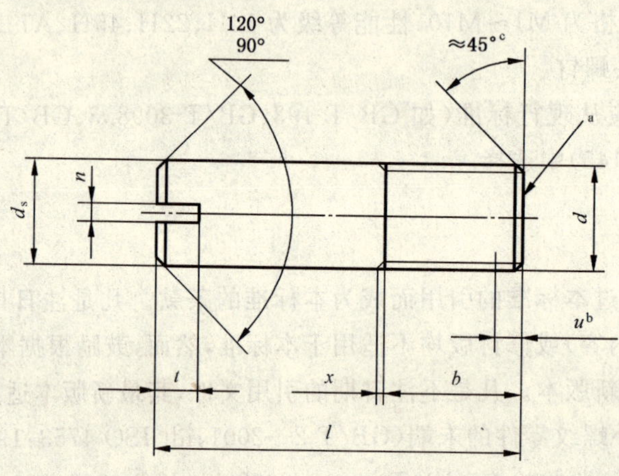

a 平端(GB/T 2)。

b 不完整螺纹的长度 $u \leqslant 2P$。

c 45°仅适用于螺纹小径以内的末端部分。

图 1

表 1　尺寸

单位为毫米

螺纹规格 d			M1	M1.2	M1.6	M2	M2.5	M3	(M3.5)[a]	M4	M5	M6	M8	M10
P[b]			0.25	0.25	0.35	0.4	0.45	0.5	0.6	0.7	0.8	1	1.25	1.5
b	$^{+2P}_{0}$		1.2	1.4	1.9	2.4	3	3.6	4.2	4.8	6	7.2	9.6	12
d_s	min		0.86	1.06	1.46	1.86	2.36	2.86	3.32	3.82	4.82	5.82	7.78	9.78
	max		1.0	1.2	1.6	2.0	2.5	3.0	3.5	4.0	5.0	6.0	8.0	10.0
n	公称		0.2	0.25	0.3	0.3	0.4	0.5	0.5	0.6	0.8	1	1.2	1.6
	min		0.26	0.31	0.36	0.36	0.46	0.56	0.56	0.66	0.86	1.06	1.26	1.66
	max		0.40	0.45	0.50	0.50	0.60	0.70	0.70	0.80	1.0	1.2	1.51	1.91
t	min		0.63	0.63	0.88	1.0	1.10	1.25	1.5	1.75	2.0	2.5	3.1	3.75
	max		0.78	0.79	1.06	1.2	1.33	1.5	1.78	2.05	2.35	2.9	3.6	4.25
x	max		0.6	0.6	0.9	1	1.1	1.25	1.5	1.75	2	2.5	3.2	3.8
l														
公称	min	max												
2.5	2.3	2.7												
3	2.8	3.2												
4	3.7	4.3												
5	4.7	5.3												
6	5.7	6.3												
8	7.7	8.3												
10	9.7	10.3												
12	11.6	12.4												
(14)[a]	13.6	14.4												
16	15.6	16.4												
20	19.6	20.4												
25	24.6	25.4												
30	29.6	30.4												
35	34.5	35.5												

注：阶梯实线间为商品长度规格。

[a] 尽可能不采用括号内的规格。

[b] P——螺距。

4 技术条件和引用标准

技术条件和引用标准见表 2。

表 2 技术条件和引用标准

<table>
<tr><td colspan="2">材　料</td><td>钢</td><td>不锈钢</td><td>有色金属</td></tr>
<tr><td colspan="2">通用技术条件</td><td colspan="3">ISO 8992</td></tr>
<tr><td rowspan="2">螺　纹</td><td>公　差</td><td colspan="3">6 g</td></tr>
<tr><td>标　准</td><td colspan="3">GB/T 193、GB/T 9145</td></tr>
<tr><td rowspan="2">机械性能</td><td>等　级</td><td>14H、22H、45H</td><td>A1-12H</td><td>CU2、CU3、AL4</td></tr>
<tr><td>标　准</td><td>GB/T 3098.3</td><td>GB/T 3098.16</td><td>GB/T 3098.10</td></tr>
<tr><td rowspan="2">公　差</td><td>产品等级</td><td colspan="3">A</td></tr>
<tr><td>标　准</td><td colspan="3">GB/T 3103.1</td></tr>
<tr><td colspan="2">表面处理</td><td>不经处理；
氧化；
电镀，技术要求按 GB/T 5267.1；
非电解锌片涂层，技术要求按 GB/T 5267.2</td><td>简单处理</td><td>简单处理；
电镀，技术要求按 GB/T 5267.1</td></tr>
<tr><td colspan="2">表面缺陷</td><td colspan="3">GB/T 5779.1</td></tr>
<tr><td colspan="2">验收及包装</td><td colspan="3">GB/T 90.1、GB/T 90.2</td></tr>
</table>

5 标记

5.1 标记方法按 GB/T 1237 规定。

5.2 标记示例

螺纹规格为 M4、公称长度 $l=10$ mm、性能等级为 14H、表面氧化处理的 A 级开槽无头螺钉的标记：

螺钉 GB/T 878 M4×10

ICS 25.100.50
J 41

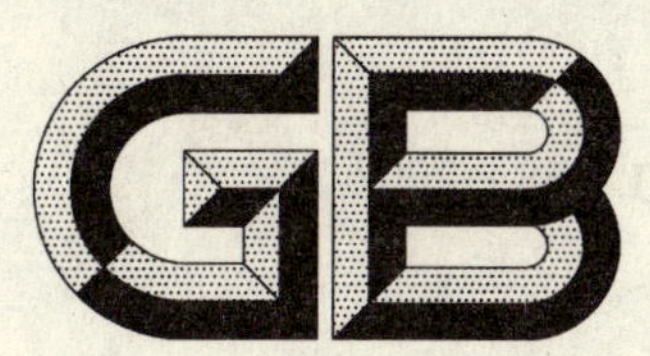

中华人民共和国国家标准

GB/T 968—2007
代替 GB/T 968—1994

丝锥螺纹公差

Manufacturing tolerances on the threaded of portion taps

(ISO 2857:1973,Ground thread taps for ISO metric threads of tolerances 4 H to 8 H and 4 G to 6 G coarse and fine pitches—Manufacturing tolerances on the threaded portion,MOD)

2007-07-26 发布　　2007-12-01 实施

中华人民共和国国家质量监督检验检疫总局
中国国家标准化管理委员会　发布

前　言

本标准修改采用ISO 2857:1973《公差为4H至8H和4G至6G的粗、细牙ISO米制螺纹用磨牙机用丝锥　螺纹部分的制造公差》(英文版),以及补充文件ISO 2857/A1:1984和ISO 2857/A2:1986。

本标准根据ISO 2857:1973、ISO 2857/A1:1984和ISO 2857/A2:1986重新起草。

本标准与ISO 2857:1973、ISO 2857/A1:1984和ISO 2857/A2:1986相比有下列技术性差异和编辑性修改:

——删除了国际标准前言;

——用“.”代替用作小数点的逗号“,”;

——“本国际标准”改为“本标准”;

——规范性引用文件列项中,ISO 965-1用我国标准GB/T 197代替,ISO 724用我国标准GB/T 196代替;

——增加了手用丝锥螺纹公差带H4;

——删除了第5章“丝锥的代号和标志”;

——删除了第6章“丝锥螺纹部分的尺寸计算示例”。

本标准代替GB/T 968—1994《丝锥螺纹公差》。

本标准与GB/T 968—1994相比有下列编辑性修改:

——增加了前言。

本标准的附录A为资料性附录。

本标准由中国机械工业联合会提出。

本标准由全国刀具标准化技术委员会(SAC/TC 91)归口。

本标准起草单位:成都工具研究所。

本标准主要起草人:邓智光、曾宇环。

本标准所代替标准的历次版本发布情况:

——GB 968—67、GB 968—83、GB/T 968—1994。

丝锥螺纹公差

1 范围

本标准规定了丝锥螺纹的牙型和其基本尺寸的极限偏差。

本标准适用于加工普通螺纹(GB/T 192,GB/T 193，GB/T 196,GB/T 197)用的丝锥。

2 规范性引用文件

下列文件中的条款通过本标准的引用而成为本标准的条款。凡是注日期的引用文件，其随后所有的修改单(不包括勘误的内容)或修订版均不适用于本标准，然而，鼓励根据本标准达成协议的各方研究是否可使用这些文件的最新版本。凡是不注日期的引用文件，其最新版本适用于本标准。

GB/T 192　普通螺纹　基本牙型 (GB/T 192—2003,ISO 68-1:1998,MOD)

GB/T 193　普通螺纹　直径与螺距系列 (GB/T 193—2003,ISO 261:1998,MOD)

GB/T 196　普通螺纹　基本尺寸 (GB/T 196—2003,ISO 724:1993,MOD)

GB/T 197　普通螺纹　公差 (GB/T 197—2003,ISO 965-1:1998,MOD)

3 螺纹公差

丝锥螺纹牙型和尺寸极限偏差按图1和表1的规定。

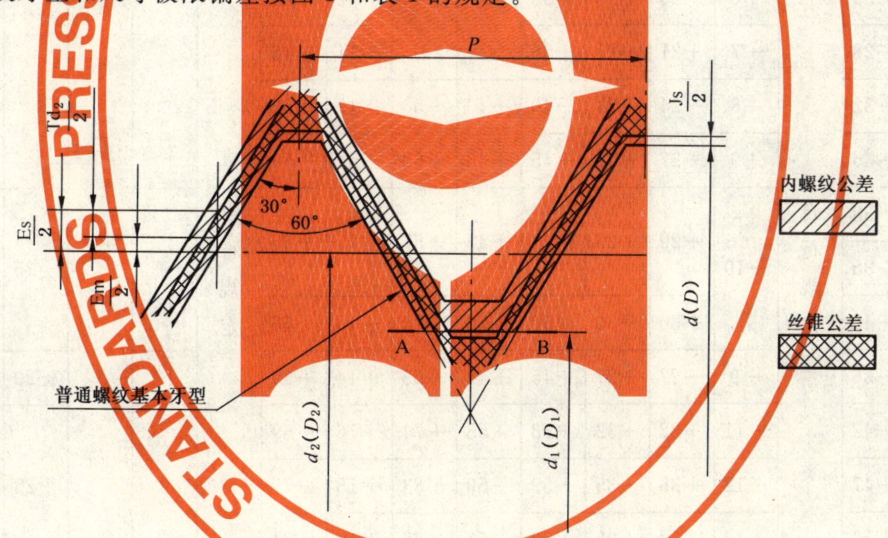

$d(D)$——大径(公称直径)；

$d_1(D_1)$——小径；

Es——中径上偏差；

Js——大径下偏差；

$d_2(D_2)$——中径；

Td_2——中径公差；

Em——中径下偏差。

图 1

表 1

单位为微米

<table>
<tr><th rowspan="4">公称直径 d/mm</th><th rowspan="4">螺距 P/mm</th><th colspan="2" rowspan="3">大径 d</th><th colspan="8">中径 d_2</th><th rowspan="3">小径 d_1</th><th colspan="3" rowspan="3">螺距偏差</th><th colspan="2" rowspan="3">牙型半径偏差</th></tr>
<tr><th colspan="8">公差带</th></tr>
<tr><th colspan="2">H1</th><th colspan="2">H2</th><th colspan="2">H3</th><th colspan="2">H4</th></tr>
<tr><th>下偏差 Js</th><th>上偏差</th><th>下偏差 Em</th><th>上偏差 Es</th><th>下偏差 Em</th><th>上偏差 Es</th><th>下偏差 Em</th><th>上偏差 Es</th><th>下偏差 Em</th><th>上偏差 Es</th><th>上下偏差</th><th>测量牙个数</th><th>H1 H2 H3</th><th>H4</th><th>H1 H2 H3</th><th>H4</th></tr>
<tr><td rowspan="3">>1.0~1.4</td><td>0.2</td><td>+20</td><td rowspan="25">自行规定</td><td>+5</td><td>+15</td><td rowspan="2">—</td><td rowspan="2">—</td><td rowspan="9">—</td><td rowspan="9">—</td><td>+8</td><td>+33</td><td rowspan="25">自行规定</td><td rowspan="11">12</td><td rowspan="22">±8</td><td rowspan="11">±20</td><td rowspan="2">±70′</td><td rowspan="2">±70′</td></tr>
<tr><td>0.25</td><td>+22</td><td rowspan="4">+6</td><td>+17</td><td rowspan="4">+9</td><td rowspan="4">+39</td></tr>
<tr><td>0.3</td><td>+24</td><td>+18</td><td>+18</td><td>+30</td><td>±50′</td><td>±60′</td></tr>
<tr><td rowspan="5">>1.4~2.8</td><td>0.2</td><td>+21</td><td>+17</td><td rowspan="2">—</td><td rowspan="2">—</td><td rowspan="2">±70′</td><td rowspan="2">±70′</td></tr>
<tr><td>0.25</td><td>+24</td><td>+18</td></tr>
<tr><td>0.35</td><td>+27</td><td rowspan="2">+7</td><td>+20</td><td>+20</td><td>+34</td><td rowspan="2">+11</td><td rowspan="2">+46</td><td rowspan="2">±50′</td><td rowspan="4">±60′</td></tr>
<tr><td>0.4</td><td>+28</td><td>+21</td><td>+21</td><td>+36</td></tr>
<tr><td>0.45</td><td>+30</td><td>+8</td><td>+23</td><td>+23</td><td>+38</td><td>+12</td><td>+52</td><td>±35′</td></tr>
<tr><td rowspan="6">>2.8~5.6</td><td>0.35</td><td>+28</td><td>+7</td><td>+21</td><td>+21</td><td>+36</td><td>+11</td><td>+46</td><td>±50′</td></tr>
<tr><td>0.5</td><td>+32</td><td>+8</td><td>+24</td><td>+24</td><td>+40</td><td>+40</td><td>+56</td><td>+12</td><td>+52</td><td rowspan="2">±35′</td><td rowspan="9">±50′</td></tr>
<tr><td>0.6</td><td>+36</td><td>+9</td><td>+27</td><td>+27</td><td>+45</td><td>+45</td><td>+63</td><td>+14</td><td>+59</td></tr>
<tr><td>0.7</td><td>+38</td><td rowspan="3">+10</td><td rowspan="2">+29</td><td rowspan="2">+29</td><td rowspan="2">+48</td><td rowspan="2">+48</td><td rowspan="2">+67</td><td rowspan="2">+15</td><td rowspan="2">+65</td><td rowspan="3">9</td><td rowspan="3">±25</td><td rowspan="3">±30′</td></tr>
<tr><td>0.75</td><td>+38</td></tr>
<tr><td>0.8</td><td>+40</td><td>+30</td><td>+30</td><td>+50</td><td>+50</td><td>+70</td><td>+15</td><td>+65</td></tr>
<tr><td rowspan="5">>5.6~11.2</td><td>0.5</td><td>+36</td><td>+9</td><td>+27</td><td>+27</td><td>+45</td><td>+45</td><td>+63</td><td>+14</td><td>+59</td><td>12</td><td>±20</td><td>±35′</td></tr>
<tr><td>0.75</td><td>+42</td><td>+11</td><td>+32</td><td>+32</td><td>+53</td><td>+53</td><td>+74</td><td>+16</td><td>+69</td><td rowspan="3">9</td><td rowspan="3">±25</td><td>±30′</td></tr>
<tr><td>1</td><td>+47</td><td>+12</td><td>+35</td><td>+35</td><td>+59</td><td>+59</td><td>+83</td><td>+18</td><td>+77</td><td rowspan="6">±25′</td></tr>
<tr><td>1.25</td><td>+50</td><td>+13</td><td>+38</td><td>+38</td><td>+63</td><td>+63</td><td>+88</td><td>+19</td><td>+81</td></tr>
<tr><td>1.5</td><td>+56</td><td>+14</td><td>+42</td><td>+42</td><td>+70</td><td>+70</td><td>+98</td><td>+21</td><td>+91</td><td>7</td><td>±35</td><td>±45′</td></tr>
<tr><td rowspan="6">>11.2~22.4</td><td>1</td><td>+50</td><td>+13</td><td>+38</td><td>+38</td><td>+63</td><td>+63</td><td>+88</td><td>+19</td><td>+81</td><td rowspan="2">9</td><td rowspan="2">±25</td><td rowspan="2">±50′</td></tr>
<tr><td>1.25</td><td>+56</td><td>+14</td><td>+42</td><td>+42</td><td>+70</td><td>+70</td><td>+98</td><td>+21</td><td>+91</td></tr>
<tr><td>1.5</td><td>+60</td><td>+15</td><td>+45</td><td>+45</td><td>+75</td><td>+75</td><td>+105</td><td>+23</td><td>+98</td><td rowspan="4">7</td><td rowspan="3">±35</td><td rowspan="2">±45′</td></tr>
<tr><td>1.75</td><td>+64</td><td>+16</td><td>+48</td><td>+48</td><td>+80</td><td>+80</td><td>+112</td><td>+24</td><td>+104</td><td>±9</td><td rowspan="3">±20′</td></tr>
<tr><td>2</td><td>+68</td><td>+17</td><td>+51</td><td>+51</td><td>+85</td><td>+85</td><td>+119</td><td>+26</td><td>+111</td><td rowspan="2">±10</td><td rowspan="2">±40′</td></tr>
<tr><td>2.5</td><td>+72</td><td>+18</td><td>+54</td><td>+54</td><td>+90</td><td>+90</td><td>+126</td><td>+27</td><td>+117</td><td>±50</td></tr>
</table>

表 1(续)

单位为微米

公称直径 d/mm	螺距 P/mm	大径 d 下偏差 Js	大径 d 上偏差	中径 d_2 公差带 H1 下偏差 Em	H1 上偏差 Es	H2 下偏差 Em	H2 上偏差 Es	H3 下偏差 Em	H3 上偏差 Es	H4 下偏差 Em	H4 上偏差 Es	小径 d_1 上下偏差	螺距偏差 测量牙个数	螺距偏差 H1 H2 H3	螺距偏差 H4	牙型半径偏差 H1 H2 H3	牙型半径偏差 H4
>22.4～45	1	+53	自行规定	+13	+40	+40	+66	+66	+92	+20	+86	自行规定	9	±8	±25	±25′	±50′
	1.5	+64		+16	+48	+48	+80	+80	+112	+24	+104				±35		±45′
	2	+72		+18	+54	+54	+90	+90	+126	+27	+117			±10		±20′	±40′
	3	+85		+21	+64	+64	+106	+106	+148	+32	+138			±12	±50		±35′
	3.5	+90		+22	+67	+67	+112	+112	+157	—	—			±13	—	±15′	—
	4	+94		+24	+71	+71	+118	+118	+165					±14			
	4.5	+100		+25	+75	+75	+125	+125	+175					±15			
>45～90	1.5	+68		+17	+51	+51	+85	+85	+119				7	±8		±25′	
	2	+76		+19	+57	+57	+95	+95	+133					±10		±20′	
	3	+90		+22	+67	+67	+112	+112	+157					±12			
	4	+100		+25	+75	+75	+125	+125	+175					±14		±15′	
	5	+106		+27	+80	+80	+133	+133	+186					±16			
	5.5	+112		+28	+84	+84	+140	+140	+196					±17			
	6	+120		+30	+90	+90	+150	+150	+210					±18			
>90～100	2	+80		+20	+60	+60	+100	+100	+140					±10		±20′	
	3	+94		+24	+71	+71	+118	+118	+165					±12			
	4	+106		+27	+80	+80	+133	+133	+186					±14		±15′	
	6	+126		+32	+95	+95	+158	+158	+221					±18			

注：各级丝锥小径 d_1 均应小于被加工内螺纹的最小小径，而且丝锥牙底圆弧亦不应超过内螺纹的最小小径，即图 1 中 AB 线位置。

附　录　A
（资料性附录）
关于丝锥螺纹公差的若干说明

A.1　丝锥中径

A.1.1　丝锥中径公差 Td_2，下偏差 Em，上偏差 Es 数值是按 t（5 级内螺纹中径公差 TD_2）的百分比计算得出。如表 A.1 所示。

表 A.1

<table>
<tr><th></th><th>丝锥中径
下偏差 Em</th><th>丝锥中径
公差 Td_2</th><th>丝锥中径
上偏差 Es</th></tr>
<tr><td>H1</td><td>0.10t</td><td rowspan="3">0.20t</td><td>0.30t</td></tr>
<tr><td>H2</td><td>0.30t</td><td>0.50t</td></tr>
<tr><td>H3</td><td>0.50t</td><td>0.70t</td></tr>
<tr><td>H4</td><td>0.15t</td><td>0.50t</td><td>0.65t</td></tr>
</table>

A.1.2　本标准规定的丝锥中径公差带相对于内螺纹中径公差带关系如图 A.1 所示。

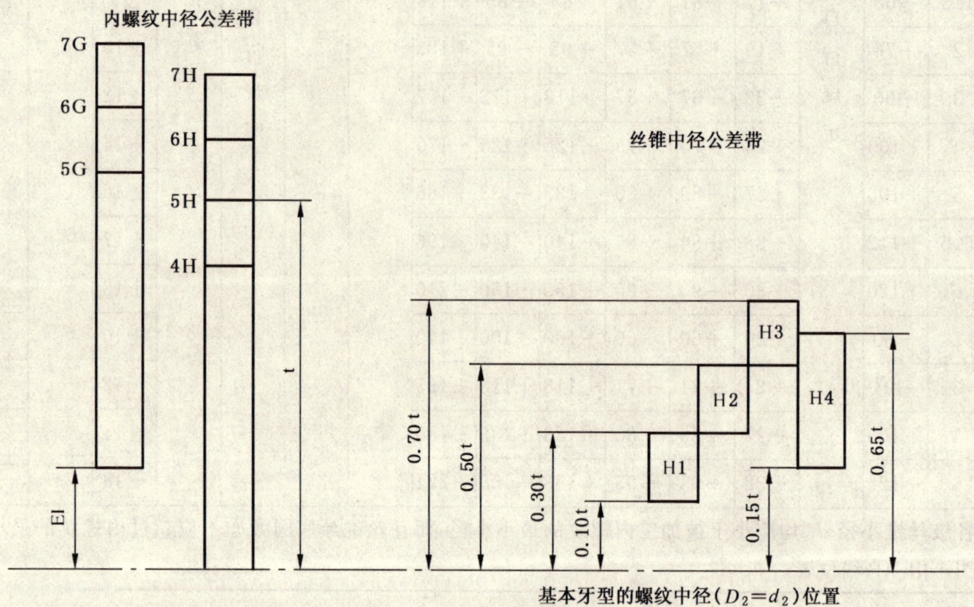

EI——内螺纹 G 公差带基本偏差。

图 A.1

A.1.3　各种中径公差带的丝锥所能加工的内螺纹公差带如表 A.2 所示。

表 A.2

丝锥公差带代号	适用于内螺纹公差带代号
H1	4H、5H
H2	5G、6H
H3	6G、7H、7G
H4	6H、7H

由于影响攻丝尺寸的因素很多，诸如攻丝材料性质、机床条件、丝锥装卡方法、切削速度、润滑冷却液种类等。因此，表 A.2 中所列各种公差带的丝锥所能加工的内螺纹公差带等级，只能作为选择丝锥时的参考。使用者可按加工条件根据生产经验或通过试验，在标准所列范围内选择最适当的丝锥。

A.2 丝锥大径公差

本标准规定的各级丝锥大径，上偏差由制造厂自行决定，下偏差 Js 按下式确定：

$$Js=0.4t$$

注：t——5 级内螺纹中径公差 TD_2。

ICS 25.100.50
J 41

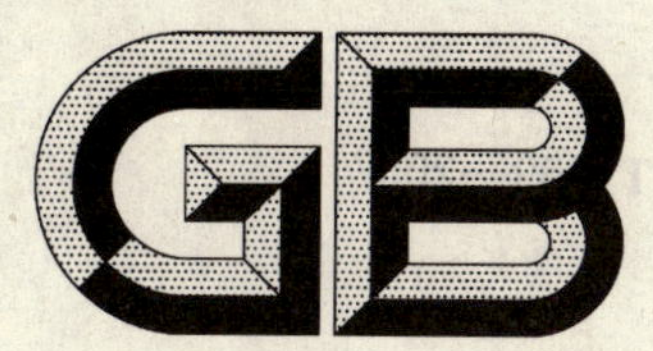

中华人民共和国国家标准

GB/T 969—2007
代替 GB/T 969—1994

丝锥技术条件

Technical specification for taps

(ISO 8830:1991, High-speed steel machine taps with ground threads—Technical specifications, MOD)

2007-07-26 发布　　2007-12-01 实施

中华人民共和国国家质量监督检验检疫总局
中国国家标准化管理委员会　发布

前　言

本标准修改采用ISO 8830:1991《高速钢磨牙机用丝锥　技术条件》(英文版)。

本标准根据ISO 8830:1991重新起草。

本标准与ISO 8830:1991相比有下列技术性差异和编辑性修改:

——删除了国际标准前言;

——用“.”代替用作小数点的逗号“,”;

——“本国际标准”改为“本标准”;

——规范性引用文件列项中,ISO 237用我国标准GB/T 4267代替,ISO 2857用我国标准GB/T 968代替;

——增加了表面粗糙度的要求;

——增加了高性能机用丝锥,手用丝锥和螺母丝锥的要求;

——增加了丝锥螺纹牙型的铲磨要求;

——增加了丝锥螺纹部分长度公差;

——增加了包装的要求;

——删除了第4章“切削几何形状”。

本标准代替GB/T 969—1994《丝锥技术条件》。

本标准与GB/T 969—1994相比变化如下:

——增加了前言;

——3.5“在顶尖间检查丝锥螺纹部分和柄部的圆跳动”改成“丝锥对公共轴线的圆跳动”;

——3.11b)“……两倍方头长度上”改成“……两倍方头长度范围内”;

——3.5“切削部分”改成“切削锥”;

——取消了原第4章“性能试验”;

——原5.1e)“用钴高性能高速钢制造的标‘HSS-Co’”改成“用高性能高速钢制造的标‘HSS-E’”。

本标准由中国机械工业联合会提出。

本标准由全国刀具标准化技术委员会(SAC/TC 91)归口。

本标准起草单位:成都工具研究所。

本标准主要起草人:邓智光、曾宇环。

本标准所代替标准的历次版本发布情况为:

——GB 969—67,GB 969—83,GB/T 969—1994。

丝 锥 技 术 条 件

1 范围

本标准规定了机用丝锥(高性能级和普通级)、手用丝锥和螺母丝锥的技术要求、标志和包装等基本要求。

本标准适用于加工普通螺纹(GB/T 192,GB/T 193,GB/T 196,GB/T 197)用的丝锥。

高性能机用丝锥主要适用于数控机床、加工中心或其他自动机床。

2 规范性引用文件

下列文件中的条款通过本标准的引用而成为本标准的条款。凡是注日期的引用文件,其随后所有的修改单(不包括勘误的内容)或修订版均不适用于本标准,然而,鼓励根据本标准达成协议的各方研究是否可使用这些文件的最新版本。凡是不注日期的引用文件,其最新版本适用于本标准。

GB/T 192 普通螺纹 基本牙型(GB/T 192—2003,ISO 68-1:1998,MOD)

GB/T 193 普通螺纹 直径与螺距系列(GB/T 193—2003,ISO 261:1998,MOD)

GB/T 196 普通螺纹 基本尺寸(GB/T 196—2003,ISO 724:1993,MOD)

GB/T 197 普通螺纹 公差(GB/T 197—2003,ISO 965-1:1998,MOD)

GB/T 968 丝锥螺纹公差(GB/T 968—2007,ISO 2857:1973,MOD)

GB/T 4267 直柄回转工具 柄部直径和传动方头的尺寸(GB/T 4267—2004,ISO 237:1975,IDT)

3 技术要求

3.1 丝锥表面不得有裂纹、刻痕、锈迹以及磨削烧伤等影响使用性能的缺陷。

3.2 丝锥表面粗糙度的最大允许值按表1的规定。

表1

单位为微米

项 目	丝 锥 名 称			
	机用丝锥		螺母丝锥	手用丝锥 H4 螺母丝锥
	高性能级	普通级		
螺纹表面	$Rz3.2$	$Rz3.2$	$Rz3.2$	$Rz12.5$
前面	$Rz3.2$	$Rz6.3$	$Rz6.3$	$Rz6.3$
后面	$Rz3.2$	$Rz3.2$	$Rz3.2$	$Rz6.3$
柄部	$Ra0.8$	$Ra1.6$	$Ra1.6$	$Ra3.2$

注1:丝锥的前面和刃沟的连接应圆滑。

注2:M2～M30 的接柄 H4 螺母丝锥的柄部表面粗糙度可不作规定。

3.3 丝锥螺纹公差应符合 GB/T 968 的规定。中径的检查部位规定如下:

手用丝锥、机用丝锥和螺母丝锥:在校准部分起点检查。手用丝锥校准部分起点距前端不足4牙时,中径在距前端4牙处检查。

3.4 丝锥柄部直径 d_1 公差按表2的规定。

表 2

丝锥公差带	丝锥柄部直径 d_1 公差
H1、H2、H3	h9
H4	h11

3.5　丝锥对公共轴线的圆跳动应不大于表 3 的规定。

表 3

单位为毫米

<table>
<tr><th rowspan="2">丝锥名称</th><th rowspan="2">公称直径
d</th><th colspan="2">切削锥的斜向圆跳动</th><th colspan="2">校准部分的径向圆跳动</th><th rowspan="2">柄部径向
圆跳动</th></tr>
<tr><th>高性能级</th><th>普通级</th><th>高性能级</th><th>普通级</th></tr>
<tr><td rowspan="5">机用丝锥</td><td>d<10</td><td>0.018</td><td rowspan="2">0.03</td><td rowspan="2">0.018</td><td rowspan="2">0.02</td><td rowspan="2">0.03</td></tr>
<tr><td>10≤d<18</td><td>0.022</td></tr>
<tr><td>18≤d<30</td><td>0.026</td><td rowspan="2">0.04</td><td rowspan="2">0.022</td><td rowspan="3">0.03</td><td rowspan="3">0.04</td></tr>
<tr><td>30≤d<40</td><td>0.030</td></tr>
<tr><td>d≥40</td><td>0.036</td><td>0.05</td><td>0.026</td></tr>
<tr><td rowspan="3">螺母丝锥</td><td>d<18</td><td rowspan="5">—</td><td>0.03</td><td rowspan="5">—</td><td>0.02</td><td>0.03</td></tr>
<tr><td>18≤d<30</td><td>0.04</td><td rowspan="2">0.03</td><td rowspan="2">0.04</td></tr>
<tr><td>d≥30</td><td>0.05</td></tr>
<tr><td rowspan="2">手用丝锥和
H4 螺母丝锥</td><td>d<10</td><td>0.08</td><td>0.08</td><td rowspan="2"></td></tr>
<tr><td>d≥10</td><td>0.10</td><td>0.10</td></tr>
<tr><td colspan="7">注：普通长柄机用丝锥和长柄螺母丝锥，柄部径向圆跳动不作规定。螺纹部分的圆跳动最大值按表 3 增加 50%。</td></tr>
</table>

3.6　高性能机用丝锥方头尺寸 a 的公差按 GB/T 4267 的规定。普通机用丝锥和螺母丝锥方头尺寸 a 的公差为 h12，方头对柄部轴线的对称度应不超过其尺寸公差的二分之一。手用丝锥和 H4 螺母丝锥方头尺寸 a 的公差为 h12。

3.7　丝锥螺纹部分应有倒锥度。

3.8　螺纹公称直径大于和等于 3 mm 的高性能机用丝锥螺纹牙型应进行铲磨，螺纹公称直径大于和等于 8 mm 的普通机用丝锥和螺母丝锥的螺纹牙型也应进行铲磨（精度为 H4 的螺母丝锥的螺纹牙型可以不铲磨）。

3.9　丝锥总长 L 的公差按 h16，螺纹部分长度 l 的公差按表 4 的规定。

表 4

单位为毫米

公称直径 d	螺纹部分长度 l 公差	公称直径 d	螺纹部分长度 l 公差
$d \leqslant 5.5$	0 −2.5	$12 < d \leqslant 39$	0 −5.0
$5.5 < d \leqslant 12$	0 −3.2	$d > 39$	0 −6.3

3.10　丝锥材料

3.10.1　普通机用丝锥和螺母丝锥的螺纹部分应采用 W6Mo5Cr4V2 或同等性能的其他牌号高速钢制造。手用丝锥和 H4 螺母丝锥的螺纹部分应采用 9SiCr、T12A 或同等性能的其他牌号合金工具钢、碳素工具钢制造，按用户需求也可用高速钢制造。焊接柄部采用 45 钢或同等性能的其他钢材制造。

3.10.2　高性能机用丝锥的螺纹部分应采用 W2Mo9Cr4VCo8 或同等性能的其他牌号高性能高速钢制造。

3.11 丝锥硬度

a) 丝锥螺纹部分的硬度允许的最低值应按表5的规定。

表5

<table>
<tr><th>公称直径 d/
mm</th><th>合金工具钢丝锥
碳素工具钢丝锥</th><th>高速钢丝锥</th><th>高性能高速钢丝锥</th></tr>
<tr><td>d≤3</td><td>664 HV</td><td>750 HV</td><td rowspan="3">65 HRC</td></tr>
<tr><td>3<d≤6</td><td>60 HRC</td><td>62 HRC</td></tr>
<tr><td>d>6</td><td>61 HRC</td><td>63 HRC</td></tr>
</table>

b) 丝锥柄部离柄端两倍方头长度范围内的硬度应不低于30 HRC。

4 标志和包装

4.1 标志

4.1.1 丝锥上应标志：

a) 制造厂商标；

b) 螺纹代号；

c) 丝锥公差带代号(H4允许不标)；

d) 不等径成组丝锥的粗锥记号(第一粗锥1条圆环,第二粗锥2条圆环或顺序号Ⅰ、Ⅱ)；

e) 材料代号(用高速钢制造的标“HSS”;用高性能高速钢制造的标“HSS-E”;用合金工具钢或碳素工具钢制造的丝锥可不标)。

注：柄径小于等于5 mm的丝锥,允许只标公差代号和螺纹代号,且“M”也可不标。

4.1.2 包装盒上应标志：

a) 制造厂或销售商的名称、商标和地址；

b) 相应丝锥标记示例规定的项目；

c) 材料牌号或代号；

d) 件数；

e) 制造年月。

4.2 包装

丝锥在包装前应经防锈处理,包装必须牢靠,并能防止运输过程中的损伤。

ICS 29.180
K 41

中华人民共和国国家标准

GB 1094.11—2007
代替 GB 6450—1986

电力变压器
第11部分：干式变压器

Power transformers—
Part 11：Dry-type transformers

(IEC 60076-11:2004,MOD)

2007-04-30 发布　　　　2008-04-01 实施

中华人民共和国国家质量监督检验检疫总局
中国国家标准化管理委员会　发布

前言

本部分的第1章、第2章、第3章、第6章、第33章和第34章为推荐性的,其余为强制性的。

GB 1094《电力变压器》目前包含了下列几部分:

——第1部分:总则;

——第2部分:温升;

——第3部分:绝缘水平、绝缘试验和外绝缘空气间隙;

——第4部分:电力变压器和电抗器的雷电冲击和操作冲击试验导则;

——第5部分:承受短路的能力;

——第10部分:声级测定;

——第11部分:干式变压器。

本部分为GB 1094的第11部分。本部分的前版标准编号为GB 6450,对应的IEC标准编号为IEC 60726。由于IEC有关电力变压器的标准编号现均调整为IEC 60076系列,为了与IEC的标准编号相协调且使用方便,本次修订也将标准编号按新IEC标准系列进行了调整。

本部分修改采用IEC 60076-11:2004《电力变压器　第11部分:干式变压器》(英文版)。

本部分根据IEC 60076-11:2004按修改采用的原则重新起草。本部分图的编号与IEC 60076-11:2004完全一致,部分章、条、表的编号与IEC 60076-11:2004不完全一致,附录A中给出了其对照一览表。

考虑到我国国情,在采用IEC 60076-11:2004时,本部分对一些技术性内容做了修改,有关其差异已编入正文中并在它们所涉及的条款的页边空白处用垂直单线标识。在附录B中给出了这些技术性差异及其原因的一览表以供参考。

为便于使用,本部分还对IEC 60076-11:2004做了下列编辑性修改:

a) 删除了IEC 60076-11:2004的前言;

b) 用小数点"."代替作为小数点的逗号",";

c) 按GB/T 1.1—2000《标准化工作导则　第1部分:标准的结构和编写规则》的规定,对IEC 60076-11:2004中表1的编排格式进行了修改。

本部分代替GB 6450—1986《干式电力变压器》。

本部分与GB 6450—1986相比主要变化如下:

——增加了"规范性引用文件";

——取消了"包封线圈的干式变压器"、"非包封线圈的干式变压器"和"密封型干式变压器"的定义;

——增加了一些"使用条件",并增加了"运输和贮存条件";

——对用于特殊使用条件的变压器的温升限值和绝缘水平修正的有关规定进行了修改;

——对标称系统电压为10kV级的变压器的额定短时外施耐受电压进行了修改;

——增加了"气候、环境和燃烧性能等级"的技术要求、试验项目和试验方法;

——对"局部放电测量"的有关技术要求和试验方法进行了修改;

——对"温升试验"的有关要求进行了修改;

——增加了"防止直接接触的保护"、"接地端子"及"安装与安全方面的信息"等方面的要求。

本部分的附录A、附录B、附录C和附录D均为资料性附录。

本部分由中国电器工业协会提出。

本部分由全国变压器标准化技术委员会(SAC/TC 44)归口。

本部分起草单位：沈阳变压器研究所、国家变压器质量监督检验中心、武汉高压研究所、顺特电气有限公司、北京变压器厂有限公司、山东省金曼克电气集团公司、云南昆明赛格迈电气有限公司、山东达驰电气股份有限公司、三变科技股份有限公司、保定天威顺达变压器有限公司、特变电工新疆变压器厂、中电电气集团有限公司、佛山市佛盛电气有限公司、番禺骏发电力设备有限公司。

本部分起草人：章忠国、刘燕、石肃、任晓红、牛亚民、张国仲、胡振忠、徐子宏、柳溪、林日磊、贾建刚、许长华、马旭平、陈荣勤、罗剑、赵晓春。

本部分所代替的 GB 6450 于 1986 年首次发布，本次为第一次修订。

电力变压器
第11部分:干式变压器

1 范围

GB 1094的本部分适用于设备最高电压为40.5 kV及以下,且至少有一个绕组是在高于1.1 kV时运行的干式电力变压器(包括自耦变压器)。本部分适用于各种结构、工艺的干式变压器。

本部分不适用于:

——充气干式变压器(当所充气体不是空气时);

——额定容量小于5kVA的单相变压器;

——额定容量小于15kVA的多相变压器;

——互感器;

——起动变压器;

——试验变压器;

——机车牵引变压器;

——隔爆和矿用变压器;

——焊接用变压器;

——调压变压器;

——侧重考虑安全的小型电力变压器。

当上述变压器或其他专用变压器没有相应标准时,本部分可以全部或部分适用。

2 规范性引用文件

下列文件中的条款通过GB 1094的本部分的引用而成为本部分的条款。凡是注日期的引用文件,其随后所有的修改单(不包括勘误的内容)或修订版均不适用于本部分,然而,鼓励根据本部分达成协议的各方研究是否可使用这些文件的最新版本。凡是不注日期的引用文件,其最新版本适用于本部分。

GB 311.1 高压输变电设备的绝缘配合(GB 311.1—1997,neq IEC 60071-1:1993)

GB 1094.1 电力变压器 第1部分:总则(GB 1094.1—1996,eqv IEC 60076-1:1993)

GB 1094.2 电力变压器 第2部分:温升(GB 1094.2—1996,eqv IEC 60076-2:1993)

GB 1094.3 电力变压器 第3部分:绝缘水平、绝缘试验和外绝缘空气间隙(GB 1094.3—2003,IEC 60076-3:2000,MOD)

GB 1094.5 电力变压器 第5部分:承受短路的能力(GB 1094.5—2003,IEC 60076-5:2000,MOD)

GB/T 1094.10 电力变压器 第10部分:声级测定(GB/T 1094.10—2003,IEC 60076-10:2001,MOD)

GB/T 2900.15 电工名词术语 变压器、互感器、调压器和电抗器(GB/T 2900.15—1997,neq IEC 60050-421:1990、IEC 60050-321:1986)

GB 4208 外壳防护等级(IP代码)(GB 4208—1993,eqv IEC 60529:1989)

GB/T 7354 局部放电测量(GB/T 7354—2003,IEC 60270:2000,IDT)

GB/T 11021 电气绝缘的耐热性评定和分级(GB/T 11021—1989,eqv IEC 60085:1984)

GB/T 17211—1998 干式电力变压器负载导则(eqv IEC 60905:1987)

GB/T 17467　高压/低压预装式变电站(GB/T 17467—1998,eqv IEC 61330:1995)

GB/T 18380.3　电缆在火焰条件下的燃烧试验　第3部分:成束电线或电缆的燃烧试验方法(GB/T 18380.3—2001,idt IEC 60332-3:1992)

3 术语和定义

GB/T 2900.15中确立的以及下列术语和定义适用于本部分。

3.1

干式变压器　dry-type transformer

铁心和绕组均不浸于绝缘液体中的变压器。

3.2

全封闭干式变压器　totally enclosed dry-type transformer

置于无压力的密封外壳内,通过内部空气循环进行冷却的变压器。

3.3

封闭干式变压器　enclosed dry-type transformer

置于通风的外壳内,通过外部空气循环进行冷却的变压器。

3.4

非封闭干式变压器　non-enclosed dry-type transformer

不带防护外壳,通过空气自然循环或强迫空气循环进行冷却的变压器。

4 运行条件

4.1 概述

只要本部分中在某处引用了GB 1094.1,则GB 1094.1中的要求便适用于该处的内容。

4.2 正常使用条件

4.2.1 概述

如无另行规定,下列4.2.2～4.2.6中的使用条件均为正常使用条件。当变压器需要在正常条件以外的场合运行时,有关降低其额定值方面的要求按11.2和/或11.3的规定。

4.2.2 海拔

海拔不超过1 000 m。

4.2.3 冷却空气温度

最高温度　40℃;

最热月平均温度　30℃;

最高年平均温度　20℃;

最低温度　−25℃(适用于户外式变压器);

最低温度　−5℃(适用于户内式变压器);

上述月平均温度和年平均温度的定义,见GB 1094.1。

4.2.4 电源电压波形

电源电压波形应近似于正弦波。

注:对于公用供电系统来说,此要求并不苛刻。但当有强大的变流器负载设备时,却应按传统的规则进行考虑:畸变波形中的总谐波含量不大于5%,偶次谐波含量不大于1%。同时,还应考虑谐波电流对负载损耗及温升的影响。

4.2.5 多相电源电压对称

对于三相变压器,其三相电源电压应近似对称。

4.2.6 湿度

周围空气的相对湿度应低于93%。线圈表面不应出现水滴。

4.3 电磁兼容(EMC)

就发射电磁干扰和抗电磁干扰而言,干式变压器应被看作是无源元件。

4.4 特殊使用条件

用户应在其询价时提出未列于4.2正常使用条件中的任何使用条件。这些条件示例如下:

——环境温度的上限或下限超过了4.2.3中规定的限值;

——通风受到限制;

——海拔超过4.2.2中规定的限值;

——有害性烟雾和蒸气;

——水蒸气;

——湿度超过4.2.6中规定的限值;

——滴水;

——盐雾;

——过量的和有腐蚀性的灰尘;

——负载电流中有较高的谐波含量;

——电源电压波形畸变;

——瞬变过电压峰值超过了12.1和第21章规定的限值;

——修正相关功率因数和限制涌流的电容器投入方式;

——叠加的直流(DC)电流;

——要求在设计中进行特殊考虑的地震条件;

——巨大的机械冲击和振动;

——4.5正常条件中未包括的运输和贮存条件。

变压器在上述这些特殊条件下的运行规范应由供、需双方协商制定。

4.5 运输和贮存条件

所有变压器均应能在环境温度低至−25℃时,适于运输和贮存。

制造单位应被告知变压器在抵达安装现场的运输过程中,预计会受到的冲击、振动和倾斜的最大值。

5 分接

对分接的有关规定,按GB 1094.1。分接范围的优先值如下:

——±5%,每级为2.5%(5个分接位置);

——±5%(3个分接位置)。

对于无励磁调压变压器,分接的选择应在无励磁状态下,采用连接片或无励磁分接开关来实现。

6 联结组

如用户无其他规定,变压器的联结组别建议为Dyn11或Dyn5,中性点的连接应能承载额定相电流。

7 承受短路的能力

变压器应能满足GB 1094.5的要求。如果用户要求通过试验来验证是否满足,则该试验项目应在订货合同中明确规定。

8 额定值

8.1 概述

制造单位应规定出变压器的各种额定值并应将它们标志在铭牌上,见第9章。这些额定值应能使变压器在一次电压等于额定电压、电源频率为额定频率的稳定负载条件下输出额定电流，且温升不会超过第 11 章所规定的限值。

8.2 额定容量

应规定变压器每个绕组的额定容量并将其标志在铭牌上。当变压器带外壳供货时，它应具有 100%额定容量。额定容量是指在连续负载下的值。它是负载损耗、温升及短路阻抗保证值和测试值的依据。

注：双绕组变压器只有一个额定容量，且两个绕组的额定容量相同。当变压器一次绕组施加额定电压并通过额定电流时，变压器两个绕组吸取了相应的额定容量。

额定容量是与连续负载工况相对应的。然而，符合本部分的干式变压器，可允许在过负载下运行，有关其过负载运行的导则，见 GB/T 17211。

8.3 额定容量优先值

从 50kVA 起的变压器额定容量优先值，应符合 GB 1094.1 的规定。

8.4 高于额定电压时的运行

在 U_m 的规定值内，且在电压与频率之比大于额定电压与额定频率之比，但不大于 5%的过励磁条件下，变压器应能无故障地运行。

注：本要求并不意味着在正常运行中会经常出现。因为在这种情况下，铁心损耗的增加会产生不利的影响，故要限制这种运行的持续时间。这种情况应该仅限于比较少见的且运行时间有限的负载场合，如急救负载或特高峰值负载。

8.5 风机冷却时的运行

当变压器装有风机进行辅助冷却时，其有、无风机时的标称额定容量应由供、需双方协商确定。

铭牌上应标出无风机冷却时的额定容量和有风机冷却时的最大额定容量。

8.6 置于外壳内的运行

对于变压器在不是由原制造单位提供的外壳内的运行，或者在由原制造单位后来才提供的外壳内的运行，其要求见 GB/T 17467 和 GB/T 17211。

9 铭牌

9.1 固定于变压器上的铭牌

每台变压器均应装有一块铭牌，铭牌的材料应不受气候影响，并应固定在明显可见的位置。铭牌上所标志的内容应永久保持清晰(可采用蚀刻、雕刻、打印或光化学处理等方式)。下述各项内容应标志在铭牌上。

a) 干式变压器；

b) 本部分代号；

c) 制造单位名称；

d) 出厂序号；

e) 制造年月；

f) 每个绕组的绝缘系统温度。第一个字母代表高压绕组，第二个字母代表低压绕组。当有多个绕组时，则字母应按从高压绕组到低压绕组的顺序依次排列；

注 1：当各绕组的绝缘系统温度相同时，可只标注一个字母；

注 2：当无法用字母标注时，可改用温度(绝缘系统温度的摄氏度)标注。

g) 相数；

h) 每种冷却方式的额定容量；

i) 额定频率；

j) 额定电压，包括各分接电压(如果有)；

k) 每种冷却方式的额定电流；

l) 联结组标号；

m) 在额定电流及相应参考温度下的短路阻抗；

n) 冷却方式；

o) 总质量；

p) 绝缘水平(铭牌上应标出所有绕组的额定耐受电压,其标志的原则见 GB 1094.3)；

q) 防护等级；

r) 环境等级；

s) 气候等级；

t) 燃烧性能等级。

9.2 固定于变压器外壳上的铭牌

每台变压器外壳均应装有一块铭牌,铭牌的材料应不受气候影响,并应固定在明显可见的位置。铭牌上应标出的各项内容见 9.1。所标志的内容应永久保持清晰(可采用蚀刻、雕刻、打印或光化学处理等方式)。

10 冷却方式的标志

10.1 标志代号

变压器应按所采用的冷却方式进行标志。与各种冷却方式相关联的字母代号如表 1 所示。

表 1 字母代号

冷却介质类型及循环种类	字母代号
空气	A
自然循环	N
强迫循环	F

10.2 字母代号的排列

变压器的每一种冷却方式(制造单位所规定的变压器各额定容量是按冷却方式确定的)均应用两个字母代号进行标志,其典型标志如下：

——当变压器被设计成自然空气循环时,其标志代号为 AN；

——当变压器被设计成在采用自然空气循环时达到一定容量,而同时在采用强迫空气循环时可达到更大容量运行时,则其标志代号为 AN/AF。

11 温升限值

11.1 正常温升限值

按正常运行条件设计的变压器,当按第 23 章进行试验时,其每个绕组的温升均不应超过表 2 中所列出的相应限值。

当绕组绝缘系统中某处的温度是最大值时,则称此温度为热点温度。热点温度不应超过 GB/T 17211—1998中规定的绕组热点温度额定值。热点温度虽可测量,但为了实用,可通过 GB/T 17211—1998的 7.2 中给出的 z 和 q 值,用 GB/T 17211—1998 的 4.2.4 中的公式(1)计算其近似值。

作为绝缘材料用的各部件可以分开使用,也可组合使用,只要它们各自的温度不超过表 2 第一栏所给出的相应绝缘系统的温度。

铁心、金属构件及其邻近处材料的温度,不应对变压器任何部分造成损害。

表 2 绕组温升限值

绝缘系统温度(见注 1) ℃	额定电流下的绕组平均温升限值(见注 2) K
105(A)	60
120(E)	75
130(B)	80
155(F)	100
180(H)	125
200	135
220	150
注 1:有关温度等级的字母代号见 GB/T 11021。 注 2:温升测量按第 23 章进行。	

11.2 为较高的冷却空气温度或特殊的空气冷却条件而设计的变压器的温升降低

当变压器是按下列条件设计的,即冷却空气温度超过 4.2.3 所规定的各最大值中的某一个值时,则变压器的温升限值应按超过的数值降低,并应将其修约到最接近的整数值(单位为 K)。

如果现场条件可能会使冷却空气受到某种限制,或使冷却空气温度变高时,用户应予以阐明。

11.3 高海拔处的温升修正

当所设计的变压器是在海拔超过 1 000 m 处运行,而其试验却是在正常海拔处进行时,如果制造单位与用户间无另外协议,则表 2 中所给出的温升限值应根据运行地点的海拔超过1 000 m的部分,以每500 m为一级,按下列数值相应降低:

对于自冷式变压器:2.5%;

对于风冷式变压器:5%。

如果变压器的试验是在海拔高于1 000 m处进行,而安装现场的海拔却低于1 000 m时,则温升限值要作相应的逆修正。

经海拔修正后的温升限值,应修约到最接近的整数值(单位为 K)。

12 绝缘水平

12.1 概述

用于一般公共配电网或工业电网中的变压器,其绝缘水平应符合表 3 的规定。

表 3 绝缘水平

单位为千伏

标称系统电压 (方均根值)	设备最高电压 U_m (方均根值)	额定短时外施耐受电压 (方均根值)	额定雷电冲击耐受电压(峰值)	
			组Ⅰ	组Ⅱ
≤1	≤1.1	3	—	—
3	3.6	10	20	40
6	7.2	20	40	60
10	12	35	60	75
15	17.5	38	75	95
20	24	50	95	125
35	40.5	70	145	170
注:如用户另有要求,绝缘水平也可参照附录 C 的规定选取,但应在订货合同中注明。				

应按变压器遭受雷电过电压和操作过电压的程度、系统中性点的接地方式以及过电压保护装置的类型(如果采用)来选择组Ⅰ或组Ⅱ的耐受电压值,参见 GB 311.1 的规定。

12.2 用于高海拔处的变压器

当变压器被规定在海拔为1 000 m～3 000 m之间运行，而其试验却是在正常海拔处进行时，其额定短时外施耐受电压值，应根据安装地点的海拔超过1 000 m的部分，以每100 m增加 1%的方式来提高。至于在海拔超过 3 000 m处运行时，其绝缘水平应由供、需双方协商确定。

13 气候、环境和燃烧性能等级

13.1 气候等级

规定以下两种气候等级：

C1级：变压器适合于在不低于－5℃的环境温度下运行，但其运输和贮存时的环境温度可低至－25℃。

C2级：变压器适合于在低至－25℃的环境温度下运行、运输和贮存。

变压器在经过按第 27 章所述程序进行的特殊试验后，应表明其能否符合 C1 级和 C2 级的要求。

注：户外运行的干式变压器可能需要配有外壳或采取其他合适的防护措施。

13.2 环境等级

干式变压器的环境条件是指湿度、凝露、污秽和环境温度。

注：上述环境条件不仅对干式变压器的运行是重要的，而且对其在安装前的贮存也是重要的。

根据湿度、冷凝和污秽的程度，规定以下三种不同的环境等级。

E0级：变压器上没有凝露，且污秽可以被忽略。对于清洁、干燥的户内式安装，通常可以达到这一等级。

E1级：变压器上偶尔有凝露(如：当变压器无励磁时)。可能会出现有限的污秽。

E2级：变压器上经常有凝露或严重的污秽，或两者同时都有。

变压器在经过按第 26 章所述程序进行的特殊试验后，应表明其能否符合 E1 级或 E2 级的要求。

13.3 燃烧性能等级

规定以下两种燃烧性能等级：

F0级：无须特别考虑火灾危险。除变压器设计中所固有的特性外，不采取特殊的措施来限制其可燃性。不过，应使其在燃烧时所逸出的有毒物质和不透明烟雾降至最低程度。

F1级：变压器易遭受火灾危险，要求限制其可燃性。应使其在燃烧时所逸出的有毒物质和不透明烟雾降至最低程度。

变压器在经过按第 28 章所述程序进行的特殊试验后，应表明其能否符合 F1 级的要求。

注：按第 28 章进行的测量，会产生不大于 10 K 的标准偏差。

13.4 气候、环境和燃烧性能等级的试验准则

当变压器被宣称符合某一气候、环境和燃烧性能等级时，则应按表 4 所给出的试验顺序，在同一台变压器上进行这些相应的试验，以验证其是否符合所宣称的相应等级的要求。

第 26 章～第 28 章所规定的试验，应在能代表所设计类型的一台变压器上进行。

表 4 试验顺序

等级			气候		环境			燃烧性能	
试验		条号	C1	C2	E0	E1	E2	F0	F1
1	－5℃下的热冲击	27.3	是	否	—	—	—	—	—
2	－25℃下的热冲击	27.4	否	是	—	—	—	—	—
3	凝露试验	26.3.1	—	—	否	是	否	—	—
4	凝露和湿渗透试验	26.3.2	—	—	否	否	是	—	—
5	燃烧性能试验	28.3	—	—	—	—	—	否	是

14 试验的一般要求

新变压器应承受第15章～第23章所规定的各项试验。已运行过的变压器，可按本规定进行试验，但其绝缘试验中的施加电压值宜降低到原来新变压器的保证绝缘水平的80%。

试验应由制造单位进行，或在认可的试验室进行，但供、需双方在投标阶段另有协议时除外。

定期的型式试验应至少每五年进行一次。

变压器按第19章～第21章进行绝缘试验时，其温度应与试验场所的温度接近。

试验应在相关附件装好后的完整变压器上进行。

带分接的绕组应在主分接下进行试验，但供、需双方另有协议时除外。

除绝缘试验外，变压器其他所有特性的试验均以额定条件为基础，但有关试验条款另有规定时除外。

15 绕组电阻测量（例行试验）

本试验按GB 1094.1的规定。

16 电压比测量和联结组标号检定（例行试验）

本试验按GB 1094.1的规定。

17 短路阻抗和负载损耗测量（例行试验）

本试验按GB 1094.1的规定。

短路阻抗和负载损耗的参考温度应等于表2第二栏所给出的绕组平均温升限值再加上20℃。

当一台变压器的绕组具有多个不同的绝缘系统温度时，其参考温度应采用与较高绝缘系统温度相对应的绕组的数值。

18 空载损耗和空载电流测量（例行试验）

本试验按GB 1094.1的规定。

19 外施耐压试验（例行试验）

本试验按GB 1094.3的规定。

试验电压应为表3中所列出的变压器绝缘水平规定值。

耐受电压应施加于被试绕组（其所有端子应连接在一起）与地之间，加压时间60 s。试验时，其余所有绕组、铁心、夹件及外壳均应接地。

20 感应耐压试验（例行试验）

本试验按GB 1094.3的规定。

耐受电压应等于两倍的额定电压。

当试验频率等于或小于两倍额定频率时，耐压时间应为60s。当试验频率超过两倍额定频率时，其耐压时间应为：

$$120\times\frac{额定频率}{试验频率}\text{s，但不小于 15 s}$$

21 雷电冲击试验（型式试验）

本试验按GB 1094.3的规定。

耐受电压应为表 3 中所列出的变压器绝缘水平规定值。

冲击试验用的波形应为 1.2×(1±30%)μs / 50×(1±20%)μs。

试验电压应采用负极性。每个线端的试验顺序为：在 50%～75%全耐受电压时进行一次校正冲击，然后在全耐受电压下进行三次冲击。

注：干式变压器在进行雷电冲击试验时，可能会出现空气中的电容性局部放电，但它并不对绝缘产生危害。此局部放电会使示伤电流波形发生变化，但此时的电压波形只有微小的变化甚至不发生变化。当出现这种情况时，可重复进行外施耐压试验和感应耐压试验。考虑到上述说明，不能以示伤电流波形有轻微的畸变来作为拒绝该产品的理由。

22 局部放电测量(例行试验和特殊试验)

22.1 概述

所有的干式变压器均应进行局部放电测量。测量应按 GB 1094.3 和 GB/T 7354 的规定进行。

局部放电测量应在 $U_m \geqslant 3.6$ kV 的绕组上进行。

22.2 基本测量线路(仅为典型线路)

局部放电试验用的基本测量线路见图 1 和图 2。

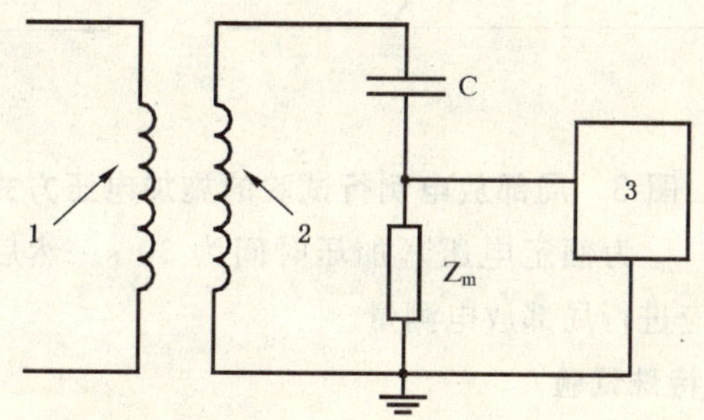

1——低压绕组；
2——高压绕组；
3——测量仪器。

图 1 单相变压器局部放电试验的基本测量线路

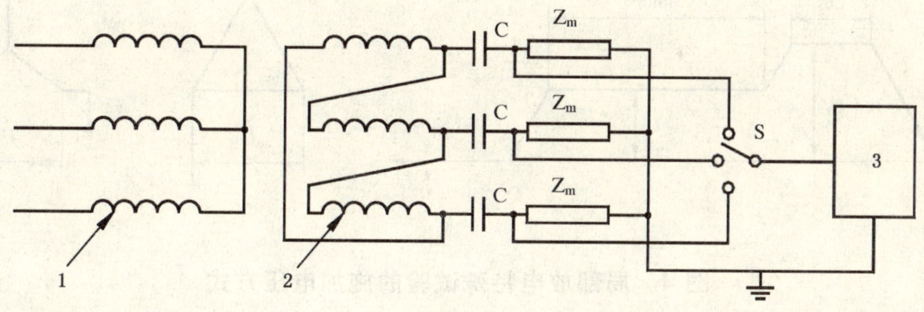

1——低压绕组；
2——高压绕组，D 或 Y 接；
3——测量仪器；
S——开关。

图 2 三相变压器局部放电试验的基本测量线路

图中 C 表示一台电压额定值合适的无局部放电的高压电容器(其电容值与校准发生器的电容 C_0 相比应足够大)。该电容器与测量阻抗 Z_m 串联，且与每个被试高压绕组端子相连接。

22.3 测量线路的校准

在绕组内部和测量线路中，均会出现放电脉冲的衰减现象。校准按 GB 1094.3 的规定进行，将一台标准放电校准器所产生的模拟放电脉冲施加到变压器高压绕组端子上。为了方便，可使标准发生器的重复频率与变压器试验时所用电源频率的每半周中有一个脉冲相当。

22.4 电压施加方式

局部放电测量应在所有绝缘试验项目完成后进行。根据变压器是单相还是三相结构，来决定其低压绕组是由单相电源还是三相电源供电。试验电压波形应尽可能是正弦波，且试验频率应适当地比额定频率高些，以免试验期间励磁电流过大。试验程序按22.4.1或22.4.2。

22.4.1 三相变压器

22.4.1.1 例行试验

本试验应在所有的干式变压器上进行，施加电压方式见图3。

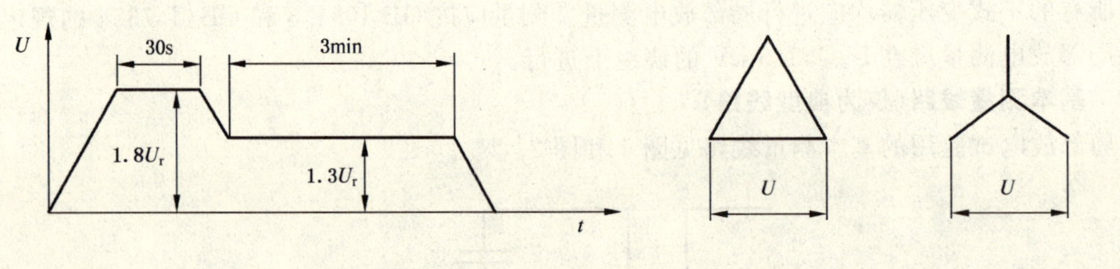

图3 局部放电例行试验的施加电压方式

相间预加电压为1.8U_r（U_r为额定电压），加压时间为30 s。然后不切断电源，将相间电压降至1.3U_r，保持3 min，在此期间应进行局部放电测量。

22.4.1.2 附加的试验程序（特殊试验）

对于拟接到中性点绝缘的电力系统或接到中性点是通过高阻抗接地的电力系统的变压器，由于它能在单相对地故障条件下继续运行，故可能要对变压器进行附加的试验。本试验只在用户有规定时才进行，施加电压方式见图4。

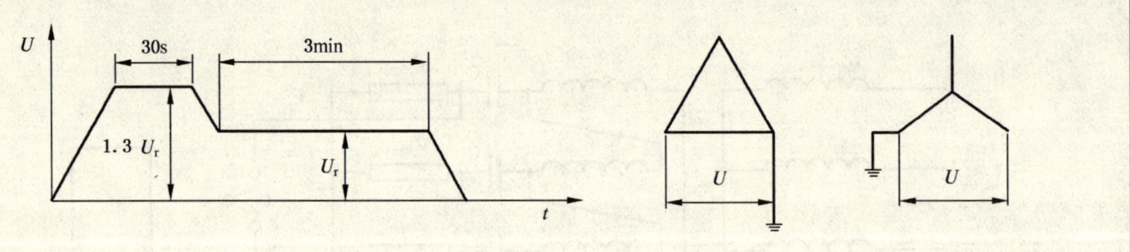

图4 局部放电特殊试验的施加电压方式

本试验是在一个线端接地时，先施加相间预加电压1.3U_r，加压时间30 s，然后不切断电源，将相间电压降至U_r，保持3 min，在此期间应进行局部放电测量。此后，依次将另一个线端接地，重复进行本试验。

22.4.2 单相变压器

对于单相变压器，U_r应视实际情况，为相间电压或相对地电压。施加电压方式按三相变压器。

对于由三台单相变压器组成的三相变压器组，其试验要求应与三相变压器相同。

22.5 局部放电接受水平

局部放电水平的最大值为10 pC。

可能要对装有某些附件（如：避雷器）的变压器进行特殊考虑。

23 温升试验(型式试验)

23.1 概述

GB 1094.2 的有关要求均适用于本部分。三相变压器的温升试验应使用三相电源进行。

23.2 施加负载的方法

制造单位可从下述几种方法中任选其一来进行温升试验。

23.2.1 模拟负载法

本方法适用于非封闭式、封闭式或全封闭式干式自冷或风冷变压器。

温升值是通过短路试验(提供负载损耗)和空载试验(提供空载损耗)的组合来确定的。

试验开始时,变压器的温度应与试验室的环境温度一样稳定。应测量高、低压绕组各自的电阻值,这些测量值将作为计算这两个绕组温升值的基准值。试验室的环境温度也应被测量并记录下来。

对于三相变压器,其电阻测量应在中间相与一个边相绕组的线端之间进行。

各温度测量点(即:测环境温度的温度计和变压器上的传感器(如果有))的位置,不论是参考测量还是最终测量,均应相同。

绕组短路试验应是在一个绕组流过额定电流而另一个绕组短路下进行的,且持续到绕组和铁心温度都达到稳态时为止,见 23.4。用电阻法或叠加法确定各绕组的温升 $\Delta\theta_c$。

在额定频率和额定电压下的空载试验,应持续到绕组和铁心温度都达到稳态时为止,然后应测出各自绕组的温升 $\Delta\theta_e$。

温升试验程序应采用下述二种方法之一:

——先进行绕组短路试验,直到铁心和绕组温度达到稳定为止,然后进行空载试验,直到铁心和绕组温度达到稳定为止;

——先进行空载试验,直到铁心和绕组温度达到稳定为止,然后进行绕组短路试验,直到铁心和绕组温度达到稳定为止。

在绕组通过额定电流和铁心为额定励磁下,每个绕组的总温升 $\Delta\theta'_c$ 用下式来计算:

$$\Delta\theta'_c=\Delta\theta_c\left[1+\left(\frac{\Delta\theta_e}{\Delta\theta_c}\right)^{1/K_1}\right]^{K_1}$$

式中:

$\Delta\theta'_c$——绕组总温升;

$\Delta\theta_c$——短路试验下的绕组温升;

$\Delta\theta_e$——空载试验下的绕组温升;

K_1——对于自冷式为 0.8;对于风冷式为 0.9。

23.2.2 相互负载法[1)]

如果有两台同样的变压器,且试验室具有必需的试验设备时,采用本方法是合适的。它适用于封闭式或非封闭式干式自冷或风冷变压器。

试验开始时,变压器温度应与试验室的环境温度一样稳定。应测量高、低压绕组各自的电阻值,这些测量值将作为计算这两个绕组温升值的基准值。试验室的环境温度也应被测量并记录下来。

各温度测量点的位置,不论是参考测量还是最终测量,均应相同。

对于三相变压器,其电阻测量应在中间相与一个边相绕组的线端之间进行。

对于绕组为星形联结的三相变压器,最好是在中间心柱的绕组上进行测量。

将两台变压器并联连接,其中一台为被试变压器,且最好是对这两台变压器的内部绕组以被试变压器的额定电压进行励磁。利用两台变压器的电压比不同或另输入某一电压的方法,使被试变压器

1) 如果在绕组通过试验电流之前,先对铁心励磁一段时间(最好不小于 12 h),则可缩短试验时间。

绕组中通过额定电流，直到铁心和绕组温度达到稳定时为止。见图 5 和图 6。

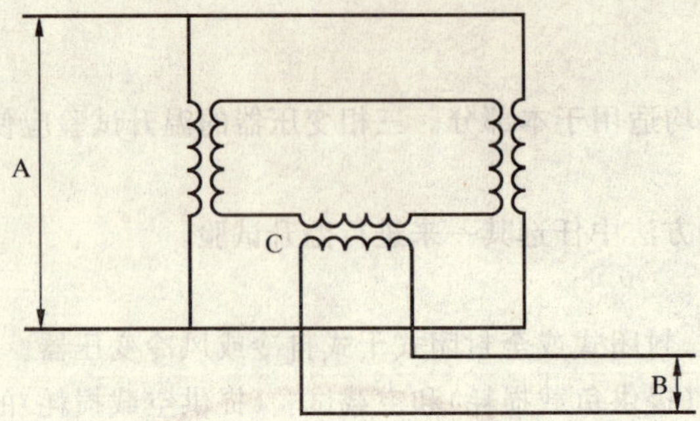

A——供产生空载损耗的额定频率的电压源；

B——供产生负载损耗的额定频率下的额定电流源；

C——增压变压器。

图 5 单相相互负载法示例

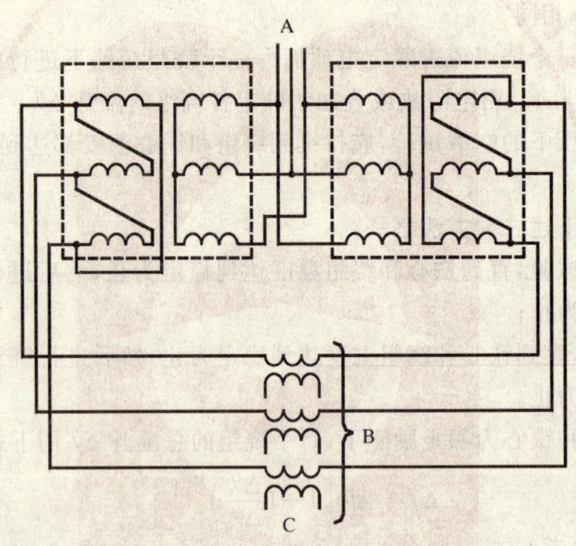

A——供产生空载损耗的额定频率的电压源；

B——供产生负载损耗的额定频率的额定电流源；

C——增压变压器。

图 6 三相相互负载法示例

23.2.3 直接负载法[2)]

本方法只适用于小变压器。

将变压器的一个绕组，最好是内部绕组在额定电压下励磁，另一个绕组连接适当的负载，以使两个绕组都通过额定电流。

23.3 降低电流下的绕组温升校正

当输入的试验电流 I_t 低于额定电流 I_r，但不低于 $90\% I_r$ 时，待铁心和绕组温度均达到稳定后，应用电阻法测得绕组温升 $\Delta\theta_t$，并按下式将其校正到额定负载下的温升 $\Delta\theta_r$：

$$\Delta\theta_r = \Delta\theta_t \left[\frac{I_r}{I_t}\right]^q$$

式中：

$\Delta\theta_r$——额定负载下的绕组温升；

2) 如果在绕组通过试验电流之前，先对铁心励磁一段时间(最好不小于 12 h)，则可缩短试验时间。

$\Delta\theta_t$——试验电流下的绕组温升；

I_r——额定电流；

I_t——试验电流；

q——对于自冷式(AN)变压器为1.6；对于风冷式(AF)变压器为1.8。

23.4 稳态条件的确定

当温升值趋于稳定，即每小时的温升变化值不超过1K时，则认为温升已达到最终值。

为了确定已达到稳定温升时的条件，应将热电偶或温度计置于如下表面处：

对于第3章所涉及的各类变压器，为上铁轭中心处且尽可能紧靠最内部的低压绕组顶部处的导线。对于三相变压器，此测量应在中间的心柱上进行。

24 声级测定(特殊试验)

本试验按GB/T 1094.10的规定。

注：声级保证值是以自由场条件为基准的。需注意的是，在现场中由于建筑物的硬墙、地面和天花板的反射，可能会使声级水平明显增加。

25 短路承受能力试验(特殊试验)

本试验按GB 1094.5的规定。

短路试验结束后，应重复进行局部放电试验。其最终的测量值不应超过22.5中规定的限值。

26 环境试验(特殊试验)

26.1 概述

本试验用于确定变压器是否符合13.2所规定的环境等级，试验顺序见13.4。

如无其他规定，本试验应在一台包括附件(与试验有关的)在内的装配完整的变压器上进行。

变压器及其附件应该是新的、清洁的，且绝缘件表面应无任何附加处理。

26.2 试验的有效性

在一台变压器上得到的环境试验结果，对基于同一设计准则的其他变压器也有效。这些设计准则为：

——设计概念相同(如：绕组是否被固体绝缘封闭、绕组类型、防护等级等)；

——主要的绝缘材料相同。

26.3 试验程序

26.3.1 E1级变压器

本试验为凝露试验。

变压器应放在温度和湿度可以控制的试验箱内。

试验箱的容积至少为沿变压器外围划线所构成的长方体体积的五倍，变压器任一部位到箱壁、箱顶和喷嘴之间的距离应不小于变压器带电部件之间的最小相间距离，且不小于150 mm。

试验箱内的空气温度应能确保在变压器上出现凝露。

试验箱内的湿度应保持在93%以上，这可通过定期或连续地对适量的水进行雾化来实现。

水的电导率应在0.1 S/m～0.3 S/m范围内。

机械式雾化器的放置应避免将水直接喷到变压器上。

不应该有水从箱顶滴到被试变压器上。

变压器在无励磁状态下，至少应在空气相对湿度大于93%的环境中放置6h。

此后，应在5 min内对变压器进行如下的感应电压试验：

——对于拟接到直接接地的电力系统或经低阻抗接地的电力系统中的变压器，应在1.1倍额定电

压下励磁 15 min;

——对于拟接到绝缘的电力系统或经高阻抗接地的电力系统中的变压器,应连续承受三次且每次为5 min的感应电压试验。试验时每个高压端子应依次接地,在其他端子与地之间施加 1.1 倍额定电压。三相试验也可用单相试验来代替,此时,应将两个不接地相的端子连接在一起。

上述试验最好是在试验箱内进行。

在施加电压过程中,应无闪络现象发生,且外观检查应无严重的放电痕迹。

26.3.2 **E2 级变压器**

试验程序包括凝露试验和湿渗透试验,凝露试验与 26.3.1 的规定相同,但水的电导率应在 0.5 S/m~1.5 S/m范围内。

在湿渗透试验开始时,变压器应为干燥状态。试验中,变压器在无励磁状态下,置于试验箱内 144 h。试验箱内的温度应为(50±3)℃,相对湿度为(90±5)%。在该试验终了时,将变压器置于正常环境条件中,最迟经过 3h 后,应对变压器进行外施耐压试验和感应耐压试验,但施加的试验电压值应降到标准规定值的 80%。

在绝缘试验中,应无闪络或击穿现象发生,且外观检查应无严重的放电痕迹。

27 气候试验(特殊试验)

27.1 概述

本试验(又称为热冲击试验)用于确定变压器是否符合 13.1 中规定的气候等级,试验顺序见 13.4。

27.2 试验的有效性

在一台变压器上得到的气候试验结果,对基于同一设计准则的其他变压器也有效。这些设计准则为:

——设计概念相同(如:绕组是否被固体绝缘封闭、绕组类型、防护等级等);

——绕组平均温升相同(按表 2);

——导电材料相同;

——主要的绝缘材料相同。

27.3 C1 级变压器的气候试验(热冲击试验)

27.3.1 试验方法

试验应在一台不带外壳(如果有)的完整变压器[3]上进行,被试变压器应置于试验箱内。

试验箱内的环境温度至少应由三个测量点来确定,测量点应距试品外表面 0.1 m 处,高度在试品的 1/2 位置处,取各测量点读数的平均值作为空气温度参考值。

试验程序如下:

a) 将试验箱内的空气温度在 8h 内逐渐降到(−25±3)℃,然后至少保持 12 h,直到达到稳定状态为止;

b) 此后将试验箱内的空气温度在 4h 内逐渐上升到(−5±3)℃,并至少保持 12 h,直到达到稳定状态为止;

c) 然后对被试绕组(封闭于固体绝缘内)施加 2 倍额定电流以进行热冲击试验。应将此电流维持到被试绕组的实测平均温度等于表 2 中给出的绕组平均温升限值加上 40℃(正常使用条件下的最高环境温度)为止。绕组的平均温度是根据电阻值的变化来确定的。可选择下述方法之一来进行热冲击试验。

1) 直流电源试验法

---

3) 按供、需双方协议,可以对由铁心上取出的所有线圈进行本试验,但最终的绝缘检查宜在这些试验过的线圈重新套装到变压器铁心后进行。

热冲击试验是在将规定的直流电流施加在被试绕组上进行的。对于多相变压器，此试验电流可施加在串联在一起的所有各相绕组上。

注1：为使各相绕组串联在一起，可能需要拆开绕组的原有连接。

在试验过程中，绕组平均温度的监测，可直接用测量试验电流和相应电压降的伏安法来进行。

2) 交流电源试验法

热冲击试验是在将规定的交流电流施加在被试绕组上进行的，此时，其余绕组短路。对于多相变压器，宜采用对称电流来进行本试验。在试验过程中，绕组平均温度的监测，宜采用将直流测量电流叠加到交流试验电流上的方法或其他等效的方法来进行。

3) 另一种交流电源试验法

在一个绕组短路的情况下，对变压器施加2倍额定电流，通过固定在绕组顶部和底部表面处的温度传感器的读数，来监测每个绕组的温度。温度传感器要通过一种校准试验来进行校准。此校准试验是在实际热冲击试验前的正常环境温度下，通过施加2倍额定电流来进行的。

传感器的校准是通过将传感器的读数，与根据绕组电阻值的变化所测定的绕组温升进行比较来实现的。这样，传感器的读数便被确定为与表2中所给出的绕组平均温升限值加上40℃的值相对应。应在从低环境温度下开始的试验中，读取同一传感器的读数。

注2：由于变压器各部分的热暂态特性不同，故要注意防止某些绕组出现过热现象。

d) 热冲击试验后，应将变压器温度恢复到(25±10)℃。

27.3.2 评价准则

热冲击试验结束，并至少再经过12 h后，应对变压器进行绝缘例行试验(外施耐压试验和感应耐压试验)，但应根据绕组的绝缘水平，将施加的试验电压值降为标准规定值的80%。

此外，对于绕组被固体绝缘封闭的变压器，应按第22章进行局部放电测量试验，但施加的预加试验电压值应不大于降低的感应耐压试验的试验电压值(160%额定电压值)，所测得的局部放电量应不大于例行试验中的规定值。

经外观检查，绕组应无可见的异常现象，如：裂缝或开裂。

27.4 C2级变压器的气候试验(热冲击试验)

27.4.1 试验方法

除下述修改外，试验方法与27.3.1的规定相同：

取消b)款，以便在-25℃下进行热冲击试验。

27.4.2 评价准则

试验评价准则与27.3.2的规定相同。

28 燃烧性能试验(特殊试验)

28.1 概述

为使变压器的性能最佳，必须使其在燃烧时所逸出的有毒物质和不透明烟雾降至最低程度。因此，要避免使用含有卤化物的材料。应按28.2检测所逸出的腐蚀性及有害性气体。此外，变压器在外部发生火灾时不应明显助燃。燃烧性能应按28.3的试验程序进行评估。

28.2 腐蚀性及有害性气体逸出的检测

应从变压器上提取少量可燃性材料，用以检测其在燃烧时所逸出的腐蚀性和有害性气体。

原则上，该试验将能检测出下述这些成分，即：氯化氢(HCl)、氰化氢(HCN)、溴化氢(HBr)、氟化氢(HF)、二氧化硫(SO_2)和甲醛(HCHO)。

至于试验程序的细节及可接受的限值，如国家法规中无规定时，可由供、需双方协商确定。

28.3 F1级变压器的燃烧性能试验

28.3.1 试品

本试验应在变压器一个完整的相上进行，完整的相应包括高压(HV)线圈、低压(LV)线圈、铁心柱和绝缘件，但不包括外壳(如果有)。供试验用的铁心柱也可以用与原铁心柱尺寸及热特性类似的材料来代替。不应考虑铁轭，将低压引线在该线圈上、下两端面处切去。

被试变压器的圆形线圈外径或非圆形线圈的最大横向尺寸应介于400 mm～500 mm之间。

注：经过协商，可用尺寸较大或较小的线圈进行本试验。

28.3.2 试验的有效性

在一台变压器上得到的燃烧试验结果，对基于同一设计准则的其他变压器也有效。这些设计准则为：

——设计概念相同(如：绕组是否被固体绝缘封闭、绕组类型、防护等级等)；

——绕组平均温升相同(按表2)；

——主要的绝缘材料相同。

28.3.3 试验设施

28.3.3.1 试验箱

试验箱是基于GB/T 18380.3(与电缆有关)的规定而制成的，如图7所示。箱壁应使用厚度为1.5 mm～2.0 mm的耐热钢板制造，供隔热用，以使传热系数为0.7 W/(m^2·K)。如果可能，还宜装一个耐火窗。试验箱的尺寸见表5。

表5 试验箱的尺寸(见图7和图8) 单位为毫米

A[a]	*B*		*C*	*D*	*E*	*F*		*G*	*H*
	最小	最大				最小	最大	直径	直径
9 000	3 500	4 000	2 000	1 000	600	1 500	2 000	500	500
J	*K* 最小	*L* 直径	*M*	*N*	*P*	*Q*	*R*	*S*	*T*
300	400	350	800	400	800	500	900	400	1 200
U	*V*	*W*	*X*	*Y*	*Z*	*AA*	*AB*[b]	*AC*[b]	—
500	175	300	30	40	20	50	1 000	1 000	—

a 近似高度。

b 最小尺寸。

试验箱应装有一个内径约为500 mm的烟囱和一个内径约为350 mm的进气管道。试验箱的进气口与烟囱的出气口之间的高度差约为9 m。外界空气从试验箱底部的网栅(400 mm×800 mm)进入箱内，然后通过一个面积约为0.3 m^2的出气口进入烟囱。

烟囱内应有一段直径为500 mm，且长度至少为600 mm的测量段，它的低端应高于试验箱顶部1.5 m～2 m。

进气管道内应有一段直径为350 mm，且长度至少为400 mm的测量段，测量段一端距试验箱进气口处的距离至少为1 m，其另一端与进气管道的进气口之间的距离也至少为1 m。

如果不采用强迫气流，则应在烟囱内和/或在进气口处安装一个调节阀。试验箱宜如此安装，以至于风对进气量的影响可以被忽略。

28.3.3.2 火源(见图7)

主要热源为在容器内燃烧的酒精(热量值为27 MJ/kg)，该容器可以被若干个同心环分割得更小。该容器的外径至少应比变压器外线圈的外径大100 mm，其内径至少应比变压器内线圈的内径小40 mm。

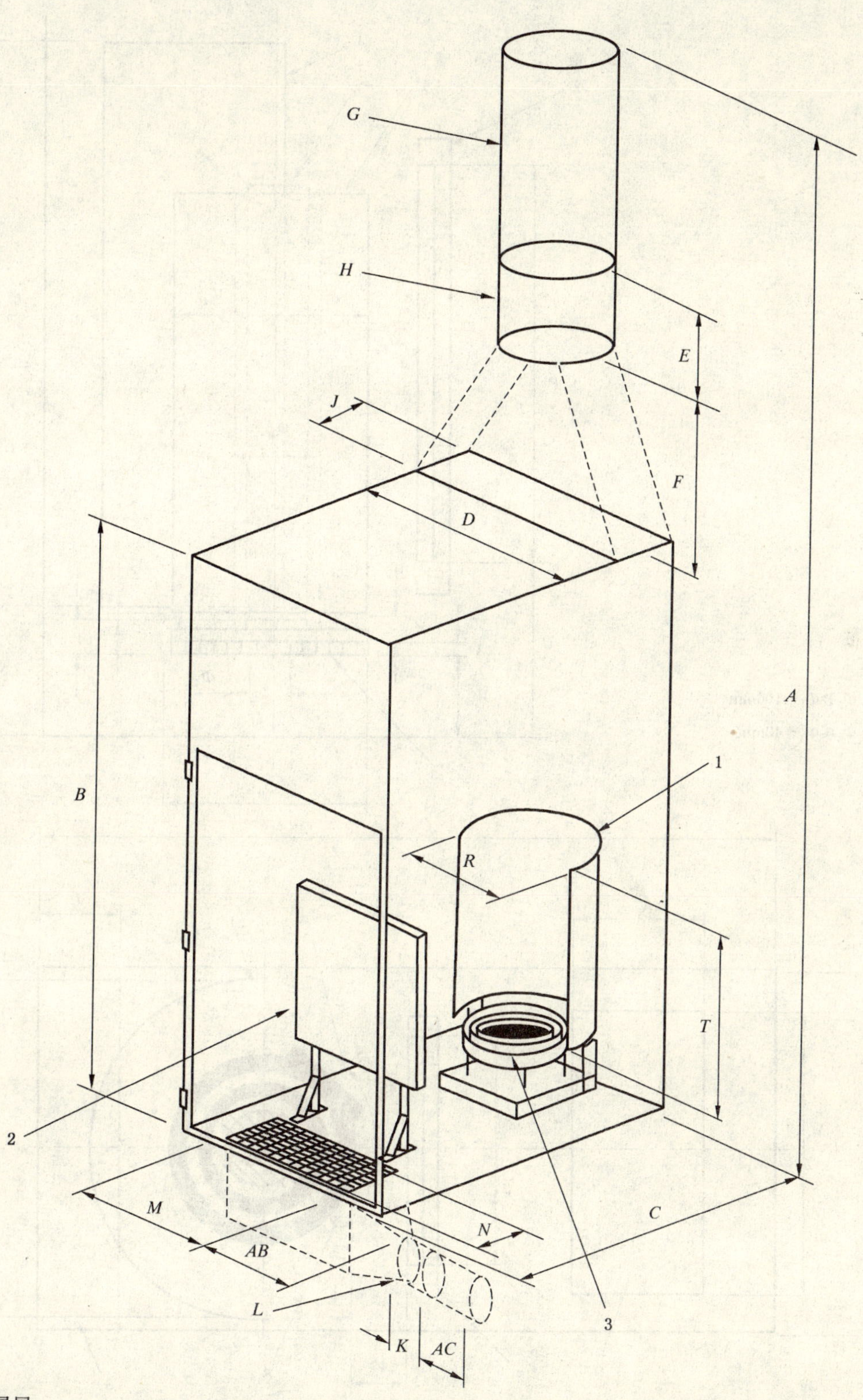

1——金属屏；

2——辐射板；

3——酒精容器。

注：$A \sim Z$ 的尺寸及 $AA \sim AC$ 的尺寸见表 5。

图 7　试验箱

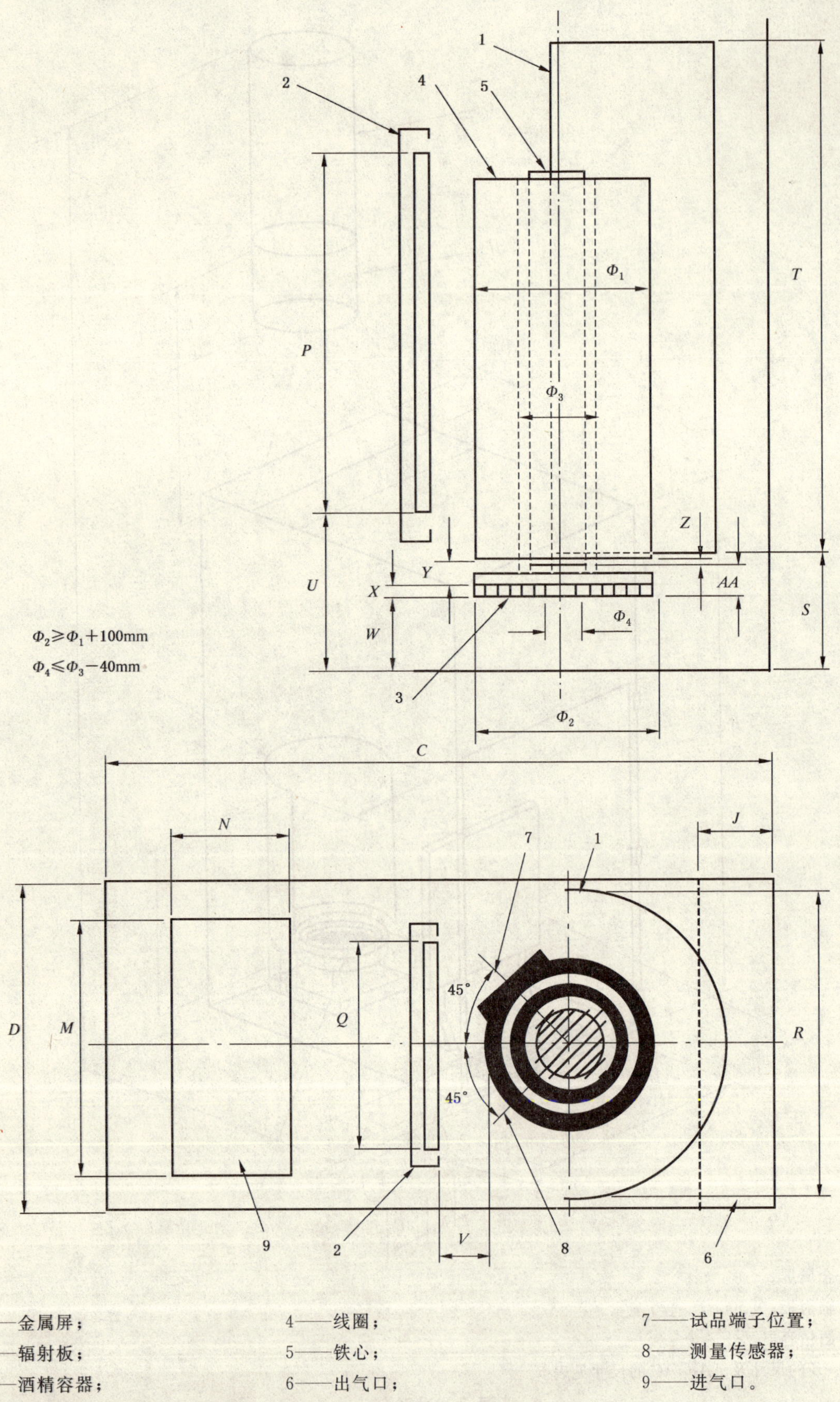

1——金属屏；
2——辐射板；
3——酒精容器；
4——线圈；
5——铁心；
6——出气口；
7——试品端子位置；
8——测量传感器；
9——进气口。

注：$A \sim Z$ 的尺寸及 $AA \sim AC$ 的尺寸见表 5。

图 8　试验箱详细尺寸

容器内酒精的起始液面高度应为(30±1)mm,燃烧时间大约为 20 min。

第二个热源为一个垂直放置的电热辐射板,其高度约为 800 mm,宽度约为 500 mm,是由 24 kW 的发热电阻元件制成的,并配有一个可调电源,以使辐射板的温度保持在 750℃。在辐射板的对面,应放有一个直径为 900 mm、高为 1.2 m 的半圆筒形金属屏。

注:当被试线圈的外部尺寸大于 500 mm 时,此金属屏可不用。

28.4 待测参量和测量装置

28.4.1 温度

应使用热电偶或等效装置来测量下列各部位的温度:

——进气口;

——出气口;

——低压线圈顶部表面(任选);

——高压线圈顶部表面(任选);

——铁心柱或其模拟件的底部和顶部(任选);

——铁心和低压线圈间的气道中部(任选);

——高、低压线圈间的气道中部(任选)。

注:测量传感器在试品上的置放位置如图 8 所示。

28.4.2 其他待测参量

——测量段内可见光的传输,该测量应沿着穿过烟雾的光学通路进行,其长度至少应为 500 mm。

注:设透光率为 X,实际的光学路径长度为 p(单位为 m),则换算到 1 m 长光学路径的透光率为:$\tau=X^{1/p}$。

——进气口的气体流量;

——烟囱内的气体流量(任选)。

28.5 不带试品时试验箱的校准

应在 24 kW 的辐射板通电加热至少 40 min 后,对试验箱进行校准。

应在稳定状态下,将进气段内测得的空气流量调节到在 20℃时为 0.21×(1±15%)m^3/s。当试验装置以自然气流为基础时,其流量可通过调节阀或等效的装置来调节。而当试验装置采用强迫气流时,其流量可通过风扇系统来调节。

注:为了得到稳定条件下的空气流量,可能需要多次调节。

28.6 试验方法

试品应按下列条件置于如图 8 所示的试验箱中:

——外线圈表面与辐射板间的距离约为 175 mm;

——容器内酒精的起始液面与变压器线圈底面间的距离约为 40 mm。

注:在某些情况下,供、需双方需根据试品的设计进行协商。

——半圆筒形金属屏应置于辐射板的对面,且应与试品同心;

——试验开始时,试验箱内部、入口处空气及试品的温度,均应在 15℃~30℃之间;

——应在试验开始前的 5 min 内,对容器注入酒精。

当酒精刚点燃且辐射板(24 kW)同时通电时,试验开始。40 min 后,将辐射板电源切断。应对 28.4.1和28.4.2所列参量进行记录,记录时间应为从试验开始时至少 60 min,或为整个试验期间。

试验前及试验后,均应称出试品的质量,称量的准确度为±0.5%或更高。铁心柱和带绝缘部件的线圈可以分别称重。

28.7 试验报告

试验报告应包含下列信息:

a) 材料样品的试验结果(如果用户要求);

b) 可燃烧材料的计算质量、热能值(如果可能)及试品质量的测量值;

c) 试验箱的校准结果(空气流量、测量段内的温度、调节阀或抽气系统的调节量等);

d) 对试验方法的全面说明,包括酒精燃烧时间和通电加热时间;

e) 试验时可燃烧材料的质量损失(准确度为±10%)及释放热量(MJ)的计算值(如果可能);

f) 整个试验过程的温度记录值,从试验开始起(酒精点燃时开始),每隔 2 min 或更短的时间记录一次;

g) 整个试验过程中,在测量段内传输的可见光的连续记录值(%);

h) 在整个试验过程中,每隔 2 min 或更短的时间测量的测量段内的空气流量(m^3/s);

i) 试品上可见的燃烧状态。

28.8 试验结果的评价准则

如果试品满足下列要求,则认为试验合格:

a) 在整个试验过程中,在烟囱内的测量段中的气体对周围环境温度的温升应不超过 420 K;

b) 辐射板断电后 5 min(即试验开始后的 45 min),在烟囱内的测量段中的气体对周围环境温度的温升应不超过 140 K,且在 10 min 后的测量期间内,此温升值应呈下降趋势;

c) 试验开始后 60 min,在烟囱内的测量段中的气体温升应不超过 80 K,该条件用以表明火焰已经熄灭;

注:如果储存的热能阻止了自然气流的温度下降,则可允许有较高的温升。

d) 在试验开始后的 20 min 至 60 min 期间,测量段中透光率(换算到 1m 长的穿过烟雾的光学路径)的算术平均值应不低于 20%。

29 偏差

偏差应按 GB 1094.1 的规定。

30 防止直接接触的保护

当变压器因其结构特点不能防止直接接触时,应按国家法规提供一块可见的标牌(警告牌或特殊标志),以提示变压器有危险不得靠近。

31 外壳防护等级

变压器外壳应根据变压器安装场所的位置和环境条件来进行设计。外壳防护等级应按 GB 4208 的规定。

32 接地端子

变压器应有一个接地端子供保护导线连接用,所有裸露的不带电金属构件,均应通过在结构上采取措施或采用其他方式接到接地端子上。

33 询价和订货时需要的信息

询价和订货时需要的信息参见 GB 1094.1。

34 安装和安全方面的信息

安装和安全方面的信息参见附录 D。

附 录 A
（资料性附录）
本部分章、条、表编号与 IEC 60076-11:2004 章、条、表编号对照

表 A.1 给出了本部分章、条编号与 IEC 60076-11:2004 章、条编号对照一览表。

表 A.1 本部分章、条编号与 IEC 60076-11:2004 章、条编号对照

本部分章、条编号	对应的 IEC 60076-11:2004 章、条编号
34	—
附录 A	—
附录 B	—
附录 C	—
附录 D	附录 A
注：本部分的其他章、条编号与 IEC 60076-11:2004 的其他章、条编号均相同且内容对应。	

表 A.2 给出了本部分表的编号与 IEC 60076-11:2004 表的编号对照一览表。

表 A.2 本部分表的编号与 IEC 60076-11:2004 表的编号对照

本部分表的编号	对应的 IEC 60076-11:2004 表的编号
表 3	表 3 和表 4
表 4	表 5
表 5	表 6
注：本部分的其他表的编号与 IEC 60076-11:2004 的其他表的编号均相同且内容对应。	

附 录 B
（资料性附录）
本部分与 IEC 60076-11:2004 的技术性差异及其原因

表 B.1 给出了本部分与 IEC 60076-11:2004 技术性差异及其原因一览表。

表 B.1 本部分与 IEC 60076-11:2004 的技术性差异及其原因

本部分章条编号	技术性差异	原 因
1	设备最高电压的适用范围改为“40.5 kV 及以下”。	扩大标准的适用范围，以适合我国国情。
2	引用了采用国际标准的我国标准，而非国际标准。 只引用了 IEC 60071 的第 1 部分。	适合我国国情。 其他部分在正文中未直接引用。
4.4	删除 4.4 中“对于所设计的变压器，如果不是在 4.2 中所列出的正常使用条件下工作(如：冷却空气温度高或安装地点的海拔高于1 000 m)，则有关其在规定限值内的额定值和试验方面的补充要求见 11.2 和 11.3”内容。	该内容与 4.2.1 中的内容重复。
9.1 中的 f)	增补“注 1：当各绕组的绝缘系统温度相同时，可只标注一个字母”。 增补“注 2：当无法用字母标注时，可改用温度(绝缘系统温度的摄氏度)标注”。	简化铭牌标注内容。 考虑到有些耐热等级的绝缘材料目前没有对应的温度等级字母。
9.1 中的 p)	将最后面的内容“铭牌上应标出所有绕组的额定耐受电压，其标志的原则见 GB 1094.3”移到“p)”款后面，并加括号。	相近的内容应合并到一起。
12.1	表 3 中增加“标称系统电压”栏；将设备最高电压“36 kV”改为“40.5 kV”；将额定短时外施耐受电压“28 kV”改为“35 kV”。 表 3 中增补“注：如用户另有要求，绝缘水平也可参照附录 C 的规定选取，但应在订货合同中注明”。 删除 IEC 标准表 4 的内容(即北美地区的绝缘水平)。	适合我国国情。 适用于出口产品，同时也使附录 C 的内容与正文衔接。 北美地区的绝缘水平不适合我国国情。
14	增补“定期的型式试验应至少每五年进行一次”内容。	有利于控制产品质量。
22.4.1.1 和 22.4.1.2	将 22.4.1.1 的图 3 和 22.4.1.2 的图 4 中的部分“U_r”改为“U”。	IEC 原文图中的表示不确切。
27.1	将条标题改为“概述”。	以便与其他章、条的内容相互协调。
27.3	将条标题改为“C1 级变压器的气候试验(热冲击试验)”。	以便使章标题与条文的内容相互对应。
27.4	将条标题改为“C2 级变压器的气候试验(热冲击试验)”。	以便使章标题与条文的内容相互对应。
34	增加“安装和安全方面的信息”。	IEC 原文中该附录的内容在正文中未被引用。本部分增加该章，以使附录 D 的内容与标准正文相衔接。
附录 C	将 IEC 标准中有关北美地区的绝缘水平作为资料性附录列出。	供出口产品参考选用。

附　录　C
（资料性附录）
IEC 60076-11:2004 中有关北美地区的绝缘水平

IEC 60076-11:2004 中有关北美地区的绝缘水平见表 C.1。

表 C.1　绝缘水平——按北美实践

用于系统基本绝缘水平为 200 kV 及以下的干式变压器的绝缘水平												
最高系统（相间）电压 kV	标称系统（相间）电压 kV	低频电压绝缘水平 kV(r.m.s)	常用的基本雷电冲击绝缘水平（峰值，波前时间 1.2 μs）									
			10	20	30	45	60	95	110	125	150	200
0.25	0.25	2.5	—									
0.6	0.6	3	*S*	a	a							
1.2	1.2	4	*S*	a	a							
2.75	2.5	10		*S*	a	a						
5.6	5	12			*S*	a	a					
9.52	8.7	19				*S*	a	a				
15.5	15	34					*S*	a	a			
18.5	18	40						*S*	a	a		
25.5	25	50						b	*S*	a	a	
36.5	34.5	70								b	*S*	a
截波：最小闪络时间/μs			1	1	1	1.3	2	2	1.8	2	2.3	2.7

S——标准值；

[a] 在遭受过电压且要求保护裕度更大时，选用较高的绝缘水平值；

[b] 当避雷器可用更低的闪络水平时，选用较低的绝缘水平。

附 录 D
（资料性附录）
干式变压器的安装与安全

D.1 使用说明书

制造单位，特别是向指定用户供应样机产品的制造单位，应向用户提供有关产品的使用说明书，该说明书应包括安装要求、运输要求、起吊、维护和运行等方面的内容。除非合同另有规定，提前向用户提供使用说明书是一种好的作法，因为这将使用户能对安装的正确性进行检查。此外，如果合适，还可对组织运输和起吊所采取的措施进行检查。

D.2 安装与安全

D.2.1 概述

变压器使用中的安全，可以从各方面来考虑：

a） 变压器自身的安全，以避免因其内部故障带来危险；

b） 安装中须采取的安全措施，以防意外事故发生；

c） 限制外部事故的影响。

有关改善上述 b）和 c）中的安全方面所采取的措施，应在国家法规中规定。

需遵守的安装要求应在国家标准中规定。

注：本附录内容应优先采用国家法规。

以下条款均用示例给出了供、需双方须采取的措施，以保证其安全达到可接受的程度。

D.2.2 变压器自身的安全

如果满足本部分的规定，则表明变压器具有防止内部出现危险故障所需的可靠性。对于主要附件，则应符合相关的标准。应遵守制造单位关于变压器负载能力的规定，负载导则按 GB/T 17211。

可能需要注意以下几个特殊方面：

——绝缘水平和绝缘试验；

——由保证损耗和试验测得的损耗所产生的最大热量；

——运行中的最高温度；

——使用说明书中要强调变压器及其附件和保护装置的系统性维护；

——使用说明书要给出有关维护条件的指导；

——在有火灾（内部或外部）危险的场合，应使用 F1 级变压器。

D.2.3 安装注意事项

安装注意事项应在国家法规和国家标准中规定。

安装设计人员应考虑下述尚不详尽的事项：

——变压器室的通风冷却系统应足以使周围的环境空气温度低于规定的最高温度限值；

——对由电力系统内部或由雷电引起的瞬变过电压，应具有足够的保护能力；

——有关过电流保护及承受变压器内部短路的能力；

——有关变压器上的其他保护（温度指示装置上的触点等）和安装设施中的其他保护（继电器、熔断器等）；

——有关因变压器自身或其他原因引发的火灾的危害性、后果以及注意事项；

——严禁接近，以免接触带电部件或高温部件，并在有故障时限制人们在场；

——对安装设施以外的噪声进行抑制；

——可能需要对母线或电缆所产生的磁场进行抑制；

——要防止周围空气污染；

——要防止气体产生和聚积。

D.2.4 安装设计人员应做好的事项

安装设计人员应做好如下事项：

——具备足够的通风能力，以使变压器周围的空气温度低于4.2.3给出的上限值，供、需双方另有协议时除外；

——具有足够的措施，以使变压器周围的空气温度高于4.2.3给出的下限值，供、需双方另有规定时除外；

——对各种瞬变过电压进行充分的保护；

注：对于断路器在励磁电流过零时进行切断所产生的瞬变过电压，要给予密切关注。这种瞬变现象在单断路器动作期间，常常会重复出现几次，从而使过电压峰值会逐步上升。

——在过电流值相当大时，要有一台装置或一个系统能立即切断变压器电源；

——要使变压器不受附近热源的影响；

——为了安全，须采取禁止接近的措施；

——如有必要，要抑制安装设施外部的噪声；

——要对安装设施外的磁场（主要由连接线或母线所产生的）辐射进行抑制，其主要抑制方法为：在安装设施内部设置磁屏，或使其与磁场源之间距离足够大。

ICS 59.060.10
B 32

中华人民共和国国家标准

GB 1103—2007
代替 GB 1103—1999

棉花　细绒棉

Cotton—Upland cotton

2007-06-05 发布　　2007-09-01 实施

中华人民共和国国家质量监督检验检疫总局
中国国家标准化管理委员会　发布

前言

本标准4.9.2、4.9.3、4.9.4条款为推荐性，其余为强制性。

本标准与GB 1103—1999相比，修订的主要内容如下：

——重新修订了“主体品级、准重、公定重量、危害性杂物”的定义。

——增加了“异性纤维、成包皮棉异性纤维含量、色特征级”的定义。

——明确将成包皮棉的抽样及检验分为“按批检验”和“逐包检验”两种情况。

——明确棉花长度采用手扯尺量法检验或大容量快速棉纤维测试仪（以下简称“HVI”）检验。HVI检验采用上半部平均长度。棉花手扯长度实物标准根据HVI测定的棉花上半部平均长度结果定值。采用手扯尺量法检验时，应经常采用棉花手扯长度实物标准进行校准。

——将马克隆值级由三级修订为三级五档。

——增加了成包皮棉异性纤维含量分档内容。明确了棉花加工单位对成包皮棉异性纤维含量检验的抽样、检验方法和质量标识的要求。棉花交易时，要求对批量交易成包皮棉异性纤维进行定量或定性检验的，可由交易有关方面协商确定具体的抽样方法和抽样数量。

——明确成包皮棉按批检验可采用HVI检验。

——增加了长度整齐度指数、断裂比强度的分档内容。

——明确了本标准所涉及的断裂比强度均采用3.2 mm隔距，HVI校准棉花标准（HVICC）的校准水平。

——增加了成包皮棉逐包检验的抽样方法、数量和检验顺序。

——明确了逐包检验的成包皮棉在加工后先行顺序堆放，取得检验结果后，棉花加工单位可按检验结果和买方需求组批销售。

——取消了“七级以下为级外棉”的规定。

——取消了“五级棉花长度大于27 mm，按27毫米级计”的限制。

——增加了“32毫米”长度级。

——棉花回潮率最高限度由10.5%改为10.0%。

——明确了皮棉成包时可使用回潮率在线自动检测装置测定回潮率。

——明确了采用“逐包检验”的棉花的杂质检验，按同一籽棉大垛、同一天、同一条生产线加工的棉包作为一个含杂率检验单元，检验结果作为该单元每包棉花的含杂率。

本标准由国家质量监督检验检疫总局提出。

本标准由中国纤维检验局归口。

本标准起草单位：中国纤维检验局、农业部种植业管理司、中国棉花协会、中国棉纺织行业协会。

本标准主要起草人：徐水波、杨照良、何永政、于小新、熊宗伟、王丹涛、刘孝峰、康玉国、程隆棣、唐淑荣、江风。

本标准所代替标准的历次版本发布情况为：

——GB 1103—1972、GB 1103—1999。

引　言

2003年9月，国务院批准了《棉花质量检验体制改革方案》(以下简称《方案》)。同年12月，国家发改委会同国家质检总局、财政部、供销总社和农业发展银行联合下发了《关于印发棉花质量检验体制改革方案的通知》(发改经贸〔2003〕2225号)。

国务院批准的《方案》确定，由专业纤检机构对棉花加工企业生产大包型棉花逐包实行仪器化公证检验，并要求抓紧研制中国棉花色特征图，制定仪器化检验棉花质量标准，从2004棉花年度开始在改革试点中试用和验证，在试用和进一步扩大验证试验的基础上加以完善，发布实施。

据此，中国纤维检验局牵头成立仪器化检验国家标准起草小组，制定了《仪器化检验棉花质量标准(草案)》，并在2004棉花年度棉花质量检验体制改革试点期间进行验证。针对验证中暴露出的问题和有关情况，有关部门联合制定发布了《棉花质量仪器化公证检验技术规范(试行)》(以下简称仪器化检验技术规范)，从2005棉花年度开始，在棉花质量检验体制改革推行中试行，并扩大了验证范围和覆盖面。

因此，当前我国棉花流通中同时实施两套棉花质量标准：一是GB 1103—1999《棉花　细绒棉》(以下简称GB 1103)，其适用范围是按现行体制要求加工生产的小包型棉花；二是《棉花质量仪器化公证检验技术规范(试行)》，其适用范围是按新体制要求加工生产的大包型棉花。与此相对应，对加工成包皮棉质量有两种检验方法：一种是依据GB 1103标准，以目测手扯感官为主，辅之以常规仪器的检验方法，并按批检验出证；另一种是依据仪器化检验技术规范，采用棉花大容量快速测试仪(简称HVI)的检验方法，并逐包检验出证。

在目前GB 1103与仪器化检验技术规范并行中，暴露出两套质量评价体系之间不统一，存在一些不相衔接的问题，主要表现在：HVI检验的棉花色特征级与现行感官检验的棉花品级不一致，HVI检验的上半部平均长度与现行感官检验的手扯长度不一致等，由此给棉花市场交易、贸易结价带来一定困难。为此，有关部门要求尽快对GB 1103棉花标准进行修订。要求修订后的标准既适用于感官检验，又适用于仪器化检验；既要符合中国国情现实可行，又能体现仪器化检验作为棉花标准改革的方向。修订后的棉花标准是适用于棉花流通的唯一标准，适用于棉花流通各个不同环节，适用于符合规定的不同包型。本标准就是在这样的背景下进行修订的。

棉花 细绒棉

1 范围

本标准规定了细绒棉的质量要求、分级规定、检验方法、检验规则、检验证书、包装及标志、储存与运输要求等。

本标准适用于生产、收购、加工、贸易、仓储和使用的细绒棉。

2 规范性引用文件

下列文件中的条款通过本标准的引用而成为本标准的条款。凡是注日期的引用文件，其随后所有的修改单(不包括勘误的内容)或修订版均不适用于本标准，然而，鼓励根据本标准达成协议的各方研究是否可使用这些文件的最新版本。凡是不注日期的引用文件，其最新版本适用于本标准。

GB/T 6102.1 原棉回潮率试验方法 烘箱法

GB/T 6102.2 原棉回潮率试验方法 电测器法

GB/T 6498 棉纤维“马克隆值”试验方法

GB/T 6499 原棉含杂率试验方法

GB/T 8170 数值修约规则

GB/T 13786 棉花分级室的模拟昼光照明

GB/T 19617 棉花长度试验方法 手扯尺量法

GB/T 20392 HVI 棉纤维物理性能试验方法

3 术语和定义

下列术语和定义适用于本标准。

3.1

主体品级 cotton modal grade

按批检验时，占 80%及以上的品级，其余品级仅与其相邻。

3.2

毛重 gross weight

棉花及其包装物重量之和。

3.3

净重 net weight

毛重扣减包装物重量后的重量。

3.4

准重 conventional weight

净重按棉花实际含杂率折算成标准含杂率后的重量。

3.5

公定重量 conditioned weight

准重按棉花实际回潮率折算成公定回潮率后的重量。

3.6

籽棉准重衣分率 conventional lint percentage of seed cotton

从籽棉上轧出的皮棉准重占相应籽棉重量的百分率。

3.7

籽棉公定衣分率　conditioned lint percentage of seed cotton

从籽棉上轧出的皮棉公定重量占相应籽棉重量的百分率。

3.8

异性纤维　foreign fiber

混入棉花中的非棉纤维和非本色棉纤维，如化学纤维、毛发、丝、麻、塑料膜、塑料绳、染色线(绳、布块)等。

3.9

成包皮棉异性纤维含量　the content of foreign fiber in a baled cotton

成包皮棉异性纤维含量是指从样品中挑拣出的异性纤维的重量与被挑拣样品重量之比，用克每吨(g/t)表示。

3.10

危害性杂物　dangerous foreign matters

混入棉花中的硬杂物和软杂物，如金属、砖石及异性纤维等。

3.11

色特征级　cotton color grade

依据棉花色特征划分的级别。棉花样品的反射率(Rd)和黄色深度(+b)测试值在棉花色特征图上的位置所对应的级别。

4　质量要求

4.1　品级

根据棉花的成熟程度、色泽特征、轧工质量，棉花品级分为7个级，即一至七级。三级为品级标准级。

4.1.1　品级条件

棉花品级条件见表1。

表1　品级条件

品级	籽　　棉	皮辊棉			锯齿棉		
		成熟程度	色泽特征	轧工质量	成熟程度	色泽特征	轧工质量
一级	早、中期优质白棉，棉瓣肥大，有少量一般白棉和带淡黄尖、黄线的棉瓣，杂质很少	成熟好	色洁白或乳白，丝光好，稍有淡黄染	黄根、杂质很少	成熟好	色洁白或乳白，丝光好，微有淡黄染	索丝、棉结、杂质很少
二级	早、中期好白棉，棉瓣大，有少量轻雨锈棉和个别半僵棉瓣，杂质少	成熟正常	色洁白或乳白，有丝光，有少量淡黄染	黄根、杂质少	成熟正常	色洁白或乳白，有丝光，稍有淡黄染	索丝、棉结、杂质少
三级	早、中期一般白棉和晚期好白棉，棉瓣大小都有，有少量雨锈棉和个别僵瓣棉，杂质稍多	成熟一般	色白或乳白，稍见阴黄，稍有丝光，淡黄染、黄染稍多	黄根、杂质稍多	成熟一般	色白或乳白，稍有丝光，有少量淡黄染	索丝、棉结、杂质较少
四级	早、中期较差的白棉和晚期白棉，棉瓣小，有少量僵瓣或轻霜、淡灰棉，杂质较多	成熟稍差	色白略带灰、黄，有少量污染棉	黄根、杂质较多	成熟稍差	色白略带阴黄，有淡灰、黄染	索丝、棉结、杂质稍多

表 1（续）

品级	籽 棉	皮辊棉			锯齿棉		
		成熟程度	色泽特征	轧工质量	成熟程度	色泽特征	轧工质量
五级	晚期较差的白棉和早、中期僵瓣棉，杂质多	成熟较差	色灰白带阴黄，污染棉较多，有糟绒	黄根、杂质多	成熟较差	色灰白有阴黄，有污染棉和糟绒	索丝、棉结、杂质较多
六级	各种僵瓣棉和部分晚期次白棉，杂质很多	成熟差	色灰黄，略带灰白，各种污染棉、糟绒多	杂质很多	成熟差	色灰白或阴黄，污染棉、糟绒较多	索丝、棉结、杂质多
七级	各种僵瓣棉、污染棉和部分烂桃棉，杂质很多	成熟很差	色灰暗，各种污染棉、糟绒很多	杂质很多	成熟很差	色灰黄，污染棉、糟绒多	索丝、棉结、杂质很多

4.1.2 品级条件参考指标

品级条件参考指标见表 2。

表 2 品级条件参考指标

品级	成熟系数 ≥	断裂比强度/(cN/tex) ≥	轧工质量				
			皮辊棉		锯齿棉		
			黄根率/% ≤	毛头率/% ≤	疵点/(粒/100 g) ≤	毛头率/% ≤	不孕籽含棉率/%
一级	1.6	30	0.3	0.4	1 000	0.4	20～30
二级	1.5	28	0.3	0.4	1 200	0.4	20～30
三级	1.4	28	0.5	0.6	1 500	0.6	20～30
四级	1.2	26	0.5	0.6	2 000	0.6	20～30
五级	1.0	26	0.5	0.6	3 000	0.6	20～30

注 1：疵点包括破籽、不孕籽、索丝、软籽表皮、僵片、带纤维籽屑及棉结七种。

注 2：轧工质量指标也是对皮棉的质量要求。

注 3：断裂比强度为 3.2 mm 隔距，HVI 校准棉花标准（HVICC）校准水平。

4.1.3 根据品级条件和品级条件参考指标，制作品级实物标准。品级条件也是籽棉“四分”（分摘、分晒、分存、分售）的依据。

4.1.4 品级实物标准

4.1.4.1 品级实物标准分基本标准和仿制标准。

4.1.4.2 同级籽棉在正常轧工条件下轧出的皮棉产生同级皮辊棉、锯齿棉基本标准。

注：符合表 2 轧工质量参考指标要求，视为正常轧工条件。

4.1.4.3 基本标准分保存本、副本、校准本。保存本为基本标准每年更新的依据；副本为品级实物标准仿制的依据；校准本用于仿制标准损坏、变异等情况下的修复、校对。

4.1.4.4 皮辊棉、锯齿棉仿制标准根据基本标准副本的品级程度进行仿制。

4.1.4.5 皮辊棉、锯齿棉仿制标准是评定棉花品级的依据。各级实物标准都是底线。

4.1.4.6 黄棉、灰棉、拔杆剥桃棉，由各产棉省、自治区、直辖市参照基本标准副本的品级程度制作参考棉样。最高品级不高于四级。

4.1.4.7　基本标准和仿制标准应每年更新，并保持各级程度的稳定。

4.1.4.8　基本标准和仿制标准使用期限为一年（自当年九月一日至次年八月三十一日）。

4.2　长度

4.2.1　长度以1 mm为级距，分级如下：

25毫米，包括25.9 mm及以下；

26毫米，包括26.0 mm～26.9 mm；

27毫米，包括27.0 mm～27.9 mm；

28毫米，包括28.0 mm～28.9 mm；

29毫米，包括29.0 mm～29.9 mm；

30毫米，包括30.0 mm～30.9 mm；

31毫米，包括31.0 mm～31.9 mm；

32毫米，32.0 mm及以上。

4.2.2　长度规定

4.2.2.1　28毫米为长度标准级。

4.2.2.2　六、七级棉花的长度均按25毫米计，记为25.0 mm。

4.2.3　棉花手扯长度实物标准

棉花手扯长度实物标准根据HVI测定的棉花上半部平均长度结果定值。

4.3　马克隆值

4.3.1　马克隆值分三个级，即A、B、C级。B级分为B1、B2两档，C级分为C1、C2两档。B级为马克隆值标准级。

4.3.2　马克隆值分级分档范围见表3。

表3　马克隆值分级分档

分　级	分　档	范　围
A级	A	3.7～4.2
B级	B1	3.5～3.6
	B2	4.3～4.9
C级	C1	3.4及以下
	C2	5.0及以上

4.4　回潮率

棉花公定回潮率为8.5%，棉花回潮率最高限度为10.0%。

4.5　含杂率

棉花标准含杂率，皮辊棉为3.0%，锯齿棉为2.5%。

4.6　断裂比强度

断裂比强度分档见表4。

表4　断裂比强度分档

断裂比强度范围/(cN/tex)	分　档
＜24.0	很差
24.0～25.9	差

表 4（续）

断裂比强度范围/(cN/tex)	分　档
26.0～28.9	中等
29.0～30.9	强
≥31.0	很强
注：断裂比强度为 3.2 mm 隔距，HVICC 校准水平。	

4.7　**长度整齐度指数**

长度整齐度指数分档见表 5。

表 5　长度整齐度指数分档

长度整齐度指数范围/%	分　档
<77.0	很低
77.0～79.9	低
80.0～82.9	中等
83.0～85.9	高
≥86.0	很高

4.8　**危害性杂物**

4.8.1　**采摘、交售、收购和加工棉花中的要求**

4.8.1.1　在棉花采摘、交售、收购和加工中严禁混入危害性杂物。

4.8.1.2　采摘、交售棉花，禁止使用易产生异性纤维的非棉布口袋，禁止用有色的或非棉线、绳扎口。

4.8.1.3　收购、加工棉花时，发现混有金属、砖石、异性纤维及其他危害性杂物的，必须挑拣干净后方可收购、加工。

4.8.2　**成包皮棉异性纤维含量分档及代号**

成包皮棉异性纤维含量分档及代号见表 6。

表 6　成包皮棉异性纤维含量分档及代号

含量范围/(g/t)	<0.10	0.10～0.39	0.40～0.80	>0.80
程度	无	低	中	高
代号	N	L	M	H

4.9　**色特征**

4.9.1　**反射率和黄色深度**

反射率和黄色深度用于反映棉花的色特征。

4.9.2　**色特征级**

棉花按色特征分为白棉、淡黄染棉、黄染棉 3 种类型，共 13 个色特征级。

色特征级用两位数字表示，第一位是级别，第二位是类型。

白棉分 6 个色特征级，代号分别为：11、21、31、41、51、61；

淡黄染棉分 4 个色特征级，代号分别为：12、22、32、42；

黄染棉分 3 个色特征级，代号分别为：13、23、33；

31 为色特征级标准级。

4.9.3 色特征图

色特征级的分布和范围由色特征图表示，见图 1。

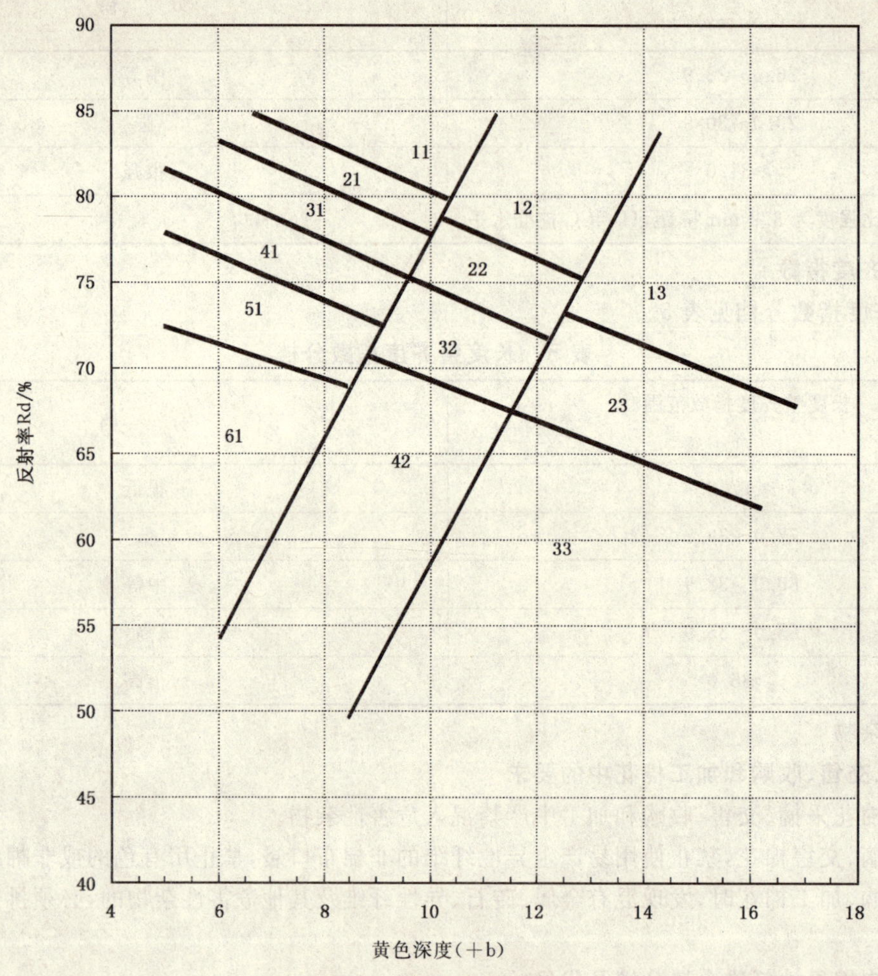

图 1 棉花色特征图

4.9.4 色特征级的确定

棉花样品表面反射率和黄色深度的测试结果，在棉花色特征图上的位置所对应的色特征级，即为该棉花样品的色特征级。

5 抽样

5.1 抽样原则

5.1.1 抽样应具有代表性。

5.1.2 抽样分籽棉抽样和成包皮棉抽样。

5.2 籽棉抽样

5.2.1 收购籽棉每 500 kg(不足 500 kg 的按 500 kg 计)抽样数量不少于 1.5 kg。

5.2.2 籽棉大垛以垛为单位抽样，抽样数量：10 t 及以下大垛抽样 10 kg；10 t 以上，50 t 及以下大垛抽样 20 kg；50 t 以上大垛抽样 25 kg。

5.2.3 收购籽棉采取多点随机取样方法。

5.2.4 籽棉大垛采取在不同方位、多点、多层随机取样方法，取样深度不低于 30 cm。

5.3 成包皮棉抽样

成包皮棉抽样分按批检验抽样和逐包检验抽样。

5.3.1　按批检验抽样

5.3.1.1　成包皮棉抽样：每10包(不足10包的按10包计)抽1包。从每个取样棉包包身上部开包后，去掉棉包表层棉花，抽取完整成块样品约300 g，形成批样。抽完批样样品后，再往棉包内层于距棉包外层10 cm～15 cm处，抽取回潮率检验样品约100 g，装入取样筒内密封，形成回潮率检验批样。严禁在包头取样。

5.3.1.2　皮棉滑道抽样：棉花加工单位可以从皮棉滑道上抽样。在整批棉花的成包过程中，每10包(不足10包的按10包计)抽样一次。每次随机抽取约300 g样品，形成批样，供品级、长度、马克隆值和含杂率检验；每次随机抽取约100 g样品供回潮率检验；每次随机抽取约2 kg样品，全部样品合并作为该批棉花异性纤维含量的检验批样。

5.3.2　逐包检验抽样

5.3.2.1　逐包检验抽样仅适用于包重为(227±10)kg的棉包。

5.3.2.2　使用专用取样装置，在每个棉包两侧面中部分别切取长260 mm、宽105 mm或124 mm、重量不少于125 g的切割样品。

5.3.2.3　取样时，将每个切割样品按层平均分成两半，其中一个切割样品中对应棉包外侧的一半和另一个切割样品中对应棉包内侧的一半合并形成一个检验用样品，剩余的两半合并形成备用样品。棉花样品应保持原切取的形状、尺寸，即样品为长方形且平整不乱。

5.3.2.4　检验用样品供品级、含杂率检验和HVI的长度、长度整齐度指数、断裂比强度、马克隆值、反射率、黄色深度和色特征级检验。

5.3.2.5　异性纤维抽样：棉花加工单位在加工过程中，对同一籽棉大垛、同一天、同一条生产线加工的棉包，从皮棉滑道上每10包随机一次抽取约2 kg样品，全部样品合并作为相应棉包异性纤维含量的检验批样。

5.3.3　棉花交易时，要求对批量交易成包皮棉异性纤维进行定量或定性检验的，可由交易有关方面协商确定具体的抽样方法和抽样数量。

6　检验方法

6.1　品质检验

6.1.1　品级检验

6.1.1.1　检验品级，以品级实物标准结合品级条件确定。

6.1.1.2　品级检验应在棉花分级室进行，分级室应符合GB/T 13786或具备北窗光线。

6.1.1.3　逐样检验品级。检验时，手持棉样，压平、握紧，使棉样密度与品级实物标准密度相近，在实物标准旁进行对照确定品级，逐样记录检验结果。

6.1.1.4　按批检验时，计算批样中各品级的百分比(计算结果保留一位小数)。有主体品级的，要确定主体品级，检验结果按主体品级和各相邻品级所占百分比出证；无主体品级的，按各品级所占百分比出证。

6.1.1.5　逐包检验时，逐包出具品级检验结果。

6.1.2　长度检验

6.1.2.1　棉花长度检验分手扯尺量法检验和HVI检验，以HVI检验为准。

6.1.2.2　棉花手扯长度实物标准作为校准手扯尺量长度的依据。采用手扯尺量法检验时，应经常采用棉花手扯长度实物标准进行校准。

6.1.2.3　按批检验时，长度采用手扯尺量法检验或HVI逐样检验，分别按GB/T 19617或GB/T 20392执行。计算批样中各试样长度的算术平均值及各长度级的百分比。长度平均值对应的长度级定为该批棉花的长度级。

6.1.2.4　逐包检验时，长度采用HVI检验，按GB/T 20392执行。逐包出具长度和长度级检验结果。

6.1.2.5 长度检验结果保留一位小数。

6.1.3 **马克隆值检验**

6.1.3.1 按批检验时，马克隆值按 GB/T 6498 或 GB/T 20392 进行检验。按 GB/T 6498 检验时，随机抽取批样数量的 30％作为马克隆值试验样品，逐样测试马克隆值；按 GB/T 20392 检验时，逐样测试马克隆值。各个试验样品，根据马克隆值分别确定其马克隆值级及档次。计算批样中各马克隆值级所占的百分比，其中百分比最大的马克隆值级定为该批棉花的主体马克隆值级；计算批样中各档百分比及各档平均马克隆值。检验结果按主体马克隆值级及各级、各档所占百分比和各档的平均马克隆值出证。

6.1.3.2 逐包检验时，马克隆值采用 HVI 检验，按 GB/T 20392 执行。逐包出具马克隆值及相应值级及档次检验结果。

6.1.3.3 马克隆值检验结果保留一位小数。

6.1.4 **异性纤维含量检验**

6.1.4.1 异性纤维含量检验仅适用于成包皮棉，采用手工挑拣方法。

6.1.4.2 棉花加工单位对从皮棉滑道上抽取的异性纤维检验批样进行检验，其结果作为该批样所对应棉包的异性纤维含量检验结果。

6.1.4.3 异性纤维含量检验结果保留两位小数。

6.1.5 **断裂比强度检验**

6.1.5.1 断裂比强度按 GB/T 20392 逐样进行检验。

6.1.5.2 按批检验时，计算批样中各档百分比及各档平均值，检验结果按各档所占百分比和各档的平均值出证。

6.1.5.3 逐包检验时，逐包出具断裂比强度和档次检验结果。

6.1.5.4 断裂比强度检验结果保留一位小数。

6.1.6 **长度整齐度指数检验**

6.1.6.1 长度整齐度指数按 GB/T 20392 逐样进行检验。

6.1.6.2 按批检验时，计算批样中各档百分比及各档平均值，检验结果按各档所占百分比和各档的平均值出证。

6.1.6.3 逐包检验时，逐包给出长度整齐度指数检验结果和档次。

6.1.6.4 长度整齐度指数结果保留一位小数。

6.1.7 **反射率、黄色深度和色特征级检验**

6.1.7.1 反射率、黄色深度和色特征级检验仅适用于逐包检验，执行 GB/T 20392，逐样给出检验结果。

6.1.7.2 反射率、黄色深度检验结果保留一位小数。

6.2 **重量检验**

6.2.1 **含杂率检验**

6.2.1.1 收购时可机检或估验，估验结果应经常与 GB/T 6499 检验结果对照。对估验结果有异议时，以 GB/T 6499 检验结果为准。

6.2.1.2 按批检验时，成包皮棉含杂率检验方法执行 GB/T 6499。

6.2.1.3 逐包检验时，以同一籽棉大垛、同一天、同一条生产线加工的棉包为一个含杂率检验单元。检验结果作为该单元每包棉花的含杂率。含杂率检验方法执行 GB/T 6499。

6.2.1.4 含杂率检验结果保留一位小数。

6.2.2 **回潮率检验**

6.2.2.1 回潮率批样取样后即验或密封后待验，待验须在 24 h 内完成。回潮率检验按 GB/T 6102.1 或 GB/T 6102.2 执行，以烘箱法为准。

6.2.2.2 皮棉成包时使用回潮率在线自动检测装置的，由该装置确定每包棉花的回潮率，以烘箱法为准。

6.2.2.3 回潮率检验结果保留两位小数。

6.2.3 籽棉折合皮棉的公定重量检验

6.2.3.1 每份试样称量 1 kg。籽棉试样用衣分试轧机加工。要求不出破籽，不带油污棉，轧工质量应符合表 2 轧工质量参考指标要求。将轧出的皮棉称量。称量都精确到 1 g。

6.2.3.2 籽棉准重衣分率按式(1)、式(2)计算，修约到 0.1 个百分点。

$$G_n = G \times \frac{100 - Z}{100 - Z_0} \qquad \cdots\cdots(1)$$

$$L_n = \frac{G_n}{G_0} \times 100 \qquad \cdots\cdots(2)$$

式中：

G_n——从籽棉试样轧出的皮棉准重，单位为克(g)；

G——从籽棉试样轧出的皮棉重量，单位为克(g)；

Z——轧出皮棉实际含杂率，%；

Z_0——皮棉标准含杂率，%；

L_n——籽棉准重衣分率，%；

G_0——籽棉试样重量，单位为克(g)。

6.2.3.3 一个以上试样时，以每个试样准重衣分率的算术平均值作为籽棉平均准重衣分率，计算修约到 0.1 个百分点。

6.2.3.4 籽棉公定衣分率按式(3)计算，修约到 0.1 个百分点。

$$L_0 = \frac{G}{G_0} \times \frac{(100 - Z) \times (100 + R_0)}{(100 - Z_0) \times (100 + R)} \times 100 \qquad \cdots\cdots(3)$$

式中：

L_0——籽棉公定衣分率，%；

R_0——棉花公定回潮率(8.5)，%；

R——轧出皮棉实际回潮率，%。

6.2.3.5 一个以上试样时，以每个试样籽棉公定衣分率的算术平均值作为籽棉平均公定衣分率，计算修约到 0.1 个百分点。

6.2.3.6 籽棉折合皮棉的公定重量按式(4)计算，修约到 0.1 kg。

$$W_L = L \times W_0 \qquad \cdots\cdots(4)$$

式中：

W_L——籽棉折合皮棉的公定重量，单位为千克(kg)；

W_0——籽棉重量，单位为千克(kg)；

L——相应籽棉公定衣分率，%。即一个试样时为 L_0，一个以上试样时为各试样的平均公定衣分率。

6.2.4 成包皮棉公定重量检验

6.2.4.1 按批检验的成包皮棉，由棉花加工单位逐包称量并标注毛重；逐包检验的成包皮棉，由棉花加工单位逐包自动称量并标注毛重。出厂后，以批为单位进行公定重量检验。称量毛重的衡器精度不低于 1‰。称量时，应尽量接近衡器最大量程。

6.2.4.2 根据批量大小，从批中抽取有代表性的棉包 2 包～5 包，开包称取包装物重量，计算单个棉包包装物的平均重量，修约到 0.01 kg。

6.2.4.3 每批棉花净重按式(5)计算，修约到 0.001 t。

$$W_2 = (W_1 - N \times M)/1\,000 \qquad \cdots\cdots(5)$$

式中：

W_2——一批棉花净重,单位为吨(t);

W_1——一批棉花毛重,单位为千克(kg);

N——一批棉花棉包数量;

M——单个棉包包装物平均重量,单位为千克(kg)。

6.2.4.4 每批棉花准重按式(6)计算,修约到0.001 t。

$$W_3 = W_2 \times \frac{100-\bar{Z}}{100-Z_0} \qquad \cdots\cdots(6)$$

式中:

W_3——一批棉花准重,单位为吨(t);

$\bar{Z}$——一批棉花平均含杂率,%。

6.2.4.5 每批棉花的公定重量按式(7)计算,修约到0.001 t。

$$W = W_2 \times \frac{(100-\bar{Z}) \times (100+R_0)}{(100-Z_0) \times (100+\bar{R})} \qquad \cdots\cdots(7)$$

式中:

W——一批棉花公定重量,单位为吨(t);

$\bar{R}$——一批棉花平均回潮率,%。

6.2.5 数值修约

均按GB/T 8170执行。

7 检验规则

7.1 检验项目

7.1.1 籽棉收购检验项目:品级、长度、回潮率、含杂率、籽棉公定衣分率、籽棉折合皮棉的公定重量。

7.1.2 成包皮棉检验项目分按批检验的检验项目和逐包检验的检验项目。

7.1.2.1 按批检验项目包括:品级、长度、马克隆值、异性纤维、回潮率、含杂率、公定重量,如采用HVI检验,增加长度整齐度指数和断裂比强度检验项目。

7.1.2.2 逐包检验项目包括:品级、长度、马克隆值、异性纤维、回潮率、含杂率、毛重、长度整齐度指数、断裂比强度、反射率、黄色深度、色特征级。

7.2 检验顺序

7.2.1 籽棉收购检验:籽棉倒包检验危害性杂物、籽棉称量、抽样、试样称量、试轧及轧出皮棉称量、从轧出皮棉中分别抽取样品检验回潮率、含杂率,其余样品供品级、长度检验。

7.2.2 成包皮棉按批检验:先从批样中抽取含杂率检验样品供含杂率检验,应避免杂质失落;剩余样品在检验品级后,再分别抽取样品进行长度和马克隆值检验或用HVI进行长度、马克隆值、长度整齐度指数、断裂比强度检验。回潮率批样供回潮率检验。

7.2.3 成包皮棉逐包检验:先按检验单元逐样抽取含杂率检验样品供含杂率检验,应避免杂质失落;在逐样对剩余样品先后进行品级和异性纤维定性检验之后,再用HVI进行长度、马克隆值、长度整齐度指数、断裂比强度、反射率、黄色深度和色特征级检验。

7.3 成包皮棉组批规则

7.3.1 按批检验

7.3.1.1 棉花加工单位应按相同类型、轧花方式对成包皮棉进行组批,并具有主体品级、长度级、主体马克隆值级,不符者应挑包整理。

7.3.1.2 成批棉花可以分证,不宜合证。如零星棉包需要合证,必须类型、轧花方式、主体品级、长度级及主体马克隆值级相同,回潮率相差不超过1%,含杂率相差不超过0.5%。合证后的回潮率、含杂率按加权平均计算。

7.3.2 **逐包检验**

逐包检验的成包皮棉在加工后先行顺序堆放，取得检验结果后，棉花加工单位可按检验结果和买方需求组批销售。

8 检验证书

8.1 棉花检验证书是棉花的质量凭证。按批检验的成包皮棉和逐包检验的成包皮棉均应出具棉花检验证书。

8.2 按批检验

8.2.1 经专业纤维检验机构公证检验的棉花，以专业纤维检验机构出具的检验证书为棉花的质量凭证；未经专业纤维检验机构检验的棉花，以供方提供的出厂检验证书为棉花的质量凭证；需方对供方提供的检验结果有异议的，可向专业纤维检验机构申请检验，以其出具的检验证书为准。

8.2.2 供方提供的按批检验的出厂检验证书应载明下列内容：产品名称、批号、包数、产地、加工单位、检验项目及检验结果(主体品级及各相邻品级的百分比，长度级及各长度级百分比，主体马克隆值级及各级、各档所占百分比和各档的平均马克隆值，异性纤维含量，回潮率，含杂率，毛重，公定重量)、检验单位、检验人员、签发证书日期、证书编号、证书有效期及备注(合证棉花需在备注中注明)。

8.2.3 专业纤维检验机构按批检验的棉花检验证书应载明下列内容：产品名称、检验依据、批号、包数、产地、加工单位、检验项目及结果(主体品级及各相邻品级的百分比、无主体品级的提供各品级百分比，长度级、各长度级百分比及平均长度，主体马克隆值级及各级、各档所占百分比和各档的平均马克隆值，异性纤维定性检验结果，回潮率，含杂率，毛重，公定重量)、检验单位、检验人员、签发证书日期、证书编号、证书有效期及备注。如采用HVI检验，证书内容应增加的检验项目及结果有长度整齐度指数、断裂比强度各档百分比及各档平均值。

8.3 逐包检验

由专业纤维检验机构逐包出具公证检验证书。证书应载明下列内容：棉包条码号及其载明内容(产品名称、产地、加工单位、流水包号、加工单位提供的回潮率、毛重和异性纤维含量等)、检验项目及结果(品级、长度值及长度级、马克隆值及相应马克隆值级及档次、异性纤维定性检验结果、长度整齐度指数及档次、断裂比强度及档次、反射率、黄色深度、色特征级和含杂率)、检验单位、签发证书日期、证书编号、证书有效期及备注。

8.4 棉花检验证书有效期一年，从签发之日起计算。超过证书有效期的棉花应重新进行检验，按重新检验结果出证。

9 包装和标志

9.1 包装

棉花成包时，必须包装完整，包型相同的各包重量相当。不得将棉短绒、不孕籽回收棉、油花、脚花及危害性杂物等混入包内。

9.2 棉花质量标识

9.2.1 按批检验的成包皮棉应标示棉花质量标识。

9.2.2 棉花质量标识按棉花类型、主体品级、长度级、主体马克隆值级顺序标示。

9.2.3 质量标识代号

类型代号：黄棉以字母“Y”标示，灰棉以字母“G”标示，白棉不作标示；

品级代号：一级至七级，用“1”…… “7”标示；

长度级代号：25毫米至32毫米，用“25” ……“32”标示；

马克隆值级代号：A、B、C级分别用A、B、C标示；

皮辊棉、锯齿棉代号：皮辊棉在质量标示符号下方加横线“—”表示；锯齿棉不作标示。

示例：

二级锯齿白棉，长度 29 毫米，主体马克隆值级 A 级，质量标识为：229A；

四级锯齿黄棉，长度 27 毫米，主体马克隆值级 B 级，质量标识为：Y427B；

四级皮辊白棉，长度 30 毫米，主体马克隆值级 B 级，质量标识为：430B；

五级锯齿白棉，长度 29 毫米，主体马克隆值级 C 级，质量标识为：529C；

五级皮辊灰棉，长度 28 毫米，主体马克隆值级 C 级，质量标识为：G528C；

六级锯齿灰棉，长度 27 毫米，主体马克隆值级 C 级，质量标识为：G625C。

9.3 标志

9.3.1 按批检验

9.3.1.1 对用棉布包装的棉包，在棉包两头用黑色刷明标志，内容包括：棉花产地（省、自治区、直辖市和县）、棉花加工单位、棉花质量标识、批号、包号、毛重、异性纤维含量代号、生产日期。

9.3.1.2 对用塑料包装的棉包，在棉包两头采取不干胶粘贴或其他方式固定标签，标签载明内容同 9.3.1.1。

9.3.2 逐包检验

9.3.2.1 采用条码作为棉包标志。

9.3.2.2 对用棉布包装的棉包，棉包两头用黑色刷明标志：棉花产地（省、自治区、直辖市和县）、棉花加工单位、包号（加工流水编号，不得重复）、毛重、异性纤维含量代号、生产日期。

9.3.2.3 棉布包装的棉包条码应固定在棉包两头。

9.3.2.4 对用塑料包装的棉包，在棉包两头固定条码作为标志，其标志内容同 9.3.2.2。

10 储存与运输

10.1 成包皮棉在贮存时要注意通风、防潮，防止发生霉变和火灾。

10.2 棉花在运输过程中，要防止火灾、水浸、雨淋和污染。

10.3 棉花运输要货证相符，货证同行。按批检验的，一批棉花原则上不得分开装运，特殊情况下确需分开装运的，要证书或证书复印件、码单或码单复印件及货运单据齐全；同一车（船）内装有几个批次等级的，要做到批次、等级分舱、分层装运。

10.4 在中转环节，供、需双方不得更改质量标识，不得伪造检验证书。

ICS 25.100.20
J 41

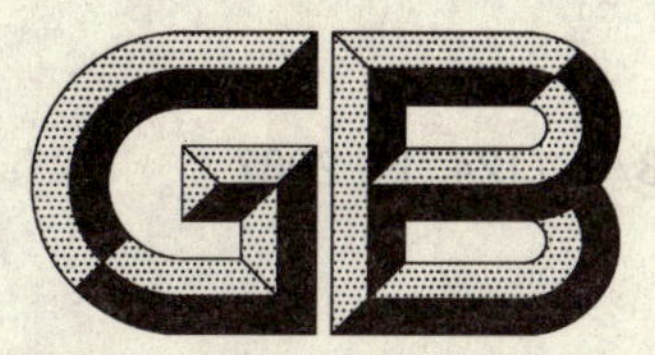

中华人民共和国国家标准

GB/T 1124.1—2007
代替 GB/T 1124.1—1996,GB/T 1124.2—1996

凸凹半圆铣刀 第1部分:型式和尺寸

Convex and concave milling cutters—Part 1:The types and dimensions

(ISO 3860:1976,Bore cutters with key drive—
Form milling cutters with constant profile,MOD)

2007-06-25 发布 2007-11-01 实施

中华人民共和国国家质量监督检验检疫总局
中国国家标准化管理委员会 发布

前　言

GB/T 1124《凸凹半圆铣刀》分为两个部分：

——第1部分：型式和尺寸；

——第2部分：技术条件。

本部分为GB/T 1124的第1部分。

本部分修改采用ISO 3860:1976《带孔和键传动的铣刀　具有固定齿形的成型铣刀》(英文版)。

本部分根据ISO 3860:1976重新起草。

本部分与ISO 3860:1976相比有下列技术差异和编辑性的修改：

——规范性引用文件列项中，取消了ISO 523《外径的推荐系列》；

——ISO 240用我国国家标准GB/T 6132《铣刀和铣刀刀杆的互换尺寸》代替；

——“本国际标准”一词改为“本部分”；

——用小数点“.”代替作为小数点的逗号“,”；

——删除了国际标准的前言；

——删除了国际标准中的圆角铣刀的型式和尺寸。

本部分代替GB/T 1124.1—1996《凸凹半圆铣刀　第1部分：凹半圆铣刀的型式和尺寸》和GB/T 1124.2—1996《凸凹半圆铣刀　第2部分：凸半圆铣刀的型式和尺寸》。

本部分与GB/T 1124.1—1996和GB/T 1124.2—1996相比主要变化如下：

——将两个部分合并成一个部分。

本部分由中国机械工业联合会提出。

本部分由全国刀具标准化技术委员会(SAC/TC 91)归口。

本部分起草单位：成都工具研究所。

本部分主要起草人：刘玉玲。

本部分所代替标准的历次版本发布情况为：

——GB/T 1124.1—1996；

——GB/T 1124.2—1996。

凸凹半圆铣刀　第1部分:型式和尺寸

1　范围

本部分规定了凸半圆铣刀和凹半圆铣刀的型式和尺寸。

本部分适用于刀齿圆弧半径为 1 mm～20 mm 的凸半圆铣刀和凹半圆铣刀。

2　规范性引用文件

下列文件中的条款通过 GB/T 1124 的本部分的引用而成为本部分的条款。凡是注日期的引用文件,其随后所有的修改单(不包括勘误的内容)或修订版均不适用于本部分,然而,鼓励根据本部分达成协议的各方研究是否可使用这些文件的最新版本。凡是不注日期的引用文件,其最新版本适用于本部分。

GB/T 6132　铣刀和铣刀刀杆的互换尺寸(GB/T 6132—2006,ISO 240:1994,IDT)

3　型式和尺寸

3.1　凸半圆铣刀的型式和尺寸按图 1 和表 1,键槽尺寸和偏差按 GB/T 6132 的规定。

图 1　凸半圆铣刀

表 1

单位为毫米

R k11	d js16	D H7	L $^{+0.30}_{0}$
1	50	16	2
1.25			2.5
1.6			3.2
2			4
2.5	63	22	5
3			6
4			8
5			10

表 1（续）

单位为毫米

R k11	d js16	D H7	L $^{+0.30}_{0}$
6	80	27	12
8			16
10	100	32	20
12			24
16	125		32
20			40

3.2　凹半圆铣刀的型式和尺寸按图 2 和表 2，键槽尺寸和偏差按 GB/T 6132 的规定。

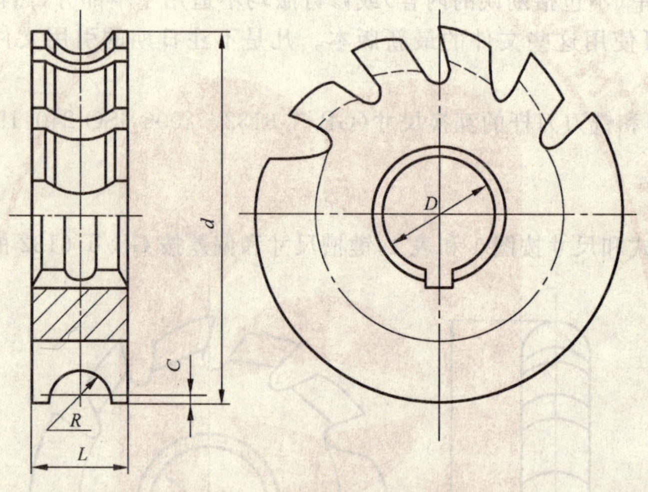

图 2　凹半圆铣刀

表 2

单位为毫米

R N11	d js16	D H7	L js16	C
1	50	16	6	0.2
1.25				
1.6			8	0.25
2			9	
2.5	63	22	10	0.3
3			12	
4			16	0.4
5			20	0.5
6	80	27	24	0.6
8			32	0.8
10	100	32	36	1.0
12			40	1.2
16	125		50	1.6
20			60	2.0

3.3 标记示例

R=10 mm 的凸半圆铣刀为：

凸半圆铣刀 R10 GB/T 1124.1—2007

R=10 mm 的凹半圆铣刀为：

凹半圆铣刀 R10 GB/T 1124.1—2007

ICS 25.100.20
J 41

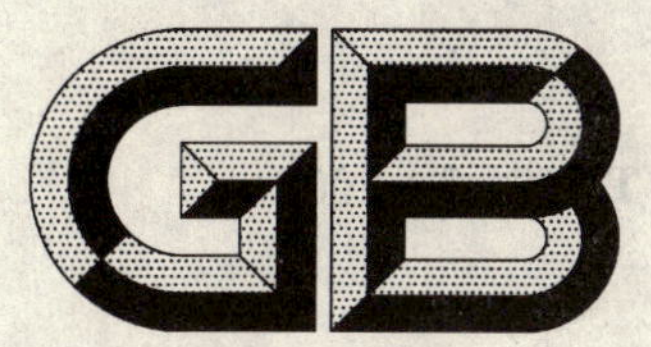

中华人民共和国国家标准

GB/T 1124.2—2007
代替 GB/T 1124.3—1996

凸凹半圆铣刀 第2部分：技术条件

Convex and concave milling cutters—Part 2: Technical specifications

2007-09-10 发布 2007-11-01 实施

中华人民共和国国家质量监督检验检疫总局
中国国家标准化管理委员会 发布

前言

GB/T 1124《凸凹半圆铣刀》分为两个部分：

——第1部分：型式和尺寸；

——第2部分：技术条件。

本部分为GB/T 1124的第2部分。

本部分代替GB/T 1124.3—1996《凸凹半圆铣刀　技术条件》。

本部分与GB/T 1124.3—1996相比主要变化如下：

——在凹半圆铣刀的位置公差表2中，公差由 R6 mm～R12 mm 分为：R＝6 mm～8 mm 和 R＝10 mm～12 mm 两段。

——将4.1条中的“磨退火”修改为“磨削烧伤”。

——取消了原标准中的性能试验部分。

本部分的附录A为规范性附录。

本部分由中国机械工业联合会提出。

本部分由全国刀具标准化技术委员会(SAC/TC 91)归口。

本部分起草单位：成都工具研究所。

本部分主要起草人：刘玉玲。

本部分所代替标准的历次版本发布情况为：

——GB/T 1124.3—1996。

凸凹半圆铣刀　第2部分:技术条件

1　范围

本部分规定了凸半圆铣刀和凹半圆铣刀的位置公差、材料和硬度、外观和表面粗糙度、标志和包装的基本要求。

本部分适用于刀齿圆弧半径为1 mm～20 mm的凸凹半圆铣刀。

2　位置公差

2.1　凸半圆铣刀的位置公差按表1。

表1

单位为毫米

<table>
<tr><th colspan="2" rowspan="2">项　　目</th><th colspan="4">公　　差</th></tr>
<tr><th>R=1～2</th><th>R=2.5～5</th><th>R=6～12</th><th>R=16～20</th></tr>
<tr><td rowspan="2">齿形对内孔轴线的径向圆跳动</td><td>一　转</td><td colspan="2">0.060</td><td>0.080</td><td>0.100</td></tr>
<tr><td>相　邻</td><td>0.045</td><td>0.035</td><td>0.045</td><td>0.055</td></tr>
<tr><td colspan="2">齿形上任意两相同直径的点各自到同侧端面的距离差</td><td colspan="4">0.200</td></tr>
<tr><td colspan="2">两端面平行度</td><td colspan="4">0.020</td></tr>
<tr><td colspan="6">注：齿形对内孔轴线的径向圆跳动检测方法见附录A。</td></tr>
</table>

2.2　凹半圆铣刀的位置公差按表2。

表2

单位为毫米

<table>
<tr><th colspan="2" rowspan="2">项　　目</th><th colspan="4">公　　差</th></tr>
<tr><th>R=1～5</th><th>R=6～8</th><th>R=10～12</th><th>R=16～20</th></tr>
<tr><td rowspan="2">齿形对内孔轴线的径向圆跳动</td><td>一　转</td><td>0.060</td><td colspan="2">0.080</td><td>0.100</td></tr>
<tr><td>相　邻</td><td>0.035</td><td colspan="2">0.045</td><td>0.055</td></tr>
<tr><td colspan="2">齿形上任意两相同直径的点各自到同侧端面的距离差</td><td colspan="2">0.20</td><td colspan="2">0.30</td></tr>
<tr><td colspan="2">两端面平行度</td><td colspan="4">0.020</td></tr>
<tr><td colspan="6">注：齿形对内孔轴线的径向圆跳动检测方法见附录A。</td></tr>
</table>

3　材料和硬度

凸凹半圆铣刀用W6Mo5Cr4V2或同等性能的高速钢制造,硬度为63 HRC～66 HRC。

4　外观和表面粗糙度

4.1　凸凹半圆铣刀不得有裂纹,切削刃应锋利,不得有崩刃、钝口和磨削烧伤等影响使用性能的缺陷。

4.2　表面粗糙度的上限值:

——前面:Rz 6.3 μm;

——内孔表面:Ra 1.25 μm;

——两支承端面:Ra 1.25 μm;

——齿背面:Ra 2.5 μm。

5 标志和包装

5.1 标志

5.1.1 产品上应标志：

——制造厂或销售商的商标；

——凸凹半圆铣刀的圆弧半径 R；

——高速钢代号。

5.1.2 包装盒上应标志：

——制造厂或销售商的名称、地址和商标；

——凸凹半圆铣刀的标记；

——高速钢代号或牌号；

——件数；

——制造年月。

5.2 包装

凸凹半圆铣刀在包装前应经防锈处理。包装应牢固，防止运输过程中损伤。

附 录 A
（规范性附录）
凸凹半圆铣刀齿形对内孔轴线的径向圆跳动检测方法

A.1 检测器具

分度值为 0.002 mm 的指示表、表座、带凸台芯轴及铣刀跳动检查仪。

A.2 检测方法

将刀具装在带凸台的芯轴上(芯轴应与刀具内孔选配)，置于铣刀跳动检查仪两顶尖之间，指示表测头触及刀齿圆弧中间，且与刀具内孔轴线垂直，凸半圆铣刀如图 A.1，凹半圆铣刀如图 A.2。然后旋转芯轴一周，取指示表读数的最大值与最小值之差为一转跳动，取相邻齿读数差绝对值的最大值为相邻齿跳动。

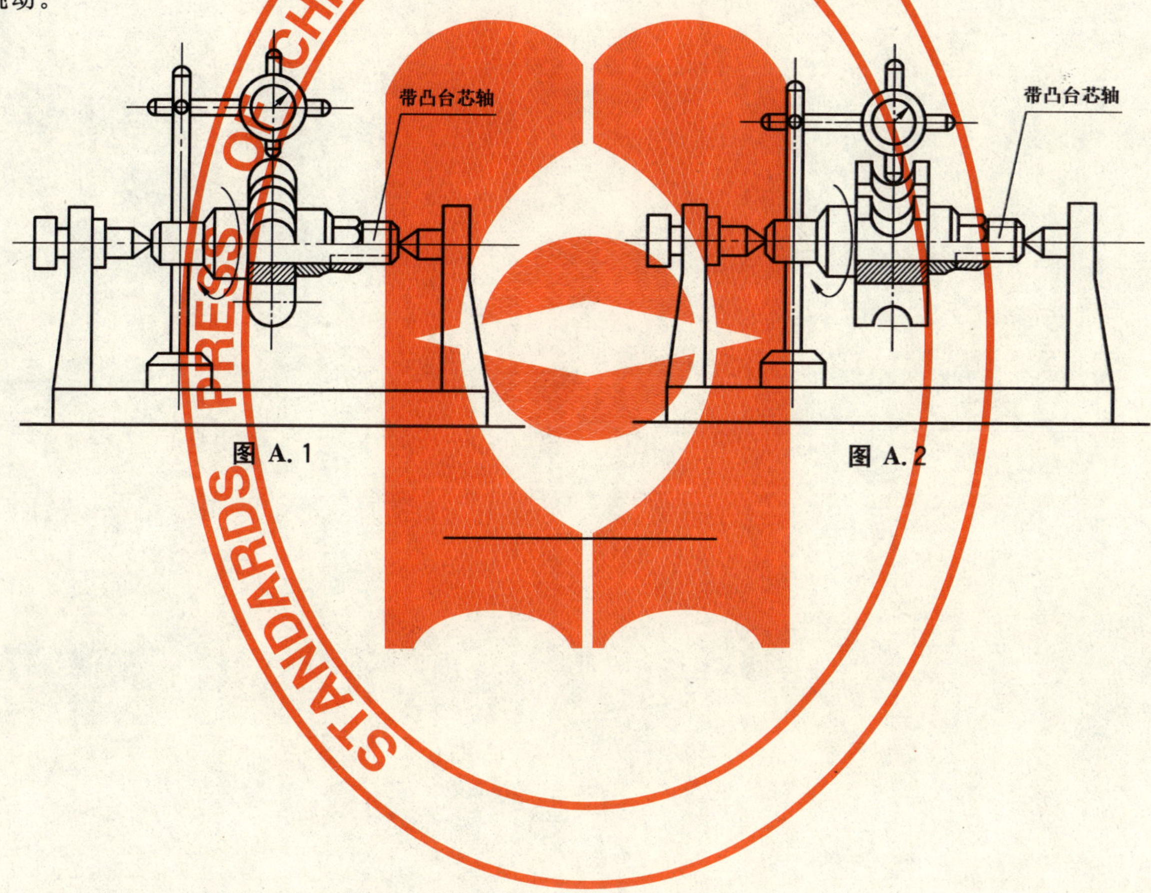

图 A.1

图 A.2

ICS 25.100.20
J 41

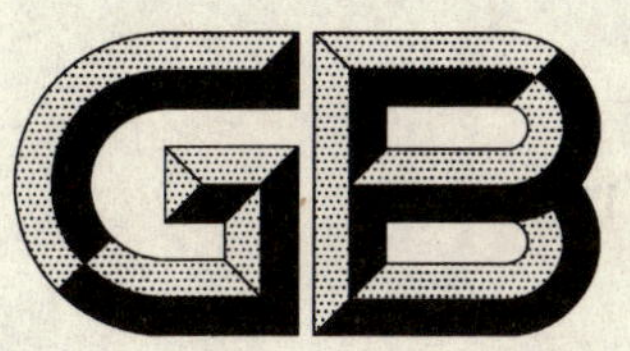

中华人民共和国国家标准

GB/T 1127—2007
代替 GB/T 1127—1997

半圆键槽铣刀

Woodruff keyseat cutters

(ISO 12197:1996,Woodruff keyseat cutters—Dimensions,MOD)

2007-07-26 发布　　2007-12-01 实施

中华人民共和国国家质量监督检验检疫总局
中国国家标准化管理委员会　发布

前　言

本标准修改采用 ISO 12197:1996《半圆键槽铣刀　尺寸》(英文版)。

本标准根据 ISO 12197:1996 重新起草。

本标准与 ISO 12197:1996 相比有下列差异:

——删除了国际标准的前言,增加了前言;

——"本国际标准"改为"本标准";

——用小数点'.'代替作为小数点的逗号',';

——规范性引用文件中的国际标准用我国国家标准替代,并增加了其他相应国家标准;

——名称由《半圆键槽铣刀　尺寸》改为《半圆键槽铣刀》;

——增加了 2°斜削平直柄半圆键槽铣刀和螺纹柄半圆键槽铣刀的型式和尺寸;

——键的基本尺寸表示由宽×高,改为宽×直径;

——按铣刀加工方式和直齿、螺旋齿之区别将铣刀型式分为 A、B、C 三种不同型式;

——铣刀直径变化如下:基本尺寸加大 0.5 mm,极限偏差由$^{+0.5}_{+0.4}$($^{+0.5}_{+0.3}$)改为 h11;

——增加了标记示例;

——增加了技术要求;

——增加了标志和包装;

——增加了参考文献。

本标准代替 GB/T 1127—1997《半圆键槽铣刀》。

本标准与 GB/T 1127—1997 相比主要变化如下:

——修改了规范性引用文件;

——删除了性能试验;

——标记示例增加了 2°斜削平直柄半圆键槽铣刀和螺纹柄半圆键槽铣刀。

本标准由中国机械工业联合会提出。

本标准由全国刀具标准化技术委员会(SAC/TC 91)归口。

本标准起草单位:成都工具研究所。

本标准主要起草人:曾宇环、查国兵、樊英杰。

本标准所代替标准的历次版本发布情况为:

——GB 1127—73、GB 1127—81、GB/T 1127—1997。

半圆键槽铣刀

1 范围

本标准规定了半圆键槽铣刀的尺寸、材料和硬度、外观和表面粗糙度、标志和包装等基本要求。按本标准生产的铣刀适用于按GB/T 1098生产的半圆键槽。

本标准适用于半圆键槽铣刀。

2 规范性引用文件

下列文件中的条款通过本标准的引用而成为本标准的条款。凡是注日期的引用文件，其随后所有的修改单(不包括勘误的内容)或修订版均不适用于本标准，然而，鼓励根据本标准达成协议的各方研究是否可使用这些文件的最新版本。凡是不注日期的引用文件，其最新版本适用于本标准。

GB/T 1098 半圆键、键和键槽的剖面尺寸

GB/T 6131.1 铣刀直柄 第1部分：普通直柄的型式和尺寸(GB/T 6131.1—2006,ISO 3338-1：1996,IDT)

GB/T 6131.2 铣刀直柄 第2部分：削平直柄的型式和尺寸(GB/T 6131.2—2006,ISO 3338-2：1996,MOD)

GB/T 6131.3 铣刀直柄 第3部分：2°斜削平直柄的型式和尺寸

GB/T 6131.4 铣刀直柄 第4部分：螺纹柄的型式和尺寸(GB/T 6131.4—2006,ISO 3338-3：1996,IDT)

3 尺寸

3.1 型式和尺寸

半圆键槽铣刀的型式见图1～图4，尺寸在表1中给出。

4种半圆键槽铣刀的柄部按以下规定：

——直柄半圆键槽铣刀按照GB/T 6131.1；

——削平直柄半圆键槽铣刀按照GB/T 6131.2；

——2°斜削平直柄半圆键槽铣刀按照GB/T 6131.3；

——螺纹柄半圆键槽铣刀按照GB/T 6131.4。

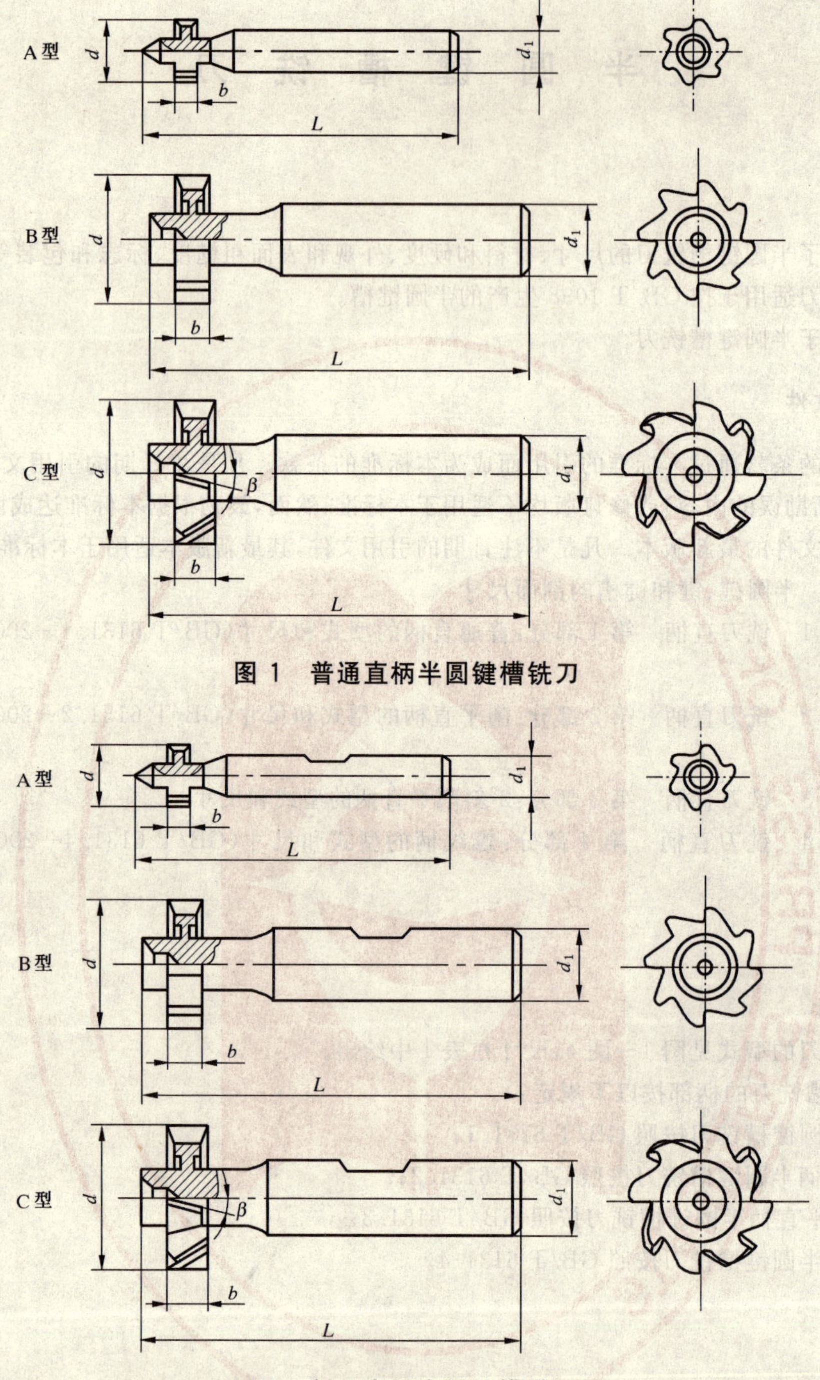

图 1 普通直柄半圆键槽铣刀

图 2 削平直柄半圆键槽铣刀

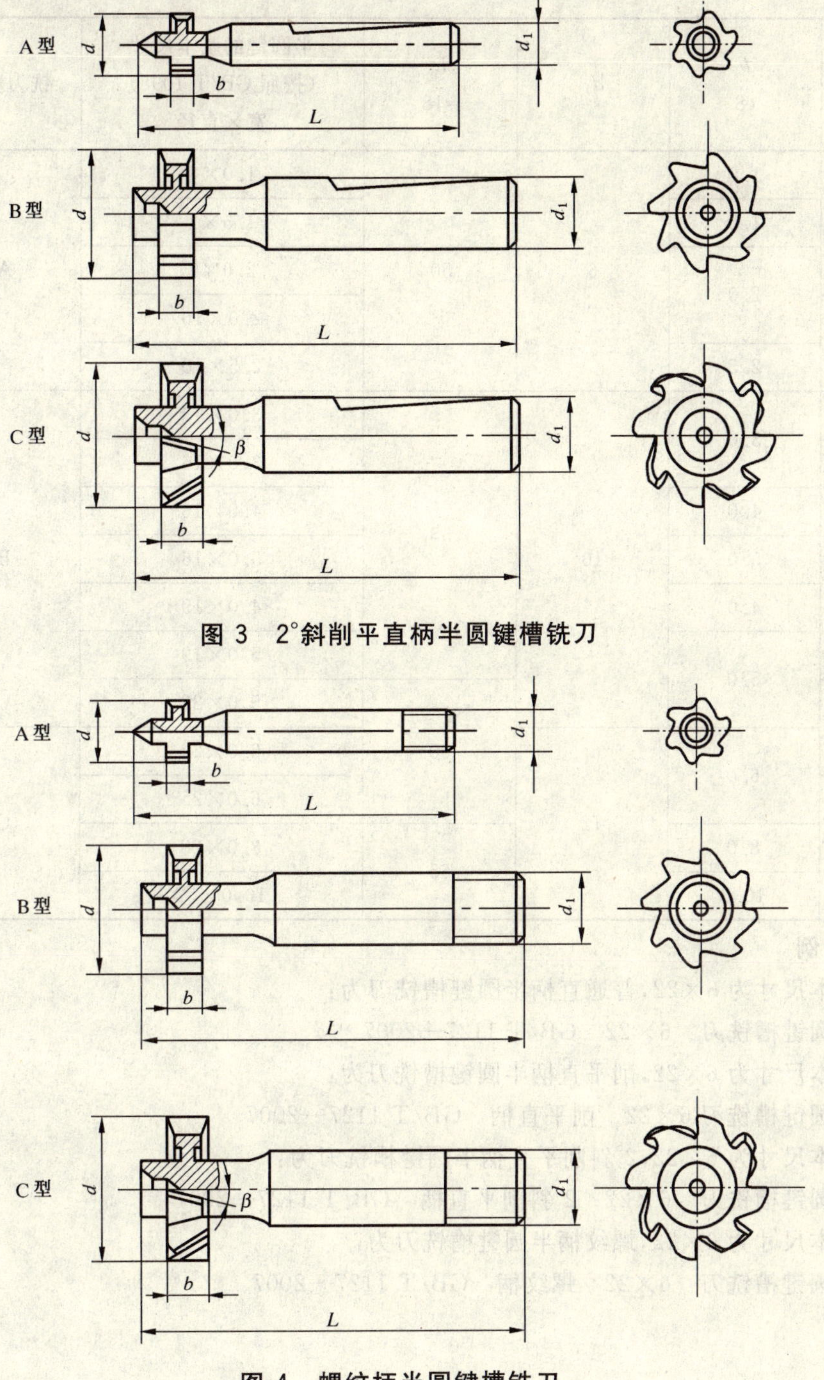

图 3　2°斜削平直柄半圆键槽铣刀

图 4　螺纹柄半圆键槽铣刀

表 1

单位为毫米

<table>
<tr><th>d
h11</th><th>b
e8</th><th>d_1</th><th>L
js18</th><th>半圆键的基本尺寸
(按照 GB/T 1098)
宽×直径</th><th>铣刀型式</th><th>β</th></tr>
<tr><td>4.5</td><td>1.0</td><td rowspan="5">6</td><td rowspan="5">50</td><td>1.0×4</td><td rowspan="5">A</td><td rowspan="12">—</td></tr>
<tr><td rowspan="2">7.5</td><td>1.5</td><td>1.5×7</td></tr>
<tr><td rowspan="2">2.0</td><td>2.0×7</td></tr>
<tr><td rowspan="2">10.5</td><td>2.0×10</td></tr>
<tr><td>2.5</td><td>2.5×10</td></tr>
<tr><td>13.5</td><td rowspan="2">3.0</td><td rowspan="7">10</td><td rowspan="6">55</td><td>3.0×13</td><td rowspan="7">B</td></tr>
<tr><td rowspan="3">16.5</td><td>3.0×16</td></tr>
<tr><td>4.0</td><td>4.0×16</td></tr>
<tr><td>5.0</td><td>5.0×16</td></tr>
<tr><td rowspan="2">19.5</td><td>4.0</td><td>4.0×19</td></tr>
<tr><td rowspan="2">5.0</td><td>5.0×19</td></tr>
<tr><td rowspan="2">22.5</td><td rowspan="3">60</td><td>5.0×22</td></tr>
<tr><td rowspan="2">6.0</td><td rowspan="4">12</td><td>6.0×22</td><td rowspan="4">C</td><td rowspan="4">12°</td></tr>
<tr><td>25.5</td><td>6.0×25</td></tr>
<tr><td>28.5</td><td>8.0</td><td rowspan="2">65</td><td>8.0×28</td></tr>
<tr><td>32.5</td><td>10.0</td><td>10.0×32</td></tr>
</table>

3.2 标记示例

键的基本尺寸为 6×22，普通直柄半圆键槽铣刀为：

半圆键槽铣刀 6×22 GB/T 1127—2007

键的基本尺寸为 6×22，削平直柄半圆键槽铣刀为：

半圆键槽铣刀 6×22 削平直柄 GB/T 1127—2007

键的基本尺寸为 6×22，2°斜削平直柄半圆键槽铣刀为：

半圆键槽铣刀 6×22 2°斜削平直柄 GB/T 1127—2007

键的基本尺寸为 6×22，螺纹柄半圆键槽铣刀为：

半圆键槽铣刀 6×22 螺纹柄 GB/T 1127—2007

4 技术要求

4.1 尺寸

半圆键槽铣刀的位置公差在表 2 中给出。

表 2

单位为毫米

项 目	公 差
圆周刃对柄部轴线的径向圆跳动	0.05
两侧刃(面)对柄部轴线的端面圆跳动	0.02
注：半圆键槽铣刀圆跳动的检测方法参见 GB/T 6125。	

4.2 材料和硬度

4.2.1 材料

半圆键槽铣刀工作部分用 W6Mo5Cr4V2 或同等性能的高速钢制造。

4.2.2 硬度

工作部分硬度：外径 $d \leqslant 7.5$ mm，硬度为 62 HRC～65 HRC；

外径 $d > 7.5$ mm，硬度为 63 HRC～66 HRC。

柄部硬度：普通直柄和螺纹柄，不低于 30 HRC；

削平直柄和 2°斜削平直柄，不低于 50 HRC。

4.3 外观和表面粗糙度

4.3.1 半圆键槽铣刀切削刃应锋利，表面不得有裂纹、崩刃、钝口以及磨削烧伤等影响使用性能的缺陷。焊接铣刀在焊缝处不得有砂眼和未焊透现象。

4.3.2 半圆键槽铣刀表面粗糙度的上限值按下列规定：

——刀齿的前面和后面：Rz 6.3 μm；

——两侧面：Rz 6.3 μm；

——柄部：Ra 1.25 μm。

5 标志和包装

5.1 标志

5.1.1 产品上应标志：

a) 制造厂或销售商商标；

b) 半圆键的基本尺寸；

c) 高速钢代号(HSS)。

5.1.2 包装盒上应标志：

a) 制造厂或销售商名称、地址和商标；

b) 半圆键槽铣刀标记；

c) 材料牌号或代号；

d) 件数；

e) 制造年月。

注：如包装盒太小，也可在合格证、说明书等包装盒内文件上标志部分内容。

5.2 包装

半圆键槽铣刀在包装前应经防锈处理。包装必须牢靠，并能防止运输过程中的损伤。

参 考 文 献

GB/T 6125 T型槽铣刀 技术条件

ICS 27.020
J 91

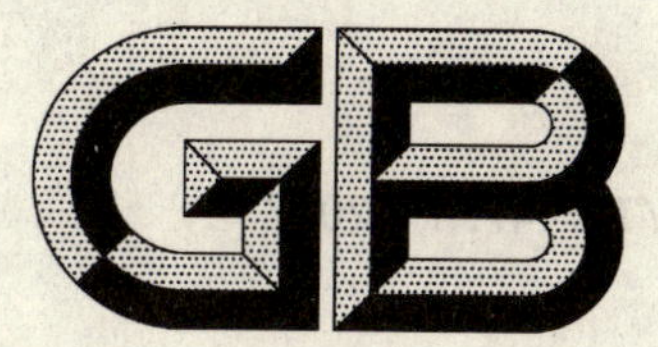

中华人民共和国国家标准

GB/T 1147.1—2007
代替 GB/T 1147—1987

中小功率内燃机 第1部分:通用技术条件

Small and medium power internal combustion engines—
Part 1:General requirements

2007-06-25 发布　　2007-11-01 实施

中华人民共和国国家质量监督检验检疫总局
中国国家标准化管理委员会　发布

前言

GB/T 1147—2007《中小功率内燃机》由下列两部分组成：

——第1部分：通用技术条件；

——第2部分：试验方法。

本部分为GB/T 1147—2007的第1部分。

本部分是对GB/T 1147—1987《内燃机　通用技术条件》的修订。本部分与GB/T 1147—1987相比，主要修改内容如下：

——本部分中所用术语与GB/T 1883《往复式内燃机　词汇》、GB/T 10826《燃油喷射装置　词汇》和GB/T 6809《往复式内燃机　零部件和系统术语》保持一致；

——内燃机功率按GB/T 6072《往复式内燃机　性能》的规定进行分类和标定；

——对噪声、烟度、排放、防火等涉及安全、卫生、环保的性能指标，参照国际标准，并结合我国实际情况，提出了更为严格的要求。

本部分自实施之日起代替GB/T 1147—1987。

本部分的附录A为规范性附录。

本部分由中国机械工业联合会提出。

本部分由全国内燃机标准化技术委员会归口。

本部分起草单位：上海内燃机研究所、潍柴动力股份有限公司、上海柴油机股份有限公司、江苏江淮动力股份有限公司、常州常发农业装备工程技术研究有限公司、济南柴油机股份有限公司、浙江凡尔顿控股集团股份有限公司。

本部分主要起草人：谢亚平、计维斌、孙少军、庄国钢、张超建、李树生、谭智民、王安忠、骆金星、陈民忠、倪秀永、瞿俊鸣、陈云清、宋国婵。

本部分所代替标准的历次版本发布情况：

——GB/T 1147—1987。

中小功率内燃机
第1部分:通用技术条件

1 范围

本部分规定了中小功率内燃机的性能要求、检验规则、标志、包装、运输和贮存等。

本部分适用于道路车辆、船舶、农用拖拉机和林业机械、工程机械、发电机组、排灌机械用中小功率内燃机。其他未被列入的中小功率内燃机可参照执行(以下简称内燃机)。

2 规范性引用文件

下列文件中的条款通过GB/T 1147的本部分的引用而成为本部分的条款。凡是注日期的引用文件,其随后所有的修改单(不包括勘误的内容)或修订版均不适用于本部分,然而,鼓励根据本部分达成协议的各方研究是否可使用这些文件的最新版本。凡是不注日期的引用文件,其最新版本适用于本部分。

GB/T 191—2000 包装储运图示标志

GB/T 725—1991 内燃机产品名称和型号编制规则

GB/T 726—1994 往复式内燃机 旋转方向、气缸和气缸盖上气门的标志及直列式内燃机右机、左机和发动机方位的定义(idt ISO 1204:1990)

GB/T 1147.2—2007 中小功率内燃机 第2部分:试验方法

GB 1495—2002 汽车加速行驶车外噪声限值及测量方法

GB/T 1883.1—2005 往复式内燃机 词汇 第1部分:发动机设计和运行术语(ISO 2710-1:2000,IDT)

GB/T 1883.2—2005 往复式内燃机 词汇 第2部分:发动机维修术语(ISO 2710-2:1999,IDT)

GB 3847—2005 车用压燃式发动机和压燃式发动机汽车排气烟度排放限值及测量方法

GB/T 6072.1—2000 往复式内燃机 性能 第1部分:标准基准状况,功率、燃料消耗和机油消耗的标定及试验方法(idt ISO 3046-1:1995)

GB/T 6072.4—2000 往复式内燃机 性能 第4部分:调速(idt ISO 3046-4:1997)

GB/T 6072.7—2000 往复式内燃机 性能 第7部分:发动机功率代号(idt ISO 3046-7:1995)

GB 6376—1995 拖拉机噪声限值

GB/T 6388—1986 运输包装收发货标志

GB/T 6809.1—2003 往复式内燃机零部件和系统术语 第1部分:固定件及外部罩盖(ISO 7967-1:1987,IDT)

GB/T 6809.2—2006 往复式内燃机零部件和系统术语 第2部分:气门、凸轮轴传动和驱动机构(ISO 7967-3:1987,IDT)

GB/T 6809.3—2006 往复式内燃机零部件和系统术语 第3部分:主要运动件(ISO 7967-2:1987,IDT)

GB/T 6809.4—2007 往复式内燃机 零部件和系统术语 第4部分:增压及进排气管系统(ISO 7967-4:2005,IDT)

GB/T 6809.5—1999 往复式内燃机 零部件和系统术语 第5部分:冷却系统(idt ISO 7967-5:1992)

GB/T 6809.6—1999 往复式内燃机 零部件和系统术语 第6部分：润滑系统(idt ISO 7967-6：1992)

GB/T 6809.7—2005 往复式内燃机零部件和系统术语 第7部分：调节系统(ISO 7967-7：1998，IDT)

GB/T 6809.8—2000 往复式内燃机 零部件和系统术语 第8部分：起动系统(idt ISO 7967-8：1994)

GB/T 6809.9—2007 往复式内燃机 零部件和系统术语 第9部分：监控系统(ISO 7967-9：1996，IDT)

GB 8840 船用柴油机排气烟度限值

GB 9486 柴油机稳态排气烟度及测定方法

GB/T 10397—2003 中小功率柴油机 振动评级(ISO 10816-6：1995，IDT)

GB/T 10399—1989 小型汽油机 振动评级

GB/T 10826.1—2007 燃油喷射装置 词汇 第1部分：喷油泵(ISO 7876-1：1990，IDT)

GB 11871 船用柴油机辐射的空气噪声限值

GB 14097—1999 中小功率柴油机噪声限值

GB/T 15097—1994 船用柴油机排气排放污染物测量方法

GB/T 15371—1994 曲轴轴系扭转振动的测量与评定方法

GB 15739 小型汽油机噪声限值

GB 16170 汽车定置噪声限值

GB 16710.1 工程机械 噪声限值

GB 17691—2005 车用压燃式、气体燃料点燃式发动机与汽车排气污染物排放限值及测量方法(中国Ⅲ、Ⅳ、Ⅴ阶段)

GB/T 18297—2001 汽车发动机性能试验方法

GB 18321 农用运输车 噪声限值

GB 18322 农用运输车自由加速烟度排放限值及测量方法

GB 18352.3—2005 轻型汽车污染物排放限值及测量方法(中国Ⅲ、Ⅳ阶段)

GB/T 19055—2003 汽车发动机可靠性试验方法

GB 19756—2005 三轮汽车和低速货车用柴油机排气污染物排放限值及测量方法(中国Ⅰ、Ⅱ阶段)

GB 19757—2005 三轮汽车和低速货车加速行驶车外噪声限值及测量方法(中国Ⅰ、Ⅱ阶段)

GB 20651.1—2006 往复式内燃机 安全 第1部分：压燃式发动机

GB 20891—2007 非道路移动机械用柴油机排气污染物排放限值及测量方法(中国Ⅰ、Ⅱ阶段)

JB/T 9774—2005 中小功率内燃机 清洁度限值

JB/T 51127—1999 中小功率柴油机 产品可靠性考核

CB* 3256—1985 船用柴油机 振动评级

CB* 3325—1987 船用柴油机 轴系扭转振动分级

QC/T 901—1998 汽车发动机产品质量检验评定方法

3 技术要求

3.1 一般要求

3.1.1 内燃机产品应按经规定程序批准的产品图样和技术文件制造。零、部件和附件应符合有关标准规定。

3.1.2 内燃机型号编制建议按 GB/T 725 的规定。

3.1.3 内燃机术语应符合 GB/T 1883.1～1883.2、GB/T 6072.1、GB/T 6072.4、GB/T 6072.7、GB/T 6809.1～6809.9 和 GB/T 10826.1 的规定。

3.2 技术规格

3.2.1 制造厂应在产品技术文件中提供下列内燃机的主要技术规格和参数，并可根据内燃机的结构型式和用途予以增减：

型号；

型式(系指冲程数、冷却方式、气缸排列方式、燃烧室型式、左机或右机、增压方式及是否带增压中冷器等)；

气缸数；

气缸直径， mm；

活塞行程， mm；

活塞总排量， L；

标定功率， kW；

标定转速， r/min；

最大扭矩/转速， (N·m)/(r/min)；

标定空载转速， r/min；

最低可调空载转速， r/min；

最低满载持续转速， r/min；

增压器转速， r/min；

燃油消耗率， g/(kW·h)；

机油消耗率， g/(kW·h)；

燃油牌号；

机油牌号；

活塞平均速度， m/s；

压缩比；

平均有效压力， kPa；

增压压力， kPa；

供油提前角(曲轴转角)， (°)；

发火次序；

配气相位(曲轴转角)， (°)；

起动方式；

旋转方向(按 GB/T 726 规定)；

外形尺寸(长×宽×高)， mm；

净质量， kg；

总质量， kg。

注 1：内燃机产品技术文件中应按需要标出下列燃油消耗率：

a) 标定工况燃油消耗率；

b) 外特性最低燃油消耗率；

c) 制造厂与客户商定的其他使用工况的燃油消耗率。

注 2：标定功率、标定转速在与内燃机有关的其他专业标准中也被称作额定功率、额定转速。

注 3：对于车用内燃机，机油消耗率指标用机油/燃油消耗比来代替。

3.2.2 制造厂应按内燃机的用途和特点在使用说明书中给出所需的主要特性曲线。

3.2.3 制造厂应在使用说明书中提供内燃机的外形图样，并应注明外形尺寸、安装尺寸和连接尺寸。

3.3 功率标定

3.3.1 内燃机铭牌上的标定功率应按 GB/T 6072.1 和 GB/T 6072.7 或相关专业标准的规定进行表示。

3.3.2 内燃机应能发出铭牌上标明的有效功率。实际所发标定功率与铭牌对应功率的允许偏差为±5%。当试验环境状况与标准环境状况有差异时，其功率应按 GB/T 6072.1 的规定进行修正。

3.3.3 功率使用有持续功率、超负荷功率和油量限定功率等几种类型。

超负荷功率允许使用的持续时间和频次取决于使用情况，但在调定发动机油量限制器时应有足够的裕量，使之在满足噪声、烟度、排放等强制性标准要求时，能发出允许的超负荷功率。超负荷功率应按持续功率的百分数表示，同时需注明允许运行的持续时间和频次及相应的发动机转速。

除非另有说明，在相应于发动机使用转速时 110%持续功率的超负荷功率允许在 12 h 运行期内，间断或不间断地运行 1 h。

3.4 燃油和机油消耗的标定

3.4.1 内燃机的燃油和机油消耗率应不大于产品技术文件规定的出厂指标及国家相关节能指标。不同用途内燃机在最大扭矩点和部分负荷、部分转速时的燃油消耗率应符合表 1 的规定。

3.4.2 内燃机燃油消耗率的标定应符合 GB/T 6072.1 的规定。

3.4.3 内燃机机油消耗率的标定

内燃机的标定机油消耗率应以内燃机在标定功率和转速下，每千瓦小时所消耗的克数来表示。

注 1：内燃机机油消耗率的标定值，应为其规定磨合期后的机油消耗率，并标明所用的机油牌号。

注 2：液体燃料发动机，以质量为单位的标定燃油消耗率均以低热值 42 700 kJ/kg 为准，其他类型燃料发动机标定的燃料消耗率应以能量为单位表示，或者以质量为单位的燃料消耗率和相关的低热值两者来表示。

表 1 最大扭矩点和部分负荷、部分转速工况点燃油消耗率要求

内燃机工作特性	最大扭矩点	标定转速 75%负荷点	标定转速 50%负荷点	90%标定转速点
	标定工况燃油消耗率的百分数/%			
速度特性	≤100	—	—	—
负荷特性	—	≤105	≤112	—
推进特性	—	—	—	≤105
注 1：4.5 kW 以下的内燃机，对部分负荷点及部分转速燃油消耗率不作规定。 注 2：增压内燃机考核 50%负荷点燃油消耗率。				

3.5 噪声、排放的试验条件

应考核内燃机铭牌所示功率的噪声、烟度和排放指标，其值须符合相关行业标准规定的限值。当需要磨合后进行考核时，磨合时间不得超过 45 h 或按企业技术文件规定。

3.6 标定工况参数要求

内燃机在标定工况运转时，下列参数应符合产品技术文件的规定：

a) 排气温度(总管或各缸歧管)，℃；

b) 涡轮增压器燃气进口温度，℃；

c) 机油温度，℃；

d) 内燃机冷却介质出口温度，℃；

e) 机油压力，kPa；

f) 最高爆发压力(按需要与可能)，MPa；

g) 增压器转速,r/min;

h) 中冷器冷却介质进出口温度,℃。

3.7 船用主机的附加要求

船用主机在标定工况时,当一个气缸(指气缸数等于或小于 7 的主机)或两个气缸(指气缸数等于或大于 8 的主机)停止工作时,应能在低负荷下稳定运转。

当废气涡轮增压器停止工作时,主机应能在低转速和低负荷下稳定运转。

3.8 各缸工作均匀性

内燃机在标定工况运转时,各缸参数的不均匀性与所有气缸的平均值偏差应符合表 2 的规定。

表 2 各缸工作均匀性要求

各缸工作参数	偏 差
压缩压力	3%
最高爆发压力	4%
排气温度	5%(中、高增压柴油机 8%)
平均指示压力或指示功率	4%
注:可根据内燃机的结构型式和用途规定全部或部分项目。	

3.9 扭矩储备

按速度特性工作的内燃机,扭矩储备率应满足配套用需要或符合表 3 规定,最大扭矩点的转速与标定转速之比,应符合表 4 的规定。

表 3 扭矩储备率要求

内燃机型式及用途		扭矩储备率/%
三轮汽车和低速货车/车用		≥12/10
拖拉机用	单缸	≥12
	多缸	≥15
工程机械用	轮式推土机用	≥15
	履带式推土机用	≥20
	其他	按有关标准或技术文件规定

表 4 最大扭矩点转速与标定转速之比的要求

内燃机型式及用途			最大扭矩点转速与标定转速之比/%
单缸机			≤80
多缸机	拖拉机用		≤75
	三轮汽车和低速货车/车用		≤70
	工程机械用	$n_b \leqslant 1\ 800$ r/min	≤75
		$n_b > 1\ 800$ r/min	≤70
注 1:4.5 kW 以下的内燃机可不考核扭矩特性。 注 2:采用变扭器的工程机械用内燃机,扭矩特性按产品技术文件规定。			

3.10 调速特性

内燃机标定工况下的调速性能应符合表 5 的规定。

表 5 调速特性要求

<table>
<tr><th colspan="2">内燃机用途</th><th>瞬时转速差 $\delta_{n_{dyn}}$ /
%</th><th>标定调速率 $\delta_{n_{st,r}}$ /
%</th><th>转速回复时间
$t_{n,in}$(加载),$t_{n,de}$(减载)/
s</th><th>稳态转速波动率 β_n /
%</th></tr>
<tr><td colspan="2">固定动力、农排用</td><td>≤12</td><td>≤8</td><td>≤10</td><td>≤1</td></tr>
<tr><td colspan="2">拖拉机用</td><td>—</td><td>≤8</td><td>—</td><td>—</td></tr>
<tr><td colspan="2">联合收割机用</td><td>—</td><td>≤5</td><td>—</td><td>—</td></tr>
<tr><td colspan="2">三轮汽车和低速货车/车用</td><td>—</td><td>≤17</td><td>—</td><td>—</td></tr>
<tr><td colspan="2">工程机械用</td><td>—</td><td>≤12</td><td>—</td><td>—</td></tr>
<tr><td rowspan="2">船用</td><td>高速机</td><td>≤12</td><td rowspan="2">≤10</td><td rowspan="2">—</td><td>≤1</td></tr>
<tr><td>中、低速机</td><td>≤15</td><td>≤1.5</td></tr>
<tr><td colspan="2">发电用</td><td>≤10</td><td>≤5</td><td>≤5</td><td>—</td></tr>
</table>

3.11 最低可调空载转速(最低空载稳定转速)

内燃机在最低可调空载转速下,稳定持续运转时间不少于 5 min,稳态转速波动率应符合产品技术文件规定。

3.12 最低满载持续转速(最低工作稳定转速)

内燃机允许的最低满载持续转速及其连续运转时间应符合表 6 的规定。

表 6 最低满载持续转速及其连续运转时间要求

<table>
<tr><th colspan="2">内燃机用途</th><th>最低满载持续转速(最低工作稳定转速)(占标定转速的百分数)/
%</th><th>连续运转时间/
min</th></tr>
<tr><td colspan="2">三轮汽车和低速货车/车用</td><td>≤45</td><td>≥30</td></tr>
<tr><td colspan="2">拖拉机、工程机械等用</td><td>≤55</td><td>≥30</td></tr>
<tr><td rowspan="3">船用主机</td><td>n_b<300 r/min</td><td>≤30</td><td>≥20</td></tr>
<tr><td>n_b≥300～1 000 r/min</td><td>≤40</td><td>≥20</td></tr>
<tr><td>n_b>1 000 r/min</td><td>≤45</td><td>≥20</td></tr>
</table>

3.13 起动

内燃机在表 7 规定的环境温度下及规定的起动时间内,不采取任何机外措施进行 3 次起动,其中至少有 2 次应能顺利起动。

表 7 起动温度和起动时间要求

<table>
<tr><th colspan="2">起动方式及柴油机用途</th><th>环境温度/
℃</th><th>每次起动时间/
s</th></tr>
<tr><td rowspan="3">电起动及压缩空气起动</td><td>三轮汽车和低速货车/车用及拖拉机、联合收割机及工程机械用</td><td>−5</td><td>15</td></tr>
<tr><td>船用主、辅机</td><td>10</td><td>10</td></tr>
<tr><td>应急发电机组及固定用</td><td>0</td><td>10</td></tr>
<tr><td colspan="2">人力起动</td><td>5</td><td>30</td></tr>
</table>

表 7（续）

<table>
<tr><th>起动方式及柴油机用途</th><th>环境温度/
℃</th><th>每次起动时间/
s</th></tr>
<tr><td colspan="3">注 1：起动方法按 GB/T 1147.2 的规定。
注 2：起动性能有特殊要求（例如低温起动、用汽油机起动）的内燃机，起动时环境温度及起动时间按有关标准规定或由制造厂与用户商定。</td></tr>
</table>

3.14　**安全要求**

内燃机的起动安全性、正常停机、应急停机、防火、防爆、超速保护等安全要求都应符合 GB 20651.1 的要求和其他有关专业标准的规定。

3.15　**换向**

船用主机应进行换向试验，换向时操纵应轻便灵活，可直接倒转的船用主机换向时间应不超过 15 s。

3.16　**倾斜**

内燃机应能在表 8 所列的横倾和纵倾条件下工作。

表 8　横倾、纵倾要求

<table>
<tr><th colspan="2" rowspan="2">内燃机用途</th><th colspan="2">倾斜角度/
(°)</th></tr>
<tr><th>横倾</th><th>纵倾</th></tr>
<tr><td colspan="2">三轮汽车和低速货车/车用</td><td>10</td><td>15</td></tr>
<tr><td rowspan="5">工程机械用</td><td>履带式推土机、装载机、单斗挖掘机等</td><td>35</td><td>35</td></tr>
<tr><td>轮胎式推土机、装载机、单斗挖掘机、振动压路机等</td><td>25</td><td>30</td></tr>
<tr><td>自行式铲运机、平地机等</td><td>20</td><td>25</td></tr>
<tr><td>汽车起重机、叉车等</td><td>15</td><td>20</td></tr>
<tr><td>多斗挖掘机、翻斗车等</td><td>20</td><td>15</td></tr>
<tr><td rowspan="2">拖拉机用</td><td>轮式</td><td>20</td><td>20</td></tr>
<tr><td>履带式</td><td>20</td><td>30</td></tr>
<tr><td colspan="2">联合收割机用</td><td>20</td><td>20</td></tr>
<tr><td rowspan="2">移动式发电机组用</td><td>在移动中不工作</td><td>10</td><td>10</td></tr>
<tr><td>在移动中工作（功率不大于 30 kW）</td><td>28.5</td><td>15</td></tr>
<tr><td rowspan="2">船用</td><td>主机及辅机</td><td>15</td><td>5</td></tr>
<tr><td>应急用内燃发电机组</td><td>22.5</td><td>10</td></tr>
<tr><td colspan="4">注：对横倾与纵倾有特殊要求的内燃机，其数值由制造厂与用户商定。</td></tr>
</table>

3.17　**密封性**

内燃机各密封面及管接处，在预热、磨合运行及性能试验期间，经紧固后不允许出现油、气、水渗漏。内燃机标定工况漏气量一般不超过名义进气量的 1%。

3.18　**热平衡**

内燃机的热平衡性能应符合有关专业标准或制造厂技术文件的规定。

3.19　**工作介质**

内燃机各系统的工作介质应符合使用说明书规定，工作介质中的添加剂应无毒、无腐蚀和无附着沉淀。

3.20 仪器仪表

内燃机应配备为保证正常运行所必需的仪表和指示系统。对功率大于220 kW的内燃机,应对转速、压力、温度等参数超过规定范围时设置监控和/或报警装置。

3.21 机械振动

内燃机机械振动限值,应根据用途分别符合GB/T 10397、GB/T 10399、CB* 3256或其他有关行业标准的规定,达到GB/T 10397—2003表A.1的C级、GB/T 10399—1989、CB* 3256—1985中规定的C级(可容忍级)。

3.22 扭转振动

内燃机曲轴轴系扭转振动,对中小功率和船用内燃机应分别符合GB/T 15371和CB* 3325的规定。内燃机在标定转速±10%范围内,不应有危险扭振临界转速。

3.23 清洁度

内燃机的清洁度应根据用途分别符合JB/T 9774、QC/T 901或其他有关行业标准的规定。

3.24 噪声

内燃机噪声应根据用途分别符合GB 14097、GB 1495、GB 15739、GB 16170、GB 18321、GB 6376、GB 11871、GB 16710.1、GB 19757或其他有关行业标准的规定。

3.25 烟度

内燃机的排气烟度应根据用途分别符合GB 9486、GB 3847、GB 18322、GB 8840或其他有关行业标准的规定。

3.26 排放

内燃机排放的气体和颗粒污染物应根据用途分别符合GB 20891、GB 17691、GB 18352.3、GB 19756、GB/T 15097或其他有关行业标准的规定。

对地下用发动机,排放的气体和颗粒污染物应符合GB 20651.1的要求,详见表9。

表9 地下用发动机排放限值

功率 P/kW	一氧化碳 CO/[g/(kW·h)]	碳氢化合物 HC/[g/(kW·h)]	氮氧化物 NO_x/[g/(kW·h)]	颗粒 PT/[g/(kW·h)]
$37 \leqslant P < 75$	6.5	1.3	9.2	0.85
$75 \leqslant P < 130$	5.0	1.3	9.2	0.7
$130 \leqslant P < 560$	5.0	1.3	9.2	0.54

3.27 热冲击

内燃机按GB/T 1147.2规定进行热冲击试验时,其受热零件应无裂纹或漏水、漏气、漏油现象发生。

3.28 可靠性

3.28.1 非道路用内燃机产品按JB/T 51127规定进行可靠性考核时,考核指标为:

a) 首次故障前平均工作时间(MTTFF)不低于500 h;

b) 平均故障间隔时间(MTBF)不低于1 000 h;

c) 无故障综合评分值(Q)不低于60分。

3.28.2 汽车用内燃机可靠性考核可按QC/T 901—1998中5.5及GB/T 19055规定进行。

3.29 耐久性

对需要进行耐久试验的内燃机应按GB/T 1147.2规定的方法进行台架耐久试验,试验后应符合表10的规定,中速内燃机应符合表11的规定。

表 10 高速、低速内燃机耐久试验后要求

项 目	技术要求
主要件[a] 损坏	不允许
试验后主要零件磨损值	—
试验后主要性能指标变化	标定工况燃油消耗率升高值不超过标定值的 4%、机油消耗率升高值不超过标定值的 30%
非主要件损坏	不超过 5 件
故障停机	不超过 4 次
a 柴油机主要件见附录 A。	

表 11 中速内燃机耐久试验后要求

项 目	技术要求
主要件[a] 损坏	不允许
试验后主要零件磨损值	应符合产品技术文件规定
试验后主要性能指标变化	标定工况燃油消耗率升高值不超过标定值的 3%、机油消耗率升高值不超过标定值的 20%
非主要件损坏	应符合产品技术文件规定
故障停机	不超过 4 次
a 柴油机主要件见附录 A。	

3.30 **寿命**

内燃机寿命应符合表 12 规定。

表 12 使用寿命

内燃机型式	高速内燃机	单缸机	3 000 h
		多缸机	6 000 h
		三轮汽车和低速货车/车用	2.5×10^5 km
	中、低速内燃机	$n_b \geqslant 750$ r/min	8 000 h
		$n_b < 750$ r/min	12 000 h
注：内燃机寿命可按时间或公里数计算，两者比照期暂按 1 个月约为 3 000 km，3 个月约为 10 000 km，6 个月约为 15 000 km，1 年约为 30 000 km，2 年约为 50 000 km。			

3.31 **交货**

内燃机交货时，应向用户提供随机备用的配件、保养工具、产品合格证及使用说明书等有关技术文件。如用户另有要求，可与制造厂商定。

4 试验方法

内燃机的试验方法根据用途按 GB/T 1147.2、GB/T 18297 或有关标准的规定进行。

5 检验规则

内燃机的检验分出厂检验、定型检验和抽查检验三类。

5.1 定型检验

5.1.1 为确认某机型的主要性能数据，并尽可能对其使用中的可靠性和耐久性作出评价，对其有代表性的发动机所进行的一系列检验为定型检验。

5.1.2　凡新设计和经重大改进以及转厂生产的内燃机必须进行定型检验，检验项目见表13（可根据内燃机结构型式和用途予以增减）。

5.1.3　定型检验用样机一台或按有关标准规定，一般由生产企业提供。

5.2　出厂检验

5.2.1　为保证产品质量，生产企业按技术文件规定的出厂要求（或合同要求），对出厂产品进行的检验为出厂检验。

5.2.2　每台内燃机必须进行出厂检验，检验项目见表13（可根据内燃机结构型式和用途予以增减）。

5.3　抽查检验

为考核内燃机生产企业批量生产产品制造质量的一致性，由政府有关部门或生产企业检验部门根据生产批量大小、按有关判定规则定期抽取一定数量的产品对主要性能进行的检验为抽查检验。

5.3.1　检验项目见表13（可根据内燃机结构型式和用途予以增减）。

表13　检验项目

序号	检验项目	检验类别		
		定型检验	出厂检验	抽查检验
1	起动性能试验	√	√（常温）	√（常温）
2	调速性能试验	√	▽	▽
3	负荷特性试验	√	▽	▽
4	标定功率试验	√	√	√
5	燃油消耗率试验	√	√	√
6	速度特性试验	√	▽	▽
7	使用特性试验	▽	▽	▽
8	万有特性试验	√	▽	▽
9	标定功率工作稳定性试验	√	▽	√
10	空载特性试验	√	×	▽
11	最低可调空载转速测定	√	√	√
12	最低满载持续转速测定	▽	▽	▽
13	各缸工作均匀性试验	√	▽	▽
14	安全性能检查	√	√	√
15	机械效率测定	√	▽	▽
16	热平衡试验	▽	×	×
17	噪声测定	√	▽	√
18	排气烟度测定	√	▽	√
19	排气排放测定	√	▽	√
20	机械振动和曲轴扭转振动试验	▽	▽	▽
21	活塞漏气量测定	▽	▽	▽
22	机油消耗率测定	√	▽	√
23	清洁度测定	▽	▽	√

表 13（续）

序号	检验项目	检验类别		
		定型检验	出厂检验	抽查检验
24	特殊性能试验	▽	▽	▽
25	功能检查	√	▽	√
26	可靠性试验	√	×	▽
27	耐久性试验	▽	×	▽
28	热冲击试验	▽	×	×

注 1：√——需要进行的项目；×——可不进行的项目；▽——按需要选定的项目。

注 2：在“√”及“▽”的项目中若包含多项内容时，也可择需进行部分内容。

注 3：特殊性能试验系指发动机与从动机的匹配试验、内燃发电机组的并联运行及其他电气试验、船用发动机紧急换向试验、船用发动机最低稳定转速试验、双燃料发动机的燃料转换试验、在制造厂规定时间内的维修能力试验、在规定故障下(如增压器失效)的机动性能及发出规定功率的能力试验。

注 4：功能检查系指超速限制装置、压力和温度异常的故障自动保护和报警装置等功能和能力检查、起动系统验收试验前后操作能力检查、换向机构或倒车减速机构和离合器的功能检查、重要零部件的运行温度检查、曲柄臂的挠度检查、发动机在支座上的稳定性检查、活塞和气缸组件及轴承在试验后的状况检查。

注 5：可靠性试验应单独抽取 2 台样机进行试验。

6 标志、包装、运输和贮存

6.1 标志

6.1.1 内燃机应具有牢固的铭牌，铭牌上至少应标明：

a) 制造厂名称、商标；

b) 型号、用途；

c) 标定功率/标定转速，kW/(r/min)；

d) 净质量，kg；

e) 厂址、许可证号；

f) 出厂编号、制造日期(年、月)；

g) 产品执行标准编号。

6.1.2 内燃机一般应在飞轮或输出端的机体部位或飞轮壳上标出旋转方向，同时在飞轮上或适当位置标出第一缸上止点位置。

6.1.3 安全警示标志应置于明显部位。

6.1.4 对列入国家工业产品生产许可证管理目录的产品，在产品或其包装、说明书上应标注生产许可证标志。

6.2 包装和运输

6.2.1 内燃机应和随机配件、工具和技术文件一起牢固包装。制造厂在征得用户同意后可采取简易包装。

6.2.2 包装箱的包装储运标志应符合 GB/T 191 的规定。

6.2.3 包装箱的收发货标志应符合 GB/T 6388 的规定。

6.3 贮存

6.3.1 内燃机应贮存在通风、干燥、无腐蚀性物质的仓库内。

6.3.2 在按照制造厂规定的产品油漆、封存、包装、储运的技术要求下，内燃机的有效封存期自出厂之日起不少于 12 个月。出口内燃机按有关标准规定。

附　录　A
（规范性附录）
柴油机主要件名称

A.1　柴油机主要零件

机体、气缸套、气缸盖垫片、气缸盖（包括燃烧室镶块）及其螺栓；
活塞、活塞销、活塞环、连杆、连杆衬套、连杆轴瓦和连杆螺栓；
曲轴及其连接螺钉、主轴承或主轴瓦、轴承盖、飞轮及其螺栓；
正时齿轮、凸轮轴及其轴瓦、摇臂和摇臂轴；
气门、气门座、气门导管、气门弹簧、气门挺杆和气门推杆。

A.2　柴油机主要部件

输油泵、喷油泵、调速器、喷油器、空气滤清器[1)]和柴油滤清器[1)]；
水泵、水箱、冷凝器、热交换器和风扇；
机油泵、机油冷却器和机油粗、精滤清器[1)]；
增压柴油机的增压器和中冷器；
电控单体泵、电控共轨系统；
安全装置（超速保护、机油的高温和低油压保护等）。

1)　纸质滤芯和橡胶密封圈除外。

ICS 27.020
J 91

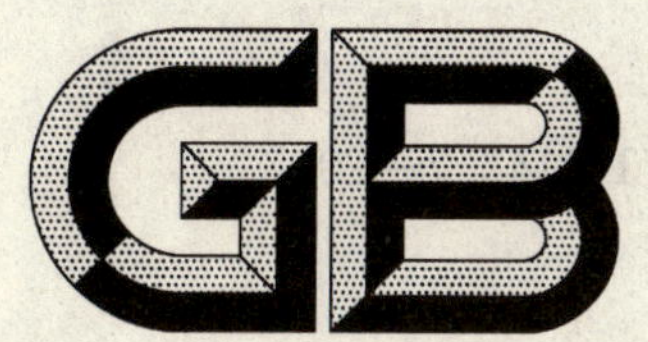

中华人民共和国国家标准

GB/T 1147.2—2007

中小功率内燃机 第2部分:试验方法

Small and medium power internal combustion engines—Part 2: Test methods

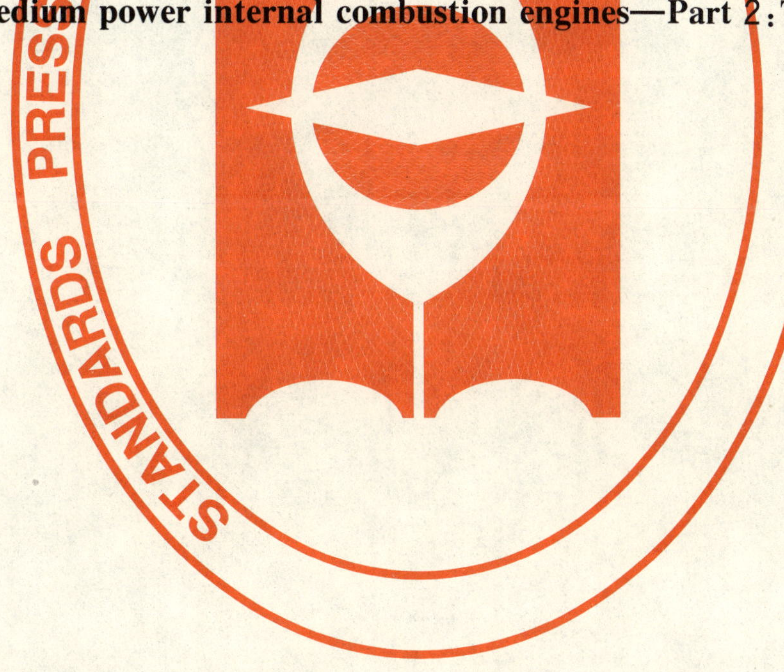

2007-06-25 发布 2007-11-01 实施

中华人民共和国国家质量监督检验检疫总局
中国国家标准化管理委员会 发布

前 言

GB/T 1147—2007《中小功率内燃机》由下列两部分组成：

——第1部分：通用技术条件；

——第2部分：试验方法。

本部分为GB/T 1147—2007的第2部分。

本部分的附录A、附录B均为资料性附录。

本部分由中国机械工业联合会提出。

本部分由全国内燃机标准化技术委员会归口。

本部分起草单位：上海内燃机研究所、潍柴动力股份有限公司、广西玉柴机器股份有限公司、济南柴油机股份有限公司、上海柴油机股份有限公司、浙江凡尔顿控股集团股份有限公司。

本部分主要起草人：谢亚平、计维斌、佟德辉、凌君旸、谢正良、李树生、罗志坚、倪家文、许传国、王建平、曲玉铃、瞿俊鸣、陈云清、宋国婵。

中小功率内燃机　第2部分:试验方法

1　范围

GB/T 1147 的本部分规定了中小功率内燃机的试验方法。

本部分适用于道路车辆、船舶、农用拖拉机和林业机械、工程机械、发电机组、排灌机械及其他目前尚无合适标准可以使用的中小功率内燃机(以下简称内燃机)。

2　规范性引用文件

下列文件中的条款通过 GB/T 1147 的本部分的引用而成为本部分的条款。凡是注日期的引用文件,其随后所有的修改单(不包括勘误的内容)或修订版均不适用于本部分,然而,鼓励根据本部分达成协议的各方研究是否可使用这些文件的最新版本。凡是不注日期的引用文件,其最新版本适用于本部分。

GB/T 1147.1—2007　中小功率内燃机　第1部分:通用技术条件

GB 1495—2002　汽车加速行驶车外噪声限值及测量方法

GB/T 1859—2000　往复式内燃机　辐射的空气噪声测量　工程法及简易法(idt ISO 6798:1995)

GB/T 3821—2005　中小功率内燃机清洁度测定方法

GB 3847—2005　车用压燃式发动机和压燃式发动机汽车排气烟度排放限值及测量方法

GB/T 5741—1985　船用柴油机排气烟度测量方法

GB/T 6072.1—2000　往复式内燃机　性能　第1部分:标准基准状况,功率、燃料消耗和机油消耗的标定及试验方法(idt ISO 3046-1:1995)

GB/T 6072.3—2003　往复式内燃机　性能　第3部分:试验测量(ISO 3046-3:1989,IDT)

GB/T 7184—1987　中小功率柴油机振动测量方法

GB 9486　柴油机稳态排气烟度及测定方法

GB/T 9487—1988　柴油机自由加速排气烟度的测定方法

GB/T 9911—1988　船用柴油机辐射的空气噪声测量方法

GB/T 10397—2003　中小功率柴油机　振动评级(ISO 10816-6:1995,IDT)

GB/T 10398—1989　小型汽油机　振动测试方法

GB/T 10399—1989　小型汽油机　振动评级

GB/T 15097—1994　船用柴油机排气排放污染物测量方法

GB/T 15371—1994　曲轴轴系扭转振动的测量与评定方法

GB 17691—2005　车用压燃式、气体燃料点燃式发动机与汽车排气污染物排放限值及测量方法(中国Ⅲ、Ⅳ、Ⅴ阶段)

GB/T 18297—2001　汽车发动机性能试验方法

GB 18322—2002　农用运输车自由加速烟度排放限值及测量方法

GB 18352.3—2005　轻型汽车污染物排放限值及测量方法(中国 Ⅲ、Ⅳ阶段)

GB/T 19055—2003　汽车发动机可靠性试验方法

GB 19756—2005　三轮汽车和低速货车用柴油机排气污染物排放限值及测量方法(中国Ⅰ、Ⅱ阶段)

GB 19757—2005　三轮汽车和低速货车加速行驶车外噪声限值及测量方法(中国Ⅰ、Ⅱ阶段)

GB 20651.1—2006　往复式内燃机　安全　第1部分:压燃式发动机

GB 20891—2007　非道路移动机械用柴油机排气污染物排放限值及测量方法(中国Ⅰ、Ⅱ阶段)
JB/T 5135.2—2001　通用小型汽油机　可靠性、耐久性试验与评估方法
JB/T 8127.1—1995　燃油加热器　基本参数
JB/T 8127.2—1995　燃油加热器　技术条件
JB/T 51127—1999　中小功率柴油机　产品可靠性考核
QC/T 29064—1992　汽车用起动机　技术条件

3　试验条件

3.1　试验前制造厂应提供内燃机必要的技术文件,试验样机应符合产品图样和技术文件的要求。

3.2　试验样机必须装有产品技术文件或有关标准规定的全部附件。若试验时不装排气消声器、排气管,则试验装置的排气背压应与产品相当。

3.3　试验前内燃机允许磨合 45 h 或按制造厂规定进行磨合。

3.4　标准基准状况,功率和燃油消耗率的换算,以及试验设备精度均应符合 GB/T 6072.1、GB/T 6072.3及其他相关标准的规定。试验时的环境大气状况(大气压力和进气温度)如偏离标准基准状况,需进行换算,并在试验报告中予以说明。

3.5　试验用燃油和机油的质量要求应符合有关标准或内燃机使用说明书的规定。

3.6　除非另有商定,试验应在制造厂试验台或主管部门指定的试验中心进行。

3.7　除与传动装置(如液压机构、换向机构)制成一体或带有发电机的内燃机不能分开试验外,一般只对内燃机本身单独进行试验。

3.8　试验时内燃机的燃油、机油、进气空气和冷却介质温度(包括中冷器的冷却介质进口温度)等均应符合内燃机使用说明书或其他有关专业标准的规定。

3.9　试验时,可因试验条件和项目需要对发动机进行调整。

4　试验和检查项目

内燃机的试验和检查项目由各专业标准规定。如无规定时,可参照表1进行。

表 1　试验和检查项目

序号	参考条文号	试验、检查项目	试验类别		
			定型试验	出厂试验	抽查试验
1	6.1.1	起动性能试验	√	√(常温)	√(常温)
2	6.1.2	调速性能试验	√	▽	√
3	6.1.3	负荷特性试验	√	▽	▽
4	6.1.4	标定功率试验	√	√	√
5	6.1.5	燃油消耗率试验	√	√	√
6	6.1.6	速度特性试验	√	▽	▽
7	6.1.7	使用特性试验	▽	▽	▽
8	6.1.8	万有特性试验	√	▽	▽
9	6.1.9	标定功率工作稳定性试验	√	▽	√
10	6.1.10	空载特性试验	√	×	▽
11	6.1.11	最低可调空载转速测定	√	√	√
12	6.1.12	最低满载持续转速测定	▽	▽	▽

表 1（续）

序号	参考条文号	试验、检查项目	试验类别		
			定型试验	出厂试验	抽查试验
13	6.1.13	各缸工作均匀性试验	√	▽	▽
14	6.1.14	安全性能检查	√	√	√
15	6.1.15	机械效率的测定	√	▽	▽
16	6.1.16	热平衡试验	▽	×	×
17	6.1.17	噪声测定	√	▽	√
18	6.1.18	排气烟度测定	√	▽	√
19	6.1.19	排气排放测定	√	▽	√
20	6.1.20	机械振动和曲轴扭转振动试验	▽	▽	▽
21	6.1.21	活塞漏气量测定	▽	▽	▽
22	6.1.22	机油消耗的测定	√	▽	√
23	6.1.23	清洁度测定	▽	▽	√
24	6.2	特殊性能试验	▽	▽	▽
25	7	功能检查	√	▽	√
26	8	可靠性试验	√	×	▽
27	9	耐久性试验	▽	×	▽
28	10	热冲击试验	▽	×	×

注 1：√——需要进行的项目；×——可不进行的项目；▽——按需要选定的项目。

注 2：对于要进行的项目“√”及按需要选定进行的项目“▽”，若项目中包含多项内容时，也可按需进行部分内容的试验。

注 3：可靠性试验应单独抽取 2 台样机进行试验。

5 测量参数和要求

5.1 内燃机一般测量参数及其允许偏差，以及对测试仪器和设备的校验要求等应按 GB/T 6072.3 或相关标准的规定。具体测量可根据试验和检查项目的需要以及内燃机的结构可能性予以增减。部分测量位置参见表 2。

5.2 除试验项目要求测取参数的瞬时值外，各项参数均应在内燃机工况稳定运转 1 min 后测取。主要参数应至少测定 2 次，取其平均值。

表 2 测量位置

序号	测量项目	测量位置
1	大气压(绝对)	在试验室内，不受阳光直射和热辐射处测量
2	压缩压力	在火花塞孔、预热塞孔、喷油器孔、示功阀等处测量
3	最高爆发压力	在火花塞孔、示功阀或专门设置的测量孔等处测量
4	进气压力(内燃机或增压器或扫气泵进气口空气绝对压力)及进气压力降	在距进气管进口下游 30 mm 处测量(增压器或扫气泵则在其进气口或靠近进气口直管段处测量)，传感器应与管壁齐平
5	增压器或扫气泵出气口空气绝对压力	在其出气口或靠近出气口的直管段处测量，传感器应与管壁齐平

表 2（续）

序号	测量项目	测量位置
6	中冷器后空气绝对压力	在其出口处附近的直管段处测量
7	排气压力（内燃机排气总管或涡轮增压器后的排气绝对压力）	在距内燃机排气总管出口或涡轮增压器排气出口 75 mm 处测量，传感器应与管壁齐平
8	涡轮增压器燃气进口绝对压力	在排气总管出口到涡轮增压器燃气进口之间的直管段处测量，传感器应与管壁齐平
9	曲轴箱压力	在曲轴箱上部测量
10	机油压力	在滤清器后或主油道入口处测量
11	冷却介质压力	水冷内燃机在冷却液出口处测量；风冷内燃机冷却空气压力测量位置由制造厂具体规定
12	燃油压力	在喷油泵进口处测量或按有关专业标准规定
13	冷却介质温度	水冷内燃机，在靠近冷却液出口或/和入口处测量；在中冷器冷却介质进口和出口处测量。风冷内燃机的冷却空气温度测量位置由制造厂具体规定
14[a]	机油温度	在主油道或主油道入口处测量，也可在油底壳内测量
15	燃油温度	在喷油泵进口处测量或按有关专业标准规定
16	环境温度（进气温度）	中小功率内燃机在离进气管空气进口上游 150 mm 以内处测量，传感器应逆气流安装，端头位于气流中心，并进行热屏蔽
17[b]	增压器或扫气泵出气口空气温度	尽量靠近其出口的直管段处测量，传感器逆气流方向插入管道，并使其端头位于其中心
18	中冷器后空气温度	尽量靠近其出口的直管段处测量，传感器逆气流方向插入管道，并使其端头位于其中心
19[b]	排气支管排气温度	离气缸盖排气道出口端面 50 mm 内测量，传感器逆气流方向插入管道，并使其端头位于其中心
20[b]	排气总管或涡轮增压器后的排气温度	离排气总管出口或涡轮增压器排气出口不大于 2 倍排气总管或增压器排气出口直径距离处测量，传感器逆气流方向插入管道，并使其端头位于其中心
21[b]	涡轮增压器燃气进口温度	结构允许条件下，在尽量靠近燃气进口的直管段处测量，传感器逆气流方向插入管道，并使其端头位于其中心

a 具有机油冷却器的内燃机，机油温度在靠近机油冷却器机油入口和出口两处测量。

b 序号 17、19、20、21 的测量，在不影响参数的准确度下，测温传感器允许按内燃机结构特点垂直于气流方向安装，传感器端头必须位于管道中心。

6 性能试验

6.1 一般性能试验

6.1.1 起动性能试验

考查内燃机的起动性能是否符合有关专业标准和/或制造厂的规定。通用柴油机的起动试验方法可参照附录 A，车用发动机的起动试验方法可按 GB/T 18297 的规定进行，其他用途的内燃机也可参照本标准规定进行。

试验时，按使用说明书规定加注冷却液(水冷内燃机)和机油。在专业标准和/或制造厂规定的起动环境温度下，按说明书规定的操作程序进行起动。

起动能量和重复进行的次数按有关标准或制造厂规定。

试验时，应测取环境状况参数、内燃机冷却介质和机油温度，起动次数，起动时间和转速，蓄电池电压、电流或贮气瓶压缩空气压力等。

6.1.2 调速性能试验

6.1.2.1 调速特性试验

试验时，将内燃机调定在标定工况或超负荷工况下稳定运转。卸去全部负荷，使其转速达到标定空载转速(亦即高怠速或最高空载转速)或超载转速时的最高可调转速(超负荷功率最高空载转速)，然后逐步增加负荷直至上述工况。在各档负荷下分别测定其稳定转速、扭矩、燃油消耗量等参数并绘制标定工况的调速特性曲线。

内燃机标定工况的标定调速率(稳定调速率)或超负荷工况的稳定调速率(参见图1、图2)，可分别按式(1)、式(2)计算：

$$\delta_{n_{st,r}} = \frac{n_{i,r} - n_r}{n_r} \times 100(\%) \quad \cdots\cdots(1)$$

$$\delta'_{n_{st,r}} = \frac{n_{i,ov} - n_{ov}}{n_{ov}} \times 100(\%) \quad \cdots\cdots(2)$$

式中：

$n_{i,r}$——标定空载转速(即高怠速或最高空载稳定转速)，单位为转每分钟(r/min)；

n_r——标定转速，单位为转每分钟(r/min)；

n_{ov}——超载转速，单位为转每分钟(r/min)；

$n_{i,ov}$——超载转速时的最高可调空载转速(最高空载稳定转速)，单位为转每分钟(r/min)。

注：装有全程制调速器的柴油机，应按其使用要求增做部分调速特性试验。将柴油机调定在要求工况下稳定运转，卸去全部负荷，使其转速达到空载转速，然后逐步增加负荷直至原来要求的工况。在各档负荷下分别测定转速、扭矩、燃油消耗量等参数。绘制部分调速特性曲线。

6.1.2.2 瞬时转速差(瞬时调速率)

6.1.2.2.1 突减负荷试验

内燃机先在标定工况或超负荷工况下稳定运转，然后突然卸去全部负荷，测定转速随时间的变化关系(图1)。

突减负荷瞬时转速差可按式(3)、式(4)计算：

$$\delta_{n^+_{dyn}} = \frac{n_{d,max} - n_r}{n_r} \times 100(\%) \quad \cdots\cdots(3)$$

$$\delta'_{n^+_{dyn}} = \frac{n'_{d,max} - n_{ov}}{n_{ov}} \times 100(\%) \quad \cdots\cdots(4)$$

式中：

$n_{d,max}$——标定工况突减全部负荷时的上冲转速，单位为转每分钟(r/min)；

$n'_{d,max}$——超负荷工况突减全部负荷时的上冲转速，单位为转每分钟(r/min)。

6.1.2.2.2 突加负荷试验

内燃机先在最高空载转速或超负荷功率最高空载转速下稳定运转，然后突加全部负荷，测定转速随时间的变化关系(图2)。

突加负荷瞬时转速差(瞬时调速率)可按式(5)、式(6)计算：

$$\delta_{n^-_{dyn}} = \frac{n_{d,min} - n_{i,r}}{n_r} \times 100(\%) \quad \cdots\cdots(5)$$

$$\delta'_{n^-_{dyn}} = \frac{n'_{d,min} - n_{i,ov}}{n_{ov}} \times 100(\%) \quad \cdots\cdots(6)$$

式中：

$n_{d,min}$——标定工况突加全部负荷时的下冲转速，单位为转每分钟(r/min)；

$n'_{d,min}$——超负荷工况突加全部负荷时的下冲转速，单位为转每分钟(r/min)。

四冲程涡轮增压柴油机的突加负荷试验，当其标准环境状况发出的标定功率的平均有效压力超过800 kPa时应分段进行。第一次突加负荷的百分比可按有关标准或制造厂规定，也可由图3选取。

注：二冲程增压内燃机，瞬时转速差(调速率)的测定试验由制造厂和用户商定。

6.1.2.2.3 **转速回复时间(稳定时间)($t_{n,in}$，$t_{n,de}$)**

在规定负荷变化后，转速偏离稳态转速波动率范围到再次持久进入新转速下规定的稳态转速波动率范围内的时间间隔为转速回复时间(见图1、图2)。

注：$t_{n,in}$——转速回复时间(加载)，$t_{n,de}$——转速回复时间(减载)。

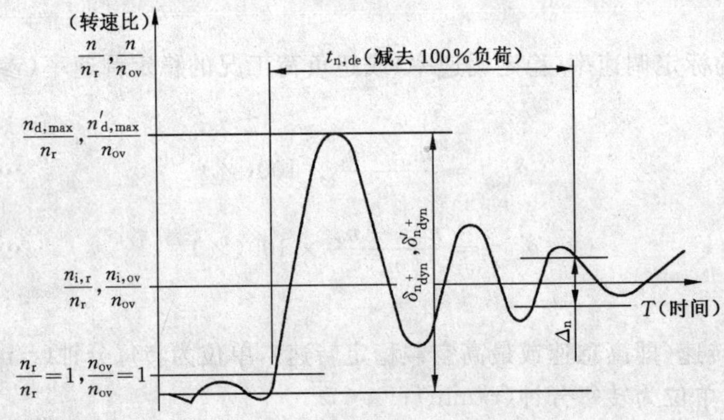

图1 突减负荷试验

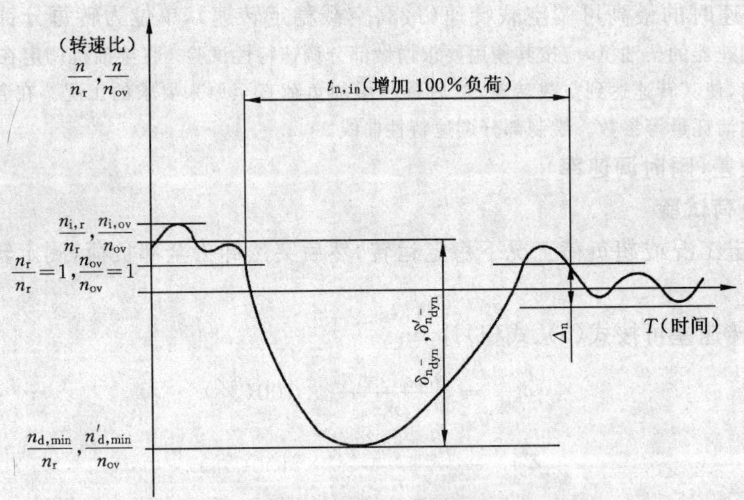

图2 突加负荷试验

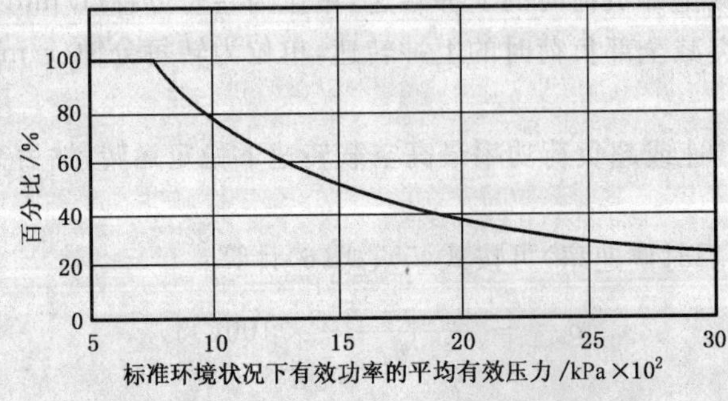

图3 现场环境状况下有效功率的第一次突加负荷百分比

6.1.2.3 稳态转速波动率(β_n)

内燃机的稳态转速波动率为恒定功率下转速在平均值上下波动的包迹宽度Δ_n(见图2),用标定转速的百分率表示:

$$\beta_n = \frac{\Delta_n}{n_r} \times 100(\%) \qquad \cdots\cdots(7)$$

式中:

Δ_n——恒定功率下转速在平均值上下波动的包迹宽度。

6.1.3 负荷特性试验

确定转速不变时内燃机的各项主要性能参数随负荷变化的规律。

试验时,内燃机保持在标定转速或有关标准规定的其他转速下。负荷由小逐步增加至最大。在各负荷下分别测取扭矩、燃油消耗量、排气温度等参数,制取负荷特性曲线。

6.1.4 标定功率试验

内燃机出厂试验时,检查内燃机能否发出铭牌所示功率。

试验时,将内燃机转速调定在制造厂规定的标定空载转速(高怠速),然后逐步增加负荷直至转速达到铭牌所示标定转速,检查内燃机实际所发功率与铭牌所示功率的偏差是否在GB/T 1147.1中3.3.2所规定的±5%范围内。

6.1.5 燃油消耗率试验

内燃机出厂试验时,检查内燃机在标定功率时的燃油消耗率。

试验时,将内燃机调定在标定功率、标定转速工况。用质量法(或容积法)测量燃油消耗率。检查内燃机实际燃油消耗率与制造厂技术文件所示燃油消耗率的偏差是否在GB/T 6072.1所规定的+5%范围内。

6.1.6 速度特性试验

确定内燃机的各项主要性能参数随转速变化的规律。

试验时,先将内燃机调定在标定工况稳定运转,固定燃油供给控制机构,然后逐步增加负荷,降低转速,分别测取各稳定转速下的扭矩、燃油消耗量、排气温度和烟度等参数。制取速度特性曲线。速度特性的扭矩储备率按式(8)计算:

$$\mu_m = \frac{M_{emax} - M_{eb}}{M_{eb}} \times 100(\%) \qquad \cdots\cdots(8)$$

式中:

M_{emax}——标定工况速度特性的最大扭矩,单位为千牛米(kN·m);

M_{eb}——标定功率时的扭矩,单位为千牛米(kN·m)。

汽油机和装有两极式调速器的柴油机可以根据用途需要增做部分负荷的速度特性试验,绘制相应的特性曲线。

6.1.7 使用特性试验

内燃机在台架上模拟动力装置配套使用特性(如船用主机的推进特性)而进行的试验。

试验方法按有关标准规定。

6.1.8 万有特性试验

确定内燃机各项主要性能参数相互关系的综合特性试验。

试验时,内燃机应根据用途,依次保持转速为标定转速或超负荷功率转速的一定百分比,分别进行负荷特性试验;汽油机及装有两极式调速器的柴油机也可依次保持功率为标定功率或超负荷功率的一定百分比,分别进行速度特性及部分负荷速度特性试验,测量转速、扭矩、燃油消耗量和排气温度等各项参数,制取万有特性曲线。

6.1.9 标定功率工作稳定性试验

确定内燃机在标定功率运转时,各项主要性能参数的稳定性。

试验时，内燃机应在标定功率下稳定持续运转，测量转速、扭矩、燃油消耗量、排气温度和烟度等主要参数，并绘制它们随时间而变化的关系曲线。稳定持续运转的时间按专业标准规定。

6.1.10 空载特性试验

确定内燃机空载时燃油消耗量随转速变化的关系。

试验时，内燃机不带负荷，转速从标定空载转速(最高空载转速)或超负荷功率最高空载转速逐步降至最低可调空载转速(最低空载稳定转速)，分别测取各稳定转速下的燃油消耗量。绘制空载特性曲线。

6.1.11 最低可调空载转速测定(最低空载稳定转速测定)

确定内燃机最低可调空载转速。

试验时，内燃机不带负荷，降低转速至最低可调空载转速，并在此转速下稳定运转时间不少于5 min。

6.1.12 最低满载持续转速测定(最低工作稳定转速)

确定内燃机的最低满载持续转速(最低工作稳定转速)。

试验时，内燃机的燃油供给控制机构保持在出厂调整的最大功率位置上，逐步改变负荷，降低转速达到最低满载持续转速(工作稳定转速)，并能在该转速下稳定运转。

6.1.13 各缸工作均匀性试验

确定多缸内燃机气缸内各项工作参数均匀性的试验。测定缸数可按专业标准或制造厂规定。测定参数和试验方法可根据内燃机的具体要求和结构按下述a)、b)选定或由有关标准规定。

试验时，应严格保持内燃机正常工作时的热状态。

a) 工作参数直接测定法

试验时，内燃机在标定工况下稳定运转，测量各缸的压缩压力、最高爆发压力、平均指示压力和排气温度等参数，按下式计算各项参数的不均匀率：

$$\varepsilon = \left| \frac{\rho_{\max}(\text{或 } \rho_{\min}) - \rho_{\mathrm{m}}}{\rho_{\mathrm{m}}} \right| \times 100(\%) \quad \cdots\cdots(9)$$

式中：

$\rho_{\max}$(或 $\rho_{\min}$)——某项参数的最大(或最小)值；

ρ_{m}——各缸同项参数的算术平均值。

b) 单缸熄火法

试验时，先将内燃机调定在标定工况下稳定运转，然后轮流停止一缸工作，并随即降低负荷使转速迅速恢复到标定转速，测量其有效功率。

某一缸的指示功率近似地由下式计算：

$$P_i = P_{\mathrm{b}} - P_{\mathrm{e}} \quad \cdots\cdots(10)$$

式中：

P_i——第 i 缸的指示功率，单位为千瓦(kW)；

P_{b}——标定功率，单位为千瓦(kW)；

P_{e}——第 i 缸停止工作后内燃机的有效功率，单位为千瓦(kW)。

指示功率的不均匀率按公式(9)确定。

6.1.14 安全性能检查

确定内燃机起动安全装置(手摇起动内燃机)、停机系统、防火、防爆(用于有爆炸性危险场合的内燃机)及超速保护等装置是否工作正常。

内燃机的安全性能按 GB 20651.1—2006 及其他有关标准中规定的具体要求进行检查。

6.1.15 机械效率的测定

确定内燃机在标定工况或其他规定工况下的机械效率。可根据内燃机的用途和结构特点选用下述a)～d)的测定方法。

a) 单缸熄火法

方法同 6.1.13 中 b)，机械效率按下式计算：

$$\eta_m = \frac{P}{P_1 + P_2 + \cdots\cdots + P_i} \qquad \cdots\cdots\cdots\cdots\cdots\cdots\cdots\cdots (11)$$

式中：

P_1、P_2、……P_i——分别为规定或标定工况下第 1、第 2……第 i 缸的指示功率，单位为千瓦(kW)。

b) 电力测功机拖动法

内燃机在标定工况下或在其他规定工况下稳定运转，待达到热状态稳定后停止向各缸供给燃料(汽油机待剩余燃料烧尽后，还需切断点火电源)，随即用电力测功机以标定转速或所要求工况的转速拖动内燃机，测定电力测功机的拖动功率。此即为内燃机的机械损失功率。

机械效率由下式计算：

$$\eta_m = \frac{P}{P + P_m} \qquad \cdots\cdots\cdots\cdots\cdots\cdots\cdots\cdots (12)$$

式中：

P——规定工况下的有效功率(标定工况时为 P_b)，单位为千瓦(kW)；

P_m——规定或标定工况的机械损失功率，单位为千瓦(kW)。

c) 油耗量线延长法

在标定转速或规定转速下作负荷特性试验，绘制燃油消耗量与有效功率的关系曲线[$G_f = f(P)$]，近似直线部分延长与横坐标相交，则该点的横坐标即为标定转速或规定转速下的机械损失功率，机械效率按公式(12)计算。

d) 其他方法，如示功图法、惯性法等。

6.1.16 热平衡试验

按有关标准规定进行。

6.1.17 噪声测定

根据车用、船用、三轮汽车和低速货车用及非道路移动机械用等用途分别按 GB 1495、GB/T 9911、GB 19757 、GB 1859 或其他有关标准的规定进行。

6.1.18 排气烟度测定

根据车用、船用、三轮汽车和低速货车用及非道路移动机械用等用途分别按 GB 3847、GB/T 5741、GB 18322、GB 9486、GB/T 9487 或其他有关标准的规定进行。

6.1.19 排气排放测定

根据车用、船用、三轮汽车和低速货车及非道路移动机械用等用途分别按 GB 17691、GB 18352.3、GB/T 15097、GB 19756、GB 20891 或其他有关标准的规定进行。

6.1.20 机械振动和曲轴扭转振动试验

根据用途分别按 GB/T 7184、GB/T 10398、GB/T 10399、GB/T 10397、GB/T 15371 或其他有关标准的规定进行。

6.1.21 活塞漏气量测定

按有关标准规定。

6.1.22 机油消耗的测定

确定内燃机在要求工况下的机油消耗量、机油消耗率或机油燃油消耗百分比。

测定时，内燃机的运转工况应保持稳定。测定方法由有关标准规定。标定功率时的机油消耗，也可按附录 B 规定的方法进行。

注：对于采用注油润滑的内燃机，应单独进行气缸润滑机油消耗量、机油消耗率或机油燃油消耗百分比的测定。

6.1.23 清洁度测定

按 GB/T 3821 或其他有关标准的规定进行。

6.2 **特殊性能试验**

内燃机为满足某种特定用途而进行的试验项目。试验项目可根据内燃机的结构和用途在6.2.1～6.2.4中选定。试验方法按有关标准规定。

6.2.1 **模拟故障试验**

模拟内燃机在发生故障情况下的运转能力,如停缸试验或停增压器试验等。

6.2.2 **背压试验**

对排气背压有特殊要求的内燃机,应在规定的排气背压情况下进行各项性能试验。

6.2.3 **双燃料内燃机的燃料切换试验**

将内燃机的燃料切换开关由一种燃料切换至另一种燃料,起动并运行发动机。

6.2.4 **模拟特殊环境状况下的性能试验**

如高气温、低气温、高湿度和高海拔等情况下内燃机主要性能变化的试验。

7 功能检查

下列功能检查项目如不能与第6章中的性能试验与测定结合进行,则应单独进行试验检查,检查要求和方法按有关标准规定。

7.1 安全装置功能检查 内燃机的各种安全装置(如超速保护、自动报警和防爆等)应随机进行试验检查,确认其动作是否灵敏、准确可靠。随机试验检查有困难时,可采用模拟方法。

7.2 机油压力、机油温度、冷却介质温度等自动调节系统控制能力检查。

7.3 与内燃机制成一体的换向、倒车机构和离合器的功能检查。

7.4 重要零部件的运行温度检查、曲柄臂的挠度检查、内燃机在支座上的稳定性检查、活塞和气缸组件及轴承在试验后的状况检查按有关标准规定。

8 可靠性试验

可靠性试验根据用途分别按GB/T 19055、JB/T 51127、JB/T 5135.2或其他有关标准的规定进行。

9 耐久性试验

9.1 耐久试验根据内燃机用途,按下列四种规范进行。通用小型汽油机可按JB/T 5132.2的规定进行,船用柴油机的耐久试验按有关标准规范进行。

A规范——适用于轿车、中小型卡车、摩托快艇用内燃机,按表3规定,每2 h为一个循环,共运转500个循环,即1 000 h。

B规范——适用于大中型载重卡车、工程机械、工业拖拉机用内燃机,按表4规定,每8 h为一个循环,运转40个循环后按标定工况连续运转180 h,共500 h,即一个大循环。重复进行4个大循环,总运转时间为2 000 h。

C规范——适用于矿用载重汽车、农用拖拉机、农用动力,按表5规定,每8 h为一个循环,运转40个循环后按110%标定功率、标定转速连续运转180 h,共500 h,即一个大循环。重复进行4个大循环,总运转时间为2 000 h。

D规范——适用于固定动力、电站、铁路牵引、农用排灌用内燃机,按110%标定功率、标定转速连续运转,总运转时间为2 000 h。

注:单缸功率大于或等于73.6 kW的柴油机在按规范C、规范D试验时,其总运转时间允许减少,但应不少于1 000 h。

表 3 耐久试验规范 A

序号	工况		时间 min
	标定转速 %	标定功率 %	
1	最大扭矩时的转速	最大扭矩时的功率	58
2	最低可调空载转速(低怠速)	0	2
3	100	100	58
4	标定空载转速	0	2

表 4 耐久试验规范 B

序号	工况		时间 min
	标定转速 %	标定功率 %	
1	100	90	300
2	100	100	120
3	标定空载转速	0	5
4	最大扭矩时的转速	最大扭矩时的功率	45
5	最低可调空载转速(低怠速)	0	10

表 5 耐久试验规范 C

序号	工况		时间 min
	标定转速 %	标定功率 %	
1	100	90	120
2	100	100	300
3	标定空载转速	0	5
4	最大扭矩时的转速	最大扭矩时的功率	45
5	最低可调空载转速(低怠速)	0	10

9.2 耐久试验前,发动机应先进行全面的性能试验,试验项目如下:

a) 起动性能试验;

b) 各缸工作均匀性试验;

c) 机械效率测定;

d) 负荷特性或速度特性或推进特性试验(视内燃机用途而定);

e) 调速特性试验;

f) 空载特性和最低可调空载转速(低怠速)试验;

g) 船用主机的换向、倒转、停缸、停增压器和最低满载持续转速(最低工作稳定转速)试验;

h) 安全装置试验;

i) 排气烟度测定;

j) 噪声测定;

k) 机油消耗量测定;

l) 其他性能试验:根据内燃机设计任务书和技术文件的要求测定机械振动、曲轴扭转振动,进行背压试验及废气排放测定等。

9.3 耐久试验后,应对上述 a)、d)、e)、f)、i)和 k)六项进行性能复试。

10 热冲击试验

主要适用于使用工况频繁变动的汽车、工程机械等用途的发动机,考核该类发动机受热零部件是否因热冲击而损坏和失效。

热冲击试验前、后应进行 9.2 中 d)、e)、f)和 i)四项性能试验和性能复试。

注:耐久试验或热冲击试验后、性能复试前,允许对气门间隙、喷油压力和供油提前角进行调整。

水冷柴油机(蒸发冷却和凝气冷却式除外),应按表 6 进行热冲击试验,每 10 min 为 1 个循环,共运转 3 000 个循环,即 500 h,车用发动机也可按 GB/T 19055 中有关要求进行试验和考核。

表 6 热冲击试验规范[a]

序号	工况		出水温度[b] ℃	时间[c] min
	标定转速 %	标定功率 %		
1	100	100	$t_1 \geqslant 90$	6
2	怠速~50	0	$t_2 \leqslant 30$	4

a 试验装置示意图见图 4。

b 若柴油机出水温度受到限制,则在试验时允许改变上述出水温度 t_1 和 t_2,但应保证温差(t_1-t_2)大于或等于 60℃。

c “时间”中包括出水温度变化和稳定的时间,其中稳定时间应不少于 2 min。

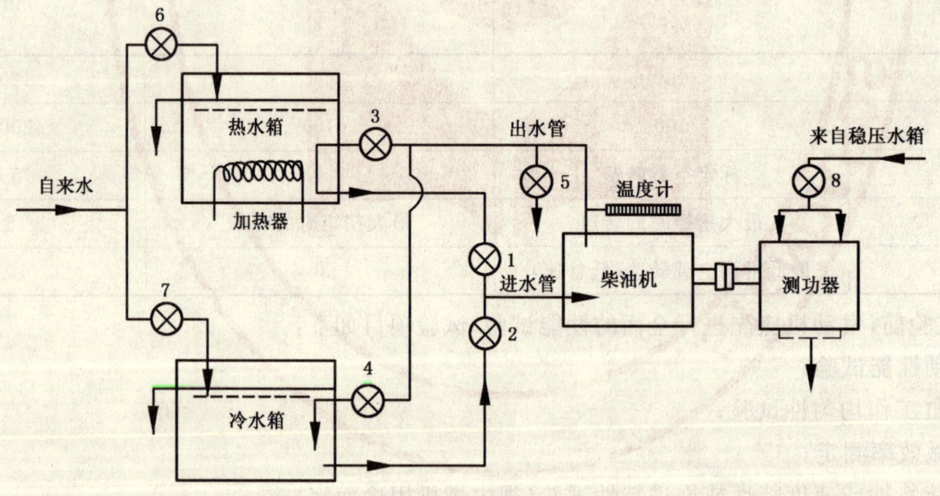

热循环时:阀 1、3、8 开;阀 2、4 关。

冷循环时:阀 2、4 开;阀 1、3、8 关。

阀 5、6、7 为调节水温用。

图 4 热冲击试验装置示意图

11 试验报告

试验完成后由试验单位根据试验结果编写试验报告,主要内容包括下列各项:

11.1 内燃机的型号、出厂编号、主要技术规格、附件的名称、型号规格及其制造厂一览表。

11.2 测试设备、仪器和仪表的名称、型号、规格、精度等级及其制造厂一览表。

11.3 各项性能试验，如起动性能、各缸工作均匀性、机械效率、调速特性、负荷特性或速度特性或推进特性、空载特性、噪声、排放、烟度和机油消耗量等图表。

11.4 可靠性、耐久性试验前、后主要零件尺寸的测量数据(附零件测量位置图)，并根据气缸套、曲轴主轴颈和连杆轴颈、主轴瓦和连杆轴瓦中最大的磨损值推算内燃机的大修期。

11.5 可靠性、耐久性试验期间的保养情况(包括每次加入或更换的机油量)、停车故障和更换零件、附件的名称、件数、发生时刻和次数统计表(附损坏件照片及原因分析)。

11.6 可靠性、耐久性试验过程中标定工况或 110%标定工况(按 9.1 中的规范)时下列主要参数的变化曲线：

柴油机转速、功率、扭矩、燃油消耗率、大气压、进气温度、出水温度、排气温度、增压柴油机的增压器转速、涡轮前燃气温度、中冷器冷却介质进口温度等。

附 录 A
（资料性附录）
柴油机起动性能试验

A.1 试验条件

A.1.1 柴油机起动性能的质量，用起动极限温度和起动时间进行评定，必要时还应考核预动作时间、暖机时间等指标。

A.1.2 柴油机生产厂应将起动极限温度作为柴油机主要技术规格之一，列入产品样本和使用说明书中。

A.1.3 柴油机装有辅助措施出厂时，应标出使用辅助措施时的起动极限温度。

A.1.4 起动极限温度表示方法。

A.1.4.1 柴油机不使用任何起动辅助措施的起动极限温度若为 263 K(－10℃)，则表示为：

起动极限温度 263 K(－10℃)

A.1.4.2 柴油机装有燃烧室电热塞的起动极限温度若为 263 K(－10℃)，则表示为：

起动极限温度(电热塞)263 K(－10℃)

A.1.4.3 柴油机不使用任何起动辅助措施的起动极限温度若为 263 K(－10℃)，装有进气预热塞时的起动极限温度若为 253 K(－20℃)，则表示为：

起动极限温度 263 K(－10℃)

(进气预热)253 K(－20℃)

A.1.4.4 柴油机不使用任何起动辅助措施的起动极限温度为 263 K(－10℃)，装有加热器能在 233 K(－40℃)起动，则表示为：

起动极限温度 263 K(－10℃)

(加热器)233 K(－40℃)

A.1.4.5 若柴油机同时装有几种起动措施，应将几种起动极限温度同时列出。

A.1.5 蓄电池-起动电机系统

A.1.5.1 与柴油机配套的蓄电池，其容量应保证在柴油机规定的使用温度范围内、按 A.3.6.2 规定的时间、使用选定的润滑油、停止喷油进行拖动，能重复进行 6 次以上，每次间隔 2 min，并要求曲轴拖动转速不能下降。

A.1.5.2 蓄电池若不能满足 A.1.5.1 的要求时，允许使用蓄电池保温箱，使电解液温度保持在 273 K～298 K(0℃～25℃)之间，以弥补由于温度下降造成的容量损失，并在使用的温度范围内进行评定。

A.1.5.3 连接蓄电池和起动电机的导线，在试验温度下电压降应不大于 4%。

A.1.5.4 起动电机应符合 QC/T 29064 规定的要求。

A.1.6 柴油机使用的润滑油、润滑脂、燃油和冷却液，均应与使用的环境温度相适应。润滑油和冷却液的凝固点应低于使用温度 10 K(10℃)；燃油的浊点应低于环境温度 3 K～5 K(3℃～5℃)；润滑油的高温黏度应适应柴油机运转的要求。

A.1.7 柴油机按使用地区温度的不同，生产厂应配备必要的起动辅助措施。

A.1.8 柴油机及其起动辅助措施，在柴油机曲轴转动后应能分别独立地工作，也能同时工作。

A.1.8.1 若选用柴油机低温起动加热器，则应符合 JB/T 8127.1 和 JB/T 8127.2 的规定。

A.1.8.2 燃烧室电热塞和进气预热塞应符合有关标准的规定。

A.1.8.3 起动液加注装置应能在规定的温度范围内使用，和保证每次有稳定的加注量，并应备有安全机构。

起动液应具有稳定的成分，在柴油机上按规定的喷注量使用时，气缸内压力升高率、瞬时最大转速不得超过该机的设计允许值。

A.1.9 起动用压缩空气瓶的容量，应保证柴油机连续起动的次数不少于6次。

A.2 试验准备

A.2.1 试验前必须对柴油机进行检查。

A.2.1.1 记录试验柴油机的名称、型号、出厂日期、编号、生产厂名。

A.2.1.2 检查柴油机及起动辅助措施的原始状态和技术参数是否符合产品技术条件的规定，并记录与起动有关的性能参数。

A.2.1.3 测量润滑油、燃油、冷却液等主要的低温性能指标，至少应测量以下数值：润滑油的黏温特性（或试验温度下的黏度）、凝固点，燃油的浊点、凝固点、十六烷值，冷却液的密度、沸点、凝固点等。

A.2.2 润滑油、燃油、冷却液的更换

试验前应更换符合A.1.6要求的润滑油、燃油和冷却液等。更换方法如下：柴油机在常温下起动运转，待润滑油温度升高到313 K（+40℃）、冷却液温度升高到333 K（+60℃）以上时停机，将润滑油、燃油、冷却液排放干净，清洗机油滤芯、燃油滤芯，擦洗油底壳和油箱，加入试验用油和冷却液；再一次起动运转，待润滑油温度与冷却液温度分别升高到313 K（+40℃）和333 K（+60℃）以上时停机，将润滑油排放干净（燃油箱的燃油和冷却液除外），再次加入试验用润滑油，补足燃油和冷却液，在常温下起动运转，升温后停机待试。

A.2.3 蓄电池试验前预处理

A.2.3.1 试验前对蓄电池必须完全充电。干荷电蓄电池要经激活处理。激活处理是把干荷电蓄电池和密度为(1.280±0.01) g/cm^3 的电解液在室温为298 K±1 K(25℃±1℃)的环境内放置18 h以上，然后将电解液注入蓄电池内静置20 min。

A.2.3.2 蓄电池的初充电和普通充电，均应按制造厂规定的电流或电压以及规定的方法充电。

A.2.3.3 带有蓄电池保温箱时应对保温箱进行操作检查，同时应备有充足电的蓄电池。

A.2.4 仪器仪表的准备见表A.1。

A.2.5 仪器仪表的安装及测量位置

A.2.5.1 冷却液温度传感器应安装在气缸盖和机体上。气缸盖上的温度传感器应伸入气缸盖水套，距内腔底面10 mm、尽量接近气缸中心连线的位置上。机体水套部分的温度传感器，应在水套下部伸入两缸套之间的位置上。

单缸机（包括蒸发冷却机型）可参照上述规定在气缸盖和机体水套部位安装传感器。

A.2.5.2 风冷柴油机气缸盖温度，在气缸盖喷油器座孔处钻孔，距气缸盖内表面2 mm的深度安装测温电偶进行测量。

A.2.5.3 润滑油温度传感器应伸入油底壳当中，在润滑油液面下20 mm～30 mm深度处测量。

A.2.5.4 燃油温度在喷油泵进口处测量。

A.2.5.5 进排气的瞬时温度，在进排气歧管法兰结合面外50 mm以内测量。

A.2.5.6 环境温度，在距柴油机总体外壁1 m的空间处测量；测量点需4点以上，测量点与室壁及其他物体的距离应大于0.5 m，两点间距离应大于1 m，测量点分布在柴油机周围的上部。环境温度为各个测量点的平均值。

A.2.6 试验温度

A.2.6.1 对于人工温度环境下的起动试验，首先试验室温度由起始温度降温至试验要求的温度。

A.2.6.2 降温规定

降温过程中对其降温速率不作规定，但最低温度应不低于试验温度点2 K。

A.2.6.3 温度平衡

在人工环境试验室中进行试验时，试验柴油机的润滑油、燃油、冷却液、风冷柴油机气缸盖以及蓄电池电解液（当蓄电池不需保温、与柴油机在同一环境温度下使用时）的温度与试验环境温度之差在±1.0 K范围之内，则认为试验柴油机与该环境已达到了温度平衡。

表 A.1 仪器仪表测量范围及精度要求

<table>
<tr><th colspan="2">测试内容</th><th>使用仪表</th><th>测量范围</th><th>精度</th></tr>
<tr><td colspan="2">机油温度
冷却液温度
燃油温度
试验环境温度</td><td>温度传感器或电阻温度计及显示仪表</td><td>223 K～373 K
(−50℃～+100℃)</td><td>≤1 K</td></tr>
<tr><td colspan="2">排气温度
进气温度
气缸盖温度</td><td>温度传感器及记录仪表</td><td>223 K～1 073 K
(−50℃～+800℃)
223 K～323 K
(−50℃～+50℃)
223 K～573 K
(−50℃～+300℃)</td><td>全量程 1%

≤1 K

全量程 1%</td></tr>
<tr><td colspan="2">起动时电流、电压、转速、时间</td><td>八线示波器
十六线示波器
相应的传感器</td><td></td><td></td></tr>
<tr><td rowspan="3">蓄电池</td><td>电解液温度</td><td>玻璃温度计</td><td>223 K～323 K
(−50℃～+50℃)</td><td>≤1 K</td></tr>
<tr><td>电解液密度</td><td>玻璃密度计</td><td>1 g/cm³～2 g/cm³</td><td>±0.005 g/cm³</td></tr>
<tr><td>电压</td><td>电压表</td><td>0 V～50 V</td><td></td></tr>
<tr><td>燃烧室压力</td><td>压力传感器</td><td></td><td></td><td></td></tr>
<tr><td colspan="2">大气压力
压力差</td><td>水银压力计
U 形管</td><td></td><td>±0.1 kPa</td></tr>
<tr><td colspan="2">转速</td><td>转速表
数字式测速仪</td><td>0 r/min～3 000 r/min</td><td>±1 r/min</td></tr>
</table>

A.2.6.4 保温时间

从达到温度平衡时开始计算，一般应保温 2 h 以上才可进行起动试验。

A.2.6.5 在自然环境下进行起动试验时，试验柴油机应放置于不受太阳照射的自然环境中 12 h 以上，然后选择合适的温度点进行试验，并使润滑油、燃油、冷却液的温度也接近环境温度，但不受 A.2.6.3 规定的限制。

A.2.6.6 对试验条件下的风向及风烈度不做规定。试验环境下的温度条件：降温、保温过程、降温速率、过冷情况，均应用温度自动记录仪进行记录监督。

对于人工环境试验室的有效利用空间和室内的模拟自然吹风以及在自然环境温度下的风向、风烈度，均应记录。

A.3 试验方法

A.3.1 柴油机起动过程分为四个阶段（见图 A.1）。

A.3.1.1 预动作阶段：系指在起动柴油机之前，为准备起动预先进行操作（如预热进气、喷注起动液、接通电热塞、开动低温起动加热器等）的第一个动作，即在预定的试验温度下从起动操作开始到开始转动曲轴瞬间时的阶段。其所经历的时间为预动作时间。

A.3.1.2 起动阶段：系指柴油机靠外力拖动曲轴开始转动，直至柴油机自行运转、转速开始持续上升时的阶段。其所经历的时间为起动时间。

A.3.1.3 稳定阶段：系指起动后转速开始持续上升，不再借助外力拖动，直至达到稳定运转时的阶段。其所经历的时间为稳定时间。在此阶段中，起动辅助措施均允许继续工作。达到稳定运转的标志是：除低温起动加热器和蓄电池保温箱以外的辅助措施都应停止工作，多缸柴油机所有气缸全都着火工作；这可以在柴油机各缸排气口处安装传感器来测量，各缸之间的排气温度差不应大于 50 K，单缸柴油机可由转速记录曲线加以判定。

A.3.1.4 暖机阶段：系指柴油机稳定运转后，调整转速在标定值的 50%～75%之间进行暖机，直至可以加负荷为止的阶段，为暖机阶段。其所经历的时间为暖机时间。在暖机期间低温起动加热器可以继续工作，暖机结束低温起动加热器也应停止工作(蓄电池保温箱除外)。

A.3.1.5 起动操作时间：为预动作时间、起动时间、稳定时间三者之和。

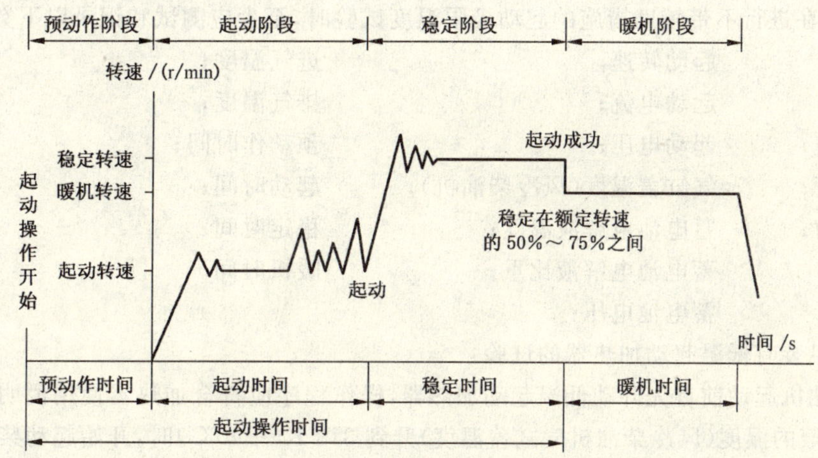

图 A.1 柴油机起动过程分段示意图

A.3.2 待试柴油机应按 A.2 的规定准备就绪后进入环境试验室或试验场所，安装柴油机和测试用的仪表、传感器连接线路和排气管路等。

A.3.3 在环境试验室内进行试验时，柴油机应拆除消声器，并安装排气管路，将柴油机及低温起动加热器的排气引出室外。连接排气管路的压力降在起动试验中不得超过 4.9 kPa。排气管及其连接处应严密，试验中室内的 NO_x 体积浓度不得超过 5×10^{-6}，CO 的体积浓度不得超过 50×10^{-6}。

A.3.4 试验进行中不允许修理或更换零件和附件。

A.3.5 柴油机起动试验中的操作应与实际使用时相同，原则上由 1 人操作(当使用辅助措施时可增加 1 人)。

A.3.6 起动规定：

A.3.6.1 在转动曲轴、进行起动之前的任何一个与起动有关的操作，均视为预备起动的操作，并记录预动作时间。

A.3.6.2 起动时，转动柴油机曲轴的时间一般应是：试验环境温度 258 K(－15℃)或高于此温度时，不大于 15 s；试验环境温度低于 258 K(－15℃)时不大于 30 s。

A.3.6.3 每一试验温度下进行 3 次起动，其中应有 2 次成功。每次起动后需运转一段时间，证明已达到稳定运转后方可评定为“起动成功”。如果前两次起动成功，可不再进行第三次起动。每次起动时，喷油泵齿条应置于最适宜起动的位置，不得随意拨动。

A.3.6.4 每一试验温度下若 3 次起动中有 2 次起动不成功，即评定为“起动失败”。

A.3.6.5 在同一试验温度下，3 次起动中如有 1 次不成功，则允许继续进行下一次起动，但其间至少应间隔 2 min。

A.3.6.6 在测定起动极限温度时，如在某一试验温度下起动失败，在查清原因后允许重复试验，或者改变试验温度重新试验。进行起动之前要用加热或其他办法，将柴油机起动并升温，达到稳定运转后停机，按 A.2.2 规定进行冷冻。

A.3.6.7 每一次成功的起动，应是起动操作开始到稳定运转的连续过程。

A.3.6.8 当起动成功后到进行下一次起动之前，柴油机必须达到 A.2.2 的要求，才能进行下一次起动。

A.3.7 柴油机在第二次起动成功并达到稳定运转时，应进行暖机试验。在暖机阶段，试验环境温度的升高应不大于原试验温度 5 K。

A.3.8 柴油机起动时不与测功机、变矩器等负荷机械相连。在蓄电池与柴油机一起进行低温考核时，允许在某一温度点起动之后，更换充足电的蓄电池进行另一温度点的试验，但蓄电池在该温度点进行试验时也应达到温度平衡。

A.3.9 柴油机在进行不带辅助措施的起动极限温度试验时，至少应测试和记录以下数据：

环境温度；	起动转速；	进气温度；
大气压力；	起动电流；	排气温度；
冷却液温度；	起动电压；	预动作时间；
润滑油温度；	气缸盖温度(风冷柴油机)；	起动时间；
润滑油压力；	蓄电池电解液温度；	稳定时间；
燃油温度；	蓄电池电解液比重；	暖机时间。
起动次数；	蓄电池电压；	

A.3.10 柴油机装有低温起动加热器的试验：

A.3.10.1 柴油机起动前首先开动低温起动加热器，操作程序应符合加热器使用说明书的规定。加热器工作后，冷却液的温度(风冷柴油机气缸盖温度)升到 313 K(+40℃)时，开始起动柴油机。

A.3.10.2 低温起动加热器允许工作到暖机阶段结束。

A.3.10.3 测试内容：

除按 A.3.9 规定记录外，还应记录加热器的加热过程：

a) 点燃加热器时间；

b) 加热器电热塞工作时间；

c) 加热器工作时间(由开始操作计时)；

d) 加热过程中冷却液的温度(如果加热润滑油，应同时测量润滑油温度)每隔 2 min～3 min 记录 1 次；

e) 加热器操作开始与冷却液温度上升到 313 K(+40℃)的时间。对于对流循环加热器，记录气缸盖冷却液温度升到 353 K(+80℃)或机体冷却液温度升到 283 K(+10℃)的时间。

A.3.11 柴油机装有进气预热塞的试验：

A.3.11.1 进气预热塞的操作按生产厂使用说明书的规定进行。

A.3.11.2 进气预热塞应允许工作到柴油机起动后的稳定运转阶段。

A.3.11.3 测试记录内容：

除按 A.3.9 规定外，还应测量每个气缸的进气温度和温度的变化过程，进气预热塞的工作时间，记录进气预热塞的型号、数量、安装方式等。

A.3.12 柴油机装有燃烧室电热塞的试验：

测试内容除按 A.3.9 规定进行记录外，还应记录电热塞的工作时间。电热塞允许工作到柴油机起动后的稳定运转阶段为止。

A.3.13 柴油机装有起动液喷注装置的试验：

起动液的喷注按使用说明书的规定进行，记录每次喷注量、喷注次数。

起动试验时测量、记录的内容，除按 A.3.9 规定外，还应测量柴油机气缸压力曲线和转速变化曲线。

A.3.14 柴油机上同时装有几种起动辅助装置。在进行试验时，可根据使用说明书的规定进行操作，测试内容可参照 A.3.9～A.3.13，但应注意进气预热装置与喷注起动液装置不可同时并用。

A.3.15 手摇起动试验：

起动时，摇动曲轴，使减压机构减压，发动机进入起动阶段。在此阶段之前的任何操作均为预起动操作，其余均按本部分进行。

A.3.16 汽油起动机起动试验：

汽油起动机起动后开始带动柴油机曲轴转动的瞬间，即进入起动阶段。在此瞬间之前的任何操作(包括汽油起动机自行运转期间)均为预起动操作，其余均按本部分进行。

A.3.17 压缩空气起动试验：

其起动操作可按生产厂使用说明书的规定进行。

附　录　B
（资料性附录）
机油消耗的测定

B.1　运转工况

按 GB/T 6072.1 规定的标定功率、标定转速或其他专业标准规定的工况进行运转。

B.2　测定时间

连续运转 12 h。

B.3　测定方法和计算

内燃机预热运转至机油温度达到使用说明书规定值或 85℃±5℃后停机。使第 1 缸活塞处于上止点位置后，再转动曲轴 3 圈。然后放尽机油或放油一定时间，加入规定量的机油(m_1)，按上述运转工况和测定时间运转后停机，待油温与上述相同时，按同样顺序操作并按同样的方法放尽机油或放油一定时间，测量其质量(m_2)。

机油消耗量按下式计算：

$$G_m = \frac{m_1 - m_2}{12}(\text{kg/h}) \qquad \cdots\cdots(\text{B.1})$$

式中：

m_1——加入的机油量，单位为千克(kg)；

m_2——放出的机油量，单位为千克(kg)。

机油消耗率按下式计算：

$$g_m = \frac{1\,000\ G_m}{P}(\text{g/kW}\cdot\text{h}) \qquad \cdots\cdots(\text{B.2})$$

式中：

P——运转工况的有效功率，单位为千瓦(kW)。

机油燃油消耗百分比按下式计算：

$$A = \frac{G_m}{G_{fk}} \times 100(\%) = \frac{g_m}{g_{ek}} \times 100(\%) \qquad \cdots\cdots(\text{B.3})$$

式中：

G_{fk}——测定时间的燃油消耗量，单位为千克每小时(kg/h)；

g_{ek}——测定时间的燃油消耗率，单位为克每千瓦小时[g/(kW·h)]。

ICS 23.040.70
G 42

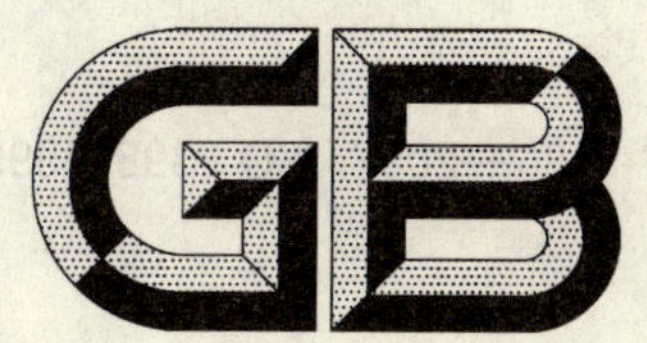

中华人民共和国国家标准

GB/T 1186—2007/ISO 2398:1995
代替 GB/T 1186—1992

压缩空气用织物增强橡胶软管

Rubber hoses, textile-reinforced, for compressed air—Specification

(ISO 2398:1995, IDT)

2007-11-28 发布 2008-06-01 实施

中华人民共和国国家质量监督检验检疫总局
中国国家标准化管理委员会 发布

前言

本标准等同采用国际标准 ISO 2398:1995《压缩空气用织物增强橡胶软管 规范》(英文版)。

本标准代替 GB/T 1186—1992《压缩空气用橡胶软管(2.5 MPa 以下)》。

本标准等同翻译 ISO 2398:1995。

本标准第 2 章引用的 GB/T 528 是等效采用国际标准 ISO 37:1994,本标准所引用的拉伸强度、拉断伸长率试验方法与国际标准一致。

为便于使用,本标准还作了下列编辑性修改:

a) “本国际标准”一词改为“本标准”;

b) 用小数点“.”代替作为小数点的逗号“,”;

c) 删除国际标准前言。

本标准与 GB/T 1186—1992 相比主要变化如下:

——修改了标准名称;

——工作温度由“−20℃~+45℃”修改为“−40℃~+70℃”(见第 1 章);

——修改了软管的型别和类别(1992 年版的 3.1;本版的第 3 章);

——增加了“结构和材料”(本版的第 4 章);

——增加了“内衬层和外覆层最小厚度的要求”(本版的 5.3);

——删除了“附录 A”;

——修改了“试验压力与工作压力的比率”和“最小爆破压力与工作压力的比率”(1992 年版的表 2;本版的表 4);

——增加了“耐臭氧性能”(本版的 7.4);

——增加了“低温屈挠性”(本版的 7.5);

——增加了“弯曲变形”(本版的 7.6)。

本标准由中国石油和化学工业协会提出。

本标准由全国橡胶与橡胶制品标准化技术委员会软管分技术委员会(SAC/TC 35/SC 1)归口。

本标准负责起草单位:平顶山市矿益胶管制品有限责任公司。

本标准主要起草人:梁西正、白鹏、胡海潮。

本标准所代替标准的历次版本发布情况为:

——GB/T 1186—1981、GB/T 1186—1992。

压缩空气用织物增强橡胶软管

1 范围

本标准规定了压缩空气用最大工作压力为 2.5 MPa 和工作温度范围依据类别在 −40℃～+70℃ 之间的七种型别和两种类别的织物增强橡胶软管的要求。

2 规范性引用文件

下列文件中的条款通过本标准的引用而成为本标准的条款。凡是注日期的引用文件，其随后所有的修改单(不包括勘误的内容)或修订版均不适用于本标准，然而，鼓励根据本标准达成协议的各方研究是否可使用这些文件的最新版本。凡是不注日期的引用文件，其最新版本适用于本标准。

GB/T 321 优先数和优先数系(GB/T 321—2005,ISO 3:1973,IDT)

GB/T 528 硫化橡胶或热塑性橡胶 拉伸应力应变性能的测定(GB/T 528—1998,eqv ISO 37:1994)

GB/T 5563 橡胶和塑料软管及软管组合件 静液压试验方法(GB/T 5563—2006,ISO 1402:1994,IDT)

GB/T 5564—2006 橡胶和塑性软管 低温曲挠试验(ISO 4672:1997,IDT)

GB/T 5565—2006 橡胶或塑料增强软管和非增强软管 弯曲试验(ISO 1746:1998,IDT)

GB/T 9573 橡胶、塑料软管及软管组合件 尺寸测量方法(GB/T 9573—2003,ISO 4671:1999,IDT)

GB/T 9575 工业通用橡胶和塑料软管内径尺寸及公差和长度公差(GB/T 9575—2003,ISO 1307:1992,IDT)

HG/T 2869—1997 橡胶和塑料软管 静态条件下耐臭氧性能的评价(idt ISO 7326:1991)

ISO 188 硫化橡胶或热塑性橡胶 加速老化或耐热试验

ISO 1817 硫化橡胶 液体影响的测定

ISO 8033 橡胶和塑料软管 层间粘合强度测定

3 软管的型别和类别

软管的七种型别和两种类别规定如下：

a) 型别

——1 型：最大工作压力为 1.0 MPa 的一般工业用空气软管；

——2 型：最大工作压力为 1.0 MPa 的重型建筑用空气软管；

——3 型：最大工作压力为 1.0 MPa 的具有良好耐油性能的重型建筑用空气软管；

——4 型：最大工作压力为 1.6 MPa 的重型建筑用空气软管；

——5 型：最大工作压力为 1.6 MPa 的具有良好耐油性能的重型建筑用空气软管；

——6 型：最大工作压力为 2.5 MPa 的重型建筑用空气软管；

——7 型：最大工作压力为 2.5 MPa 的具有良好耐油性能的重型建筑用空气软管。

b) 类别

——A 类：软管工作温度范围为：−25℃～+70℃；

——B 类：软管工作温度范围为：−40℃～+70℃。

4 结构和材料

软管应具有下列组成:

——橡胶内衬层;

——采用任何适当技术铺放的一层或多层天然的或合成的织物;

——橡胶外覆层。

内衬层和外覆层应具有均匀的厚度,同心度符合规定的最小厚度,不应有孔洞、砂眼和其他缺陷。

5 尺寸和公差

5.1 内径

软管的内径应符合表1中规定的公称尺寸和公差。

表1 公称内径和公差

单位为毫米

公称内径	公差
5	±0.5
6.3	±0.75
8	±0.75
10	±0.75
12.5	±0.75
16	±0.75
20(19)	±0.75
25	±1.25
31.5	±1.25
40(38)	±1.5
50	±1.5
63	±1.5
80(76)	±2.0
100(102)	±2.0
注:括号中的数字是供选择的。	

如果特殊情况需要特别的规格:

a) 对于更小或更大的尺寸,另外的数字应从R10优先数系(GB/T 321)选取,公差应符合GB/T 9575的规定;

b) 对于居于中间的尺寸,数字应从R20优先数系(GB/T 321)选取,公差按相邻较大规格的公差计。

5.2 长度

软管切割长度的公差应符合GB/T 9575的规定。

5.3 内衬层和外覆层的最小厚度

当按照GB/T 9573测定时,内衬层和外覆层的最小厚度应符合表2的规定。

表2 内衬层和外覆层的最小厚度

单位为毫米

型别	1	2	3	4	5	6	7
内衬层	1.0	1.0	1.0	1.5	1.5	2.0	2.0
外覆层	1.5	1.5	1.5	2.0	2.0	2.5	2.5

6 内衬层和外覆层材料的物理性能

6.1 取样

样品应尽可能从实际软管上取样。

6.2 内衬层和外覆层的拉伸强度和拉断伸长率

当按照 GB/T 528 进行测定时，拉伸强度和拉断伸长率不应小于表 3 所列的值。

表 3 拉伸强度和拉断伸长率

软管型别	软管组成	拉伸强度/MPa	拉断伸长率/%
1	内衬层	5.0	200
	外覆层	7.0	250
2、3、4、5、6、7	内衬层	7.0	250
	外覆层	10.0	300

6.3 加速老化

按照 ISO 188 的规定，在 100℃下老化 3 d 后，按照 GB/T 528 测定的内衬层和外覆层的拉伸强度变化应不超过±25%，内衬层和外覆层的拉断伸长率变化应不超过原始值的±50%。

6.4 耐液体性能

6.4.1 2 型、4 型和 6 型

在 ISO 1817 中规定的 1 号油中在 70℃下浸泡 72 h 后，内衬层试样不应收缩，当按照 ISO 1817 中规定的重量分析法测定时，体积增大应不超过 15%。

6.4.2 3 型、5 型和 7 型

在 ISO 1817 中规定的 3 号油中在 70℃下浸泡 72 h 后，内衬层和外覆层试样不应收缩，当按照 ISO 1817中规定的重量分析法测定时，内衬层试样的体积增大应不超过 30%，外覆层试样的体积增大应不超过 75%。

7 性能要求

7.1 一般要求

所有的试验都应使用取自制造整根长的软管样品进行。

7.2 静液压要求

当按照 GB/T 5563 进行试验时，软管应满足表 4 的要求。

表 4 静液压要求

软管型别	工作压力/MPa	试验压力/MPa	最小爆破压力/MPa	在试验压力下尺寸变化	
				长 度	直 径
1、2、3	1.0	2.0	4.0	±5%	±5%
4 和 5	1.6	3.2	6.4	±5%	±5%
6 和 7	2.5	5.0	10.0	±5%	±5%

7.3 粘合强度

当按照 ISO 8033 试验时，1 型软管各层间的粘合强度应不小于 1.5 kN/m，其他型别软管各层间的粘合强度应不小于 2.0 kN/m。

7.4 耐臭氧性能

当按照 HG/T 2869—1997 方法 2 进行试验时，试片应不出现龟裂迹象。

7.5 低温屈挠性

当按照 GB/T 5564—2006 方法 B 进行试验时，软管应不出现龟裂迹象，并应通过本标准中 7.2 和表 4 中规定的试验压力试验。

试验温度：A 类软管 −25℃；

B 类软管 −40℃。

7.6 弯曲变形

当按照 GB/T 5565—2006 方法 A，采用 $C=10$ 倍公称内径进行试验时，最小变形系数 T/D 应为0.8。

8 标志

软管应至少在每米长度上连续并耐久地标志出下列内容：

a) 制造厂名称或标识；

b) 制造厂的产品标识(任选项)；

c) 本标准号；

d) 软管的型别和类别；

e) 公称内径；

f) 最大工作压力，MPa[如果 d)中没有包括]；

g) 制造日期，季(用 1Q、2Q、3Q 或 4Q 表示)和年(用四位数字表示)。

示例：KY-GB/T 1186—2007 1A-25 mm-1 MPa-4Q2008

ICS 77.140.20
H 40

中华人民共和国国家标准

GB/T 1220—2007
代替 GB/T 1220—1992

不锈钢棒

Stainless steel bars

2007-05-14 发布 2007-12-01 实施

中华人民共和国国家质量监督检验检疫总局
中国国家标准化管理委员会 发布

ICS 77.140.20
H 40

中华人民共和国国家标准

GB/T 1220—2007
代替GB/T 1220—1992

不锈钢棒

Stainless steel bars

2007-05-14发布　　2007-12-01实施

中华人民共和国国家质量监督检验检疫总局
中国国家标准化管理委员会　发布

前 言

本标准代替 GB/T 1220—1992《不锈钢棒》。

本标准与 GB/T 1220—1992 标准相比，主要变化如下：

——增加“术语及定义”和“订货内容”(见第 3 章和第 4 章)；

——“尺寸、外形、重量及允许偏差”修改为直接引用通用基础标准的规定(1992 年版的第 4 章；本版的第 6 章)；

——取消了 1Cr18Mn10Ni5Mo3N、1Cr18Ni12Mo2Ti、0Cr18Ni12Mo2Ti、1Cr18Ni12Mo3Ti、1Cr18Ni9Ti、0Cr26Ni5Mo2 等 6 个牌号(1992 年版的表 2 和表 3)；

——增加了 022Cr22Ni5Mo3N、022Cr23Ni5Mo3N、022Cr25Ni6Mo2N、03Cr25Ni6Mo3Cu2N、17Cr16Ni2、05Cr15Ni5Cu4Nb 等 6 个牌号及性能(见表 2 和表 7、表 4 和表 9、表 5 和表 10)；

——根据国际通用牌号成分调整了 21 个牌号(序号 1、3、13、17、23、25、35、38、39、41、43、44、52、55、62、68、83、85、98、137、139)的化学成分及部分牌号的磷含量(1992 年版表 2，本版的表 1～表 5)；

——“冶炼方法”作了修改，优先采用初炼钢水加炉外精炼工艺(1992 年版 5.2，本版 7.2)；

——“交货状态”由“如需方提出，也可不进行处理”修改为“经供需双方协商，也可不进行处理”，并对沉淀硬化型不锈钢棒增加可根据钢的组织选择退火处理交货(1992 年版的 5.3；本版的 7.3)；

——“表面质量”增加“经供需双方协商，并在合同中注明，可规定采用酸洗、车削等方法除去热处理产生的黑皮”(本版 7.8.3)；

——将各类型不锈钢棒或试样的热处理制度从力学性能表中分离出来，放入附录 A(资料性附录)(1992 年版的表 3～表 5；本版的表 A.1～表 A.5)；

——将马氏体型和沉淀硬化型不锈钢的屈服强度修改为必检指标(1992 年版的 5.4.1.1；本版的表 9 和表 10)；

——022Cr19Ni5Mo3Si2N(00Cr18Ni5Mo3Si2)钢增加布氏硬度值 HBW 不大于 290(1992 年版表 3；本版的表 7)；

——12Cr13(1Cr13)钢增加碳含量的下限值 0.08%，并将其断后伸长率由 25%调整为 22%(1992 年版的表 2 和表 4；本版的表 4 和表 9)；

——Y12Cr13(Y1Cr13)钢的断后伸长率、断面收缩率和冲击吸收功分别由 25%、55%和 78 J 调整为 17%、45%和 55J(1992 年版的表 4；本版的表 9)；

——Y30Cr13(Y3Cr13)钢的断后伸长率和断面收缩率分别由 12%、40%调整为 8%、35%(1992 年版的表 4；本版的表 9)；

——部分奥氏体型不锈钢(序号 18、22、26、39、46、50、52)和 06Cr13Al(0Cr13Al)的原屈服强度 $\sigma_{0.2}$ 值由 177 MPa 调整为规定非比例延伸强度 $R_{p0.2}$ 值 175 N/mm^2(1992 年版的表 3；本版的表 6 和表 8)；

——022Cr12(00Cr12)钢的屈服强度 $\sigma_{0.2}$ 值由 196 MPa 调整为规定非比例延伸强度 $R_{p0.2}$ 值 195 N/mm^2，抗拉强度由 365 MPa 调整为 360 N/mm^2(1992 年版的表 3；本版的表 8)；

——20Cr13 (2Cr13)和 13Cr13Mo(1Cr13Mo)钢的抗拉强度 R_m 分别由 635 MPa、685 MPa 调整为 640 N/mm^2、690 N/mm^2(1992 年版的表 4；本版的表 9)；

——取消对扁钢的断面收缩率的规定(1992 年版的表 3～表 5，本版的表 6 至表 10 的脚注)；

——“耐腐蚀性能”修改为协议项目，取消了 GB/T 4334.4 和 GB/T 4334.6 两种试验方法，06Cr19Ni13Mo3(0Cr19Ni13Mo3)钢的试验状态增加“敏化处理”(1992 年版的 5.5；本版的 7.5)；

——“表面质量”增加“经供需双方协商，并在合同中注明，可规定采用酸洗、车削等方法去除热处理产生的黑皮”(1992 年版的 5.8，本版的 7.8)；

——明确规定了连铸钢检验“低倍组织”和“塔形”的取样部位，以及“耐腐蚀性能”的取样数量(1992 年版表 12，本版的表 16)；

——取消了“本标准不锈钢牌号与各国不锈钢牌号对照表”，改为直接引用 GB/T 20878《不锈钢和耐热钢　牌号及化学成分》(1992 年版的附录 B；本版的表 1～表 5 中的注 2)。

本标准的附录 A 和附录 B 均是资料性附录。

本标准由中国钢铁工业协会提出。

本标准由全国钢标准化技术委员会归口。

本标准主要起草单位：冶金工业信息标准研究院、东北特殊钢集团有限责任公司。

本标准主要起草人：栾燕、戴强、谷强、曾文涛、刘宝石。

本标准所代替标准的历次版本发布情况为：

——GB/T 1220—1975，GB/T 1220—1984，GB/T 1220—1992。

不 锈 钢 棒

1 范围

本标准规定了不锈钢棒(圆钢、方钢、扁钢、六角钢和八角钢的总称,以下简称钢棒)的尺寸、外形、技术要求、试验方法、验收规则、包装标志及质量证明书等内容。

本标准适用于尺寸(直径、边长、厚度或对边距离,以下简称尺寸)不大于 250 mm 的热轧和锻制不锈钢棒。经供需双方协商,也可供应尺寸大于 250 mm 的热轧和锻制不锈钢棒。

2 规范性引用文件

下列文件中的条款通过本标准的引用而成为本标准的条款。凡是注日期的引用文件,其随后所有的修改单(不包括勘误的内容)或修订版均不适用于本标准,然而,鼓励根据本标准达成协议的各方研究是否可使用这些文件的最新版本。凡是不注日期的引用文件,其最新版本适用于本标准。

GB/T 222 钢的成品化学成分允许偏差

GB/T 223.3 钢铁及合金化学分析方法 二安替吡啉甲烷磷钼酸重量法测定磷量

GB/T 223.4 钢铁及合金化学分析方法 硝酸铵氧化容量法测定锰量

GB/T 223.5 钢铁及合金化学分析方法 还原型硅钼酸盐光度法测定酸溶硅含量

GB/T 223.8 钢铁及合金化学分析方法 氟化钠分离-EDTA 滴定法测定铝含量

GB/T 223.9 钢铁及合金化学分析方法 铬天青 S 光度法测定铝含量

GB/T 223.11 钢铁及合金化学分析方法 过硫酸铵氧化容量法测定铬量

GB/T 223.14 钢铁及合金化学分析方法 钽试剂萃取光度法测定钒含量

GB/T 223.16 钢铁及合金化学分析方法 变色酸光度法测定钛量

GB/T 223.17 钢铁及合金化学分析方法 二安替吡啉甲烷光度法测定钛量

GB/T 223.18 钢铁及合金化学分析方法 硫代硫酸钠分离-碘量法测定铜量

GB/T 223.23 钢铁及合金化学分析方法 丁二酮肟分光光度法测定镍量

GB/T 223.25 钢铁及合金化学分析方法 丁二酮肟重量法测定镍量

GB/T 223.26 钢铁及合金化学分析方法 硫氰酸盐直接光度法测定钼量

GB/T 223.28 钢铁及合金化学分析方法 α-安息香肟重量法测定钼量

GB/T 223.36 钢铁及合金化学分析方法 蒸馏分离-中和滴定法测定氮量

GB/T 223.37 钢铁及合金化学分析方法 蒸馏分离-靛酚蓝光度法测定氮量

GB/T 223.40 钢铁及合金 铌含量的测定 氯磺酚 S 分光光度法

GB/T 223.52 钢铁及合金化学分析方法 盐酸羟胺-碘量法测定硒量

GB/T 223.58 钢铁及合金化学分析方法 亚砷酸钠-亚硝酸钠滴定法测定锰量

GB/T 223.59 钢铁及合金化学分析方法 锑磷钼蓝光度法测定磷量

GB/T 223.60 钢铁及合金化学分析方法 高氯酸脱水重量法测定硅含量

GB/T 223.61 钢铁及合金化学分析方法 磷钼酸铵容量法测定磷量

GB/T 223.62 钢铁及合金化学分析方法 乙酸丁酯萃取光度法测定磷量

GB/T 223.63 钢铁及合金化学分析方法 高碘酸钠(钾)光度法测定锰量(GB/T 223.63—1998,neq ISO R 629)

GB/T 223.64 钢铁及合金化学分析方法 火焰原子吸收光谱法测定锰量

GB/T 223.67 钢铁及合金化学分析方法 还原蒸馏-次甲基蓝光度法测定硫量

GB/T 223.68 钢铁及合金化学分析方法 管式炉内燃烧后碘酸钾滴定法测定硫含量

GB/T 223.69 钢铁及合金化学分析方法 管式炉内燃烧后气体容量法测定碳含量

GB/T 223.71 钢铁及合金化学分析方法 管式炉内燃烧后重量法测定碳含量

GB/T 223.72 钢铁及合金化学分析方法 氧化铝色层分离-硫酸钡重量法测定硫量

GB/T 226 钢的低倍组织及缺陷酸蚀检验法(GB/T 226—1991,neq ISO4969:1980, Steel—Macroscopic examination by etching with strong mineral acids)

GB/T 228 金属材料 室温拉伸试验方法(GB/T 228—2002,eqv ISO 6892:1998)

GB/T 229 金属夏比缺口冲击试验方法(GB/T 229—1994,eqv ISO 83:1976,Steel—Charpy impact test (U-notch), eqv ISO 148:1983, Steel—Charpy impact test (V-notch))

GB/T 230.1 金属洛氏硬度试验 第1部分:试验方法(A、B、C、D、E、F、G、H、K、N、T标尺)(GB/T 230.1—2004,ISO 6508:1999,MOD)

GB/T 231.1 金属布氏硬度试验 第1部分:试验方法(GB/T 231.1—2002, eqv ISO 6506-1:1999)

GB/T 702—2004 热轧圆钢和方钢尺寸、外形、重量及允许偏差(GB/T 702—2004 ,ISO 1035-1:1980,Hot-rolled steel bar—Part 1:Dimension of round bars,ISO 1035-2:1980 Hot-rolled steel bar—Part 1:Dimension of square bars, ISO1035-4:1982,Hot-rolled steel bar—Part 4:Tolerances,MOD)

GB/T 704—1988 热轧扁钢尺寸、外形、重量及允许偏差

GB/T 705—1985 热轧六角钢和八角钢尺寸、外形、重量及允许偏差

GB/T 908—1987 锻制圆钢和方钢尺寸、外形、重量及允许偏差

GB/T 1979 结构钢低倍组织缺陷评级图

GB/T 2101 型钢验收、包装、标志及质量证明书的一般规定

GB/T 2975 钢及钢产品力学性能试验取样位置及试样制备(GB/T 2975—1998,eqv ISO 377:1997)

GB/T 4334.1 不锈钢 10%草酸浸蚀试验方法

GB/T 4334.2 不锈钢 硫酸-硫酸铁腐蚀试验方法

GB/T 4334.3 不锈钢 65%硝酸腐蚀试验方法

GB/T 4334.5 不锈钢 硫酸-硫酸铜腐蚀试验方法

GB/T 4340.1 金属维氏硬度试验 第1部分:试验方法(GB/T 4340.1—1999,eqv ISO 6507-1:1997)

GB/T 6394 金属平均晶粒度测定法

GB/T 6401—1986 铁素体奥氏体型双相不锈钢中α-相面积含量金相测定法

GB/T 7736 钢的低倍组织及缺陷超声波检验法

GB/T 9971—2004 原料纯铁

GB/T 10121 钢材塔形发纹磁粉检验方法

GB/T 10561 钢中非金属夹杂物含量的测定 标准评级图谱显微检验法(GB/T 10561—2005,ISO 4967:1998,IDT)

GB/T 11170 不锈钢的光电发射光谱分析方法

GB/T 13305—1991 奥氏体不锈钢中α-相面积含量金相测定法

GB/T 15574 钢产品分类(GB/T 15574—1995,eqv ISO 6929:1987)

GB/T 15711 钢材塔形发纹酸浸检验方法

GB/T 16761—1997 锻制扁钢尺寸、外形、重量及允许偏差

GB/T 17505 钢及钢产品交货一般技术要求(GB/T 17505—1998,eqv ISO 404:1992)

GB/T 20066 钢和铁 化学成分测定用试样的取样和和制样方法(GB/T 20066—2006,ISO 14284:1996,IDT)

GB/T 20878 不锈钢和耐热钢 牌号及化学成分

YB/T 5293 金属材料 顶锻试验方法

3 术语及定义

GB/T 20878 和 GB/T 15574 标准中确立的术语及定义适用于本标准。

4 订货内容

按本标准订货的合同或订单应包括下列内容:

a) 标准编号;

b) 产品名称;

c) 牌号或统一数字代号;

d) 截面形状(圆、方、扁、六角、八角等);

e) 尺寸与外形(见第6章);

f) 重量(或数量);

g) 使用加工方法(见5.2);

h) 交货状态(见7.3);

i) 特殊要求(见7.9)。

5 分类

5.1 钢棒按组织特征分为奥氏体型、奥氏体—铁素体型、铁素体型、马氏体型和沉淀硬化型等五种类型。

5.2 钢棒按使用加工方法不同分为下列两类。钢棒的使用加工方法应在合同中注明,未注明者按切削加工用钢供货。

a) 压力加工用钢 UP

  1) 热压力加工 UHP

  2) 热顶锻用钢 UHF

  3) 冷拔坯料 UCD

b) 切削加工用钢 UC

6 尺寸、外形、重量及允许偏差

6.1 热轧圆钢和方钢的尺寸、外形及允许偏差

热轧圆钢和方钢的尺寸、外形及允许偏差应符合 GB/T 702—2004 的规定,具体要求应在合同中注明。未注明时按 GB/T 702—2004 标准 2 组执行。

6.2 热轧扁钢的尺寸、外形及允许偏差

热轧扁钢的尺寸、外形及其允许偏差应符合 GB/T 704—1988 中的规定,具体要求应在合同中注

明。未注明时按 GB/T 704—1988 标准的普通级执行。

6.3 热轧六角钢和八角钢的尺寸、外形及允许偏差

热轧六角钢和八角钢的尺寸、外形及允许偏差应符合 GB/T 705—1985 中的规定，具体要求应在合同中注明。未注明按 GB/T 705—1985 标准 2 组执行。

6.4 锻制圆钢和方钢的尺寸、外形及允许偏差

锻制圆钢和方钢的尺寸、外形及允许偏差应符合 GB/T 908—1987 的规定，具体要求应在合同中注明。未注明时按 GB/T 908—1987 标准 2 组执行。

6.5 锻制扁钢的尺寸、外形及允许偏差

锻制扁钢的尺寸、外形及允许偏差应符合 GB/T 16761—1997 的规定，具体要求应在合同中注明。未注明时按 GB/T 16761—1997 标准 2 组执行。

6.6 重量

钢棒按实际重量交货。

7 技术要求

7.1 牌号及化学成分

7.1.1 钢的牌号、统一数字代号及化学成分(熔炼分析)应符合表 1～表 5 的规定。

7.1.2 钢棒的化学成分允许偏差应符合 GB/T 222 的规定。

7.2 冶炼方法

除非在合同中另有规定，一般应采用初炼钢(水)加炉外精炼等工艺。

7.3 交货状态

钢棒可以热处理或不热处理状态交货，订货时可参照 7.3.1～7.3.4 条选择交货状态，并在合同中注明。未注明者按不热处理交货。各类型钢棒的热处理制度参见附录 A 中表 A.1～表 A.5。

7.3.1 切削加工用奥氏体型、奥氏体-铁素体型钢棒应进行固溶处理，经供需双方协商，也可不进行处理。热压力加工用钢棒不进行固溶处理。

7.3.2 铁素体型钢棒应进行退火处理，经供需双方协商，也可不进行处理。

7.3.3 马氏体型钢棒应进行退火处理。

7.3.4 沉淀硬化型钢棒应根据钢的组织选择固溶处理或退火处理，退火制度由供需双方协商确定，无协议时，退火温度一般为 650℃～680℃。经供需双方协商，沉淀硬化型钢棒(除 05Cr17Ni4Cu4Nb、外)可不进行处理。

7.4 力学性能

7.4.1 各类型钢棒或试样的热处理制度参照附录 A 中表 A.1～表 A.5 的规定。热处理用试样毛坯的尺寸一般为 25 mm。当钢棒尺寸小于 25 mm 时，用原尺寸钢棒进行热处理。

7.4.2 经热处理的钢棒(除马氏体钢退火外)，试样不再进行热处理，其力学性能应分别符合表 6～表 10 的规定。

7.4.3 不经热处理的钢棒，试样毛坯经热处理后，其力学性能应分别符合表 6～表 10 的规定。

7.4.4 沉淀硬化型钢棒的力学性能应在合同中注明热处理组别，未注明时，按 1 组执行。

7.4.5 若供方能保证力学性能合格时，可省去部分或全部力学性能试验。

表 1　奥氏体型不锈钢的化学成分

GB/T 20878 中序号	统一数字代号	新牌号	旧牌号	化学成分(质量分数)/%										
				C	Si	Mn	P	S	Ni	Cr	Mo	Cu	N	其他元素
1	S35350	12Cr17Mn6Ni5N	1Cr17Mn6Ni5N	0.15	1.00	5.50～7.50	0.050	0.030	3.50～5.50	16.00～18.00	—	—	0.05～0.25	—
3	S35450	12Cr18Mn9Ni5N	1Cr18Mn8Ni5N	0.15	1.00	7.50～10.00	0.050	0.030	4.00～6.00	17.00～19.00	—	—	0.05～0.25	—
9	S30110	12Cr17Ni7	1Cr17Ni7	0.15	1.00	2.00	0.045	0.030	6.00～8.00	16.00～18.00	—	—	0.10	—
13	S30210	12Cr18Ni9	1Cr18Ni9	0.15	1.00	2.00	0.045	0.030	8.00～10.00	17.00～19.00	—	—	0.10	—
15	S30317	Y12Cr18Ni9	Y1Cr18Ni9	0.15	1.00	2.00	0.20	≥0.15	8.00～10.00	17.00～19.00	(0.60)	—	—	—
16	S30327	Y12Cr18Ni9Se	Y1Cr18Ni9Se	0.15	1.00	2.00	0.20	0.060	8.00～10.00	17.00～19.00	—	—	—	Se≥0.15
17	S30408	06Cr19Ni10	0Cr18Ni9	0.08	1.00	2.00	0.045	0.030	8.00～11.00	18.00～20.00	—	—	—	—
18	S30403	022Cr19Ni10	00Cr19Ni10	0.030	1.00	2.00	0.045	0.030	8.00～12.00	18.00～20.00	—	—	—	—
22	S30488	06Cr18Ni9Cu3	0Cr18Ni9Cu3	0.08	1.00	2.00	0.045	0.030	8.50～10.50	17.00～19.00	—	3.00～4.00	—	—
23	S30458	06Cr19Ni10N	0Cr19Ni9N	0.08	1.00	2.00	0.045	0.030	8.00～11.00	18.00～20.00	—	—	0.10～0.16	—
24	S30478	06Cr19Ni9NbN	0Cr19Ni10NbN	0.08	1.00	2.00	0.045	0.030	7.50～10.50	18.00～20.00	—	—	0.15～0.30	Nb 0.15
25	S30453	022Cr19Ni10N	00Cr18Ni10N	0.030	1.00	2.00	0.045	0.030	8.00～11.00	18.00～20.00	—	—	0.10～0.16	—
26	S30510	10Cr18Ni12	1Cr18Ni12	0.12	1.00	2.00	0.045	0.030	10.50～13.00	17.00～19.00	—	—	—	—
32	S30908	06Cr23Ni13	0Cr23Ni13	0.08	1.00	2.00	0.045	0.030	12.00～15.00	22.00～24.00	—	—	—	—
35	S31008	06Cr25Ni20	0Cr25Ni20	0.08	1.50	2.00	0.045	0.030	19.00～22.00	24.00～26.00	—	—	—	—
38	S31608	06Cr17Ni12Mo2	0Cr17Ni12Mo2	0.08	1.00	2.00	0.045	0.030	10.00～14.00	16.00～18.00	2.00～3.00	—	—	—

表 1（续）

GB/T 20878 中序号	统一数字代号	新牌号	旧牌号	化学成分(质量分数)/%										
				C	Si	Mn	P	S	Ni	Cr	Mo	Cu	N	其他元素
39	S31603	022Cr17Ni12Mo2	00Cr17Ni14Mo2	0.030	1.00	2.00	0.045	0.030	10.00～14.00	16.00～18.00	2.00～3.00	—	—	—
41	S31668	06Cr17Ni12Mo2Ti	0Cr18Ni12Mo3Ti	0.08	1.00	2.00	0.045	0.030	10.00～14.00	16.00～18.00	2.00～3.00	—	—	Ti≥5C
43	S31658	06Cr17Ni12Mo2N	0Cr17Ni12Mo2N	0.08	1.00	2.00	0.045	0.030	10.00～13.00	16.00～18.00	2.00～3.00	—	0.10～0.16	—
44	S31653	022Cr17Ni12Mo2N	00Cr17Ni13Mo2N	0.030	1.00	2.00	0.045	0.030	10.00～13.00	16.00～18.00	2.00～3.00	—	0.10～0.16	—
45	S31688	06Cr18Ni12Mo2Cu2	0Cr18Ni12Mo2Cu2	0.08	1.00	2.00	0.045	0.030	10.00～14.00	17.00～19.00	1.20～2.75	1.00～2.50	—	—
46	S31683	022Cr18Ni14Mo2Cu2	00Cr18Ni14Mo2Cu2	0.030	1.00	2.00	0.045	0.030	12.00～16.00	17.00～19.00	1.20～2.75	1.00～2.50	—	—
49	S31708	06Cr19Ni13Mo3	0Cr19Ni13Mo3	0.08	1.00	2.00	0.045	0.030	11.00～15.00	18.00～20.00	3.00～4.00	—	—	—
50	S31703	022Cr19Ni13Mo3	00Cr19Ni13Mo3	0.030	1.00	2.00	0.045	0.030	11.00～15.00	18.00～20.00	3.00～4.00	—	—	—
52	S31794	03Cr18Ni16Mo5	0Cr18Ni16Mo5	0.04	1.00	2.50	0.045	0.030	15.00～17.00	16.00～19.00	4.00～6.00	—	—	—
55	S32168	06Cr18Ni11Ti	0Cr18Ni10Ti	0.08	1.00	2.00	0.045	0.030	9.00～12.00	17.00～19.00	—	—	—	Ti 5C～0.70
62	S34778	06Cr18Ni11Nb	0Cr18Ni11Nb	0.08	1.00	2.00	0.045	0.030	9.00～12.00	17.00～19.00	—	—	—	Nb 10C～1.10
64	S38148	06Cr18Ni13Si4[a]	0Cr18Ni13Si4[a]	0.08	3.00～5.00	2.00	0.045	0.030	11.50～15.00	15.00～20.00	—	—	—	—

注 1：表中所列成分除标明范围或最小值外，其余均为最大值。括号内数值为可加入或允许含有的最大值。

注 2：本标准牌号与国外标准牌号对照参见 GB/T 20878。

[a] 必要时，可添加上表以外的合金元素。

表 2 奥氏体-铁素体型不锈钢的化学成分

GB/T 20878 中序号	统一数字代号	新牌号	旧牌号	化学成分(质量分数)/%										
				C	Si	Mn	P	S	Ni	Cr	Mo	Cu	N	其他元素
67	S21860	14Cr18Ni11Si4AlTi	1Cr18Ni11Si4AlTi	0.10～0.18	3.40～4.00	0.80	0.035	0.030	10.00～12.00	17.50～19.50	—	—	—	Ti 0.40～0.70 Al 0.10～0.30
68	S21953	022Cr19Ni5Mo3Si2N	00Cr18Ni5Mo3Si2	0.030	1.30～2.00	1.00～2.00	0.035	0.030	4.50～5.50	18.00～19.50	2.50～3.00	—	0.05～0.12	—
70	S22253	022Cr22Ni5Mo3N		0.030	1.00	2.00	0.030	0.020	4.50～6.50	21.00～23.00	2.50～3.50	—	0.08～0.20	—
71	S22053	022Cr23Ni5Mo3N		0.030	1.00	2.00	0.030	0.020	4.50～6.50	22.00～23.00	3.00～3.50	—	0.14～0.20	—
73	S22553	022Cr25Ni6Mo2N		0.030	1.00	2.00	0.035	0.030	5.50～6.50	24.00～26.00	1.20～2.50	—	0.10～0.20	—
75	S25554	03Cr25Ni6Mo3Cu2N		0.04	1.00	1.50	0.035	0.030	4.50～6.50	24.00～27.00	2.90～3.90	1.50～2.50	0.10～0.25	—

注 1：表中所列成分除标明范围或最小值外，其余均为最大值。

注 2：本标准牌号与国外标准牌号对照参见 GB/T 20878。

表 3 铁素体型不锈钢的化学成分

GB/T 20878 中序号	统一数字代号	新牌号	旧牌号	化学成分(质量分数)/%										
				C	Si	Mn	P	S	Ni	Cr	Mo	Cu	N	其他元素
78	S11348	06Cr13Al	0Cr13Al	0.08	1.00	1.00	0.040	0.030	(0.60)	11.50～14.50	—	—	—	Al 0.10～0.30
83	S11203	022Cr12	00Cr12	0.030	1.00	1.00	0.040	0.030	(0.60)	11.00～13.50	—	—	—	—
85	S11710	10Cr17	1Cr17	0.12	1.00	1.00	0.040	0.030	(0.60)	16.00～18.00	—	—	—	—
86	S11717	Y10Cr17	Y1Cr17	0.12	1.00	1.25	0.060	≥0.15	(0.60)	16.00～18.00	(0.60)	—	—	—
88	S11790	10Cr17Mo	1Cr17Mo	0.12	1.00	1.00	0.040	0.030	(0.60)	16.00～18.00	0.75～1.25	—	—	—
94	S12791	008Cr27Mo[a]	00Cr27Mo[a]	0.010	0.40	0.40	0.030	0.020	—	25.00～27.50	0.75～1.50	—	0.015	—
95	S13091	008Cr30Mo2[a]	00Cr30Mo2[a]	0.010	0.40	0.40	0.030	0.020	—	28.50～32.00	1.50～2.50	—	0.015	—

注 1：表中所列成分除标明范围或最小值外，其余均为最大值。括号内数值为可加入或允许含有的最大值。

注 2：本标准牌号与国外标准牌号对照参见 GB/T 20878。

[a] 允许含有小于或等于 0.50%镍，小于或等于 0.20%铜，而 Ni＋Cu≤0.50%，必要时，可添加上表以外的合金元素。

表 4　马氏体型不锈钢的化学成分

GB/T 20878 中序号	统一数字代号	新牌号	旧牌号	化学成分(质量分数)/%										
				C	Si	Mn	P	S	Ni	Cr	Mo	Cu	N	其他元素
96	S40310	12Cr12	1Cr12	0.15	0.50	1.00	0.040	0.030	(0.60)	11.50～13.00	—	—	—	—
97	S41008	06Cr13	0Cr13	0.08	1.00	1.00	0.040	0.030	(0.60)	11.50～13.50	—	—	—	—
98	S41010	12Cr13[a]	1Cr13[a]	0.08～0.15	1.00	1.00	0.040	0.030	(0.60)	11.50～13.50	—	—	—	—
100	S41617	Y12Cr13	Y1Cr13	0.15	1.00	1.25	0.060	≥0.15	(0.60)	12.00～14.00	(0.60)	—	—	—
101	S42020	20Cr13	2Cr13	0.16～0.25	1.00	1.00	0.040	0.030	(0.60)	12.00～14.00	—	—	—	—
102	S42030	30Cr13	3Cr13	0.26～0.35	1.00	1.00	0.040	0.030	(0.60)	12.00～14.00	—	—	—	—
103	S42037	Y30Cr13	Y3Cr13	0.26～0.35	1.00	1.25	0.060	≥0.15	(0.60)	12.00～14.00	(0.60)	—	—	—
104	S42040	40Cr13	4Cr13	0.36～0.45	0.60	0.80	0.040	0.030	(0.60)	12.00～14.00	—	—	—	—
106	S43110	14Cr17Ni2	1Cr17Ni2	0.11～0.17	0.80	0.80	0.040	0.030	1.50～2.50	16.00～18.00	—	—	—	—
107	S43120	17Cr16Ni2		0.12～0.22	1.00	1.50	0.040	0.030	1.50～2.50	15.00～17.00	—	—	—	—
108	S44070	68Cr17	7Cr17	0.60～0.75	1.00	1.00	0.040	0.030	(0.60)	16.00～18.00	(0.75)	—	—	—
109	S44080	85Cr17	8Cr17	0.75～0.95	1.00	1.00	0.040	0.030	(0.60)	16.00～18.00	(0.75)	—	—	—
110	S44096	108Cr17	11Cr17	0.95～1.20	1.00	1.00	0.040	0.030	(0.60)	16.00～18.00	(0.75)	—	—	—
111	S44097	Y108Cr17	Y11Cr17	0.95～1.20	1.00	1.25	0.060	≥0.15	(0.60)	16.00～18.00	(0.75)	—	—	—
112	S44090	95Cr18	9Cr18	0.90～1.00	0.80	0.80	0.040	0.030	(0.60)	17.00～19.00	—	—	—	—
115	S45710	13Cr13Mo	1Cr13Mo	0.08～0.18	0.60	1.00	0.040	0.030	(0.60)	11.50～14.00	0.30～0.60	—	—	—
116	S45830	32Cr13Mo	3Cr13Mo	0.28～0.35	0.80	1.00	0.040	0.030	(0.60)	12.00～14.00	0.50～1.00	—	—	—
117	S45990	102Cr17Mo	9Cr18Mo	0.95～1.10	0.80	0.80	0.040	0.030	(0.60)	16.00～18.00	0.40～0.70	—	—	—
118	S46990	90Cr18MoV	9Cr18MoV	0.85～0.95	0.80	0.80	0.040	0.030	(0.60)	17.00～19.00	1.00～1.30	—	—	V 0.07～0.12

注 1：表中所列成分除标明范围或最小值外，其余均为最大值。括号内数值为可加入或允许含有的最大值。

注 2：本标准牌号与国外标准牌号对照参见 GB/T 20878。

[a] 相对于 GB/T 20878 调整成分牌号。

表 5 沉淀硬化型不锈钢的化学成分

GB/T 20878 中序号	统一数字代号	新牌号	旧牌号	化学成分(质量分数)/%										
				C	Si	Mn	P	S	Ni	Cr	Mo	Cu	N	其他元素
136	S51550	05Cr15Ni5Cu4Nb		0.07	1.00	1.00	0.040	0.030	3.50～5.50	14.00～15.50	—	2.50～4.50	—	Nb 0.15～0.45
137	S51740	05Cr17Ni4Cu4Nb	0Cr17Ni4Cu4Nb	0.07	1.00	1.00	0.040	0.030	3.00～5.00	15.00～17.50	—	3.00～5.00	—	Nb 0.15～0.45
138	S51770	07Cr17Ni7Al	0Cr17Ni7Al	0.09	1.00	1.00	0.040	0.030	6.50～7.75	16.00～18.00	—	—	—	Al 0.75～1.50
139	S51570	07Cr15Ni7Mo2Al	0Cr15Ni7Mo2Al	0.09	1.00	1.00	0.040	0.030	6.50～7.75	14.00～16.00	2.00～3.00	—	—	Al 0.75～1.50

注 1：表中所列成分除标明范围或最小值外，其余均为最大值。

注 2：本标准牌号与国外标准牌号对照参见 GB/T 20878。

表 6 经固溶处理(见表 A.1)的奥氏体型钢棒或试样的力学性能[a]

GB/T 20878 中序号	统一数字代号	新牌号	旧牌号	规定非比例延伸强度 $R_{p0.2}$[b]/(N/mm²)	抗拉强度 R_m/(N/mm²)	断后伸长率 A/%	断面收缩率 Z[c]/%	硬度[b] HBW	硬度[b] HRB	硬度[b] HV
				不小于				不大于		
1	S35350	12Cr17Mn6Ni5N	1Cr17Mn6Ni5N	275	520	40	45	241	100	253
3	S35450	12Cr18Mn9Ni5N	1Cr18Mn8Ni5N	275	520	40	45	207	95	218
9	S30110	12Cr17Ni7	1Cr17Ni7	205	520	40	60	187	90	200
13	S30210	12Cr18Ni9	1Cr18Ni9	205	520	40	60	187	90	200
15	S30317	Y12Cr18Ni9	Y1Cr18Ni9	205	520	40	50	187	90	200
16	S30327	Y12Cr18Ni9Se	Y1Cr18Ni9Se	205	520	40	50	187	90	200
17	S30408	06Cr19Ni10	0Cr18Ni9	205	520	40	60	187	90	200
18	S30403	022Cr19Ni10	00Cr19Ni10	175	480	40	60	187	90	200
22	S30488	06Cr18Ni9Cu3	0Cr18Ni9Cu3	175	480	40	60	187	90	200
23	S30458	06Cr19Ni10N	0Cr19Ni9N	275	550	35	50	217	95	220

表 6（续）

GB/T 20878 中序号	统一数字代号	新牌号	旧牌号	规定非比例延伸强度 $R_{p0.2}$ [b] /(N/mm²)	抗拉强度 R_m /(N/mm²)	断后伸长率 A /%	断面收缩率 Z [c] /%	硬度[b] HBW	硬度[b] HRB	硬度[b] HV
				不小于				不大于		
24	S30478	06Cr19Ni9NbN	0Cr19Ni10NbN	345	685	35	50	250	100	260
25	S30453	022Cr19Ni10N	00Cr18Ni10N	245	550	40	50	217	95	220
26	S30510	10Cr18Ni12	1Cr18Ni12	175	480	40	60	187	90	200
32	S30908	06Cr23Ni13	0Cr23Ni13	205	520	40	60	187	90	200
35	S31008	06Cr25Ni20	0Cr25Ni20	205	520	40	50	187	90	200
38	S31608	06Cr17Ni12Mo2	0Cr17Ni12Mo2	205	520	40	60	187	90	200
39	S31603	022Cr17Ni12Mo2	00Cr17Ni14Mo2	175	480	40	60	187	90	200
41	S31668	06Cr17Ni12Mo2Ti	0Cr18Ni12Mo3Ti	205	530	40	55	187	90	200
43	S31658	06Cr17Ni12Mo2N	0Cr17Ni12Mo2N	275	550	35	50	217	95	220
44	S31653	022Cr17Ni12Mo2N	00Cr17Ni13Mo2N	245	550	40	50	217	95	220
45	S31688	06Cr18Ni12Mo2Cu2	0Cr18Ni12Mo2Cu2	205	520	40	60	187	90	200
46	S31683	022Cr18Ni14Mo2Cu2	00Cr18Ni14Mo2Cu2	175	480	40	60	187	90	200
49	S31708	06Cr19Ni13Mo3	0Cr19Ni13Mo3	205	520	40	60	187	90	200
50	S31703	022Cr19Ni13Mo3	00Cr19Ni13Mo3	175	480	40	60	187	90	200
52	S31794	03Cr18Ni16Mo5	0Cr18Ni16Mo5	175	480	40	45	187	90	200
55	S32168	06Cr18Ni11Ti	0Cr18Ni10Ti	205	520	40	50	187	90	200
62	S34778	06Cr18Ni11Nb	0Cr18Ni11Nb	205	520	40	50	187	90	200
64	S38148	06Cr18Ni13Si4	0Cr18Ni13Si4	205	520	40	60	207	95	218

a 表 6 仅适用于直径、边长、厚度或对边距离小于或等于 180 mm 的钢棒。大于 180 mm 的钢棒，可改锻成 180 mm 的样坯检验，或由供需双方协商，规定允许降低其力学性能的数值。

b 规定非比例延伸强度和硬度，仅当需方要求时（合同中注明）才进行测定，且供方可根据钢棒的尺寸或状态任选一种方法测定硬度。

c 扁钢不适用，但需方要求时，由供需双方协商。

表 7 经固溶处理的(见表 A.2)奥氏体-铁素体型钢棒或试样的力学性能[a]

GB/T 20878 中序号	统一数字代号	新牌号	旧牌号	规定非比例延伸强度 $R_{p0.2}$[b]/(N/mm²)	抗拉强度 R_m /(N/mm²)	断后伸长率 A /%	断面收缩率 Z[c] /%	冲击吸收功 A_{ku2}[d] /J	硬度[b] HBW	硬度[b] HRB	硬度[b] HV
				不小于					不大于		
67	S21860	14Cr18Ni11Si4AlTi	1Cr18Ni11Si4AlTi	440	715	25	40	63	—	—	—
68	S21953	022Cr19Ni5Mo3Si2N	00Cr18Ni5Mo3Si2	390	590	20	40	—	290	30	300
70	S22253	022Cr22Ni5Mo3N		450	620	25	—	—	290	—	—
71	S22053	022Cr23Ni5Mo3N		450	655	25	—	—	290	—	—
73	S22553	022Cr25Ni6Mo2N		450	620	20	—	—	260	—	—
75	S25554	03Cr25Ni6Mo3Cu2N		550	750	25	—	—	290	—	—

a 表 7 仅适用于直径、边长、厚度或对边距离小于或等于 75 mm 的钢棒。大于 75 mm 的钢棒，可改锻成 75 mm 的样坯检验或由供需双方协商，规定允许降低其力学性能的数值。

b 规定非比例延伸强度和硬度，仅当需方要求时(合同中注明)才进行测定，且供方可根据钢棒的尺寸或状态任选一种方法测定硬度。

c 扁钢不适用，但需方要求时，由供需双方协商确定。

d 直径或对边距离小于等于 16 mm 的圆钢、六角钢、八角钢和边长或厚度小于等于 12 mm 的方钢、扁钢不做冲击试验。

表 8 经退火处理的(见表 A.3)铁素体型钢棒或试样的力学性能[a]

GB/T 20878 中序号	统一数字代号	新牌号	旧牌号	规定非比例延伸强度 $R_{p0.2}$[b]/(N/mm²)	抗拉强度 R_m /(N/mm²)	断后伸长率 A /%	断面收缩率 Z[c] /%	冲击吸收功 A_{ku2}[d] /J	硬度[b] HBW
				不小于					不大于
78	S11348	06Cr13Al	0Cr13Al	175	410	20	60	78	183
83	S11203	022Cr12	00Cr12	195	360	22	60	—	183
85	S11710	10Cr17	1Cr17	205	450	22	50	—	183
86	S11717	Y10Cr17	Y1Cr17	205	450	22	50	—	183
88	S11790	10Cr17Mo	1Cr17Mo	205	450	22	60	—	183
94	S12791	008Cr27Mo	00Cr27Mo	245	410	20	45	—	219
95	S13091	008Cr30Mo2	00Cr30Mo2	295	450	20	45	—	228

a 表 8 仅适用于直径、边长、厚度或对边距离小于或等于 75 mm 的钢棒。大于 75 mm 的钢棒，可改锻成 75 mm 的样坯检验或由供需双方协商，规定允许降低其力学性能的数值。

b 规定非比例延伸强度和硬度，仅当需方要求时(合同中注明)才进行测定。

c 扁钢不适用，但需方要求时，由供需双方协商确定。

d 直径或对边距离小于等于 16 mm 的圆钢、六角钢、八角钢和边长或厚度小于等于 12 mm 的方钢、扁钢不做冲击试验。

表 9 经热处理的马氏体型钢棒或试样的力学性能[a]

GB/T 20878 中序号	统一数字代号	新牌号	旧牌号	组别	经淬火回火(见表 A.4)后试样的力学性能和硬度							退火后钢棒的硬度[c]
					规定非比例延伸强度 $R_{p0.2}$/(N/mm²)	抗拉强度 R_m/(N/mm²)	断后伸长率 A/%	断面收缩率 Z^b/%	冲击吸收功 $A_{ku2}{}^d$/J	HBW	HRC	HBW
					不小于							不大于
96	S40310	12Cr12	1Cr12		390	590	25	55	118	170	—	200
97	S41008	06Cr13	0Cr13		345	490	24	60	—	—	—	183
98	S41010	12Cr13	1Cr13		345	540	22	55	78	159	—	200
100	S41617	Y12Cr13	Y1Cr13		345	540	17	45	55	159	—	200
101	S42020	20Cr13	2Cr13		440	640	20	50	63	192	—	223
102	S42030	30Cr13	3Cr13		540	735	12	40	24	217	—	235
103	S42037	Y30Cr13	Y3Cr13		540	735	8	35	24	217	—	235
104	S42040	40Cr13	4Cr13		—	—	—	—	—	—	50	235
106	S43110	14Cr17Ni2	1Cr17Ni2		—	1080	10	—	39	—	—	285
107	S43120	17Cr16Ni2[e]		1	700	900～1 050	12	45	25(A_{KV})	—	—	295
				2	600	800～950	14					
108	S44070	68Cr17	7Cr17		—	—	—	—	—	—	54	255
109	S44080	85Cr17	8Cr17		—	—	—	—	—	—	56	255
110	S44096	108Cr17	11Cr17		—	—	—	—	—	—	58	269
111	S44097	Y108Cr17	Y11Cr17		—	—	—	—	—	—	58	269
112	S44090	95Cr18	9Cr18		—	—	—	—	—	—	55	255
115	S45710	13Cr13Mo	1Cr13Mo		490	690	20	60	78	192	—	200
116	S45830	32Cr13Mo	3Cr13Mo		—	—	—	—	—	—	50	207
117	S45990	102Cr17Mo	9Cr18Mo		—	—	—	—	—	—	55	269
118	S46990	90Cr18MoV	9Cr18MoV		—	—	—	—	—	—	55	269

a 表 9 仅适用于直径、边长、厚度或对边距离小于或等于 75 mm 的钢棒。大于 75 mm 的钢棒，可改锻成 75 mm 的样坯检验或由供需双方协商，规定允许降低其力学性能的数值。

b 扁钢不适用，但需方要求时，由供需双方协商确定。

c 采用 750℃退火时，其硬度由供需双方协商。

d 直径或对边距离小于等于 16 mm 的圆钢、六角钢、八角钢和边长或厚度小于等于 12 mm 的方钢、扁钢不做冲击试验。

e 17Cr16Ni2 钢的性能组别应在合同中注明，未注明时，由供方自行选择。

表 10 沉淀硬化型(见表 A.5)钢棒或试样的力学性能[a]

GB/T 20878 中序号	统一数字代号	新牌号	旧牌号	热处理 类型		热处理 组别	规定非比例延伸强度 $R_{p0.2}$ /(N/mm²)	抗拉强度 R_m /(N/mm²)	断后伸长率 A /%	断面收缩率 Z[b] /%	硬度[c] HBW	硬度[c] HRC
							不小于	不小于	不小于	不小于		
136	S51550	05Cr15Ni5Cu4Nb		固溶处理		0	—	—	—	—	≤363	≤38
				沉淀硬化	480℃时效	1	1 180	1 310	10	35	≥375	≥40
				沉淀硬化	550℃时效	2	1 000	1 070	12	45	≥331	≥35
				沉淀硬化	580℃时效	3	865	1 000	13	45	≥302	≥31
				沉淀硬化	620℃时效	4	725	930	16	50	≥277	≥28
137	S51740	05Cr17Ni4Cu4Nb	0Cr17Ni4Cu4Nb	固溶处理		0	—	—	—	—	≤363	≤38
				沉淀硬化	480℃时效	1	1 180	1 310	10	40	≥375	≥40
				沉淀硬化	550℃时效	2	1 000	1 070	12	45	≥331	≥35
				沉淀硬化	580℃时效	3	865	1 000	13	45	≥302	≥31
				沉淀硬化	620℃时效	4	725	930	16	50	≥277	≥28
138	S51770	07Cr17Ni7Al	0Cr17Ni7Al	固溶处理		0	≤380	≤1030	20	—	≤229	—
				沉淀硬化	510℃时效	1	1 030	1 230	4	10	≥388	—
				沉淀硬化	565℃时效	2	960	1 140	5	25	≥363	—
139	S51570	07Cr15Ni7Mo2Al	0Cr15Ni7Mo2Al	固溶处理		0	—	—	—	—	≤269	—
				沉淀硬化	510℃时效	1	1 210	1 320	6	20	≥388	—
				沉淀硬化	565℃时效	2	1 100	1 210	7	25	≥375	—

a 表 10 仅适用于直径、边长、厚度或对边距离小于或等于 75 mm 的钢棒。大于 75 mm 的钢棒,可改锻成 75 mm 的样坯检验或由供需双方协商,规定允许降低其力学性能的数值。

b 扁钢不适用,但需方要求时,由供需双方协商确定。

c 供方可根据钢棒的尺寸或状态任选一种方法测定硬度。

7.5 耐腐蚀性能

根据需方要求，并由供需双方协商采用合适的试验方法，且在合同中注明，奥氏体型和奥氏体-铁素体型不锈钢棒可进行晶间腐蚀试验，其耐腐蚀性能见表 11 和表 12。表 11 和表 12 以外牌号钢棒的耐腐蚀性能由供需双方协商确定。

表 11 GB/T 4334.1 中 10%草酸浸蚀试验的判别

<table>
<tr><th>GB/T 20878 中序号</th><th>统一数字代号</th><th>新牌号</th><th>旧牌号</th><th>试验状态</th><th>GB/T 4334.2 硫酸-硫酸铁腐蚀试验</th><th>GB/T 4334.3 65%硝酸腐蚀试验</th><th>GB/T 4334.5 硫酸-硫酸铜腐蚀试验</th></tr>
<tr><td>17</td><td>S30408</td><td>06Cr19Ni10</td><td>0Cr18Ni9</td><td rowspan="4">固溶处理</td><td rowspan="4">沟状组织</td><td>沟状组织
凹坑组织Ⅱ</td><td rowspan="4">沟状组织</td></tr>
<tr><td>38</td><td>S31608</td><td>06Cr17Ni12Mo2</td><td>0Cr17Ni12Mo2</td><td rowspan="3">—</td></tr>
<tr><td>45</td><td>S31688</td><td>06Cr18Ni12Mo2Cu2</td><td>0Cr18Ni12Mo2Cu2</td></tr>
<tr><td>49</td><td>S31708</td><td>06Cr19Ni13Mo3[a]</td><td>0Cr19Ni13Mo3[a]</td></tr>
<tr><td>18</td><td>S30403</td><td>022Cr19Ni10</td><td>00Cr19Ni10</td><td rowspan="6">敏化处理</td><td rowspan="4">沟状组织</td><td>沟状组织
凹坑组织Ⅱ</td><td rowspan="6">沟状组织</td></tr>
<tr><td>39</td><td>S31603</td><td>022Cr17Ni12Mo2</td><td>00Cr17Ni14Mo2</td><td rowspan="5">—</td></tr>
<tr><td>46</td><td>S31683</td><td>022Cr18Ni14Mo2Cu2</td><td>00Cr18Ni14Mo2Cu2</td></tr>
<tr><td>50</td><td>S31703</td><td>022Cr19Ni13Mo3</td><td>00Cr19Ni13Mo3</td></tr>
<tr><td>55</td><td>S32168</td><td>06Cr18Ni11Ti</td><td>0Cr18Ni10Ti</td><td rowspan="2">—</td></tr>
<tr><td>62</td><td>S34778</td><td>06Cr18Ni11Nb</td><td>0Cr18Ni11Nb</td></tr>
<tr><td colspan="8">a 可进行敏化处理，但试验前应由供需双方协商确定。</td></tr>
</table>

表 12 晶间腐蚀试验

<table>
<tr><th rowspan="2">GB/T 20878 中序号</th><th rowspan="2">统一数字代号</th><th rowspan="2">新牌号</th><th rowspan="2">旧牌号</th><th colspan="2">GB/T 4334.2</th><th colspan="2">GB/T 4334.3</th><th colspan="2">GB/T 4334.5</th></tr>
<tr><th>试验状态</th><th>腐蚀减重/[g/(m²·h)]</th><th>试验状态</th><th>腐蚀减重/[g/(m²·h)]</th><th>试验状态</th><th>试验弯曲面的状态</th></tr>
<tr><td>17</td><td>S30408</td><td>06Cr19Ni10</td><td>0Cr18Ni9</td><td rowspan="4">固溶处理</td><td rowspan="4">协议</td><td>固溶处理</td><td>协议</td><td rowspan="4">固溶处理</td><td rowspan="11">不允许有晶间腐蚀裂纹</td></tr>
<tr><td>38</td><td>S31608</td><td>06Cr17Ni12Mo2</td><td>0Cr17Ni12Mo2</td><td colspan="2" rowspan="3">—</td></tr>
<tr><td>45</td><td>S31688</td><td>06Cr18Ni12Mo2Cu2</td><td>0Cr18Ni12Mo2Cu2</td></tr>
<tr><td>49</td><td>S31708</td><td>06Cr19Ni13Mo3[a]</td><td>0Cr19Ni13Mo3[a]</td></tr>
<tr><td>18</td><td>S30403</td><td>022Cr19Ni10</td><td>00Cr19Ni10</td><td rowspan="4">敏化处理</td><td rowspan="4">协议</td><td>敏化处理</td><td>协议</td><td rowspan="7">敏化处理</td></tr>
<tr><td>39</td><td>S31603</td><td>022Cr17Ni12Mo2</td><td>00Cr17Ni14Mo2</td><td colspan="2" rowspan="6">—</td></tr>
<tr><td>46</td><td>S31683</td><td>022Cr18Ni14Mo2Cu2</td><td>00Cr18Ni14Mo2Cu2</td></tr>
<tr><td>50</td><td>S31703</td><td>022Cr19Ni13Mo3</td><td>00Cr19Ni13Mo3</td></tr>
<tr><td>41</td><td>S31668</td><td>06Cr17Ni12Mo2Ti</td><td>0Cr18Ni12Mo3Ti</td><td colspan="2" rowspan="3">—</td></tr>
<tr><td>55</td><td>S32168</td><td>06Cr18Ni11Ti</td><td>0Cr18Ni10Ti</td></tr>
<tr><td>62</td><td>S34778</td><td>06Cr18Ni11Nb</td><td>0Cr18Ni11Nb</td></tr>
<tr><td colspan="10">a 可进行敏化处理，但试验前应由供需双方协商确定。</td></tr>
</table>

7.6 低倍组织

7.6.1 钢棒的横截面酸浸低倍试片上不允许有目视可见的缩孔、气泡、裂纹、夹杂、翻皮及白点。对切削加工用的钢棒允许有深度不大于公称尺寸公差之半的皮下夹杂等缺陷。

7.6.2 酸浸低倍组织合格级别应符合表13的规定。当需方要求1组时，应在合同中注明。尺寸大于200 mm钢棒，其低倍组织合格级别由供需双方协商确定。

7.6.3 供方若能保证，允许采用超声波探伤法或其他无损探伤法代替低倍检验。

表13 低倍组织合格级别

组 别	一般疏松	中心疏松	锭型偏析
1组	≤2级	≤2级	≤2级
2组	≤3级	≤3级	≤3级

7.7 热顶锻

7.7.1 热顶锻用钢(在合同中注明)应作热顶锻试验，试样顶锻至原高度的三分之一后，试样表面不允许有裂纹或裂口。

7.7.2 尺寸大于80 mm的钢棒，供方若能保证顶锻试验合格，可不进行试验。

7.8 表面质量

7.8.1 压力加工用钢棒的表面不允许有裂纹、结疤、折叠及夹杂，如有上述缺陷必须清除。清除深度应符合表14的规定，清除宽度不小于深度的5倍，同一截面达到最大清除深度不得多于一处，允许有从实际尺寸算起不超过公称尺寸公差之半的个别细小划痕、压痕、麻点及深度不超过0.20 mm的小裂纹存在。根据供需双方协议，压力加工用圆钢棒，表面可以车削或剥皮。

表14 压力加工用钢棒表面缺陷允许清除深度

钢棒公称尺寸/mm	允许清除深度
≤80	钢棒公称尺寸公差之半
>80～140	钢棒公称尺寸公差
>140～200	钢棒公称尺寸的5%
>200～250	钢棒公称尺寸的6%

7.8.2 切削加工用钢棒允许有从公称尺寸算起不超过表15规定的局部缺陷。

表15 切削加工用钢棒表面局部缺陷允许深度

钢棒公称尺寸/mm	局部缺陷允许深度
<100	钢棒公称尺寸的负偏差
≥100	钢棒公称尺寸的公差

7.8.3 经供需双方协商，并在合同中注明，可规定采用酸洗、车削等方法去除热处理产生的黑皮。

7.9 特殊要求

根据需方要求，并经供需双方协议，可供应下列特殊要求的钢棒。

a) 缩小表1～表5化学成分范围；

b) 限制表6～表10抗拉强度的上限；

c) 增加耐腐蚀性能试验；

d) 检验α相含量；

e) 检验钢中非金属夹杂物含量；

f) 检验钢的晶粒度；

g) 增加塔形检验；

h） 其他特殊要求。

8 试验方法

每批钢棒的检验项目及试验方法应符合表 16 的规定。

表 16 钢棒检验项目、取样数量、取样部位及试验方法

序号	检验项目	取样数量[a]	取样部位	试验方法
1	化学成分	1	GB/T 20066	GB/T 223(见第 2 章)、GB/T 11170、GB/T 9971—2004 的附录 A
2	拉伸	2	不同根钢棒，GB/T 2975	GB/T 228
3	冲击	2		GB/T 229
4	硬度	2	不同根钢棒	GB/T 230.1、GB/T 231.1、GB/T 4340.1
5	晶间腐蚀	2		GB/T 4334.1、GB/T 4334.2、GB/T 4334.3、GB/T 4334.5
6	低倍组织	2	相当于钢锭头部的不同根钢棒或钢坯；连铸钢在任意不同根钢棒	GB/T 226、GB/T 1979
7	超声波检验	2	整根钢棒	GB/T 7736
8	热顶锻	2	不同根钢棒	YB/T 5293
9	非金属夹杂物	2		GB/T 10561
10	晶粒度	1	任一钢棒	GB/T 6394
11	α-相	1		GB/T 6401—1986、GB/T 13305—991
12	塔形	2	相当于钢锭头部不同根钢棒或钢坯；连铸钢在任意不同根钢棒	GB/T 15711、GB/T 10121
13	尺寸	逐根	整根钢棒	卡尺、千分尺
14	表面	逐根		目视

a 电渣钢除表面和尺寸逐根外，其他检验项目的取样数量均为 1 个。以自耗电极的熔炼母炉号组批时，除化学成分每个电渣炉号取 1 个外，其他检验项目取样数量同表中规定。

9 检验规则

9.1 检查和验收

钢棒的检查和验收由供方技术质量监督部门进行。

9.2 组批规则

钢棒应按批检查和验收。每批由同一牌号、同一炉号、同一加工方法、同一尺寸和同一交货状态(同一热处理炉次)的钢棒组成。采用电渣重熔冶炼的钢，在工艺稳定且能保证本标准各项技术要求的条件下，允许以自耗电极的熔炼母炉号组批交货，并在质量证明书中注明。

9.3 取样部位及取样数量

每批钢棒检验取样部位及取样数量应符合表 16 的规定。

9.4 复验和判定规则

9.4.1 复验和判定规则应按 GB/T 17505 的有关规定。

9.4.2 供方若能保证钢棒合格时，对同一炉号的钢棒或钢坯的力学性能、低倍组织、非金属夹杂物的检验结果，允许以坯代材、以大代小。

10 包装、标志和质量证明书

钢棒的包装、标志和质量证明书应符合 GB/T 2101 的规定。

附 录 A
（资料性附录）
不锈钢棒或试样的典型热处理制度

表 A.1 奥氏体型不锈钢棒或试样的典型热处理制度

GB/T 20878 中序号	统一数字代号	新 牌 号	旧 牌 号	固溶处理/℃
1	S35350	12Cr17Mn6Ni5N	1Cr17Mn6Ni5N	1 010～1 120，快冷
3	S35450	12Cr18Mn9Ni5N	1Cr18Mn8Ni5N	1 010～1 120，快冷
9	S30110	12Cr17Ni7	1Cr17Ni7	1 010～1 150，快冷
13	S30210	12Cr18Ni9	1Cr18Ni9	1 010～1 150，快冷
15	S30317	Y12Cr18Ni9	Y1Cr18Ni9	1 010～1 150，快冷
16	S30327	Y12Cr18Ni9Se	Y1Cr18Ni9Se	1 010～1 150，快冷
17	S30408	06Cr19Ni10	0Cr18Ni9	1 010～1 150，快冷
18	S30403	022Cr19Ni10	00Cr19Ni10	1 010～1 150，快冷
22	S30488	06Cr18Ni9Cu3	0Cr18Ni9Cu3	1 010～1 150，快冷
23	S30458	06Cr19Ni10N	0Cr19Ni9N	1 010～1 150，快冷
24	S30478	06Cr19Ni9NbN	0Cr19Ni10NbN	1 010～1 150，快冷
25	S30453	022Cr19Ni10N	00Cr18Ni10N	1 010～1 150，快冷
26	S30510	10Cr18Ni12	1Cr18Ni12	1 010～1 150，快冷
32	S30908	06Cr23Ni13	0Cr23Ni13	1 030～1 150，快冷
35	S31008	06Cr25Ni20	0Cr25Ni20	1 030～1 180，快冷
38	S31608	06Cr17Ni12Mo2	0Cr17Ni12Mo2	1 010～1 150，快冷
39	S31603	022Cr17Ni12Mo2	00Cr17Ni14Mo2	1 010～1 150，快冷
41	S31668	06Cr17Ni12Mo2Ti[a]	0Cr18Ni12Mo3Ti[a]	1 000～1 100，快冷
43	S31658	06Cr17Ni12Mo2N	0Cr17Ni12Mo2N	1 010～1 150，快冷
44	S31653	022Cr17Ni12Mo2N	00Cr17Ni13Mo2N	1 010～1 150，快冷
45	S31688	06Cr18Ni12Mo2Cu2	0Cr18Ni12Mo2Cu2	1 010～1 150，快冷
46	S31683	022Cr18Ni14Mo2Cu2	00Cr18Ni14Mo2Cu2	1 010～1 150，快冷
49	S31708	06Cr19Ni13Mo3	0Cr19Ni13Mo3	1 010～1 150，快冷
50	S31703	022Cr19Ni13Mo3	00Cr19Ni13Mo3	1 010～1 150，快冷
52	S31794	03Cr18Ni16Mo5	0Cr18Ni16Mo5	1 030～1 180，快冷
55	S32168	06Cr18Ni11Ti[a]	0Cr18Ni10Ti[a]	920～1 150，快冷
62	S34778	06Cr18Ni11Nb[a]	0Cr18Ni11Nb[a]	980～1 150，快冷
64	S38148	06Cr18Ni13Si4	0Cr18Ni13Si4	1 010～1 150，快冷

[a] 需方在合同中注明时，可进行稳定化处理，此时的热处理温度为 850℃～930℃。

表 A.2 奥氏体-铁素体型不锈钢棒或试样的典型热处理制度

GB/T 20878 中序号	统一数字代号	新 牌 号	旧 牌 号	固溶处理/℃
67	S21860	14Cr18Ni11Si4AlTi	1Cr18Ni11Si4AlTi	930～1 050,快冷
68	S21953	022Cr19Ni5Mo3Si2N	00Cr18Ni5Mo3Si2	920～1 150,快冷
70	S22253	022Cr22Ni5Mo3N		950～1 200,快冷
71	S22053	022Cr23Ni5Mo3N		950～1 200,快冷
73	S22553	022Cr25Ni6Mo2N		950～1 200,快冷
75	S25554	03Cr25Ni6Mo3Cu2N		1 000～1 200,快冷

表 A.3 铁素体型不锈钢棒或试样的典型热处理制度

GB/T 20878 中序号	统一数字代号	新 牌 号	旧 牌 号	退火/℃
78	S11348	06Cr13Al	0Cr13Al	780～830,空冷或缓冷
83	S11203	022Cr12	00Cr12	700～820,空冷或缓冷
85	S11710	10Cr17	1Cr17	780～850,空冷或缓冷
86	S11717	Y10Cr17	Y1Cr17	680～820,空冷或缓冷
88	S11790	10Cr17Mo	1Cr17Mo	780～850,空冷或缓冷
94	S12791	008Cr27Mo	00Cr27Mo	900～1 050,快冷
95	S13091	008Cr30Mo2	00Cr30Mo2	900～1 050,快冷

表 A.4 马氏体型不锈钢棒或试样的典型热处理制度

GB/T 20878 中序号	统一数字代号	新 牌 号	旧 牌 号	钢棒的热处理制度	试样的热处理制度	
				退火/℃	淬火/℃	回火/℃
96	S40310	12Cr12	1Cr12	800～900 缓冷或约 750 快冷	950～1 000 油冷	700～750 快冷
97	S41008	06Cr13	0Cr13	800～900 缓冷或约 750 快冷	950～1 000 油冷	700～750 快冷
98	S41010	12Cr13	1Cr13	800～900 缓冷或约 750 快冷	950～1 000 油冷	700～750 快冷
100	S41617	Y12Cr13	Y1Cr13	800～900 缓冷或约 750 快冷	950～1 000 油冷	700～750 快冷
101	S42020	20Cr13	2Cr13	800～900 缓冷或约 750 快冷	920～980 油冷	600～750 快冷
102	S42030	30Cr13	3Cr13	800～900 缓冷或约 750 快冷	920～980 油冷	600～750 快冷
103	S42037	Y30Cr13	Y3Cr13	800～900 缓冷或约 750 快冷	920～980 油冷	600～750 快冷
104	S42040	40Cr13	4Cr13	800～900 缓冷或约 750 快冷	1050～1 100 油冷	200～300 空冷
106	S43110	14Cr17Ni2	1Cr17Ni2	680～700 高温回火,空冷	950～1 050 油冷	275～350 空冷
07	S43120	17Cr16Ni2		1 680～800,炉或空冷	950～1 050 油冷或空冷	600～650,空冷
				2		750～800+650～700[a],空冷
108	S44070	68Cr17	7Cr17	800～920 缓冷	1 010～1 070 油冷	100～180 快冷
109	S44080	85Cr17	8Cr17	800～920 缓冷	1 010～1 070 油冷	100～180 快冷
110	S44096	108Cr17	11Cr17	800～920 缓冷	1 010～1 070 油冷	100～180 快冷
111	S44097	Y108Cr17	Y11Cr17	800～920 缓冷	1 010～1 070 油冷	100～180 快冷
112	S44090	95Cr18	9Cr18	800～920 缓冷	1 000～1 050 油冷	200～300 油、空冷

表 A.4（续）

GB/T 20878 中序号	统一数字代号	新牌号	旧牌号	钢棒的热处理制度	试样的热处理制度	
				退火/℃	淬火/℃	回火/℃
115	S45710	13Cr13Mo	1Cr13Mo	830～900 缓冷或约 750 快冷	970～1 020 油冷	650～750 快冷
116	S45830	32Cr13Mo	3Cr13Mo	800～900 缓冷或约 750 快冷	1 025～1 075 油冷	200～300 油、水、空冷
117	S45990	102Cr17Mo	9Cr18Mo	800～900 缓冷	1 000～1 050 油冷	200～300 空冷
118	S46990	90Cr18MoV	9Cr18MoV	800～920 缓冷	1 050～1 075 油冷	100～200 空冷

[a] 当镍含量在表 4 规定的下限时，允许采用 620℃～720℃单回火制度。

表 A.5 沉淀硬化型不锈钢棒或试样的典型热处理制度

GB/T 20878 中序号	统一数字代号	新牌号	旧牌号	热处理			
				种类		组别	条件
136	S51550	05Cr15Ni5Cu4Nb		固溶处理		0	1 020℃～1 060℃，快冷。
				沉淀硬化	480℃时效	1	经固溶处理后，470℃～490℃空冷
					550℃时效	2	经固溶处理后，540℃～560℃空冷
					580℃时效	3	经固溶处理后，570℃～590℃空冷
					620℃时效	4	经固溶处理后，610℃～630℃空冷
137	S51740	05Cr17Ni4Cu4Nb	0Cr17Ni4Cu4Nb	固溶处理		0	1 020℃～1 060℃，快冷
				沉淀硬化	480℃时效	1	经固溶处理后，470℃～490℃空冷
					550℃时效	2	经固溶处理后，540℃～560℃空冷
					580℃时效	3	经固溶处理后，570℃～590℃空冷
					620℃时效	4	经固溶处理后，610℃～630℃空冷
138	S51770	07Cr17Ni7Al	0Cr17Ni7Al	固溶处理		0	1 000℃～1 100℃，快冷
				沉淀硬化	510℃时效	1	经固溶处理后，955℃±10℃保持 10 min，空冷到室温，在 24 h 内冷却到－73℃±6℃，保持 8 h，再加热到 510℃±10℃，保持 1 h 后，空冷
					565℃时效	2	经固溶处理后，于 760℃±15℃保持 90 min，在 1 h 内冷却到 15℃以下，保持 30 min，再加热到 565℃±10℃保持 90 min，空冷
139	S51570	07Cr15Ni7Mo2Al	0Cr15Ni7Mo2Al	固溶处理		0	1 000℃～1 100℃快冷
				沉淀硬化	510℃时效	1	经固溶处理后，955℃±10℃保持 10 min，空冷到室温，在 24 h 内冷却到－73℃±6℃，保持 8 h，再加热到 510℃±10℃，保持 1 h 后，空冷
					565℃时效	2	经固溶处理后，于 760℃±15℃保持 90 min，在 1 h 内冷却到 15℃以下，保持 30 min，再加热到 565℃±10℃保持 90 min，空冷

附 录 B
（资料性附录）
不锈钢的特性和用途

表 B.1 不锈钢的特性和用途

GB/T 20878 中序号	统一数字代号	新 牌 号	旧 牌 号	特性与用途
奥氏体型				
1	S35350	12Cr17Mn6Ni5N	1Cr17Mn6Ni5N	节镍钢，性能 12Cr17Ni7(1Cr17Ni7)与相近，可代替 12Cr17Ni7(1Cr17Ni7)使用。在固溶态无磁，冷加工后具有轻微磁性。主要用于制造旅馆装备、厨房用具、水池、交通工具等
3	S35450	12Cr18Mn9Ni5N	1Cr18Mn8Ni5N	节镍钢，是 Cr-Mn-Ni-N 型最典型、发展比较完善的钢。在 800℃以下具有很好的抗氧化性，且保持较高的强度，可代替 12Cr18Ni9(1Cr18Ni9)使用。主要用于制作 800℃以下经受弱介质腐蚀和承受负荷的零件，如炊具、餐具等
9	S30110	12Cr17Ni7	1Cr17Ni7	亚稳定奥氏体不锈钢，是最易冷变形强化的钢。经冷加工有高的强度和硬度，并仍保留足够的塑韧性，在大气条件下具有较好的耐蚀性。主要用于以冷加工状态承受较高负荷，又希望减轻装备重量和不生锈的设备和部件，如铁道车辆，装饰板、传送带、紧固件等
13	S30210	12Cr18Ni9	1Cr18Ni9	历史最悠久的奥氏体不锈钢，在固溶态具有良好的塑性、韧性和冷加工性，在氧化性酸和大气、水、蒸汽等介质中耐蚀性也好。经冷加工有高的强度，但伸长率比 12Cr17Ni7(1Cr17Ni7)稍差。主要用于对耐蚀性和强度要求不高的结构件和焊接件，如建筑物外表装饰材料；也可用于无磁部件和低温装置的部件。但在敏化态或焊后，具有晶间腐蚀倾向，不宜用作焊接结构材料
15	S30317	Y12Cr18Ni9	Y1Cr18Ni9	12Cr18Ni9(1Cr18Ni9)改进切削性能钢。最适用于快速切削（如自动车床）制作辊、轴、螺栓、螺母等
16	S30327	Y12Cr18Ni9Se	Y1Cr18Ni9Se	除调整 12Cr18Ni9(1Cr18Ni9)钢的磷、硫含量外，还加入硒，提高 12Cr18Ni9(1Cr18Ni9)钢的切削性能。用于小切削量，也适用于热加工或冷顶锻，如螺丝、铆钉等
17	S30408	06Cr19Ni10	0Cr18Ni9	在 12Cr18Ni9(1Cr18Ni9)钢基础上发展演变的钢，性能类似于 12Cr18Ni9(1Cr18Ni9)钢，但耐蚀性优于 12Cr18Ni9(1Cr18Ni9)钢，可用作薄截面尺寸的焊接件，是应用量最大、使用范围最广的不锈钢。适用于制造深冲成型部件和输酸管道、容器、结构件等，也可以制造无磁、低温设备和部件

表 B.1（续）

GB/T 20878 中序号	统一数字代号	新 牌 号	旧 牌 号	特性与用途
18	S30403	022Cr19Ni10	00Cr19Ni10	为解决因 $Cr_{23}C_6$ 析出致使 06Cr19Ni10(0Cr18Ni9)钢在一些条件下存在严重的晶间腐蚀倾向而发展的超低碳奥氏体不锈钢，其敏化态耐晶间腐蚀能力显著优于 06Cr18Ni9(0Cr18Ni9)钢。除强度稍低外，其他性能同 06Cr18Ni9Ti(0Cr18Ni9Ti)钢，主要用于需焊接且焊接后又不能进行固溶处理的耐蚀设备和部件
22	S30488	06Cr18Ni9Cu3	0Cr18Ni9Cu3	在 06Cr19Ni10 (0Cr18Ni9)基础上为改进其冷成形性能而发展的不锈钢。铜的加入，使钢的冷作硬化倾向小，冷作硬化率降低，可以在较小的成形力下获得最大的冷变形。主要用于制作冷镦紧固件、深拉等冷成形的部件
23	S30458	06Cr19Ni10N	0Cr19Ni9N	在 06Cr19Ni10 (0Cr18Ni9)钢基础上添加氮，不仅防止塑性降低，而且提高钢的强度和加工硬化倾向，改善钢的耐点蚀、晶腐性，使材料的厚度减少。用于有一定耐腐性要求，并要求较高强度和减轻重量的设备或结构部件
24	S30478	06Cr19Ni9NbN	0Cr19Ni10NbN	在 06Cr19Ni10 (0Cr18Ni9)钢基础上添加氮和铌，提高钢的耐点蚀和晶间腐蚀性能，具有与 06Cr19Ni10N(0Cr19Ni9N)钢相同的特性和用途
25	S30453	022Cr19Ni10N	00Cr18Ni10N	06Cr19Ni10N (0Cr19Ni9N)的超低碳钢。因 06Cr19Ni10N (0Cr19Ni9N)钢在 450℃～900℃加热后耐晶间腐蚀性能明显下降，因此对于焊接设备构件，推荐用 022Cr19Ni10N(00Cr18Ni10N)钢
26	S30510	10Cr18Ni12	1Cr18Ni12	在 12Cr18Ni9(1Cr18Ni9)钢基础上，通过提高钢中镍含量而发展起来的不锈钢。加工硬化性比 12Cr18Ni9(1Cr18Ni9)钢低。适宜用于旋压加工、特殊拉拔，如作冷墩钢用等
32	S30908	06Cr23Ni13	0Cr23Ni13	高铬镍奥氏体不锈钢，耐腐蚀性比 06Cr19Ni10 (0Cr18Ni9)钢好，但实际上多作为耐热钢使用
35	S31008	06Cr25Ni20	0Cr25Ni20	高铬镍奥氏体不锈钢，在氧化性介质中具有优良的耐蚀性，同时具有良好的高温力学性能，抗氧化性比 06Cr23Ni13(0Cr23Ni13)钢好，耐点蚀和耐应力腐蚀能力优于 18-8 型不锈钢，既可用于耐蚀部件又可作为耐热钢使用
38	S31608	06Cr17Ni12Mo2	0Cr17Ni12Mo2	在 10Cr18Ni12(1Cr18Ni12)钢基础上加入钼，使钢具有良好的耐还原性介质和耐点腐蚀能力。在海水和其他各种介质中，耐腐蚀性优于 06Cr19Ni10 (0Cr18Ni9)钢。主要用于耐点蚀材料
39	S31603	022Cr17Ni12Mo2	00Cr17Ni14Mo2	06Cr17Ni12Mo2(0Cr17Ni12Mo2)的超低碳钢，具有良好的耐敏化态晶间腐蚀的性能。适用于制造厚截面尺寸的焊接部件和设备，如石油化工、化肥、造纸、印染及原子能工业用设备的耐蚀材料

表 B.1(续)

GB/T 20878 中序号	统一数字代号	新牌号	旧牌号	特性与用途
41	S31668	06Cr17Ni12Mo2Ti	0Cr18Ni12Mo3Ti	为解决06Cr17Ni12Mo2(0Cr17Ni12Mo2)钢的晶间腐蚀而发展起来的钢种,有良好的耐晶间腐蚀性,其他性能与06Cr17Ni12Mo2(0Cr17Ni12Mo2)钢相近。适合于制造焊接部件
43	S31658	06Cr17Ni12Mo2N	0Cr17Ni12Mo2N	在06Cr17Ni12Mo2(0Cr17Ni12Mo2)中加入氮,提高强度,同时又不降低塑性,使材料的使用厚度减薄。用于耐蚀性好的高强度部件
44	S31653	022Cr17Ni12Mo2N	00Cr17Ni13Mo2N	在022Cr17Ni12Mo2(00Cr17Ni14Mo2)钢中加入氮,具有与022Cr17Ni12Mo2(00Cr17Ni14Mo2)钢同样特性,用途与06Cr17Ni12Mo2N(0Cr17Ni12Mo2N)相同,但耐晶间腐蚀性能更好。主要用于化肥、造纸、制药、高压设备等领域
45	S31688	06Cr18Ni12Mo2Cu2	0Cr18Ni12Mo2Cu2	在06Cr17Ni12Mo2(0Cr17Ni12Mo2)钢基础上加入约2%Cu,其耐腐蚀性、耐点蚀性好。主要用于制作耐硫酸材料,也可用作焊接结构件和管道、容器等
46	S31683	022Cr18Ni14Mo2Cu2	00Cr18Ni14Mo2Cu2	06Cr18Ni12Mo2Cu2(0Cr18Ni12Mo2Cu2)的超低碳钢。比06Cr18Ni12Mo2Cu2(0Cr18Ni12Mo2Cu2)钢的耐晶间腐蚀性能好。用途同06Cr18Ni12Mo2Cu2(0Cr18Ni12Mo2Cu2)钢
49	S31708	06Cr19Ni13Mo3	0Cr19Ni13Mo3	耐点蚀和抗蠕变能力优于06Cr17Ni12Mo2(0Cr17Ni12Mo2)。用于制作造纸、印染设备,石油化工及耐有机酸腐蚀的装备等
50	S31703	022Cr19Ni13Mo3	00Cr19Ni13Mo3	06Cr19Ni13Mo3(0Cr19Ni13Mo3)的超低碳钢,比06Cr19Ni13Mo3(0Cr19Ni13Mo3)钢耐晶间腐蚀性能好,在焊接整体件时抑制析出碳。用途与06Cr19Ni13Mo3(0Cr19Ni13Mo3)钢相同
52	S31794	03Cr18Ni16Mo5	0Cr18Ni16Mo5	耐点蚀性能优于022Cr17Ni12Mo2(00Cr17Ni14Mo2)和06Cr17Ni12Mo2Ti(0Cr18Ni12Mo3Ti)的一种高钼不锈钢,在硫酸、甲酸、醋酸等介质中的耐蚀性要比一般含2%～4%Mo的常用Cr-Ni钢更好。主要用于处理含氯离子溶液的热交换器,醋酸设备,磷酸设备,漂白装置等,以及022Cr17Ni12Mo2(00Cr17Ni14Mo2)和06Cr17Ni12Mo2Ti(0Cr18Ni12Mo3Ti)钢不适用环境中使用
55	S32168	06Cr18Ni11Ti	0Cr18Ni10Ti	钛稳定化的奥氏体不锈钢,添加钛提高耐晶间腐蚀性能,并具有良好的高温力学性能。可用超低碳奥氏体不锈钢代替。除专用(高温或抗氢腐蚀)外,一般情况不推荐使用
62	S34778	06Cr18Ni11Nb	0Cr18Ni11Nb	铌稳定化的奥氏体不锈钢,添加铌提高耐晶间腐蚀性能,在酸、碱、盐等腐蚀介质中的耐蚀性同06Cr18Ni11Ti(0Cr18Ni10Ti),焊接性能良好。既可作耐蚀材料又可作耐热钢使用,主要用于火电厂、石油化工等领域,如制作容器、管道、热交换器、轴类等;也可作为焊接材料使用

表 B.1（续）

GB/T 20878 中序号	统一数字代号	新牌号	旧牌号	特性与用途
64	S38148	06Cr18Ni13Si4	0Cr18Ni13Si4	在 06Cr19Ni10（0Cr18Ni9）中增加镍，添加硅，提高耐应力腐蚀断裂性能。用于含氯离子环境，如汽车排气净化装置等
奥氏体-铁素体型				
67	S21860	14Cr18Ni11Si4AlTi	1Cr18Ni11Si4AlTi	含硅使钢的强度和耐浓硝酸腐蚀性能提高，可用于制作抗高温、浓硝酸介质的零件和设备，如排酸阀门等
68	S21953	022Cr19Ni5Mo3Si2N	00Cr18Ni5Mo3Si2	在瑞典 3RE60 钢基础上，加入 0.05%N～0.10%N 形成的一种耐氯化物应力腐蚀的专用不锈钢。耐点蚀性能与 022Cr17Ni12Mo2（00Cr17Ni14Mo2）相当。适用于含氯离子的环境，用于炼油、化肥、造纸、石油、化工等工业制造热交换器、冷凝器等。也可代替 022Cr19Ni10（00Cr19Ni10）和 022Cr17Ni12Mo2（00Cr17Ni14Mo2）钢在易发生应力腐蚀破坏的环境下使用
70	S22253	022Cr22Ni5Mo3N		在瑞典 SAF2205 钢基础上研制的，是目前世界上双相不锈钢中应用最普遍的钢。对含硫化氢、二氧化碳、氯化物的环境具有阻抗性，可进行冷、热加工及成型，焊接性良好，适用于作结构材料，用来代替 022Cr19Ni10（00Cr19Ni10）和 022Cr17Ni12Mo2（00Cr17Ni14Mo2）奥氏体不锈钢使用。用于制作油井管，化工储罐，热交换器、冷凝冷却器等易产生点蚀和应力腐蚀的受压设备
71	S22053	022Cr23Ni5Mo3N		从 022Cr22Ni5Mo3N 基础上派生出来的，具有更窄的区间。特性和用途同 022Cr22Ni5Mo3N
73	S22553	022Cr25Ni6Mo2N		在 0Cr26Ni5Mo2 钢基础上调高钼含量、调低碳含量、添加氮，具有高强度、耐氯化物应力腐蚀、可焊接等特点，是耐点蚀最好的钢。代替 0Cr26Ni5Mo2 钢使用。主要应用于化工、化肥、石油化工等工业领域，主要制作热交换器、蒸发器等
75	S25554	03Cr25Ni6Mo3Cu2N		在英国 Ferralium alloy 255 合金基础上研制的，具有良好的力学性能和耐局部腐蚀性能，尤其是耐磨损性能优于一般的奥氏体不锈钢，是海水环境中的理想材料。适用作舰船用的螺旋推进器、轴、潜艇密封件等，也适用于在化工、石油化工、天然气、纸浆、造纸等领域应用
铁素体型				
78	S11348	06Cr13Al	0Cr13Al	低铬纯铁素体不锈钢，非淬硬性钢。具有相当于低铬钢的不锈性和抗氧化性，塑性、韧性和冷成型性优于铬含量更高的其他铁素体不锈钢。主要用于 12Cr13（1Cr13）或 10Cr17（1Cr17）由于空气可淬硬而不适用的地方，如石油精制装置、压力容器衬里，蒸汽透平叶片和复合钢板等

表 B.1（续）

GB/T 20878 中序号	统一数字代号	新 牌 号	旧 牌 号	特性与用途
83	S11203	022Cr12	00Cr12	比 022Cr13（0Cr13）碳含量低，焊接部位弯曲性能、加工性能、耐高温氧化性能好。作汽车排气处理装置，锅炉燃烧室、喷嘴等
85	S11710	10Cr17	1Cr17	具有耐蚀性、力学性能和热导率高的特点，在大气、水蒸汽等介质中具有不锈性，但当介质中含有较高氯离子时，不锈性则不足。主要用于生产硝酸、硝铵的化工设备，如吸收塔、热交换器、贮槽等；薄板主要用于建筑内装饰、日用办公设备、厨房器具、汽车装饰、气体燃烧器等。由于它的脆性转变温度在室温以上，且对缺口敏感，不适用制作室温以下的承受载荷的设备和部件，且通常使用的钢材其截面尺寸一般不允许超过 4 mm
86	S11717	Y10Cr17	Y1Cr17	10Cr17(1Cr17)改进的切削钢。主要用于大切削量自动车床机加零件，如螺栓，螺母等
88	S11790	10Cr17Mo	1Cr17Mo	在 10Cr17(1Cr17)钢中加入钼，提高钢的耐点蚀、耐缝隙腐蚀性及强度等，比 10Cr17(1Cr17)钢抗盐溶液性强。主要用作汽车轮毂、紧固件、以及汽车外装饰材料使用
94	S12791	008Cr27Mo	00Cr27Mo	高纯铁素体不锈钢中发展最早的钢，性能类似于 008Cr30Mo2(00Cr30Mo2)。适用于既要求耐蚀性又要求软磁性的用途
95	S13091	008Cr30Mo2	00Cr30Mo2	高纯铁素体不锈钢。脆性转变温度低，耐卤离子应力腐蚀破坏性好，耐蚀性与纯镍相当，并具有良好的韧性，加工成型性和可焊接性。主要用于化学加工工业（醋酸、乳酸等有机酸，苛性钠浓缩工程）成套设备，食品工业、石油精炼工业、电力工业、水处理和污染控制等用热交换器、压力容器、罐和其他设备等
				马氏体型
96	S40310	12Cr12	1Cr12	作为汽轮机叶片及高应力部件之良好的不锈耐热钢
97	S41008	06Cr13	0Cr13	作较高韧性及受冲击负荷的零件，如汽轮机叶片、结构架、衬里、螺栓、螺帽等
98	S41010	12Cr13	1Cr13	半马氏体型不锈钢，经淬火回火处理后具有较高的强度、韧性，良好的耐蚀性和机加工性能。主要用于韧性要求较高且具有不锈性的受冲击载荷的部件，如刃具、叶片、紧固件、水压机阀、热裂解抗硫腐蚀设备等；也可制作在常温条件耐弱腐蚀介质的设备和部件
100	S41617	Y12Cr13	Y1Cr13	不锈钢中切削性能最好的钢，自动车床用

表 B.1（续）

GB/T 20878 中序号	统一数字代号	新 牌 号	旧 牌 号	特性与用途
101	S42020	20Cr13	2Cr13	马氏体型不锈钢，其主要性能类似于 12Cr13（1Cr13）。由于碳含量较高，其强度、硬度高于 12Cr13（1Cr13），而韧性和耐蚀性略低。主要用于制造承受高应力负荷的零件，如汽轮机叶片、热油泵、轴和轴套、叶轮、水压机阀片等，也可用于造纸工业和医疗器械以及日用消费领域的刀具、餐具等
102	S42030	30Cr13	3Cr13	马氏体型不锈钢，较 12Cr13（1Cr13）和 20Cr13（2Cr13）钢具有更高的强度、硬度和更好的淬透性，在室温的稀硝酸和弱的有机酸中具有一定的耐蚀性，但不及 12Cr13（1Cr13）和 20Cr13（2Cr13）钢。主要用于高强度部件，以及在承受高应力载荷并在一定腐蚀介质条件下的磨损件，如 300℃以下工作的刀具、弹簧，400℃以下工作的轴、螺栓、阀门、轴承等
103	S42037	Y30Cr13	Y3Cr13	改善 30Cr13（3Cr13）切削性能的钢。用途与 30Cr13（3Cr13）相似，需要更好的切削性能
104	S42040	40Cr13	4Cr13	特性与用途类似于 30Cr13（3Cr13）钢，其强度、硬度高于 30Cr13（3Cr13）钢，而韧性和耐蚀性略低。主要用于制造外科医疗用具、轴承、阀门、弹簧等。40Cr13（4Cr13）钢可焊性差，通常不制造焊接部件
106	S43110	14Cr17Ni2	1Cr17Ni2	热处理后具有较高的力学性能，耐蚀性优于 12Cr13（1Cr13）和 10Cr17（1Cr17）。一般用于既要求高力学性能的可淬硬性，又要求耐硝酸、有机酸腐蚀的轴类、活塞杆、泵、阀等零部件以及弹簧和紧固件
107	S43120	17Cr16Ni2		加工性能比 14Cr17Ni2（1Cr17Ni2）明显改善，适用于制作要求较高强度、韧性、塑性和良好的耐蚀性的零部件及在潮湿介质中工作的承力件
108	S44070	68Cr17	7Cr17	高铬马氏体型不锈钢，比 20Cr13（2Cr13）有较高的淬火硬度。在淬火回火状态下，具有高强度和硬度，并兼有不锈、耐蚀性能。一般用于制造要求具有不锈性或耐稀氧化性酸、有机酸和盐类腐蚀的刀具、量具、轴类、杆件、阀门、钩件等耐磨蚀的部件
109	S44080	85Cr17	8Cr17	可淬硬性不锈钢。性能与用途类似于 68Cr17（7Cr17），但硬化状态下，比 68Cr17（7Cr17）硬，而比 108Cr17（11Cr17）韧性高。如刃具、阀座等
110	S44096	108Cr17	11Cr17	在可淬硬性不锈钢，不锈钢中硬度最高。性能与用途类似于 68Cr17（7Cr17）。主要用于制作喷嘴、轴承等
111	S44097	Y108Cr17	Y11Cr17	108Cr17（11Cr17）改进的切削性钢种。自动车床用

表 B.1（续）

GB/T 20878 中序号	统一数字代号	新 牌 号	旧 牌 号	特性与用途
112	S44090	95Cr18	9Cr18	高碳马氏体不锈钢。较 Cr17 型马氏体型不锈钢耐蚀性有所改善，其他性能与 Cr17 型马氏体型不锈钢相似。主要用于制造耐蚀高强度耐耐磨损部件，如轴、泵、阀件、杆类、弹簧、紧固件等。由于钢中极易形成不均匀的碳化物而影响钢的质量和性能，需在生产时予以注意
115	S45710	13Cr13Mo	1Cr13Mo	比 12Cr13(1Cr13)钢耐蚀性高的高强度钢。用于制作汽轮机叶片，高温部件等
116	S45830	32Cr13Mo	3Cr13Mo	在 30Cr13 (3Cr13)钢基础上加入钼，改善了钢的强度和硬度，并增强了二次硬化效应，且耐蚀性优于 30Cr13 (3Cr13)钢。主要用途同 30Cr13 (3Cr13)钢
117	S45990	102Cr17Mo	9Cr18Mo	性能与用途类似于 95Cr18(9Cr18)钢。由于钢中加入了钼和钒，热强性和抗回火能力均优于 95Cr18(9Cr18)钢。主要用来制造承受摩擦并在腐蚀介质中工作的零件，如量具、刃具等
118	S46990	90Cr18MoV	9Cr18MoV	
沉淀硬化型				
136	S51550	05Cr15Ni5Cu4Nb		在 05Cr17Ni4Cu4Nb(0Cr17Ni4Cu4Nb)钢基础上发展的马氏体沉淀硬化不锈钢，除高强度外，还具有高的横向韧性和良好的可锻性，耐蚀性与 05Cr17Ni4Cu4Nb(0Cr17Ni4Cu4Nb)钢相当。主要应用于具有高强度、良好韧性，又要求有优良耐蚀性的服役环境，如高强度锻件、高压系统阀门部件、飞机部件等
137	S51740	05Cr17Ni4Cu4Nb	0Cr17Ni4Cu4Nb	添加铜和铌的马氏体沉淀硬化不锈钢，强度可通过改变热处理工艺予以调整，耐蚀性优于 Cr13 型及 95Cr18 (9Cr18)和 14Cr17Ni2 (1Cr17Ni2)钢，抗腐蚀疲劳及抗水滴冲蚀能力优于 12%Cr 马氏体型不锈钢，焊接工艺简便，易于加工制造，但较难进行深度冷成型。主要用于既要求具有不锈性又要求耐弱酸、碱、盐腐蚀的高强度部件。如汽轮机末级动叶片以及在腐蚀环境下，工作温度低于 300℃的结构件
138	S51770	07Cr17Ni7Al	0Cr17Ni7Al	添加铝的半奥氏体沉淀硬化不锈钢，成分接近 18-8 型奥氏体不锈钢，具有良好的冶金和制造加工工艺性能。可用于 350℃以下长期工作的结构件、容器、管道、弹簧、垫圈、计器部件。该钢热处理工艺复杂，在全世界范围内有被马氏体时效钢取代的趋势，但目前仍具有广泛应用的领域
139	S51570	07Cr15Ni7Mo2Al	0Cr15Ni7Mo2Al	以 2%Mo 取代 07Cr17Ni7Al(0Cr17Ni7Al)钢中 2%Cr 的半奥氏体沉淀硬化不锈钢，使之耐还原性介质腐蚀能力有所改善，综合性能优于 07Cr17Ni7Al(0Cr17Ni7Al)。用于宇航、石油化工和能源等领域有一定耐蚀要求的高强度容器、零件及结构件

ICS 77.140.20
H 40

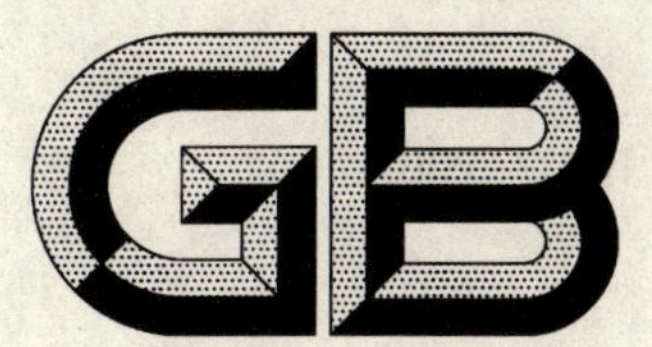

中华人民共和国国家标准

GB/T 1221—2007
代替 GB/T 1221—1992

耐热钢棒

Heat-resistant steel bars

2007-05-14 发布　　　　2007-12-01 实施

中华人民共和国国家质量监督检验检疫总局
中国国家标准化管理委员会　发布

前　言

本标准代替 GB/T 1221—1992《耐热钢棒》。

本标准与 GB/T 1221—1992 标准相比，主要变化如下：

——“范围”中增加了对冷加工钢棒的规定(1992 年版的 1 章；本版的第 1 章)；

——增加“术语及定义”和“订货内容”(见第 3 章和第 4 章)；

——“尺寸、外形、重量及允许偏差”修改为直接引用通用基础标准的规定(1992 年版的第 4 章；本版的第 6 章)；

——删除了 1Cr18Ni9Ti，将 06Cr15Ni25Ti2MoAlVB(0Cr15Ni25Ti2MoAlVB)调整到沉淀硬化型耐热钢的表中(1992 年版表 2 和表 3，本版表 7、表 11 和表 B.1)；

——增加了 45Cr9Si3、18Cr11NiMoNbVN、17Cr16Ni2 三个牌号及性能(见表 6 和表 10)；

——根据国际通用牌号成分调整了 06Cr19Ni10(0Cr18Ni9)、06Cr25Ni20(0Cr25Ni20)、12Cr13(1Cr13)、06Cr18Ni11Ti(0Cr18Ni10Ti)、06Cr18Ni11Nb(0Cr18Ni11Nb)、022Cr12(00Cr12)、10Cr17(1Cr17)、05Cr17Ni4Cu4Nb(0Cr17Ni4Cu4Nb)等 8 个牌号的化学成分和部分牌号的磷含量(1992 年版表 2，本版的表 4～表 7)；

——“冶炼方法”作了修改，优先采用初炼钢水加炉外精炼工艺(1992 年版 5.2，本版的 7.2)；

——将各类型耐热钢棒的热处理制度从力学性能表中分离出来，放入附录 A(资料性附录)(1992 年版的表 3～表 5；本版的表 A.1～表 A.4)；

——将马氏体型和沉淀硬化型耐热钢的屈服强度由需方要求时才做修改为必检指标(1992 年版的 5.4.1.1；本版的表 10)；

——12Cr13(1Cr13)钢增加碳含量的下限值 0.08%，并将其断后伸长率由 25%调整为 22%(1992 年版的表 4；本版的表 10)；

——022Cr12(00Cr12)钢的屈服强度 $\sigma_{0.2}$ 值由 196 MPa 调整为规定非比例延伸强度 $R_{p0.2}$ 值 195 N/mm^2，抗拉强度由 365 MPa 调整为 360 N/mm^2(1992 年版的表 3；本版的表 9)；

——20Cr13(2Cr13)和 13Cr13Mo(1Cr13Mo)钢的抗拉强度 R_m 分别由 635 MPa、685 MPa 调整为 640 N/mm^2、690 N/mm^2(1992 年版的表 4；本版的表 10)；

——取消对扁钢的断面收缩率的规定(1992 年版表 3～表 5，本版的表 8～表 11 的角注)；

——“表面质量”增加“经供需双方协商，并在合同中注明，可规定采用酸洗、车削等方法去除热处理产生的黑皮”(1992 年版的 5.7，本版 7.7)；

——明确规定了连铸钢检验“低倍组织”和“塔形”的取样部位(1992 年版表 12，本版的表 15)；

——取消了“本标准耐热钢牌号与各国耐热钢牌号对照表”修改为直接引用 GB/T 20878《不锈钢和耐热钢　牌号及化学成分》(1992 年版的附录 B；本版的表 4～表 7 的注 2)。

本标准的附录 A 和附录 B 均是资料性附录。

本标准由中国钢铁工业协会提出。

本标准由全国钢标准化技术委员会归口。

本标准主要起草单位：冶金工业信息标准研究院、东北特殊钢集团有限责任公司。

本标准主要起草人：栾燕、戴强、谷强、曾文涛、刘宝石。

本标准所代替标准的历次版本发布情况为：

——GB/T 1221—1975，GB/T 1221—1984，GB/T 1221—1992。

耐热钢棒

1 范围

本标准规定了耐热钢棒(圆钢、方钢、扁钢和六角钢的总称,以下简称钢棒)的尺寸、外形、技术要求、试验方法、验收规则、包装标志及质量证明书等内容。

本标准适用于尺寸(直径、边长、厚度或对边距离,以下简称尺寸)不大于 250 mm 的热轧、锻制钢棒或尺寸不大于 120 mm 的冷加工钢棒。经供需双方协商,也可供应尺寸大于 250 mm 的热轧、锻制钢棒,或尺寸大于 120 mm 的冷加工钢棒。

2 规范性引用文件

下列文件中的条款通过本标准的引用而成为本标准的条款。凡是注日期的引用文件,其随后所有的修改单(不包括勘误的内容)或修订版均不适用于本标准,然而,鼓励根据本标准达成协议的各方研究是否可使用这些文件的最新版本。凡是不注日期的引用文件,其最新版本适用于本标准。

GB/T 222 钢的成品化学成分允许偏差

GB/T 223.3 钢铁及合金化学分析方法 二安替吡啉甲烷磷钼酸重量法测定磷量

GB/T 223.4 钢铁及合金化学分析方法 硝酸铵氧化容量法测定锰量

GB/T 223.5 钢铁及合金化学分析方法 还原型硅钼酸盐光度法测定酸溶硅含量

GB/T 223.8 钢铁及合金化学分析方法 氟化钠分离-EDTA 滴定法测定铝含量

GB/T 223.9 钢铁及合金化学分析方法 铬天青 S 光度法测定铝含量

GB/T 223.11 钢铁及合金化学分析方法 过硫酸铵氧化容量法测定铬量

GB/T 223.14 钢铁及合金化学分析方法 钽试剂萃取光度法测定钒含量

GB/T 223.16 钢铁及合金化学分析方法 变色酸光度法测定钛量

GB/T 223.17 钢铁及合金化学分析方法 二安替吡啉甲烷光度法测定钛量

GB/T 223.18 钢铁及合金化学分析方法 硫代硫酸钠分离-碘量法测定铜量

GB/T 223.23 钢铁及合金化学分析方法 丁二酮肟分光光度法测定镍量

GB/T 223.25 钢铁及合金化学分析方法 丁二酮肟重量法测定镍量

GB/T 223.26 钢铁及合金化学分析方法 硫氰酸盐直接光度法测定钼量

GB/T 223.28 钢铁及合金化学分析方法 α-安息香肟重量法测定钼量

GB/T 223.36 钢铁及合金化学分析方法 蒸馏分离-中和滴定法测定氮量

GB/T 223.37 钢铁及合金化学分析方法 蒸馏分离-靛酚蓝光度法测定氮量

GB/T 223.40 钢铁及合金 铌含量的测定 氯磺酚 S 分光光度法

GB/T 223.43 钢铁及合金化学分析方法 钨量的测定

GB/T 223.58 钢铁及合金化学分析方法 亚砷酸钠-亚硝酸钠滴定法测定锰量

GB/T 223.59 钢铁及合金化学分析方法 锑磷钼蓝光度法测定磷量

GB/T 223.60 钢铁及合金化学分析方法 高氯酸脱水重量法测定硅含量

GB/T 223.61 钢铁及合金化学分析方法 磷钼酸铵容量法测定磷量

GB/T 223.62 钢铁及合金化学分析方法 乙酸丁酯萃取光度法测定磷量

GB/T 223.63 钢铁及合金化学分析方法 高碘酸钠(钾)光度法测定锰量(GB/T 223.63—1998, neq ISO R 629)

GB/T 223.64 钢铁及合金化学分析方法 火焰原子吸收光谱法测定锰量

GB/T 223.67 钢铁及合金化学分析方法 还原蒸馏-次甲基蓝光度法测定硫量

GB/T 223.68 钢铁及合金化学分析方法 管式炉内燃烧后碘酸钾滴定法测定硫含量

GB/T 223.69 钢铁及合金化学分析方法 管式炉内燃烧后气体容量法测定碳含量

GB/T 223.71 钢铁及合金化学分析方法 管式炉内燃烧后重量法测定碳含量

GB/T 223.72 钢铁及合金化学分析方法 氧化铝色层分离-硫酸钡重量法测定硫量

GB/T 223.75 钢铁及合金化学分析方法 甲醇蒸馏-姜黄素光度法测定硼量

GB/T 226 钢的低倍组织及缺陷酸蚀检验法(GB/T 226—1991,neq ISO 4969:1980,Steel-Macroscopic examination by etching with strong mineral acids)

GB/T 228 金属材料 室温拉伸试验方法 (GB/T 228—2002,eqv ISO 6892:1998)

GB/T 229 金属夏比缺口冲击试验方法(GB/T 229—1994,eqv ISO 83:1976,Steel-Charpy impact test(U-notch),eqv ISO 148:1983,Steel-Charpy impact test(V-notch))

GB/T 230.1 金属洛氏硬度试验 第1部分:试验方法(A、B、C、D、E、F、G、H、K、N、T标尺)(GB/T 230.1—2004,ISO 6508:1999,MOD)

GB/T 231.1 金属布氏硬度试验 第1部分:试验方法(GB/T 231.1—2002,eqv ISO 6506-1:1999)

GB/T 702—2004 热轧圆钢和方钢尺寸、外形、重量及允许偏差(GB/T 702—2004 ,ISO 1035-1:1980,Hot-rolled steel bar—Part 1:Dimension of round bars,ISO 1035-2:1980 Hot-rolled steel bar—Part 1:Dimension of square bars,ISO 1035-4:1982,Hot-rolled steel bar—Part 4:Tolerances,MOD)

GB/T 704—1988 热轧扁钢尺寸、外形、重量及允许偏差

GB/T 705—1985 热轧六角钢和八角钢尺寸、外形、重量及允许偏差

GB/T 908—1987 锻制圆钢和方钢尺寸、外形、重量及允许偏差

GB/T 1979 结构钢低倍组织缺陷评级图

GB/T 2101 型钢验收、包装、标志及质量证明书的一般规定

GB/T 2975 钢及钢产品力学性能试验取样位置及试样制备(GB/T 2975—1998,eqv ISO 377:1997)

GB/T 6394 金属平均晶粒度测定法

GB/T 7736 钢的低倍组织及缺陷超声波检验法

GB/T 9971—2004 原料纯铁

GB/T 10121 钢材塔形发纹磁粉检验方法

GB/T 10561 钢中非金属夹杂物含量的测定 标准评级图谱显微检验法(GB/T 10561—2005,ISO 4967:1998,IDT)

GB/T 11170 不锈钢的光电发射光谱分析方法

GB/T 15574 钢产品分类(GB/T 15574—1995,eqv ISO 6929:1987)

GB/T 15711 钢材塔形发纹酸浸检验方法

GB/T 16761—1997 锻制扁钢尺寸、外形、重量及允许偏差

GB/T 17505 钢及钢产品交货一般技术要求(GB/T 17505—1998,eqv ISO 404:1992)

GB/T 20066 钢和铁 化学成分测定用试样的取样和制样方法(GB/T 20066—2006,ISO 14284:1996,IDT)

GB/T 20878 不锈钢和耐热钢 牌号及化学成分

YB/T 5293 金属材料 顶锻试验方法

3 术语及定义

GB/T 20878 和 GB/T 15574 标准中确立的术语及定义适用于本标准。

4 订货内容

按本标准订货的合同或订单应包括下列内容：

a) 标准编号；

b) 产品名称；

c) 牌号或统一数字代号；

d) 截面形状(圆、方、扁、六角等)；

e) 尺寸与外形(见第6章)；

f) 重量(或数量)；

g) 使用加工方法(见5.2)；

h) 交货状态(见7.3)；

i) 特殊要求(见7.8)。

5 分类

5.1 钢棒按组织特征分为奥氏体型、铁素体型、马氏体型和沉淀硬化型等四种类型。

5.2 钢棒按使用加工方法不同分为下列两类。钢棒的使用加工方法应在合同中注明，未注明者按切削加工用钢供货。

a) 压力加工用钢 UP

1) 热压力加工 UHP

2) 热顶锻用钢 UHF

3) 冷拔坯料 UCD

b) 切削加工用钢 UC

6 尺寸、外形、重量及允许偏差

6.1 热轧圆、方钢尺寸、外形及允许偏差

热轧圆钢和方钢的尺寸、外形及允许偏差应符合GB/T 702—2004的规定，具体要求应在合同中注明。未注明时按GB/T 702—2004标准的2组执行。

6.2 热轧扁钢尺寸、外形及允许偏差

热轧扁钢的尺寸、外形及其允许偏差应符合GB/T 704—1988中的规定，具体要求应在合同中注明。未注明时按GB/T 704—1988标准的普通级执行。

6.3 热轧六角钢尺寸、外形及允许偏差

热轧六角钢的尺寸、外形及允许偏差应符合GB/T 705—1985中的规定，具体要求应在合同中注明。未注明按GB/T 705—1985标准2组执行。

6.4 锻制圆、方钢尺寸、外形及允许偏差

锻制圆钢和方钢的尺寸、外形及允许偏差应符合GB/T 908—1987的规定，具体要求应在合同中注明。未注明时按GB/T 908—1987标准2组执行。

6.5 锻制扁钢尺寸、外形及允许偏差

锻制扁钢的尺寸、外形及允许偏差应符合GB/T 16761—1997的规定，具体要求应在合同中注明。未注明时按GB/T 16761—1997标准2组执行。

6.6 冷加工钢棒尺寸、外形及允许偏差

6.6.1 尺寸及允许偏差

6.6.1.1 冷加工钢棒的尺寸允许偏差应符合表1的规定，其允许偏差级别应在合同中注明，未注明时，则按h11级执行。冷加工钢棒允许偏差级别的适用范围可按表2选用。

6.6.1.2 冷加工后进行热处理、酸洗的钢棒，其允许偏差应为表 2 所列的较松偏差的 2 倍。

表 1 冷加工钢棒的尺寸允许偏差

单位为毫米

公称尺寸	允许偏差级别		
	h10	h11	h12
≥6～10	0 −0.058	0 −0.090	0 −0.15
>10～18	0 −0.070	0 −0.11	0 −0.18
>18～30	0 −0.084	0 −0.13	0 −0.21
>30～50	0 −0.100	0 −0.16	0 −0.25
>50～80	0 −0.12	0 −0.19	0 −0.30
>80～120	0 −0.14	0 −0.22	0 −0.35

表 2 允许偏差级别的适用范围

形状及加工方法	圆钢			方钢	六角钢	扁钢
	冷拉	磨光	切削			
适用级别	h11 h12	h10 h11	h11 h12	h11 h12	h11 h12	h11 h12
根据供需双方协议，可规定表 2 以外的允许偏差级别。						

6.6.2 外形及允许偏差

冷加工钢棒弯曲度和不圆(方)度或边长差应符合表 3 的规定。供自动切削钢应在合同中注明。

表 3 冷加工钢棒的弯曲度及不圆(方)度或边长差

级别	不同截面尺寸的弯曲度/(mm/m) 不大于					总弯曲度/mm 不大于	不圆(方)度或边长差[a]/mm 不大于
	≤7 mm	>7～25 mm	>25～50 mm	>50～80 mm	>80 mm		
h10～h11	4	3	2	1	协议	总长度与每米允许弯曲度的乘积	公称尺寸公差的50%
h12		4	3	2			
供自动切削用圆钢		2	2	1			
供自动切削用六角钢		2	1	1			
a 为同一截面上的直径、边长或对边距离的最大值和最小值之间的差。							

6.7 重量

钢棒一般按实际重量交货。

7 技术要求

7.1 牌号及化学成分

7.1.1 钢的牌号、统一数字代号及化学成分(熔炼分析)应符合表4～表7的规定。

7.1.2 钢棒的化学成分允许偏差应符合GB/T 222的规定。

7.2 冶炼方法

除非在合同中另有规定,一般应采用初炼钢(水)加炉外精炼等工艺。

7.3 交货状态

钢棒可以热处理或不热处理状态交货,订货时可参照7.3.1～7.3.5条选择交货状态,并在合同中注明。未注明者按不热处理交货。各类型钢棒的热处理制度见附录A中表A.1～表A.4。

7.3.1 切削加工用奥氏体型钢棒应进行固溶处理或退火处理,经供需双方协商,也可不处理。热压力加工用钢棒不进行固溶处理或退火处理。

7.3.2 铁素体型钢棒应进行退火处理,经供需双方协商,可以不进行处理。

7.3.3 马氏体型钢棒应进行退火处理。

7.3.4 沉淀硬化型钢棒应根据钢的组织选择固溶处理或退火处理,退火制度由供需双方协商确定,无协议时,退火温度一般为650℃～680℃。经供需双方协商,沉淀硬化型钢棒(除05Cr17Ni4Cu4Nb外)可不进行处理。

7.3.5 经冷拉、磨光、切削或者由这些方法组合制成的冷加工钢棒,根据需方要求可经热处理、酸洗后交货。

7.4 力学性能

7.4.1 各类型钢棒或试样的热处理制度参照附录A中表A.1～表A.4的规定。热处理用试样毛坯的尺寸一般为25 mm。当钢棒尺寸小于25 mm时,用原尺寸钢棒进行热处理。冷拉后不进行热处理钢棒的力学性能按供需双方协商确定。

7.4.2 经热处理的钢棒(除马氏体钢退火外),试样不再进行热处理,其力学性能应分别符合表8～表11的规定。

7.4.3 不经热处理的钢棒,试样毛坯经热处理后,其力学性能应分别符合表8～表11的规定。

7.4.4 沉淀硬化型钢棒的力学性能应在合同中注明热处理组别,未注明时,按1组执行。

7.4.5 若供方能保证力学性能合格,可省去部分或全部力学性能试验。

7.5 低倍组织

7.5.1 钢棒的横截面酸浸低倍试片上不允许有目视可见的缩孔、气泡、裂纹、夹杂、翻皮及白点。对切削加工用的钢棒允许有深度不大于公称尺寸公差之半的皮下夹杂等缺陷。

7.5.2 酸浸低倍组织合格级别应符合表12的规定。当需方要求1组时,应在合同中注明。尺寸大于200 mm钢棒,其低倍组织合格级别由供需双方协商确定。

7.5.3 供方若能保证,允许采用超声波探伤法或其他无损探伤法代替低倍检验。

表 4　奥氏体型耐热钢的化学成分

GB/T 20878 序号	统一数字代号	新　牌　号	旧　牌　号	化学成分(质量分数)/%										
				C	Si	Mn	P	S	Ni	Cr	Mo	Cu	N	其他元素
6	S35650	53Cr21Mn9Ni4N	5Cr21Mn9Ni4N	0.48～0.58	0.35	8.00～10.00	0.040	0.030	3.25～4.50	20.00～22.00	—	—	0.35～0.50	—
7	S35750	26Cr18Mn12Si2N	3Cr18Mn12Si2N	0.22～0.30	1.40～2.20	10.50～12.50	0.050	0.030	—	17.00～19.00	—	—	0.22～0.33	—
8	S35850	22Cr20Mn10Ni2Si2N	2Cr20Mn9Ni2Si2N	0.17～0.26	1.80～2.70	8.50～11.00	0.050	0.030	2.00～3.00	18.00～21.00	—		0.20～0.30	—
17	S30408	06Cr19Ni10	0Cr18Ni9	0.08	1.00	2.00	0.045	0.030	8.00～11.00	18.00～20.00	—	—	—	—
30	S30850	22Cr21Ni12N	2Cr21Ni12N	0.15～0.28	0.75～1.25	1.00～1.60	0.040	0.030	10.50～12.50	20.00～22.00	—	—	0.15～0.30	—
31	S30920	16Cr23Ni13	2Cr23Ni13	0.20	1.00	2.00	0.040	0.030	12.00～15.00	22.00～24.00	—	—	—	—
32	S30908	06Cr23Ni13	0Cr23Ni13	0.08	1.00	2.00	0.045	0.030	12.00～15.00	22.00～24.00	—	—	—	—
34	S31020	20Cr25Ni20	2Cr25Ni20	0.25	1.50	2.00	0.040	0.030	19.00～22.00	24.00～26.00	—	—	—	—
35	S31008	06Cr25Ni20	0Cr25Ni20	0.08	1.50	2.00	0.040	0.030	19.00～22.00	24.00～26.00	—	—	—	—
38	S31608	06Cr17Ni12Mo2	0Cr17Ni12Mo2	0.08	1.00	2.00	0.045	0.030	10.00～14.00	16.00～18.00	2.00～3.00	—	—	—
49	S31708	06Cr19Ni13Mo3	0Cr19Ni13Mo3	0.08	1.00	2.00	0.045	0.030	11.00～15.00	18.00～20.00	3.00～4.00	—	—	—
55	S32168	06Cr18Ni11Ti	0Cr18Ni10Ti	0.08	1.00	2.00	0.045	0.030	9.00～12.00	17.00～19.00	—	—	—	Ti 5C～0.70
57	S32590	45Cr14Ni14W2Mo	4Cr14Ni14W2Mo	0.40～0.50	0.80	0.70	0.040	0.030	13.00～15.00	13.00～15.00	0.25～0.40	—	—	W 2.00～2.75

表 4(续)

GB/T 20878 序号	统一数字代号	新牌号	旧牌号	化学成分(质量分数)/%										
				C	Si	Mn	P	S	Ni	Cr	Mo	Cu	N	其他元素
60	S33010	12Cr16Ni35	1Cr16Ni35	0.15	1.50	2.00	0.040	0.030	33.00～37.00	14.00～17.00	—	—	—	—
62	S34778	06Cr18Ni11Nb	0Cr18Ni11Nb	0.08	1.00	2.00	0.045	0.030	9.00～12.00	17.00～19.00	—	—	—	Nb 10C～1.10
64	S38148	06Cr18Ni13Si4[a]	0Cr18Ni13Si4[a]	0.08	3.00～5.00	2.00	0.045	0.030	11.50～15.00	15.00～20.00	—	—	—	—
65	S38240	16Cr20Ni14Si2	1Cr20Ni14Si2	0.20	1.50～2.50	1.50	0.040	0.030	12.00～15.00	19.00～22.00	—	—	—	—
66	S38340	16Cr25Ni20Si2	1Cr25Ni20Si2	0.20	1.50～2.50	1.50	0.040	0.030	18.00～21.00	24.00～27.00	—	—	—	—

注 1：表中所列成分除标明范围或最小值外，其余均为最大值。

注 2：本标准牌号与国外标准牌号对照参见 GB/T 20878。

a 必要时，可添加上表以外的合金元素。

表 5 铁素体型耐热钢的化学成分

GB/T 20878 序号	统一数字代号	新牌号	旧牌号	化学成分(质量分数)/%										
				C	Si	Mn	P	S	Ni	Cr	Mo	Cu	N	其他元素
78	S11348	06Cr13Al	0Cr13Al	0.08	1.00	1.00	0.040	0.030	—	11.50～14.50	—	—	—	Al 0.10～0.30
83	S11203	022Cr12	00Cr12	0.030	1.00	1.00	0.040	0.030	—	11.00～13.50	—	—	—	—
85	S11710	10Cr17	1Cr17	0.12	1.00	1.00	0.040	0.030	—	16.00～18.00	—	—	—	—
93	S12550	16Cr25N	2Cr25N	0.20	1.00	1.50	0.040	0.030	—	23.00～27.00	—	(0.30)	0.25	—

注 1：表中所列成分除标明范围或最小值外，其余均为最大值。括号内值为可加入或允许含有的最大值。

注 2：本标准牌号与国外标准牌号对照参见 GB/T 20878。

表 6 马氏体型耐热钢的化学成分

GB/T 20878 序号	统一数字代号	新牌号	旧牌号	化学成分(质量分数)/%										
				C	Si	Mn	P	S	Ni	Cr	Mo	Cu	N	其他元素
98	S41010	12Cr13[a]	1Cr13[a]	0.08～0.15	1.00	1.00	0.040	0.030	(0.60)	11.50～13.50	—	—	—	—
101	S42020	20Cr13	2Cr13	0.16～0.25	1.00	1.00	0.040	0.030	(0.60)	12.00～14.00	—	—	—	—
106	S43110	14Cr17Ni2	1Cr17Ni2	0.11～0.17	0.80	0.80	0.040	0.030	1.50～2.50	16.00～18.00	—	—	—	—
107	S43120	17Cr16Ni2		0.12～0.22	1.00	1.50	0.040	0.030	1.50～2.50	15.00～17.00	—	—	—	—
113	S45110	12Cr5Mo	1Cr5Mo	0.15	0.50	0.60	0.040	0.030	0.60	4.00～6.00	0.40～0.60	—	—	—
114	S45610	12Cr12Mo	1Cr12Mo	0.10～0.15	0.50	0.30～0.50	0.035	0.030	0.30～0.60	11.50～13.00	0.30～0.60	0.30	—	—
115	S45710	13Cr13Mo	1Cr13Mo	0.08～0.18	0.60	1.00	0.040	0.030	(0.60)	11.50～14.00	0.30～0.60	—	—	—
119	S46010	14Cr11MoV	1Cr11MoV	0.11～0.18	0.50	0.60	0.035	0.030	0.60	10.00～11.50	0.50～0.70	—	—	V 0.25～0.40
122	S46250	18Cr12MoVNbN	2Cr12MoVNbN	0.15～0.20	0.50	0.50～1.00	0.035	0.030	(0.60)	10.00～13.00	0.30～0.90	—	0.05～0.10	V 0.10～0.40 Nb 0.20～0.60
123	S47010	15Cr12WMoV	1Cr12WMoV	0.12～0.18	0.50	0.50～0.90	0.035	0.030	0.40～0.80	11.00～13.00	0.50～0.70	—	—	W 0.70～1.10 V 0.15～0.30
124	S47220	22Cr12NiWMoV	2Cr12NiMoWV	0.20～0.25	0.50	0.50～1.00	0.040	0.030	0.50～1.00	11.00～13.00	0.75～1.25	—	—	W 0.75～1.25 V 0.20～0.40
125	S47310	13Cr11Ni2W2MoV	1Cr11Ni2W2MoV	0.10～0.16	0.60	0.60	0.035	0.030	1.40～1.80	10.50～12.00	0.35～0.50	—	—	W 1.50～2.00 V 0.18～0.30

表 6(续)

GB/T 20878 序号	统一数字代号	新牌号	旧牌号	化学成分(质量分数)/%										
				C	Si	Mn	P	S	Ni	Cr	Mo	Cu	N	其他元素
128	S47450	18Cr11NiMoNbVN[a]	(2Cr11NiMoNbVN)[a]	0.15～0.20	0.50	0.50～0.80	0.030	0.025	0.30～0.60	10.00～12.00	0.60～0.90	—	0.04～0.09	V 0.20～0.30 Al 0.30 Nb 0.20～0.60
130	S48040	42Cr9Si2	4Cr9Si2	0.35～0.50	2.00～3.00	0.70	0.035	0.030	0.60	8.00～10.00	—	—	—	—
131	S48045	45Cr9Si3		0.40～0.50	3.00～3.50	0.60	0.030	0.030	0.60	7.50～9.50	—	—	—	—
132	S48140	40Cr10Si2Mo	4Cr10Si2Mo	0.35～0.45	1.90～2.60	0.70	0.035	0.030	0.60	9.00～10.50	0.70～0.90	—	—	—
133	S48380	80Cr20Si2Ni	8Cr20Si2Ni	0.75～0.85	1.75～2.25	0.20～0.60	0.030	0.030	1.15～1.65	19.00～20.50	—	—	—	—

注 1：表中所列成分除标明范围或最小值外，其余均为最大值。括号内值为可加入或允许含有的最大值。

注 2：本标准牌号与国外标准牌号对照参见 GB/T 20878。

a 相对于 GB/T 20878 调整成分牌号。

表 7 沉淀硬化型耐热钢的化学成分

GB/T 20878 序号	统一数字代号	新牌号	旧牌号	化学成分(质量分数)/%										
				C	Si	Mn	P	S	Ni	Cr	Mo	Cu	N	其他元素
137	S51740	05Cr17Ni4Cu4Nb	0Cr17Ni4Cu4Nb	0.07	1.00	1.00	0.040	0.030	3.00～5.00	15.00～17.50	—	3.00～5.00	—	Nb 0.15～0.45
138	S51770	07Cr17Ni7Al	0Cr17Ni7Al	0.09	1.00	1.00	0.040	0.030	6.50～7.75	16.00～18.00	—	—	—	Al 0.75～1.50
143	S51525	06Cr15Ni25Ti2Mo-AlVB	0Cr15Ni25Ti2Mo-AlVB	0.08	1.00	2.00	0.040	0.030	24.00～27.00	13.50～16.00	1.00～1.50	—	—	Al 0.35 Ti 1.90～2.35 B 0.001～0.010 V 0.10～0.50

注 1：表中所列成分除标明范围或最小值外，其余均为最大值。

注 2：本标准牌号与国外标准牌号对照参见 GB/T 20878。

表 8　经热处理的奥氏体型钢棒或试样(见附表 A.1)的力学性能[a]

GB/T 20878 中序号	统一数字代号	新牌号	旧牌号	热处理状态	规定非比例延伸强度 $R_{p0.2}$[b]/(N/mm²)	抗拉强度 R_m/(N/mm²)	断后伸长率 A/%	断面收缩率 Z[c]/%	布氏硬度 HBW[b]
					不小于				不大于
6	S35650	53Cr21Mn9Ni4N	5Cr21Mn9Ni4N	固溶+时效	560	885	8	—	≥302
7	S35750	26Cr18Mn12Si2N	3Cr18Mn12Si2N	固溶处理	390	685	35	45	248
8	S35850	22Cr20Mn10Ni2Si2N	2Cr20Mn9Ni2Si2N		390	635	35	45	248
17	S30408	06Cr19Ni10	0Cr18Ni9		205	520	40	60	187
30	S30850	22Cr21Ni12N	2Cr21Ni12N	固溶+时效	430	820	26	20	269
31	S30920	16Cr23Ni13	2Cr23Ni13	固溶处理	205	560	45	50	201
32	S30908	06Cr23Ni13	0Cr23Ni13		205	520	40	60	187
34	S31020	20Cr25Ni20	2Cr25Ni20		205	590	40	50	201
35	S31008	06Cr25Ni20	0Cr25Ni20		205	520	40	50	187
38	S31608	06Cr17Ni12Mo2	0Cr17Ni12Mo2		205	520	40	60	187
49	S31708	06Cr19Ni13Mo3	0Cr19Ni13Mo3		205	520	40	60	187
55	S32168	06Cr18Ni11Ti	0Cr18Ni10Ti		205	520	40	50	187
57	S32590	45Cr14Ni14W2Mo	4Cr14Ni14W2Mo	退火	315	705	20	35	248
60	S33010	12Cr16Ni35	1Cr16Ni35	固溶处理	205	560	40	50	201
62	S34778	06Cr18Ni11Nb	0Cr18Ni11Nb		205	520	40	50	187
64	S38148	06Cr18Ni13Si4	0Cr18Ni13Si4		205	520	40	60	207
65	S38240	16Cr20Ni14Si2	1Cr20Ni14Si2		295	590	35	50	187
66	S38340	16Cr25Ni20Si2	1Cr25Ni20Si2		295	590	35	50	187

a　53Cr21Mn9Ni4N 和 22Cr21Ni12N 仅适用于直径、边长及对边距离或厚度小于或等于 25 mm 的钢棒;大于 25 mm 的钢棒,可改锻成 25 mm 的样坯检验或由供需双方协商确定允许降低其力学性能的数值。其余牌号仅适用于直径、边长及对边距离或厚度小于或等于 180 mm 的钢棒。大于 180 mm 的钢棒,可改锻成 180 mm 的样坯检验或由供需双方协商确定,允许降低其力学性能数值。

b　规定非比例延伸强度和硬度,仅当需方要求时(合同中注明)才进行测定。

c　扁钢不适用,但需方要求时,可由供需双方协商确定。

表 9 经退火的(见表 A.2)铁素体型钢棒或试样的力学性能[a]

GB/T 20878 中序号	统一数字代号	新牌号	旧牌号	热处理状态	规定非比例延伸强度 $R_{p0.2}$[b]/(N/mm²)	抗拉强度 R_m/(N/mm²)	断后伸长率 A/%	断面收缩率 Z[c]/%	布氏硬度 HBW
					不小于				不大于
78	S11348	06Cr13Al	0Cr13Al	退火	175	410	20	60	183
83	S11203	022Cr12	00Cr12	退火	195	360	22	60	183
85	S11710	10Cr17	1Cr17	退火	205	450	22	50	183
93	S12550	16Cr25N	2Cr25N	退火	275	510	20	40	201

a 表 9 仅适用于直径、边长、及对边距离或厚度小于或等于 75 mm 的钢棒。大于 75 mm 的钢棒，可改锻成 75 mm 的样坯检验或由供需双方协商确定允许降低其力学性能的数值。

b 规定非比例延伸强度和硬度，仅当需方要求时(合同中注明)才进行测定。

c 扁钢不适用，但需方要求时，由供需双方协商确定。

表 10 经淬火回火的(见表 A.3)马氏体型钢棒或试样的力学性能[a]

GB/T 20878 中序号	统一数字代号	新牌号	旧牌号		热处理状态	规定非比例延伸强度 $R_{p0.2}$/(N/mm²)	抗拉强度 R_m/(N/mm²)	断后伸长率 A/%	断面收缩率 Z[b]/%	冲击吸收功 A_{ku2}[d]/J	经淬火回火后的硬度 HBW	退火后的硬度[c] HBW
						不小于						不大于
98	S41010	12Cr13	1Cr13		淬火＋回火	345	540	22	55	78	159	200
101	S42020	20Cr13	2Cr13		淬火＋回火	440	640	20	50	63	192	223
106	S43110	14Cr17Ni2	1Cr17Ni2		淬火＋回火	—	1 080	10	—	39	—	—
107	S43120	17Cr16Ni2[e]		1	淬火＋回火	700	900～1 050	12	45	25(A_{kv})	—	295
				2	淬火＋回火	600	800～950	14				
113	S45110	12Cr5Mo	1Cr5Mo		淬火＋回火	390	590	18	—	—	—	200

表 10(续)

GB/T 20878 中序号	统一数字代号	新牌号	旧牌号		热处理状态	规定非比例延伸强度 $R_{p0.2}$/(N/mm²)	抗拉强度 R_m/(N/mm²)	断后伸长率 A/%	断面收缩率 Z^b/%	冲击吸收功 A_{ku2}[d]/J	经淬火回火后的硬度 HBW	退火后的硬度[c] HBW
						不小于						不大于
114	S45610	12Cr12Mo	1Cr12Mo		淬火+回火	550	685	18	60	78	217~248	255
115	S45710	13Cr13Mo	1Cr13Mo			490	690	20	60	78	192	200
119	S46010	14Cr11MoV	1Cr11MoV			490	685	16	55	47	—	200
122	S46250	18Cr12MoVNbN	2Cr12MoVNbN			685	835	15	30	—	≤321	269
123	S47010	15Cr12WMoV	1Cr12WMoV			585	735	15	45	47	—	—
124	S47220	22Cr12NiWMoV	2Cr12NiMoWV			735	885	10	25	—	≤341	269
125	S47310	13Cr11Ni2W2MoV[e]	1Cr11Ni2W-2MoV[e]	1		735	885	15	55	71	269~321	269
				2		885	1 080	12	50	55	311~388	
128	S47450	18Cr11NiMoNbVN	(2Cr11NiMoNbVN)			760	930	12	32	20(A_{kv})	277~331	255
130	S48040	42Cr9Si2	4Cr9Si2			590	885	19	50	—	—	269
131	S48045	45Cr9Si3				685	930	15	35	—	≥269	—
132	S48140	40Cr10Si2Mo	4Cr10Si2Mo			685	885	10	35	—	—	269
133	S48380	80Cr20Si2Ni	8Cr20Si2Ni			685	885	10	15	8	≥262	321

a 表 10 仅适用于直径、边长及对边距离或厚度小于或等于 75 mm 的钢棒。大于 75 mm 的钢棒，可改锻成 75 mm 的样坯检验或由供需双方协商规定允许降低其力学性能的数值。

b 扁钢不适用，但需方要求时，由供需双方协商确定。

c 采用 750℃退火时，其硬度由供需双方协商。

d 直径或对边距离小于或等于 16 mm 的圆钢、六角钢和边长或厚度小于或等于 12 mm 的方钢、扁钢不做冲击试验。

e 17Cr16Ni2 和 13Cr11Ni2W2MoV 钢的性能组别应在合同中注明，未注明时，由供方自行选择。

表 11　沉淀硬化型(见表 A.4)钢棒或试样的力学性能[a]

GB/T 20878 中序号	统一数字代号	新牌号	旧牌号	热处理			规定非比例延伸强度 $R_{p0.2}$/(N/mm²)	抗拉强度 R_m/(N/mm²)	断后伸长率 A/%	断面收缩率 Z^b/%	硬度[c]	
				类型		组别	不小于				HBW	HRC
137	S51740	05Cr17Ni4Cu4Nb	0Cr17Ni4Cu4Nb	固溶处理		0	—	—	—	—	≤363	≤38
				沉淀硬化	480℃时效	1	1 180	1 310	10	40	≥375	≥40
					550℃时效	2	1 000	1 070	12	45	≥331	≥35
					580℃时效	3	865	1 000	13	45	≥302	≥31
					620℃时效	4	725	930	16	50	≥277	≥28
138	S51770	07Cr17Ni7Al	0Cr17Ni7Al	固溶处理		0	≤380	≤1 030	20	—	≤229	—
				沉淀硬化	510℃时效	1	1 030	1 230	4	10	≥388	—
					565℃时效	2	960	1140	5	25	≥363	—
143	S51525	06Cr15Ni25Ti2MoAlVB	0Cr15Ni25Ti2MoAlVB	固溶＋时效			590	900	15	18	≥248	—

a　表 11 仅适用于直径、边长、厚度或对边距离小于或等于 75 mm 的钢棒。大于 75 mm 的钢棒，可改锻成 75 mm 的样坯检验或由供需双方协商规定允许降低其力学性能的数值。

b　扁钢不适用，但需方要求时，由供需双方协商确定。

c　供方可根据钢棒的尺寸或状态任选一种方法测定硬度。

表 12 低倍组织合格级别

组 别	一般疏松	中心疏松	锭型偏析
1组	≤2级	≤2级	≤2级
2组	≤3级	≤3级	≤3级

7.6 热顶锻

7.6.1 热顶锻用钢(在合同中注明)应作热顶锻试验,热顶锻后的试样高度为原试样高度的三分之一。顶锻后的试样上不得有裂口和裂缝。

7.6.2 尺寸大于 80 mm 的钢棒,供方若能保证顶锻试验合格,可不进行试验。

7.7 表面质量

7.7.1 压力加工用钢棒的表面不允许有裂纹、结疤、折叠及夹杂、如有上述缺陷必须清除,清除深度应符合表 13 的规定,清除宽度不小于深度的 5 倍,同一截面达到最大清除深度不得多于一处,允许有从实际尺寸算起不超过公称尺寸公差之半的个别细小划痕、压痕、麻点及深度不超过 0.20 mm 的小裂纹存在。根据供需双方协议,压力加工用圆钢棒,表面可以车削或剥皮。

表 13 压力加工用钢棒表面缺陷允许清除深度

钢棒公称尺寸/mm	允许清除深度
≤80	钢棒公称尺寸公差之半
>80～140	钢棒公称尺寸公差
>140～200	钢棒公称尺寸的 5%
>200～250	钢棒公称尺寸的 6%

7.7.2 切削加工用钢棒允许有从公称尺寸算起不超过表 14 规定的局部缺陷。

表 14 切削加工用钢棒表面局部缺陷允许深度

钢棒公称尺寸/mm	局部缺陷允许深度
<100	钢棒公称尺寸的负偏差
≥100	钢棒公称尺寸的公差

7.7.3 冷加工钢棒表面应洁净、光滑,不允许有裂纹、结疤、折叠、夹杂、拉裂和氧化皮。热处理状态交货的钢棒允许有氧化色。在无特殊要求时,钢棒表面允许有个别从实际尺寸算起深度不超过该公称尺寸公差的轻微的个别划痕、拉痕、黑斑、麻点等缺陷。

7.7.4 经车削或剥皮、磨光和抛光的钢棒表面不允许有影响使用的缺陷存在。

7.7.5 经供需双方协商,并在合同中注明,可规定采用酸洗、车削等方法去除热处理产生的黑皮。

7.8 特殊要求

根据需方要求,并经供需双方协议,可供应下列特殊要求的钢棒。

a) 缩小表 4～表 7 化学成分范围;
b) 限制表 8～表 11 中抗拉强度的上限;
c) 检验钢中非金属夹杂物含量;
d) 检验钢的晶粒度;
e) 增加塔形检验;
f) 测定钢的高温力学性能;
g) 其他特殊要求。

8 试验方法

每批钢棒的检验项目及试验方法应符合表 15 的规定。

9 检验规则

9.1 检查和验收

钢棒的检查和验收由供方技术质量监督部门进行。

9.2 组批规则

钢棒应按批检查和验收。每批由同一牌号、同一炉号、同一加工方法、同一尺寸和同一交货状态(同一热处理炉次)的钢棒组成。采用电渣重熔冶炼的钢,在工艺稳定且能保证本标准各项技术要求的条件下,允许以自耗电极的熔炼母炉号组批交货,并在质量证明书中注明。

9.3 取样部位及取样数量

每批钢棒检验取样部位及取样数量应符合表 15 的规定。

表 15 钢棒检验项目、取样数量、取样部位及试验方法

序号	检验项目	取样数量[a]	取样部位	试验方法
1	化学成分	1	GB/T 20066	GB/T 223(见第 2 章)、GB/T 11170、GB/T 9971—2004 附录 A
2	拉伸	2	不同根钢棒,GB/T 2975	GB/T 228
3	硬度	2	不同根钢棒	GB/T 230.1、GB/T 231.1
4	低倍组织	2	相当于钢锭头部的不同根钢棒,连铸钢在任意不同根钢棒	GB/T 226、GB/T 1979
5	超声波检验	2	整根钢棒	GB/T 7736
6	热顶锻	2	不同根钢棒或钢坯	YB/T 5293
7	非金属夹杂物	2	不同根钢棒	GB/T 10561
8	晶粒度	1	任一钢棒	GB/T 6394
9	塔形	2	相当于钢锭头部不同根钢棒,连铸钢在任意不同根钢棒	GB/T 15711、GB/T 10121
10	尺寸	逐根	整根钢棒	卡尺、千分尺
11	表面	逐根	整根钢棒	目视

[a] 电渣钢除表面和尺寸逐根外,其他检验项目的取样数量均为 1 个。以自耗电极的熔炼母炉号组批时,除化学成分每个电渣炉号取 1 个外,其他检验项目取样数量同表中规定。

9.4 复验和判定规则

9.4.1 复验和判定规则应按 GB/T 17505 的有关规定。

9.4.2 供方若能保证钢棒合格时,对同一炉号的钢棒或钢坯的力学性能、低倍组织、非金属夹杂物的检验结果,允许以坯代材、以大代小。

10 包装、标志和质量证明书

钢棒的包装、标志和质量证明书应符合 GB/T 2101 中的有关规定。

附 录 A
（资料性附录）
耐热钢棒或试样典型的热处理制度

表 A.1 奥氏体型钢棒或试样典型的热处理制度

GB/T 20878 中序号	统一数字代号	新 牌 号	旧 牌 号	典型的热处理制度/℃
6	S35650	53Cr21Mn9Ni4N	5Cr21Mn9Ni4N	固溶 1 100～1 200，快冷 时效 730～780，空冷
7	S35750	26Cr18Mn12Si2N	3Cr18Mn12Si2N	固溶 1 100～1 150，快冷
8	S35850	22Cr20Mn10Ni2Si2N	2Cr20Mn9Ni2Si2N	固溶 1 100～1 150，快冷
17	S30408	06Cr19Ni10	0Cr18Ni9	固溶 1 010～1 150，快冷
30	S30850	22Cr21Ni12N	2Cr21Ni12N	固溶 1 050～1 150，快冷 时效 750～800，空冷
31	S30920	16Cr23Ni13	2Cr23Ni13	固溶 1 030～1 150，快冷
32	S30908	06Cr23Ni13	0Cr23Ni13	固溶 1 030～1 150，快冷
34	S31020	20Cr25Ni20	2Cr25Ni20	固溶 1 030～1 180，快冷
35	S31008	06Cr25Ni20	0Cr25Ni20	固溶 1 030～1 180，快冷
38	S31608	06Cr17Ni12Mo2	0Cr17Ni12Mo2	固溶 1 010～1 150，快冷
49	S31708	06Cr19Ni13Mo3	0Cr19Ni13Mo3	固溶 1 010～1 150，快冷
55	S32168	06Cr18Ni11Ti[a]	0Cr18Ni10Ti[a]	固溶 920～1 150，快冷
57	S32590	45Cr14Ni14W2Mo	4Cr14Ni14W2Mo	退火 820～850，快冷
60	S33010	12Cr16Ni35	1Cr16Ni35	固溶 1030～1180，快冷
62	S34778	06Cr18Ni11Nb[a]	0Cr18Ni11Nb[a]	固溶 980～1 150，快冷
64	S38148	06Cr18Ni13Si4	0Cr18Ni13Si4	固溶 1 010～1 150，快冷
65	S38240	16Cr20Ni14Si2	1Cr20Ni14Si2	固溶 1 080～1 130，快冷
66	S38340	16Cr25Ni20Si2	1Cr25Ni20Si2	固溶 1 080～1 130，快冷

a 需方在合同中注明时，可进行稳定化处理，此时的热处理温度为 850℃～930℃。

表 A.2 铁素体型钢棒或试样典型的热处理制度

GB/T 20878 中序号	统一数字代号	新 牌 号	旧 牌 号	退火/℃
78	S11348	06Cr13Al	0Cr13Al	780～830，空冷或缓冷
83	S11203	022Cr12	00Cr12	700～820，空冷或缓冷
85	S11710	10Cr17	1Cr17	780～850，空冷或缓冷
93	S12550	16Cr25N	2Cr25N	780～880，快冷

表 A.3 马氏体型钢棒或试样典型的热处理制度

<table>
<tr><th rowspan="2">GB/T 20878 中序号</th><th rowspan="2">统一数字代号</th><th rowspan="2">新牌号</th><th rowspan="2">旧牌号</th><th colspan="2">钢棒的热处理制度</th><th colspan="2">试样的热处理制度</th></tr>
<tr><th colspan="2">退火/℃</th><th>淬火/℃</th><th>回火/℃</th></tr>
<tr><td>98</td><td>S41010</td><td>12Cr13</td><td>1Cr13</td><td colspan="2">800～900 缓冷或约 750 快冷</td><td>950～1 000 油冷</td><td>700～750，快冷</td></tr>
<tr><td>101</td><td>S42020</td><td>20Cr13</td><td>2Cr13</td><td colspan="2">800～900 缓冷或约 750 快冷</td><td>920～980 油冷</td><td>600～750，快冷</td></tr>
<tr><td>106</td><td>S43110</td><td>14Cr17Ni2</td><td>1Cr17Ni2</td><td colspan="2">680～700 高温回火，空冷</td><td>950～1 050 油冷</td><td>275～350，空冷</td></tr>
<tr><td rowspan="2">107</td><td rowspan="2">S43120</td><td rowspan="2">17Cr16Ni2</td><td rowspan="2"></td><td>1</td><td rowspan="2">680～800 炉冷或空冷</td><td rowspan="2">950～1 050 油冷或空冷</td><td>600～650，空冷</td></tr>
<tr><td>2</td><td>750～800＋650～700[a]，空冷</td></tr>
<tr><td>113</td><td>S45110</td><td>12Cr5Mo</td><td>1Cr5Mo</td><td colspan="2">—</td><td>900～950，油冷</td><td>600～700，空冷</td></tr>
<tr><td>114</td><td>S45610</td><td>12Cr12Mo</td><td>1Cr12Mo</td><td colspan="2">800～900 缓冷或约 750 快冷</td><td>950～1 000，油冷</td><td>700～750，快冷</td></tr>
<tr><td>115</td><td>S45710</td><td>13Cr13Mo</td><td>1Cr13Mo</td><td colspan="2">830～900 缓冷或约 750 快冷</td><td>970～1 020 油冷</td><td>650～750，快冷</td></tr>
<tr><td>119</td><td>S46010</td><td>14Cr11MoV</td><td>1Cr11MoV</td><td colspan="2">—</td><td>1 050～1 100，空冷</td><td>720～740，空冷</td></tr>
<tr><td>122</td><td>S46250</td><td>18Cr12MoVNbN</td><td>2Cr12MoVNbN</td><td colspan="2">850～950 缓冷</td><td>1 100～1 170，油冷或空冷</td><td>≥600，空冷</td></tr>
<tr><td>123</td><td>S47010</td><td>15Cr12WMoV</td><td>1Cr12WMoV</td><td colspan="2">—</td><td>1 000～1 050，油冷</td><td>680～700，空冷</td></tr>
<tr><td>124</td><td>S47220</td><td>22Cr12NiWMoV</td><td>2Cr12NiMoWV</td><td colspan="2">830～900 缓冷</td><td>1 020～1 070，油冷或空冷</td><td>≥600，空冷</td></tr>
<tr><td rowspan="2">125</td><td rowspan="2">S47310</td><td rowspan="2">13Cr11Ni2W2MoV</td><td rowspan="2">1Cr11Ni2W2MoV</td><td>1</td><td rowspan="2">—</td><td>1 000～1 020 正火，</td><td>660～710，油冷或空冷</td></tr>
<tr><td>2</td><td>1 000～1 020，油冷或空冷</td><td>540～600，油冷或空冷</td></tr>
<tr><td>128</td><td>S47450</td><td>18Cr11NiMoNbVN</td><td>(2Cr11NiMoNbVN)</td><td colspan="2">800～900 缓冷或 700～770 快冷</td><td>≥1 090，油冷</td><td>≥640，空冷</td></tr>
<tr><td>130</td><td>S48040</td><td>42Cr9Si2</td><td>4Cr9Si2</td><td colspan="2">—</td><td>1 020～1 040，油冷</td><td>700～780，油冷</td></tr>
<tr><td>131</td><td>S48045</td><td>45Cr9Si3</td><td></td><td colspan="2">800～900 缓冷</td><td>900～1 080，油冷</td><td>700～850，快冷</td></tr>
<tr><td>132</td><td>S48140</td><td>40Cr10Si2Mo</td><td>4Cr10Si2Mo</td><td colspan="2">—</td><td>1 010～1 040，油冷</td><td>720～760，空冷</td></tr>
<tr><td>133</td><td>S48380</td><td>80Cr20Si2Ni</td><td>8Cr20Si2Ni</td><td colspan="2">800～900 缓冷或约 720 空冷</td><td>1 030～1 080，油冷</td><td>700～800，快冷</td></tr>
<tr><td colspan="8">a 当镍含量在表 6 规定的下限时，允许采用 620℃～720℃单回火制度。</td></tr>
</table>

表 A.4 沉淀硬化型钢棒或试样的典型热处理制度

<table>
<tr><th rowspan="2">GB/T 20878 中序号</th><th rowspan="2">统一数字代号</th><th rowspan="2">新牌号</th><th rowspan="2">旧牌号</th><th colspan="4">热处理</th></tr>
<tr><th colspan="2">种类</th><th>组别</th><th>条件</th></tr>
<tr><td rowspan="5">137</td><td rowspan="5">S51740</td><td rowspan="5">05Cr17Ni4Cu4Nb</td><td rowspan="5">0Cr17Ni4Cu4Nb</td><td colspan="2">固溶处理</td><td>0</td><td>1 020℃～1 060℃，快冷</td></tr>
<tr><td rowspan="4">沉淀硬化</td><td>480℃时效</td><td>1</td><td>经固溶处理后，470℃～490℃空冷</td></tr>
<tr><td>550℃时效</td><td>2</td><td>经固溶处理后，540℃～560℃空冷</td></tr>
<tr><td>580℃时效</td><td>3</td><td>经固溶处理后，570℃～590℃空冷</td></tr>
<tr><td>620℃时效</td><td>4</td><td>经固溶处理后，610℃～630℃空冷</td></tr>
<tr><td rowspan="3">138</td><td rowspan="3">S51770</td><td rowspan="3">07Cr17Ni7Al</td><td rowspan="3">0Cr17Ni7Al</td><td colspan="2">固溶处理</td><td>0</td><td>1 000℃～1 100℃，快冷</td></tr>
<tr><td rowspan="2">沉淀硬化</td><td>510℃时效</td><td>1</td><td>经固溶处理后，955℃±10℃保持 10 min，空冷到室温，在 24 h 内冷却到 −73℃±6℃，保持 8 h，再加热到 510℃±10℃，保持 1 h后，空冷</td></tr>
<tr><td>565℃时效</td><td>2</td><td>经固溶处理后，于 760℃±15℃保持 90 min，在1 h内冷却到 15℃以下，保持 30 min，再加热到 565℃±10℃保持 90 min，空冷</td></tr>
<tr><td>143</td><td>S51525</td><td>06Cr15Ni25Ti2MoAlVB</td><td>0Cr15Ni25Ti2MoAlVB</td><td colspan="3">固溶＋时效</td><td>固溶 885℃～915℃或 965℃～995℃，快冷，时效 700℃～760℃，16 h，空冷或缓冷</td></tr>
</table>

附 录 B
（资料性附录）
耐热钢的特性和用途

表 B.1 耐热钢的特性和用途

GB/T 20878 中序号	统一数字代号	新牌号	旧牌号	特性和用途
奥氏体型				
6	S35650	53Cr21Mn9Ni4N	5Cr21Mn9Ni4N	Cr-Mn-Ni-N型奥氏体阀门钢。用于制作以经受高温强度为主的汽油及柴油机用排气阀
7	S35750	26Cr18Mn12Si2N	3Cr18Mn12Si2N	有较高的高温强度和一定的抗氧化性，并且有较好的抗硫及抗增碳性。用于吊挂支架，渗碳炉构件、加热炉传送带、料盘、炉爪
8	S35850	22Cr20Mn10Ni2Si2N	2Cr20Mn9Ni2Si2N	特性和用途同26Cr18Mn12Si2N(3Cr18Mn12Si2N)，还可用作盐浴坩埚和加热炉管道等
17	S30408	06Cr19Ni10	0Cr18Ni9	通用耐氧化钢，可承受870℃以下反复加热
30	S30850	22Cr21Ni12N	2Cr21Ni12N	Cr-Ni-N型耐热钢。用以制造以抗氧化为主的汽油及柴油机用排气阀
31	S30920	16Cr23Ni13	2Cr23Ni13	承受980℃以下反复加热的抗氧化钢。加热炉部件，重油燃烧器
32	S30908	06Cr23Ni13	0Cr23Ni13	耐腐蚀性比06Cr19Ni10(0Cr18Ni9)钢好，可承受980℃以下反复加热。炉用材料
34	S31020	20Cr25Ni20	2Cr25Ni20	承受1 035℃以下反复加热的抗氧化钢。主要用于制作炉用部件、喷嘴、燃烧室
35	S31008	06Cr25Ni20	0Cr25Ni20	抗氧化性比06Cr23Ni13(0Cr23Ni13)钢好，可承受1 035℃以下反复加热。炉用材料、汽车排气净化装置等
38	S31608	06Cr17Ni12Mo2	0Cr17Ni12Mo2	高温具有优良的蠕变强度，作热交换用部件，高温耐蚀螺栓
49	S31708	06Cr19Ni13Mo3	0Cr19Ni13Mo3	耐点蚀和抗蠕变能力优于06Cr17Ni12Mo2(0Cr17Ni12Mo2)。用于制作造纸、印染设备，石油化工及耐有机酸腐蚀的装备、热交换用部件等
55	S32168	06Cr18Ni11Ti	0Cr18Ni10Ti	作在400℃～900℃腐蚀条件下使用的部件，高温用焊接结构部件
57	S32590	45Cr14Ni14W2Mo	4Cr14Ni14W2Mo	中碳奥氏体型阀门钢。在700℃以下有较高的热强性，在800℃以下有良好的抗氧化性能。用于制造700℃以下工作的内燃机、柴油机重负荷进、排气阀和紧固件，500℃以下工作的航空发动机及其他产品零件。也可作为渗氮钢使用

表 B.1(续)

GB/T 20878 中序号	统一数字代号	新牌号	旧牌号	特性和用途
60	S33010	12Cr16Ni35	1Cr16Ni35	抗渗碳,易渗氮,1 035℃以下反复加热。炉用钢料、石油裂解装置
62	S34778	06Cr18Ni11Nb	0Cr18Ni11Nb	作在400℃～900℃腐蚀条件下使用的部件,高温用焊接结构部件
64	S38148	06Cr18Ni13Si4	0Cr18Ni13Si4	具有与06Cr25Ni20(0Cr25Ni20)相当的抗氧化性。用于含氯离子环境,如汽车排气净化装置等
65	S38240	16Cr20Ni14Si2	1Cr20Ni14Si2	具有较高的高温强度及抗氧化性,对含硫气氛较敏感,在600℃～800℃有析出相的脆化倾向,适用于制作承受应力的各种炉用构件
66	S38340	16Cr25Ni20Si2	1Cr25Ni20Si2	
铁素体型				
78	S11348	06Cr13Al	0Cr13Al	冷加工硬化少,主要用于制作燃气透平压缩机叶片、退火箱、淬火台架等
83	S11203	022Cr12	00Cr12	比022Cr13(0Cr13)碳含量低,焊接部位弯曲性能、加工性能、耐高温氧化性能好。作汽车排气处理装置,锅炉燃烧室、喷嘴等
85	S11710	10Cr17	1Cr17	作900℃以下耐氧化用部件、散热器、炉用部件、油喷嘴等
93	S12550	16Cr25N	2Cr25N	耐高温腐蚀性强,1 082℃以下不产生易剥落的氧化皮。常用于抗硫气氛,如燃烧室、退火箱、玻璃模具、阀、搅拌杆等
马氏体型				
98	S41010	12Cr13	1Cr13	作800℃以下耐氧化用部件
101	S42020	20Cr13	2Cr13	淬火状态下硬度高,耐蚀性良好。汽轮机叶片
106	S43110	14Cr17Ni2	1Cr17Ni2	作具有较高程度的耐硝酸、有机酸腐蚀的轴类、活塞杆、泵、阀等零部件以及弹簧、紧固件、容器和设备
107	S43120	17Cr16Ni2		改善14Cr17Ni2(1Cr17Ni2)钢的加工性能,可代替14Cr17Ni2(1Cr17Ni2)钢使用
113	S45110	12Cr5Mo	1Cr5Mo	在中高温下有好的力学性能。能抗石油裂化过程中产生的腐蚀。作再热蒸汽管、石油裂解管、锅炉吊架、蒸汽轮机气缸衬套、泵的零件、阀、活塞杆、高压加氢设备部件、紧固件
114	S45610	12Cr12Mo	1Cr12Mo	铬钼马氏体耐热钢。作汽轮机叶片
115	S45710	13Cr13Mo	1Cr13Mo	比12Cr13(1Cr13)耐蚀性高的高强度钢。用于制作汽轮机叶片,高温、高压蒸汽用机械部件等
119	S46010	14Cr11MoV	1Cr11MoV	铬钼钒马氏体耐热钢。有较高的热强性,良好的减震性及组织稳定性。用于透平叶片及导向叶片

表 B.1(续)

GB/T 20878 中序号	统一数字代号	新牌号	旧牌号	特性和用途
122	S46250	18Cr12MoVNbN	2Cr12MoVNbN	铬钼钒铌氮马氏体耐热钢。用于制作高温结构部件,如汽轮机叶片、盘、叶轮轴、螺栓等
123	S47010	15Cr12WMoV	1Cr12WMoV	铬钼钨钒马氏体耐热钢。有较高的热强性,良好的减震性及组织稳定性。用于透平叶片、紧固件、转子及轮盘
124	S47220	22Cr12NiWMoV	2Cr12NiMoWV	性能与用途类似于 13Cr11Ni2W2MoV(1Cr11Ni2W2MoV)。用于制作汽轮机叶片
125	S47310	13Cr11Ni2W2MoV	1Cr11Ni2W2MoV	铬镍钨钼钒马氏体耐热钢。具有良好的韧性和抗氧化性能,在淡水和湿空气中有较好的耐蚀性
128	S47450	18Cr11NiMoNbVN	(2Cr11NiMoNbVN)	具有良好的强韧性、抗蠕变性能和抗松弛性能,主要用于制作汽轮机高温紧固件和动叶片
130	S48040	42Cr9Si2	4Cr9Si2	铬硅马氏体阀门钢,750℃以下耐氧化。用于制作内燃机进气阀,轻负荷发动机的排气阀
131	S48045	45Cr9Si3		
132	S48140	40Cr10Si2Mo	4Cr10Si2Mo	铬硅钼马氏体阀门钢,经淬火回火后使用。因含有钼和硅,高温强度抗蠕变性能及抗氧化性能比40Cr13(4Cr13)高。用于制作进、排气阀门,鱼雷,火箭部件,预燃烧室等
133	S48380	80Cr20Si2Ni	8Cr20Si2Ni	铬硅镍马氏体阀门钢。用于制作以耐磨性为主的进气阀、排气阀、阀座等
沉淀硬化型				
137	S51740	05Cr17Ni4Cu4Nb	0Cr17Ni4Cu4Nb	添加铜和铌的马氏体沉淀硬化型钢,作燃气透平压缩机叶片、燃气透平发动机周围材料
138	S51770	07Cr17Ni7Al	0Cr17Ni7Al	添加铝的半奥氏体沉淀硬化型钢,作高温弹簧、膜片、固定器、波纹管
143	S51525	06Cr15Ni25Ti2Mo-AlVB	0Cr15Ni25Ti2MoAlVB	奥氏体沉淀硬化型钢,具有高的缺口强度,在温度低于980℃时抗氧化性能与06Cr25Ni20(0Cr25Ni20)相当。主要用于700℃以下的工作环境,要求具有高强度和优良耐蚀性的部件或设备,如汽轮机转子、叶片、骨架、燃烧室部件和螺栓等

ICS 77.140.25
H 40

中华人民共和国国家标准

GB/T 1222—2007
代替 GB/T 1222—1984

弹 簧 钢

Spring steels

2007-08-14 发布　　2008-03-01 实施

中华人民共和国国家质量监督检验检疫总局
中国国家标准化管理委员会　发布

前　言

本标准代替 GB/T 1222—1984《弹簧钢》。

本标准与 GB/T 1222—1984 标准相比主要变化如下：

——增加了弹簧钢“范围”一章(见 1)；

——增加了“规范性引用文件”一章(见 2)；

——增加了“订货内容”一章(见 3)；

——增加了牌号的统一数字代号(见 5.1)；

——取消了 55Si2Mn、55Si2MnB、60CrMnMoA 三个牌号，增加了 55SiCrA 牌号(1984 年版的表 6；本版的表 1)；

——对 60Si2Mn、60Si2MnA 的 Mn 含量作了调整(1984 年版的表 6；本版的表 1)；

——加严了部分牌号的硫、磷含量的要求(1984 年版的表 6；本版的表 1)；

——修改了“冶炼方法”的规定(1984 年版的 3.2；本版的 5.2)；

——增加了表面处理交货状态的规定(1984 年版的 3.3；本版的 5.3.2)；

——力学性能名称和单位的符号按 GB/T 228—2002 标准重新命名(1984 年版的表 7；本版的表 2)；

——增加了力学性能试样毛坯尺寸的规定和弹簧扁钢试样的规定(见 5.4.1)；

——增加了直径或厚度大于 80 mm 的钢材，允许改锻(轧)后取样检验的规定(见 5.4.3)；

——调整了部分牌号的交货硬度指标(1984 年版的表 8，本版的表 3)；

——补充了 55SiMnVB 淬透性试验的热处理制度(见 5.5.1)；

——增加了可以采用“淬透性计算方法代替淬透性试验”的规定(见 5.5.2)；

——补充规定可以用无损探伤法代替酸浸低倍检验(见 5.6.3)；

——增加了非金属夹杂物检验的合格级别(见 5.7)；

——补充了锻制材的脱碳层深度的规定(见 5.8)；

——删除了对钢材晶粒度合格级别的要求(1984 年版的 3.9.4，本版的 5.10)；

——将“热轧扁钢的尺寸、外形、重量及允许偏差”的规定调整为规范性附录(1984 年版的 2.3；本版的附录 A)；

——平面扁钢的厚度增加了 35 mm 和 40 mm 两个规格，取消了 6.5 mm 和 9.5 mm 两个厚度规格，并对部分宽度系列扁钢的厚度规格作了调整(1984 年版的表 1，本版的表 A.1)；

——对单面双槽扁钢的示意图作了修改(1984 年版的图 2，本版的图 A.2)；

——单面双槽扁钢 75 mm 宽度系列增加了 8 mm 和 13 mm 厚度规格，另增加了 90 mm 宽度系列 11 mm 和 13 mm 两个厚度规格(1984 年版的表 2，本版的表 A.2)；

——调整了平面扁钢尺寸允许偏差(1984 年版的表 3，本版的表 A.3)；

——增加了单面双槽扁钢的宽度公差的规定(1984 年版的表 4，本版的表 A.4)；

——增加了 28MnSiB 技术要求(见附录 B 和附录 C)。

本标准附录 A 和附录 B 是规范性附录，附录 C 是资料性附录。

本标准由中国钢铁工业协会提出。

本标准由全国钢标准化技术委员会归口。

本标准主要起草单位：江阴兴澄特种钢铁有限公司、冶金工业信息标准研究院、重庆东华特殊钢有限责任公司、首钢集团红冶钢厂。

本标准主要起草人：沈建军、栾燕、李国忠、郭艳、廖建军、李光。

本标准所代替标准的历次版本发布情况：

GB/T 1222—1975，GB/T 1222—1984。

弹 簧 钢

1 范围

本标准规定了热轧、锻制、冷拉弹簧钢的订货内容、尺寸、外形、重量及允许偏差、技术要求、试验方法、检验规则、包装、标志及质量证明书等。

本标准适用于直径或边长不大于 100 mm 的弹簧钢圆钢和方钢(以下简称棒材)、厚度不大于 40 mm 的弹簧钢扁钢、直径不大于 25 mm 的弹簧钢盘条(不包括油淬火-回火弹簧钢丝用盘条(YB/T 5365))。经供需双方协商,也可供应直径或边长大于 100 mm 的棒材、厚度大于 40 mm 的扁钢和直径大于 25 mm 的盘条。

本标准规定的牌号及化学成分也适用于钢锭、钢坯及其制品。

2 规范性引用文件

下列文件中的条款通过本标准的引用而成为本标准的条款。凡是注日期的引用文件,其随后所有的修改单(不包括勘误的内容)或修订版均不适用于本标准,然而,鼓励根据本标准达成协议的各方研究是否可使用这些文件的最新版本。凡是不注日期的引用文件,其最新版本适用于本标准。

GB/T 222 钢的成品化学成分允许偏差

GB/T 223.3 钢铁及合金化学分析方法 二安替吡啉甲烷磷钼酸重量法测定磷量

GB/T 223.5 钢铁及合金化学分析方法 还原型硅钼酸盐光度法测定酸溶硅含量

GB/T 223.11 钢铁及合金化学分析方法 过硫酸铵氧化容量法测定铬量

GB/T 223.13 钢铁及合金化学分析方法 硫酸亚铁铵滴定法测定钒含量

GB/T 223.18 钢铁及合金化学分析方法 硫代硫酸钠分离-碘量法测定铜量

GB/T 223.19 钢铁及合金化学分析方法 新亚铜灵-三氯甲烷萃取光度法测定铜量

GB/T 223.23 钢铁及合金化学分析方法 丁二酮肟分光光度法测定镍量

GB/T 223.24 钢铁及合金化学分析方法 萃取分离-丁二酮肟分光光度法测定镍量

GB/T 223.43 钢铁及合金化学分析方法 钨量的测定

GB/T 223.58 钢铁及合金化学分析方法 亚砷酸钠-亚硝酸钠滴定法测定锰量

GB/T 223.59 钢铁及合金化学分析方法 锑磷钼蓝光度法测定磷量

GB/T 223.60 钢铁及合金化学分析方法 高氯酸脱水重量法测定硅含量

GB/T 223.61 钢铁及合金化学分析方法 磷钼酸铵容量法测定磷量

GB/T 223.64 钢铁及合金化学分析方法 火焰原子吸收光谱法测定锰量

GB/T 223.67 钢铁及合金化学分析方法 还原蒸馏-次甲基蓝光度法测定硫量

GB/T 223.71 钢铁及合金化学分析方法 管式炉内燃烧后重量法测定碳含量

GB/T 223.72 钢铁及合金化学分析方法 氧化铝色层分离-硫酸钡重量法测定硫量

GB/T 223.75 钢铁及合金化学分析方法 甲醇蒸馏-姜黄素光度法测定硼量

GB/T 223.76 钢铁及合金化学分析方法 火焰原子吸收光谱法测定钒量

GB/T 224 钢的脱碳层深度测定法(GB/T 224—1987,eqv ISO 3887:1976)

GB/T 225 钢-淬透性末端淬火试验方法(GB/T 225—2006,ISO 642:1999,IDT)

GB/T 226 钢的低倍组织及缺陷酸蚀检验法(GB/T 226—1991,eqv ISO 4969:1980 Steel Macroscopic examination by etching With strong mineral acids)

GB/T 228 金属材料 室温拉伸试验方法(GB/T 228—2002,eqv ISO 6892:1998)

GB/T 231.1 金属布氏硬度试验 第1部分:试验方法(GB/T 231.1—2002,eqv ISO 6506-1:1999)

GB/T 702 热轧圆钢和方钢尺寸、外形、重量及允许偏差(GB/T 702—2004,ISO 1035-1:1980 Hot-rolled steel bars—Part 1:Dimensions of round bars,ISO 1035-2:1980 Hot-rolled steel bars—Part 2:Dimensions of square bars,ISO 1035-4:1982 Hot-rolled steel bars—Part 4:Tolerances,MOD)

GB/T 905 冷拉圆钢、方钢、六角钢尺寸、外形、重量及允许偏差

GB/T 908 锻制圆钢和方钢尺寸、外形、重量及允许偏差

GB/T 1814 钢材断口检验法

GB/T 1979 结构钢低倍组织缺陷评级图

GB/T 2101 型钢验收、包装、标志及质量证明书的一般规定

GB/T 2975 钢及钢产品力学性能试验取样位置及试样制备(GB/T 2975—1998,eqv ISO 377:1997)

GB/T 3078 优质结构钢冷拉钢材技术条件

GB/T 4336 碳素钢和中低合金钢火花源原子发射光谱分析方法(常规法)

GB/T 6394 金属平均晶粒度测定方法

GB/T 7736 钢的低倍组织及缺陷超声波检验法

GB/T 10561 钢中非金属夹杂物含量的测定 标准评级图显微检验法(GB/T 10561—2005,ISO 4967:1998,IDT)

GB/T 11261 高碳铬轴承钢化学分析方法 脉冲加热惰性气熔融-红外线吸收法测定氧量

GB/T 13299 钢的显微组织评定方法

GB/T 13302 钢中石墨碳显微评定方法

GB/T 14981 盘条尺寸、外形、重量及允许偏差

GB/T 17505 钢及钢产品交货一般技术要求(GB/T 17505—1998,eqv ISO 404:1992)

3 订货内容

按本标准订货的合同或订单应包括下列内容:

a) 标准编号;
b) 产品名称;
c) 牌号或统一数字代号;
d) 交货的重量(或数量);
e) 尺寸与外形;
f) 交货状态;
g) 非金属夹杂物(如有要求,按5.7);
h) 特殊要求(如有要求,按5.10)。

4 尺寸、外形、重量及允许偏差

4.1 热轧棒材

热轧棒材的尺寸、外形及允许偏差应符合GB/T 702的有关规定,具体要求应在合同中注明。

4.2 锻制棒材

锻制棒材的尺寸、外形及允许偏差应符合GB/T 908的有关规定,具体要求应在合同中注明。

4.3 盘条

盘条的尺寸及其允许偏差应符合GB/T 14981中的有关规定,具体要求应在合同中注明。

4.4 冷拉棒材

冷拉棒材的尺寸、外形及允许偏差应符合 GB/T 905 中的有关规定，具体要求应在合同中注明。

4.5 热轧扁钢

热轧扁钢的尺寸、外形及其允许偏差应符合附录 A 的有关规定，具体要求应在合同中注明。

4.6 重量

钢材按实际重量交货。

5 技术要求

5.1 牌号及化学成分

5.1.1 钢的牌号、统一数字代号及化学成分(熔炼分析)应符合表 1 的规定。

表 1 化学成分

序号	统一数字代号	牌号[b]	化学成分(质量分数)/%										
			C	Si	Mn	Cr	V	W	B	Ni	Cu[a]	P	S
										不大于			
1	U20652	65	0.62~0.70	0.17~0.37	0.50~0.80	≤0.25				0.25	0.25	0.035	0.035
2	U20702	70	0.62~0.75	0.17~0.37	0.50~0.80	≤0.25				0.25	0.25	0.035	0.035
3	U20852	85	0.82~0.90	0.17~0.37	0.50~0.80	≤0.25				0.25	0.25	0.035	0.035
4	U21653	65Mn	0.62~0.70	0.17~0.37	0.90~1.20	≤0.25				0.25	0.25	0.035	0.035
5	A77552	55SiMnVB	0.52~0.60	0.70~1.00	1.00~1.30	≤0.35	0.08~0.16		0.000 5~0.003 5	0.35	0.25	0.035	0.035
6	A11602	60Si2Mn	0.56~0.64	1.50~2.00	0.70~1.00	≤0.35				0.35	0.25	0.035	0.035
7	A11603	60Si2MnA	0.56~0.64	1.60~2.00	0.70~1.00	≤0.35				0.35	0.25	0.025	0.025
8	A21603	60Si2CrA	0.56~0.64	1.40~1.80	0.40~0.70	0.70~1.00				0.35	0.25	0.025	0.025
9	A28603	60Si2CrVA	0.56~0.64	1.40~1.80	0.40~0.70	0.90~1.20	0.10~0.20			0.35	0.25	0.025	0.025
10	A21553	55SiCrA	0.51~0.59	1.20~1.60	0.50~0.80	0.50~0.80				0.35	0.25	0.025	0.025
11	A22553	55CrMnA	0.52~0.60	0.17~0.37	0.65~0.95	0.65~0.95				0.35	0.25	0.025	0.025

表 1（续）

序号	统一数字代号	牌号[b]	化学成分（质量分数）/%										
			C	Si	Mn	Cr	V	W	B	Ni	Cu[a]	P	S
										不大于			
12	A22603	60CrMnA	0.56～0.64	0.17～0.37	0.70～1.00	0.70～1.00				0.35	0.25	0.025	0.025
13	A23503	50CrVA	0.46～0.54	0.17～0.37	0.50～0.80	0.80～1.10	0.10～0.20			0.35	0.25	0.025	0.025
14	A22613	60CrMnBA	0.56～0.64	0.17～0.37	0.70～1.00	0.70～1.00			0.000 5～0.004 0	0.35	0.25	0.025	0.025
15	A27303	30W4Cr2VA	0.26～0.34	0.17～0.37	≤0.40	2.00～2.50	0.50～0.80	4.00～4.50		0.35	0.25	0.025	0.025

a　根据需方要求，并在合同中注明，钢中残余铜含量应不大于 0.20%。

b　28MnSiB 的化学成分见表 B.1。

5.1.2　钢材（或坯）的化学成分允许偏差应符合 GB/T 222 的规定。

5.2　冶炼方法

除非合同中有规定，冶炼方法由生产厂选择。

5.3　交货状态

5.3.1　钢材可以热处理或非热处理状态交货。当要求热处理状态交货时应在合同中注明。

5.3.2　根据供需双方协议，并在合同中注明，钢材可以剥皮、磨光或其他表面状态交货。

5.4　力学性能

5.4.1　力学性能测试宜采用直径 10 mm 的比例试样。留有一定加工余量的试样毛坯（尺寸一般为 11 mm～12 mm），经热处理并去除加工余量后，测定钢材的纵向力学性能，其结果应符合表 2 的规定。

对于直径或边长小于 11 mm 的棒材，用原尺寸钢材进行热处理。

对于厚度小于 8 mm 的扁钢，允许采用矩形试样。当采用矩形试样时，断面收缩率不作为验收条件。

表 2　力学性能

序号	牌号[b]	热处理制度[a]			力学性能，不小于				
		淬火温度/℃	淬火介质	回火温度/℃	抗拉强度 R_m/(N/mm²)	屈服强度 R_{eL}/(N/mm²)	断后伸长率		断面收缩率 Z/%
							A/%	$A_{11.3}$/%	
1	65	840	油	500	980	785		9	35
2	70	830	油	480	1 030	835		8	30
3	85	820	油	480	1 130	980		6	30
4	65Mn	830	油	540	980	785		8	30
5	55SiMnVB	860	油	460	1 375	1 225		5	30
6	60Si2Mn	870	油	480	1 275	1 180		5	25
7	60Si2MnA	870	油	440	1 570	1 375		5	20

表 2（续）

序号	牌号[b]	热处理制度[a]			力学性能，不小于				
		淬火温度/℃	淬火介质	回火温度/℃	抗拉强度 R_m/(N/mm²)	屈服强度 R_{eL}/(N/mm²)	断后伸长率		断面收缩率 Z/%
							A/%	$A_{11.3}$/%	
8	60Si2CrA	870	油	420	1 765	1 570	6		20
9	60Si2CrVA	850	油	410	1 860	1 665	6		20
10	55SiCrA	860	油	450	1 450～1 750	1 300 ($R_{p0.2}$)	6		25
11	55CrMnA	830～860	油	460～510	1 225	1 080 ($R_{p0.2}$)	9[c]		20
12	60CrMnA	830～860	油	460～520	1 225	1 080 ($R_{p0.2}$)	9[c]		20
13	50CrVA	850	油	500	1 275	1 130	10		40
14	60CrMnBA	830～860	油	460～520	1 225	1 080 ($R_{p0.2}$)	9[c]		20
15	30W4Cr2VA[d]	1 050～1 100	油	600	1 470	1 325	7		40

a 除规定热处理温度上下限外，表中热处理温度允许偏差为：淬火，±20℃；回火，±50℃。根据需方特殊要求，回火可按±30℃进行。

b 28MnSiB 的力学性能见表 B.2。

c 其试样可采用下列试样中的一种。若按 GB/T 228 规定作拉伸试验时，所测断后伸长率值供参考。

试样一：标距为 50 mm，平行长度 60 mm，直径 14 mm，肩部半径大于 15 mm。

试样一：标距为 $4\sqrt{S_0}$（S_0 表示平行长度的原始横截面积，mm²），平行长度 1.2 倍标距长度，肩部半径大于 15 mm。

d 30W4Cr2VA 除抗拉强度外，其他力学性能检验结果供参考，不作为交货依据。

5.4.2 表 2 所列力学性能适用于直径或边长不大于 80 mm 的棒材、以及厚度不大于 40 mm 的扁钢。直径或边长大于 80 mm 的棒材、厚度大于 40 mm 的扁钢，允许其断后伸长率、断面收缩率较表 2 的规定分别降低 1%（绝对值）及 5%（绝对值）。

5.4.3 直径或边长大于 80 mm 的棒材，允许将取样用坯改锻（轧）成直径或边长为 70 mm～80 mm 后取样，检验结果应符合表 2 的规定。

5.4.4 盘条通常不检验力学性能。如需方要求检验力学性能，则具体指标由供需双方协商确定。

5.4.5 钢材交货状态的硬度应符合表 3 的规定。供方能保证合格时，可不作该项检验。

表 3 交货硬度

组号	牌号	交货状态	布氏硬度 HBW 不大于
1	65 70	热轧	285
2	85 65Mn	热轧	302
3	60Si2Mn 60Si2MnA 50CrVA 55SiMnVB 55CrMnA 60CrMnA	热轧	321
4	60Si2CrA 60Si2CrVA 60CrMnBA 55SiCrA 30W4Cr2VA	热轧	供需双方协商
		热轧+热处理	321
5	所有牌号	冷拉+热处理	321
6		冷拉	供需双方协商

5.5 淬透性

5.5.1 55SiMnVB 钢应进行淬透性试验。推荐热处理制度:正火温度:900℃～930℃,端淬温度:860℃±5℃。试验结果应符合:在距末端 9 mm 处洛氏硬度不小于 HRC52。如供方能保证淬透性合格,可不作该项检验。

5.5.2 根据供需双方协商,允许以淬透性计算方法代替淬透性试验。淬透性计算方法由供需双方协商确定。

5.6 低倍

5.6.1 钢材的横截面酸浸低倍组织试片上不应有目视可见的缩孔、气泡、裂纹、夹杂、翻皮、白点、晶间裂纹。

5.6.2 酸浸低倍组织级别应符合表 4 的规定。

表 4 低倍组织合格级别

锭型偏析	中心疏松	一般疏松
合格级别,不大于		
2.5	2.5	2.5

5.6.3 如供方能保证低倍检验合格,可采用超声波检验法或其他无损探伤法代替酸浸低倍检验。

5.6.4 经热处理后交货的硅锰弹簧钢应检查断口,其断口上不应有目视可见的石墨碳。

5.7 非金属夹杂物

5.7.1 根据需方要求并在合同中注明,可检验钢的非金属夹杂物,其合格级别应符合表 5 的规定。

5.7.2 非金属夹杂物按 GB/T 10561 标准中 A 法评定,并按最严重表示结果。

表 5 非金属夹杂物合格级别

非金属夹杂物类型	合格级别,不大于	
	细 系	粗 系
A	2.5	2.0
B	2.5	2.0
C	2.0	1.5
D	2.0	1.5
注:如需方对超尺寸夹杂物和 DS 类夹杂物有要求,应在合同中注明,其合格级别由供需双方协商。		

5.8 脱碳层

5.8.1 钢材的总脱碳层(全脱碳+部分脱碳)深度,每边不应大于表 6 的规定(扁钢脱碳层在宽面检查)。

5.8.2 以剥皮、磨光状态交货的钢材,表面不应有脱碳层。

表 6 表面每边总脱碳层深度

牌号	公称直径边长或厚度/mm	总脱碳层深度不大于直径或厚度的百分比/%			
		热轧材		锻制材	冷拉材
		圆钢、盘条	方钢、扁钢		
硅弹簧钢	≤8	2.5	2.8	供需双方协商	2.0
	>8～30	2.0	2.3		1.5
	>30	1.5	1.8		—
其他弹簧钢	≤8	2.0	2.3		1.5
	>8	1.5	1.8		1.0

5.9 **表面质量**

5.9.1 热轧和锻制钢材表面不应有裂纹、折叠、结疤、夹杂、分层及压入的氧化铁皮。钢材的局部缺陷必须清除，清除时不应对钢材的使用造成有害影响，清除后不应使钢材小于允许的最小尺寸，清除的宽度不小于清除深度的 5 倍。允许有从实际尺寸算起不超过公称尺寸公差之半的个别细小划痕、压痕存在。

5.9.2 冷拉圆钢表面应符合 GB/T 3078 的规定。

5.9.3 剥皮或磨光状态交货的钢材表面应光滑、光亮、洁净，不应有裂纹、发纹、折叠、刮痕、凹面、结疤、锈蚀和氧化皮等外部缺陷存在。但是允许有深度不超过公称直径公差之半的个别轻微的划痕、螺旋纹或润滑油痕迹存在。

5.10 **特殊要求**

根据需方要求，经供需双方协议，并在合同中注明，可供应有下列特殊要求的钢材：

a) 对残余元素含量加以限制；

b) 规定淬透性要求(除 55SiMnVB 以外的钢)；

c) 检验钢材显微组织；

d) 检验晶粒度；

e) 检验氧含量；

f) 其他。

6 试验方法

每批钢材的检验项目和试验方法应符合表 7 的规定。

表 7 检验项目、取样数量、取样部位及试验方法

序号	检验项目	取样数量	取样部位	试验方法
1	化学成分(熔炼分析)	1/炉	GB/T 222	GB/T 223，GB/T 4336
2	拉伸	2	不同根钢材，GB/T 2975	GB/T 228
3	硬度	3	不同根钢材	GB/T 231.1
4	末端淬透性	1	任一根钢坯或钢材	GB/T 225
5	低倍组织	2	相当于钢锭头部的不同根钢坯或材，或相当于不同根连铸坯的钢坯或材	GB/T 226，GB/T 1979
6	断口	2	不同根钢材	GB/T 1814
7	石墨碳	2	不同根钢材	GB/T 13302
8	非金属夹杂物	2	不同根钢材	GB/T 10561
9	脱碳	2	不同根钢材	GB/T 224(金相法)
10	显微组织	2	不同根钢材	GB/T 13299
11	晶粒度	1	任一根钢材	GB/T 6394
12	氧含量	1	任一根钢材	GB/T 11261
13	超声波探伤	2	整根钢材	GB/T 7736
14	表面	逐支	整根钢材	目视
15	尺寸	逐支	整根钢材	卡尺、千分尺

7 检验规则

7.1 检查和验收

7.1.1 钢材出厂的检查和验收由供方质量技术监督部门进行。

7.1.2 供方应保证交货的钢材符合本标准或合同的规定，必要时，需方有权对本标准或合同规定的任一检验项目进行检查和验收。

7.2 组批规则

钢材应按批检查和验收，每批由同一牌号、同一炉号、同一加工方法、同一尺寸、同一热处理炉次（或制度）、同一交货状态的钢材组成。

7.3 取样数量和取样部位

每批钢材的取样数量和取样部位应符合表7的规定。

7.4 复验与判定规则

7.4.1 钢材的复验与判定规则按 GB/T 17505 规定执行。

7.4.2 供方若能保证钢材合格时，对同一炉号的钢材或钢坯的氧含量、力学性能、低倍组织、末端淬透性、非金属夹杂物的检验结果，允许以坯代材，以大代小。

8 包装、标志和质量证明书

钢材的包装、标志和质量证明书应符合 GB/T 2101 的有关规定。

附 录 A
（规范性附录）
热轧扁钢尺寸、外形及允许偏差

A.1 热轧扁钢尺寸及允许偏差

A.1.1 热轧扁钢（以下简称扁钢）按横截面形状分为平面扁钢和单面双槽扁钢，分别如图 A.1 和图 A.2所示。要求按图 A.2 供货时应在合同中注明，如未注明则按图 A.1 供货。

单位为毫米

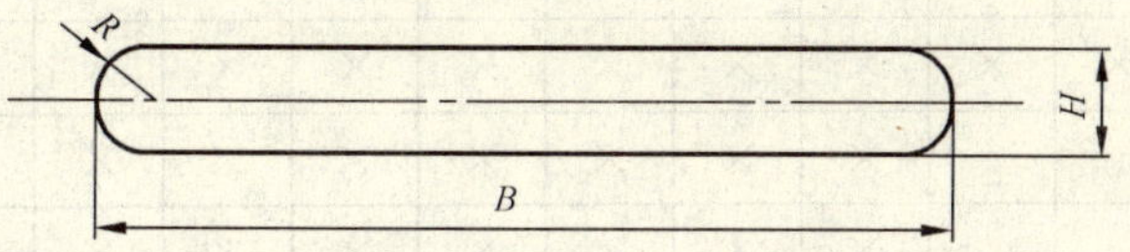

B——扁钢的宽度；

H——扁钢的厚度；

R——扁钢侧面圆弧（R 只在孔型上控制，不作为验收条件。$R\approx1/2H$）。

图 A.1 平面弹簧扁钢

单位为毫米

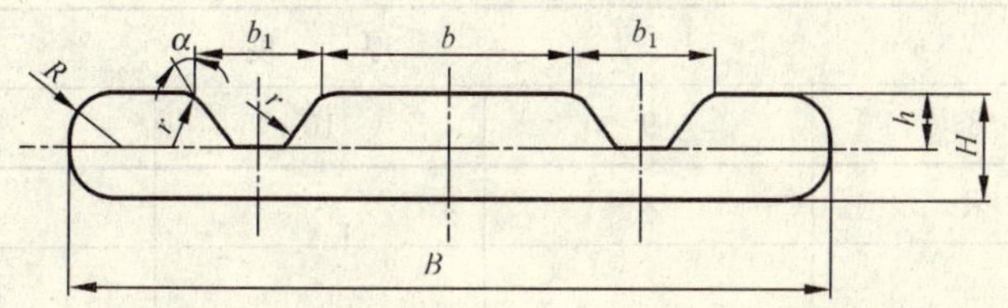

B——扁钢的宽度；

H——扁钢的厚度；

R——扁钢侧面圆弧（R 只在孔型上控制，不作为验收条件。$R\approx1/2H$）；

b_1——槽宽；

b——双槽的槽间距；

h——槽深；

r——倒角圆弧，为 2～3；

α——槽的侧面斜角。

图 A.2 单面双槽弹簧扁钢

A.1.2 扁钢的尺寸规格

A.1.2.1 平面扁钢的尺寸应符合表 A.1 的规定。经供需双方协商并在合同中注明，可供应表 A.1 以外的其他尺寸的平面扁钢。

表 A.1 平面扁钢公称尺寸规格

单位为毫米

宽度	厚度																
	5	6	7	8	9	10	11	12	13	14	16	18	20	25	30	35	40
45	×	×	×	×	×	×											
50	×	×	×	×	×	×	×	×									
55	×	×	×	×	×	×	×	×									
60	×	×	×	×	×	×	×	×	×								

表 A.1（续） 单位为毫米

宽度	厚度																
	5	6	7	8	9	10	11	12	13	14	16	18	20	25	30	35	40
70		×	×	×	×	×	×	×	×	×	×	×	×				
75		×	×	×	×	×	×	×	×	×	×	×	×				
80			×	×	×	×	×	×	×	×	×	×	×				
90			×	×	×	×	×	×	×	×	×	×	×	×	×	×	×
100			×	×	×	×	×	×	×	×	×	×	×	×	×	×	×
110			×	×	×	×	×	×	×	×	×	×	×	×	×	×	×
120				×	×	×	×	×	×	×	×	×	×	×	×	×	×
140						×	×	×	×	×	×	×	×	×	×	×	×
160						×	×	×	×	×	×	×	×	×	×	×	×
注：表中“×”表示为推荐规格。																	

A.1.2.2 单面双槽扁钢的尺寸应符合表 A.2 的规定。经供需双方协商并在合同中注明，可供应表 A.2以外的其他尺寸的扁钢。

表 A.2 单面双槽钢公称尺寸规格 单位为毫米

宽度	厚度				
	8	9	10	11	13
75	×	×	×	×	×
90				×	×
注：表中“×”表示为推荐规格。					

A.1.3 扁钢的尺寸允许偏差

A.1.3.1 平面扁钢的尺寸允许偏差应符合表 A.3 的规定。

表 A.3 平面扁钢公称尺寸允许偏差 单位为毫米

类别	截面公称尺寸	允许偏差		
		宽度≤50	宽度＞50～100	宽度＞100～160
厚度	＜7	±0.15	±0.18	±0.30
	7～12	±0.20	±0.25	±0.35
	＞12～20	±0.25	+0.25 −0.30	±0.40
	＞20～30	—	±0.35	±0.40
	＞30～40	—	±0.40	±0.45
宽度	≤50	±0.55		
	＞50～100	±0.80		
	＞100～160	±1.00		

A.1.3.2 单面双槽扁钢的厚度、宽度允许偏差应符合表 A.4 的规定，表中 h、b、b_1、α 用于孔型设计和加工，不作为钢材的验收条件。双槽的不对称度不大于 2 mm，在不对称度不大于 3 mm 且重量不超过交货重量的 10%时允许交货。单面双槽扁钢的槽底深度的允许偏差按供需双方协议。

表 A.4 单面双槽扁钢公称尺寸允许偏差

单位为毫米

尺寸	厚度 H	宽度 B	槽深 h	槽间距 b	槽宽 b_1	侧面斜角 α
8×75	8±0.25	75±0.70	$H/2$	$25_{-1.0}^{0}$	$13_{0}^{+1.0}$	30°
9×75	9±0.25	75±0.70	$H/2$	$25_{-1.0}^{0}$	$13_{0}^{+1.0}$	30°
10×75	10±0.25	75±0.70	$H/2$	$25_{-1.0}^{0}$	$13_{0}^{+1.0}$	30°
11×75	11±0.25	75±0.70	$H/2$	$25_{-1.0}^{0}$	$13_{0}^{+1.0}$	30°
13×75	13±0.30	75±0.70	$H/2$	$25_{-1.0}^{0}$	$13_{0}^{+1.0}$	30°
11×90	11±0.25	90±0.80	$H/2$	$30_{-1.0}^{0}$	$15_{0}^{+1.0}$	30°
13×90	13±0.30	90±0.80	$H/2$	$30_{-1.0}^{0}$	$15_{0}^{+1.0}$	30°

A.1.3.3 经供需双方协商，供应其他截面形状的弹簧扁钢时，其宽度和厚度的允许偏差可按表 A.3 的规定执行。

A.1.4 扁钢的平面厚度差，在同一截面内任意两点测量时，应不大于厚度公差之半。铁道机车车辆用的扁钢不受此限制，但宽面中间不应有凸起。

A.2 长度及允许偏差

A.2.1 扁钢的通常长度为 3 000 mm～6 000 mm，不小于 2 000 mm 的短尺允许交货，但其重量应不超过交货重量的 10%。经供需双方协商，可供应长度大于 6 000 mm 的扁钢。

A.2.2 扁钢的定尺、倍尺长度应在合同中注明，其允许偏差为+50 mm。

A.3 外形

扁钢每米长度的弯曲度应符合表 A.5 的规定，如合同中未注明则按普通精度执行。

表 A.5 扁钢每米长度的弯曲度

单位为毫米

扁钢厚度	弯曲方向	普通精度	较高精度
		不大于	
<7	侧弯	3.0	2.5
	平弯	7.0	5.0
≥7	侧弯	3.0	2.0
	平弯	5.0	4.0

附 录 B
(规范性附录)
28MnSiB 技术条件

B.1 牌号及化学成分

B.1.1 28MnSiB 钢的化学成分(熔炼分析)应符合表 B.1 的规定。

表 B.1 化学成分

<table>
<tr><th rowspan="3">统一数字代号</th><th rowspan="3">牌号</th><th colspan="9">化学成分(质量分数)/%</th></tr>
<tr><th rowspan="2">C</th><th rowspan="2">Si</th><th rowspan="2">Mn</th><th rowspan="2">Cr</th><th rowspan="2">B</th><th>Ni</th><th>Cu[a]</th><th>P</th><th>S</th></tr>
<tr><th colspan="4">不大于</th></tr>
<tr><td>A76282</td><td>28MnSiB</td><td>0.24～0.32</td><td>0.60～1.00</td><td>1.20～1.60</td><td>≤0.25</td><td>0.000 5～0.003 5</td><td>0.35</td><td>0.25</td><td>0.035</td><td>0.035</td></tr>
<tr><td colspan="11">a 根据需方要求,并在合同中注明,钢中残余铜含量不大于 0.20%。</td></tr>
</table>

B.1.2 钢材(或坯)的化学成分允许偏差应符合 GB/T 222 的规定。

B.2 力学性能

28MnSiB 钢力学性能的要求按本标准 5.4 条规定,其结果应符合表 B.2 的规定。钢材热轧交货状态的布氏硬度应不大于 302HBW。

B.3 淬透性

B.3.1 28MnSiB 钢需进行淬透性试验。热处理制度:正火温度:880℃～920℃,端淬温度:900℃±20℃。试验结果应符合:在距末端 9 mm 处洛氏硬度不小于 40HRC。如供方能保证淬透性合格,可不作该项试验。

表 B.2 力学性能

<table>
<tr><th rowspan="2">牌号</th><th colspan="3">热处理制度[a]</th><th colspan="4">力学性能,不小于</th></tr>
<tr><th>淬火温度/℃</th><th>淬火介质</th><th>回火温度/℃</th><th>下屈服强度 R_{eL}/(N/mm²)</th><th>抗拉强度 R_m/(N/mm²)</th><th>断后伸长率 $A_{11.3}$/%</th><th>断面收缩率 Z/%</th></tr>
<tr><td>28MnSiB</td><td>900</td><td>水或油</td><td>320</td><td>1 180</td><td>1 275</td><td>5</td><td>25</td></tr>
<tr><td colspan="8">a 表中热处理温度允许偏差为:淬火±20℃,回火±30℃。</td></tr>
</table>

B.3.2 根据供需双方协商,允许以淬透性计算方法代替淬透性试验。淬透性计算方法由供需双方协商确定。

B.4 其他技术要求、试验方法、检验规则、包装、标志和质量证明书

其他技术要求、试验方法、检验规则、包装、标志和质量证明书等按本标准的正文执行。

附 录 C
（资料性附录）
28MnSiB 的特性值

C.1 28MnSiB 的临界点见表 C.1。

表 C.1 临界点

单位为度

Ac1	Ac3	Ms	Mf
730	818	408	209

C.2 28MnSiB 的弹性模量见表 C.2。

表 C.2 弹性模量

试样热处理	淬火/℃	900,油淬					
	回火/℃	—	200	280	340	400	500
正弹性模量,E		21 200	20 900	21 000	21 300	21 400	21 600

ICS 71.040.30
G 61

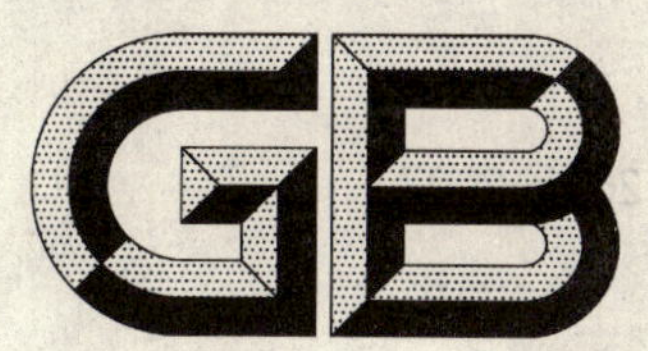

中华人民共和国国家标准

GB 1253—2007
代替 GB 1253—1989

工作基准试剂 氯化钠

Working chemical—Sodium chloride

2007-10-25 发布 2008-04-01 实施

中华人民共和国国家质量监督检验检疫总局
中国国家标准化管理委员会 发布

前　言

本标准第 4 章、5.3.1、5.3.2 为强制性的，其他条文为推荐性的。

本标准代替 GB 1253—1989《工作基准试剂(容量)　氯化钠》，与 GB 1253—1989 相比主要变化如下：

——标准名称修改为《工作基准试剂　氯化钠》；

——修改了含量的测定方法(前版的 4.1，本版的 5.3)；

——pH 值、水不溶物、硫酸盐、总氮量、磷酸盐、铁、以及重金属七项改用化学试剂通用方法测定(前版的 4.2、4.3.2、4.3.5、4.3.6、4.3.7、4.3.12、4.3.14，本版的 5.4、5.6、5.9、5.10、5.11、5.16、5.18)。

本标准由中国石油和化学工业协会提出。

本标准由全国化学标准化技术委员会化学试剂分会(SAC/TC 63/SC 3)归口。

本标准负责起草单位：北京化学试剂研究所。

本标准参加起草单位：广东光华化学厂有限公司。

本标准主要起草人：韩宝英、强京林、王玉华、陈汉昭。

本标准于 1977 年首次发布，于 1989 年第一次修订。

工作基准试剂　氯化钠

分子式：NaCl

相对分子质量：58.443（根据2003年国际相对原子质量）

1　范围

本标准规定了工作基准试剂——氯化钠的性状、规格、试验、检验规则和包装及标志。

本标准适用于滴定分析用工作基准试剂——氯化钠的检验。

2　规范性引用文件

下列文件中的条款通过本标准的引用而成为本标准的条款。凡是注日期的引用文件，其随后所有的修改单（不包括勘误的内容）或修订版均不适用于本标准，然而，鼓励根据本标准达成协议的各方研究是否可使用这些文件的最新版本。凡是不注日期的引用文件，其最新版本适用于本标准。

GB/T 601　化学试剂　标准滴定溶液的制备

GB/T 602　化学试剂　杂质测定用标准溶液的制备(GB/T 602—2002,ISO 6353-1:1982,NEQ)

GB/T 603　化学试剂　试验方法中所用制剂及制品的制备(GB/T 603—2002,ISO 6353-1:1982,NEQ)

GB/T 609　化学试剂　总氮量测定通用方法(GB/T 609—2006,ISO 6353-1:1982,NEQ)

GB/T 6682　分析实验室用水规格和试验方法(GB/T 6682—1992,neq ISO 3696:1987)

GB/T 9723—2007　化学试剂　火焰原子吸收光谱法通则

GB/T 9724　化学试剂　pH值测定通则(GB/T 9724—2007,ISO 6353-1:1982,NEQ)

GB/T 9727　化学试剂　磷酸盐测定通用方法(GB/T 9727—2007,ISO 6353-1:1982,NEQ)

GB/T 9728　化学试剂　硫酸盐测定通用方法(GB/T 9728—2007,ISO 6353-1:1982,NEQ)

GB/T 9735　化学试剂　重金属测定通用方法(GB/T 9735—1988,eqv ISO 6353-1:1982)

GB/T 9738　化学试剂　水不溶物测定通用方法(GB/T 9738—1988,eqv ISO 6353-1:1982)

GB/T 9739　化学试剂　铁测定通用方法(GB/T 9739—2006,ISO 6353-1:1982,NEQ)

GB 10737　工作基准试剂　含量测定通则　称量电位滴定法

GB 15346　化学试剂　包装及标志

HG/T 3484　化学试剂　标准玻璃乳浊液和澄清度标准

HG/T 3921　化学试剂　采样及验收规则

3　性状

本试剂为白色结晶粉末，溶于水，几乎不溶于乙醇。

4　规格

氯化钠的规格见表1。

表1　氯化钠的规格

名　称	工作基准
含量(NaCl),w/%	99.95～100.05
pH值(50 g/L,25℃)	5.0～8.0

表 1(续)

名　　称	工作基准
澄清度试验,号	≤2
水不溶物,w/%	≤0.003
碘化物(I),w/%	≤0.001
溴化物(Br),w/%	≤0.005
硫酸盐(SO_4),w/%	≤0.001
总氮量(N),w/%	≤0.000 5
磷酸盐(PO_4),w/%	≤0.000 5
六氰合铁(Ⅱ)酸盐[以 $Fe(CN)_6$ 计],w/%	≤0.000 1
镁(Mg),w/%	≤0.001
钾(K),w/%	≤0.01
钙(Ca),w/%	≤0.002
铁(Fe),w/%	≤0.000 1
钡(Ba),w/%	≤0.001
重金属(以 Pb 计),w/%	≤0.000 5

5 试验

5.1 警告

本试验方法中使用的部分试剂具有毒性或腐蚀性,一些试验过程可能导致危险情况,操作者应采取适当的安全和健康措施。

5.2 一般规定

本章中除另有规定外,所用标准滴定溶液、标准溶液、制剂及制品,均按 GB/T 601、GB/T 602、GB/T 603 的规定制备,实验用水应符合 GB/T 6682 中三级水规格,样品均按精确至 0.01 g 称量,所用溶液以"%"表示的均为质量分数。

5.3 含量

按 GB 10737 的规定测定。

5.3.1 硝酸银标准滴定溶液滴定标准物质氯化钠

称取 0.15 g 于 500℃～600℃灼烧至恒量的标准物质氯化钠,精确至 0.000 01 g。置于反应瓶中,加 70 mL 水溶解,加 10 mL 淀粉指示液(10 g/L),用硫离子选择电极(或银电极)作指示电极,用 217 型双盐桥饱和甘汞电极(外盐桥套管内装饱和硝酸铵或硝酸钾溶液)作参比电极。用硝酸银标准滴定溶液[$c(AgNO_3)=0.1$ mol/L]滴定至终点。称量硝酸银标准滴定溶液,应精确至 0.000 1 g。

5.3.2 含量的测定

含量的测定同 5.3.1,用样品代替标准物质。

氯化钠的质量分数 w,数值以"%"表示,按式(1)计算:

$$w=\frac{m_1 \cdot m_4 \cdot w_b}{m_2 \cdot m_3} \quad \cdots\cdots (1)$$

式中:

m_1——标准物质氯化钠质量的数值,单位为克(g);

m_4——滴定样品时,硝酸银标准滴定溶液质量的数值,单位为克(g);

w_b——标准物质氯化钠的含量(质量分数),数值以"%"表示;

m_2——滴定标准物质氯化钠时,硝酸银标准滴定溶液质量的数值,单位为克(g);

m_3——样品质量的数值,单位为克(g)。

5.4 pH 值

按 GB/T 9724 的规定测定。

5.5 澄清度试验

称取 25 g 样品,溶于 100 mL 水中,其浊度不得大于 HG/T 3484 中规定的澄清度标准 2 号。

5.6 水不溶物

称取 50 g 样品,溶于 200 mL 水中,在水浴上保温 1 h 后,按 GB/T 9738 的规定测定。

5.7 碘化物

称取 11 g 样品,溶于 50 mL 水中,移入分液漏斗中,加 2 mL 盐酸及 5 mL 三氯化铁溶液(100 g/L),摇匀,放置 5 min。加 10 mL 四氯化碳,振摇 1 min,放置分层,收集四氯化碳层于比色管中,再每次用 5 mL 四氯化碳萃取两次,并入比色管中(保留试样水溶液)。有机层所呈紫色不得深于标准比色溶液。

标准比色溶液的制备是取 1 g 样品及含 0.1 mg 的碘(I)标准溶液和含 0.5 mg 的溴(Br)标准溶液,与样品同时同样处理(保留标准水溶液)。

5.8 溴化物

将 5.7 中分液漏斗中保留的试样水溶液每次用 5 mL 四氯化碳萃取两次,弃去四氯化碳,于溶液中加 35 mL 硫酸溶液(1+1)及 10 mL 铬酸溶液(100 g/L),摇匀,放置 5 min。加 10 mL 四氯化碳,振摇 1 min,放置分层。收集四氯化碳层于比色管中,再用 5 mL 四氯化碳萃取,并入比色管中。有机层所呈黄色不得深于标准比色溶液。

标准比色溶液的制备是取 5.7 中保留的标准水溶液与 5.8 中试样水溶液同时同样处理。

5.9 硫酸盐

称取 1 g 样品,溶于 20 mL 水中,加 0.5 mL 盐酸溶液(20%)酸化后,按 GB/T 9728 的规定测定。溶液所呈浊度不得大于标准比浊溶液。

标准比浊溶液的制备是取含 0.01 mg 的硫酸盐(SO_4)标准溶液,与样品同时同样处理。

5.10 总氮量

称取 2 g 样品,溶于水,稀释至 140 mL,按 GB/T 609 的规定测定。溶液所呈黄色不得深于标准比色溶液。

标准比色溶液的制备是取含 0.01 mg 的氮(N)标准溶液,与样品同时同样处理。

5.11 磷酸盐

称取 1 g 样品,溶于适量水中,加 2 滴饱和 2,4-二硝基酚指示液,滴加硝酸溶液(13%)至黄色刚刚消失,稀释至 10 mL 后,按 GB/T 9727 的规定测定。有机层所呈蓝色不得深于标准比色溶液。

标准比色溶液的制备是取含 0.005 mg 的磷酸盐(PO_4)标准溶液,与样品同时同样处理。

5.12 六氰合铁(Ⅱ)酸盐

称取 3.5 g 样品,溶于 12 mL 水中,加 0.2 mL 硫酸溶液(20%),加 0.2 mL 铁-亚铁混合液,摇匀,放置 2 min。加 1 mL 磷酸二氢钠溶液(200 g/L),摇匀,放置 30 min。溶液所呈蓝色不得深于标准比色溶液。

标准比色溶液的制备是取 1 g 样品及含 0.002 5 mg 的六氰合铁(Ⅱ)酸盐[$Fe(CN)_6$]标准溶液,与样品同时同样处理。

5.13 镁

按 GB/T 9723—2007 的规定测定。

5.13.1 仪器条件

光源:镁空心阴极灯;

波长:285.2 nm;

火焰:乙炔-空气。

5.13.2 测定方法

称取 10 g 样品,溶于水,稀释至 100 mL。取 10 mL,共四份。按 GB/T 9723—2007 中 7.2.2 的规定测定,结果按 7.2.3 的规定计算。

5.14 钾

按 GB/T 9723—2007 的规定测定。

5.14.1 仪器条件

光源:钾空心阴极灯;

波长:766.5 nm;

火焰:乙炔-空气。

5.14.2 测定方法

同 5.13.2。

5.15 钙

按 GB/T 9723—2007 的规定测定。

5.15.1 仪器条件

光源:钙空心阴极灯;

波长:422.7 nm;

火焰:乙炔-空气。

5.15.2 测定方法

称取 10 g 样品,溶于水,稀释至 100 mL。取 20 mL,共四份。按 GB/T 9723—2007 中 7.2.2 的规定测定,结果按 7.2.3 的规定计算。

5.16 铁

称取 3 g 样品,溶于 15 mL 水中,用盐酸溶液(15%)将溶液的 pH 值调至 2 后,按 GB/T 9739 的规定测定。溶液所呈红色不得深于标准比色溶液。

标准比色溶液的制备是取含 0.003 mg 的铁(Fe)标准溶液,与样品同时同样处理。

5.17 钡

5.17.1 试验制剂的制备

准确称取 0.02 g 氯化钡,溶于 100 mL 乙醇溶液(3+7)中。取 2.5 mL 与 10 mL 硫酸钠($Na_2SO_4 \cdot 10H_2O$)溶液(400 g/L)混合,准确放置 1 min(使用前混合)。

5.17.2 测定方法

称取 1 g 样品,溶于水中,稀释至 20 mL,加 0.5 mL 盐酸溶液(20%)。加入至 1.25 mL 试验制剂中,稀释至 25 mL,摇匀,放置 5 min。溶液所呈浊度不得大于标准比浊溶液。

标准比浊溶液的制备是取含 0.01 mg 的钡(Ba)标准溶液,与样品同时同样处理。

5.18 重金属

称取 4 g 样品,溶于水,稀释至 20 mL。取 15 mL,按 GB/T 9735 的规定测定。溶液所呈暗色不得深于标准比色溶液。

标准比色溶液的制备是取剩余的 5 mL 样品溶液及含 0.01 mg 的铅(Pb)标准溶液,稀释至 15 mL,与同体积样品溶液同时同样处理。

6 检验规则

按 HG/T 3921 的规定进行采样及验收。

7 包装及标志

按 GB 15346 的规定进行包装、贮存与运输，并给出标志，其中：

包装单位：第 3 类；

内包装形式：NB-4、NB-5、NB-6；

外包装形式：用规格为 600 g/m^2 的盒板纸制盒，外层裱紫色电光纸。

ICS 71.040.30
G 61

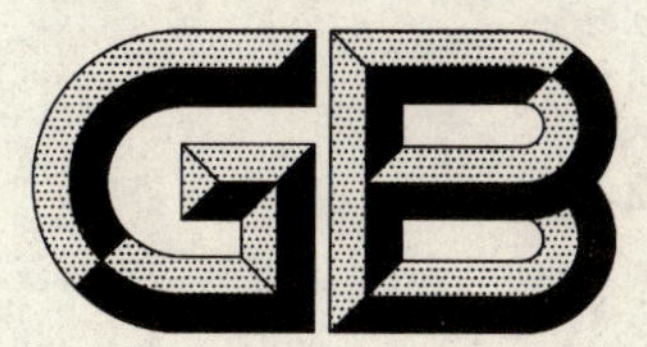

中华人民共和国国家标准

GB 1254—2007
代替 GB 1254—1990

工作基准试剂　草酸钠

Working chemical—Sodium oxalate

2007-10-25 发布　　　　2008-04-01 实施

中华人民共和国国家质量监督检验检疫总局
中国国家标准化管理委员会　发布

前言

本标准第 4 章、5.3.1、5.3.2 为强制性的，其他条文为推荐性的。

本标准代替 GB 1254—1990《工作基准试剂（容量） 草酸钠》，与 GB 1254—1990 相比主要变化如下：

——标准名称改为《工作基准试剂 草酸钠》；

——修改了含量的测定方法（前版的 4.1，本版的 5.3）。

本标准由中国石油和化学工业协会提出。

本标准由全国化学标准化技术委员会化学试剂分会（SAC/TC 63/SC 3）归口。

本标准负责起草单位：北京化学试剂研究所。

本标准参加起草单位：广东光华化学厂有限公司。

本标准主要起草人：韩宝英、强京林、王玉华、陈汉昭。

本标准于 1977 年首次发布，于 1990 年第一次修订。

工作基准试剂　草酸钠

分子式：$Na_2C_2O_4$

相对分子质量：134.00（根据 2003 年国际相对原子质量）

1　范围

本标准规定了工作基准试剂——草酸钠的性状、规格、试验、检验规则和包装及标志。

本标准适用于滴定分析用工作基准试剂——草酸钠的检验。

2　规范性引用文件

下列文件中的条款通过本标准的引用而成为本标准的条款。凡是注日期的引用文件，其随后所有的修改单（不包括勘误的内容）或修订版均不适用于本标准，然而，鼓励根据本标准达成协议的各方研究是否可使用这些文件的最新版本。凡是不注日期的引用文件，其最新版本适用于本标准。

GB/T 601　化学试剂　标准滴定溶液的制备

GB/T 602　化学试剂　杂质测定用标准溶液的制备（GB/T 602—2002，ISO 6353-1：1982，NEQ）

GB/T 603　化学试剂　试验方法中所用制剂及制品的制备（GB/T 603—2002，ISO 6353-1：1982，NEQ）

GB/T 609　化学试剂　总氮量测定通用方法（GB/T 609—2006，ISO 6353-1：1982，NEQ）

GB/T 6682　分析实验室用水规格和试验方法（GB/T 6682—1992，neq ISO 3696：1987）

GB/T 9723—2007　化学试剂　火焰原子吸收光谱法通则

GB/T 9724　化学试剂　pH 值测定通则（GB/T 9724—2007，ISO 6353-1：1982，NEQ）

GB/T 9728　化学试剂　硫酸盐测定通用方法（GB/T 9728—2007，ISO 6353-1：1982，NEQ）

GB/T 9737　化学试剂　易碳化物质测定通则（GB/T 9737—1988，eqv ISO 6353-1：1982）

GB 10738　工作基准试剂　含量测定通则　称量滴定法

GB 15346　化学试剂　包装及标志

HG/T 3484　化学试剂　标准玻璃乳浊液和澄清度标准

HG/T 3921　化学试剂　采样及验收规则

3　性状

本试剂为白色结晶粉末，溶于水，不溶于乙醇。

4　规格

草酸钠的规格见表 1。

表 1　草酸钠的规格

名　称	工作基准
含量（$Na_2C_2O_4$），w/%	99.95～100.05
pH 值（30 g/L，25℃）	7.5～8.5
澄清度试验，号	≤2
干燥失量，w/%	≤0.01

表 1(续)

名　　称	工作基准
氯化物(Cl),w/%	≤0.001
硫化合物(以 SO_4 计),w/%	≤0.002
总氮量(N),w/%	≤0.001
钾(K),w/%	≤0.005
铁(Fe),w/%	≤0.000 5
重金属(以 Pb 计),w/%	≤0.001
易炭化物质	合格

5 试验

5.1 警告

本试验方法中使用的部分试剂具有毒性或腐蚀性,一些试验过程可能导致危险情况,操作者应采取适当的安全和健康措施。

5.2 一般规定

本章中除另有规定外,所用标准滴定溶液、标准溶液、制剂及制品,均按 GB/T 601、GB/T 602、GB/T 603 的规定制备,实验用水应符合 GB/T 6682 中三级水规格,样品均按精确至 0.01 g 称量,所用溶液以"%"表示的均为质量分数。

5.3 含量

按 GB 10738 的规定测定。

5.3.1 高锰酸钾标准滴定溶液滴定标准物质草酸钠

称取 0.2 g 于(105±2)℃干燥至恒量的标准物质草酸钠,精确至 0.000 01 g。置于反应瓶中,溶于 100 mL 硫酸溶液(80 mL/L),用高锰酸钾标准滴定溶液[$c(\frac{1}{5}KMnO_4)=0.1$ mol/L]滴定,近终点时加热至 65℃,继续滴定至溶液呈粉红色,并保持 30 s。称量高锰酸钾标准滴定溶液,应精确至 0.000 1 g。

5.3.2 含量的测定

含量的测定同 5.3.1,用测定干燥失量后的样品代替标准物质。

草酸钠的质量分数 w_1,数值以"%"表示,按式(1)计算:

$$w_1=\frac{m_1\cdot m_4\cdot w_b}{m_2\cdot m_3} \quad\cdots\cdots(1)$$

式中:

m_1——标准物质草酸钠质量的数值,单位为克(g);

m_4——滴定样品时,高锰酸钾标准滴定溶液质量的数值,单位为克(g);

w_b——标准物质草酸钠的含量(质量分数),数值以"%"表示;

m_2——滴定标准物质草酸钠时,高锰酸钾标准滴定溶液质量的数值,单位为克(g);

m_3——样品质量的数值,单位为克(g)。

5.4 pH 值

称取 3 g 样品,溶于 100 mL 无二氧化碳的水中,按 GB/T 9724 的规定测定。

5.5 澄清度试验

称取 4 g 样品,溶于 100 mL 热水中。其浊度不得大于 HG/T 3484 中规定的澄清度标准 2 号。

5.6 干燥失量

称取 10 g 样品,精确至 0.000 1 g,置于已在(105±2)℃恒量的称量瓶中,于(105±2)℃的电烘箱中干燥至恒量。保留恒量后的样品用于含量测定。

干燥失量 w_2，数值以“%”表示，按式(2)计算：

$$w_2 = \frac{m_1 - m_2}{m_1} \times 100 \quad \cdots\cdots(2)$$

式中：

m_1——干燥前样品质量的数值，单位为克(g)；

m_2——干燥恒量后样品质量的数值，单位为克(g)。

5.7 氯化物

称取 1 g 样品，溶于 20 mL 水及 8 mL 硝酸溶液(25%)中，加 1 mL 硝酸银溶液(17 g/L)，摇匀，放置 10 min。溶液所呈浊度不得大于标准比浊溶液。

标准比浊溶液的制备是取含 0.01 mg 的氯化物(Cl)标准溶液，与样品同时同样处理。

5.8 硫化合物

称取 1 g 样品，置于蒸发皿中，加 2 mL 水、2 mL 硝酸及 2 mL“30%过氧化氢”，盖以表面皿，在水浴上保温 1 h，蒸干。加少量水溶解，加 6 mL 盐酸溶液(20%)，再蒸干。残渣溶于 10 mL 水(必要时过滤)，稀释至 20 mL，按 GB/T 9728 的规定测定。溶液所呈浊度不得大于标准比浊溶液。

标准比浊溶液的制备是取含 0.02 mg 的硫酸盐(SO_4)标准溶液，稀释至 20 mL，与同体积试液同时同样处理。

5.9 总氮量

称取 1 g 样品，加 100 mL 水，微热溶解，冷却，稀释至 140 mL，按 GB/T 609 的规定测定。溶液所呈黄色不得深于标准比色溶液。

标准比色溶液的制备是取含 0.01 mg 的氮(N)标准溶液，稀释至 140 mL，与同体积样品溶液同时同样处理。

5.10 钾

按 GB/T 9723—2007 的规定测定。

5.10.1 仪器条件

光源：钾空心阴极灯；

波长：766.5 nm；

火焰：乙炔-空气。

5.10.2 测定方法

称取 1 g 样品，加 100 mL 水，微热溶解，冷却。取 20 mL，共四份，按 GB/T 9723—2007 中 7.2.2 的规定测定，结果按 7.2.3 的规定计算。

5.11 铁

称取 1 g 样品，加 30 mL 水，微热溶解，加 2 mL 磺基水杨酸溶液(100 g/L)，摇匀，加 5 mL 氨水溶液(10%)，摇匀。溶液所呈黄色不得深于标准比色溶液。

标准比色溶液的制备是取含 0.005 mg 的铁(Fe)标准溶液，与样品同时同样处理。

5.12 重金属

称取 2 g 样品，置于蒸发皿中，加 2 mL 水、2 mL 硝酸及 2 mL“30%过氧化氢”，盖以表面皿，在水浴上保温 1 h，蒸干，加 4 mL 硝酸溶液(1+1)，再蒸干。残渣溶于水，用氨水溶液(10%)将溶液 pH 值调至 4，稀释至 40 mL。取 30 mL，加 0.2 mL 乙酸溶液(30%)及 10 mL 新制备的饱和硫化氢水，摇匀，放置 10 min。溶液所呈暗色不得深于标准比色溶液。

标准比色溶液的制备是取剩余的 10 mL 试液及含 0.01 mg 的铅(Pb)标准溶液，稀释至 30 mL，与同体积试液同时同样处理。

5.13 易炭化物质

称取 1 g 样品，置于蒸发皿中，加 10 mL 硫酸(优级纯，95%±0.5%)，加热至硫酸蒸气开始逸出，冷却。溶液所呈颜色不得深于 GB/T 9737 中规定的标准色 R/8。

6 检验规则

按 HG/T 3921 的规定进行采样及验收。

7 包装及标志

按 GB 15346 的规定进行包装、贮存与运输，并给出标志，其中：

包装单位：第 3 类；

内包装形式：NB-4、NB-5、NB-6；

外包装形式：用规格为 600 g/m^2 的盒板纸制盒，外层裱紫色电光纸。

ICS 71.040.30
G 61

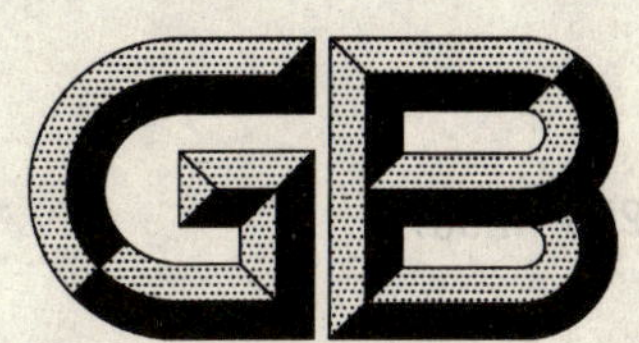

中华人民共和国国家标准

GB 1255—2007
代替 GB 1255—1990

工作基准试剂 无水碳酸钠

Working chemical—Sodium carbonate anhydrous

2007-02-02 发布 2007-11-01 实施

中华人民共和国国家质量监督检验检疫总局
中国国家标准化管理委员会 发布

前 言

本标准第 4 章、5.3.1、5.3.2 为强制性的，其余为推荐性的。

本标准代替 GB 1255—1990《工作基准试剂(容量)　无水碳酸钠》，与 GB 1255—1990 相比主要变化如下：

——标准名称修改为《工作基准试剂　无水碳酸钠》；

——修改了含量的测定方法(1990 年版的 4.1；本版的 5.3)。

本标准由中国石油和化学工业协会提出。

本标准由全国化学标准化技术委员会化学试剂分会(SAC/TC 63/SC 3)归口。

本标准负责起草单位：北京化学试剂研究所。

本标准参加起草单位：广东光华化学厂有限公司。

本标准主要起草人：韩宝英、关瑞宝、强京林、王玉华、陈汉昭。

本标准所代替标准的历次发布情况为：

——GB 1255—1977、GB 1255—1990。

工作基准试剂　无水碳酸钠

分子式：Na_2CO_3

相对分子质量：105.99（根据2003年国际相对原子质量）

1　范围

本标准规定了工作基准试剂　无水碳酸钠的性状、规格、试验、检验规则和包装及标志。

本标准适用于滴定分析用工作基准试剂　无水碳酸钠的检验。

2　规范性引用文件

下列文件中的条款通过本标准的引用而成为本标准的条款。凡是注日期的引用文件，其随后所有的修改单（不包括勘误的内容）或修订版均不适用于本标准，然而，鼓励根据本标准达成协议的各方研究是否可使用这些文件的最新版本。凡是不注日期的引用文件，其最新版本适用于本标准。

GB/T 601　化学试剂　标准滴定溶液的制备

GB/T 602　化学试剂　杂质测定用标准溶液的制备（GB/T 602—2002，ISO 6353-1：1982，NEQ）

GB/T 603　化学试剂　试验方法中所用制剂及制品的制备（GB/T 603—2002，ISO 6353-1：1982，NEQ）

GB/T 609　化学试剂　总氮量测定通用方法（GB/T 609—2006，ISO 6353-1：1982，NEQ）

GB/T 6682　分析实验室用水规格和试验方法（GB/T 6682—1992，neq ISO 3696：1987）

GB/T 9723—1988　化学试剂　火焰原子吸收光谱法通则

GB/T 9728　化学试剂　硫酸盐测定通用方法（GB/T 9728—1988，eqv ISO 6353-1：1982）

GB/T 9729　化学试剂　氯化物测定通用方法（GB/T 9729—1988，eqv ISO 6353-1：1982）

GB/T 9734　化学试剂　铝测定通用方法（GB/T 9734—1988，neq ISO 6353-1：1982）

GB/T 9739　化学试剂　铁测定通用方法（GB/T 9739—2006，ISO 6353-1：1982，NEQ）

GB 10738　工作基准试剂　含量测定通则　称量滴定法

GB 15346　化学试剂　包装及标志

HG/T 3484　化学试剂　标准玻璃乳浊液和澄清度标准

HG/T 3921　化学试剂　采样及验收规则

3　性状

本试剂为白色粉末，暴露于空气中逐渐吸水成为一水合物（$Na_2CO_3 \cdot H_2O$），溶于水，不溶于乙醇。

4　规格

无水碳酸钠的规格见表1。

表1

名　　称	工作基准
Na_2CO_3，w/%	99.95～100.05
澄清度试验/号	≤2

表 1（续）

名　　称	工作基准
灼烧失量，w/%	≤0.5
氯化物(Cl)，w/%	≤0.001
硫化合物(以 SO_4 计)，w/%	≤0.003
总氮量(N)，w/%	≤0.001
磷酸盐及硅酸盐(以 SiO_3 计)，w/%	≤0.002 5
镁(Mg)，w/%	≤0.000 5
铝(Al)，w/%	≤0.001
钾(K)，w/%	≤0.005
钙(Ca)，w/%	≤0.01
铁(Fe)，w/%	≤0.000 3
重金属(以 Pb 计)，w/%	≤0.000 5

5　试验

5.1　警告

本试验方法中使用的部分试剂具有毒性或腐蚀性，一些试验过程可能导致危险情况，操作者应采取适当的安全和健康措施。

5.2　一般规定

本章中除另有规定外，所用标准滴定溶液、标准溶液、制剂及制品，均按 GB/T 601、GB/T 602、GB/T 603的规定制备，实验用水应符合 GB/T 6682 中三级水规格，样品均按精确至0.01 g称量。本标准中所用溶液以"%"表示的均为质量分数。

5.3　含量

按 GB 10738 的规定测定。

5.3.1　盐酸标准滴定溶液滴定标准物质无水碳酸钠

称取 0.15 g 于 300℃灼烧至恒量的标准物质无水碳酸钠，精确至 0.000 01 g。置于反应瓶中，溶于 50 mL 水，加 10 滴溴甲酚绿-甲基红指示液，用盐酸标准滴定溶液[c(HCl)＝0.1 mol/L]滴定至溶液由绿色变为暗红色。煮沸 2 min，安上装有钠石灰的双球管，冷却，继续滴定至溶液呈暗红色。称量盐酸标准滴定溶液，应精确至 0.000 1 g。

5.3.2　含量的测定

含量的测定同 5.3.1，用测定灼烧失量后的样品代替标准物质。

无水碳酸钠的质量分数 w，数值以"%"表示，按式(1)计算：

$$w=\frac{m_1\cdot m_4\cdot w_b}{m_2\cdot m_3} \qquad \cdots\cdots(1)$$

式中：

m_1——标准物质无水碳酸钠质量的数值，单位为克(g)；

m_4——滴定试样时，盐酸标准滴定溶液质量的数值，单位为克(g)；

w_b——标准物质无水碳酸钠的含量(质量分数)，数值以"%"表示；

m_2——滴定标准物质无水碳酸钠时，盐酸标准滴定溶液质量的数值，单位为克(g)；

m_3——样品质量的数值，单位为克(g)。

5.4 澄清度试验

称取5 g样品，溶于100 mL水中，其浊度不得大于HG/T 3484中规定的澄清度标准2号。

5.5 灼烧失量

称取5 g样品，精确至0.000 1 g，置于已在300℃恒重的铂坩埚中，逐渐升温，于300℃灼烧至恒量。保留恒量后的样品用于含量测定。

灼烧失量w，数值以“%”表示，按式(2)计算：

$$w = \frac{m_1 - m_2}{m_1} \times 100 \qquad \cdots\cdots(2)$$

式中：

m_1——灼烧前样品质量的数值，单位为克(g)；

m_2——灼烧恒量后样品质量的数值，单位为克(g)。

5.6 氯化物

称取1 g样品，溶于10 mL水中，滴加硝酸溶液(25%)将溶液pH值调至5～6，稀释至20 mL，按GB/T 9729的规定测定。溶液所呈浊度不得大于标准比浊溶液。

标准比浊溶液的制备是取含0.01 mg氯化物(Cl)标准溶液，稀释至20 mL，与同体积试液同时同样处理。

5.7 硫化合物

称取0.5 g样品，溶于20 mL水中，加0.3 mL“30%过氧化氢”，煮沸数分钟，冷却，用盐酸溶液(20%)将溶液pH值调至5～6，再煮沸，冷却，稀释至20 mL，按GB/T 9728的规定测定。溶液所呈浊度不得大于标准比浊溶液。

标准比浊溶液的制备是取含0.015 mg硫酸盐(SO_4)标准溶液，稀释至20 mL，与同体积试液同时同样处理。

5.8 总氮量

称取2 g样品，溶于水，稀释至140 mL，按GB/T 609的规定测定。溶液所呈黄色不得深于标准比色溶液。

标准比色溶液的制备是取含0.02 mg氮(N)标准溶液，与样品同时同样处理。

5.9 磷酸盐及硅酸盐

称取0.5 g样品，溶于50 mL水中，加2.4 mL盐酸溶液(20%)，稀释至80 mL，加热至沸，冷却。加5 mL钼酸铵溶液(100 g/L)，用氨水溶液(10%)或盐酸溶液(20%)将溶液pH值调至1.8(用酸度计测定)，再加热至沸，于水浴上保温20 min，冷却。加10 mL盐酸，移入分液漏斗中，用25 mL4-甲基-2-戊酮(甲基异丁基甲酮)萃取2 min。取有机相，用25 mL盐酸溶液(0.5%)洗涤。取有机相，加0.2 mL新制备的氯化亚锡盐酸溶液(20 g/L)，加1 mL乙醇(无水乙醇)，摇匀。有机相所呈蓝色不得深于标准比色溶液。

标准比色溶液的制备是取含0.012 mg硅酸盐(SiO_3)标准溶液，加0.6 mL盐酸溶液(20%)，稀释至80 mL，与同体积试液同时同样处理。

5.10 镁

按GB/T 9723—1988的规定测定。

5.10.1 仪器条件

光源：镁空心阴极灯；

波长：285.2 nm；

火焰：乙炔-空气。

5.10.2 测定方法

称取 10 g 样品，溶于水，滴加盐酸溶液(20%)将溶液 pH 值调至 5～6，过量 5 mL，稀释至 100 mL。取 10 mL，共四份，按 GB/T 9723—1988 中 6.2.2 的规定测定。

5.11 铝

称取 1 g 样品，溶于水，滴加盐酸溶液(20%)将溶液 pH 值调至 5～6，过量 0.25 mL，煮沸，冷却，用氨水溶液(10%)将溶液 pH 值调至中性，稀释至 10 mL，按 GB/T 9734 的规定测定。溶液所呈红色不得深于标准比色溶液。

标准比色溶液的制备是取含 0.01 mg 铝(Al)标准溶液，稀释至 10 mL，与同体积试液同时同样处理。

5.12 钾

按 GB/T 9723—1988 的规定测定。

5.12.1 仪器条件

光源：钾空心阴极灯；

波长：766.5 nm；

火焰：乙炔-空气。

5.12.2 测定方法

同 5.10.2。

5.13 钙

按 GB/T 9723—1988 的规定测定。

5.13.1 仪器条件

光源：钙空心阴极灯；

波长：422.7 nm；

火焰：乙炔-空气。

5.13.2 测定方法

称取 5 g 样品，溶于水，滴加盐酸溶液(20%)将溶液 pH 值调至 5～6，过量 2.5 mL，稀释至100 mL。取 20 mL，共四份，按 GB/T 9723—1988 中 6.2.2 的规定测定。

5.14 铁

称取 1 g 样品，溶于水，滴加盐酸溶液(20%)将溶液 pH 值调至 5～6，过量 0.5 mL，煮沸，冷却，稀释至 15 mL，用氨水溶液(10%)将溶液 pH 值调至 2，按 GB/T 9739 的规定测定。溶液所呈红色不得深于标准比色溶液。

标准比色溶液的制备是取含 0.003 mg 铁(Fe)标准溶液，加 10 mL 水及 0.5 mL 盐酸溶液(20%)，稀释至 15 mL，与同体积试液同时同样处理。

5.15 重金属

称取 6 g 样品，溶于 25 mL 水中，滴加盐酸溶液(20%)将溶液 pH 值调至 5～6，过量 0.5 mL，在水浴上蒸干。残渣溶于水，用氢氧化钠溶液(4 g/L)将溶液 pH 值调至 4，稀释至 40 mL。取 30 mL，加 0.2 mL乙酸溶液(30%)及 10 mL 新制备的饱和硫化氢水，摇匀，放置 10 min。溶液所呈暗色不得深于标准比色溶液。

标准比色溶液的制备是取剩余的 10 mL 试样溶液及含 0.015 mg 铅(Pb)标准溶液，稀释至 30 mL，与同体积试液同时同样处理。

6 检验规则

按 HG/T 3921 的规定进行采样及验收。

7 包装及标志

按 GB 15346 的规定进行包装、贮存与运输，并给出标志，其中：

——包装单位：第 3 类；

——内包装形式：NB-4、NB-5、NB-6；

——外包装形式：用规格为 600 g/m² 的盒板纸制盒，外层裱紫色电光纸。

ICS 71.040.30
G 61

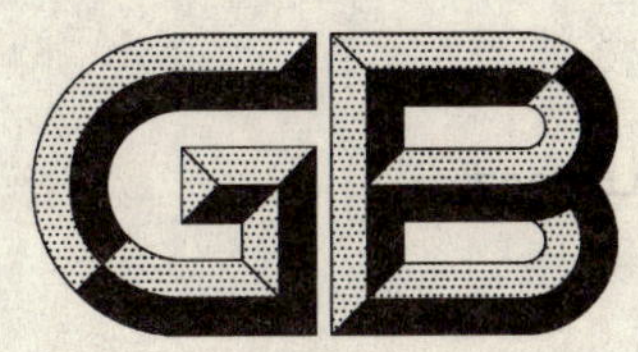

中华人民共和国国家标准

GB 1257—2007
代替 GB 1257—1989

工作基准试剂　邻苯二甲酸氢钾

Working chemical—Potassium hydrogen phthalate

2007-10-25 发布　　2008-04-01 实施

中华人民共和国国家质量监督检验检疫总局
中国国家标准化管理委员会　发布

前言

本标准第 4 章、5.3.1、5.3.2 为强制性的，其他条文为推荐性的。

本标准代替 GB 1257—1989《工作基准试剂(容量)　邻苯二甲酸氢钾》，与 GB 1257—1989 相比主要变化如下：

——标准名称修改为《工作基准试剂　邻苯二甲酸氢钾》；

——修改了含量的测定方法(前版的 4.1，本版的 5.3)；

——水不溶物、氯化物和铁三项改用化学试剂通用方法测定(前版的 4.3.2、4.3.3、4.3.6，本版的 5.6、5.7、5.10)。

本标准由中国石油和化学工业协会提出。

本标准由全国化学标准化技术委员会化学试剂分会(SAC/TC 63/SC 3)归口。

本标准负责起草单位：北京化学试剂研究所。

本标准参加起草单位：广东光华化学厂有限公司。

本标准主要起草人：韩宝英、强京林、王玉华、陈汉昭。

本标准于 1977 年首次发布，于 1989 年第一次修订。

工作基准试剂　邻苯二甲酸氢钾

分子式：$KHC_8H_4O_4$

相对分子质量：204.22（根据2003年国际相对原子质量）

1　范围

本标准规定工作基准试剂——邻苯二甲酸氢钾的性状、规格、试验、检验规则和包装及标志。

本标准适用于滴定分析用工作基准试剂——邻苯二甲酸氢钾的检验。

2　规范性引用文件

下列文件中的条款通过本标准的引用而成为本标准的条款。凡是注日期的引用文件，其随后所有的修改单（不包括勘误的内容）或修订版均不适用于本标准，然而，鼓励根据本标准达成协议的各方研究是否可使用这些文件的最新版本。凡是不注日期的引用文件，其最新版本适用于本标准。

GB/T 601　化学试剂　标准滴定溶液的制备

GB/T 602　化学试剂　杂质测定用标准溶液的制备（GB/T 602—2002，ISO 6353-1：1982，NEQ）

GB/T 603　化学试剂　试验方法中所用制剂及制品的制备（GB/T 603—2002，ISO 6353-1：1982，NEQ）

GB/T 6682　分析实验室用水规格和试验方法（GB/T 6682—1992，neq ISO 3696：1987）

GB/T 9723—2007　化学试剂　火焰原子吸收光谱法通则

GB/T 9724　化学试剂　pH值测定通则（GB/T 9724—2007，ISO 6353-1：1982，NEQ）

GB/T 9729　化学试剂　氯化物测定通用方法（GB/T 9729—2007，ISO 6353-1：1982，NEQ）

GB/T 9738　化学试剂　水不溶物测定通用方法（GB/T 9738—1988，eqv ISO 6353-1：1982）

GB/T 9739　化学试剂　铁测定通用方法（GB/T 9739—2006，ISO 6353-1：1982，NEQ）

GB 10737　工作基准试剂　含量测定通则　称量电位滴定法

GB 15346　化学试剂　包装及标志

HG/T 3484　化学试剂　标准玻璃乳浊液和澄清度标准

HG/T 3921　化学试剂　采样及验收规则

3　性状

本试剂为无色结晶或白色结晶粉末，能溶于水。

4　规格

邻苯二甲酸氢钾的规格见表1。

表1　邻苯二甲酸氢钾的规格

名　　称	工作基准
含量（$KHC_8H_4O_4$），w/%	99.95～100.05
pH值（50 g/L，25℃）	3.8～4.1
澄清度试验，号	≤2
水不溶物，w/%	≤0.003

表 1(续)

名　　称	工作基准
氯化物(Cl),w/%	≤0.002
硫化合物(以 SO_4 计),w/%	≤0.006
钠(Na),w/%	≤0.005
铁(Fe),w/%	≤0.000 5
重金属(以 Pb 计),w/%	≤0.000 5

5 试验

5.1 警告

本试验方法中使用的部分试剂具有毒性或腐蚀性,一些试验过程可能导致危险情况,操作者应采取适当的安全和健康措施。

5.2 一般规定

本章中除另有规定外,所用标准滴定溶液、标准溶液、制剂及制品,均按 GB/T 601、GB/T 602、GB/T 603 的规定制备,实验用水应符合 GB/T 6682 中三级水规格,样品均按精确至 0.01 g 称量,所用溶液以"%"表示的均为质量分数。

5.3 含量

按 GB 10737 的规定测定。

5.3.1 氢氧化钠标准滴定溶液滴定标准物质邻苯二酸氢钾

称取 0.5 g 于 105℃～110℃干燥至恒量的标准物质邻苯二甲酸氢钾,精确到 0.000 01 g。置于反应瓶中,加 50 mL 无二氧化碳的水溶解,用 231 型玻璃电极作指示电极,用 232 型饱和甘汞电极作参比电极,用氢氧化钠标准滴定溶液[$c(NaOH)=0.1$ mol/L]滴定至终点。称量氢氧化钠标准滴定溶液,应精确至 0.000 1 g。

5.3.2 含量的测定

含量的测定同 5.3.1,用样品代替标准物质。

邻苯二甲酸氢钾的质量分数 w,数值以"%"表示,按式(1)计算:

$$w=\frac{m_1\cdot m_4\cdot w_b}{m_2\cdot m_3} \qquad \cdots\cdots(1)$$

式中:

m_1——标准物质邻苯二甲酸氢钾质量的数值,单位为克(g);

m_4——滴定样品时,氢氧化钠标准滴定溶液质量的数值,单位为克(g);

w_b——标准物质邻苯二甲酸氢钾的含量(质量分数),数值以"%"表示;

m_2——滴定标准物质邻苯二甲酸氢钾时,氢氧化钠标准滴定溶液质量的数值,单位为克(g);

m_3——样品质量的数值,单位为克(g)。

5.4 pH 值

按 GB/T 9724 的规定测定。

5.5 澄清度试验

称取 7.5 g 样品,加 100 mL 水,加热溶解,其浊度不得大于 HG/T 3484 中规定的澄清度标准 2 号。

5.6 水不溶物

称取 40 g 样品,加 400 mL 水,加热溶解,在水浴上保温 1 h 后,按 GB/T 9738 的规定测定。

5.7 氯化物

称取 5 g 样品,溶于 30 mL 热水中,冷却,加 10 mL 硝酸,过滤,稀释至 50 mL。取 10 mL,按

GB/T 9729 的规定测定。溶液所呈浊度不得大于标准比浊溶液。

标准比浊溶液的制备是取含 0.02 mg 的氯化物(Cl)标准溶液,稀释至 10 mL,与同体积试液同时同样处理。

5.8 硫化合物

称取 0.5 g 样品,置于铂坩埚中,加 0.2 g 无水碳酸钠,混匀,加 2 mL 水湿润,在水浴上蒸干,加热至完全炭化,逐渐升温至 700℃ 并灼烧至白。如残渣不白,冷却后加少量水润湿,在水浴上蒸干,再灼烧。如此重复操作,至残渣完全变白,冷却,加 5 mL 水溶解,用盐酸溶液(20%)中和(必要时过滤),稀释至 10 mL,加 5 mL“乙醇(95%)”、0.5 mL 盐酸溶液(20%),在不断振摇下滴加 3 mL 氯化钡溶液(250 g/L),稀释至 25 mL,摇匀,放置 10 min。溶液所呈浊度不得大于标准比浊溶液。

标准比浊溶液的制备是取含 0.03 mg 的硫酸盐(SO_4)标准溶液,与样品同时同样处理。

5.9 钠

按 GB/T 9723—2007 的规定测定。

5.9.1 仪器条件

光源:钠空心阴极灯;

波长:589.0 nm;

火焰:乙炔-空气。

5.9.2 测定方法

称取 4 g 样品,溶于水,稀释至 100 mL。取 10 mL,共四份,按 GB/T 9723—2007 中 7.2.2 的规定测定,结果按 7.2.3 的规定计算。

5.10 铁

称取 1 g 样品,溶于 15 mL 热水中,用盐酸溶液(15%)将溶液的 pH 值调至 2 后,按 GB/T 9739 的规定测定。溶液所呈红色不得深于标准比色溶液。

标准比色溶液的制备是取含 0.005 mg 的铁(Fe)标准溶液,与样品同时同样处理。

5.11 重金属

称取 4 g 样品,溶于 40 mL 热水中,取 30 mL,加 0.2 mL 乙酸溶液(30%)及 10 mL 新制备的饱和硫化氢水,摇匀,放置 10 min。溶液所呈暗色不得深于标准比色溶液。

标准比色溶液的制备是取剩余的 10 mL 样品溶液及含 0.01 mg 的铅(Pb)标准溶液,稀释至 30 mL,与同体积样品溶液同时同样处理。

6 检验规则

按 HG/T 3921 的规定进行采样及验收。

7 包装及标志

按 GB 15346 的规定进行包装、贮存与运输,并给出标志,其中:

包装单位:第 3 类;

内包装形式:NB-4、NB-5、NB-6;

外包装形式:用规格为 600 g/m² 的盒板纸制盒,外层裱紫色电光纸。

ICS 71.040.30
G 61

中华人民共和国国家标准

GB 1259—2007
代替 GB 1259—1989

工作基准试剂 重铬酸钾

Working chemical—Potassium dichromate

2007-02-02 发布 2007-11-01 实施

中华人民共和国国家质量监督检验检疫总局
中国国家标准化管理委员会 发布

前　言

本标准第4章、5.2.1和5.2.2为强制性的，其余为推荐性的。

本标准代替GB 1259—1989《工作基准试剂(容量)　重铬酸钾》，与GB 1259—1989相比，主要变化如下：

——标准名称修改为《工作基准试剂　重铬酸钾》；

——修改了含量的测定方法(1989年版的4.1；本版的5.2)；

——水不溶物、硫酸盐改用化学试剂通用方法测定(1989年版的4.2.1、4.2.3；本版的5.3、5.5)。

本标准由中国石油和化学工业协会提出。

本标准由全国化学标准化技术委员会化学试剂分会(SAC/TC 63/SC 3)归口。

本标准负责起草单位：北京化学试剂研究所。

本标准参加起草单位：广东光华化学厂有限公司。

本标准主要起草人：关瑞宝、韩宝英、王玉华、强京林、陈汉昭。

本标准所代替标准的历次发布情况为：

——GB 1259—1977、GB 1259—1989。

工作基准试剂　重铬酸钾

警告：本标准规定的一些试验过程可能导致危险情况，使用者有责任采取适当的安全和健康措施。

分子式：$K_2Cr_2O_7$

相对分子质量：294.18(根据2003年国际相对原子质量)

1　范围

本标准规定了工作基准试剂重铬酸钾的性状、规格、试验、检验规则和包装及标志。

本标准适用于滴定分析用工作基准试剂重铬酸钾的检验。

2　规范性引用文件

下列文件中的条款通过本标准的引用而成为本标准的条款。凡是注日期的引用文件，其随后所有的修改单(不包括勘误的内容)或修订版均不适用于本标准，然而，鼓励根据本标准达成协议的各方研究是否可使用这些文件的最新版本。凡是不注日期的引用文件，其最新版本适用于本标准。

GB/T 601　化学试剂　标准滴定溶液的制备

GB/T 602　化学试剂　杂质测定用标准溶液的制备(GB/T 602—2002，ISO 6353-1:1982，NEQ)

GB/T 603　化学试剂　试验方法中所用制剂及制品的制备(GB/T 603—2002，ISO 6353-1:1982，NEQ)

GB/T 6682　化学试剂　分析实验室用水规格和试验方法(GB/T 6682—1992，neq ISO 3696:1987)

GB/T 9723—1988　化学试剂　火焰原子吸收光谱法通则

GB/T 9728　化学试剂　硫酸盐测定通用方法(GB/T 9728—1988，eqv ISO 6353-1:1982)

GB/T 9738　化学试剂　水不溶物测定通用方法(GB/T 9738—1988，eqv ISO 6353-1:1982)

GB 10737　工作基准试剂　含量测定通则　称量电位滴定法

GB 15258　化学品安全标签编写规定

GB 15346　化学试剂　包装及标志

HG/T 3921　化学试剂　采样及验收规则

3　性状

本试剂为橙红色结晶颗粒或粉末，溶于水，不溶于乙醇。

4　规格

重铬酸钾的规格见表1。

表1

名　称	工作基准
$K_2Cr_2O_7$，w/%	99.95～100.05
水不溶物，w/%	≤0.003
氯化物(Cl)，w/%	≤0.001
硫酸盐(SO_4)，w/%	≤0.003

表 1(续)

名　称	工作基准
钠(Na),w/%	≤0.01
钙(Ca),w/%	≤0.001
铁(Fe),w/%	≤0.001

5 试验

5.1 一般规定

本章中除另有规定外,所用标准滴定溶液、标准溶液、制剂及制品,均按 GB/T 601、GB/T 602、GB/T 603 的规定制备,实验用水应符合 GB/T 6682 中三级水规格,样品均按精确至 0.01 g 称量。本标准中所用溶液以"%"表示的均为质量分数。

5.2 含量

按 GB 10737 的规定测定。

5.2.1 硫代硫酸钠标准滴定溶液滴定标准物质重铬酸钾

称取 0.15 g 于 120℃±2℃干燥至恒量的标准物质重铬酸钾,精确到 0.000 01 g。置于反应瓶中,溶于 25 mL 水,加 2 g 碘化钾及 15 mL 硫酸溶液(20%),摇匀,于暗处放置 10 min,加 150 mL 水(不超过 10℃)。用 213 型铂电极作指示电极,用 212 型饱和甘汞电极作参比电极,用硫代硫酸钠标准滴定溶液[$c(Na_2S_2O_3)=0.1$ mo/L]滴定至终点。称量硫代硫酸钠标准滴定溶液,应精确至 0.000 1 g。

5.2.2 含量的测定

含量的测定同 5.2.1,用样品代替标准物质。

重铬酸钾的质量分数 w,数值以"%"表示,按式(1)计算:

$$w=\frac{m_1 \cdot m_4 \cdot w_b}{m_2 \cdot m_3} \quad \cdots\cdots(1)$$

式中:

m_1——标准物质重铬酸钾质量的数值,单位为克(g);

m_4——滴定样品时,硫代硫酸钠标准滴定溶液质量的数值,单位为克(g);

w_b——标准物质重铬酸钾的含量(质量分数),数值以"%"表示;

m_2——滴定标准物质重铬酸钾时,硫代硫酸钠标准滴定溶液质量的数值,单位为克(g);

m_3——样品质量的数值,单位为克(g)。

5.3 水不溶物

称取 50 g 样品,溶于 450 mL 热水中,在水浴上保温 1 h,冷却至室温,按 GB/T 9738 的规定测定。

5.4 氯化物

5.4.1 不含氯化物的重铬酸钾溶液的制备

称取 10 g 样品,溶于 140 mL 水中,加 100 mL 硝酸溶液(25%),加热至 50℃。加 10 mL 硝酸银溶液(17 g/L),稀释至 300 mL,摇匀,放置 12 h~18 h,用 4 号玻璃滤埚过滤。

5.4.2 测定方法

称取 1 g 样品,溶于 20 mL 水中,加 10 mL 硝酸溶液(25%),加热至 50℃,加 1 mL 硝酸银溶液(17 g/L),摇匀,放置 10 min。溶液所呈浊度不得大于标准比浊溶液。

标准比浊溶液的制备是取含 0.01 mg 氯化物(Cl)标准溶液及 30 mL 不含氯化物的重铬酸钾溶液,加热至 50℃,与试样溶液同时放置 10 min,比浊。

5.5 硫酸盐

5.5.1 试验溶液 A 的制备

称取 1 g 样品,溶于 10 mL 水中,加 13 mL 盐酸溶液(20%),用 20 mL 磷酸三丁酯萃取,激烈振摇

1 min,放置分层,取水相,再用 20 mL 磷酸三丁酯重复萃取,然后用 5 mL 乙醚重复萃取水相两次,取水相,稀释至 30 mL。

5.5.2 测定方法

量取 15 mL 试验溶液 A,在水浴上蒸干。残渣溶于水(必要时过滤),稀释至 20 mL,加 0.5 mL 盐酸溶液(20%),按 GB/T 9728 的规定测定。溶液所呈浊度不得大于标准比浊溶液。

标准比浊溶液的制备是取含 0.015 mg 硫酸盐(SO_4)标准溶液,稀释至 20 mL,与同体积试液同时同样处理。

5.6 钠

按 GB/T 9723—1988 的规定测定。

5.6.1 仪器条件

光源:钠空心阴极灯;

波长:589.0 nm;

火焰:乙炔-空气。

5.6.2 测定方法

称取 2 g 样品,溶于水,稀释至 100 mL。取 10 mL,共四份,按 GB/T 9723—1988 中 6.2.2 的规定测定。

5.7 钙

量取 6 mL 试验溶液 A(5.5.1),置于蒸发皿中,在水浴上蒸干。残渣溶于水,稀释至 10 mL,加 10 mL“乙醇(95%)”0.5 mL 混合碱及 1 mL 乙二醛缩双邻氨基酚乙醇溶液(2 g/L),摇匀,放置 5 min,用 5 mL 二氯甲烷萃取(温度不超过 30℃),立即比色。有机相所呈红色不得深于标准比色溶液。

标准比色溶液的制备是取含 0.002 mg 钙(Ca)标准溶液,稀释至 10 mL,与同体积试液同时同样处理。

5.8 铁

称取 0.2 g 样品,溶于 10 mL 水中,加 1.5 mL 盐酸溶液(20%)、5 mL“乙醇(95%)”、1 mL“30%过氧化氢”及 1 滴硫酸,在水浴上蒸至近干。残渣溶于水,稀释至 20 mL,用乙酸钠溶液(250 g/L)将溶液 pH 值调至 4,稀释至 25 mL,加 2 mL 氯化羟胺(盐酸羟胺)溶液(100 g/L),摇匀,放置 5 min。加 1 mL 4,7-二苯基-1,10-菲啰啉溶液{$c[(C_6H_5)_2C_{12}H_6N_2]=0.001$ mol/L},摇匀,用 10 mL 异戊醇萃取。有机相所呈红色不得深于标准比色溶液。

标准比色溶液的制备是取含 0.002 mg 铁(Fe)标准溶液,与样品同时同样处理。

6 检验规则

按 HG/T 3921 的规定进行采样及验收。

7 包装及标志

按 GB 15346 的规定进行包装、贮存与运输,并给出标志,其中:

包装单位:第 3 类;

内包装形式:NB-4、NB-5、NB-6;

外包装形式:用规格为 600 g/m² 的盒板纸制盒,外层裱紫色电光纸;

标签:符合 GB 15258 的规定,注明“氧化剂”。

ICS 71.040.30
G 62

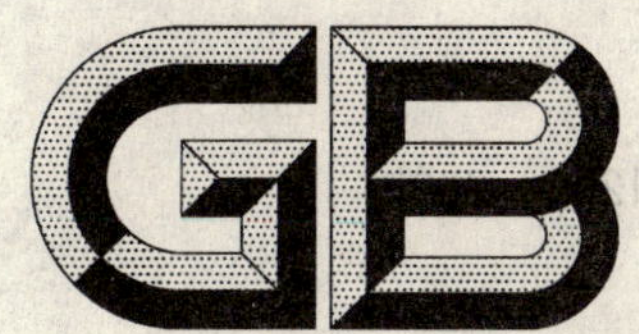

中华人民共和国国家标准

GB/T 1272—2007
代替 GB/T 1272—1988

化学试剂 碘化钾

Chemical reagent—Potassium iodide

(ISO 6353-2:1983,Reagents for chemical analysis—
Part 2:Specifications—First series,NEQ)

2007-10-25 发布 2008-04-01 实施

中华人民共和国国家质量监督检验检疫总局
中国国家标准化管理委员会 发布

前　言

本标准与 ISO 6353-2:1983《化学分析试剂　第 2 部分:规格　第 1 系列》中 R25“碘化钾”的一致性程度为非等效。

本标准代替 GB/T 1272—1988《化学试剂　碘化钾》,与 GB/T 1272—1988 相比主要变化如下:

——含量分析纯规格由 98.5%提高到 99.0%,化学纯规格由 98.0%提高到 98.5%(1988 年版 3.1,本版的第 4 章);

——pH 值、澄清度试验、水不溶物、氯化物及溴化物、硫酸盐、磷酸盐、总氮量、铁、砷、重金属改用化学试剂通用方法(1988 年版的 4.2、4.3.1、4.3.2、4.3.4、4.3.5、4.3.6、4.3.7、4.3.11、4.3.12、4.3.14,本版的 5.4、5.5、5.6、5.8、5.9、5.10、5.11、5.15、5.16、5.18)。

本标准由中国石油和化学工业协会提出。

本标准由全国化学标准化技术委员会化学试剂分会(SAC/TC 63/SC 3)归口。

本标准起草单位:浙江海川化学品有限公司。

本标准主要起草人:郑建华、张怀义。

本标准于 1962 年首次发布,于 1977 年第一次修订;1988 年第二次修订。

化学试剂　碘化钾

分子式：KI

相对分子质量：166.00（根据：2003年国际相对原子质量）

1　范围

本标准规定了化学试剂——碘化钾的性状、规格、试验、检验规则、包装及标志。

本标准适用于化学试剂——碘化钾的检验。

2　规范性引用文件

下列文件中的条款通过本标准的引用而成为本标准的条款。凡是注日期的引用文件，其随后所有的修改单（不包括勘误的内容）或修订版均不适用于本标准，然而，鼓励根据本标准达成协议的各方研究是否可使用这些文件的最新版本。凡是不注日期的引用文件，其最新版本适用于本标准。

GB/T 601　化学试剂　标准滴定溶液的制备

GB/T 602　化学试剂　杂质测定用标准溶液的制备（GB/T 602—2002，ISO 6353-1：1982，NEQ）

GB/T 603　化学试剂　试验方法中所用制剂及制品的制备（GB/T 603—2002，ISO 6353-1：1982，NEQ）

GB/T 609　化学试剂　总氮量测定通用方法（GB/T 609—2006，ISO 6353-1：1982，NEQ）

GB/T 610.2　化学试剂　砷测定通用方法（二乙基二硫代氨基甲酸银法）（GB/T 610.2—1988，eqv ISO 6353-1：1982）

GB/T 6682　分析实验室用水规格和试验方法（GB/T 6682—1992，neq ISO 3696：1987）

GB/T 9723—2007　化学试剂　火焰原子吸收光谱法通则

GB/T 9724　化学试剂　pH值测定通则（GB/T 9724—2007，ISO 6353-1：1982，NEQ）

GB/T 9727　化学试剂　磷酸盐测定通用方法（GB/T 9727—2007，ISO 6353-1：1982，NEQ）

GB/T 9728　化学试剂　硫酸盐测定通用方法（GB/T 9728—2007，ISO 6353-1：1982，NEQ）

GB/T 9729　化学试剂　氯化物测定通用方法（GB/T 9729—2007，ISO 6353-1：1982，NEQ）

GB/T 9735　化学试剂　重金属测定通用方法（GB/T 9735—1988，eqv ISO 6353-1：1982）

GB/T 9738　化学试剂　水不溶物测定通用方法（GB/T 9738—1988，eqv ISO 6353-1：1982）

GB/T 9739　化学试剂　铁测定通用方法（GB/T 9739—2006，ISO 6353-1：1982，NEQ）

GB 15346　化学试剂　包装及标志

HG/T 3484　化学试剂　标准玻璃乳浊液和澄清度标准

HG/T 3921　化学试剂　采样及验收规则

3　性状

本试剂为白色结晶，易溶于水，可溶于乙醇、丙酮。在潮湿空气中微具潮解性，久置会析出游离碘而呈黄色。

4　规格

碘化钾的规格见表1。

表 1 碘化钾的规格

名　　称	优级纯	分析纯	化学纯
含量(KI),w/%	≥99.5	≥99.0	≥98.5
pH(50 g/L 溶液,25℃)	6.0～8.0	6.0～8.0	6.0～8.0
澄清度试验,号	≤2	≤3	≤5
水不溶物,w/%	≤0.005	≤0.01	≤0.02
碘酸盐及碘(以 IO_3 计),w/%	≤0.000 3	≤0.002	≤0.005
氯化物及溴化物(以 Cl 计),w/%	≤0.01	≤0.02	≤0.05
硫酸盐(SO_4),w/%	≤0.002	≤0.005	≤0.01
磷酸盐(PO_4),w/%	≤0.001	≤0.002	—
总氮量(N),w/%	≤0.001	≤0.002	≤0.002
钠(Na),w/%	≤0.05	≤0.1	—
镁(Mg),w/%	≤0.001	≤0.002	≤0.005
钙(Ca),w/%	≤0.001	≤0.002	≤0.005
铁(Fe),w/%	≤0.000 1	≤0.000 3	≤0.000 5
砷(As),w/%	≤0.000 01	≤0.000 02	—
钡(Ba),w/%	≤0.001	≤0.002	≤0.004
重金属(以 Pb 计),w/%	≤0.000 2	≤0.000 5	≤0.001
还原性物质	合格	合格	—

5 试验

5.1 警告

本试验方法中使用的部分试剂具有毒性或腐蚀性，一些试验过程可能导致危险情况，操作者应采取适当的安全和健康措施。

5.2 一般规定

本章中除另有规定外，所用标准滴定溶液、标准溶液、制剂及制品，均按 GB/T 601、GB/T 602、GB/T 603的规定制备，实验用水应符合 GB/T 6682 中三级水规格，样品均按精确至 0.01 g 称量，所用溶液以"%"表示的均为质量分数。

5.3 含量

称取 0.5 g 样品，精确至 0.000 1 g，溶于 100 mL 水中，加 10 mL 乙酸溶液(5%)及 3 滴曙红钠盐指示液(5 g/L)，用硝酸银标准滴定溶液[$c(AgNO_3)=0.1$ mol/L]避光滴定至沉淀呈红色。

碘化钾的质量分数 w，数值以"%"表示，按式(1)计算：

$$w=\frac{VcM}{m\times 1\ 000}\times 100 \qquad (1)$$

式中：

V——硝酸银标准滴定溶液体积的数值，单位为毫升(mL)；

c——硝酸银标准滴定溶液浓度的准确数值，单位为摩尔每升(mol/L)；

M——碘化钾摩尔质量的数值，单位为克每摩尔(g/mol)[$M(KI)=166.0$]；

m——样品质量的数值，单位为克(g)。

5.4 pH

按 GB/T 9724 的规定测定。

5.5 澄清度试验

称取 20 g 样品，溶于 100 mL 水中，其浊度不得大于 HG/T 3484 中规定的下列澄清度标准：

优级纯……………………………………2 号；

分析纯……………………………………3 号；

化学纯……………………………………5 号。

5.6 水不溶物

称取 50 g 样品，溶于 200 mL 沸水，冷却至室温后，按 GB/T 9738 的规定测定。

5.7 碘酸盐及碘

称取 3 g 样品，溶于 60 mL 水中，取 40 mL(分析纯取 6 mL、化学纯取 2.5 mL)，稀释至 50 mL，加 3 mL硫酸标准滴定溶液[$c(\frac{1}{2}H_2SO_4)=0.1$ mol/L]，加 5 mL 淀粉指示液(10 g/L)，摇匀。在 10 s 内溶液不得呈现蓝色或紫色。

5.8 氯化物及溴化物

称取 1 g 样品，溶于 100 mL 水中，加 1 mL“30%过氧化氢”、1 mL 磷酸，煮沸至溶液无色，冷却，加 0.5 mL“30%过氧化氢”，加热至过氧化氢分解完全，冷却，稀释至 100 mL。取 10 mL，稀释至 20 mL 后，按 GB/T 9729 的规定测定。溶液所呈浊度不得大于标准比浊溶液。

标准比浊溶液的制备是取含下列数量的氯化物标准溶液：

优级纯……………………………………0.01 mg Cl；

分析纯……………………………………0.02 mg Cl；

化学纯……………………………………0.05 mg Cl。

稀释至 20 mL，与同体积试液同时同样处理。

5.9 硫酸盐

称取 0.5 g 样品，溶于 20 mL 水中，按 GB/T 9728 的规定测定。溶液所呈浊度不得大于标准比浊溶液。

标准比浊溶液的制备是取含下列数量的硫酸盐标准溶液：

优级纯……………………………………0.01 mg SO_4；

分析纯……………………………………0.025 mg SO_4；

化学纯……………………………………0.05 mg SO_4。

与样品同时同样处理。

5.10 磷酸盐

称取 2 g 样品，溶于 10 mL 水中，加 2 mL 硝酸，蒸发至干，冷却，再重复操作一次，残渣溶于 8 mL 水中，加 2 滴饱和 2,4-二硝基酚指示液，滴加硝酸溶液(13%)至溶液黄色刚刚消失，稀释至 10 mL 后，按 GB/T 9727 的规定测定。溶液所呈蓝色不得大于标准比色溶液。

标准比色溶液的制备是取含下列数量的磷酸盐标准溶液：

优级纯……………………………………0.02 mg PO_4；

分析纯……………………………………0.04 mg PO_4。

稀释至 8 mL，与同体积试液同时同样处理。

5.11 总氮量

称取 2 g 样品，溶于水，稀释至 140 mL 后，按 GB/T 609 的规定测定。溶液所呈黄色不得深于标准比色溶液。

标准比色溶液的制备是取含下列数量的氮标准溶液：

优级纯……………………………………0.02 mg N；

分析纯……………………………………0.04 mg N；

化学纯……………………………………0.04 mg N。

与样品同时同样处理。

5.12 钠

按 GB/T 9723—2007 的规定测定。

5.12.1 仪器条件

光源:钠空心阴极灯;

波长:589.0 nm;

火焰:乙炔-空气。

5.12.2 测定方法

称取 0.5 g 样品,溶于水,稀释至 100 mL。取 4 mL,共 4 份。按 GB/T 9723—2007 中 7.2.2 的规定测定,结果按 7.2.3 的规定计算。

5.13 镁

按 GB/T 9723—2007 的规定测定。

5.13.1 仪器条件

光源:镁空心阴极灯;

波长:285.2 nm;

火焰:乙炔-空气。

5.13.2 测定方法

称取 5 g 样品,溶于水,稀释至 100 mL。取 10 mL,共 4 份。按 GB/T 9723—2007 中 7.2.2 的规定测定,结果按 7.2.3 的规定计算。

5.14 钙

称取 0.5 g 样品,溶于 25 mL 水中。取 10 mL,加 10 mL"乙醇(95%)"、0.5 mL 混合碱及 1 mL 乙二醛缩双邻氨基酚乙醇溶液(2 g/L),摇匀,放置 5 min。用 5 mL 三氯甲烷萃取(温度不超过 30℃),立即比色。有机层所呈红色不得深于标准比色溶液。

标准比色溶液的制备是取含下列数量的钙标准溶液:

优级纯……………………………………0.002 mg Ca;

分析纯……………………………………0.004 mg Ca;

化学纯……………………………………0.01 mg Ca。

稀释至 10 mL,与同体积样品溶液同时同样处理。

5.15 铁

称取 2 g 样品,溶于 15 mL 水中,用盐酸溶液(15%)调节溶液的 pH 值至 2 后,按 GB/T 9739 的规定测定。溶液所呈红色不得深于标准比色溶液。

标准比色溶液的制备是取含下列数量的铁标准溶液:

优级纯……………………………………0.002 mg Fe;

分析纯……………………………………0.006 mg Fe;

化学纯……………………………………0.01 mg Fe。

与样品同时同样处理。

5.16 砷

称取 10 g 样品,溶于 30 mL 水中,按 GB/T 610.2 的规定测定。溶液所呈紫红色不得深于标准比色溶液。

标准比色溶液的制备是取含下列数量的砷标准溶液:

优级纯……………………………………0.001 mg As;

分析纯……………………………………0.002 mg As。

与样品同时同样处理。

5.17 钡

称取1 g样品，溶于20 mL水中，加5 mL“乙醇(95%)”、30 mg抗坏血酸、1 mL硫酸溶液(20%)，摇匀，放置10 min。溶液所呈浊度不得大于标准比浊溶液。

标准比浊溶液的制备是取含下列数量的钡标准溶液：

优级纯……………………………………0.01 mg Ba；
分析纯……………………………………0.02 mg Ba；
化学纯……………………………………0.04 mg Ba。

与样品同时同样处理。

5.18 重金属

称取10 g样品，加10 mL硫酸溶液(1+1)，缓缓加热至硫酸蒸汽逸尽，冷却，残渣溶于20 mL水中，取15 mL，用氨水溶液(10%)调节样品溶液pH值至4后，按GB/T 9735的规定测定。溶液所呈暗色不得深于标准比色溶液。

标准比色溶液的制备是取剩余的5 mL试液及含下列数量的铅标准溶液：

优级纯……………………………………0.01 mg Pb；
分析纯……………………………………0.025 mg Pb；
化学纯……………………………………0.05 mg Pb。

稀释至15 mL，与同体积试液同时同样处理。

5.19 还原性物质

称取1.5 g样品，溶于10 mL无二氧化碳的水中，加1 mL硫酸溶液(20%)、5 mL淀粉指示液(10 g/L)，加0.05 mL碘标准滴定溶液[$c(\frac{1}{2}I_2)=0.002$ mol/L]，摇匀，放置30 s。溶液所呈蓝色不得完全消失。

6 检验规则

按HG/T 3912的规定进行采样及验收。

7 包装及标志

按GB 15346的规定进行包装、贮存与运输，并给出标志，其中：

——包装单位：第4类；
——内包装形式：NBY-4、NBY-5、NBY-7、NBY-8、NBY-10、NBY-11、NBY-13、NBY-15；
——隔离材料：GC-2、GC-3、GC-4；
——外包装形式：WB-1、WB-2、WB-3。

ICS 29.140.10
K 74

中华人民共和国国家标准

GB 1312—2007/IEC 60400:2004
代替 GB 1312—2002

管形荧光灯灯座和启动器座

Lampholders for tubular fluorescent lamps and starterholders

(IEC 60400:2004,IDT)

2007-11-12 发布　　2009-01-01 实施

中华人民共和国国家质量监督检验检疫总局
中国国家标准化管理委员会　发布

前　言

本标准的全部技术内容为强制性。

本标准等同采用国际电工委员会 IEC 60400:2004《管形荧光灯灯座和启动器座》(第 6.2 版)。

本标准等同翻译 IEC 60400:2004(英文版)。

本标准代替 GB 1312—2002《管形荧光灯灯座和启动器座》。

本标准与 GB 1312—2002 相比主要技术差异如下：

——2　定义:增加:"多用途镇流器"、"可承受脉冲等级"、"初级电路"、"次级电路"。

——8　防触电保护:改动了 G5 灯座和 G13 灯座的防触电检验方法。

——10　结构:增加:"2G13 灯座、Fa8 灯座的活页,及 2G13 灯座、Fa8 灯座的量规"。
增加:"对可插入有 3 个和 4 个定位键的灯的 G24q 和 GX24q(多键)灯座的相关说明"。

——13　耐久性:增加:"和单插脚灯头配套的 Fa8 灯座的检验要求"。

——14　机械强度:增加:"2G13 灯座、Fa8 灯座的检验量规"。

——16　爬电距离和电气间隙:删去 G5 灯座 1.2 mm 的要求。

为便于使用,本部分做了下列编辑性修改：

a)　"本国际标准"改为"本标准"；

b)　作为小数点的","改为小数点"."；

c)　对于 IEC 60400:2004 引用的其他国际标准中有被等同采用为我国标准的,本标准引用我国的这些国家标准或行业标准代替对应的国际标准,其余未有等同采用为我国标准的国际标准,在本标准中均被直接引用(见本标准 1.2)。

本标准的附录 A、附录 B 为规范性附录,附录 C 为资料性附录。

本标准由中国轻工业联合会提出。

本标准由全国照明电器标准化技术委员会归口。

本标准主要起草单位:中国质量认证中心(CQC)、广东东松三雄电器有限公司、北京电光源研究所、国家电光源质量监督检验中心(北京)。

本标准主要起草人:刘彦宾、邢合萍、陈松、黄红、彭志强、韩涛、赵秀荣、江姗。

本标准于 1991 年首次发布,2002 年第 1 次修订,本次为第 2 次修订。

管形荧光灯灯座和启动器座

1 总则

1.1 范围

本标准规定了管形荧光灯用的灯座和启动器座的技术与尺寸要求以及确定灯在灯座中和启动器在启动器座中的安全性与匹配性的试验方法。

本标准适用于供装有附录A所示灯头的管形荧光灯使用的独立式灯座和内装式灯座，以及供在交流电路中工作时工作电压有效值不超过1 000 V的、符合GB 20550—2006的启动器使用的独立式启动器座和内装式启动器座。

本标准也适用于外壳和底座成为一体的单端管形荧光灯灯座，这种灯座类似于爱迪生螺口灯座(例如G23和G24灯座)，应依照GB 17935—2007的下列条款进一步检验：8.4；8.5；8.6；9.3；10.7；11；12.2；12.5；12.6；12.7；13；15.3；15.4；15.5；15.9。

带有灯罩紧固环用的筒形螺纹的灯座应符合IEC 60399。

本标准还适用于和灯具一体化或打算装于器具内部的灯座(仅包括对灯座的要求)。对于所有其他的要求，例如接线端子区域的防触电保护，应符合相关器具的标准要求，并且应首先安装在合适的装置中，当根据这个装置自身的标准进行检验时，同时对其进行试验。供灯具制造商使用的灯座不应零售。

就合理使用本标准而言，本标准还适用于上述类型以外的灯座和启动器座以及光源连接器。

本标准使用术语“座”来表示灯座和启动器座。

1.2 规范性引用文件

下列文件中的条款通过本标准的引用而成为本标准的条款。凡是注日期的引用文件，其随后所有的修改单(不包括勘误的内容)或修订版均不适用于本标准，然而，鼓励根据本标准达成协议的各方研究是否可使用这些文件的最新版本。凡是不注日期的引用文件，其最新版本适用于本标准。

GB/T 2423.28—2005　电工电子产品环境试验　第2部分：试验方法　试验T：锡焊(IEC 60068-2-20:1979，IDT)

GB/T 2423.55—2006　电工电子产品环境试验　第2部分：试验方法　试验Eh：锤击试验(IEC 60068-2-75:1997，IDT)

GB/T 4207—2003　固体绝缘材料在潮湿条件下相比电痕化指数和耐电痕化指数的测定方法(IEC 60112:1979，IDT)

GB/T 5169.5—1997　电工电子产品着火危险试验　第2部分：试验方法　第2篇：针焰试验(idt IEC 60695-2-2:1991)

GB/T 5169.10—2006　电工电子产品着火危险试验　第10部分：灼热丝/热丝基本试验方法　灼热丝装置和通用试验方法(IEC 60695-2-10:2000)

GB/T 5169.11—2006　电工电子产品着火危险试验　第11部分：灼热丝/热丝基本试验方法　成品的灼热丝可燃性试验方法(IEC 60695-2-11:2000)

GB 7000.1—2007　灯具一般安全要求与试验(IEC 60598-1:2003，IDT)

GB 16843　单端荧光灯的安全要求(GB 16843—1997，idt IEC 61199:1993)

GB/T 16935.1—1997　低压系统内设备的绝缘配合　第一部分：原理、要求和试验(idt IEC 60664-1:1992)

GB 17935—2007　螺口灯座(IEC 60238:2004，IDT)

GB 20550—2006　荧光灯用辉光启动器(IEC 60155:1995，IDT)

IEC 60061-1　灯头和灯座互换性和安全性检验用量规　第1部分：灯头

IEC 60061-2 灯头和灯座互换性和安全性检验用量规 第2部分:灯座

IEC 60061-3 灯头和灯座互换性和安全性检验用量规 第3部分:量规

IEC 60081 双端荧光灯 性能要求

IEC 60352-1:1997 无焊连接 第1部分:绕接连接 一般要求、试验方法和实用指南

IEC 60399 带灯罩环的E14和E27灯座用筒形螺纹

IEC 60529:1989 外壳防护等级(IP代码)

2 定义

下列定义适用于本标准。

2.1

额定电压 rated voltage

由制造商标称的适用于座的最高工作电压。

2.2

工作电压 working voltage

当灯或启动器在正常条件下工作时,以及当把灯或启动器取下时,在任意的绝缘体两端可能产生的最高有效值电压。瞬变过程略去不计。

2.3

双端直管形荧光灯用弹性灯座 flexible lampholders for linear double-capped fluorescent lamps

每一灯座的基座被牢固安装在灯具中但其中一个或两个灯座的触点可沿其轴向移动的成对灯座。触点的轴向移动用以补偿灯的长度的变化并使灯能够插入和拔出。

注:如果要确定G5或G13型灯座触点的轴向移动是否符合要求,可采用图3所示装置加以检验。

2.4

双端直管形荧光灯用非弹性灯座 inflexible lampholders for linear double-capped fluorescent lamps

用于刚性安装并且其触点不能或不必产生有助于灯的插入与拔出或补偿灯的长度变化的轴向移动的成对灯座。

2.5

双端直管形荧光灯用弹性安装灯座 flexibly mounted lampholders for linear double-capped fluorescent lamps

灯座本身的触点系统不能产生任何轴向移动,并准备按特定的方式安装在灯具中的成对灯座,这种灯座和灯具的组合能使触点系统提供必要的轴向移动。

注:这类灯座也可适用或不适用于刚性安装。

2.6

光源连接器 lamp connectors

安装在软导线上的接触装置,该装置只提供电接触,不能用来支撑光源。

2.7

内装式座 holder for building-in

设计安装在灯具、附加外壳或类似装置中的座。

2.7.1

敞开式座 unenclosed holder

需要安装辅助装置(例如外壳)才能达到本标准中防触电保护要求的内装式座。

2.7.2

封闭式座 enclosed holder

其本身就符合本标准中关于防触电保护和IP分类(如果适用的话)要求的内装式座。

2.8

独立式座 independent holder

单独安装在灯具之外并能提供符合其分类和标志的所有必要防护措施的座。

2.9

额定工作温度 rated operating temperature

座的最高设计温度。

2.10

灯座背面的额定温度 rated lampholder rearside temperature

带有由17.1b)所述试验确定的T标记或制造商标称的更高温度的灯座的背面温度。

2.11

型式试验 type test

为了检验某一给定产品的设计是否符合相应的标准要求而对型式试验样品进行的试验或一系列试验。

2.12

型式试验样品 type test sample

为了进行型式试验由制造商或销售商提供的一个或多个类似的样品。

2.13

带电部件 live part

可能引起触电的导电部件。

2.14

额定脉冲电压 rated pulse voltage

座所能耐受的脉冲电压的最大峰值。

2.15

多用途镇流器 multilamp ballast

其设计及标称值适合主要参数不同的灯使用的电子镇流器。

2.16

可承受脉冲等级 impulse withstand categories

瞬时过电压条件的等级定义。

注:可承受脉冲等级分为Ⅰ、Ⅱ、Ⅲ和Ⅳ四级。

a) 可承受脉冲等级的分类目的

可承受脉冲等级是按照要求的期望值,根据设备运行的连续性和可接受的故障危险性划分的不同的设备实用性等级。

通过选择设备耐受脉冲水平,在整体安装中可以得到相同的绝缘等级,故障危险性可降低至能接受的水平,为过电压控制提供基础。

较大的可承受脉冲等级数字表示设备有较高的特有的耐受脉冲能力,过电压控制方法的选择范围较大。

可承受脉冲等级的概念适用于直接由电源供电的设备。

b) 可承受脉冲等级的描述

可承受脉冲等级为Ⅰ级的设备是指预计和建筑物的固定电气装置连接的设备。在设备之外——既可以在固定装置中又可以在固定装置和设备之间——采取保护措施将瞬时过电压限制到特定水平。

可承受脉冲等级为Ⅱ级的设备是指和建筑物的固定电气装置连接的设备。

可承受脉冲等级为Ⅲ级的设备是指为固定电气装置和期望具有更高实用等级的其他设备一部分的设备。

可承受脉冲等级为Ⅳ级的设备是指在建筑物总配电盘之前的电气装置上或附近使用的设备。

2.17

初级电路 primary circuit

直接连接到交流电源的电路。例如,连接到交流电源的装置、变压器的初级绕组、电机和其他负载装置。

2.18

次级电路 secondary circuit

不直接和初级电路连接的电路,由变压器、转换器、类似的隔离装置或电池供电。

例外:自耦变压器。虽然直接和初级电路连接,但按上述定义,还是认为其抽头部分是次级电路。

注:在这种电路中由相应的初级线圈减弱电源瞬变。电感镇流器也可以降低电源瞬变电压值。因此,在初级电路或电感镇流器之后的元件适宜于较低一级的可承受脉冲等级,即可承受脉冲等级为Ⅱ。

3 一般要求

座的设计和结构应能使其在正常使用中性能可靠,并不会对人或周围环境造成任何危险。

通常,通过进行规定的全部试验来检验座的合格性。

此外,独立式座的外壳还应符合 GB 7000.1 中相应的要求,包括分类和标志的要求。

4 试验的一般条件

4.1 按照本标准所进行的试验均为型式试验。

注:本标准所述各项要求及公差均涉及到对所有提交的型式试验样品的检验。

型式试验样品的合格并不能保证执行本安全标准的制造商的全部产品的合格性。

除型式试验之外,保持产品的一致性是制造商的责任,也可包括例行试验和质量保证。

更详细的资料见 IEC 60061-4[1)](关于生产期间的一致性检验的指南内容正在制定中)。

4.2 除另有规定外,试验均在环境温度(20±5)℃,座处于正常使用时的最不利的位置上进行。

4.3 试验应按条款的顺序进行。但在规定了另一套试验顺序时除外。

IP 等级高于 IP20 的座应在做完 17.1 所述试验之后再进行 11.1 和 11.2 所述试验。

4.4 进行试验和检验所用样品总数为:

——双端直管形荧光灯用配套灯座:八对。

注:如果一对灯座是两个完全相同的灯座,则只用一个灯座代替一对灯座进行全部试验就足够了,但在进行 10.5d)所述试验时,仍需用一对灯座。

——八个单端荧光灯座和八个启动器座。

按照条款的顺序进行试验时,样品数如下:

——第 5 章～第 16 章(9.2 和 9.5 除外)所述试验:两对或两个样品;

注:9.2 试验所需单独样品数量按相应标准要求。

——9.5 和 17.1 所述试验:三对或三个样品。

——17.2～17.5 所述试验:两对或两个样品(其中一个样品用于 17.2 试验,另一个用于 17.4 和 17.5 试验)。

——17.6 和第 18 章所述试验:一对或一个样品。

弹性和非弹性 G5 或 G13 灯座(分别参见 2.3 和 2.4)样品要安装在两对图 2 所示安装薄板上。

按照制造商的安装说明安装灯座时,一对座保持最小的安装距离,另一对座保持最大的安装距离,在配对的安装板上做上标记。

在特殊情况下,试验用样品的数量可多于上述的规定样品数。

制造商的安装说明(见 7.3)应和这些样品一起提供。

1) IEC 60061-4:灯头和灯座互换性和安全性检验用量程 第 4 部分:导则及一般信息。

IP 防护等级大于 IP20 的灯座上装有最高工作温度不同于 17.1 要求所示之值的可拆卸垫圈，应为这种灯座样品配备附加的垫圈及有关最大工作温度的说明（该说明是制造商安装说明书中的组成部分）。

注：本条要求不适用于座的安装表面上的可拆卸垫圈，参见 17.1。

4.5　如果在进行 4.4 所规定的一系列试验时样品全部合格，则这些座被认为符合本标准要求。

如果在一项试验中有一个样品不合格，则该项试验和以前进行的可能影响该项试验结果的试验应在另一组符合 4.4 数量要求的样品上重做，所有样品均应符合这些重复试验和后续试验的要求。如果试验中任一次试验有一个以上的不合格品，则该批座不符合本标准要求。

注：通常，只需重复相关的试验，除非在按照第 13 章或第 14 章要求进行试验时样品不合格，在这种情况下，试验应从第 12 章开始重做。

可将因有一个样品试验不合格而需要的第二组样品与第一组样品一起提交试验。

如果追加的型式试验样品不是同时提交的话，则一个样品的不合格便造成整批样品的不合格。

5　电参数额定值

电参数额定值应是：

——交流电压有效值不小于 125 V 和不大于 1 000 V；

——电流值不小于 1 A；

——G13，2G13，G20，Fa6，Fa8 和 R17d 灯座：电流值不小于 2 A。

6　分类

座的分类如下所示：

6.1　根据防触电保护分为：

——敞开式座；

——封闭式座；

——独立式座。

6.2　根据 IEC 60529 所述“IP 代码”分类系统进行的防尘等级或防水等级分类。

防护等级的符号在 7.4 要求中给出（仅适用于独立式座和封闭式座）。

6.3　根据耐热性所做的分类：

——额定工作温度不大于 80℃的座。

——额定工作温度大于 80℃的座。

注：工作温度的测量点位于灯座上接触到灯头的部位。

6.4　此外，启动器座还根据可插入不同型式的启动器进行分类。

——用于插入符合 GB 20550—2006 中的启动器的启动器座；

——用于仅插入符合 GB 20550—2006 附录 B 中的启动器的启动器座。

7　标志

7.1　座上应标有下述标志：

a)　来源标志（可采用商标或制造商识别标志或销售商名称等形式）。

b)　产品型号。

c)　额定电压，单位：V；额定脉冲电压（如适用），单位：kV。

注：当调光时例如减少负载，超过座所标称的额定电压值是允许的（增大其爬电距离和电气间隙的情况下），制造商的产品目录或类似资料应说明在这些工作条件下最大允许值（如，最大调光电压：…V）。

d)　额定电流，单位：A。

e) 额定工作温度“T”,温度高于 80℃时,以 10℃为一级。

f) 防尘和防水等级,仅对防滴型座(见 7.4 要求)。

不要求普通座上有 IP20 标志。

g) 防尘防潮座的制造商应在说明书中标明该座所适用的灯或启动器的标称直径。

采用目测法检验合格性。

7.2 应提供的信息:

下述信息(如适用),应标在座上或标在制造商的目录中和类似资料中:

——对按 17.1b)测试的座,座背面温度 T_m;

——按 17.1b)测试座时,测得的无螺纹接线端子的温度;

——符合 9.3 要求,并适用于座的接线端子的导线横截面的说明。

用目测法检验合格性。

对于符合本标准的灯座,用于可承受脉冲等级Ⅱ的距离适用。此项信息应标示在制造商的产品目录或类似资料中。

7.3 为确保双端直管形荧光灯用成对灯座的正确安装和使用,由座的制造商或销售商提供的说明书至少应包括下述内容:

——安装方法。对于弹性安装的座,说明书中应清楚地表明所指的是两种安装方法,还是仅是其中的一种安装方法。

——安装距离及其公差或参考的标准活页。

——应成对使用的座。

——成对座相对位偏移的容许角度。

——如果座不用螺钉安装,则所要求的安装板的厚度。

上述信息可以是制造商或销售商的产品目录的一部分。

通过目测检验合格与否。

7.4 如果使用符号,应使用下列符号:

a) 对于电参数额定值

——伏:V

——安:A

——瓦:W

注:对于电压和电流的额定值,可用另一种方法表示,即单独使用数字来表示,将额定电流数值标记在额定电压数值之前或之上,再在两值之间划一斜线或一横线。

因此,电流和电压的标记可按下列方法标示:

2 A 250 V 或者 2/250 或 $\frac{2}{250}$

b) 工作温度:T

其后标有以摄氏度(℃)为单位的工作温度值:如 T 200。

c) 对于防尘或防水等级

——普通式……………………………………………………IP20

——防滴水(防滴)………………………………………………IPX1

——最大倾斜角度为 15°时防滴水……………………………IPX2

——防淋水(防雨)………………………………………………IPX3

——防溅水(防溅)………………………………………………IPX4

——防喷水(防喷)………………………………………………IPX5

——防浸水(水密)………………………………………………IPX7

——防潜水(加压水密)…………………………………………IPX8

——防止 1.0 mm 以上固体颗粒的进入……………………………………IP4X

——防尘(耐尘)……………………………………………………………IP5X

——密封防尘…………………………………………………………………IP6X

7.4 中 IP 数字的 X 指的是 IP 代码中未定的一个数，根据 IEC 60529 要求的两位特征数字都应标记在座上。

d) 对于导线的横截面积：

——标出相应的横截面积值或取值范围(单位：mm^2)后面再标上一小正方形(例如：0.5□)。

通过目测检验合格与否。

7.5 标志应标在适当的位置。

在按正常使用要求安装座后，座上标示的 7.1a)～e)所述标记应能容易地被看清，必要时，可移开外壳。如果内装式座上标有 7.1f)的防水防尘等级，为了避免将该标记视为整个灯具的标记，在按正常使用要求安装座后应使该标记不能被看见。

通过目测检验合格与否。

7.6 标记应耐久并易于识别

首先用目测检验标记是否合格，然后用一块蘸过水的布轻轻擦拭标记 15 s，再用一块蘸过汽油的布继续擦拭标记 15 s。

在这个试验后，该标记仍应清晰可见。

注：所用汽油中含有已烷溶剂，该溶剂中含有容积百分数量最大值为 0.1 的芳香族环烃，溶剂的溶液溶解值为 29，初始沸点约为 65℃，干点为 69℃，密度约为 0.68 g/cm^3。

8 防触电保护

8.1 座在设计上应确保当座按照正常使用要求进行嵌装或安装及接线并装上相适应的灯和/或启动器时，座上的带电部件不会被人触及。

对于封闭式座，使用图 41 所示标准试验指来检验其合格与否。用 10 N 的力将试验指施加在座的每一个可能触及到的位置上，并用一电指示器来显示试验指与带电部件的接触。建议所用电压不低于 40 V。

进行上述检验之前，将封闭式座按正常使用要求安装在支撑面或类似装置上，并装上其规定使用的最不利尺寸的导线。

注：敞开式座只在被适当地安装在灯具或其附加外壳之后进行检验。

8.2 座在按照正常使用要求安装并不带灯或启动器时，以及在将灯或启动器插入或拔出座期间，灯座应能防止触电。

座应能防止灯(其灯头插脚数大于 1 时)或启动器的仅仅一个插脚接触到触点。该要求不适用于 G10q 灯座。

对于直管形荧光灯用侧入式 G5 和 G13 型灯座，用下述方法检验其合格性：

——G5 灯座用 IEC 60061-3 活页 7006-47C 所示量规Ⅱ检验；

——G13 灯座用 IEC 60061-3 活页 7006-60C 所示量规Ⅱ检验。

测量时使量规表面接触灯座表面。

注：侧入式灯座是指灯头插脚以垂直于灯轴线的方向插入灯座插槽的灯座。该种灯座详见图 C.1、图 C.2 和图C.3。

装有转动零件的灯座应在装上该零件后并在灯已插入正常位置时检验。

在以和灯的正常插入位置的轴线所成角度不大于 5°的角将灯插入灯座时，灯座应能够防止触电。本要求不适用于 G20，Fa6，Fa8 和 R17d 灯座。

注：详见图 C.4。

合格性的检验如下所示：

——启动器座用图 41 所示标准试验指检验。

——G5 灯座用 IEC 60061-3 中的活页 7006-47A 所示量规、IEC 60061-3 活页 7006-47C 所示量规Ⅱ以及图 41 所示标准试验指一起检验。

注：为防止试验指和量规Ⅱ的金属壳体之间出现电接触，量规“头”的表面应覆盖一层厚度不超过 0.1 mm 的绝缘材料。

——G13 灯座用 IEC 60061-3 活页 7006-60C 所示量规Ⅱ以及图 41 所示标准试验指一起检验。

注：为防止试验指和量规Ⅱ的金属壳体之间出现电接触，量规“头”的表面应覆盖一层厚度不超过 0.1 mm 的绝缘材料。

——Fa8 和 R17d 灯座用末端是半径为 5.2 mm 的半球面的圆柱形量规检验。

——其他灯座用图 41 所示标准试验指检验。

8.3　防触电部件应具有足够的机械强度，在正常使用中不应松动，并且用手不可能将这些部件拆卸。

可采用目测、手动和第 13 章和第 14 章所述试验来检验合格性。

8.4　座被安装好后能被人触及到的座的外部零件应由绝缘材料制成，或如果该零件是由导电材料制成的，则它们应与座的带电部件充分绝缘。

通过目测和本标准中相应的试验来检验其合格性。

9　接线端子

9.1　座上至少应装有下述一种连接装置：

——螺纹接线端子；

——无螺纹接线端子；

——推进式连接器的插销或插片；

——导线缠绕式接线柱；

——焊接接线片；

——连接引线。

通过目测来确定是否合格。

9.2　接线端子应符合下述内部布线连接到独立式座和连接到灯具里内装式座的要求。

所有的接线端子试验应在未做过任何一项其他试验的单独样品上进行。

——螺纹接线端子应符合 GB 7000.1—2007 第 14 章要求。

——无螺纹接线端子应符合 GB 7000.1—2007 第 15 章要求；然而，若必须按 17.1b)进行灯座的耐热性试验，则按照 17.1b)测得的无螺纹端子温度应适用于 GB 7000.1—2007 第 15 章的试验。

——推进式连接器的插销或插片应符合 GB 7000.1—2007 第 15 章要求。

——导线缠绕式接线柱应符合 IEC 60352-1 的要求。

导线缠绕式只适用于内部接线用单股实心圆导线。

——焊接接片应具有良好的焊接性能，相应的要求在 GB/T 2423.28 中给出。

——连接引线应符合 9.5 所述要求。

9.3　内装式座上的接线端子应能连接横截面积为 0.5 mm^2～1.0 mm^2 导线，独立式座上的接线端子应能连接横截面积为 1.0 mm^2～1.5 mm^2 的导线，但在 GB 7000.1—2007 第 14 章或第 15 章中另有规定时除外。

对于专门设计安装在灯具或其他附加外壳内的灯座，这种导线规格的范围允许有差异，在这种情况下，制造商应说明接线端子所专用的导线规格。

注：建议使用弹簧式或卡入式接线端子的灯座设计成能连接裸露部分长度范围为 8 mm(最小值)～11.5 mm(最大值)的连接导线。

通过在接线端子上安装符合最小和最大截面积要求的导线并进行 9.2 相应试验来检验合格性。

9.4 任一接线端子所处位置应能使导线很容易地进入并连接在接线端子上，如需装外壳，则在安装外壳时不应使导线受到任何损伤。

合格性通过目测和手动试验检验。

9.5 连接引线应通过锡焊、钎焊、卷边压扁或其他等效的方法与座连接。

引线应是横截面积 0.5 mm^2～1.0 mm^2 的绝缘导线。

引线自由端的绝缘外皮可以剥去，使带电体外露。

引线与座的固定处应能承受住在正常使用中可能出现的机械作用力。

通过目测和进行下述试验来检验合格性，该试验应在做完 17.1 所述试验的三个样品上进行。

将 50 N 的拉力在最不利的方向上施加在每一条连接引线上，并持续 1 min，施力时不应过猛。

试验期间，引线不应从其固定处脱开。

试验后，座不应出现任何本标准中规定的损坏。

9.6 铰链式灯座的结构应能使引线不受损伤。

所用引线为非软导线的座，其合格性应通过下述试验进行检验。

将符合横截面积要求的实心铜导线安装在灯座上，再将该灯座按照其预定工作位置固定在一安装板上。

在同一块安装板上，在距离接线端子的入口 50 mm 处安装一引线紧固装置。将引线拉紧，并在位于紧固装置上入口处的导线上做标记。

在固定引线之前，还要从引线的标记处起增加线长度 30 mm。

然后，将灯座转动 45 次，每次转动应从其转动范围的一端转到另一端，再转回到起始位置。如未给定转动范围极限值，则将转动范围定为 90°。

此试验之后，该灯座应符合以下要求：

——接触电阻应符合第 13 章要求；

——引线上不应有深的或锐缘的凹痕。

10 结构

10.1 木材、棉布、丝绸、纸和类似的吸湿性材料不应用作绝缘材料，除非这材料经过适当的浸渍处理。

通过目测检验合格性。

10.2 座在设计上应能使相应的灯或启动器很容易地插入和拔出，并且在发生振动或温度变化时座不会产生松动。

座被安装好后，用于固定座的零件应不能被转动。

注：非弹性座也可弹性安装在灯具上，这样，座与灯具的组合件可以起到一对弹性座的作用。

合格性可采用相应的商品灯或启动器通过目测和手动试验来检验。

10.3 座在设计上应能提供足够的接触力。

合格性应通过目测和 10.3.1～10.3.4 所述相应的试验来检验。

10.3.1

a) G5，G13 和 G20 双插脚灯座与灯头的接触主要在灯头每一插脚的一侧产生，测量接触力时应使用一插脚尺寸和插脚间距符合 IEC 60061-3 中下述活页的单端量规：

——G5 灯座使用 7006-47B 中的量规Ⅲ和量规Ⅴ；

——G13 灯座使用 7006-60B 中的量规Ⅲ和量规Ⅴ；

——G20 灯座，待定。

接触力的大小应是：

——不能为灯插脚提供支撑的灯座，接触力为 2 N～30 N；

——其结构能为灯插脚提供支撑的 G5 灯座,接触力为 2 N～35 N;

——其结构能为灯插脚提供支撑的 G13 和 G20 灯座,接触力为 2 N～45 N。

首先,用量规Ⅴ测量最大接触力,然后,用量规Ⅲ测量最小接触力。

b) G5,G13 灯座接触以管形式实现,使用 IEC 60061-3 的标准活页 7006-69E 的单插脚量规 E 测量接触力。

每一个灯座保持量规在其位的接触力至少为 0.5 N(待定)。

在 10.5d)所述通规试验完成后,再进行以上试验。

注:新型灯座,不推荐采取插脚端部接触的设计。

c) G20 灯座:待定考虑中。

d) 在将灯插入 G5,G13 和 G20 双插脚灯座并从其中取出时,需要作一旋转运动,这类灯座所需扭矩应使用插脚尺寸和插脚间距符合 IEC 60061-3 中活页的单端量规进行测量:

——G5 灯座:使用活页 7006-47B 中量规 Ⅴ 和具有相同尺寸但只是 E 和 D 被分别改为 2.44 mm和 4.4 mm 的第二个量规;

——G13 灯座:使用活页 7006-60B 中量规 Ⅴ 和具有相同尺寸但只是 E 和 D 被分别改为 2.44 mm和 12.35 mm 的第二个量规;

——G20 型灯座:待定。

将量规插入灯座,使其所处位置相当于灯的工作位置所需扭矩应是:

——G5 灯座:不超过 0.3 Nm;

——G13 和 G20 灯座:不超过 0.5 Nm。

将量规从工作位置上取出所需用的扭矩应是:

——G5 灯座:0.02 Nm～0.3 Nm;

——G13 和 G20 灯座:0.1 Nm～0.5 Nm。

在将量规取出期间,应不超过最大扭矩值。

e) 在将灯插入 G5,G13,2G13,G20 双插脚灯座并从其中取出时需要作横向推动,所需用的力应使用插脚尺寸和插脚间距符合 IEC 60061-3 中活页的单端量规进行测量:

——G5 灯座:使用活页 7006-47B 中的量规Ⅳ,量规Ⅴ和具有相同尺寸,只是 E 和 D 被分别改为2.44 mm和 4.4 mm 的第三个量规;

——G13 灯座:使用活页 7006-60B 中的量规Ⅳ,量规Ⅴ和具有相同尺寸,只是 E 和 D 被分别改为 2.44 mm 和 12.35 mm 的第三个量规;

——G20 灯座:待定。

将量规插入灯座并从中取出所需用的力应不超过 50 N。

将量规从正常工作位置上拔出所需用的力应不小于 10 N。

在检验扭矩和拔出力期间,应注意使量规的前表面与灯座的正面保持平行。

在进行初始测量之前,应将每一个量规在灯座中按照顺时针和逆时针方向旋转各一次,或将每个量规插入灯座并从灯座中拔出一次,以此作为试验前的准备工作。

如果这一做法可能影响试验结果,可给灯座分别安装它们所专用的具有最小和最大横截面积的导线。

10.3.2 所有其他各种灯座均应符合 IEC 60061-3 中相应的量规要求。

10.3.3 对于 R17d 灯座,它与灯的接触可在灯触点末端或灯触点的内表面上完成,或二者兼有。设计上要求电接触点应能与最小尺寸的灯头量规和最大尺寸的灯头量规形成并保持良好的电接触(参见 10.5)。

灯座触点和连接引线的电阻应不超过 0.2 Ω,测量方法规定如下:

——装有引线的灯座,应在距离灯座上引线出口 75 mm 处测量电阻;

——未装有引线的灯座,必须装上该灯座专用的最小尺寸的引线(但应不小于 0.75 mm^2 铜导线),并在距离灯座上引线出口 75 mm 处测量电阻;

——所用灯头应符合 IEC 60061-1 活页 7004-56 所规定的尺寸要求,并具有总电阻不超过 0.01 Ω 的短路触点;

——灯头应完全插入灯座,不考虑销钉的位置;

——电阻的测量采用电桥法。

将灯座的伸缩性弹簧末端完全压紧所需用的力不应小于 35 N,也不应大于 90 N。

10.3.4 主要沿启动器各个插脚的一侧而与之产生接触的启动器座,应使用符合图 11 所示量规 A 的尺寸的装置测量接触力。

接触力的大小应为 2 N～25 N。

注:通过插脚末端产生的接触的启动器座,检验接触力的试验方法尚在研究中。

如果将启动器从启动器座中取出需要作一旋转运动,则应测量所需用的扭矩,该扭矩应为 0.05 Nm～0.3 Nm。

用图 11 所示量规 A 来检验合格性。

10.4 灯座的结构应能使操作者在将灯插入灯座时可以清晰感觉到灯的工作位置。

将灯从灯座中取出的方法应简单明了,必要时用标志来表示。

合格性通过目测和手动试验来检验。

10.5 座的尺寸应符合现行的各项 IEC 标准。

a) 灯座应符合 IEC 60061-2 中下述最新版标准活页的要求,它们给出了相应灯座的尺寸:

——7005-50:成对非弹性 G13 灯座的安装尺寸;

——7005-51:成对非弹性 G5 灯座的安装尺寸;

——7005-55:管形荧光灯用 Fa6 灯座;

——7005-56:环形荧光灯用 G10q 灯座;

——7005-57:凹式双触 R17d 灯头用灯座;

——7005-68:GR8 灯座;

——7005-77:GR10q 灯座;

——7005-69:G23 灯座;

——7005-86:GX23 灯座;

——7005-84:GX10q 灯座;

——7005-85:GY10q 灯座;

——7005-87:G32,GX32 和 GY32 灯座;

——7005-78:G24,GX24 和 GY24 灯座*;

——7005-82:2G11 灯座;

——7005-33:2G13 灯座;

——7005-58:Fa8 灯座。

* 允许有 3 个和 4 个定位键的灯插入的 G24q 和 GX24q 灯座仅销售给灯具或设备制造商。对于两个定位键的灯座,可使用用于 3 个和 4 个定位键的止规 F 插入进行检验(见 IEC 60061-3 活页 7006-78F)。

注:GB 16843—1997 的 2.3 条和附录 F、附录 H 提供了关于定位键需要的背景资料。

b) 启动器座的尺寸应符合图 10 所示标准活页的要求。

c) 符合 GB 20550—2007 附录 B 的启动器所用的启动器座只应符合图 10a)所示标准活页的要求。

d) 合格性的检验方法如下所示:

——对于 G5 和 G13 灯座,将两对配对灯座安装在图 1 所示安装架上,并使用规定的量规检验

合格性,即:

G5 灯座:使用活页 7006-47C 所示“通规”和活页 7006-47B 所示检验接触性能的量规;

G13 灯座:使用活页 7006-60C 所示“通规”和活页 7006-60B 所示检验接触性的量规。

——对于设计上不允许在安装架上进行检验的灯座和弹性安装的灯座(见 2.5)应将它们装在相应的灯具中并使用上述与 IEC 60081 规定的灯长度相适应的量规进行检验。

在检验灯座时,将“通规”插入灯座所需用的力应是:

——G5 灯座,沿灯轴线方向所施加的力应不超过 15 N;沿垂直于灯轴线的方向所施加的力待定[2];

——G13 灯座,沿灯轴线方向所施加的力应不超过 30 N;沿垂直于灯轴线的方向所施加的力待定[2]。

在检验接触性能时,应沿每一灯座正表面的方向依次推按量规,所用力值应是:

——G5 灯座:2 N;

——G13 灯座:5 N。

在安装架上进行检验时,可通过量规的垂直位置施加该力。

注:对于同时可装一支以上灯的灯座,应将与灯的数量相符的补充重量施加在灯座正表面上。

——R17d 灯座,使用 IEC 60061-3 中活页 7006-57A 和 7006-57B 所示量规;

——Fa8 灯座,使用 IEC 60061-3 中活页 7006-58 和 7006-58G 所示量规;

——2G13 灯座,使用 IEC 60061-3 中活页 7006-33A 和 7006-33B 所示量规;

——其他各种灯座,使用 IEC 60061-3 中相应的量规;

——启动器座,使用图 11,图 12,图 13 所示量规;

——仅和用于Ⅱ类灯具的启动器匹配的启动器座,还要测量图 10a)中的尺寸 V 和 W。

制造商的安装说明书上应表示出正确安装时所必需的全部资料。

对于可插入有 3 个和 4 个定位键的灯的 G24q 和 GX24q(多键)灯座,灯座制造商的产品资料中应包括关于限制其使用的警告语,说明这些座仅可以和与 3 个和 4 个键的灯匹配的镇流器(多用途镇流器)一起使用。

注:对于每一个灯定位键,都必须满足相应的安全要求和性能要求。

11　防尘与防潮

11.1　如果座上标有 IP 代码标记,则在座安装好之后,其外壳所提供的防尘或防潮等级应与座的分类相符。

合格性的检验应按 GB 7000.1—2007 中与座的标志相适应的有关要求进行。

绝缘电阻和介电强度应按照第 12 章进行检验。

座应按照正常使用条件进行安装,并装上该座所专用的具有最小和最大标称直径的灯或启动器。

在进行试验之前,将灯或启动器接通电源,使座加热,并使座达到稳定的工作温度。

11.2　座应具有防潮性。

合格性的检验方法如下所示:

将座置于潮湿箱内进行潮湿处理,箱内空气的相对湿度为 91 %～95 %之间,所有能安放样品的部位的空气温度 t 应保持 20℃和 30℃之间的任一适宜的值,温度变化不应大于 1℃。

在将样品放入潮湿箱之前,应使样品的温度达到 t 和 $t+4$℃之间。

——IPX0 类的座,样品在潮湿箱内保留 2 天(48 h);

——所有其他类型的座,样品在潮湿箱内保留 7 天(168 h)。

2) 此要求对于不需附加的旋转力就可使灯头达到其底部的灯座不适用。这类座按 10.3.1 要求用单端量规检验。

经过潮湿处理后，座不出现本标准意义上的损坏。

12 绝缘电阻和介电强度

12.1 在座的不同极性的带电部件之间以及这些带电部件与外部金属部件(包括固定螺钉)之间应具有足够的绝缘电阻和介电强度。

合格性应通过按照 12.2 要求测量绝缘的电阻和按照 12.3 要求进行介电强度试验来检验，在潮湿处理后马上在潮湿箱内或在一个能使座达到规定温度的室内进行。

12.2 对座施加大约为 500 V 的直流电压，持续 1 min 后，测量绝缘电阻。绝缘电阻的测量应在表 1 所述各部件间依次进行，并应不低于表 1 中所示之值。

表 1 绝缘电阻最小值

受试部位	最小绝缘电阻/MΩ
不同极性的带电部件之间	2[a]
带电部件和外部金属部件(包括固定螺钉和覆盖在绝缘材料外部部件上的金属箔)之间	2
a 在灯座的灯触点之间，绝缘电阻不应低于 0.5 MΩ	

对于设计用在Ⅱ类灯具中的座，当该灯具中完全装上灯或启动器时，应按照 GB 7000.1—2007 第 10 章的条件检验座的合格性。

12.3 介电强度试验应在测量完绝缘电阻之后立即进行。

——试验电压应依次施加在表 1 中所示的测量绝缘电阻的那些部件之间。

绝缘应能承受住频率为 50 Hz 或 60 Hz，有效值电压为下述各值的正弦波交流电压，并持续 1 min。

——在灯座的灯触点之间，介电强度试验电压为 500 V；

——在所有其他情况下，介电强度试验电压为($2U$+1 000)V(其中 U 是额定电压)。

试验开始时先将电压升到不超过规定电压值的一半，然后再迅速将电压升到规定电压值。

试验期间不应出现闪络或击穿现象。

试验用高电压变压器在设计上应能达到下述要求：在将输出电压调节到适宜的试验电压后而使输出接线端短路时，输出电流至少为 200 mA。

当输出电流低于 100 mA 时，过载继电器不应断开。

当测量所施加的试验电压有效值时，误差可在±3 %之间。

没有电压降的辉光放电可忽略不计。

13 耐久性

座的结构应能防止其在正常持久的使用中产生任何不符合本标准要求的电气故障或机械损伤。在受热、受振等情况下，绝缘不应受到影响，连接件不应松动。

合格性用下述试验进行检验：

取一个合适的商品灯头或启动器，将其触点短路，再以每分钟约 30 次的速度将该灯头或启动器插入座内再拔出座各 30 次，该座连接在具有额定电压的交流电源上，电路中通有额定电流，感性功率因数约为 0.6。

此试验之后，座不应出现本标准规定范围内的损坏，并给座装上相应的符合图 6、图 14～图 29、图 39和图 40 要求的实心铜试验灯头或启动器，再将座连接在电压不超过 6 V 的交流电路中并通上额定电流，持续 1 h。

这些图中只给出了试验用的基本尺寸，图中未给出的尺寸在 IEC 60061-1 中相应的灯头活页中给出。

注：试验灯头不需要有定位键，如果这些键仅起到键控功能。

在试验期间的末期，所测得的电阻值不应超过下述规定的值：

——单插脚灯头用灯座：

最大电阻＝0.03 Ω

——其他类型的座：

最大电阻＝0.045 Ω＋($A\times n$)

和单插脚灯头配套的 Fa8 灯座应使用图 20 所示的量规检验。对于弹性灯座 Fa8，当量规完全放入座中测量(不考虑接触位置)并且座接有长度为 75 mm 最小规格为 0.75 mm^2 的引线时，最大电阻应为 0.07 Ω。

式中 $n=2$ 时，$A=0.01$ Ω；

$n>2$ 时，$A=0.015$ Ω。

n 是测量时所涉及到的并位于座和灯头或启动器之间的独立触点的数量。测量应在座的额定电流下进行，并采用下述方式：

——单插脚灯头用灯座；

对于装有引线的灯座，应在引线上距离灯座的引线出口 75 mm 处与试验灯头之间测量电阻。

对于未装引线的灯座，必须在进行上述测量之前给该灯座装上它所专用的具有最小尺寸的引线。

——其他类型的座；

对于装有引线的座，应在引线上距离灯座的引线出口 75 mm 处测量电阻。

对于未装引线的座，必须在进行上述测量之前给该座装上两条它所专用的具有最小尺寸的引线。

试验灯头和试验启动器在进行测量之前应小心擦净、擦亮。

试验灯头或试验启动器要完全插入座中。

由于 R17d 灯座已经按照 10.3.3 进行试验，不必再测量。

14 机械强度

14.1 座应具有足够的机械强度

合格性用下述试验加以检验：

注：在灯具或其他设备中使用的灯座的机械强度，可以用弹簧冲击装置检验。

在 GB 7000.1—2007 中，测试冲击能量取决于元件的材料和灯具类型，变化范围为 0.2 Nm～0.7 Nm。

14.2 专门设计内装于灯具中或其他附加外壳内的灯座的机械强度用 IEC 60068-2-75 所述的摆锤试验来检验，具体细节如下(见 GB/T 2423.55—2006 第 4 章)：

a) 安装方法

样品按正常使用要求安装在 GB/T 2423.55—2006 图 D.5 所示转换装置上。金属板的厚度应符合制造商说明书的要求。

由于结构不能安装在 GB/T 2423.55—2006 图 D.5 所示转换装置上的灯座，应将其安装在一个与其所专用的灯具相似的适用支架上。

b) 下落高度

摆锤下落的高度如下所示：

——G5 灯座和准备在提供了充分防护措施的灯具中使用的内装式灯座：100 mm±1 mm。

——在没有充分防护措施的灯具中使用的内装式灯座：150 mm±1.5 mm。

c) 冲击次数

对灯座上的最薄弱点应撞击三次，如果存在这样的部位的话。尤其应注意内有带电部件的绝缘材料和绝缘衬套(如有的话)。

对启动器座的凹处不应冲击。

d) 预处理

将引线出入口打开，并打开敲击孔，再用 2/3 倍于第 15 章规定的扭矩固定外壳及拧紧有类似用途的螺钉。

e) 初始测量

不适用。

f) 空间方位角和冲击位置

见上述 c)。

g) 工作方式和功能检查

冲击时样品不工作。

h) 合格与否判定准则

试验后,样品不应出现本标准规定范围内的严重损坏,特别是:

i. 部件不应变成可被人触及,座也不应与其支架分离开。

对于试验后出现的不会使爬电距离和电气间隙小于第 16 章所规定值的表面层损伤和微小凹痕以及不会对防触电、防尘或防水性能产生不利影响的微小裂口,均可略去不计。

ii. 看不出来的裂纹、用增强纤维模制的或是类似材料的表面裂纹可略去不计。

如果将灯座的任一部件的外壳取下后该灯座仍符合本标准要求,则这种外壳上的裂纹或小孔可略去不计。

i) 恢复

不适用。

j) 最终测量

见上述 h)。

注 1:由于内装式启动器座在正常使用时处于受保护的位置,这种启动器座不必接受此试验。

注 2:在灯具或其他设备中使用的灯座的机械强度,可能需经受 GB/T 2423.55 所规定的弹簧锤试验。在 GB 7000.1中,测试冲击能量取决于元件的材料和灯具类型,变化范围 0.2 Nm~0.7 Nm。

14.3 将量规插入灯座,并使量规处于正确位置,再使灯座承受 50 N 的力,该力沿量规的轴线方向施加在量规上,持续 1 min。此外,对于插入灯时需作旋转运动并装有固定制动销的灯座,还应使其承受 1 Nm的扭矩,并持续 1 min。在做该试验时,座不必处于安装位置,但要加以牢固支撑。

所用量规应符合下述标准活页(见 IEC 60061-3):

——G5 灯座:活页 7006-47C 的量规 I;

——G13 灯座:活页 7006-60C 的量规 I;

——2G13 灯座:活页 7006-33A 的量规;

——Fa8 灯座:活页 7006-58 的量规;

——其他灯座所用量规待定。

这些试验完毕之后,灯座上不应有任何损坏。

14.4 将图 11 所示量规 A 插入启动器座,使其处于正确位置,再使该启动器座承受 20 N 的压力,该压力沿量规轴线方向施加在量规上,并持续 1 min。在做该试验时,座不必处于安装位置,但要加以牢固支撑。

此试验之后,启动器座上不应出现任何损伤。

15 螺钉、载流部件和连接件

15.1 螺钉及机械连接件如发生故障可能会使座变得不安全,这种部件应能承受住在正常使用中出现的机械应力。

合格性采用目测和下述试验来检验:

将在连接座时所使用的螺钉拧紧,再拧松,旋拧次数规定如下:

——在金属内螺纹中使用的螺钉,应拧松、拧紧各 5 次;

——对于在绝缘材料内螺纹中使用的螺钉,应拧松、拧紧各 10 次。

试验时使用合适的螺钉试验改锥,并用表 2 中给出的扭矩来旋拧螺钉。该表中第 1 栏适用于当螺钉被拧紧后不凸出于其螺纹孔的沉头螺钉,第 2 栏适用于其他螺钉。

在绝缘材料内螺纹中使用的螺钉在每次试验时要完全拧出和拧进内螺纹中。

该试验不应引起妨碍螺钉连接件继续使用的损伤。

表 2　连接螺钉的扭矩试验

螺钉的标称直径/mm	扭矩/Nm	
	1	2
2.8 以下(包括 2.8)	0.20	0.4
2.8～3.0(包括 3.0)	0.25	0.5
3.0～3.2(包括 3.2)	0.30	0.6
3.2～3.6(包括 3.6)	0.40	0.8
3.6～4.1(包括 4.1)	0.70	1.2
4.1～4.7(包括 4.7)	0.80	1.8
4.7～5.3(包括 5.3)	0.80	2.0
5.3～6.0(包括 6.0)	—	2.5
6.8～8.0(包括 8.0)	—	8.0
8.0～10.0(包括 10.0)	—	17.0
10.0～12.0(包括 12.0)	—	29.0
12.0～14.0(包括 14.0)	—	48.0
14.0～16.0(包括 16.0)	—	114.0

注：在连接座时所使用的螺钉，例如用以固定外壳、连接时必须松开的螺钉等。导管螺纹连接件和将座固定在其支架上的螺钉不包括在内。

螺钉改锥的刃部的形状应与受试螺钉的凹槽相适应。拧紧螺钉时不应用猛力。螺母也用类似方式进行试验。

15.2　宽螺距螺钉不应用来连接载流部件，除非这种螺钉能将相互直接接触的载流部件夹紧，并装有适当的锁定装置。

自切螺钉可以用于载流部件的内部连接，但这种螺钉不应是低硬度或易变形的金属，如锌或铝。

宽螺距螺钉可以用于提供接地的连续性，只要在正常连接时不会妨碍这种连接，并且每个连接处至少使用两个螺钉。

合格性通过目测来检验。

15.3　与绝缘材料螺纹相接合的螺钉，其啮合长度不应低于 3 mm 与标称螺钉直径的 1/3 之和，但该长度不需要超过 8 mm。该长度应能保证螺钉正确进入螺纹。

合格性通过视检、测量和手动试验来检验。

注：如果采用下述方法防止螺钉倾斜地进入螺纹中，就满足了关于螺钉正确进入螺纹的要求，例如：采用固定部件及使用带凹座内螺纹，或使用去掉前导螺纹的螺钉来引导螺钉。

15.4　电气连接件在设计上应能防止将接触压力传递给除陶瓷或具有同样性能的材料以外的绝缘材料，除非电气连接件的金属部件具有足够的弹性用以补偿绝缘材料任何可能的收缩。

螺钉不应用低硬度或易变形的金属制成，例如锌或铝。

连接座可能要使用的传递接触压力的螺钉和标称直径小于 2.8 mm 的螺钉应拧入金属螺母或金属镶嵌件中。

合格性通过目测来检验。

此项要求不适用于可拆卸部件之间的接触，例如灯、启动器以及需要适当弹性功能的座。

15.5 对用作电气连接件和机械连接件的螺钉和铆钉,应加以锁定,以防止其松动。

合格性通过目测和手动来检验。

注:弹簧垫圈可提供良好的锁定。对于铆钉,其非圆形钉体或适当的凹形槽口也可提供充分的锁定。受热易软的密封填料只对正常使用中不受扭矩的影响的螺钉连接提供良好的锁定。

15.6 载流部件应由铜和铜含量至少为50 %的合金或至少具有相同等性能的材料制成。

此要求不适用于那些基本上不传导电流的螺钉,例如接线端子螺钉。

合格性通过目测,必要时通过化学分析来检验。

第18章试验将显示出载流部件在正常使用中是否具备与铜等特性的载流能力、机械强度和耐腐蚀性。

注:应特别注意(材料的)耐腐蚀性和机械性能。

16 爬电距离和电气间隙

爬电距离和电气间隙不应低于表3和表4中给出的值:

表3 在交流(50/60 Hz)正弦波电压下的最小距离——可承受脉冲等级Ⅱ级

距离/mm	额定电压/V			
	50	150	250	500
1. 不同极性的带电体之间,和 2. 带电体与可触及的金属零件之间,或永久固定在座上的绝缘材料部件的外表面之间[a],包括固定外壳或将座固定在其支架上的螺钉或装置之间:				
——爬电距离				
绝缘体 PTI[b] ≥600	0.6	0.8	1.5	3
PTI＜600	1.2	1.6	2.5	5
——电气间隙	0.2	0.8	1.5	3
3. 若其结构不能保证在最不利情况下满足第2项的限值要求,带电部件和安装表面或松动的金属外壳(如果有的话)之间:				
——电气间隙	0.6	0.8	1.5	3

注1:表中所列距离适用于依照GB/T 16935.1的可承受脉冲等级Ⅱ级,且基于以下准则:2度污染,即一般仅发生非导电污染,但须预计到因凝结水偶然造成暂时导电。关于其他可承受脉冲等级或更高度污染的距离的资料,应参考GB 7000.1和GB/T 16935.1。

注2:特定类型的座的标准额定参数由第5章给出。

注3:工作电压在表中列值之间,其对应的爬电距离和电气间隙以线性插入法得出限值。因为12.3的电压试验足够满足此项要求,所以对于低于25 V的工作电压的爬电距离和电气间隙值没有作规定。

注4:请注意,本条中的爬电距离和电气间隙数值是最小绝对值。

[a] 带电触点和灯座表面(基准面)之间距离必须符合IEC 60061-2中相应灯座活页给出的值。启动器座的这种距离应符合图10和图10a)中的要求。

[b] PTI(耐漏电起痕指数),按GB/T 4207。

——不带电的或不打算接地的又不会发生漏电痕迹的部件的爬电距离,PTI≥600的材料所规定的数值可应用于所有材料(不管其真正的PTI是多少)。

——承受工作电压的时间不到60 s的爬电距离,PTI≥600的材料的所规定的数值可应用于所有材料。

——粉尘或水不易污染的爬电距离,PTI≥600的材料所规定的数值可应用(不受真正PTI的影响)。

表 4 在非正弦脉冲电压下的最小距离

额定脉冲电压(峰值)/kV	2	2.5	3	4	5	6	8
最小电气间隙/mm	1	1.5	2	3	4	5.5	8
既承受正弦波电压又承受非正弦脉冲电压的距离,最小要求距离不应小于两表中指定的最大数值。 爬电距离不应小于所要求的最小电气间隙。							

在Ⅱ类灯具中使用的座,应在灯具中完全装有灯和启动器时按照 GB 7000.1—2007 中第 11 章所述条件检验该座是否符合本项要求。

灯座触点间的爬电距离和电气间隙均不应小于:

——G10q 灯座:1.5 mm;

——其他灯座:2 mm。

合格性通过测量来检验,在检验时首先给座的接线端子装上具有 9.3 所要求的最大横截面积的外接导线,进行测量,然后拆下该导线,再进行测量。

部件完全被密封或部件之间填有绝缘混合剂时,它们之间的爬电距离不受上述要求的限制。

宽度低于 1 mm 的任意沟槽的爬电距离应等于其槽口宽度。

注:爬电距离应沿绝缘材料表面在空气中测量。

17 耐热、防火和耐漏电起痕

17.1 座应具有充分的耐热性

对于双端荧光灯灯座,2G13 和 G10q 灯座及启动器座,合格性应以 a)或 b)所述试验来检验,由制造商自由选择。

除非另有规定,一般应采用 a)所述试验。

对于单端荧光灯座(2G13 和 G10q 灯座除外),采用 c)所述试验来检验。

a) 将试样放置在温度为(100±5)℃的加热箱内进行试验,对于带有温度标记 T 的座,箱内温度为(T+20)℃±5℃,试验持续的时间应为 168 h(7 天)。

对于 IP 防护等级大于 IP20,并且其垫圈最高工作温度不同于以上温度值的座,应同时将这些垫圈的单独样品放在温度为制造商安装说明书所给定的值的加热箱中进行试验。

此试验完毕之后,将这些做过试验的垫圈分别取代座上的垫圈。

b) 用图 9 的钢制试验灯头 A(用于标称管径 25 mm 灯的灯座——见 IEC 60081)或钢制试验灯头 B(用于标称管径 38 mm 灯的灯座——见 IEC 60081)置于 G13 灯座上。

注:图 9 所示的管子是用以测试带保护管的灯座。对于不带保护管的灯座,测试时必须移去这些管子。

以图 9a)所规定尺寸的钢制试验灯头置于 G5 灯座上。

钢制试验灯头支承件中提供内部热源和一条用以确定插脚间的灯头表面的实际温度的热电偶。

另一条热电偶安装在座的背面灯头插脚正上方最热点处。此热电偶应被固定在一圆形铜片上(直径约为 5 mm,厚度为 1 mm,并涂有无光泽的黑色涂层),并与此铜片齐平。再将一质量 100 g 的砝码放在铜片上。应注意使砝码与铜隔膜绝热。

注:应注意使灯座的正面与试验灯头紧密接触。

灯座配有转动部件时,该部件中间凸出部分在灯头与灯座的表面之间产生气隙,这种座根据制造商说明书(见 7.3),通过一个单独安装装置固定在一个如图 9 所示的试验灯头上。

试验期间,转动部件凸出部分与试验灯头之间应无间隙。

对于带无螺纹接线端子的灯座,热电偶应敷设在该端子的每个夹紧部件上。然后,将上述整个组合体放置在试验箱内,箱内温度均匀,以致任两点之间的温度差可以忽略不计。

试验箱具有下述特征：

——材料：10 mm(标称值)胶合板；

——内部涂层：无光泽的黑色涂层；

——内部尺寸：500 mm×500 mm×500 mm，每个尺寸公差为±10 mm，有一面箱壁是可移动的，用作出入口。

注：试验箱不应受四周加热或冷却的影响，还应避免使空气流动。

调节试验灯头内的热源，使插脚之间的试验灯头表面的温度比灯座的温度标记 T 所表示的值高25 K+5 K。

当达到热平衡时，测定灯座后表面的温度 T_m，并记录下来。测试座后表面时，T_m 作为参考温度，如果制造商说明书给出一个更高温度，则该值将成为参考温度。

无螺纹接线端子的最高测量温度也必须记录。该温度值应用于依据 GB 7000.1—2007 第 15 章的端子试验中；如果端子测量温度小于 100℃，则端子将在(100±5)℃环境条件下进行试验。

试验的持续时间为 168 h(7 天)。

在进行 a)或 b)所述试验期间，样品不应发生妨碍其继续使用的变化，尤其是不应出现下述情况：

——防触电性能的降低；

——防尘或防水等级的降低；

——电触点的松动。

座的安装表面上可拆卸的垫圈不进行本试验，它应在灯具中进行试验。

c) 单端内启动荧光灯用(除 2G13 和 G10q 外)灯座，其合格性通过下述试验来检验，所进行的试验每次施加在提交试验的三个灯座中的其中一个上。

将符合图 30～图 38 要求的试验灯头(若无一适用，则采用符合 IEC 60061-1 的相关灯头活页标称尺寸的试验灯头)插入两个灯座中，使第三个灯座不装试验灯头。

注：试验灯头不需要有定位键，如果这些键仅起到键控功能。

然后，将这三个装有和未装有试验灯头的灯座放置在加热箱内，加热 168 h。

加热箱的温度规定如下：

(最大灯头温度+20)℃±5℃。

对于与灯具整体化的灯座，其箱温度为：依据 GB 7000.1—2007 中 12.4.2 给出的工作条件所测得温度+20 K，允许误差±5℃。

注：关于最大灯头温度的资料，见 GB 16843—1997 附录 C。

因为试验灯头的重量不应对灯座产生影响，所以试验灯头应安装在箱内，试验灯头垂直于灯座，灯座在灯头的上方。整个试验期间，应将一个 0.3 Nm 的弯矩沿基准面施加在两个装有试验灯头的灯座中的其中一个上。

此项要求不适用于 2G11 和 2GX13 灯座。

注：为固定灯而必需的独立于灯座的附加固定装置，弯矩试验不适用。

弯矩的作用点位于试验灯头的轴线上。

弯矩应作用于通过保持装置(固定簧片或钩)的平面的方向上。

试验期间，灯座不应出现妨碍其继续使用的变化。

试验之后，将灯座从加热箱内取出，再去掉试验灯头，使灯座冷却。灯座应符合下述要求：

——在加热期间未装试验灯头的灯座应符合 IEC 60061-3 所有相应灯座的量规的要求。

——在加热期间装有试验灯头的灯座应符合相应的最小夹持力的量规的要求。

17.2 具有防触电性能的绝缘材料外壳和外部部件以及固定带电部件的绝缘材料部件均应接受球压试验，所用试验装置如图 7 所示。

第 17 章(17.1 除外)要求的所有试验，不适用于与灯具一体化的灯座，作为类似试验遵循

GB 7000.1—2007 第 13 章的要求，然而，这些试验的工作条件将考虑由第 17 章所确定的灯座的特定工作条件。

试验时，使受试部件的表面处于水平位置，再用 20 N 的力将一直径为 5 mm 的钢球抵压在该表面上。试验应在加热箱内进行，箱内的温度为(工作温度＋25)℃±5℃工作温度(见 6.3)；当对用于固定带电部件的绝缘部件进行试验时，箱内的最低温度为 125℃。

在进行试验之前，试验负载和支撑装置均应在加热箱内放置相当一段时间，以便使它们确实达到稳定的试验温度。

在施加试验负载之前，将受试部件在加热箱内放置 1 h。

如果受试部件的表面在试验中易弯曲，应对该表面上的球压部位加以支撑，为此，如果试验不能在整个试样上进行，则可从该试样上适当切下一部分。

试样的厚度应至少为 2.5 mm，但是如果试样不具备此厚度，则将两个以上的试样叠放在一起进行试验。

对于已经受 17.1b)所述试验的带温度标记 T 的灯座，当对该灯座的正面进行球压试验时，加热箱内的温度为(T＋25)℃±5℃；当对该灯座的背面进行球压试验时，加热箱内的温度为(T_m±5)℃；但是当对用以将带电部件固定在正确位置上的绝缘部件进行球压试验时，加热箱内的最低温度为 125℃。

试验进行 1 h 后，将钢球从试样上移开，再将试样浸入冷水中浸泡 10 s，使其冷却到接近室温。然后，测量由钢球造成的压痕的直径，压痕直径应不超过 2 mm。

该试验不必在陶瓷部件上进行。

注：如果受试面为曲面，并且压痕为椭圆形，则测量压痕的短轴。如有疑问，可测量压痕的深度，并用下述公式计算压痕的直径 ϕ：$\phi=2\sqrt{P(5-P)}$，其中 P 为压痕深度。

17.3 具有防触电性能的绝缘材料外部部件和用来将带电部件固定在正确位置上的绝缘材料部件应防火，防燃。

对于非陶瓷材料，采用 17.4 或 17.5 所述试验来检验其合格性。

17.4 具有防触电性能的绝缘材料外部部件应承受住 GB/T 5169.11—2006 所述灼热丝试验，试验要求规定如下：

——试样是一完整的座，必要时可将座的各部件拆开进行试验，但应注意确保试验条件不应与正常使用条件有显著的区别。

——将试样安装在支架上，再用 1 N 的力将灼热丝尖抵压在受试表面上，抵压点位于与受试表面上沿相距 15 mm(或 15 mm 以上)的中心部位。灼热丝穿入试样的深度极限为 7 mm。

如果由于试样太小，不能进行上述试验，则从该试样所用材料上切割下一块面积为 30 mm×30 mm、厚度为该试样最小厚度的材料进行上述试验。

——灼热丝尖的温度为 650℃。

试验 30 s 后，使试样与灼热丝尖脱离接触。

在开始进行试验之前，应使灼热丝温度和加热电流稳定 1 min。在此期间应注意确保热辐射不影响试样。

灼热丝尖温度的测量应使用结构和精度符合 GB/T 5169.11—2006 的具有良好铠装导线的热电偶进行。

——试样上的火苗或辉光应在灼热丝拔出后 30 s 内熄灭，掉落下来的燃烧颗粒应不会引燃在试样下方(200＋5)mm 处水平铺开的薄纸。

17.5 用来将带电部件固定在正确位置上的绝缘材料部件应承受住 GB/T 5169.5 所述针焰试验，试验要求规定如下：

——试样是一完整的座。必要时可将座的各部件拆开进行试验，但是注意确保试验条件与正常使用条件没有显著的区别。

——试验火焰应施加在受试表面的中心。

——火焰施加的时间为 10 s。

——(试样上)自持火焰应在试验火焰撤离后 30 s 内熄灭,掉落下来的燃烧颗粒应不会引燃在试样下方(200+5)mm 处水平铺开的薄纸。

17.6 对于非普通式座,其用来将带电部件固定在正确位置上的绝缘部件应具备足够的耐漏电起痕性能。

对于非陶瓷材料,按照下述要求并进行 GB/T 4207—2003 所示耐电痕试验来检验其合格性:

——如果样品不具备面积至少为 15 mm×15 mm 的平面,则该试验也可以在一平面尺寸小一些的样品上进行,只要在试验期间溶液不从该样品上流出。此外,不应用人工方法将溶液保留在样品表面上。如有疑问,该试验可在一尺寸合乎要求的条形试样上进行,此试样为同一材料,制作工艺也相同。

——如果样品的厚度小于 3 mm,必要时可将两个以上的样品叠放在一起,使其达到至少 3 mm 的厚度。

——该试验应在样品的三个部位上进行,或者三个样品上进行。

——电极应是铂制成的,并使用 GB/T 4207—2003 中 5.4 所示试验溶液 A 进行试验。

样品应在耐电痕系数为 175 时的试验电压条件下承受住 50 滴溶液而不发生损坏。

——如果样品表面上两电极之间所通过的电流 0.5 A 或更大并持续 2 s 以上,使过流继电器动作,或者如果样品燃烧,但过流继电器不断开,则样品不合格。

——不采用 GB/T 4207—2003 中 6.4 关于测定腐蚀性的要求。

——不采用 GB/T 4207—2003 第 3 章的注 1 关于表面处理的要求。

18 防过度残余应力(防季裂)和防锈

18.1 由铜或铜合金滚轧制成的触点和其他部件在发生故障时会使座变得不安全。这些部件不应由于出现过度残余应力而被损坏。

合格性用下述试验来检验:

将试样表面仔细擦净,用丙酮将表面上的油漆去掉,用酒精等类似物质将表面上的油脂和手指印擦去。

将样品置于一试验箱中 24 h,并使其底部浸泡在 pH 为 10 氯化铵溶液中(有关试验箱,试验溶液和试验程序的详细说明,见附录 B)。

经过此法处理之后,再将试样放入流动水中冲洗 24 h,在 8 倍放大镜下试样上不应出现肉眼看得见的裂纹。

对于金属灯座,其外壳上绝缘环安装部位附近的有限区域内可能出现的裂纹应略去不计。

注:为了不影响试验结果,应小心处理试样。

18.2 铁制部件生锈会危及座的安全性,对这种部件应采取足够的防锈措施。其合格性用下述试验来检验:

将受试部件放在适宜的脱脂剂中浸泡 10 min,使部件上的全部油脂都去除掉。再将这些部件放在温度为(20±5)℃,氯化铵含量占 10%的水溶液中浸泡 10 min。然后,甩掉这些部件上的水珠,不需烘干,将其放置在温度为(20±5)℃含有饱含潮湿气体的箱子中保持 10 min。

最后将这些部件放置在温度为(100±5)℃的加热箱内烘干 10 min,此时它们的表面上不应有生锈的迹象。

对于小螺旋弹簧或类似部件以及易受摩擦的铁制部件,给它们涂上一层油脂应能提供充分的防锈措施。

这种部件不必进行本试验。

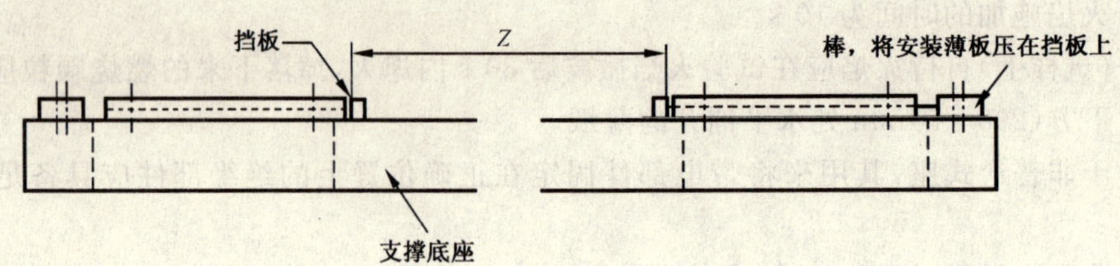

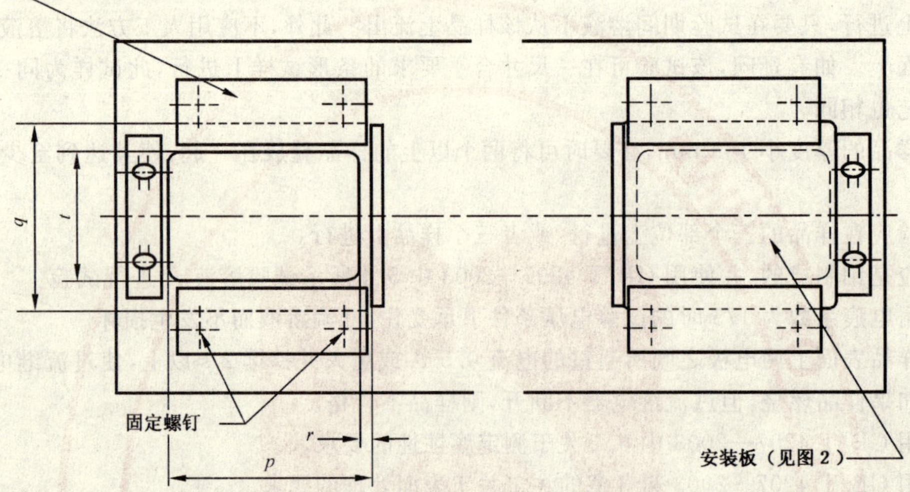

附图只给出了装配的主要尺寸。

*对于某些灯座如双灯座，可能需要使用两片。

符号	尺寸/mm	公差/mm
Z	1)	±0.05
p	65	±0.1
q	60.2	+0.1 −0.0
r	5	±0.1
t	40	±0.1

1) 对 G5 灯座试验 Z=69.5 mm(根据 4 W 灯的 A 的最大尺寸得出，见 IEC 60081)

对 G13 灯座试验 Z=367.4 mm(根据 15 W 灯的 A 的最大尺寸得出，见 IEC 60081)

目的：检验一对组合灯座是符合规定的“通规”和试验其接触性。

检验：将装有一对相匹配的灯座的安装板插入装配架，使其顶住挡板，再用夹爪将其固定。这个位置上用量规进行检验。

图 1 灯座试验用装配架

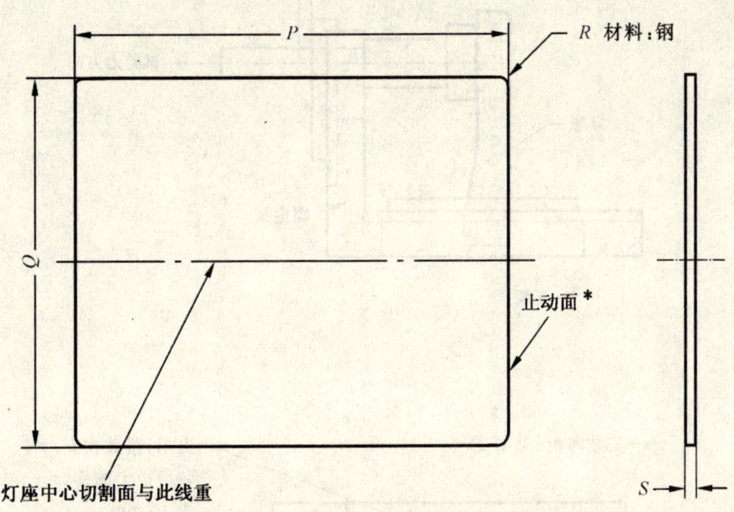

* 该面应做标记。

对于需要垂直安装的灯座，应在安装板上装上一角钢。

在沿灯座轴线对该角钢垂直施加 50 N 力时，灯座与原来位置的偏差应不超过 0.2 mm。

图只给出了安装薄板的基本尺寸。

符号	尺寸/mm	公差/mm
P	70	±0.1
Q	60	±0.1
R	2	±0.5
S[1]	1.0	±0.05

1) 如果灯座设计是用于较薄的材料上，则仅灯座的安装部位变为此规定值。

图 2 安装薄板

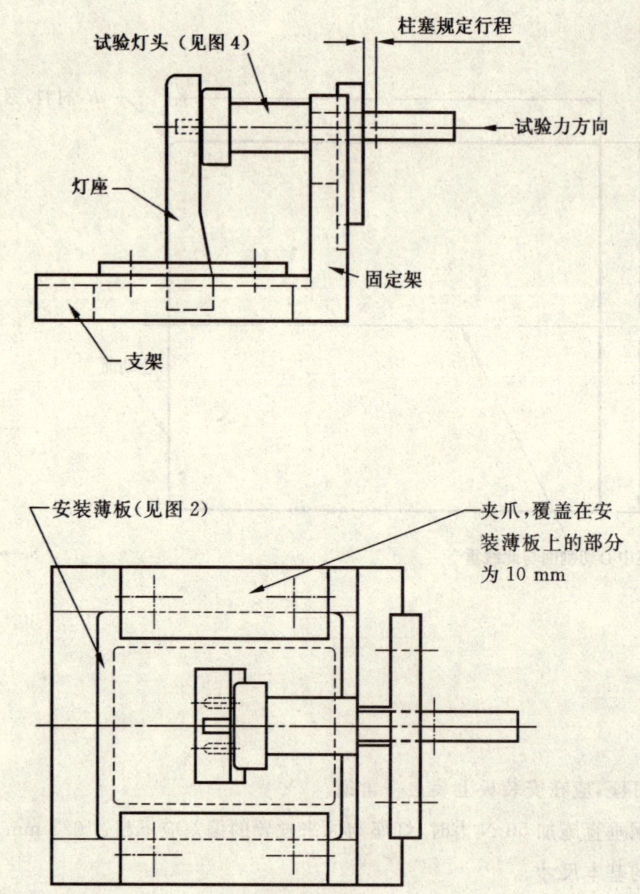

图中所示固定架用于试验单个灯座。试验双灯座时必须对该支架加以说明。

目的：在发生疑问的情况下检验灯座是弹性灯座，还是非弹性灯座。

检验：将装在安装板上的灯座再安装在支撑座上，并将试验灯头插入灯座。然后移动安装板，使试验灯头被固定在灯座和固定支架之间，灯头与固定支架间不留缝隙。再用夹爪将安装板固定在此位置上。借助柱塞对试验灯头施加压力，直至达到规定的柱塞行程*；对于 G5 型灯座，所需用的力应超过 15 N；对于 G13 型灯座，所需用的力不应超过 30 N。该程序重复 10 次。

此试验之后，试验灯头与固定支架之间以及试验灯头与灯座之间不应出现缝隙。如果灯座符合要求，该灯座可视为弹性灯座；如果灯座不符合此要求，则可视为非弹性灯座。

* 柱塞的行程等于触点轴向运动所必需的最小活动范围：

——对于从侧面插入的成对灯座：柱塞行程为 3 mm＋安装公差**；

——对于轴向插入的成对灯座：柱塞行程为 3 mm＋灯头插脚最大长度(＝7.62 mm，尚在研究中)＋安装公差**。

如果成对灯座由两个弹性灯座构成，则每个灯座的触点行程必须为所需要触点活动范围的一半。

** 依据制造厂的说明书(见 8.3)。

图 3　灯座弹性试验用装置

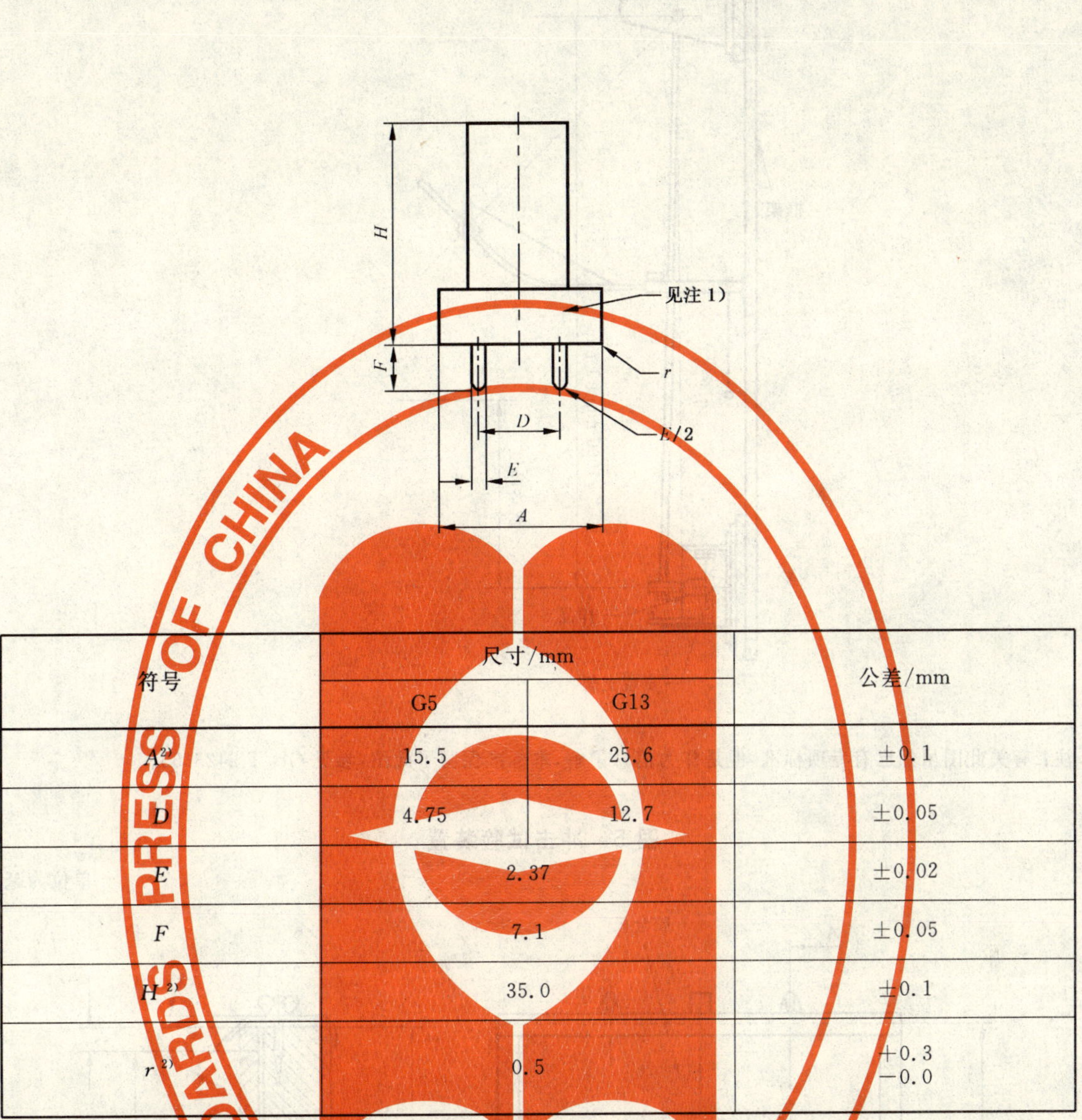

符号	尺寸/mm		公差/mm
	G5	G13	
$A^{2)}$	15.5	25.6	±0.1
D	4.75	12.7	±0.05
E	2.37		±0.02
F	7.1		±0.05
$H^{2)}$	35.0		±0.1
$r^{2)}$	0.5		+0.3 −0.0

1) 试验灯头的这一部分和灯头插脚应是淬火钢的。

2) 这些试验灯头在所用材料及辅助尺寸 A,H,r 等方面与第 14 章所述试验灯头有所不同。

图 4 G5 和 G13 型试验灯头

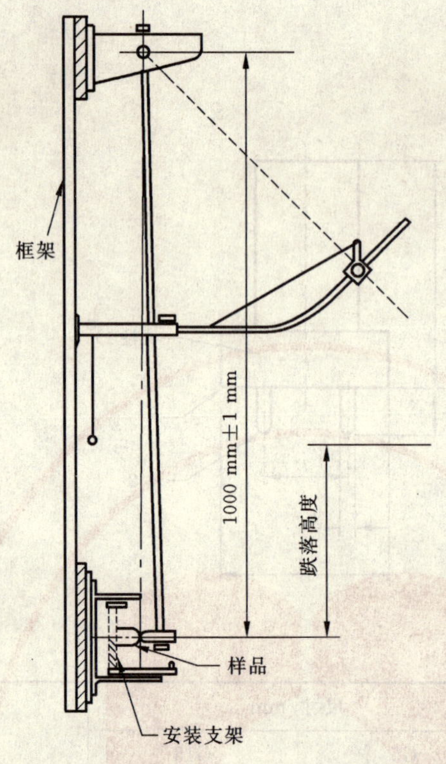

注：有关此图虽然已有专项标准，但是作为信息了解，本标准保留了此图，参见 GB/T 2423.55。

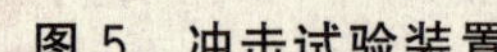

图 5　冲击试验装置

单位为毫米

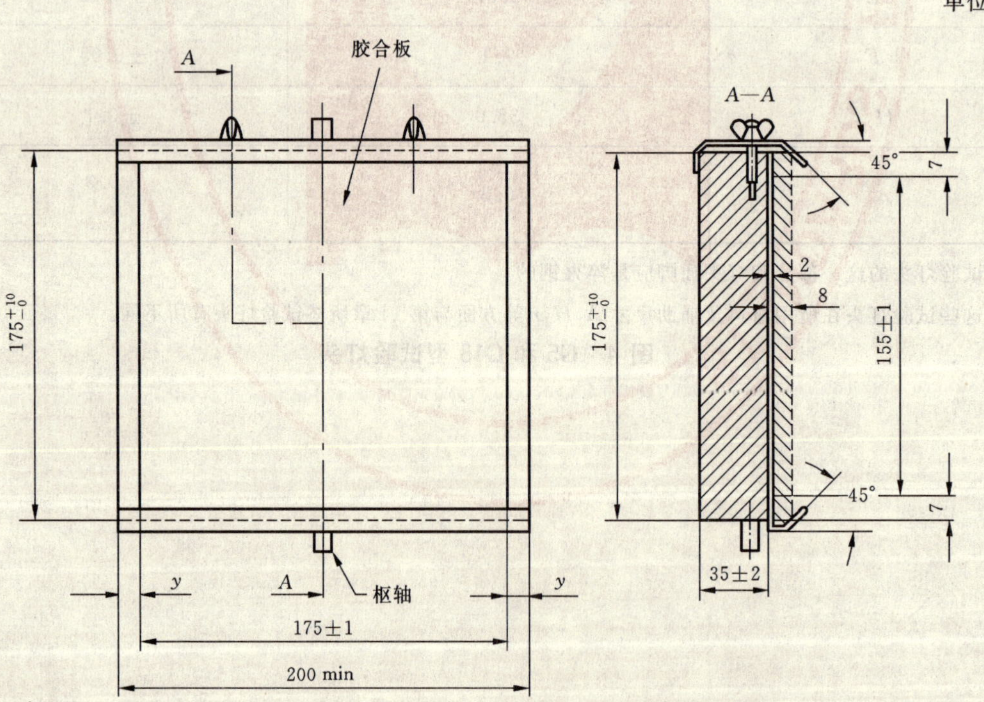

图 5a）　安装支架

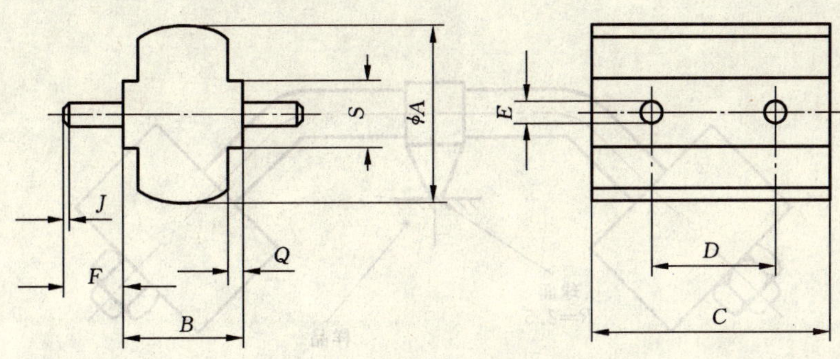

符号	尺寸/mm	公差/mm
A	18.5	±0.01
B	12.8	±0.05
D	13.0	±0.05
E	2.37	±0.02
F	6.4	±0.05
J	0.5	±0.1
Q	1.7	±0.05
S	7.2	±0.05
C	25.0	±0.2

图 6　2GX13 灯座按 13 章试验时所用试验灯头

单位为毫米

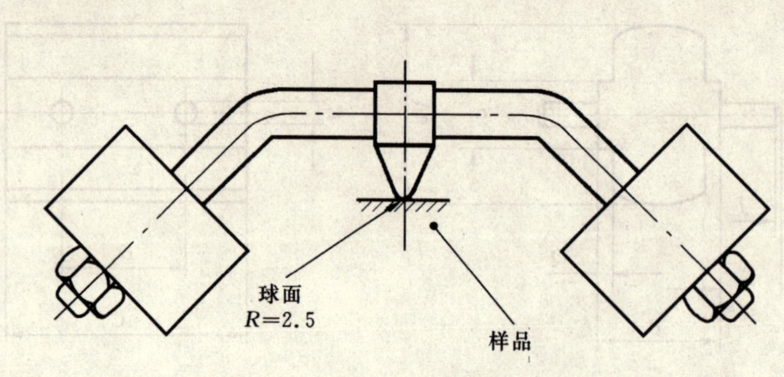

图 7 球压装置

单位为毫米

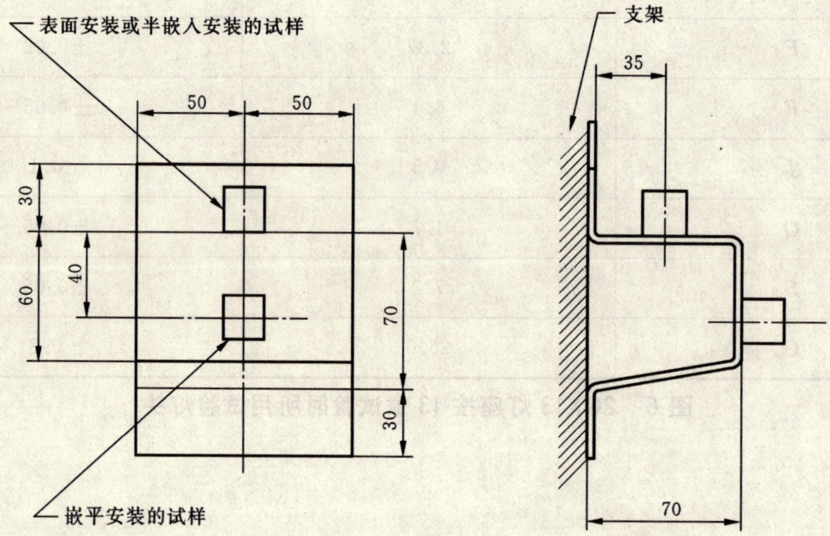

表面安装或半嵌入安装的试样

支架

50 50 35

30 40 60 70 30 70

嵌平安装的试样

注：有关此图虽然已有专项标准，但是作为信息了解，本标准保留了此图，如有疑问，参见 IEC 60068-2-75。

图 8 冲击试验固定灯座支架

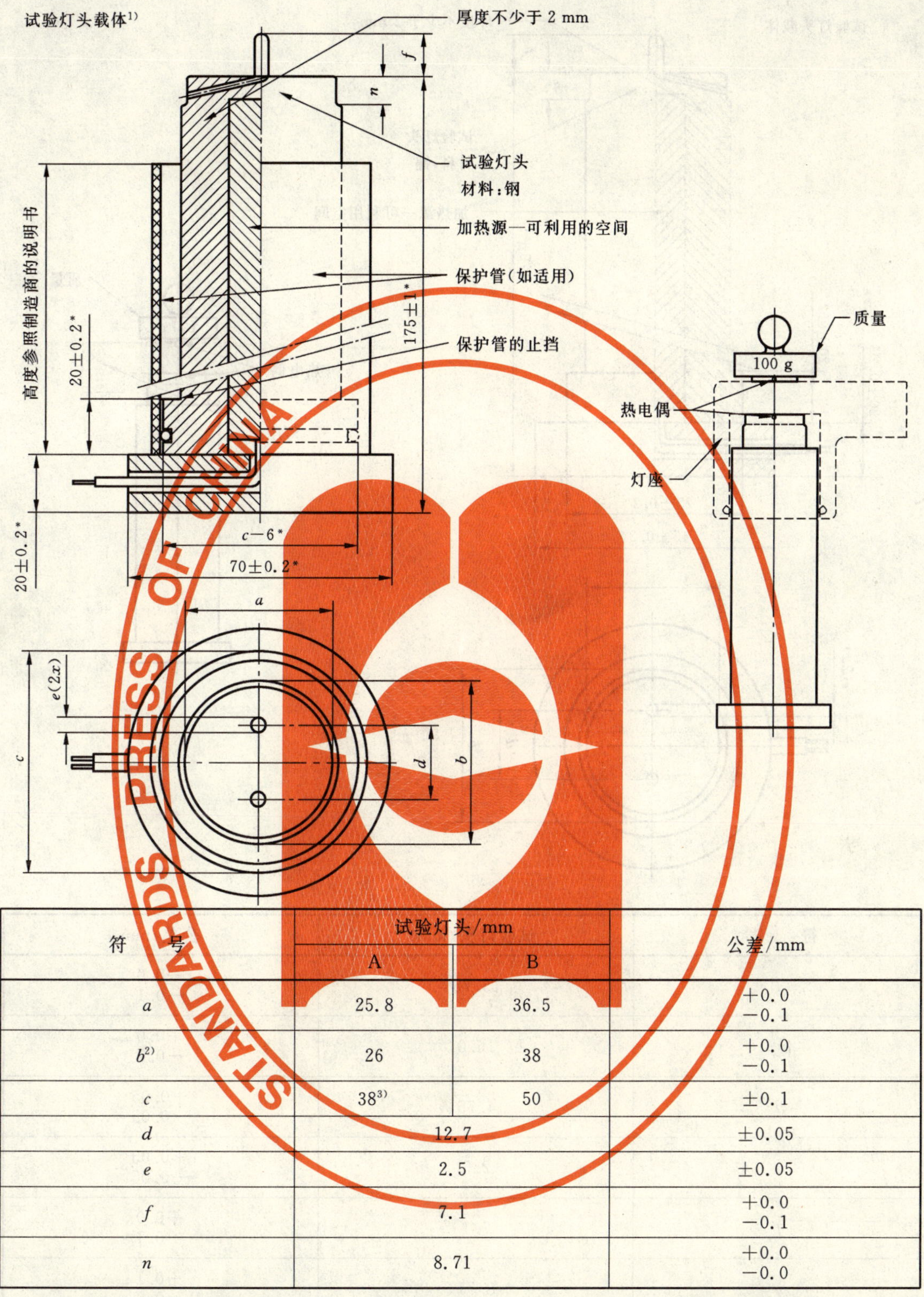

符号	试验灯头/mm		公差/mm
	A	B	
a	25.8	36.5	+0.0 −0.1
*b*2)	26	38	+0.0 −0.1
c	38[3)]	50	±0.1
d	12.7		±0.05
e	2.5		±0.05
f	7.1		+0.0 −0.1
n	8.71		+0.0 −0.0

该试验灯头应装有一内部加热源,例如一个能使试验灯头前面的热量均匀分布的筒式加热器。

1) 试验灯头和试验灯头载体不必是单独的部件。

2) 尺寸 *b* 指灯的标称直径,不考虑可能出现的灯头与灯管的偏心度。

3) 通过互换环,其他直径也能使用(例如:40 mm 和 50 mm 直径)。

* 试验灯头载体的推荐值。采用这些尺寸将有利于试验装置的统一。

图 9 带 T 标志 G13 灯座耐热性试验灯头和试验装置(见 17.1)

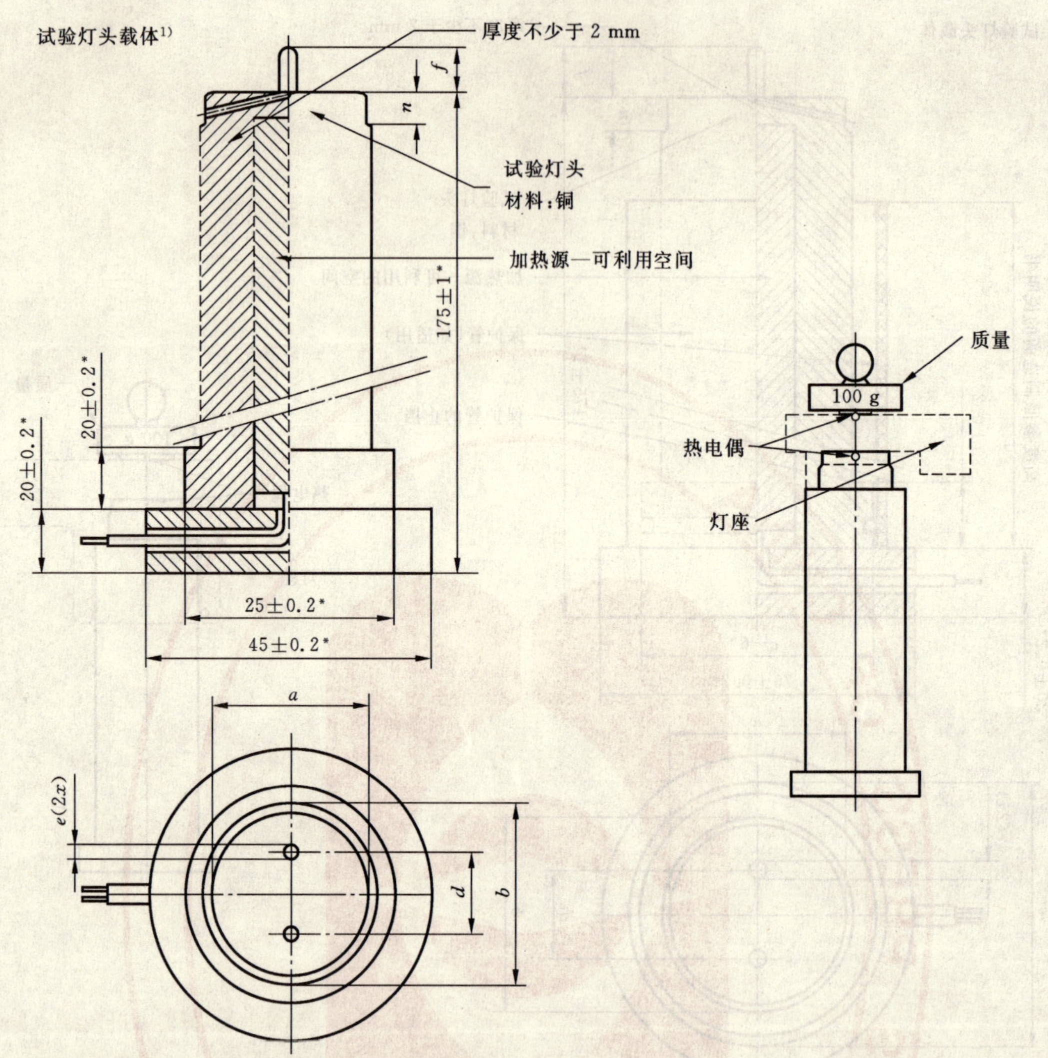

符　　号	试验灯头/mm	公差/mm
a	15.75	+0.0 −0.1
*b*2)	16.0	+0.0 −0.1
d	4.75	+0.05 −0.05
e	2.5	+0.05 −0.05
f	7.1	+0.0 −0.1
n	8.71	+0.1 −0.0

该试验灯头应装有一内部加热源，例如一个能使试验灯头前面的热量均匀分布的筒式加热器。

1)　试验灯头和试验灯头载体不必是单独的部件。

2)　尺寸 *b* 指灯的标称直径，不考虑可能出现的灯头与灯管的偏心度。

*　试验灯头载体的推荐值。采用这些尺寸将有利于试验装置的统一。

图 9a)　带 T 标志 G5 灯座耐热性试验灯头和试验装置(见 17.1)

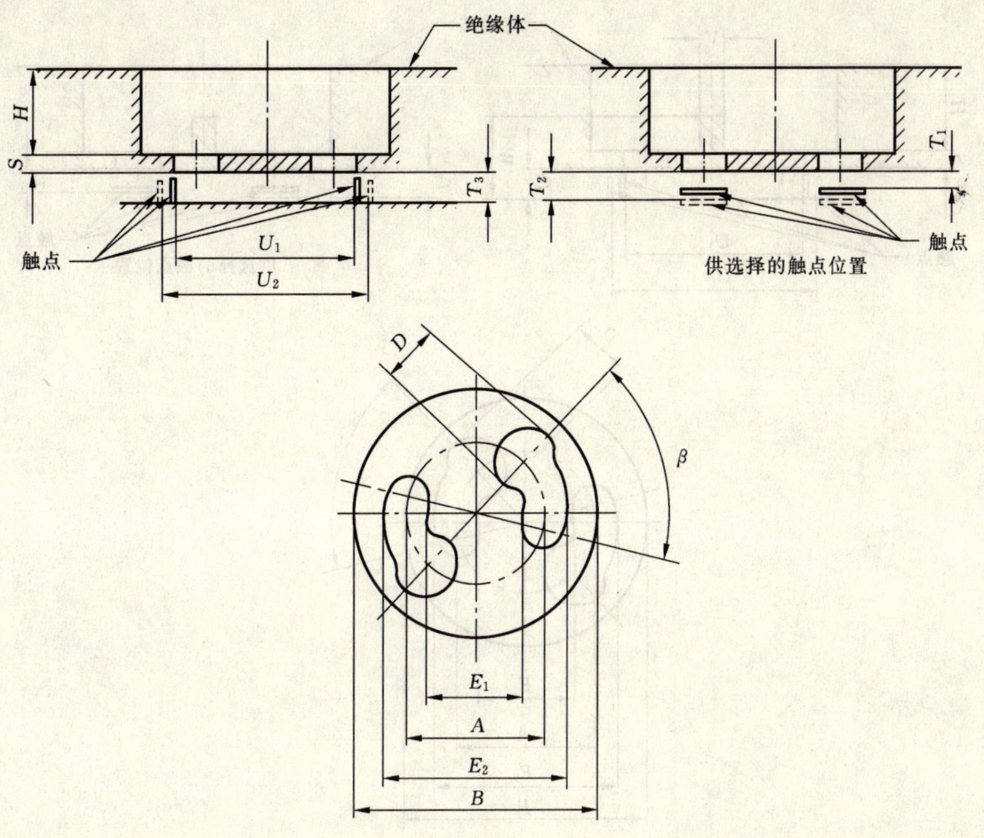

图只给出了检验尺寸

符 号	最小值/mm	最大值/mm
A	12.5	12.9
B	21.7	—
D	5.4	—
E_1	8.7	9.2
E_2	16.2	16.7
H	—	28.0
S	—	1.5
T_1 1)	—	1.5
T_2 2)	2.5	—
T_3	2.3	—
U_1 1)	—	17.0
U_2 2)	18.0	—
β	45°	—

1) 触点处于静止位置。

2) 触点完全被压低。

图 10 启动器座的尺寸

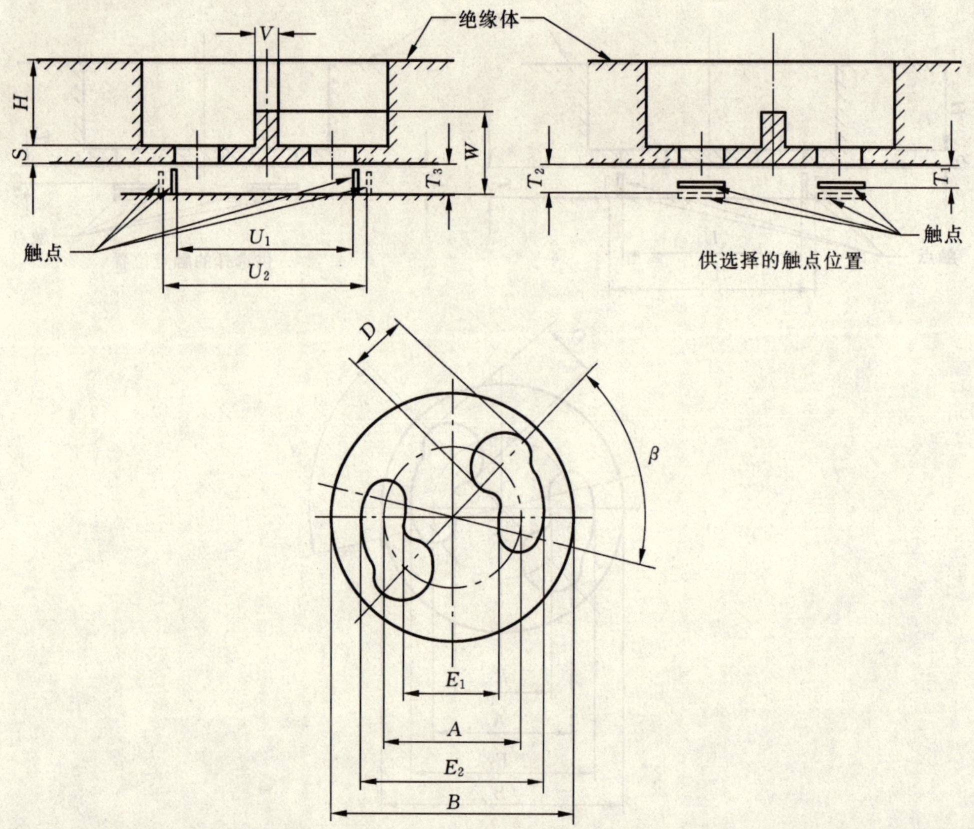

图只给出了检验尺寸

符　号	最小值/mm	最大值/mm
A	12.5	12.9
B	21.7	—
D	5.4	—
E_1	8.7	9.2
E_2	16.2	16.7
H	—	28.0
S	—	1.5
T_1 1)	—	1.5
T_2 2)	2.5	—
T_3	2.3	—
U_1 1)	—	17.0
U_2 2)	18.0	—
V	2.2	2.5
W	3.6	4.1
β	45°	—

1）触点处于静止位置。

2）触点完全被压低。

图 10a）仅用于符合 GB 20550—2006 附录 B 的启动器的座的尺寸

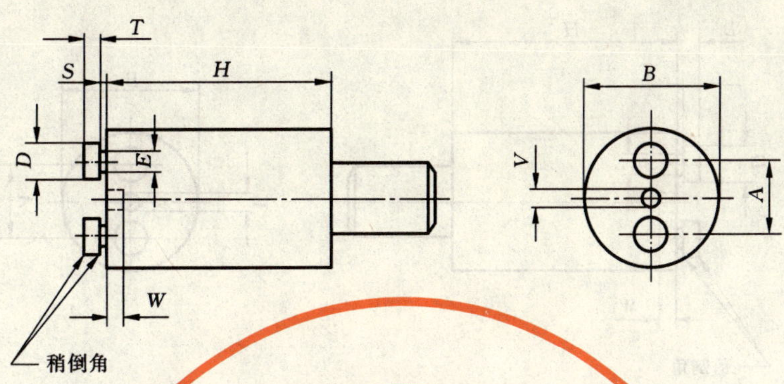

图只给出了检验尺寸

符　号	尺寸/mm		公差/mm
	量规 A	量规 B	
A	12.90	12.50	±0.005
B	21.5	21.5	+0.01 −0.0
D	5.0	5.0	+0.01 −0.0
E	3.2	3.2	+0.01 −0.0
H	38	38	±0.2
S	1.7	1.7	+0.0 −0.01
T	2.2	2.2	+0.01 −0.0
V	2.7	2.7	+0.0 −0.01
W	2.5	2.5	+0.0 −0.01

目的：用具有最大尺寸的启动器的安装来检验启动器座，量规 A 也可用于扭力试验。

检验：将量规 A 和量规 B 依次平滑地插入启动器座，直至达到启动器的正常工作位置。

图 11　启动器座的"通规"

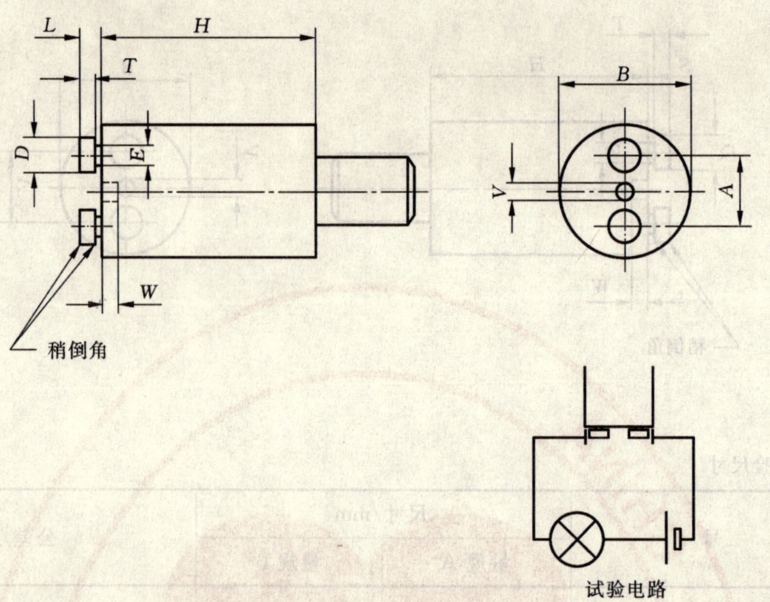

图只给出了检验尺寸

符　　号	尺寸/mm	公差/mm
A	12.70	±0.005
B	20.0	±0.1
D	4.5	+0.0 −0.01
E	2.6	+0.0 −0.01
H	38.0	±0.2
L	4.3	+0.01 −0.0
T	1.9	+0.0 −0.01
V	3.0	±0.01
W	4.0	+0.1 −0.0

注:量规质量约为 75 g。

目的:检验启动器座应具有最小尺寸的启动器的定位及接触性,启动接触力取决于启动器插脚的间距。

对于接触力与启动器插脚间距基本无关的启动器座,应使用图 13 所示专用塞规进行检验。

检验:如果依照启动器的正常工作位置,将量规插入启动器座后指示灯被点亮,则该启动器座合格。量规应由启动器座夹持在该位置上。此试验应在使用图 11 所示量规检验完毕之后实施。

图 12　检验启动器的接触及定位性能的塞规

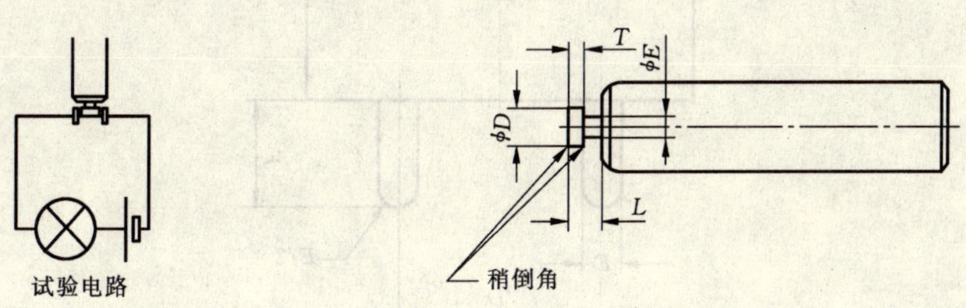

图只给出了量规的主要尺寸

符　　号	尺寸/mm	公差/mm
D	4.7	+0.0 −0.01
E	2.8	+0.0 −0.01
L	4.3	+0.01 −0.0
T	1.9	+0.0 −0.01

目的：检验其接触力与启动器插脚间距基本无关的启动器的接触性。

检验：将量规依次插入两个触点，并使量规处于所有可能的位置，此时指示灯应点亮而不带闪烁光。

本试验应在使用图11所示量规检验完毕之后实施。

图13　检验启动器的接触及定位性能的专用量规

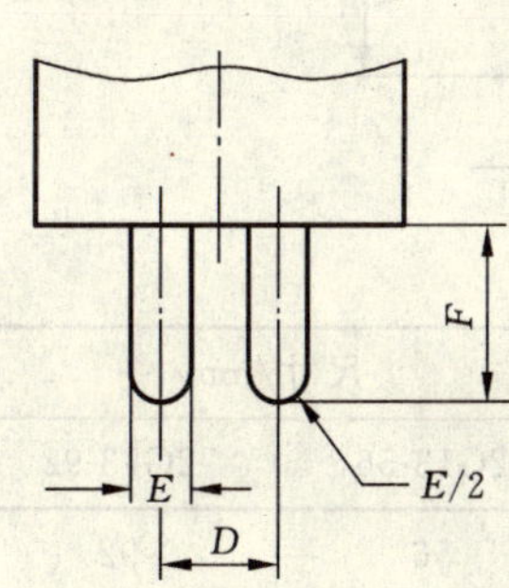

符　　号	尺寸/mm	公差/mm
D	4.75	±0.05
E	2.37	±0.02
F	7.1	±0.05

图14　第13章中G5灯座试验用的试验灯头

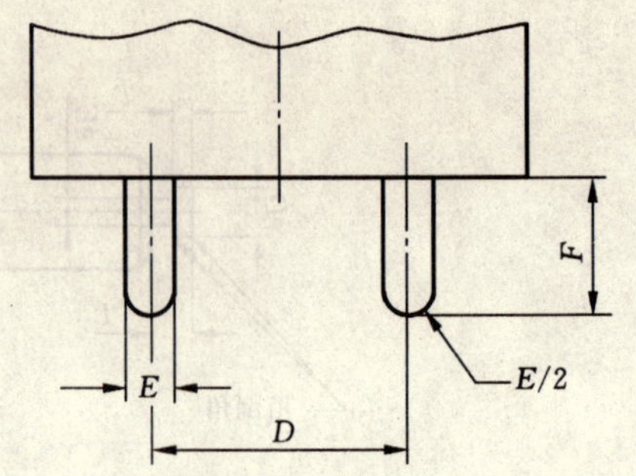

符　　号	尺寸/mm	公差/mm
D	12.7	±0.05
E	2.37	±0.02
F	7.1	±0.05

图 15　第 13 章中 G13 灯座试验用的试验灯头

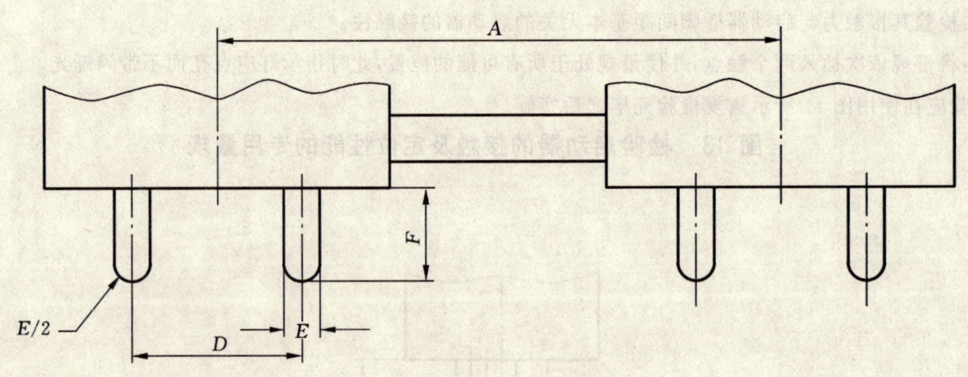

符　　号	尺寸/mm				公差/mm
	2G13-41	2G13-56	2G13-92	2G13-152	
A	41	56	92	152	±0.1
D	12.7				±0.05
E	2.37				±0.02
F	7.1				±0.05

图 16　第 13 章中 2G13 型灯座试验用的试验灯头

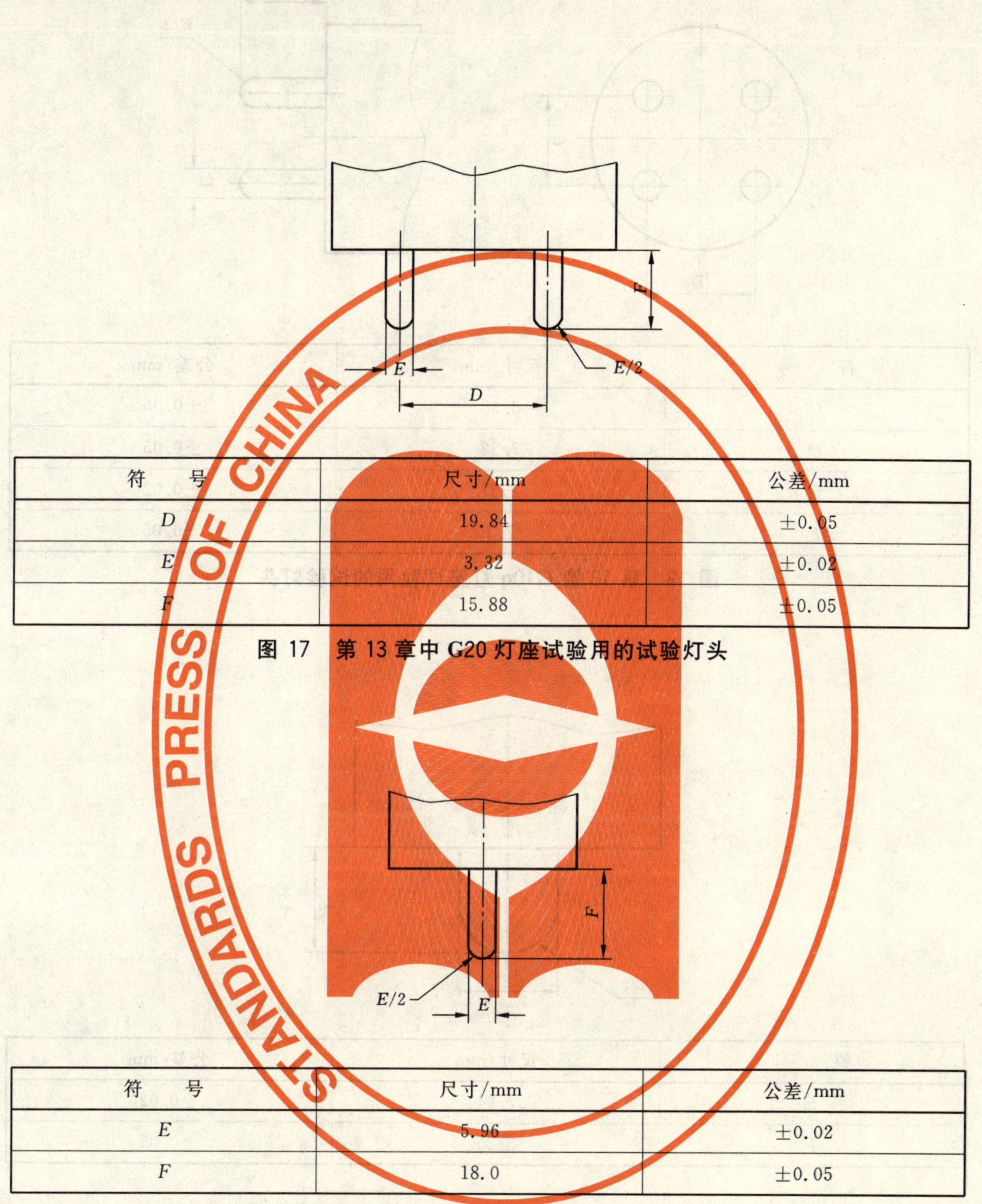

符　号	尺寸/mm	公差/mm
D	19.84	±0.05
E	3.32	±0.02
F	15.88	±0.05

图 17　第 13 章中 G20 灯座试验用的试验灯头

符　号	尺寸/mm	公差/mm
E	5.96	±0.02
F	18.0	±0.05

图 18　第 13 章中 Fa6 型灯座试验用的试验灯头

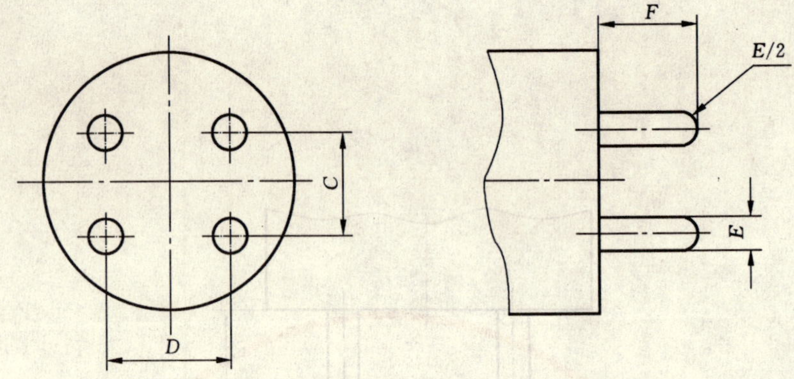

符　　号	尺寸/mm	公差/mm
C	6.35	±0.05
D	7.92	±0.05
E	2.37	±0.02
F	7.1	±0.05

图 19　第 13 章 G10q 灯座试验用的试验灯头

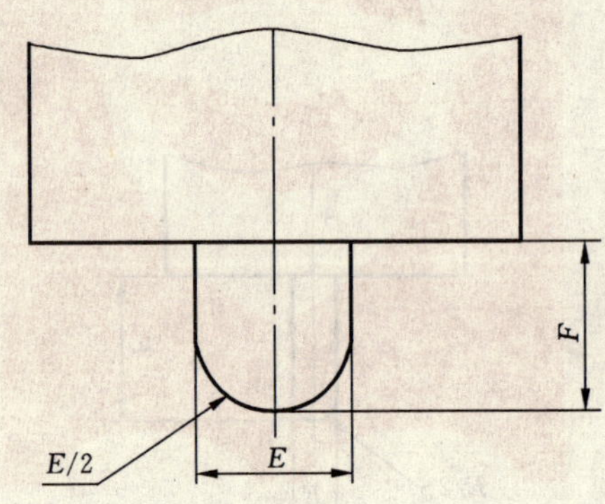

符　　号	尺寸/mm	公差/mm
E	7.94	±0.02
F	8.25	±0.05

图 20　第 13 章中 Fa8 灯座试验用的试验灯头

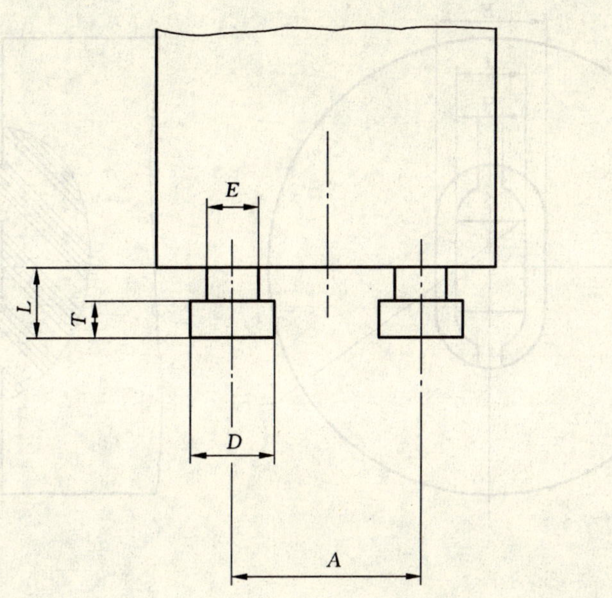

符　号	尺寸/mm	公差/mm
A	12.7	±0.05
D	4.85	±0.02
E	2.9	±0.02
L	4.1	±0.05
T	2.05	±0.05

图 21　第 13 章试验用的启动器

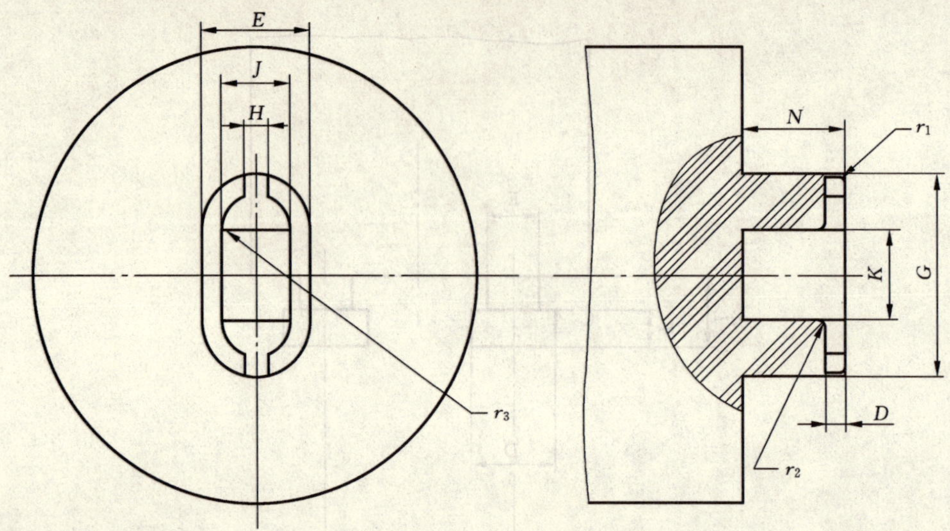

符 号	尺寸/mm	公差/mm
D	1.41	±0.05
E	8.7	±0.05
G	16.49	±0.05
H	2.6	±0.05
J	5.3	±0.05
K	7.08	±0.05
N	8.0	±0.1
r_1	0.85	±0.05
r_2	0.89	±0.05
r_3	最大值 0.9	

图 22 第 13 章 R17d 试验用的试验灯头

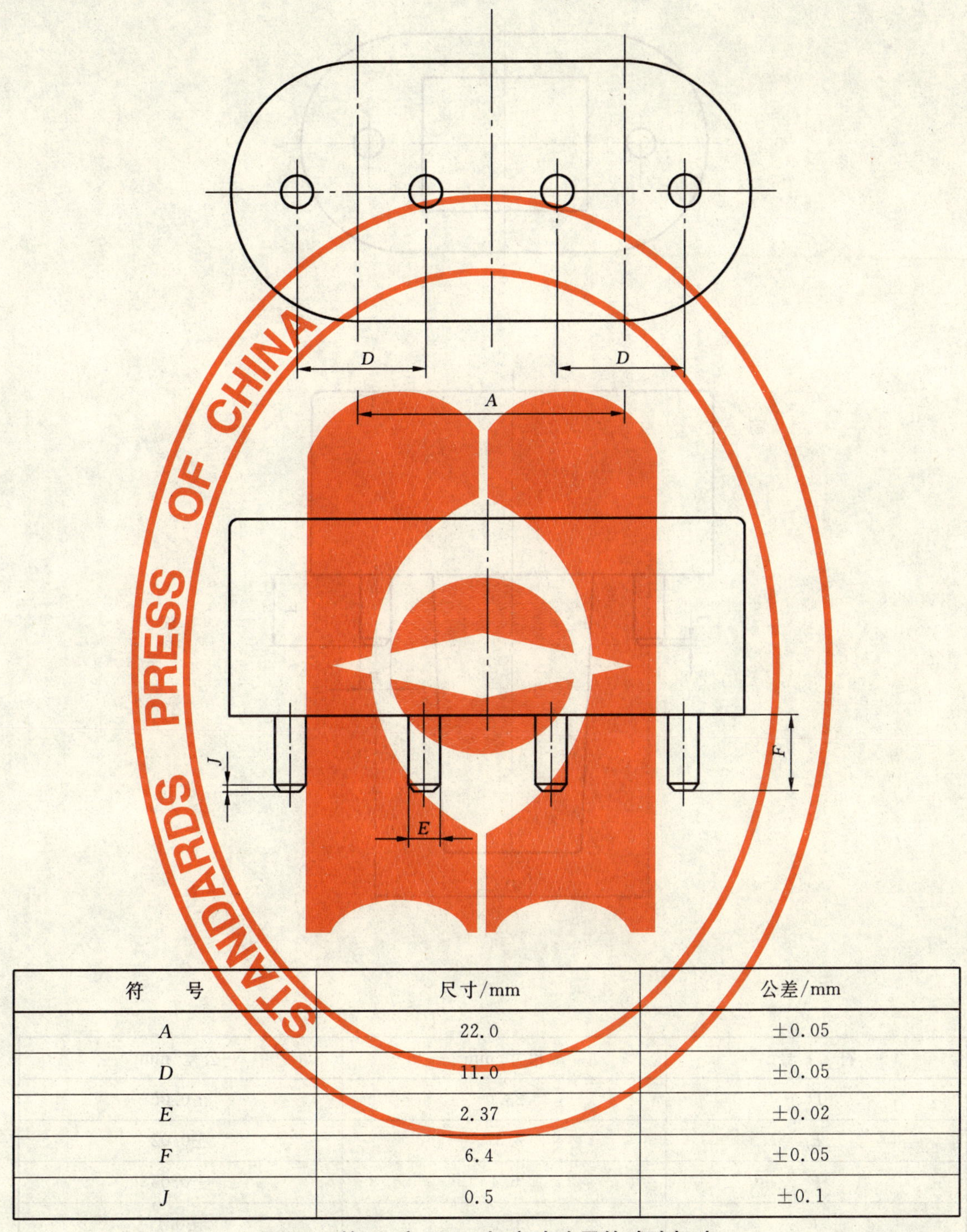

符　　号	尺寸/mm	公差/mm
A	22.0	±0.05
D	11.0	±0.05
E	2.37	±0.02
F	6.4	±0.05
J	0.5	±0.1

图 23　第 13 章 2G11 灯座试验用的试验灯头

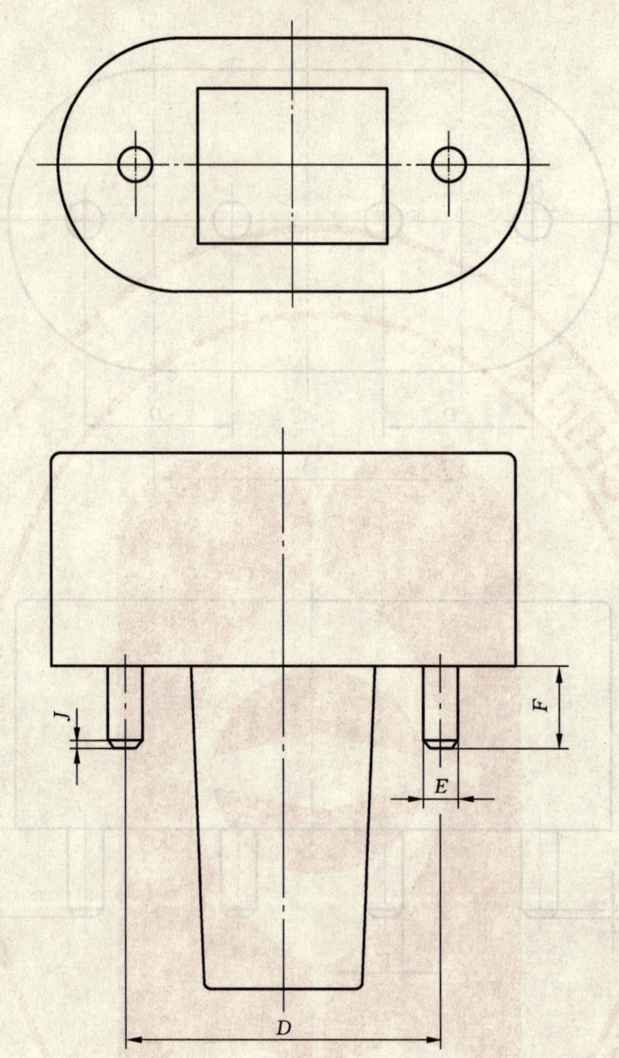

符　　号	尺寸/mm	公差/mm
D	23.0	±0.05
E	2.37	±0.02
F	6.4	±0.05
J	0.5	±0.1

图 24　第 13 章 G23 和 GX23 灯座试验用的试验灯头

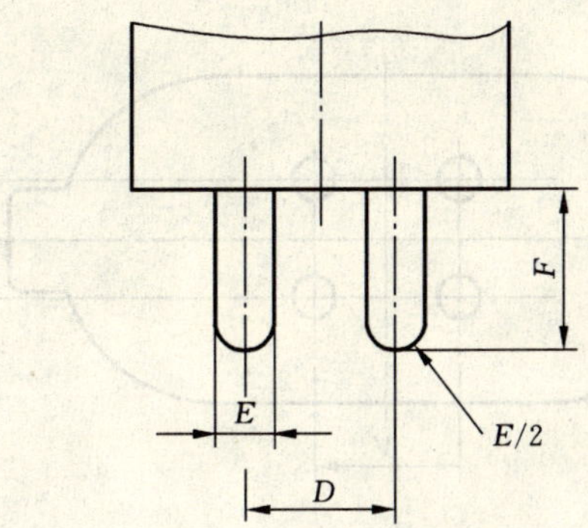

符　　号	尺寸/mm	公差/mm
D	8.0	±0.05
E	2.37	±0.02
F	7.1	±0.05

图 25　第 13 章 GR8 灯座试验用的试验灯头

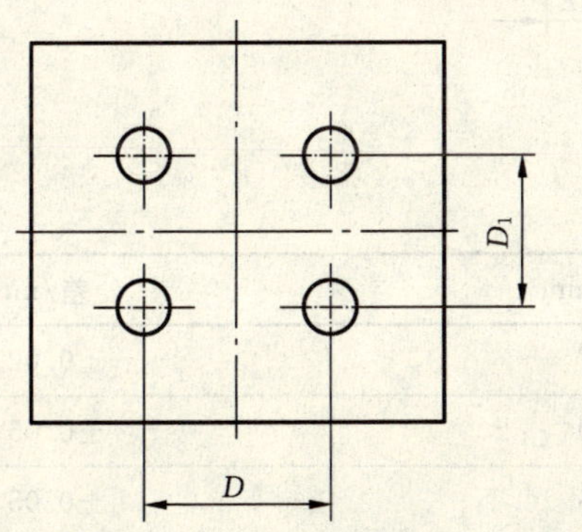

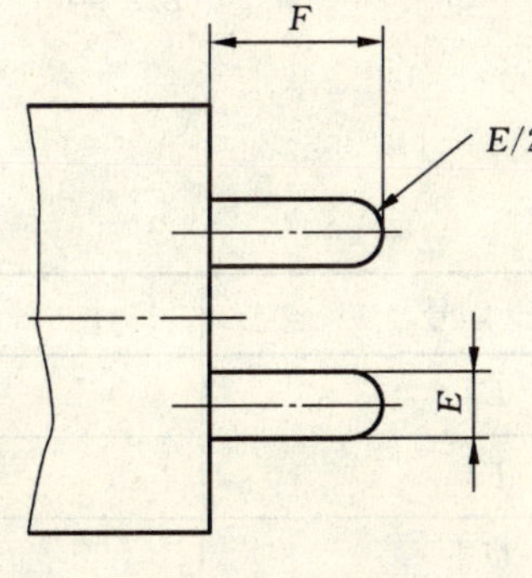

符　　号	尺寸/mm	公差/mm
D	8.0	±0.05
D_1	6.35	±0.05
E	2.37	±0.02
F	7.1	±0.05

图 26　第 13 章 GR10q 灯座试验用的试验灯头

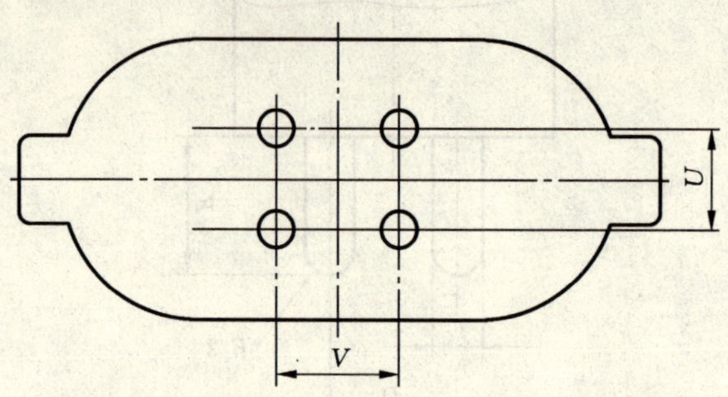

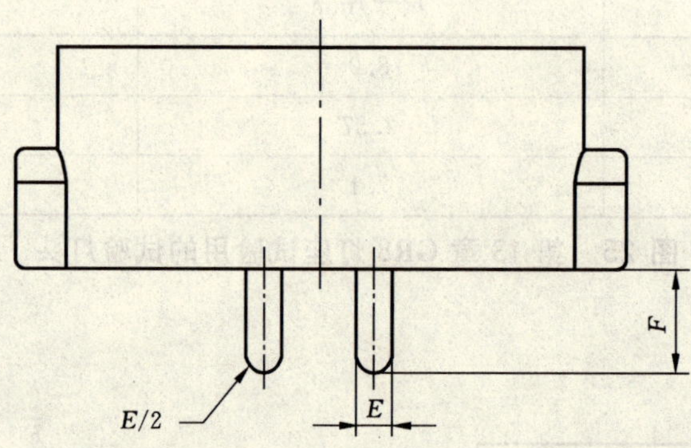

符　　号	尺寸/mm	公差/mm
E	2.37	±0.02
F	7.10	±0.05
U	6.35	±0.05
V	7.92	±0.05

图 27　第 13 章 GX10q 和 GY10q 灯座试验用的试验灯头

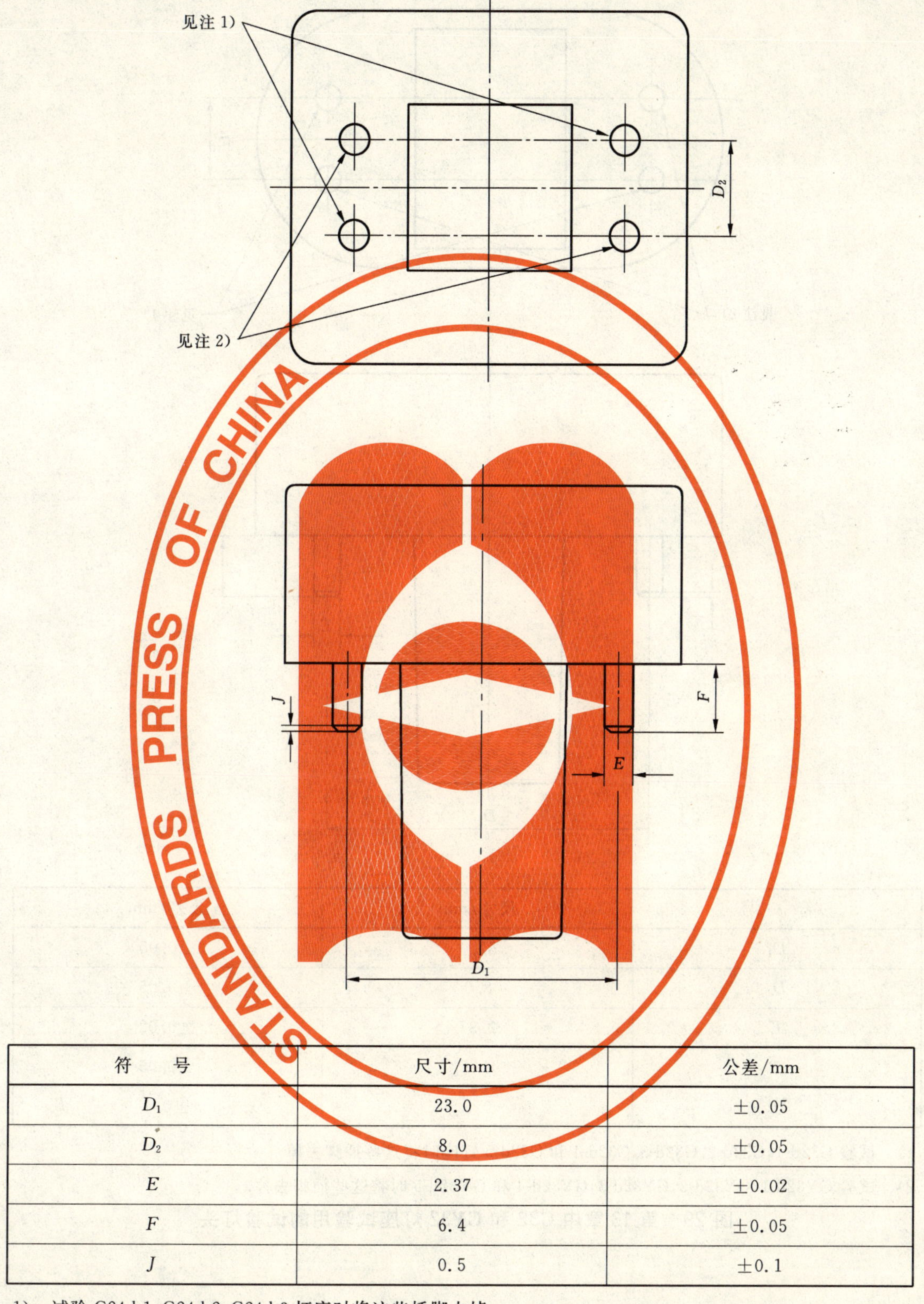

符　　号	尺寸/mm	公差/mm
D_1	23.0	±0.05
D_2	8.0	±0.05
E	2.37	±0.02
F	6.4	±0.05
J	0.5	±0.1

1)　试验 G24d-1,G24d-2,G24d-3 灯座时将这些插脚去掉。

2)　试验 GY24d-1,GY24d-2,GY24d-3 时将这些插脚去掉。

图 28　G24、GX24 和 GY24 灯座按第 13 章试验时所用的试验灯头

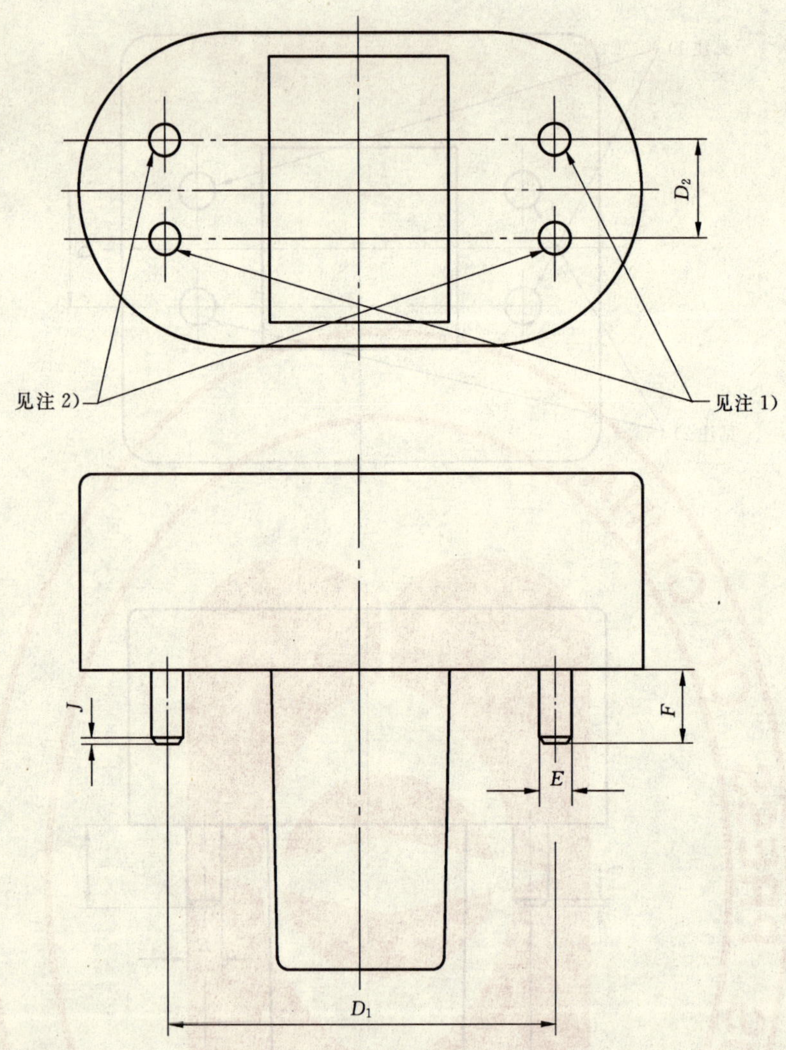

符　号	尺寸/mm	公差/mm
D_1	31.0	±0.05
D_2	8.0	±0.05
E	2.37	±0.02
F	6.4	±0.05
J	0.5	±0.1

1）试验 G32d-1,G32d-2,G32d-3,G32d-4 和 G32d-5 灯座时将这些插脚去掉。

2）试验 GY32d-1,GY32d-2,GY32d-3,GY32d-4 和 GY32d-5 时将这些插脚去掉。

图 29　第 13 章中 G32 和 GY32 灯座试验用的试验灯头

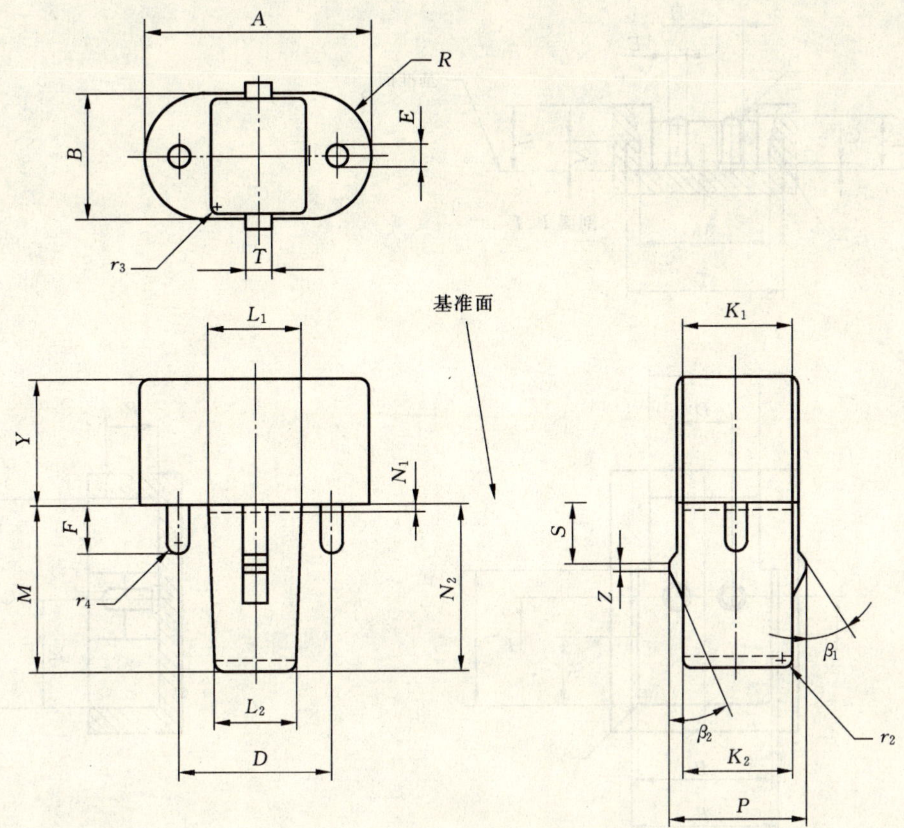

符　　号	尺寸/mm	公差/mm	符　　号	尺寸/mm	公差/mm
A	32.5	±0.02	N_2	21.0	—
B	18.1	±0.02	P	21.0	±0.02
D	23.0	±0.01	R	$B/2$	
E	2.67	±0.02	S	9.0	±0.05
F	6.8	±0.02	T	4.5	±0.02
K_1^*	16.3	±0.02	Y	18	±0.02
K_2^{**}	15.75	±0.02	Z	0.5	±0.05
L_1^*	13.9	±0.02	r_2	0.8	±0.05
L_2^{**}	13.35	±0.02	r_3	0.5	±0.05
M	23.0	+0.02 −0.05	r_4	$E/2$	—
			β_1	35°	±1°
N_1	0.5	—	β_2	30°	±1°

* 在 N_1 所示范围内测量。

** 在 N_2 所示范围内测量。

图 30　第 17.1 条中 G23 灯座试验用的试验灯头

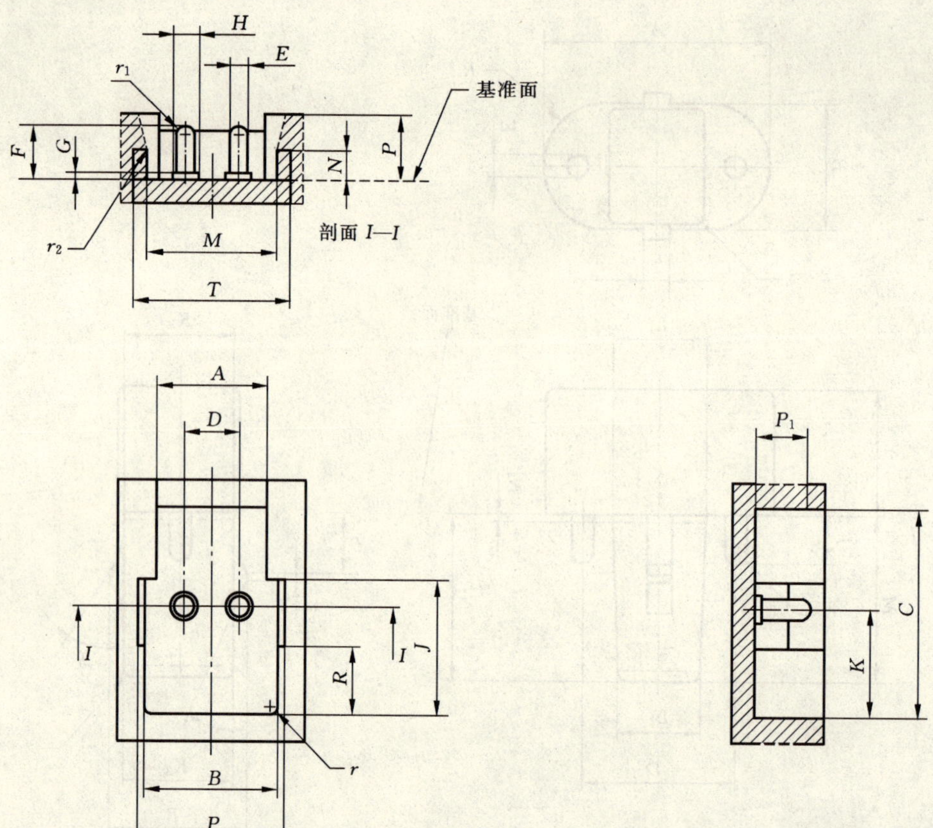

符　号	尺寸/mm	公差/mm	符　号	尺寸/mm	公差/mm
A	15.5	±0.02	L	22.0	±0.02
B	20.4	±0.02	M	20.3	±0.02
C	31.0	±0.2	N	3.5	±0.02
D	8.0	±0.01	P	9.9	±0.02
E	2.54	±0.02	P_1	7.0	±0.02
F	7.77	±0.01	R	9.0	±0.02
G	1.27	±0.02	T	22.0	±0.1
H	3.3	±0.02	r	0.8	±0.05
J	19.3	±0.02	r_1	$E/2$	—
K	16.2	±0.01	r_2	0.3	±0.2

图 31　第 17.1 条中 GR8 灯座试验用的试验灯头

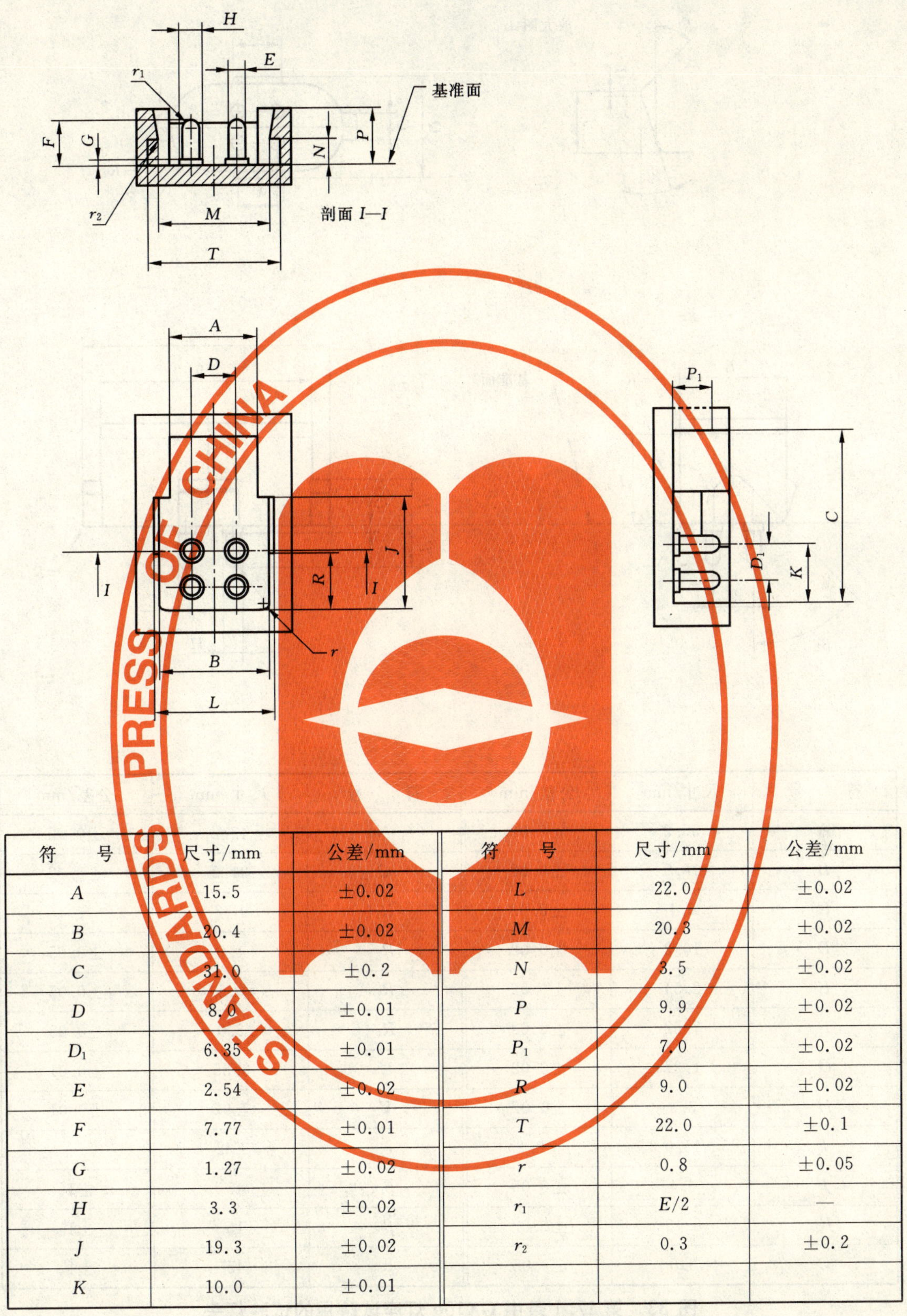

符　号	尺寸/mm	公差/mm	符　号	尺寸/mm	公差/mm
A	15.5	±0.02	*L*	22.0	±0.02
B	20.4	±0.02	*M*	20.3	±0.02
C	31.0	±0.2	*N*	3.5	±0.02
D	8.0	±0.01	*P*	9.9	±0.02
D_1	6.35	±0.01	P_1	7.0	±0.02
E	2.54	±0.02	*R*	9.0	±0.02
F	7.77	±0.01	*T*	22.0	±0.1
G	1.27	±0.02	*r*	0.8	±0.05
H	3.3	±0.02	r_1	*E*/2	—
J	19.3	±0.02	r_2	0.3	±0.2
K	10.0	±0.01			

图 32　第 17.1 条中 GR10q 灯座试验用的试验灯头

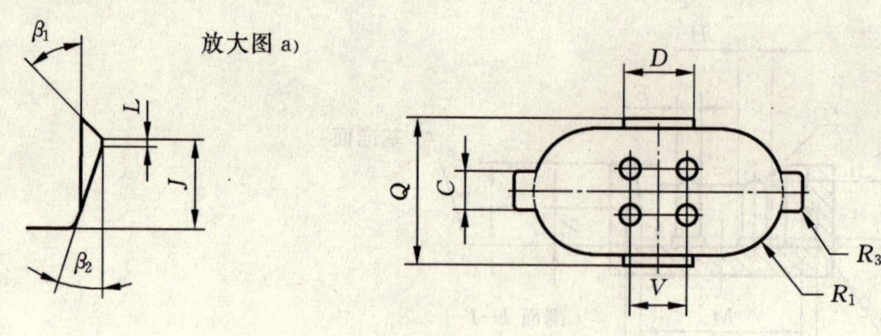

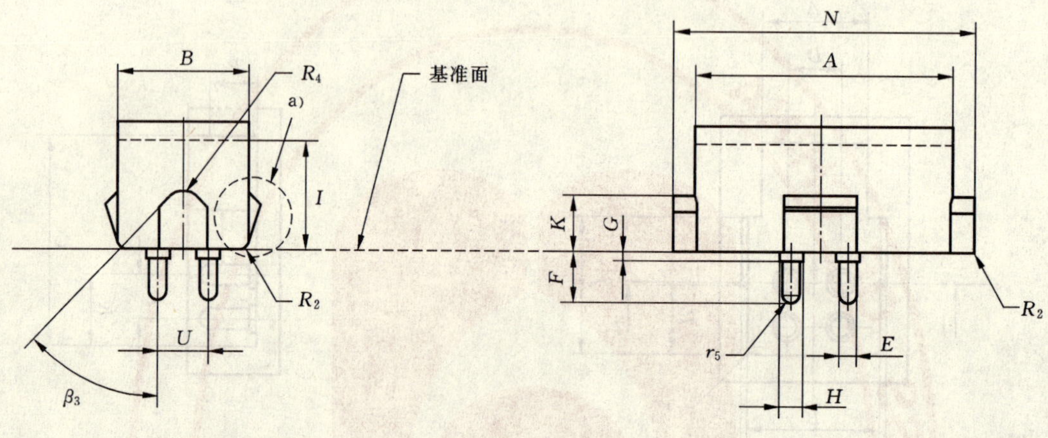

符　　号	尺寸/mm	公差/mm	符　　号	尺寸/mm	公差/mm
A	36.2	±0.02	N	42.2	±0.02
B	18.0	±0.02	Q	21.2	±0.02
C	6.1	±0.02	R_1	$B/2$	—
D	10.2	±0.02	R_2	1.0	±0.05
E	2.54	±0.02	R_3	0.5	±0.05
F	7.62	±0.02	R_4	2.0	±0.05
G	1.27	±0.02	U	6.35	±0.01
H	3.3	±0.02	V	7.92	±0.01
I	15.0	±0.2	r_5	$E/2$	—
J	6.4	±0.05	β_1	45°	±1°
K	8.15	±0.02	β_2	15°	±1°
L	0.5	±0.05	β_3	45°	±1°

图 33　第 17.1 条中 GX10q 灯座试验用的试验灯头

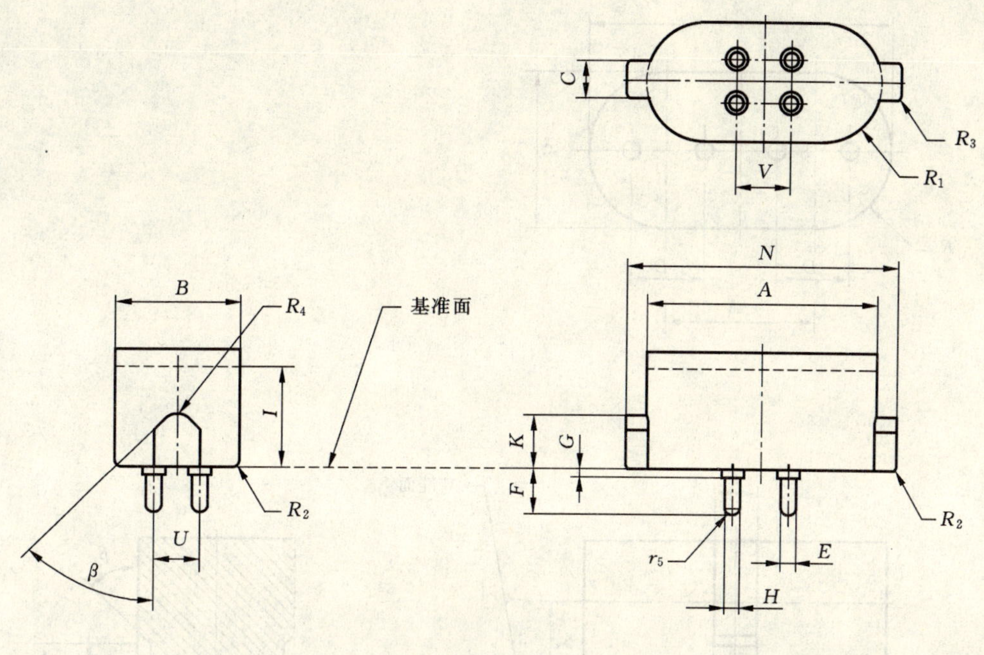

符　　号	尺寸/mm	公差/mm	符　　号	尺寸/mm	公差/mm
A	47.5	±0.02	N	54.2	±0.02
B	24.8	±0.02	R_1	$B/2$	—
C	7.1	±0.02	R_2	2.0	±0.05
E	2.54	±0.02	R_3	1.0	±0.05
F	7.62	±0.02	R_4	2.0	±0.05
G	1.27	±0.02	U	6.55	±0.01
H	3.3	±0.02	V	7.92	±0.01
I	17	±0.2	r_5	$E/2$	—
K	10.05	±0.02	β	45°	±1°

图 34　第 17.1 条中 GY10q 灯座试验用的试验灯头

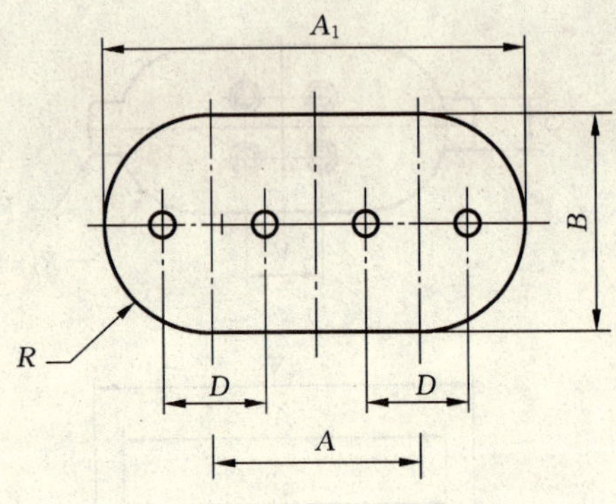

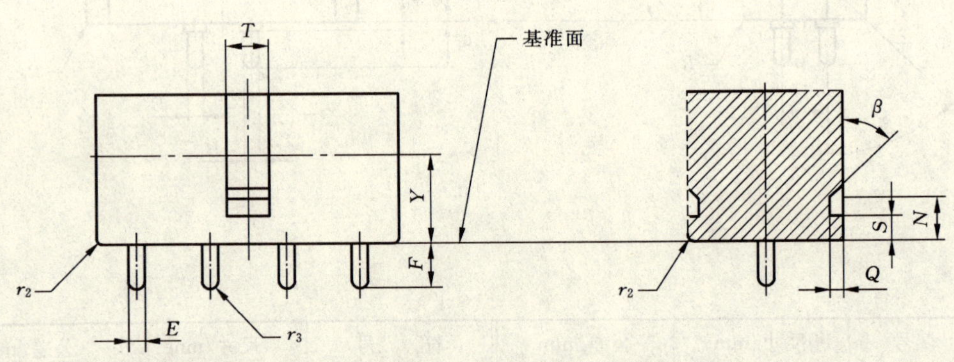

符　　号	尺寸/mm	公差/mm	符　　号	尺寸/mm	公差/mm
A	22.0	±0.01	R	B/2	—
A_1	43.9	±0.02	S	3.9	±0.02
B	23.6	±0.02	T	7.0	±0.02
D	11.0	±0.01	Y	12.9	±0.2
E	2.54	±0.02	r_2	0.2	±0.05
F	6.8	±0.02	r_3	E/2	—
N	6.5	±0.02	β	45°	±1°
Q	1.5	±0.02			

图 35　第 17.1 条中 2G11 灯座试验用的试验灯头

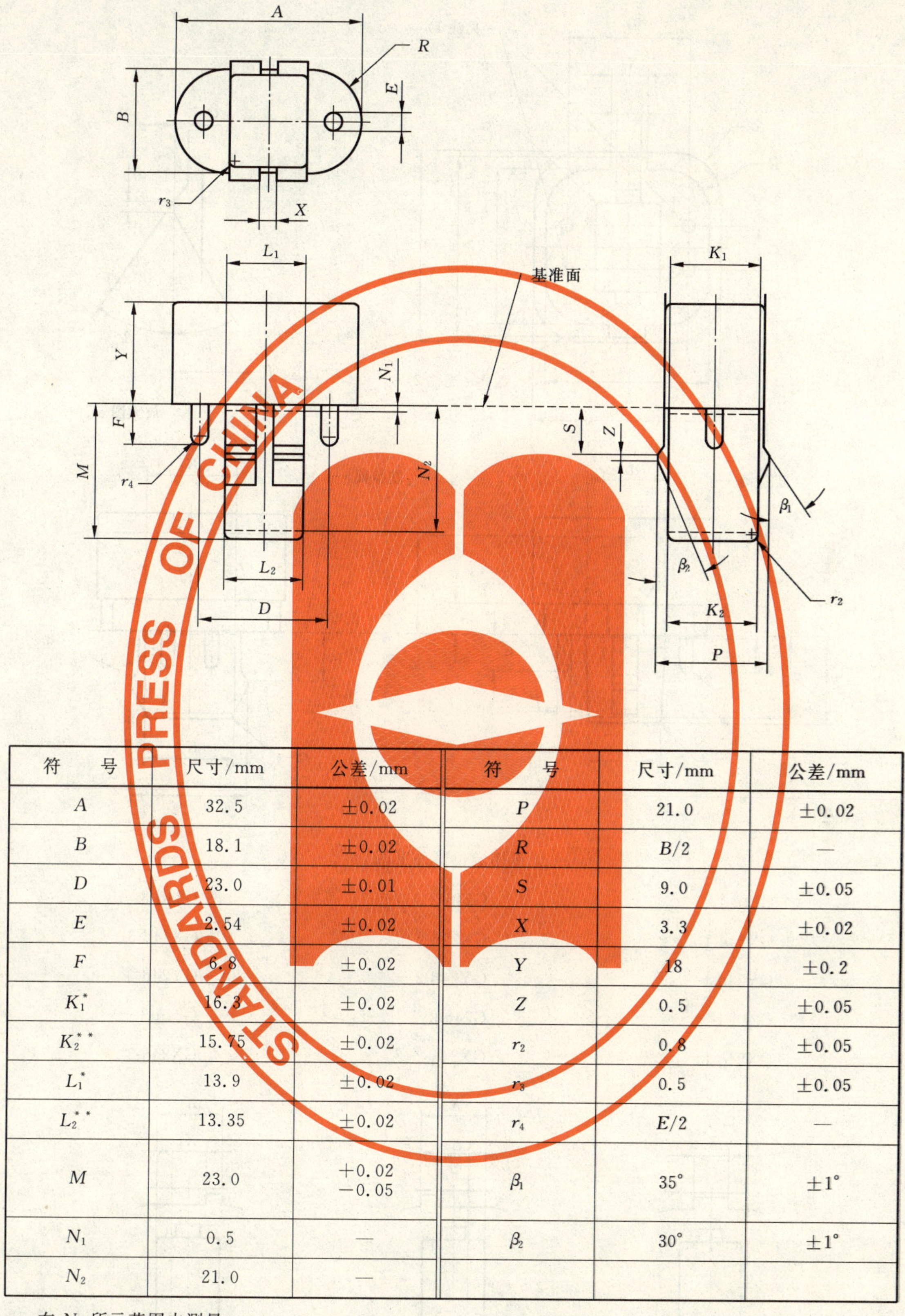

符　　号	尺寸/mm	公差/mm	符　　号	尺寸/mm	公差/mm
A	32.5	±0.02	P	21.0	±0.02
B	18.1	±0.02	R	$B/2$	—
D	23.0	±0.01	S	9.0	±0.05
E	2.54	±0.02	X	3.3	±0.02
F	6.8	±0.02	Y	18	±0.2
K_1^*	16.3	±0.02	Z	0.5	±0.05
K_2^{**}	15.75	±0.02	r_2	0.8	±0.05
L_1^*	13.9	±0.02	r_3	0.5	±0.05
L_2^{**}	13.35	±0.02	r_4	$E/2$	—
M	23.0	+0.02 −0.05	β_1	35°	±1°
N_1	0.5	—	β_2	30°	±1°
N_2	21.0	—			

* 在 N_1 所示范围内测量。

** 在 N_2 所示范围内测量。

图 36　第 17.1 条中 GX23 灯座试验用的试验灯头

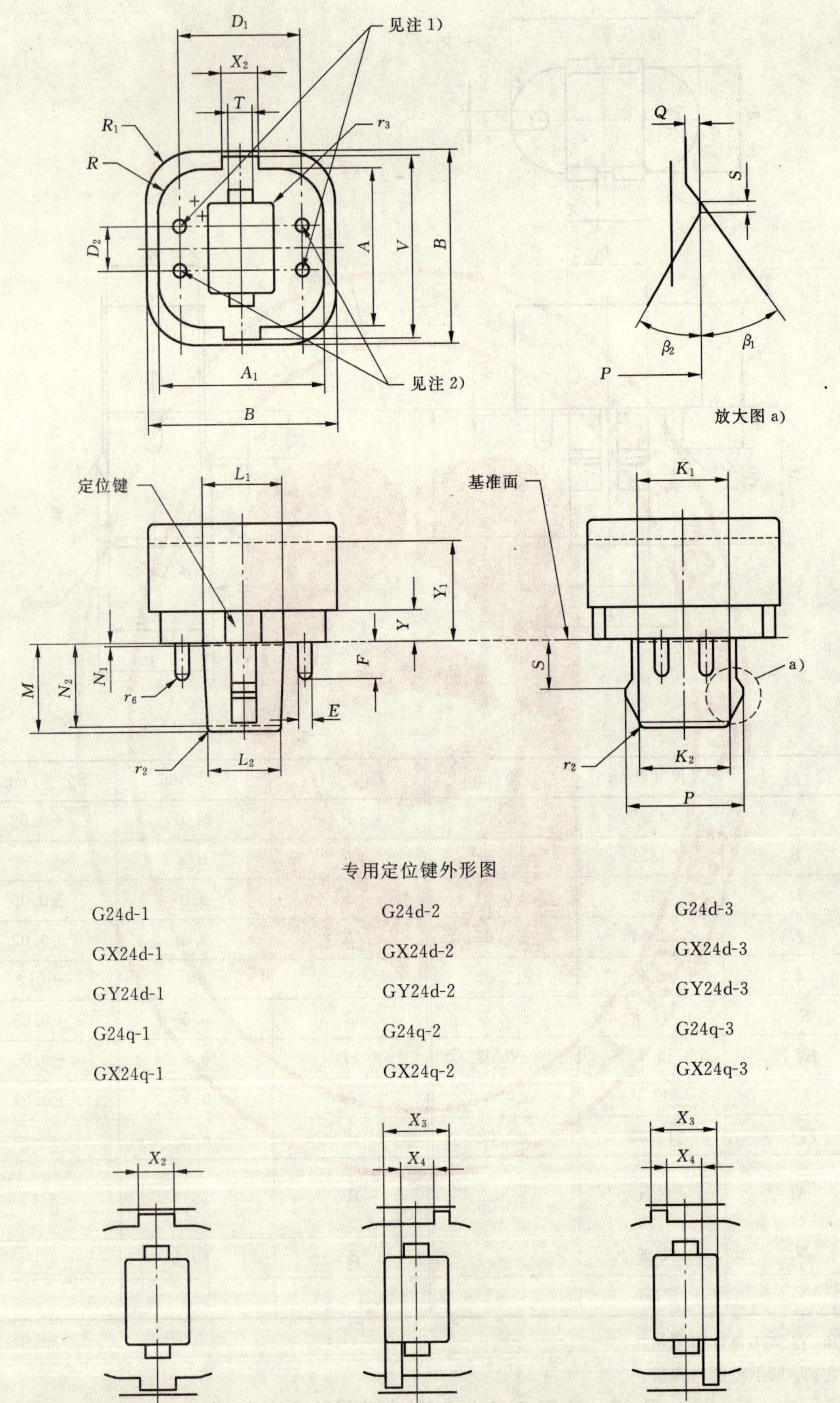

仅给出 G24q-1 灯座试验用的试验灯头。

图 37 第 17.1 条中 G24、GX24 和 GY24 灯座试验用的试验灯头

符　　号	尺寸/mm	公差/mm
A	28.5	±0.02
A_1	31.0	±0.02
B	35.0[3)]	±0.02
D_1	23.0	±0.01
D_2	8.0	±0.01
E	2.54	±0.02
F	6.8	±0.02
K_1^*	16.3	±0.02
K_2^{**}	15.75[6)]	±0.02
L_1^*	13.9	±0.02
L_2^{**}	13.35[7)]	±0.02
M	23.0[4)]	+0.02 −0.05
N_1	0.5	—
N_2	21.0[5)]	—
P	21.0	±0.02
Q	1.2	±0.02
R	8.4	±0.05
R_1	9.0	±0.05
S	9.0	±0.05
T	4.5	±0.02
V	33.0	±0.02
X_2	6.6	±0.01
X_3	12.4	±0.01
X_4	6.2	±0.01
Y	5.7	±0.2
Y_1	18	±0.2
Z	0.5	±0.05
r_2	0.8	±0.05
r_3	0.5	±0.05
r_6	$E/2$	—
β_1	35°	±1°
β_2	30°	±1°

* 在 N_1 所示范围内测量。

** 在 N_2 所示范围内测量。

1) 在进行 GY24d-1、GY24d-2 和 GY24d-3 灯座时，这些插脚应去掉。

2) 在进行 G24d-1、G24d-2、G24d-3、GX24d-1、GX24d-2 和 GX24d-3 灯座时，这些插脚应去掉。

3) 用作 GX24d-和 GX24q-灯座的试验灯头时，这个直径增大至 61 mm。

4) 用作 G24q-和 GX24q-灯座的试验灯头时，这个尺寸减少至 16 mm。

5) 用作 G24q-和 GX24q-灯座的试验灯头时，这个尺寸减少至 14 mm。

6) 用作 G24q-和 GX24q-灯座的试验灯头时，这个尺寸增大至 15.95 mm。

7) 用作 G24q-和 GX24q-灯座的试验灯头时，这个尺寸增大至 13.55 mm。

图 37(续)

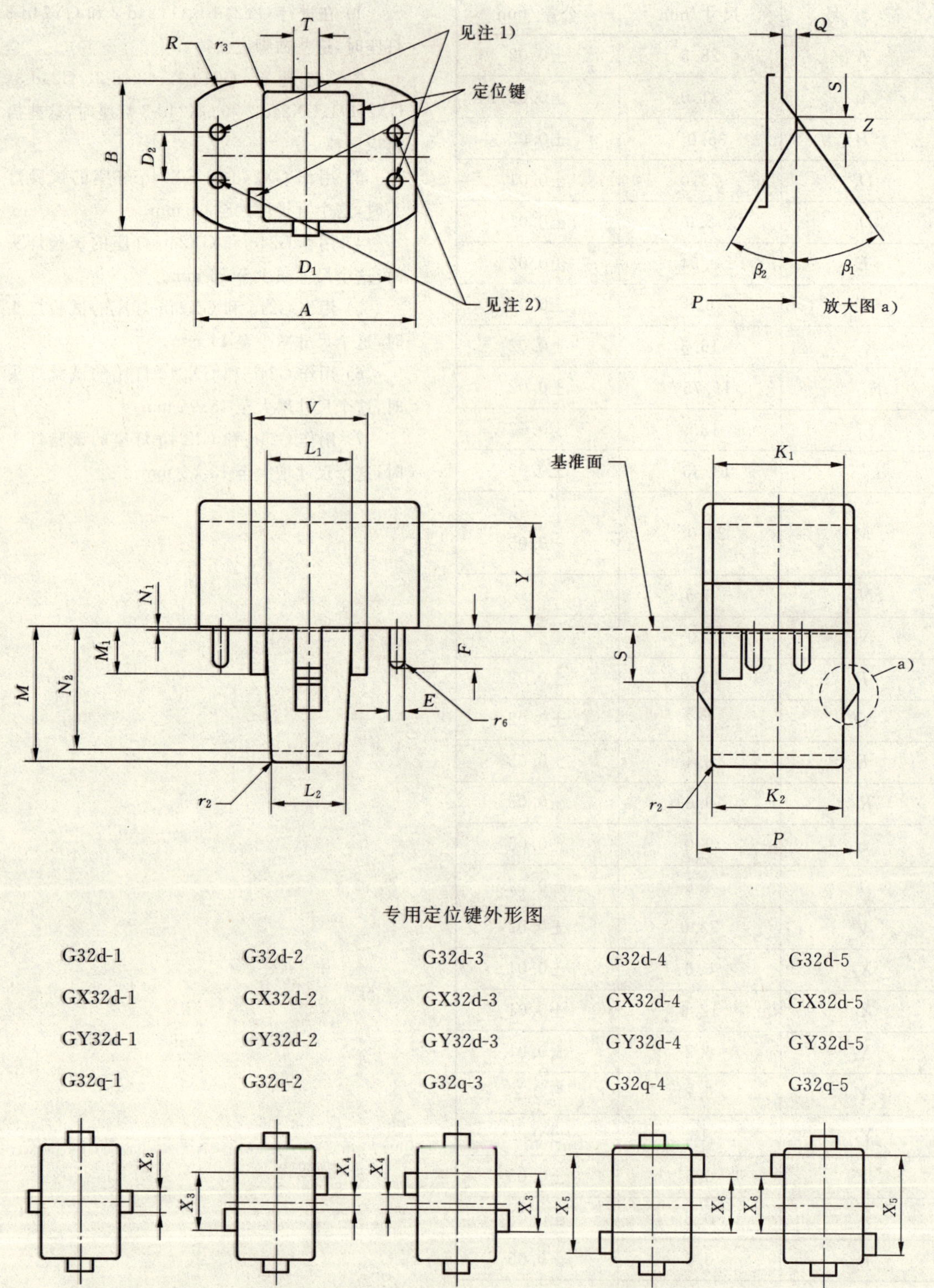

仅给出 G32q-4 灯座试验用的试验灯头。

1) 在检验 GY32d-1,GY32d-2,GY32d-3,GY32d-4 和 GY32d-5 型灯座时,应将这些插脚去掉。

2) 在检验 G32d-1,G32d-2,G32d-3,G32d-4,G32d-5 和 GX32d-1,GX32d-2,GX32d-3,GX32d-4,GX32d-5 型灯座时,应将这些插脚去掉。

图 38 第 17.1 条中 G32、GX32 和 GY32 灯座试验用的试验灯头

符　　号	尺寸/mm	公差/mm	符　　号	尺寸/mm	公差/mm
A	38	±0.02	Q	1.2	±0.02
B	23.6	±0.02	R	$B/2$	—
D_1	31.0	±0.01	S	9.0	±0.05
D_2	8.0	±0.01	T	4.5	±0.02
E	2.54	±0.02	V	21.2	±0.01
F	6.8	±0.02	X_2	3.6	±0.01
K_1^*	21.95	±0.02	X_3	11.1	±0.01
K_2^{**}	21.2	±0.02	X_4	3.9	±0.01
L_1^*	16.35	±0.02	X_5	18.6	±0.01
L_2^{**}	15.6	±0.02	X_6	11.4	±0.01
M	26.5	+0.02 −0.05	Y	18	±0.2
			Z	0.5	±0.05
M_1	8.0	+0.02 −0.05	r_2	0.8	±0.05
			r_3	0.5	±0.05
N_1	0.5	—	r_6	$E/2$	—
N_2	24.5	—	β_1	35°	±1°
P	26.7	±0.02	β_2	30°	±1°

* 在 N_1 所示范围内测量。

** 在 N_2 所示范围内测量。

图 38(续)

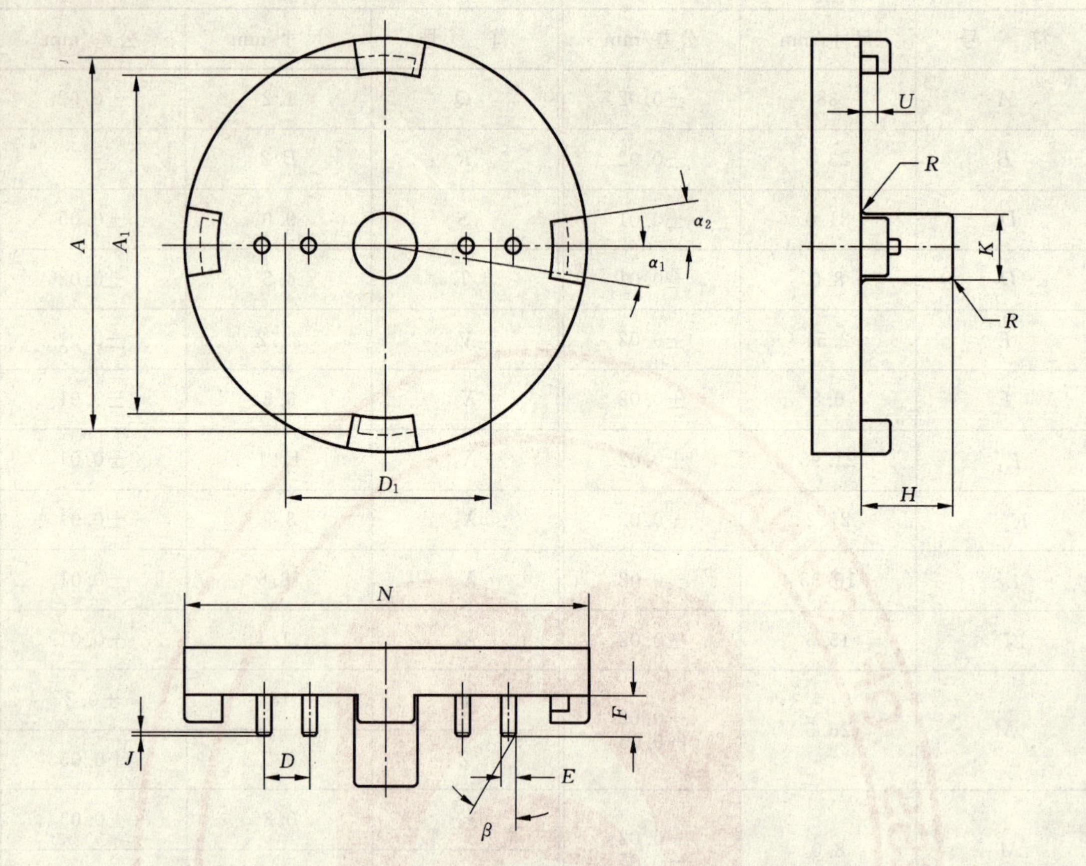

图中只给出了量规的主要尺寸。

符　　号	尺寸/mm	公差/mm
A	59.5	±0.02
A_1	53.7	±0.02
D	7.5	±0.01
D_1	32.5	±0.01
E	2.37	±0.01
F	6.4	±0.02
H	14.5	±0.02
J	0.4	±0.02
K	10.2	±0.02
N	65.0	±0.02
R	1.0	±0.02
U	2.35	±0.02
α_1	9°	±10′
α_2	8°	±10′
β	30°	1°

图 39　2G8 灯座按第 13 章试验时所用试验灯头

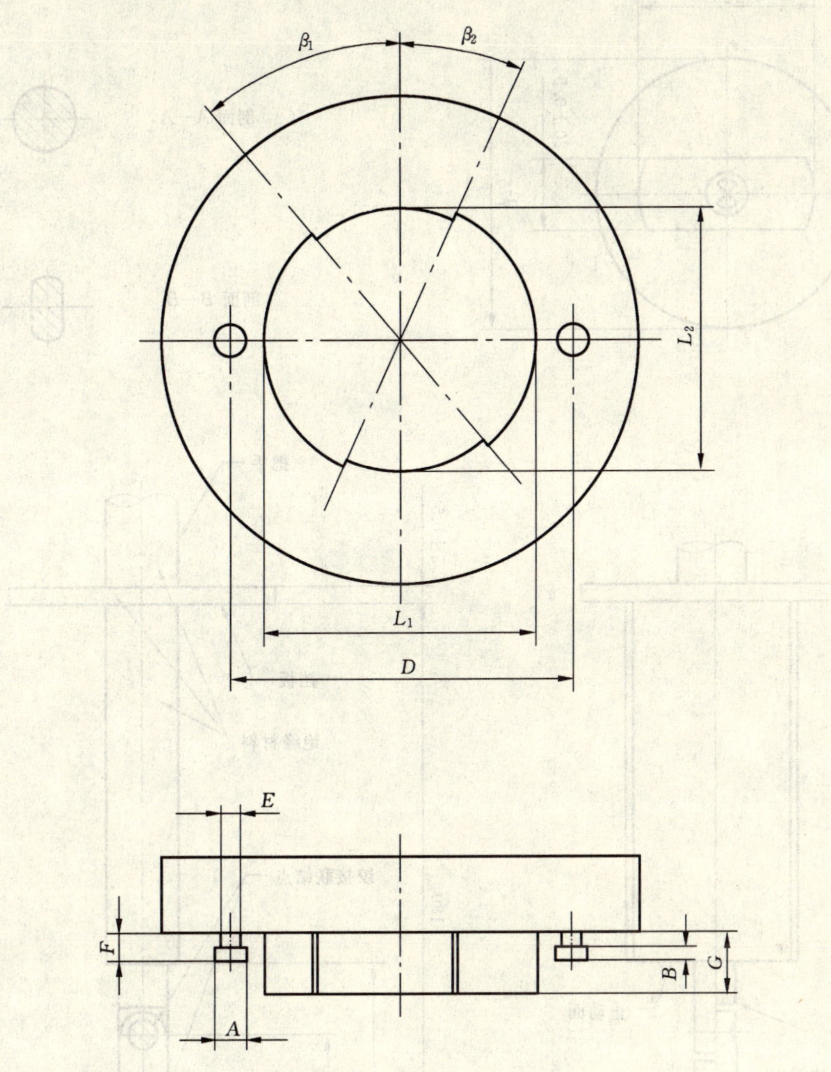

图中只给出了量规的主要尺寸。

符　　号	尺寸/mm	公差/mm
A	4.85	±0.02
B	2.05	±0.02
D	53.0	±0.01
E	3.0	±0.05
F	4.1	±0.02
G	9.4	±0.05
L_1	42.25	±0.02
L_2	40.6	±0.02
β_1	41°	±1°
β_2	25°	±1°

图 40　GX53 灯座按第 13 章试验时所用试验灯头

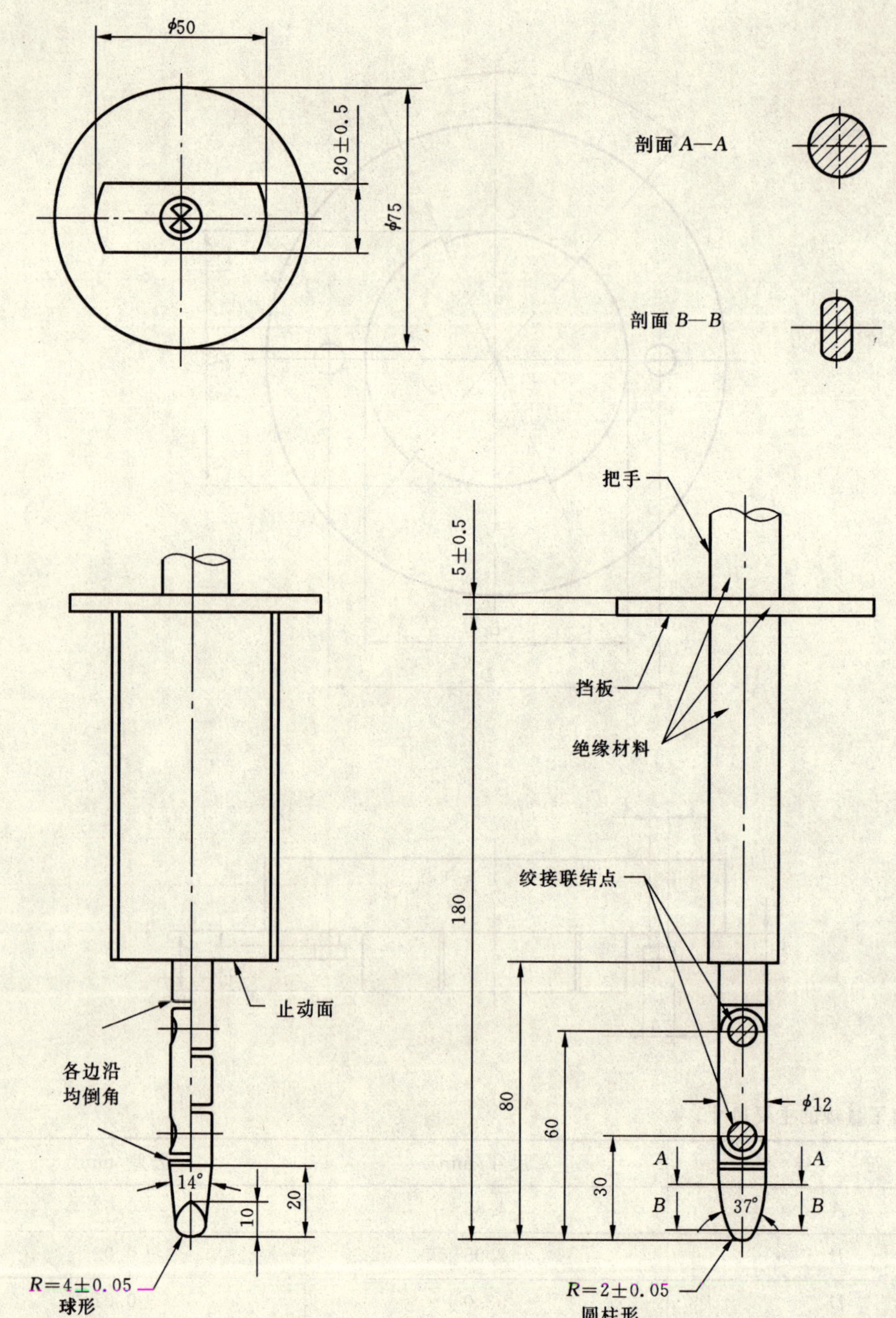

尺寸单位：mm

材料：除另有规定外，均为金属。

对于图中不带特定公差的那些尺寸，其公差分别为：

——角度差：$^{+0}_{-10}$。

——直线尺寸公差：

- 25 mm 以下时：$^{+0}_{-0.05}$；
- 25 mm 以上时：±0.2 mm。

试验指的两个铰节均在同一平面上运动，并且以同一方向在 90°范围内活动(公差为 0°～+10°)。

图 41　标准试验指(符合 IEC 60529)

附　录　A
（规范性附录）
本标准所涉及灯座的例子
（此表未详尽）

装有下列灯头的管形荧光灯用独立式灯座和内装灯座均被本标准所涉及(见1.1范围,第2段)。

灯　座	灯座活页(见IEC 60061-2)
G5	7005-51
2G8	7005-141
GR8	7005-68
G10q	7005-56
GR10q	7005-77
GX10q	7005-84
GY10q	7005-85
2G11	7005-82
G13	7005-50
2G13	7005-33
G20	7005-(待定)
G23	7005-69
GX23	7005-86
G24,GX24,GY24	7005-78
G32,GX32,GY32	7005-87
GX53	7005-142
Fa6	7005-55
Fa8	7005-58
R17d	7005-57

附　录　B
（规范性附录）
季裂/腐蚀性试验

B.1　试验容器

试验中应使用密封玻璃容器，它们可以是干燥器或带磨平边沿及盖子的玻璃容器。其容积应至少为 10 L。试验空间与试验溶液的比例应保持在 10∶1～20∶1。

B.2　试验溶液

注 1：为了保护环境，在下述有关试验溶液的要求中，可以由实验室斟酌修正其溶液容量和试验容器的容积。基于这种情况，试验容器容积应为样品体积的 500～1 000 倍，试验箱容积与试验溶液比例应保持在10∶1～20∶1。

注 2：若有疑问，应采用 B.1 的条件。

每升溶液的配方：

将氯化铵（NH_4Cl 试剂）107 g 放入约 0.75 L 的蒸馏水或完全软化的水中，再将 30%氢氧化钠含量的溶液倒入其中，致使该试验溶液在 22℃时的 pH 值为 10（氢氧化钠溶液由 NaOH 试剂加蒸馏水或全软化水配制而成）。在其他温度下，该试验溶液的 pH 值应符合表 B.1 规定。

表 B.1　pH 值调配

温度/℃	试验溶液 pH 值
22±1	10.0±0.1
25±1	9.9±0.1
27±1	9.8±0.1
30±1	9.7±0.1

将 pH 值调配合适之后，将蒸馏水或完全软化水倒入该试验溶液中，使其达到 1 L。这些水不会影响试验溶液的 pH 值。

在调制 pH 值期间，一定要使溶液温度的变化保持在±1℃范围之内。测量 pH 值时使用 pH 值精度为在±0.02 的仪器。

试验溶液可长期使用，但 pH 值是测试蒸汽中铵浓度的一项依据，因此至少每隔三星期测量一次，必要时再进行调整。

B.3　试验程序

将样品置于试验溶器中，最好悬吊放置使铵蒸气能完全作用于样品。

样品不应浸泡在试验溶液中，样品相互间也不应接触。

支撑或悬吊样品的装置应由不易受铵蒸气腐蚀的材料制成，如玻璃或陶瓷。

试验应在（30±1）℃的恒定温度下进行，以便能去掉由于温度的波动而产生肉眼可见的凝结水，这种凝结水会严重篡改试验结果。

试验之前，将装有试验溶液的试验容器置于（30±1）℃温度下，然后，尽快将预先加热到 30℃的样品放入试验容器，关闭试验容器。此时应视为试验开始。

附 录 C
（资料性附录）
防触电保护——按照 8.2 安装灯座的详细说明

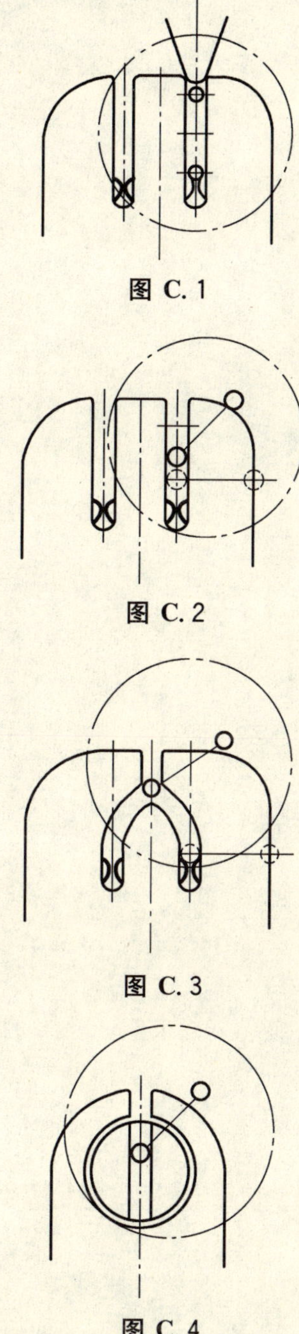

图 C.1

图 C.2

图 C.3

图 C.4

图 C.1～图 C.4 灯座范例

ICS 73.040
D 21

中华人民共和国国家标准

GB/T 1341—2007
代替 GB/T 1341—2001

煤的格金低温干馏试验方法

Gray-King assay of coal

(ISO 502:1982, Coal—Determination of caking power—Gray-King coke test, NEQ)

2007-11-01 发布　　　　2008-06-01 实施

中华人民共和国国家质量监督检验检疫总局
中国国家标准化管理委员会　发布

前 言

本标准对应于国际标准 ISO 502:1982《煤——结焦性的测定——格金焦型试验》。

本标准与 ISO 502:1982 的一致程度为非等效，主要技术性差异如下：

——增加了半焦产率、焦油和热解水的测定；

——对电极炭的质量要求略有变化。

本标准代替 GB/T 1341—2001《煤的格金低温干馏试验方法》。

与 GB/T 1341—2001 相比，本标准仅在“规范性引用文件”中增加了 GB/T 19494.2“煤炭机械化采样 第 2 部分：煤样的制备”，并对部分书写格式和文字做了修改。

本标准由中国煤炭工业协会提出。

本标准由全国煤炭标准化技术委员会归口。

本标准起草单位：煤炭科学研究总院煤炭分析实验室。

本标准主要起草人：王丽华、邓秀敏。

本标准委托煤炭科学研究总院煤炭分析实验室解释。

本标准所代替标准的历次版本发布情况为：

——GB 1341—1977、GB 1341—1987、GB/T 1341—2001。

煤的格金低温干馏试验方法

1 范围

本标准规定了煤的格金低温干馏试验的方法原理、仪器设备、试验步骤、结果表述和方法精密度。

本标准适用于褐煤和烟煤。

2 规范性引用文件

下列文件中的条款通过本标准的引用而成为本标准的条款。凡是注日期的引用文件,其随后所有的修改单(不包括勘误的内容)或修订版均不适用于本标准,然而,鼓励根据本标准达成协议的各方研究是否可使用这些文件的最新版本。凡是不注日期的引用文件,其最新版本适用于本标准。

GB/T 212 煤的工业分析方法(GB/T 212—2001, eqv ISO 11722:1999, eqv ISO 1171:1997, eqv ISO 562:1998)

GB 474 煤样的制备方法

GB/T 5448 烟煤坩埚膨胀序数的测定 电加热法(GB/T 5448—1997, eqv ISO 501:2003)

GB/T 19494.2 煤炭机械化采样 第2部分:煤样的制备(GB/T 19494.2—2004, ISO 13909-4:2001, NEQ)

3 方法提要

将煤样装入干馏管中置于格金低温干馏炉内,以规定升温程序加热到最终温度600℃,并保温一定时间,测定所得焦油、热解水和半焦的产率,同时将半焦与一组标准焦型比较定出型号。对强膨胀性煤,则需在煤样中配入一定量的电极炭,其焦型以得到与标准焦型(G)一致的焦型所需的最少电极炭量(整数克数)来表示。

4 试剂和材料

4.1 高温石墨化电极炭:

水分小于0.5%,按GB/T 212测定。

灰分小于2%,按GB/T 212测定。

挥发分小于1.5%,按GB/T 212测定。

粒度小于0.2 mm,其中小于0.1 mm的质量分数应为60%~90%。

使用时应按第6章和第7章规定程序测定其水分和半焦产率。同批电极炭每半年至少复测一次。

4.2 二甲苯(HG/T 3-1011)或甲苯(GB/T 684):化学纯。

4.3 丙酮(GB/T 6026):工业品。

4.4 石棉绒和石棉板:石棉绒需预先在800℃灼烧1 h,冷却后放入玻璃瓶中备用。石棉板厚2 mm左右。

5 仪器设备

5.1 格金干馏炉(图1):双孔或多孔、恒温区不小于200 mm,自动程序控温。

5.2 干馏管(图2):耐热玻璃或石英玻璃制。

5.3 锥形瓶:容量为250 mL,与水分测定管配套,带磨口。

5.4 水分测定管(图3):量管刻度范围为(0~5)mL或(0~10)mL,分度值为0.05 mL,磨口。

5.5 冷凝器:直管式,磨口,冷凝水套的长度不小于 300 mm。

5.6 天平:感量 0.01 g。

5.7 推杆(图 4):金属制。

5.8 电炉:单式,双联或多联,温度可调。

5.9 砂浴:具体尺寸依电炉而定。

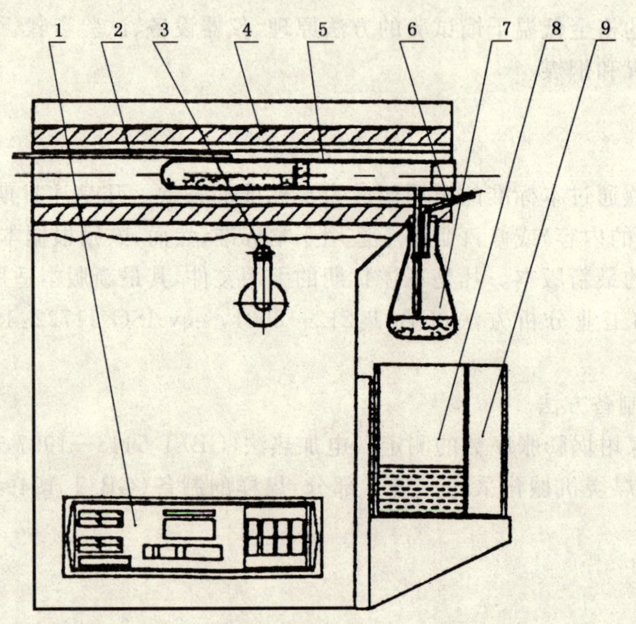

1——程序控温仪;
2——热电偶;
3——可摇提升器摇柄;
4——保温炉胆;
5——干馏管;
6——导气管;
7——锥形瓶;
8——水槽;
9——溢水槽。

图 1 格金干馏炉示意图

单位为毫米

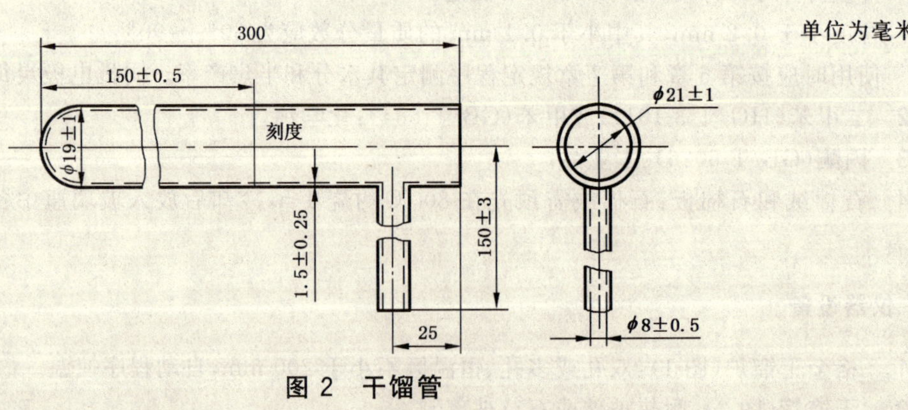

图 2 干馏管

单位为毫米

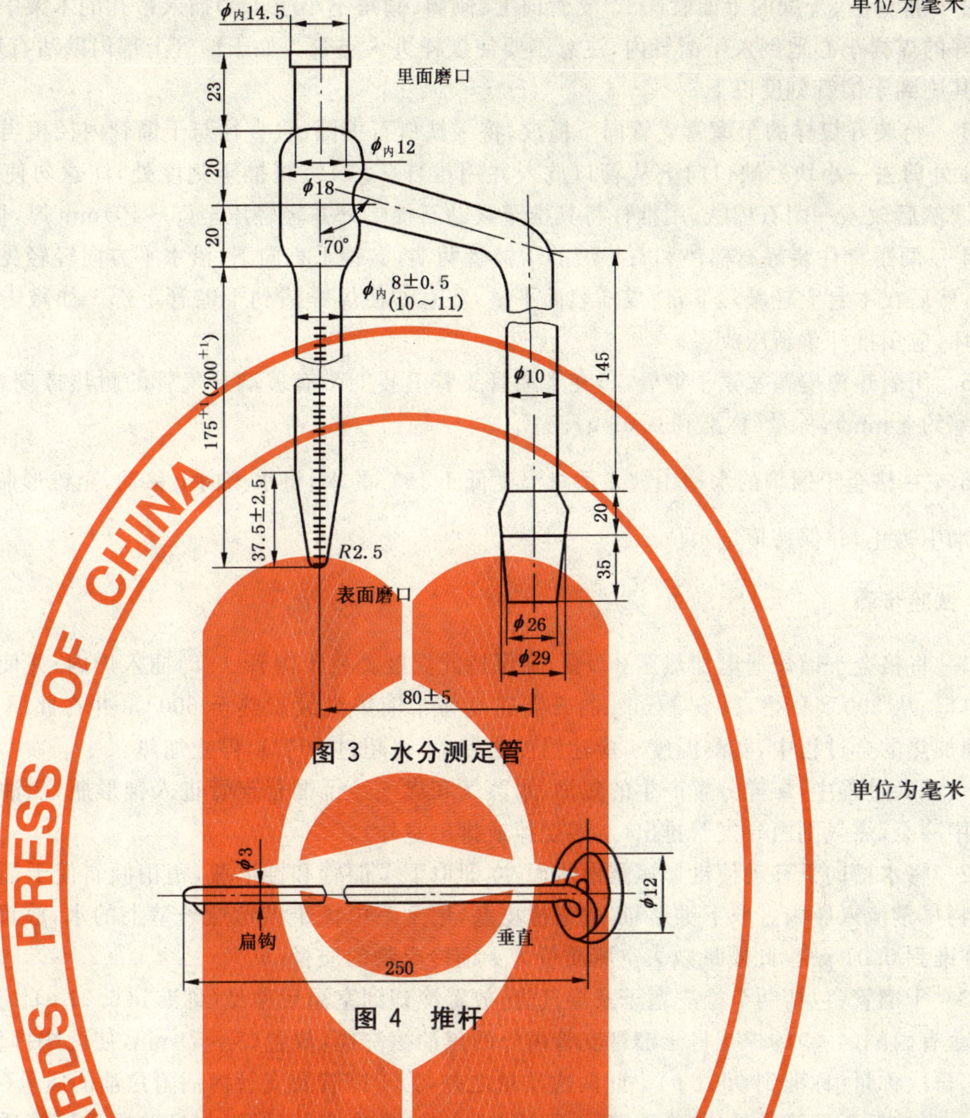

图 3 水分测定管

单位为毫米

图 4 推杆

6 试验准备

6.1 将按 GB 474 或 GB/T 19494.2 制备的粒度小于 0.2 mm 的空气干燥煤样(即一般分析煤样)，充分搅拌煤样至少 1 min。从 4 或 5 个不同部位称取 20 g(称准到 0.01 g)煤样放在表面皿中。对焦型大于 G_2(包括不易区分的 G_1 和 G_2 型)的煤样(可根据表 1 预先估计)，则分别称取质量为 m'(整数克数)电极炭 (4.1)和(20 g$-m'$)煤样，并在表面皿中充分搅拌、混合均匀。

表 1 焦型估计

坩埚膨胀序数(按 GB/T 5448 测定)	焦渣特征(按 GB/T 212 测定)	格金低温干馏焦型
$0\sim\frac{1}{2}$	1～4	A～B
1～3	5～6	C～G
$3\frac{1}{2}\sim5$	6～8	F～G_4
$5\frac{1}{2}\sim7$	6～8	G_2～G_{10}
$7\frac{1}{2}\sim9$	6～8	大于 G_5

6.2 将清洁、干燥的干馏管(5.2)支管向上、倾斜(倾角不小于45°)插入带孔的木架中。通过漏斗将已称好的煤样小心地倒入干馏管内,注意不要使煤样进入支管。如干馏管上部内壁沾有煤样,可用软毛刷将其刷到干馏管刻度以下。

6.3 将装好煤样的干馏管支管向下横放,将一缺口石棉圆垫(直径与干馏管内径相当,从直径的1/6~1/4处剪去一小块)、缺口向上从管口放入并用推杆(5.7)缓缓推至刻度处,注意勿使煤样留在石棉垫外。然后放入一团石棉绒,用推杆将其推至紧贴石棉垫处并轻轻压至(5~10)mm厚,但不要挤压太紧。

6.4 两手拿住装好石棉垫和石棉绒的干馏管两端,支管垂直向下,沿水平方向轻轻晃动使煤样均匀铺开,然后在木台上轻敲几下,使煤样表面平整,注意勿使煤样沾到干馏管上部。如敲击后石棉绒层受到破坏,应用推杆重新压成层。

6.5 用耐热橡皮塞塞紧干馏管口,在干馏管支管上装上带有玻璃导气管的耐热橡皮塞(导气管露出橡皮塞约5 mm),称量(称准到0.01 g)。

6.6 在格金干馏炉的水槽中放入适量温度低于15℃的水,将水槽向上移动,至锥形瓶高度的$\frac{2}{3}$浸入冷却水中为止,并保持恒定水位。

7 试验步骤

7.1 将格金干馏炉通电加热至300℃,并保持此温度。将干馏管(6.5)插入炉内,并使干馏管支管紧靠炉口。从300℃开始,以5℃/min的升温速度将干馏炉继续加热至600℃,并在此温度下保持15 min(在加热的全过程中,实测温度与应达温度之差,不得超过10℃),停止加热。

试验过程中,煤样分解产生的焦油、水蒸气和煤气经干馏管支管进入锥形瓶,焦油和水蒸气在锥形瓶中冷凝,煤气则由导气管排出(点燃烧掉或排出室外)。

7.2 将水槽向下移动使锥形瓶露出水面,立即取下干馏管和锥形瓶,稍稍倾斜使干馏管及支管上的冷凝物尽量流入瓶内。取下锥形瓶,盖紧橡皮塞,用干毛巾擦干锥形瓶外壁上的水,放置约5 min后称量(称准到0.01 g)。此质量减去空瓶质量为干馏冷凝物的质量(m_a)。

7.3 干馏管(包括两个橡皮塞子及导气管)放置冷却到室温后称量(称准到0.01 g)。然后取下橡皮塞,用蘸有丙酮(4.3)的棉花将干馏管支管内外的焦油擦洗掉,放置(3~5)min,使丙酮挥发完,再装上橡皮塞,再次称量(称准到0.01 g)。此两次质量之差,为干馏管及支管内沾附焦油的质量(m_d)。

去油后干馏管质量(包括石棉绒、石棉垫、半焦、橡皮塞的质量)与试验前干馏管质量(包括石棉绒、石棉垫、橡皮塞的质量)之差,即为半焦的总质量(m_c)。

7.4 从干馏管(7.3)中钩出石棉绒和石棉垫,然后小心倒出焦炭。将焦炭与一组标准焦型(见表2、图5)比较定出型号。对强膨胀性煤,其焦型以最终得到G型焦所需配入的最少电极炭克数(整数)标在G右下角来表示,如G_1,G_2,…,G_x。电极炭的合适配比,往往需要多次试验才能确定。

表2 标准焦型

焦型	体积变化	主要特征、强度及其他
A	试验前后体积大体相等	不粘结,粉状或粉中带有少量小块,接触就碎
B	试验前后体积大体相等	微粘结,多于三块或块中带有少量粉,一拿就碎
C	试验前后体积大体相等	粘结,整块或少于三块,很脆易碎
D	试验后体积较试验前明显减小(收缩)	粘结或微熔融,较硬,能用指甲刻画,少于五条明显裂纹,手摸染指,无光泽
E	试验后体积较试验前明显减小(收缩)	熔融,有黑的或稍带灰的光泽,硬,手摸不染指,多于五条明显裂纹,敲时带金属声响

表 2(续)

焦型	体积变化	主要特征、强度及其他
F	试验后体积较试验前明显减小(收缩)	横断面完全熔融,并呈灰色,坚硬,手摸不染指,少于五条明显裂纹,敲时带金属声响
G	试验前后体积大体相等	完全熔融,坚硬,敲时发出清脆的金属声响
G_1	试验后体积较试验前明显增大(膨胀)	微膨胀
G_2	试验后体积较试验前明显增大(膨胀)	中度膨胀
G_3	试验后体积较试验前明显增大(膨胀)	强膨胀

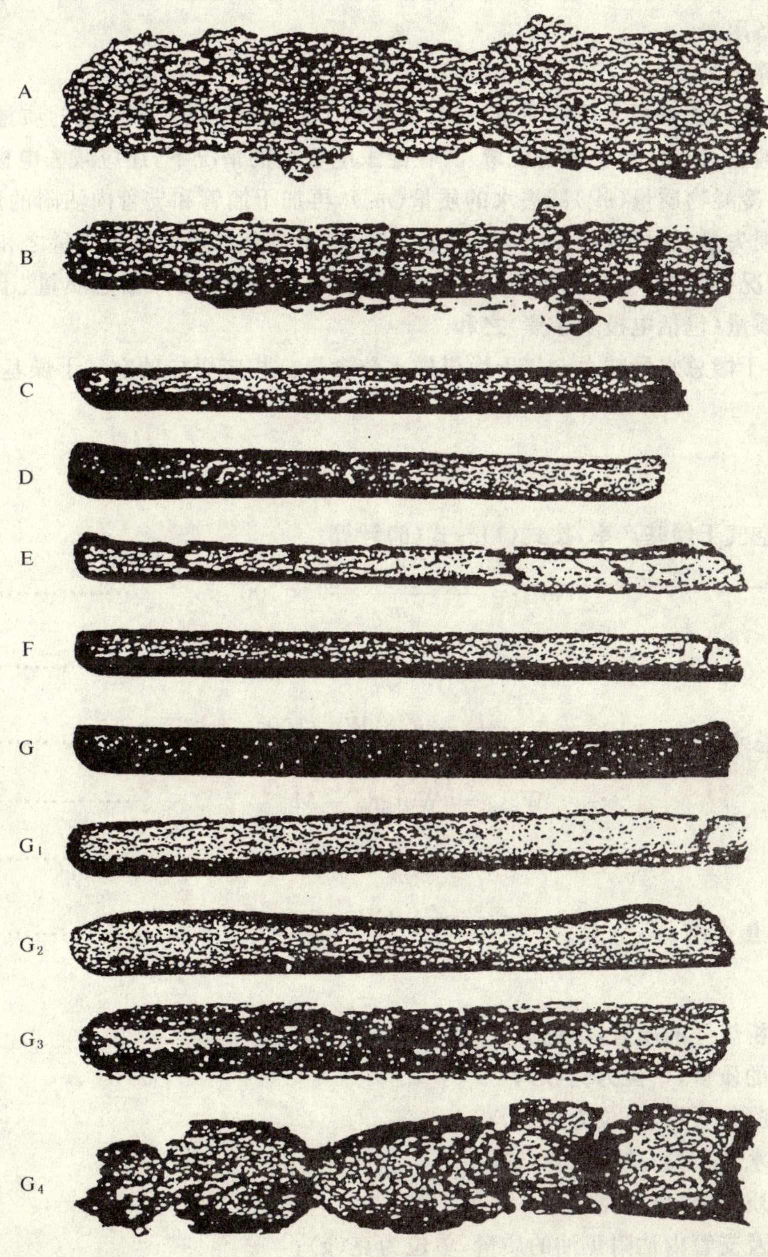

图 5 标准焦型

7.5 干馏总水分测定

7.5.1 于含冷凝物的锥形瓶中加入 50 mL 二甲苯或甲苯(4.2),然后接上水分测定管并与冷凝器相连。冷凝器上端用棉花或以其他物品塞住。

注：水分测定管的量管应预先标定。

7.5.2 将装配好的锥形瓶放在砂浴上，冷凝器通入冷却水，将砂浴通电加热并控制蒸馏速度，使从冷凝器末端滴下的液滴数约为(2～4)滴/s。蒸馏应在通风柜内进行。

7.5.3 当水分测定管中的水量在10 min内不增加时，即可停止蒸馏，蒸馏时间一般约需(1～1.5)h。

7.5.4 待锥形瓶冷却后，关闭冷却水，取下锥形瓶和水分测定管。如有部分水珠附着在水分测定管管壁上，或有部分溶剂沉在水层的下部，可用细的金属(或玻璃)棒搅拌排除。等静置分层后，从水分测定管读取水的体积(mL)(读准到0.01 mL)。

取室温下水的密度为1 g/cm³，计算出干馏总水分的质量(m_b)。

7.6 全部试验结束后，干馏管、锥形瓶及水分测定管等，需用刷子蘸上去污粉(必要时用丙酮)擦洗干净，在干燥箱中烘干备用。

7.7 各产物质量计算

7.7.1 半焦总质量(m_c)：去油后干馏管质量(包括石棉绒、石棉垫、半焦、橡皮塞的质量)减去试验前干馏管质量(包括石棉绒、石棉垫、橡皮塞的质量)。在配了电极炭的情况下，还应减去电极炭半焦质量。

7.7.2 焦油总质量：冷凝物质量(m_a)减去水的质量(m_b)，再加干馏管和支管内沾附的焦油质量(m_d)。

7.7.3 煤气和干馏损失量：煤样质量(m)减去焦油总质量、干馏总水量和半焦质量之和。

在配了电极炭情况下为：煤样质量(m)和电极炭质量(m')之和减去焦油总质量、干馏总水量(包括电极炭水分)和半焦质量(包括电极炭半焦)之和。

7.7.4 热解水质量：干馏总水量减去空气干燥煤样水分含量。相应煤样的空气干燥基水分应在7 d内测定。

8 结果表述

8.1 各干馏产物的空气干燥基产率，按式(1)～式(6)计算：

焦油产率：
$$\mathrm{Tar}_{ad}=\frac{m_a-m_b+m_d}{m}\times 100 \qquad (1)$$

干馏总水分产率：
$$\mathrm{Water}_{ad}=\frac{m_b}{m}\times 100 \qquad (2)$$

配有电极炭时，干馏总水分产率：
$$\mathrm{Water}_{ad}=\frac{m_b-m'\times W_{ele}/100}{m}\times 100 \qquad (3)$$

热解水产率：
$$W_{p,ad}=\mathrm{Water}_{ad}-M_{ad} \qquad (4)$$

半焦产率：
$$\mathrm{CR}_{ad}=\frac{m_c}{m}\times 100 \qquad (5)$$

配有电极炭时煤样半焦产率：
$$\mathrm{CR}_{ad}=\frac{m_c-m'\times \mathrm{CR}'_{ad}/100}{m}\times 100 \qquad (6)$$

式中：

m——一般分析煤样的质量，单位为克(g)；

m'——电极炭的质量，单位为克(g)；

m_a——干馏冷凝物质量，单位为克(g)；

m_b——干馏总水分质量，单位为克(g)；

m_c——半焦总质量，单位为克(g)；

m_d——干馏管及支管内沾附焦油的质量，单位为克(g)；

M_{ad}——一般分析煤样水分含量，%；

Tar_{ad}——一般分析煤样焦油产率，%；

Water_{ad}——一般分析煤样干馏总水分产率，%；

W_{ele}——电极炭水分含量,%;

$W_{p,ad}$——一般分析煤样热解水产率,%;

CR_{ad}——一般分析煤样半焦产率,%;

CR'_{ad}——电极炭半焦产率,%。

8.2 结果报告

各项测定结果计算到小数点后二位(即 0.01),然后修约到小数点后一位(即 0.1)报出。

9 精密度

煤的格金低温干馏试验的精密度应符合表 3 规定。

表 3 煤的格金低温干馏试验的精密度

参数	重复性限
干馏总水分产率 $Water_{ad}$/%	1.0
半焦产率 CR_{ad}/%	1.5
焦油产率 Tar_{ad}/%	1.0
焦型	同一焦型

ICS 29.035.99
K 15

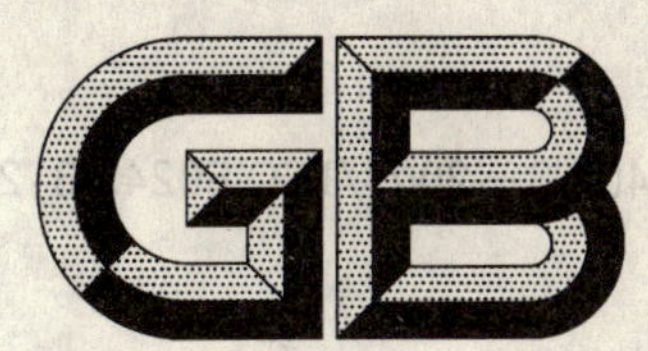

中华人民共和国国家标准

GB/T 1408.3—2007/IEC 60243-3:2001

绝缘材料电气强度试验方法 第3部分:1.2/50 μs脉冲试验补充要求

**Electric strength of insulating materials—Test methods—
Part 3: Additional requirements for 1.2/50 μs impulse tests**

(IEC 60243-3:2001,IDT)

2007-12-03 发布　　2008-05-20 实施

中华人民共和国国家质量监督检验检疫总局
中国国家标准化管理委员会　发布

前言

GB/T 1408《绝缘材料电气强度试验方法》目前包括以下几部分：

——第1部分：工频下试验；

——第2部分：应用直流电压试验补充要求；

——第3部分：1.2/50 μs 脉冲试验补充要求。

本部分为 GB/T 1408 的第3部分。

本部分等同采用 IEC 60243-3:2001《绝缘材料电气强度试验方法 第3部分：1.2/50 μs 脉冲试验补充要求》(英文版)。

为便于使用，本部分做了下列编辑性修改：

a) 删除了 IEC 标准的“前言”和“引言”；

b) 用小数点符号‘.’代替小数点符号‘,’；

c) “规范性引用文件”中将“IEC 60243-1”改为已等同采用其转化的“GB/T 1408.1”。

本部分由中国电器工业协会提出。

本部分由全国电气绝缘材料与系统评定标准化技术委员会(SAC/TC 301)归口。

本部分起草单位：桂林电器科学研究所、西安交通大学。

本部分主要起草人：王先锋、曹晓珑。

本部分为首次制定。

绝缘材料电气强度试验方法 第3部分:1.2/50 μs 脉冲试验补充要求

1 范围

本部分规定了 GB/T 1408.1 所提到的在 1.2/50 μs 脉冲电压应力下,对固体绝缘材料电气强度测定的补充要求。

2 规范性引用文件

下列文件中的条款通过 GB/T 1408 的本部分的引用而成为本部分的条款。凡是注日期的引用文件,其随后所有的修改单(不包括勘误的内容)或修订版均不适用于本部分,然而,鼓励根据本部分达成协议的各方研究是否可使用这些文件的最新版本。凡是不注日期的引用文件,其最新版本适用于本部分。

GB/T 1408.1—2006　绝缘材料电气强度试验方法　第1部分:工频下试验(IEC 60243-1:1998,IDT)

3 定义

下列定义及 GB/T 1408.1—2006 第3章中给出的定义,均适用于本部分。

3.1

全冲击电压波　full impulse-voltage wave

迅速升到最大值,然后迅速回落到零的非周期瞬变电压,上升时间比回落时间短(见图1)。

3.2

冲击电压波的峰值　peak value(of an impulse-voltage wave)

U_p

电压的最大值。

3.3

冲击电压波的虚峰值　virtual peak value(of an impulse-voltage wave)

U_1

从一个具有高频振荡和限制量级过冲的冲击电压波形记录中衍生的数值。

3.4

冲击电压波的虚电压起始点　virtual origin(of an impulse-voltage wave)

O_1

交点 O_1 是一条在冲击电压波前端,通过 0.3 倍虚峰值和 0.9 倍虚峰值的直线与零电压线的交点。(见图1)。

3.5

冲击电压波的虚波前时间　virtual front time(of an impulse-voltage wave)

t_1

t_f 的 1.67 倍,其中 t_f 是 0.3 倍与 0.9 倍峰值之间的时间间隔。(t_f 见图1)。

3.6

冲击电压波的半峰值的虚时间　virtual time to half-value

t_2

虚电压起始点 O_1 和当电压下降到峰值一半时与波尾交点之间的时间间隔。

4　测试的意义

除 GB/T 1408.1—2006 第 4 章提供的信息之外，下述也是与脉冲电压试验有关的非常重要的信息。

4.1　高电压设备常因附近闪电冲击而遭受短暂过电压应力，特别是在变压器和开关设备用于电力传送和分配系统时。在评定电力设备的可靠性时，绝缘材料耐受暂态电压的能力显得非常重要。

4.2　由闪电造成的暂态电压可能是正极性或者负极性的，此时相同电极之间的对称区域中，极性对电气强度没有影响。然而，如果电极是不同的，极性会有明显的影响。用不对称电极测试材料，测试者又对此材料没有以往的经验和知识时，推荐对两种极性做对比试验。

4.3　标准波形是一个 1.2/50 μs 波，峰值电压大约在 1.2 μs，衰减到峰值的一半大约在波形起始后 50 μs，这种波用来模拟一个不导致绝缘系统击穿的闪电冲击。

注：如果被测试的材料有明显的电感特性，很难甚至不可能获得一个振荡少于 5% 的波形，如 8.2.2. 提到的。然而，本部分给出的条款只是针对容性试样。复杂结构的测试，例如在复杂设备的两线圈之间进行的测试，或者类似模型的测试，应该遵照该设备的技术规范。

4.4　在多数材料的脉冲测试中，由于脉冲时间很短，介质发热（以及其他热效应）和空间电荷注入的影响被减弱。这样，脉冲测试的值比短时间交流测试的峰电压值要高。通过脉冲电压测试和长时间耐压测试的对比，可以推断出不同测试情况下某种特定材料的失效模型。

5　电极和试样

同 GB/T 1408.1—2006 第 5 章。

6　测试前的条件处理

同 G8/T 1408.1—2006 第 6 章。

7　环境媒介

同 GB/T 1408.1—2006 第 7 章。

8　电气设备

8.1　电源

加在电极上的电压应由特殊的脉冲发生器提供，该脉冲发生器具有以下特点：

8.1.1　应提供正极性或者负极性的电压选择，连接到电极的一个接头应接地。

8.1.2　这个脉冲发生器应能控制并调整施加于试样上电压的波形，使之具有 1.2 μs±0.36 μs 虚波前时间 t_1，50 μs±10 μs 半峰值的虚时间 t_2（见图 1）。

8.1.3　脉冲发生器的电压容量和能量存储必须足够大，使得加在任意待测的试样上的冲击电压波有合适的形状，要能达到材料的击穿电压或额定电压。

8.1.4　在满足 8.2.2 的条件下，电压的峰值即为其虚峰值。

8.2　电压测量

8.2.1　采取措施记录施加在试样上的电压波形，并测量电压虚峰值，虚波前时间和半值的虚时间（误差应小于 5%）。

8.2.2 如果电压波振荡幅值小于峰值的5%,频率大于0.5 MHz,得到的将是一条平均曲线,其最大幅值是虚峰值。如果振荡的幅值过大,频率过低,这种电压波形在标准测试中是不能被接受的。

9 程序

同GB/T 1408.1—2006第9章。

10 施加电压

10.1 击穿试验

击穿试验应与GB/T 1408.1—2006第11章一致。

10.1.1 电压脉冲将应用于三个波的平均峰值电压的一系列设置。初始设置的峰值电压应该是预计击穿电压的70%左右。

10.1.2 把后续设置的峰值电压相对于初始设置的峰值电压升高5%～10%,GB/T 1408.1—2006的表1是适用的。

10.1.3 在脉冲发生器的连续脉冲之间必须有足够的时间间隔,以便发生器充分充电,一般三倍于充电时间常数的间隔是足够的。

10.1.4 连续脉冲之间必须有足够的时间间隔,以使注入的空间电荷充分逸散。对于很多材料来说,脉冲发生器的充电时间会最终覆盖这个时间。对于那些空间电荷长时间滞留的材料来说,其时间需要在详细规范中说明。如果不知道这个时间间隔,但是认为材料有可能存在长时间的空间电荷滞留,必须做长的脉冲时间间隔的附加测试,以确定击穿电压是否有显著的差别。

10.1.5 当脉冲电压施加到两个电压水平而试样不发生击穿时,这样的测试才是有效的,而击穿一般发生在第三个或者其后续的电压水平。

10.1.6 电气强度应该是基于击穿前的三个脉冲波的虚峰值,击穿电压是导致击穿的下一组电压波的标称电压。

10.1.7 使用不对称电极系统时,初步测试以确定哪个电极得到较低的击穿电压,如果得到明显的差距,应使用得到较低测试结果的电极。

10.2 验证测试

依照GB/T 1408.1—2006的11.1在测试试样上加载一组三个规定的验证电压(虚值)脉冲波,当需要进行校准时,在验证电压之前将三个峰值电压不超过验证电压峰值80%的脉冲施加到试样上。

11 击穿判断标准

同GB/T 1408.1—2006的第11章,脉冲击穿电压是标称峰值电压,也是导致击穿的波形所能达到的电压值(如果材料在这之前未发生击穿)。

耐电压是击穿前的三个脉冲波形的最高标称峰值电压。

12 测试数量

同GB/T 1408.1—2006的第12章。

13 测试报告

13.1 全部报告

除了特别指定以外,报告应该包括下列内容:

a) 材料测试的完整描述,测试试样的描述和准备的方法。

b) 脉冲波的极性。

c) 电气强度中值(中间值)kV/mm,击穿电压kV(不是用于验证测试的击穿电压)。

d) 每个测试试样的厚度(见 GB/T 1408.1—2006 的 5.4)。

e) 测试中的周围媒介以及它们的特性。

f) 当电极系统非对称时,有极性的电极系统。

g) 电气强度的个别值 kV/mm,击穿电压 kV(不是用于验证测试的击穿电压)。

h) 测试过程中,空气或者试样所在的其他气体的温度、压力和湿度;当试样浸在液体中进行试验时,液体媒质的温度。

i) 测试前的预处理条件。

j) 每个测试试样的最初标称峰值电压水平。

k) 指出测试试样的击穿类型和位置(例如,在电极边缘),对每个测试试样,最后一组三个脉冲中的哪个脉冲导致了击穿。

l) 对于每个测试试样,发生击穿的点在电压波形上的位置(波前、峰值、或者波尾)。

13.2 报告

当需要测试报告时,a)到 f)和最低值、最高值为必需内容。

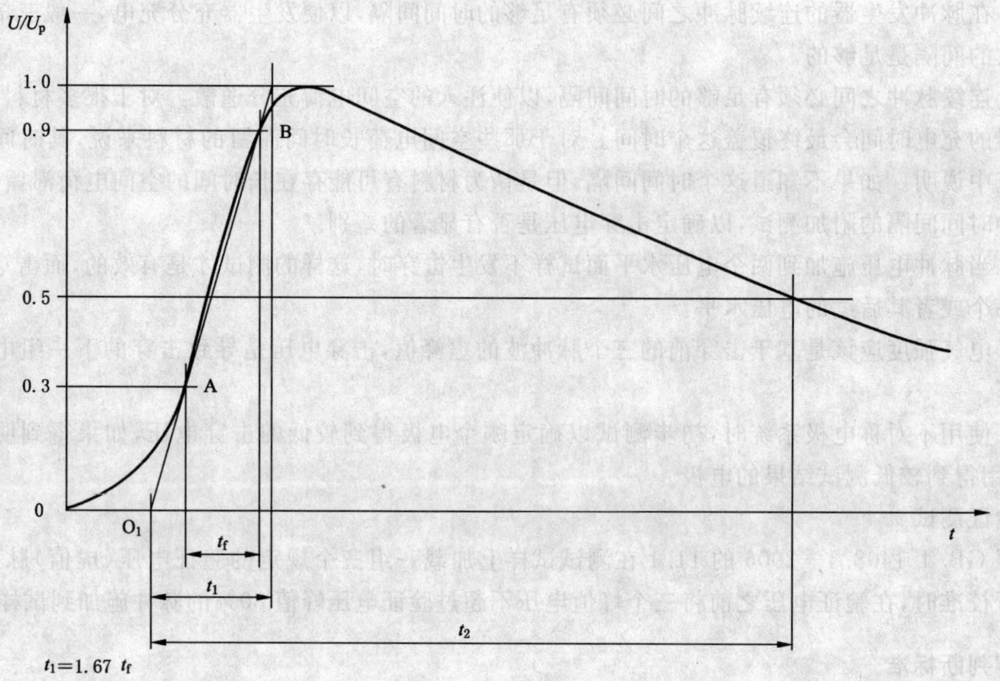

图 1 全脉冲电压波

ICS 77.140.60
H 44

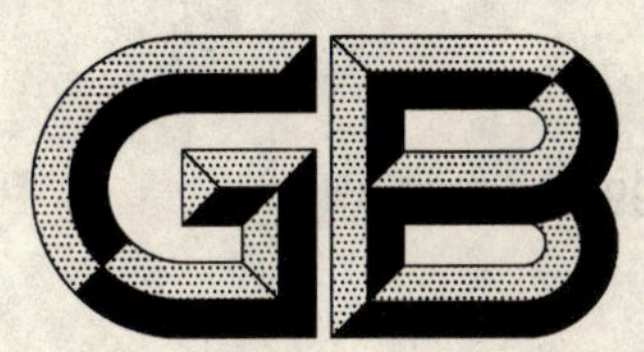

中华人民共和国国家标准

GB 1499.2—2007
代替 GB 1499—1998

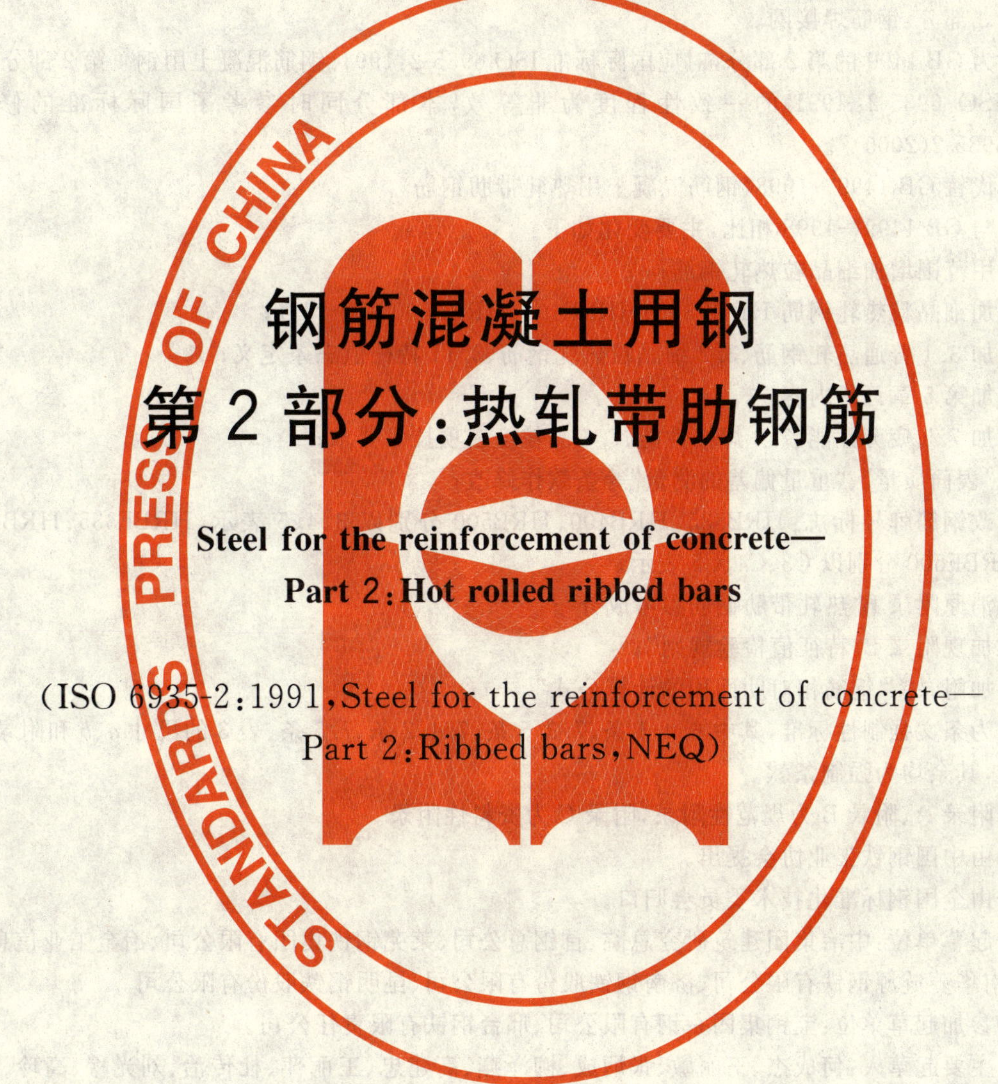

钢筋混凝土用钢 第2部分:热轧带肋钢筋

Steel for the reinforcement of concrete—Part 2: Hot rolled ribbed bars

(ISO 6935-2:1991, Steel for the reinforcement of concrete—Part 2: Ribbed bars, NEQ)

2007-08-14 发布 2008-03-01 实施

中华人民共和国国家质量监督检验检疫总局
中国国家标准化管理委员会 发布

前　言

GB 1499 分为三个部分：

——第 1 部分：热轧光圆钢筋；

——第 2 部分：热轧带肋钢筋；

——第 3 部分：钢筋焊接网。

本部分为 GB 1499 的第 2 部分，对应国际标准 ISO 6935-2：1991《钢筋混凝土用钢　第 2 部分：带肋钢筋》，与 ISO 6935-2：1991 的一致性程度为非等效，本部分同时参考了国际标准的修订稿“ISO/DIS 6935-2(2005)”。

本部分代替 GB 1499—1998《钢筋混凝土用热轧带肋钢筋》。

本部分与 GB 1499—1998 相比，主要变化如下：

——适用范围增加细晶粒热轧钢筋；

——增加细晶粒热轧钢筋 HRBF335、HRBF400、HRBF500 三个牌号；

——增加 3.1 普通热轧钢筋、3.2 细晶粒热轧钢筋、3.11 特征值三条定义；

——增加第 5 章订货内容；

——增加 7.5 疲劳性能、7.6 焊接性能、7.7 晶粒度三项技术要求；

——对“表面质量”、“重量偏差的测量”等条款作修改；

——修改钢筋牌号标志：HRB335、HRB400、HRB500 分别以 3、4、5 表示，HRBF335、HRBF400、HRBF500 分别以 C3、C4、C5 表示；

——取消原附录 B“热轧带肋钢筋参考成分”；

——增加现附录 B“特征值检验规则”；

——增加附录 C“钢筋相对肋面积的计算公式”。

本标准为条文强制性标准，其中 6.4.1 条、7.3.5 条、7.4.2 条、7.5 条、表 3 的尺寸 a、b 和附录 C 为非强制条款，其余均为强制条款。

本部分附录 A、附录 B 为规范性附录，附录 C 为资料性附录。

本部分由中国钢铁工业协会提出。

本部分由全国钢标准化技术委员会归口。

本部分起草单位：中冶集团建筑研究总院、首钢总公司、莱芜钢铁集团有限公司、冶金工业信息标准研究院、湖南华菱涟源钢铁有限公司、济南钢铁股份有限公司.昆明钢铁股份有限公司。

本部分参加起草单位：宝钢集团一钢有限公司、邢台钢铁有限责任公司。

本部分主要起草人：何成杰、王丽敏、张炳成、柳泽燕、高建忠、王丽萍、杜传治、刘光穆、高玲、冯超、李志敏、朱建国。

本部分参加起草人：王军、张少博。

本部分 1979 年 2 月首次发布，1984 年 6 月第一次修订，1991 年 6 月第二次修订，1998 年 10 月第三次修订。

钢筋混凝土用钢
第2部分:热轧带肋钢筋

1 范围

本部分规定了钢筋混凝土用热轧带肋钢筋的定义、分类、牌号、订货内容、尺寸、外形、重量及允许偏差、技术要求、试验方法、检验规则、包装、标志和质量证明书。

本部分适用于钢筋混凝土用普通热轧带肋钢筋和细晶粒热轧带肋钢筋。

本部分不适用于由成品钢材再次轧制成的再生钢筋及余热处理钢筋。

2 规范性引用文件

下列文件中的条款通过本部分的引用而成为本标准的条款。凡是注日期的引用文件,其随后所有的修改单(不包括勘误的内容)或修订版均不适用于本标准,然而,鼓励根据本标准达成协议的各方研究是否可使用这些文件的最新版本。凡是不注日期的引用文件,其最新版本适用于本标准。

GB/T 222　钢的成品化学成分允许偏差

GB/T 223.5　钢铁及合金化学分析方法　还原型硅钼酸盐光度法测定酸溶硅含量

GB/T 223.11　钢铁及合金化学分析方法　过硫酸铵氧化容量法测定铬量

GB/T 223.12　钢铁及合金化学分析方法　碳酸钠分离　二苯碳酰二肼光度法测定铬量

GB/T 223.14　钢铁及合金化学分析方法　钽试剂萃取光度法测定钒含量

GB/T 223.17　钢铁及合金化学分析方法　二安替吡啉甲烷光度法测定钛量

GB/T 223.19　钢铁及合金化学分析方法　新亚铜灵　三氯甲烷萃取光度法测定铜量

GB/T 223.23　钢铁及合金化学分析方法　丁二酮肟分光光度法测定镍量

GB/T 223.26　钢铁及合金化学分析方法　硫氰酸盐直接光度法测定钼量

GB/T 223.27　钢铁及合金化学分析方法　硫氰酸盐　乙酸丁酯萃取分光光度法测定钼量

GB/T 223.37　钢铁及合金化学分析方法　蒸馏分离　靛酚蓝光度法测定氮量

GB/T 223.40　钢铁及合金化学分析方法　离子交换分离　氯磺酚S光度法测定铌量

GB/T 223.59　钢铁及合金化学分析方法　锑磷钼蓝光度法测定磷量

GB/T 223.63　钢铁及合金化学分析方法　高碘酸钠(钾)光度法测定锰量

GB/T 223.68　钢铁及合金化学分析方法　管式炉内燃烧后碘酸钾滴定法测定硫含量

GB/T 223.69　钢铁及合金化学分析方法　管式炉内燃烧后气体容量法测定碳含量

GB/T 228　金属材料　室温拉伸试验方法(GB/T 228—2002,eqv ISO 6892:1998(E))

GB/T 232　金属材料　弯曲试验方法(GB/T 232—1999,eqv ISO 7438:1985(E))

GB/T 2101　型钢验收、包装、标志及质量证明书的一般规定

GB/T 4336　碳素钢和中低合金钢火花源原子发射光谱分析方法(常规法)

GB/T 6394　金属平均晶粒度测定法

GB/T 17505　钢及钢产品交货一般技术要求(GB/T 17505—1998,eqv ISO 404:1992)

GB/T 20066　钢和铁化学成分测定用试样的取样和制样方法(GB/T 20066—2006/ISO 14284:1998,IDT)

YB/T 081　冶金技术标准的数值修约与检测数值的判定原则

YB/T 5126　钢筋混凝土用钢筋　弯曲和反向弯曲试验方法(YB/T 5126—2003/ISO 10065:

1990,MOD)

3 定义

下列定义适用于本部分。

3.1

普通热轧钢筋 hot rolled bars

按热轧状态交货的钢筋。其金相组织主要是铁素体加珠光体,不得有影响使用性能的其他组织存在。

3.2

细晶粒热轧钢筋 hot rolled bars of fine grains

在热轧过程中,通过控轧和控冷工艺形成的细晶粒钢筋。其金相组织主要是铁素体加珠光体,不得有影响使用性能的其他组织存在,晶粒度不粗于9级。

3.3

带肋钢筋 ribbed bars

横截面通常为圆形,且表面带肋的混凝土结构用钢材。

3.4

纵肋 longitudinal rib

平行于钢筋轴线的均匀连续肋。

3.5

横肋 transverse rib

与钢筋轴线不平行的其他肋。

3.6

月牙肋钢筋 crescent ribbed bars

横肋的纵截面呈月牙形,且与纵肋不相交的钢筋。

3.7

公称直径 nominal diameter

与钢筋的公称横截面积相等的圆的直径。

3.8

相对肋面积 specific projected rib area

横肋在与钢筋轴线垂直平面上的投影面积与钢筋公称周长和横肋间距的乘积之比。

3.9

肋高 rib height

测量从肋的最高点到芯部表面垂直于钢筋轴线的距离。

3.10

肋间距 rib spacing

平行钢筋轴线测量的两相邻横肋中心间的距离。

3.11

特征值 characteristic value

在无限多次的检验中,与某一规定概率所对应的分位值。

4 分类、牌号

4.1 钢筋按屈服强度特征值分为335、400、500级。

4.2 钢筋牌号的构成及其含义见表1。

表 1

类别	牌号	牌号构成	英文字母含义
普通热轧钢筋	HRB335	由 HRB+屈服强度特征值构成	HRB—热轧带肋钢筋的英文(Hot rolled Ribbed Bars)缩写。
	HRB400		
	HRB500		
细晶粒热轧钢筋	HRBF335	由 HRBF+屈服强度特征值构成	HRBF—在热轧带肋钢筋的英文缩写后加"细"的英文(Fine)首位字母。
	HRBF400		
	HRBF500		

5 订货内容

按本部分订货的合同至少应包括下列内容：

a) 本部分编号；

b) 产品名称；

c) 钢筋牌号；

d) 钢筋公称直径、长度(或盘径)及重量(或数量、或盘重)；

e) 特殊要求。

6 尺寸、外形、重量及允许偏差

6.1 公称直径范围及推荐直径

钢筋的公称直径范围为 6 mm～50 mm，本标准推荐的钢筋公称直径为 6 mm、8 mm、10 mm、12 mm、16 mm、20 mm、25 mm、32 mm、40 mm、50 mm。

6.2 公称横截面面积与理论重量

钢筋的公称横截面面积与理论重量列于表 2。

表 2

公称直径/mm	公称横截面面积/mm²	理论重量/(kg/m)
6	28.27	0.222
8	50.27	0.395
10	78.54	0.617
12	113.1	0.888
14	153.9	1.21
16	201.1	1.58
18	254.5	2.00
20	314.2	2.47
22	380.1	2.98
25	490.9	3.85
28	615.8	4.83
32	804.2	6.31
36	1 018	7.99
40	1 257	9.87
50	1 964	15.42
注：表 2 中理论重量按密度为 7.85 g/cm³ 计算。		

6.3 带肋钢筋的表面形状及尺寸允许偏差

6.3.1 带肋钢筋横肋设计原则应符合下列规定。

6.3.1.1　横肋与钢筋轴线的夹角 β 不应小于45°，当该夹角不大于70°时，钢筋相对两面上横肋的方向应相反。

6.3.1.2　横肋公称间距不得大于钢筋公称直径的0.7倍。

6.3.1.3　横肋侧面与钢筋表面的夹角 α 不得小于45°。

6.3.1.4　钢筋相邻两面上横肋末端之间的间隙(包括纵肋宽度)总和不应大于钢筋公称周长的20%。

6.3.1.5　当钢筋公称直径不大于12 mm时，相对肋面积不应小于0.055；公称直径为14 mm和16 mm时，相对肋面积不应小于0.060；公称直径大于16 mm时，相对肋面积不应小于0.065。相对肋面积的计算可参考附录C。

6.3.2　带肋钢筋通常带有纵肋，也可不带纵肋。

6.3.3　带有纵肋的月牙肋钢筋，其外形如图1所示，尺寸及允许偏差应符合表3的规定。钢筋实际重量与理论重量的偏差符合表4规定时，钢筋内径偏差不做交货条件。

6.3.4　不带纵肋的月牙肋钢筋，其内径尺寸可按表3的规定作适当调整，但重量允许偏差仍应符合表4的规定。

表 3

单位为毫米

<table>
<tr><th rowspan="2">公称直径 d</th><th colspan="2">内径 d_1</th><th colspan="2">横肋高 h</th><th rowspan="2">纵肋高 h_1（不大于）</th><th rowspan="2">横肋宽 b</th><th rowspan="2">纵肋宽 a</th><th colspan="2">间距 1</th><th rowspan="2">横肋末端最大间隙（公称周长的10%弦长）</th></tr>
<tr><th>公称尺寸</th><th>允许偏差</th><th>公称尺寸</th><th>允许偏差</th><th>公称尺寸</th><th>允许偏差</th></tr>
<tr><td>6</td><td>5.8</td><td>±0.3</td><td>0.6</td><td>±0.3</td><td>0.8</td><td>0.4</td><td>1.0</td><td>4.0</td><td rowspan="7">±0.5</td><td>1.8</td></tr>
<tr><td>8</td><td>7.7</td><td rowspan="6">±0.4</td><td>0.8</td><td>+0.4
−0.3</td><td>1.1</td><td>0.5</td><td>1.5</td><td>5.5</td><td>2.5</td></tr>
<tr><td>10</td><td>9.6</td><td>1.0</td><td>±0.4</td><td>1.3</td><td>0.6</td><td>1.5</td><td>7.0</td><td>3.1</td></tr>
<tr><td>12</td><td>11.5</td><td>1.2</td><td rowspan="3">+0.4
−0.5</td><td>1.6</td><td>0.7</td><td>1.5</td><td>8.0</td><td>3.7</td></tr>
<tr><td>14</td><td>13.4</td><td>1.4</td><td>1.8</td><td>0.8</td><td>1.8</td><td>9.0</td><td>4.3</td></tr>
<tr><td>16</td><td>15.4</td><td>1.5</td><td>1.9</td><td>0.9</td><td>1.8</td><td>10.0</td><td>5.0</td></tr>
<tr><td>18</td><td>17.3</td><td>1.6</td><td rowspan="2">±0.5</td><td>2.0</td><td>1.0</td><td>2.0</td><td>10.0</td><td>5.6</td></tr>
<tr><td>20</td><td>19.3</td><td rowspan="3">±0.5</td><td>1.7</td><td>2.1</td><td>1.2</td><td>2.0</td><td>10.0</td><td rowspan="3">±0.8</td><td>6.2</td></tr>
<tr><td>22</td><td>21.3</td><td>1.9</td><td rowspan="3">±0.6</td><td>2.4</td><td>1.3</td><td>2.5</td><td>10.5</td><td>6.8</td></tr>
<tr><td>25</td><td>24.2</td><td>2.1</td><td>2.6</td><td>1.5</td><td>2.5</td><td>12.5</td><td>7.7</td></tr>
<tr><td>28</td><td>27.2</td><td rowspan="3">±0.6</td><td>2.2</td><td>2.7</td><td>1.7</td><td>3.0</td><td>12.5</td><td rowspan="4">±1.0</td><td>8.6</td></tr>
<tr><td>32</td><td>31.0</td><td>2.4</td><td>+0.8
−0.7</td><td>3.0</td><td>1.9</td><td>3.0</td><td>14.0</td><td>9.9</td></tr>
<tr><td>36</td><td>35.0</td><td>2.6</td><td>+1.0
−0.8</td><td>3.2</td><td>2.1</td><td>3.5</td><td>15.0</td><td>11.1</td></tr>
<tr><td>40</td><td>38.7</td><td>±0.7</td><td>2.9</td><td>±1.1</td><td>3.5</td><td>2.2</td><td>3.5</td><td>15.0</td><td>12.4</td></tr>
<tr><td>50</td><td>48.5</td><td>±0.8</td><td>3.2</td><td>±1.2</td><td>3.8</td><td>2.5</td><td>4.0</td><td>16.0</td><td></td><td>15.5</td></tr>
<tr><td colspan="11">注1：纵肋斜角 θ 为0°～30°。
注2：尺寸 a、b 为参考数据。</td></tr>
</table>

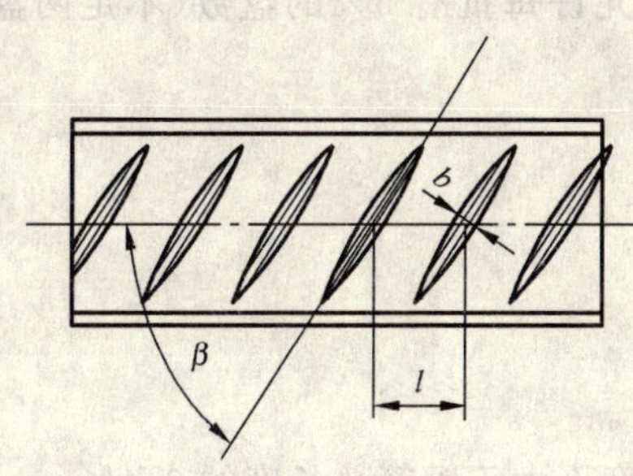

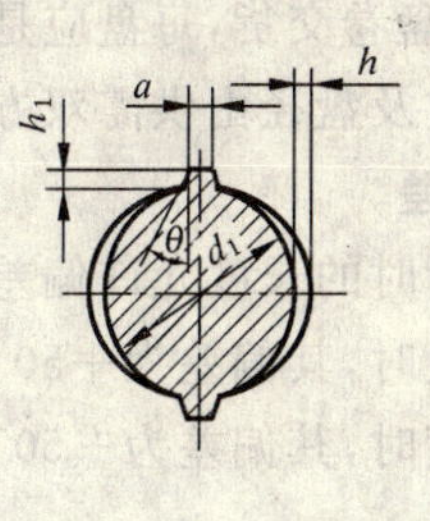

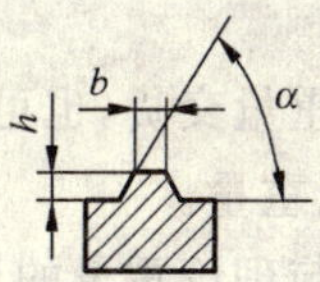

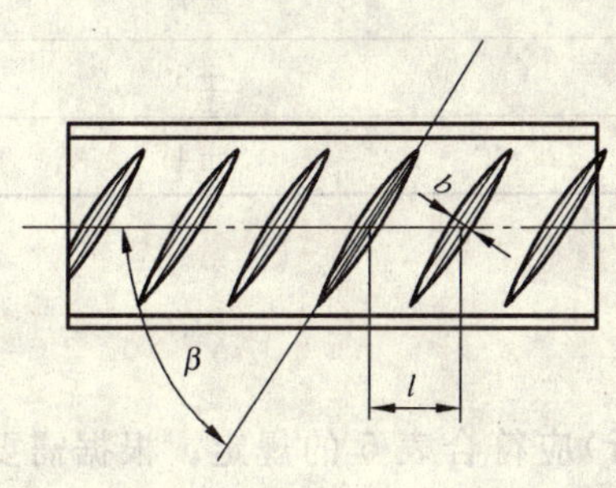

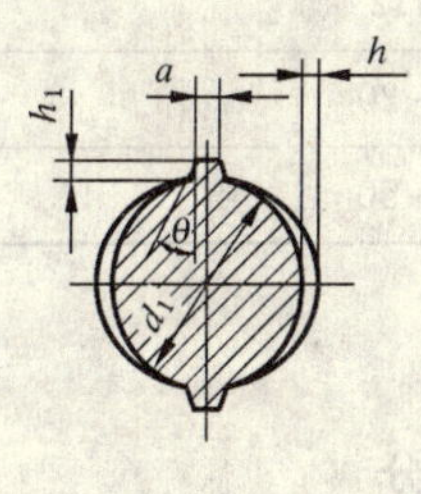

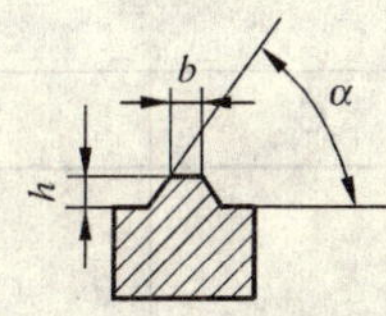

d_1——钢筋内径；

α——横肋斜角；

h——横肋高度；

β——横肋与轴线夹角；

h_1——纵肋高度；

θ——纵肋斜角；

a——纵肋顶宽；

l——横肋间距；

b——横肋顶宽。

图 1　月牙肋钢筋(带纵肋)表面及截面形状

6.4　长度及允许偏差

6.4.1　长度

6.4.1.1　钢筋通常按定尺长度交货，具体交货长度应在合同中注明。

6.4.1.2 钢筋可以盘卷交货，每盘应是一条钢筋，允许每批有5%的盘数（不足两盘时可有两盘）由两条钢筋组成。其盘重及盘径由供需双方协商确定。

6.4.2 长度允许偏差

钢筋按定尺交货时的长度允许偏差为±25 mm。

当要求最小长度时，其偏差为+50 mm。

当要求最大长度时，其偏差为－50 mm。

6.5 弯曲度和端部

直条钢筋的弯曲度应不影响正常使用，总弯曲度不大于钢筋总长度的0.4%。

钢筋端部应剪切正直，局部变形应不影响使用。

6.6 重量及允许偏差

6.6.1 钢筋可按理论重量交货，也可按实际重量交货。按理论重量交货时，理论重量为钢筋长度乘以表2中钢筋的每米理论重量。

6.6.2 钢筋实际重量与理论重量的允许偏差应符合表4的规定。

表 4

公称直径/mm	实际重量与理论重量的偏差/%
6～12	±7
14～20	±5
22～50	±4

7 技术要求

7.1 牌号和化学成分

7.1.1 钢筋牌号及化学成分和碳当量（熔炼分析）应符合表5的规定。根据需要，钢中还可加入V、Nb、Ti等元素。

表 5

牌号	化学成分（质量分数）/%，不大于					
	C	Si	Mn	P	S	Ceq
HRB335 HRBF335	0.25	0.80	1.60	0.045	0.045	0.52
HRB400 HRBF400						0.54
HRB500 HRBF500						0.55

7.1.2 碳当量Ceq（百分比）值可按公式（1）计算：

$$Ceq = C + Mn/6 + (Cr + V + Mo)/5 + (Cu + Ni)/15 \quad \cdots\cdots (1)$$

7.1.3 钢的氮含量应不大于0.012%。供方如能保证可不作分析。钢中如有足够数量的氮结合元素，含氮量的限制可适当放宽。

7.1.4 钢筋的成品化学成分允许偏差应符合GB/T 222的规定，碳当量Ceq的允许偏差为+0.03%。

7.2 交货型式

钢筋通常按直条交货，直径不大于12 mm的钢筋也可按盘卷交货。

7.3 力学性能

7.3.1 钢筋的屈服强度R_{eL}、抗拉强度R_m、断后伸长率A、最大力总伸长率A_{gt}等力学性能特征值应符合表 6 的规定。表 6 所列各力学性能特征值，可作为交货检验的最小保证值。

表 6

牌号	R_{eL}/MPa	R_m/MPa	A/%	A_{gt}/%
	不小于			
HRB335 HRBF335	335	455	17	
HRB400 HRBF400	400	540	16	7.5
HRB500 HRBF500	500	630	15	

7.3.2　直径 28 mm～40 mm 各牌号钢筋的断后伸长率 A 可降低 1%；直径大于 40 mm 各牌号钢筋的断后伸长率 A 可降低 2%。

7.3.3　有较高要求的抗震结构适用牌号为：在表 1 中已有牌号后加 E（例如：HRB400E、HRBF400E）的钢筋。该类钢筋除应满足以下 a)、b)、c) 的要求外，其他要求与相对应的已有牌号钢筋相同。

a)　钢筋实测抗拉强度与实测屈服强度之比 $R^{\circ}_{m}/R^{\circ}_{eL}$ 不小于 1.25。

b)　钢筋实测屈服强度与表 6 规定的屈服强度特征值之比 R°_{eL}/R_{eL} 不大于 1.30。

c)　钢筋的最大力总伸长率 A_{gt} 不小于 9%。

注：R°_{m} 为钢筋实测抗拉强度；R°_{eL} 为钢筋实测屈服强度。

7.3.4　对于没有明显屈服强度的钢，屈服强度特征值 R_{eL} 应采用规定非比例延伸强度 $R_{p0.2}$。

7.3.5　根据供需双方协议，伸长率类型可从 A 或 A_{gt} 中选定。如伸长率类型未经协议确定，则伸长率采用 A，仲裁检验时采用 A_{gt}。

7.4　工艺性能

7.4.1　弯曲性能

按表 7 规定的弯芯直径弯曲 180°后，钢筋受弯曲部位表面不得产生裂纹。

表 7

单位为毫米

牌号	公称直径 d	弯芯直径
HRB335 HRBF335	6～25	3 d
	28～40	4 d
	>40～50	5 d
HRB400 HRBF400	6～25	4 d
	28～40	5 d
	>40～50	6 d
HRB500 HRBF500	6～25	6 d
	28～40	7 d
	>40～50	8 d

7.4.2　反向弯曲性能

根据需方要求，钢筋可进行反向弯曲性能试验。

7.4.2.1　反向弯曲试验的弯芯直径比弯曲试验相应增加一个钢筋公称直径。

7.4.2.2　反向弯曲试验：先正向弯曲 90°后再反向弯曲 20°。两个弯曲角度均应在去载之前测量。经反向弯曲试验后，钢筋受弯曲部位表面不得产生裂纹。

7.5 疲劳性能

如需方要求,经供需双方协议,可进行疲劳性能试验。疲劳试验的技术要求和试验方法由供需双方协商确定。

7.6 焊接性能

7.6.1 钢筋的焊接工艺及接头的质量检验与验收应符合相关行业标准的规定。

7.6.2 普通热轧钢筋在生产工艺、设备有重大变化及新产品生产时进行型式检验。

7.6.3 细晶粒热轧钢筋的焊接工艺应经试验确定。

7.7 晶粒度

细晶粒热轧钢筋应做晶粒度检验,其晶粒度不粗于 9 级,如供方能保证可不做晶粒度检验。

7.8 表面质量

7.8.1 钢筋应无有害的表面缺陷。

7.8.2 只要经钢丝刷刷过的试样的重量、尺寸、横截面积和拉伸性能不低于本部分的要求,锈皮、表面不平整或氧化铁皮不作为拒收的理由。

7.8.3 当带有 7.8.2 条规定的缺陷以外的表面缺陷的试样不符合拉伸性能或弯曲性能要求时,则认为这些缺陷是有害的。

8 试验方法

8.1 检验项目

每批钢筋的检验项目,取样方法和试验方法应符合表 8 的规定。

表 8

序号	检验项目	取样数量	取样方法	试验方法
1	化学成分 (熔炼分析)	1	GB/T 20066	GB/T 223 GB/T 4336
2	拉伸	2	任选两根钢筋切取	GB/T 228、本部分 8.2
3	弯曲	2	任选两根钢筋切取	GB/T 232、本部分 8.2
4	反向弯曲	1		YB/T 5126、本部分 8.2
5	疲劳试验	供需双方协议		
6	尺寸	逐支		本部分 8.3
7	表面	逐支		目视
8	重量偏差	本部分 8.4		本部分 8.4
9	晶粒度	2	任选两根钢筋切取	GB/T 6394
注:对化学分析和拉伸试验结果有争议时,仲裁试验分别按 GB/T 223、GB/T 228 进行。				

8.2 拉伸、弯曲、反向弯曲试验

8.2.1 拉伸、弯曲、反向弯曲试验试样不允许进行车削加工。

8.2.2 计算钢筋强度用截面面积采用表 2 所列公称横截面面积。

8.2.3 最大力总伸长率 A_{gt} 的检验,除按表 8 规定采用 GB/T 228 的有关试验方法外,也可采用附录 A 的方法。

8.2.4 反向弯曲试验时,经正向弯曲后的试样,应在 100℃温度下保温不少于 30 min,经自然冷却后再反向弯曲。当供方能保证钢筋经人工时效后的反向弯曲性能时,正向弯曲后的试样亦可在室温下直接进行反向弯曲。

8.3 尺寸测量

8.3.1 带肋钢筋内径的测量应精确到 0.1 mm。

8.3.2 带肋钢筋纵肋、横肋高度的测量采用测量同一截面两侧横肋中心高度平均值的方法，即测取钢筋最大外径，减去该处内径，所得数值的一半为该处肋高，应精确到 0.1 mm。

8.3.3 带肋钢筋横肋间距采用测量平均肋距的方法进行测量。即测取钢筋一面上第 1 个与第 11 个横肋的中心距离，该数值除以 10 即为横肋间距，应精确到 0.1 mm。

8.4 重量偏差的测量

8.4.1 测量钢筋重量偏差时，试样应从不同根钢筋上截取，数量不少于 5 支，每支试样长度不小于 500 mm。长度应逐支测量，应精确到 1 mm。测量试样总重量时，应精确到不大于总重量的 1%。

8.4.2 钢筋实际重量与理论重量的偏差(%)按公式(2)计算：

$$\text{重量偏差} = \frac{\text{试样实际总重量} - (\text{试样总长度} \times \text{理论重量})}{\text{试样总长度} \times \text{理论重量}} \times 100 \quad \cdots\cdots\cdots\cdots (2)$$

8.5 检验结果的数值修约与判定应符合 YB/T 081 的规定。

9 检验规则

钢筋的检验分为特征值检验和交货检验。

9.1 特征值检验

9.1.1 特征值检验适用于下列情况

a) 供方对产品质量控制的检验；

b) 需方提出要求，经供需双方协议一致的检验；

c) 第三方产品认证及仲裁检验。

9.1.2 特征值检验应按附录 B 规则进行。

9.2 交货检验

9.2.1 交货检验适用于钢筋验收批的检验。

9.2.2 组批规则

9.2.2.1 钢筋应按批进行检查和验收，每批由同一牌号、同一炉罐号、同一规格的钢筋组成。每批重量通常不大于 60 t。超过 60 t 的部分，每增加 40 t(或不足 40 t 的余数)，增加一个拉伸试验试样和一个弯曲试验试样。

9.2.2.2 允许由同一牌号、同一冶炼方法、同一浇注方法的不同炉罐号组成混合批，但各炉罐号含碳量之差不大于 0.02%，含锰量之差不大于 0.15%。混合批的重量不大于 60 t。

9.2.3 检验项目和取样数量

钢筋检验项目和取样数量应符合表 8 及 9.2.2.1 的规定。

9.2.4 检验结果

各检验项目的检验结果应符合第 6 章和第 7 章的有关规定。

9.2.5 复验与判定

钢筋的复验与判定应符合 GB/T 17505 的规定。

10 包装、标志和质量证明书

10.1 带肋钢筋的表面标志应符合下列规定。

10.1.1 带肋钢筋应在其表面轧上牌号标志，还可依次轧上经注册的厂名(或商标)和公称直径毫米数字。

10.1.2 钢筋牌号以阿拉伯数字或阿拉伯数字加英文字母表示，HRB335、HRB400、HRB500 分别以 3、4、5 表示，HRBF335、HRBF400、HRBF500 分别以 C3、C4、C5 表示。厂名以汉语拼音字头表示。公称直径毫米数以阿拉伯数字表示。

10.1.3 公称直径不大于 10 mm 的钢筋，可不轧制标志，可采用挂标牌方法。

10.1.4 标志应清晰明了，标志的尺寸由供方按钢筋直径大小作适当规定，与标志相交的横肋可以取消。

10.2 牌号带 E（例如 HRB400E、HRBF400E 等）的钢筋，应在标牌及质量证明书上明示。

10.3 除上述规定外，钢筋的包装、标志和质量证明书应符合 GB/T 2101 的有关规定。

附 录 A
(规范性附录)
钢筋在最大力下总伸长率的测定方法

A.1 试样

A.1.1 长度

试样夹具之间的最小自由长度应符合表 A.1 要求:

表 A.1

单位为毫米

钢筋公称直径	试样夹具之间的最小自由长度
$d \leqslant 25$	350
$25 < d \leqslant 32$	400
$32 < d \leqslant 50$	500

A.1.2 原始标距的标记和测量

在试样自由长度范围内,均匀划分为 10 mm 或 5 mm 的等间距标记,标记的划分和测量应符合 GB/T 228 的有关要求。

A.2 拉伸试验

按 GB/T 228 规定进行拉伸试验,直至试样断裂。

A.3 断裂后的测量

选择 Y 和 V 两个标记,这两个标记之间的距离在拉伸试验之前至少应为 100 mm。两个标记都应当位于夹具离断裂点最远的一侧。两个标记离开夹具的距离都应不小于 20 mm 或钢筋公称直径 d(取二者之较大者);两个标记与断裂点之间的距离应不小于 50 mm 或 $2d$(取二者之较大者)。见图 A.1。

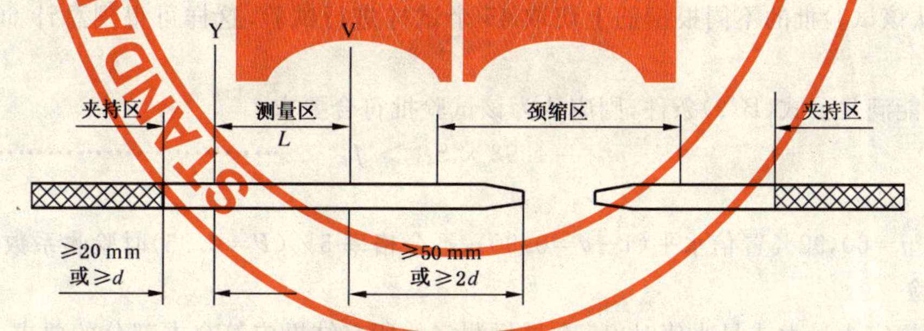

图 A.1 断裂后的测量

在最大力作用下试样总伸长率 A_{gt}(%)可按公式 A.1 计算:

$$A_{gt} = \left[\frac{L - L_0}{L} + \frac{R_m^o}{E}\right] \times 100 \qquad \text{(A.1)}$$

式中:

L——图 A.1 所示断裂后的距离,单位为毫米(mm);

L_0——试验前同样标记间的距离,单位为毫米(mm);

R_m^o——抗拉强度实测值,单位为兆帕(MPa);

E——弹性模量,其值可取为 2×10^5,单位为兆帕(MPa)。

附　录　B
（规范性附录）
特征值检验规则

B.1　试验组批

为了试验，交货应细分为试验批。组批规则应符合本部分 9.2.2 的规定。

B.2　每批取样数量

B.2.1　化学成分（成品分析），应从不同根钢筋取两个试样。

B.2.2　本部分规定的所有其他性能试验，应从不同钢筋取 15 个试样（如果适用 60 个试样时，见 B.3.1 规定）。

B.3　试验结果的评定

B.3.1　参数检验

为检验规定的性能，如特性参数 R_{eL}、R_m、A_{gt} 或 A，应确定以下参数：

a)　15 个试样的所有单个值 X_i（$n=15$）；

b)　平均值 m_{15}（$n=15$）；

c)　标准偏差 S_{15}（$n=15$）。

如果所有性能满足公式（B.1）给定的条件，则该试验批符合要求。

$$m_{15} - 2.33 \times S_{15} \geqslant f_K \qquad \text{(B.1)}$$

式中：

f_K——要求的特征值；

2.33——当 $n=15$，90%置信水平（$1-\alpha=0.90$），不合格率 5%（$P=0.95$）时验收系数 K 的值。

如果上述条件不能满足，系数 $K'=\dfrac{m_{15}-f_K}{S_{15}}$ 由试验结果确定。式中 $K'\geqslant 2$ 时，试验可继续进行。在此情况下，应从该试验批的不同根钢筋上切取 45 个试样进行试验，这样可得到总计 60 个试验结果（$n=60$）。

如果所有性能满足公式（B.2）条件，则应认为该试验批符合要求。

$$m_{60} - 1.93 \times S_{60} > f_K \qquad \text{(B.2)}$$

式中：

1.93——当 $n=60$，90%置信水平（$1-\alpha=0.90$），不合格率 5%（$P=0.95$）时验收系数 K 的值。

B.3.2　属性检验

当试验性能规定为最大或最小值时，15 个试样测定的所有结果应符合本部分的要求，此时，应认为该试验批符合要求。

当最多有两个试验结果不符合条件时，应继续进行试验，此时，应从该试验批的不同根钢筋上，另取 45 个试样进行试验，这样可得到总计 60 个试验结果，如果 60 个试验结果中最多有 2 个不符合条件，该试验批符合要求。

B.3.3　化学成分

两个试样均应符合本部分要求。

附 录 C
(资料性附录)
钢筋相对肋面积的计算公式

钢筋相对肋面积 f_r 可按公式(C.1)或公式(C.2)计算:

$$f_r = \frac{K \times F_R \times \sin\beta}{\pi \times d \times l} \quad \cdots\cdots (C.1)$$

式中:

K——横肋排数,(如两面肋,$K=2$);

F_R——一个肋的纵向截面积,单位为平方毫米(mm^2);

β——横肋与钢筋轴线的夹角,单位为度(°);

d——钢筋公称直径,单位为毫米(mm);

l——横肋间距,单位为毫米(mm)。

已知钢筋的几何参数,相对肋面积也可用近似公式(C.2)计算:

$$f_r = \frac{(d \times \pi - \sum f_i) \times (h + 4h_{1/4})}{6 \times d \times \pi \times l} \quad \cdots\cdots (C.2)$$

式中:

$\sum f_i$——钢筋相邻两面上横肋末端之间的间隙(包括纵肋宽度)总和,单位为毫米(mm);

h——横肋中点高,单位为毫米(mm);

$h_{1/4}$——横肋长度四分之一处高,单位为毫米(mm)。

ICS 85-10
Y 30

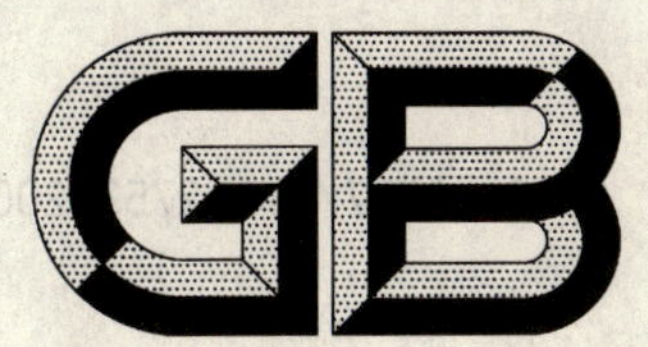

中华人民共和国国家标准

GB/T 1539—2007/ISO 2759:2001
代替 GB/T 1539—1989

纸板 耐破度的测定

Paperboard—Determination of bursting strength

(ISO 2759:2001,IDT)

2007-12-05 发布 2008-09-01 实施

中华人民共和国国家质量监督检验检疫总局
中国国家标准化管理委员会 发布

前言

本标准等同采用 ISO 2759:2001《纸板 耐破度的测定》。本标准仅作编辑性修改，在技术内容上完全相同。

本标准是对 GB/T 1539—1989《纸板耐破度的测定法》的修订。

本标准代替 GB/T 1539—1989。

本标准与 GB/T 1539—1989 相比主要变化如下：

——增加前言；

——对术语和定义进行解释；

——根据仪器的使用性能，将 5.1 夹持系统中夹持力不低于 690 kPa 修改为 700 kPa～1 200 kPa 的范围；

——5.2 中胶膜相对固定胶膜的夹盘外表面约低 4.7 mm 修改为约低 5.5 mm；

——5.4 中用压力测量系统代替原来的压力表，使用中不仅仅局限于布尔登管式压力计；

——附录 D 中将动态校准作了说明。

本标准的附录 A、附录 B、附录 C、附录 D 均为规范性附录。

本标准由中国轻工业联合会提出。

本标准由全国造纸工业标准化技术委员会归口。

本标准起草单位：中国纸浆造纸研究院。

本标准主要起草人：张清文、刘俊杰。

本标准所代替标准的历次版本发布情况为：

——GB/T 1539—1961、GB/T 1539—1979、GB/T 1539—1989。

本标准委托全国造纸工业标准化技术委员会负责解释。

纸板　耐破度的测定

1　范围

本标准规定了以增加液压来测定纸板耐破度的方法。

本标准适用于耐破度在 350 kPa～5 500 kPa 的所有纸板(包括瓦楞纸板和硬纸板)。

本标准也适用于纸和纸板被用于制造高耐破度的材料,如瓦楞纸板,其耐破度低至 250 kPa。在这种情况下,测定结果未必能达到本方法所述的准确度和精确度,并应在试验报告中注明,测定结果低于本方法所要求测定范围的最低值。

对于耐破度在 350 kPa～1 400 kPa 的材料,在商业协议中未规定测定方法时,所有耐破度低于 600 kPa的材料(不包括硬纸板和瓦楞纸板)应采用 GB/T 454 测定,其余采用本标准。

2　规范性引用文件

下列文件中的条款通过本标准的引用而成为本标准的条款。凡是注日期的引用文件,其随后所有的修改单(不包括勘误的内容)或修订版均不适用于本标准,然而,鼓励根据本标准达成协议的各方研究是否可使用这些文件的最新版本。凡是不注日期的引用文件,其最新版本适用于本标准。

GB/T 450　纸和纸板试样的采取(GB/T 450—2002,eqv ISO 186:1994)

GB/T 451.2　纸和纸板定量的测定(GB/T 451.2—2002,eqv ISO 536:1995)

GB/T 10739　纸、纸板和纸浆试样处理和试验的标准大气条件(GB/T 10739—2002,eqv ISO 187:1990)

3　术语和定义

下列术语和定义适用于本标准。

3.1

耐破度　bursting strength

由液压系统施加压力,当弹性胶膜顶破纸样圆形面积时的最大压力。

注:破损压力的显示值包括在测试时胶膜延伸所需要的压力。

3.2

耐破指数　bursting index

纸板耐破度除以其定量。

4　原理

将试样放置在圆形胶膜的上方,被夹盘紧密地夹住,并避免胶膜凸起。以恒速泵入液体,凸起胶膜,直至试样破裂,施加的最大压力值即为试样的耐破度。

5　仪器

仪器至少应具备 5.1～5.4 所述的特性。

5.1　夹持系统

为了牢固而均匀地夹住试样,上、下夹盘平面是两个彼此平行的环形平面,环面应平整(但不应抛光),并带有附录 A 中描述的沟纹。在附录 A 中也给出了夹盘系统的尺寸。

一个夹盘与绞链或相似的连接装置固定,以保证夹盘压力分布均匀。

在施加测定负荷时，上下两个夹盘的圆孔应是同心的，其同心度的偏差应不大于 0.25 mm，两夹盘表面应平整且彼此平行。夹盘的检查方法见附录 B。

夹持系统应能提供 700 kPa～1 200 kPa 的夹持压力，仪器结构应能保证夹持压力具有可重复性(见附录 C)。

在计算夹持压力时，由于沟纹引起的减少部分可忽略不计。

应安装夹持压力指示器，该装置应能很准确地指示实际的夹持压力，而不是夹持系统本身的压力。夹持压力由夹持力和夹盘面积计算。

5.2 胶膜

胶膜是圆形的，由天然橡胶或合成橡胶制成，不应加填料或添加剂。胶膜外表面被牢固地夹持着，在非工作状态下，胶膜相对固定胶膜的夹盘外表面约低 5.5 mm。

当胶膜凸出夹盘的高度所需的压力时，胶膜的材料和结构应满足如下要求：

凸出高度：10 mm±0.2 mm，压力范围：170 kPa～220 kPa；

凸出高度：18 mm±0.2 mm，压力范围：250 kPa～350 kPa；

胶膜在使用时应定期检查，当凸出高度不能满足要求时应及时更换。

5.3 液压系统

向胶膜内表面提供持续的液压，直至试样破裂。

由电机驱动活塞，推动与胶膜材质相适宜的液体(如：纯甘油、含缓蚀剂的乙二醇及低粘度硅油)，向胶膜内表面施加压力。液压系统及所用液体应没有气泡，泵送液量应为 170 mL/min±15 mL/min。

5.4 压力测量系统

可采用任何原理进行测定，但其显示的准确度应能达到±10 kPa 或测量值的 3%，取较大值。液压增加的响应速度应为：显示的最大压力值误差应在峰值真值的±3%以内，系统校准方法见附录 D。

6 校准

6.1 校准装置应安装在仪器适宜的位置，以便于进行液体泵送速度的检查，及最大压力、显示系统和夹盘压力显示装置的校准。

6.2 应在仪器开始使用前及有效的周期内对仪器进行校准，以保证仪器达到规定的准确度。

如有可能，校准压力传感器时，应将其安装在与耐破度测定仪相同的位置上，最好放在仪器自身上进行校准。如果压力传感器受到的压力偶而超出量程，应在下次使用前重新进行校准。

各种厚度的铝箔可作为定值试样使用。该方法是一种对仪器整体功能有效的检查措施，但由于在受压条件下，铝箔的性质与纸不同，所以它不能作为校准标准使用。

7 试样的采取和制备

试样的采取按 GB/T 450 进行，所需试样应保证得到 20 个有效数据。

试样应按 GB/T 10739 进行温湿处理。

8 试验步骤

应在 GB/T 10739 规定的标准大气条件下进行测定。

如果需要，应按 GB/T 451.2 测定试样的定量。

应按照使用说明书或本标准的规定准备仪器，电气仪器需要进行预热。

如果可以选择压力量程，应选取最适宜的测量范围。如果需要进行预试验，应选择最大的压力范围。

调整压持系统，使最低的夹持压力在 700 kPa～1 200 kPa 范围内，并防止试样滑动。表 1 中给出了不同耐破度材料所需的适宜夹盘压力的参考值。

表 1

单位为千帕

耐破度	初始夹持压力	耐破度	初始夹持压力
<1 500	400	2 000～2 500	800
1 500～2 000	600	>2 500	1 000

升起夹盘，放入试样，将试样覆盖于整个夹盘面上，然后给试样施加足够的夹持压力。

如果需要，根据使用说明将液压指示器调零，施加液压直至试样破裂。退回活塞，直至胶膜低于夹盘平面。读取显示的耐破压力，精确至千帕。松开夹盘，准备下一次测定。当试样有明显滑动时（试样滑出夹盘或在被夹持面积内起了皱褶），应将该数据舍弃。当有疑问时，用一较大的试样往往能确定是否产生滑动。如果破裂形式（如在测试区域周边断裂）表明由于持压力过高或在夹持时发生盘转动而使试样损伤，则此耐破度数据也应舍弃。

如果不要求报告纸板正反两面的测定结果时，则应测 20 个有效数据；如果需要报告纸板正反两面的测定结果时，则每面应至少测 10 个有效数据。

注 1：与胶膜接触的面为测试面。

注 2：主要误差来源如下：

——液压测量系统校准不准确；

——不正确的升压速度（速度过快导致耐破度增加）；

——胶膜缺陷，胶膜相对于夹盘平面安装过高或过低；

——胶膜硬或没有弹性，引起耐破度明显增加；

——试样夹持力不适当或不均匀（一般引起耐破度明显增加）；

——系统中有空气（一般引起耐破度明显降低）。

9 结果表示

计算平均耐破度（p）以千帕表示，精确到千帕。

计算结果的标准偏差。

耐破指数（X）以千帕平方米每克（$kPa \cdot m^2/g$）表示，可按式（1）计算：

$$X = p/g \quad \cdots\cdots (1)$$

式中：

p——平均耐破度，单位为千帕（kPa）；

g——纸板的定量，单位为克每平方米（g/m^2）。

耐破指数应保留三位有效数字。

10 精密度

在正常的实验室条件下，很多实验室对同种纸板进行了测定。以实验室之间的变异系数来表示再现性，其结果见表 2。

表 2

品种	耐破度平均值/kPa	变异系数/%	实验室数量/个
牛皮纸板	1 380	6.7	30
白色挂面纸板	763	5.3	31
A-瓦楞 SIS 110	854	3.9	9
B-瓦楞 SIS 140	1 132	4.0	9
C-瓦楞 SIS 170	1 547	4.6	9

11 试验报告

试验报告应包括以下各项：

a） 本标准编号；

b） 试验日期和地点；

c） 正确识别试样的所有信息；

d） 使用仪器的生产商和型号；

e） 采用的标准大气条件；

f） 耐破度的平均值，或分别要求正反两面的平均值，精确至 1 kPa；

g） 如需要耐度指数，则保留三位有效数字；

h） 每个耐破度平均值的标准偏差；

i） 偏离本标准的任何情况。

附 录 A
（规范性附录）
夹盘系统尺寸

夹盘尺寸如图 A.1 所示。

单位为毫米

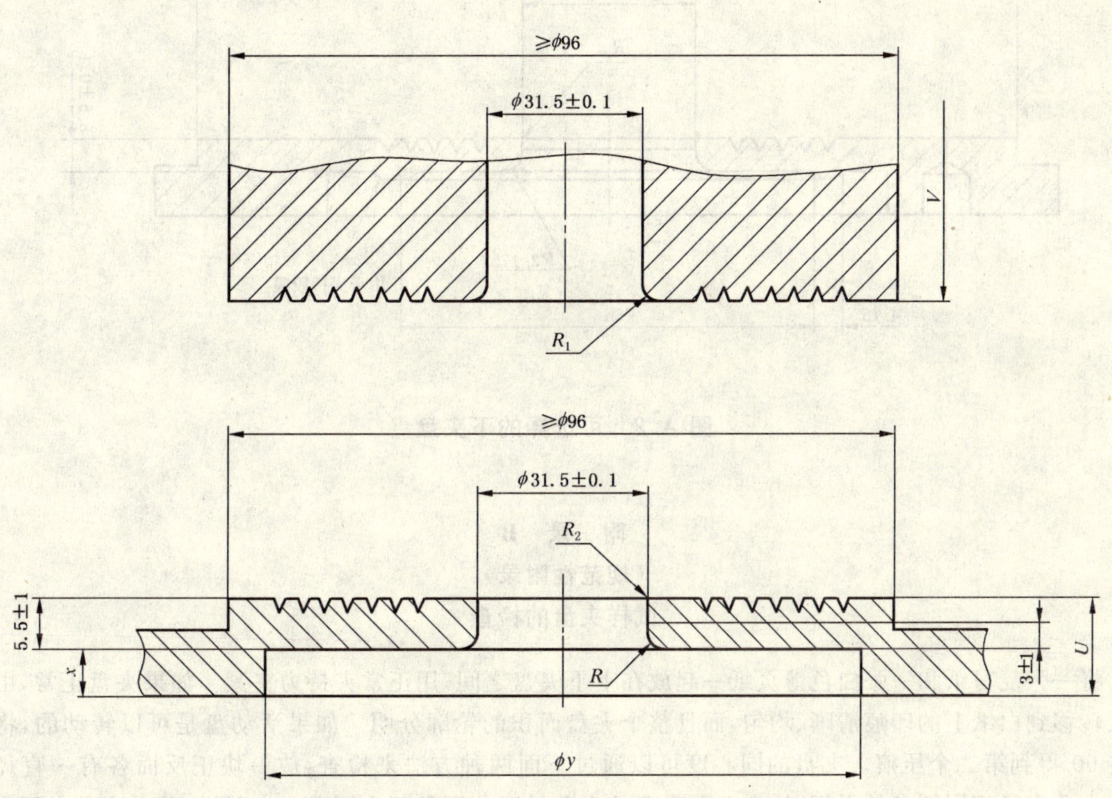

注：R、R_1、R_2、U、V、x 和 y 已在本附录文本中规定。

图 A.1 夹盘

U 和 V 的尺寸（如图 A.1）不很重要，但应保证足够大，以确保夹盘在使用中不变形。对于活动夹盘，厚度应不低于 9.5 mm，以保证使用时比较满意。

x 和 y 的尺寸取决于耐破度仪的结构及胶膜的设计，但应使胶膜被牢固地夹住。

半径 R 的尺寸由 5.5 mm±1 mm 和 3 mm±1 mm 来确定，R 的圆弧应与内孔的垂直面以及膜盘水平内表面相切，半径约为 3 mm。

为减少试样和胶膜的损伤，R_1 和 R_2 应稍加圆整，但不能影响夹盘的内径（推荐的曲率半径 R_1 约为 0.6 mm，R_2 约为 0.4 mm）。

为了减小试样滑动，与试样接触的夹盘表面应刻有螺纹或同心槽。

适宜的尺寸如下：

a) 螺距为 0.9 mm±0.1 mm，深度不小于 0.25 mm 的 60°V 形连续螺纹，螺纹在距内孔边缘 3.2 mm±0.1 mm处开始；

b) 一系列间距为 0.9 mm±0.1 mm，深度不小于 0.25 mm 的 60°V 形同心槽，最里面槽的中心距内孔边缘为 3.2 mm±0.1 mm。

活动夹盘内孔的上方应有足够大的空间,以使试样自由地凸出,如果将其设计成封闭形式,应有一个尺寸合适的圆孔与大气相通,以使试样上方的聚集空气逸出,该圆孔的合适直径约为 4 mm。

图 A.2 所示为另一种可选择的下夹盘的尺寸。这种夹盘有时可以从北美制造的仪器上发现。

单位为毫米

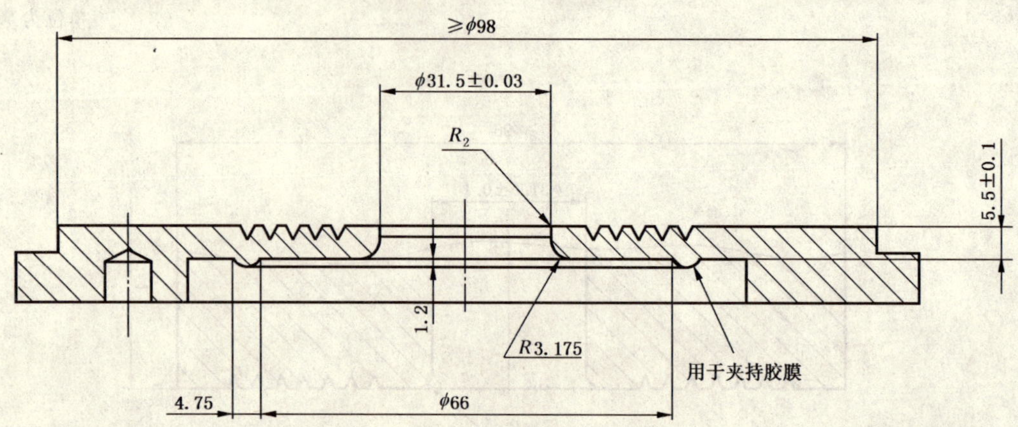

图 A.2　可选择的下夹盘

附　录　B
（规范性附录）
试样夹盘的检查

将一张复写纸和一张白色薄页纸一起放在上下夹盘之间,用正常夹持力夹紧。如果夹盘正常,由复印纸转移到白纸上的印痕清晰、均匀,而且整个夹盘面积的轮廓分明。如果活动盘是可以转动的,将它旋转 90°得到第二个压痕。夹盘的同心度可以通过下面两种方法来检查:放一块正反面各有一直径与夹盘内孔直径相同圆盘的平板,检查上下夹盘的内孔是否分别与两个圆盘对齐;另一种方法是在两张复写纸中间夹一张白色薄页纸,检查上下夹盘压出的印痕是否重合,其差应不超过 0.25 mm。

附　录　C
（规范性附录）
夹　持　压　力

有些耐破度仪装有液动或气动夹紧装置,接一个压力表就能调节到所要求的任一夹持力。在这种情况下,应强调的是气动或液动系统中的压力与夹盘之间的压力未必相同。应将活塞和夹盘表面的面积考虑进去。

如果耐破度仪采用机械夹持装置,如螺杆或杠杆,每种装置的实际夹持力是由其使用的重砣或与其适宜的装置来决定的。

附　录　D
（规范性附录）
压力测量系统的校准

D.1　静态校准

压力测量系统可采用活塞型静重压力计或汞柱压力计进行静态校准。如果压力传感器对方向敏感，则传感器的校准应在耐破度仪中的正常安装位置上进行。最大耐破压力指示系统应进行动态校准。

也可以采用其他静态校准方法。

D.2　动态校准

仪器整体的动态校准可以通过并行联接一套独立的最大压力测试系统来进行，该系统的频率响应和准确度应高于1.5%，以充分满足耐破度测定时最大压力的测量。

在仪器的工作量程内测定试样，各种水平的耐破压力的最大压力示值误差可以测定。

如果任何一点的误差大于5.4中的规定，应检查产生误差的原因。

ICS 85-10
Y 30

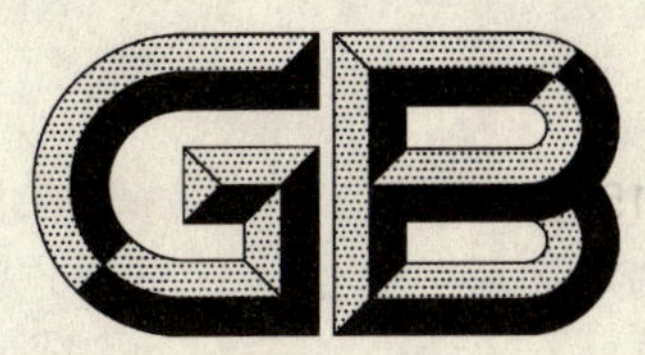

中华人民共和国国家标准

GB/T 1541—2007
代替 GB/T 1541—1989

纸和纸板 尘埃度的测定

Paper and board—Determination of dirt

2007-12-05 发布 2008-09-01 实施

中华人民共和国国家质量监督检验检疫总局
中国国家标准化管理委员会 发布

前　言

本标准是对 GB/T 1541—1989《纸和纸板尘埃度的测定》的修订。

本标准代替 GB/T 1541—1989《纸和纸板尘埃度的测定》。

本标准与 GB/T 1541—1989 相比主要变化如下：

——增加了前言；

——增加了标准尘埃对比图(本版的 4.3)；

——对规范性引用文件相关措辞进行了相应变动(1989 年版的第 2 章；本版的第 2 章)；

——修改了术语和定义要素(本版的第 3 章)；

——修改了结果表述(1989 年版第 7 章；本版的第 7 章)；

——删除了尘埃度测定台的图示；

——删除了按平方毫米每平方米的尘埃表示时的计算。

本标准的附录 A 为规范性附录。

本标准由中国轻工业联合会提出。

本标准由全国造纸工业标准化技术委员会归口。

本标准由河南省轻工业科学研究所负责起草。

本标准主要起草人：李红。

本标准所代替标准的历次版本发布情况为：

——GB/T 1541—1964，GB/T 1541—1979，GB/T 1541—1989。

本标准委托全国造纸工业标准化技术委员会负责解释。

纸和纸板　尘埃度的测定

1　范围

本标准规定了纸和纸板尘埃度的测定方法。

本标准适用于各种纸和纸板。

2　规范性引用文件

下列文件中的条款通过本标准的引用而成为本标准的条款。凡是注日期的引用文件，其随后所有的修改单(不包括勘误的内容)或修订版均不适用于本标准，然而，鼓励根据本标准达成协议的各方研究是否可使用这些文件的最新版本。凡是不注日期的引用文件，其最新版本适用于本标准。

GB/T 450　纸和纸板试样的采取(GB/T 450—2002,eqv ISO 186:1994)

3　术语和定义

下列术语和定义适用于本标准。

3.1

杂质　contrary

任何嵌入到纸浆内的不需要的小块物质，其尺寸超出规定的最小尺寸，且相对于纸页表面呈现出明显的不透明度。

3.2

尘埃度　dirt

每平方米面积的纸和纸板上，具有一定面积的杂质的个数，或每平方米面积的纸和纸板上杂质的等值面积(mm^2)。

4　仪器

尘埃度测定台应符合下列要求：

4.1　照明装置：20 W 日光灯照射角应为 60°。

4.2　可转动的试样板：乳白玻璃板或半透明塑料板，塑料板面积为 270 mm×270 mm。

4.3　标准尘埃对比图：在一透明膜上印有不同面积和形状的尘埃系列，同一横行排列着面积相同，但形状不同的尘埃；同一纵列排列着形状类似，但面积不同的尘埃(见附录 A)。

注：标准尘埃对比图应由标准化机构提供，不应使用复制品，因复制品可能会改变斑点的尺寸。

5　取样

按照 GB/T 450 的规定取样，并切取试样 250 mm×250 mm 至少四张。

6　试验步骤

6.1　将一张切取好的试样放在可转动的试样板上，用板上四角别钳压紧。在日光灯下检查纸和纸板表面肉眼可见的尘埃，眼睛观察时的明视距离为 250 mm～300 mm，用不同标记圈出不同面积的尘埃。用标准尘埃对比图鉴定纸上尘埃的面积大小，也可采用按不同面积的大小，分别记录同一面积的尘埃个数。

6.2　然后将试样板旋转 90°，每旋转一次后将新发现的尘埃加以标记，直至返回最初的位置。然后再照上面方法,检查试样的另一面。

6.3　依上述步骤测定其余三张试样。

7　结果表述

按表1分组或按产品标准要求计算出每张试样正反面每组尘埃的个数,若单面使用的纸张则仅测使用面的尘埃数,将四张试样合并计算,然后换算成每平方米的尘埃个数,计算结果取整数。

表 1

组　别	尘埃面积/mm^2
1	≥5.0
2	1.00～4.99
3	0.40～0.99
4	0.15～0.39
5	0.04～0.14

尘埃度用式(1)计算,以个/m^2 表示。

$$N_D = \frac{M}{n} \times 16 \qquad \cdots\cdots (1)$$

式中:

N_D——尘埃度,单位为个每平方米(个/m^2);

M——全部试样正反面尘埃总数;

n——进行尘埃测定的试样张数。

注1:如果同一个尘埃穿透纸页,使两面均能看见时,应按两个尘埃计算。

注2:如果尘埃大于5.0 mm^2,或超过产品标准规定的最大值,或是黑色尘埃,则应取5 m^2 试样进行测定。

8　试验报告

试验报告应包括以下项目:

a)　本标准编号;

b)　完成样品鉴定所必需的全部说明;

c)　测定结果;

d)　任何偏离本标准的情况。

附 录 A
（规范性附录）
标准尘埃对比图

A.1 标准尘埃对比图为一张透明胶片(如图 A.1),应由标准化机构提供。该胶片不能使用其复制品,因其复制品会改变斑点尺寸。

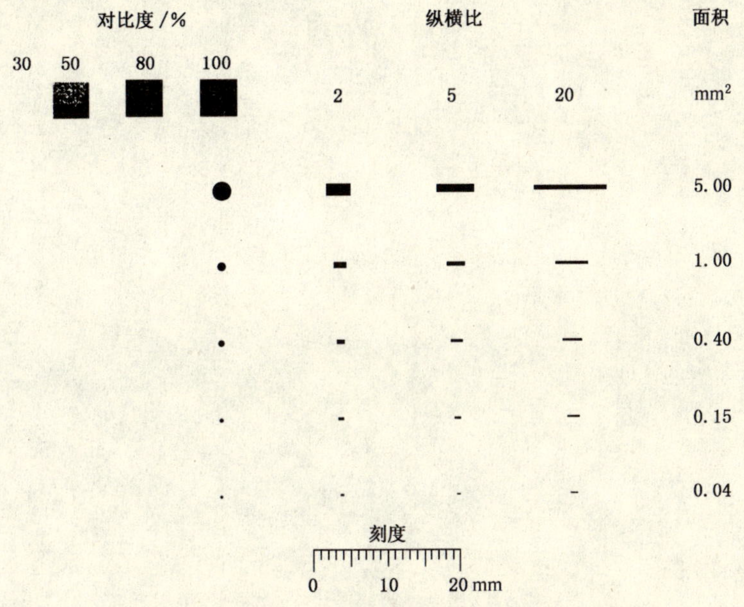

图 A.1 标准尘埃对比图
(参见 GB/T 10740—2002 中标准尘埃对比图)

A.2 图中左部分标出每一组中最小对比度的斑点,即对于≥0.40 mm^2、≥0.15 mm^2 和≥0.04 mm^2 的杂质,其最小对比度分别为 30%、50%和 80%。图中右部分标出不同纵横比的斑点,其对比度均为 100%,该部分用于杂质尺寸的分类。

参 考 文 献

[1] GB/T 10740—2002 纸浆尘埃和纤维束的测定

ICS 73.040
D 21

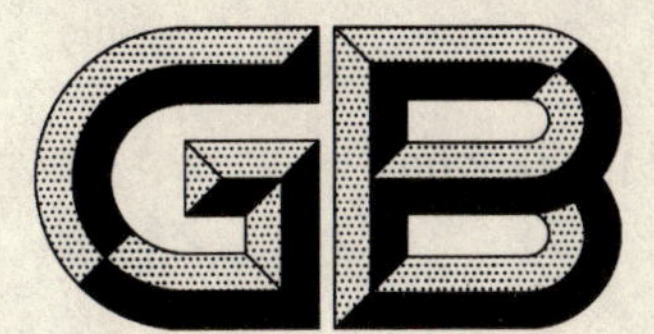

中华人民共和国国家标准

GB/T 1574—2007
代替 GB/T 1574—1995,GB/T 4634—1996,GB/T 18856.13—2002

煤灰成分分析方法

Test method for analysis of coal ash

2007-11-01 发布　　2008-06-01 实施

中华人民共和国国家质量监督检验检疫总局
中国国家标准化管理委员会　发布

前　言

本标准代替 GB/T 1574—1995《煤灰成分分析》、GB/T 4634—1996《煤灰中钾、钠、铁、钙、镁、锰的测定方法(原子吸收法)》和 GB/T 18856.13—2002《水煤浆质量试验方法　第13部分:水煤浆灰成分测定方法》。本次修订将 GB/T 1574—1995、GB/T 4634—1996 和 GB/T 18856.13—2002 三个标准整合为本标准。

本标准与 GB/T 1574—1995、GB/T 4634—1996 和 GB/T 18856.13—2002 相比主要变化如下:

——修改了二氧化钛标准工作溶液的分取体积(GB/T 1574—1995 中的 6.3.3.1,本版的 6.3.3.1.1);

——增加了一种单独测定二氧化钛的方法(见 6.4);

——修改了单位的错误(GB/T 1574—1995 中的 9.1.2.10 和 9.1.2.11,本版的 9.2.2.10 和 9.2.2.11);

——修改了公式中的错误(GB/T 1574—1995 中的 9.2.7,本版的 9.2.4 中的公式 26);

——增加了"注"的内容(见 11.2);

——删除了原标准 GB/T 4634—1996 中的附录 A。

本标准由中国煤炭工业协会提出。

本标准由全国煤炭标准化技术委员会归口。

本标准起草单位:煤炭科学研究总院煤炭分析实验室。

本标准主要起草人:张克芮、夏慧丽、陈绥泽、邓秀敏、周国跃、王之谦、隋艳。

本标准所代替标准的历次版本发布情况为:

——GB 1574—1979、GB/T 1574—1995;

——GB/T 4634—1984、GB/T 4634—1996;

——GB/T 18856.13—2002。

煤灰成分分析方法

1 范围

本标准规定了测定煤灰中铁、钙、镁、钾、钠、锰、磷、硅、铝、钛、硫的试剂和材料、仪器设备、分析步骤、结果计算及方法精密度。

本标准适用于煤、焦炭、水煤浆和煤矸石。

2 规范性引用文件

下列文件中的条款通过本标准的引用而成为本标准的条款。凡是注日期的引用文件，其随后所有的修改单(不包括勘误的内容)或修改版均不适用于本标准，然而，鼓励根据本标准达成协议的各方研究是否可使用这些文件的最新版本。凡是不注日期的引用文件，其最新版本适用于本标准。

GB/T 483 煤炭分析试验方法一般规定

3 试剂

所提到的水均为去离子水或同等纯度的蒸馏水。

4 仪器设备

4.1 马弗炉：带有控温装置，并附有热电偶和高温表，能保持(815±10)℃，炉膛应具有相应的恒温区，炉子后壁上部具有直径 25 mm～30 mm 的烟囱，下部具有插入热电偶的小孔，小孔的位置应使热电偶的热接点在炉膛内能保持距炉底 20 mm～30 mm 的位置，炉门上应有一通气孔，直径约 20 mm。

4.2 高温马弗炉：带有控温装置，能保持(1 000±10)℃。

4.3 分析天平：感量 0.1 mg。

4.4 分光光度计。

4.5 原子吸收分光光度计。

4.6 火焰光度计。

4.7 库仑定硫仪。

4.8 铂坩埚：30 mL。

4.9 银坩埚：30 mL。

4.10 瓷坩埚：30 mL。

4.11 灰皿：(120×60×14) mm。

5 灰样的制备

称取一定量的一般分析煤样或水煤浆试样于灰皿中(对于一般分析煤样使其每平方厘米不超过 0.15 g，对于水煤浆试样则称取 15 g～18 g 并预先在 105℃～110℃下烘干)，将灰皿送入温度不超过 100℃的马弗炉中，在自然通风和炉门留有 15 mm 左右缝隙的条件下，用 30 min 缓慢升至 500℃，在此温度下保持 30 min 后，升至(815±10)℃，在此温度下灼烧 2 h，取出冷却后，用玛瑙乳钵将灰样研细到 0.1 mm。然后，再置于灰皿内，于(815±10)℃下再灼烧 30 min，直到其质量变化不超过灰样质量的千分之一为止，即为质量恒定。取出，于空气中放置约 5 min，转入干燥器中。如不及时称样，则需在称样前于(815±10)℃下再灼烧 30 min。

6 二氧化硅、三氧化二铁、二氧化钛、三氧化二铝、氧化钙和氧化镁的半微量分析法

6.1 试液的制备

6.1.1 试剂

6.1.1.1 氢氧化钠(GB/T 629):粒状。

6.1.1.2 盐酸(GB/T 622):相对密度 1.19。

6.1.1.3 盐酸(GB/T 622)溶液:体积比为 1+1。

6.1.1.4 乙醇:无水乙醇(GB/T 678)或 95%乙醇(GB/T 469)。

6.1.2 试样溶液的制备

称取灰样 0.10 g,称准至 0.000 2 g,于银坩埚中,用几滴乙醇润湿。加氢氧化钠 2 g,盖上坩埚盖,放入马弗炉中,在 1 h~1.5 h 内将炉温从室温缓慢升至 650℃~700℃,熔融 15 min~20 min。取出坩埚,用水激冷后,擦净坩埚外壁,放于 250 mL 烧杯中,加入约 150 mL 沸水,立即盖上表面皿,待剧烈反应停止后,用极少量盐酸溶液(6.1.1.3)和热水交替洗净坩埚和坩埚盖,此时溶液体积约 180 mL。在不断搅拌下,迅速加入盐酸(6.1.1.2)20 mL,于电炉上微沸约 1 min,取下,迅速冷至室温,移入 250 mL 容量瓶中,用水稀释至刻度,摇匀。此溶液定名为溶液 A。

6.1.3 空白溶液的制备

同 6.1.2,只是不加入灰样。此溶液定名为溶液 B。

6.2 二氧化硅的测定(硅钼蓝分光光度法)

6.2.1 方法提要

在乙醇存在下,于盐酸[c(HCl)=0.1 mol/L]介质中,正硅酸与钼酸生成稳定的硅钼黄,提高酸度至 2.0 mol/L 以上,以抗坏血酸还原硅钼黄为硅钼蓝,用分光光度法测定二氧化硅含量。

6.2.2 试剂

6.2.2.1 乙醇:同 6.1.1.4。

6.2.2.2 盐酸(GB/T 622)溶液:同 6.1.1.3。

6.2.2.3 盐酸(GB/T 622)溶液:体积比为 1+9。

6.2.2.4 盐酸(GB/T 622)溶液:体积比为 1+11。

6.2.2.5 钼酸铵溶液:50 g/L。称取钼酸铵[$(NH_4)_6MoO_{24}\cdot 4H_2O$](GB/T 657)5 g,溶于水中,用水稀释至 100 mL,过滤后,储于聚乙烯瓶中。

6.2.2.6 抗坏血酸(GB/T 15347)溶液:10 g/L。现用现配。

6.2.2.7 二氧化硅标准储备溶液:1 mg/mL。

准确称取已在 1 000℃±10℃下灼烧 30 min 的光谱纯二氧化硅 0.500 0 g(称准至0.000 2 g)于已有优级纯无水碳酸钠(GB/T 639)5 g 的铂坩埚中,混匀,表面再覆盖优级纯无水碳酸钠(GB/T 639)1 g,盖上坩埚盖,置于高温马弗炉中,由室温缓慢升至 950℃~1 000℃,熔融 40 min。取出坩埚,用水激冷后,擦净坩埚外壁,放于 250 mL 塑料杯中,加沸水约 100 mL 浸取,立即盖上表面皿,待剧烈反应停止后,用热水洗净坩埚和盖,熔块完全溶解后,冷至室温,移入 500 mL 容量瓶中,用水稀释至刻度,摇匀,立即转入聚乙烯瓶中保存备用。也可准确称取光谱纯二氧化硅 0.500 0 g(称准至 0.000 2 g)于银坩埚中,加几滴乙醇润湿,加氢氧化钠 4 g,盖上坩埚盖,放入马弗炉(4.1)中,由室温缓慢升至 650℃~700℃,熔融 15 min~20 min,取出坩埚,用水激冷后,擦净坩埚外壁,放于 250 mL 塑料杯中,加沸水约 150 mL 浸取,立即盖上表面皿,待剧烈反应停止后,用热水洗净坩埚和盖,熔块完全溶解后,冷至室温,移入 500 mL 容量瓶中,用水稀释至刻度,摇匀,立即转入聚乙烯瓶中保存备用。

6.2.2.8 二氧化硅标准工作溶液:0.05 mg/mL。

准确吸取二氧化硅标准储备溶液 25 mL,在不断搅拌下放入内有盐酸溶液(6.2.2.3)100 mL 的 400 mL 烧杯中,加水约 100 mL,加热煮沸 1 min,取下,立即冷至室温。移入 500 mL 容量瓶中,用水稀

释至刻度，摇匀。

6.2.3 分析步骤

6.2.3.1 工作曲线的绘制

6.2.3.1.1 准确吸取二氧化硅标准工作溶液(6.2.2.8)0 mL，5 mL，10 mL，15 mL，20 mL，25 mL，30 mL，分别注入 100 mL 容量瓶中，依次加入盐酸溶液(6.2.2.4)5 mL，4 mL，3 mL，2 mL，1 mL，0 mL，0 mL，加水至 27 mL，加乙醇 8 mL，加钼酸铵溶液 5 mL，摇匀，在 20℃～30℃下放置 20 min。

6.2.3.1.2 加盐酸溶液(6.2.2.2)30 mL，摇匀，放置 1 min～5 min，加入抗坏血酸溶液 5 mL，摇匀，用水稀释至刻度，摇匀。放置 1 h 后，用 1 cm 比色皿，于波长 620 nm 处，测定吸光度。

6.2.3.1.3 以二氧化硅的质量(mg)为横坐标，吸光度为纵坐标，绘制工作曲线。

6.2.3.2 样品的测定

6.2.3.2.1 准确吸取溶液 A(6.1.2)和溶液 B(6.1.3)各 5 mL，分别注入 100 mL 容量瓶中，加乙醇 8 mL，水约 20 mL，钼酸铵溶液 5 mL，摇匀，在 20℃～30℃下放置 20 min。

6.2.3.2.2 按 6.2.3.1.2 进行操作。

6.2.3.2.3 将 6.2.3.2.2 测得的吸光度做空白校正后，在工作曲线上查出相应的二氧化硅质量(mg)。

6.2.4 结果计算

二氧化硅的质量分数 $w(SiO_2)$(%)按式(1)计算：

$$w(SiO_2)=\frac{5\times m(SiO_2)}{m} \quad \cdots\cdots(1)$$

式中：

$m(SiO_2)$——由工作曲线上查得的二氧化硅的质量，单位为毫克(mg)；

m——灰样的质量，单位为克(g)。

计算结果按 GB/T 483 数字修约规则，修约至小数点后二位。

6.2.5 方法精密度

二氧化硅测定结果的精密度如表 1 规定。

表 1 二氧化硅(硅钼蓝法)测定结果的精密度

质量分数/%	重复性限/%	再现性临界差/%
≤60.00	1.00	2.00
>60.00	1.20	2.50

6.3 三氧化二铁和二氧化钛的连续测定(钛铁试剂分光光度法)

6.3.1 方法提要

在 pH=4.7～4.9 的条件下，三价铁离子与钛铁试剂生成紫色络合物，用分光光度法测定三氧化二铁。然后加入适量的抗坏血酸，使溶液的紫色消失，四价钛离子与钛铁试剂生成黄色络合物，用分光光度法测定二氧化钛。

6.3.2 试剂和材料

6.3.2.1 抗坏血酸。

6.3.2.2 钛铁试剂溶液：20 g/L。称取钛铁试剂($C_6H_4O_8S_2Na_2$)2 g 溶于水，用水稀释至 100 mL。

6.3.2.3 氨水(GB/T 631)：体积比为 1+6。

6.3.2.4 盐酸(GB/T 622)溶液：体积比为 1+19。

6.3.2.5 硫酸溶液：体积分数为 50 mL/L。量取硫酸(GB/T 625)5 mL，缓缓加入水中并用水稀释至 100 mL。

6.3.2.6 缓冲溶液：pH=4.7。称取三水乙酸钠($CH_3COONa\cdot 3H_2O$)(GB/T 693)68 g 或无水乙酸钠(CH_3COONa)(GB/T 694)41 g 于 400 mL 烧杯中，加水溶解，加冰乙酸(GB/T 676)29 mL，用水稀释

至1 L。

6.3.2.7 三氧化二铁标准储备溶液:1 mg/mL。

准确称取已在105℃～110℃干燥1 h的优级纯三氧化二铁1.000 0 g(称准至0.000 2 g),置于400 mL烧杯中,加入浓盐酸(GB/T 622、优级纯)50 mL,盖上表面皿,加热溶解后冷至室温,移入1 L容量瓶中,用水稀释至刻度,摇匀。

6.3.2.8 三氧化二铁标准工作溶液:0.1 mg/mL。

准确吸取三氧化二铁标准储备溶液10 mL于100 mL容量瓶中,用盐酸溶液(6.3.2.4)稀释至刻度,摇匀。

6.3.2.9 二氧化钛标准储备溶液:1 mg/mL。

准确称取已在1 000℃灼烧30 min的优级纯二氧化钛0.500 0 g(称准至0.000 2 g),置于30 mL瓷坩埚中,加入焦硫酸钾(HG 3-921)8 g,置于马弗炉中,逐渐升温至800℃,并在此温度下保温30 min,使熔融物呈透明状。取出,冷却后,放入250 mL烧杯中,加入硫酸溶液150 mL浸取,待熔融物脱落后,用硫酸溶液洗净坩埚,在低温下加热至溶液清澈透明,冷却至室温,移入500 mL容量瓶中,并用硫酸溶液稀释至刻度,摇匀。

6.3.2.10 二氧化钛标准工作溶液:0.1 mg/mL。

准确吸取二氧化钛标准储备溶液10 mL,注入100 mL容量瓶中,用硫酸溶液稀释至刻度,摇匀。

6.3.2.11 刚果红试纸。

6.3.3 分析步骤

6.3.3.1 工作曲线的绘制

6.3.3.1.1 准确吸取三氧化二铁标准工作溶液(6.3.2.8)0 mL,2 mL,4 mL,6 mL,8 mL,10 mL和二氧化钛标准工作溶液(6.3.2.10)0.0 mL,0.2 mL,0.4 mL,0.6 mL,0.8 mL,1.0 mL,分别注入50 mL容量瓶中,加入钛铁试剂溶液10 mL,摇匀。滴加氨水至溶液呈红色,加入缓冲溶液5 mL,用水稀释至刻度,摇匀。放置1 h后,用1 cm比色皿,于波长570 nm处,测定吸光度。

6.3.3.1.2 于测定完三氧化二铁后的试液中,加入少量抗坏血酸并摇动,直至溶液的紫色消失呈现黄色为止。放置片刻,用1 cm比色皿,于波长420 nm处,测定吸光度。

6.3.3.1.3 以三氧化二铁和二氧化钛的质量(mg)为横坐标,吸光度为纵坐标,分别绘制三氧化二铁和二氧化钛的工作曲线。

6.3.3.2 测定

6.3.3.2.1 准确吸取溶液A和溶液B各5 mL,分别注入50 mL容量瓶中,加入钛铁试剂溶液10 mL,摇匀。滴加氨水至溶液恰呈红色(如铁含量很低,可加入小块刚果红试纸,滴加氨水至试纸变为红色),加入缓冲溶液5 mL,用水稀释至刻度,摇匀。放置1 h后,用1 cm比色皿,于波长570 nm处,测定吸光度。

6.3.3.2.2 按6.3.3.1.2进行操作。

6.3.3.2.3 将所测得的灰样溶液的吸光度扣除空白溶液的吸光度后,在工作曲线上查得相应的三氧化二铁和二氧化钛的质量(mg)。

6.3.4 结果计算

6.3.4.1 三氧化二铁的质量分数$w(Fe_2O_3)$(%)按式(2)计算:

$$w(Fe_2O_3)=\frac{5\times m(Fe_2O_3)}{m} \quad \cdots\cdots(2)$$

式中:

$m(Fe_2O_3)$——从工作曲线上查得的三氧化二铁的质量,单位为毫克(mg);

m——灰样的质量,单位为克(g)。

计算结果按GB/T 483数字修约规则,修约至小数点后二位。

6.3.4.2 二氧化钛的质量分数 $w(TiO_2)$（%）按式(3)计算：

$$w(TiO_2)=\frac{5\times m(TiO_2)}{m} \quad\cdots\cdots(3)$$

式中：

$m(TiO_2)$——从工作曲线上查得的二氧化钛的质量，单位为毫克(mg)；

m——灰样的质量，单位为克(g)。

计算结果按 GB/T 483 数字修约规则，修约至小数点后二位。

6.3.5 方法精密度

6.3.5.1 三氧化二铁测定结果的精密度见表 2。

表 2 三氧化二铁(钛铁试剂分光光度法)测定结果的精密度

质量分数/%	重复性限/%	再现性临界差/%
≤5.00	0.30	0.60
5.00(不含)～10.00	0.40	0.80
>10.00	0.60	1.20

6.3.5.2 二氧化钛(钛铁试剂分光光度法)测定结果的精密度见表 3。

表 3 二氧化钛(钛铁试剂分光光度法)测定结果的精密度

质量分数/%	重复性限/%	再现性临界差/%
≤1.00	0.15	0.20
>1.00	0.20	0.30

6.4 二氧化钛的单独测定(二安替比林甲烷分光光度法)

6.4.1 方法提要

在(0.5～1.0) mol/L 的酸度下，以抗坏血酸消除铁的干扰，四价钛离子与二安替比林甲烷生成黄色络合物，用分光光度法测定二氧化钛的含量。

6.4.2 试剂

6.4.2.1 盐酸(GB/T 622)溶液：体积比为(1+5)。

6.4.2.2 盐酸(GB/T 622)溶液：体积比为(1+1)。

6.4.2.3 二安替比林甲烷溶液：20 g/L。将 20 g 二安替比林甲烷(YHC)溶于盐酸溶液(6.4.2.1)中，并用盐酸溶液(6.4.2.1)稀释至 1 000 mL。

6.4.2.4 抗坏血酸溶液：同 6.2.2.6。

6.4.2.5 硫酸溶液：同 6.3.2.5。

6.4.2.6 二氧化钛标准储备溶液：同 6.3.2.9。

6.4.2.7 二氧化钛标准工作溶液：0.05 mg/mL。

准确吸取二氧化钛标准储备溶液 5 mL，注入 100 mL 容量瓶中，用硫酸溶液(6.4.2.5)稀释至刻度，摇匀。

6.4.3 分析步骤

6.4.3.1 工作曲线的绘制

6.4.3.1.1 准确吸取二氧化钛标准工作溶液(6.4.2.7)0 mL，1 mL，2 mL，3 mL，4 mL，分别注入 50 mL容量瓶中，加水至 10 mL，加盐酸溶液(6.4.2.2)2 mL，抗坏血酸溶液(6.4.2.4)1 mL，摇匀。放置 2 min 后，加二安替比林甲烷溶液 10 mL，用水稀释至刻度，摇匀。放置 40 min 后，用 1 cm 比色皿，于波长 450 nm 处，测定吸光度。

6.4.3.1.2 以二氧化钛的质量(mg)为横坐标，吸光度为纵坐标，绘制二氧化钛的工作曲线。

6.4.3.2 测定

6.4.3.2.1 准确吸取溶液 A 和溶液 B 各 10 mL,分别注入 50 mL 容量瓶中,加入抗坏血酸溶液(6.4.2.4)1 mL,摇匀。其余步骤同 6.4.3.1.1。

6.4.3.2.2 将所测得的灰样溶液的吸光度扣除空白溶液的吸光度后,在工作曲线上查得相应的二氧化钛的质量(mg)。

6.4.4 结果计算

二氧化钛的质量分数 $w(TiO_2)$ (%)按式(4)计算:

$$w(TiO_2) = \frac{2.5 \times m(TiO_2)}{m} \qquad \cdots\cdots (4)$$

式中:

$m(TiO_2)$——从工作曲线上查得的二氧化钛的质量,单位为毫克(mg);

m——灰样的质量,单位为克(g)。

计算结果按 GB/T 483 数字修约规则,修约至小数点后二位。

6.4.5 方法精密度

二氧化钛(二安替比林甲烷分光光度法)测定结果的精密度见表 4。

表 4 二氧化钛(二安替比林甲烷分光光度法)测定结果的精密度

质量分数/%	重复性限/%	再现性临界差/%
≤1.00	0.10	0.20
>1.00	0.20	0.40

6.5 三氧化二铝的测定(氟盐取代 EDTA 络合滴定法)

6.5.1 方法提要

于弱酸性溶液中,加入过量 EDTA 溶液,使之与铁、铝、钛等离子络合,在 pH=5.9 的条件下,以二甲酚橙为指示剂,用锌盐回滴剩余的 EDTA 溶液,然后加入氟盐置换出与铝、钛络合的 EDTA,用乙酸锌标准溶液滴定,扣除钛的量,得到铝的量。

6.5.2 试剂

6.5.2.1 EDTA 溶液:11 g/L。称取 EDTA($C_{10}H_{14}N_2O_8Na_2 \cdot 2H_2O$)(GB/T 1401)1.1 g,溶于水中,用水稀释至 100 mL。

6.5.2.2 缓冲溶液:pH=5.9。称取三水乙酸钠($CH_3COONa \cdot 3H_2O$)(GB/T 693)200 g 或无水乙酸钠(CH_3COONa)120.6 g,溶于水中,加冰乙酸(GB/T 676)6.0 mL,用水稀释至 1 000 mL。

6.5.2.3 乙酸锌溶液:20 g/L。称取乙酸锌[$Zn(CH_3COO)_2 \cdot 2H_2O$](HG 3-1098)2 g,溶于水中,用水稀释至 100 mL。

6.5.2.4 氟化钾溶液:100 g/L。称取氟化钾($KF \cdot 2H_2O$)(GB/T 1271)10 g,溶于水中,用水稀释至 100 mL。储于聚乙烯瓶中。

6.5.2.5 冰乙酸(GB/T 676)溶液:体积比为(1+3)。

6.5.2.6 氨水(GB/T 631)溶液:体积比为(1+1)。

6.5.2.7 三氧化二铝标准工作溶液:1 mg/mL。

将光谱纯铝片放于烧杯中,用(1+9)盐酸(GB/T 622)溶液浸溶几分钟,使表面氧化层溶解,用倾斜法倒去盐酸溶液,用水洗涤数次后,用无水乙醇(GB/T 678)洗涤数次,放入干燥器中干燥 4 h。选用以下任一方法处理。方法一(酸溶法):准确称取处理后的铝片 0.529 3 g(称准至 0.000 2 g),置于 150 mL 烧杯中,加(1+1)盐酸(GB/T 622)溶液 50 mL,在电炉上低温加热溶解,将溶液移入 1 000 mL 容量瓶中,用水稀释至刻度,摇匀。方法二(碱溶法):准确称取处理后的铝片 0.529 3 g(称准至 0.000 2 g),置于150 mL烧杯中,加氢氧化钾(HGB 3006)2 g,水10 mL,待溶解后,用(1+1)盐酸酸化,使氢氧化铝沉淀又溶解,再过量10 mL,冷至室温,移入1 000 mL容量瓶中,用水稀释至刻度,摇匀。

6.5.2.8　乙酸锌标准溶液:$c[Zn(CH_3COO)_2]=0.01$ mol/L。

配制:称取乙酸锌$[Zn(CH_3COO)_2 \cdot 2H_2O]$(HG 3-1098)2.3 g或无水乙酸锌$[Zn(CH_3COO)_2]$ 1.9 g于250 mL烧杯中,加冰乙酸(GB/T 676)1 mL,用水溶解,移入1 000 mL容量瓶中,用水稀释至刻度,摇匀。

标定:准确吸取三氧化二铝标准工作溶液10 mL于250 mL烧杯中,加水稀释至约100 mL,加EDTA溶液10 mL,加二甲酚橙指示剂(6.5.2.9)1滴,用氨水溶液中和至刚出现浅藕合色,再加冰乙酸溶液至浅藕合色消失,然后,加缓冲溶液10 mL,于电炉上微沸3 min~5 min,取下,冷至室温。

加入二甲酚橙指示剂(6.5.2.9)4滴~5滴,立即用乙酸锌溶液滴定至近终点,再用乙酸锌标准溶液滴定至橙红(或紫红)色。

加入氟化钾溶液10 mL,煮沸2 min~3 min,冷至室温,加二甲酚橙指示剂(6.5.2.9)2滴,用乙酸锌标准溶液滴定至橙红(或紫红)色,即为终点。

乙酸锌标准溶液对三氧化二铝的滴定度$T(Al_2O_3)$按式(5)计算:

$$T(Al_2O_3)=\frac{10\times\rho}{V_1} \qquad \cdots\cdots(5)$$

式中:

ρ——三氧化二铝标准工作溶液的质量浓度,单位为毫克每毫升(mg/mL);

V_1——标定时所耗乙酸锌标准溶液的体积,单位为毫升(mL)。

6.5.2.9　二甲酚橙溶液:1 g/L。称取二甲酚橙0.1 g溶于pH=5.9的缓冲溶液中,并用该缓冲溶液稀释至100 mL。保存期不超过两个星期。

6.5.3　分析步骤

吸取溶液A 50 mL,加水稀释至约100 mL,其余步骤按6.5.2.8中乙酸锌标准溶液的标定方法进行操作。

6.5.4　结果计算

三氧化二铝的质量分数$w(Al_2O_3)$(%)按式(6)计算:

$$w(Al_2O_3)=\frac{0.5\times T(Al_2O_3)\times V_2}{m}-0.638w(TiO_2) \qquad \cdots\cdots(6)$$

式中:

$T(Al_2O_3)$——乙酸锌标准溶液对三氧化二铝的滴定度,单位为毫克每毫升(mg/mL);

V_2——试液所耗乙酸锌标准溶液的体积,单位为毫升(mL);

m——灰样的质量,单位为克(g);

0.638——由二氧化钛换算为三氧化二铝的因数。

计算结果按GB/T 483数字修约规则,修约至小数点后二位。

6.5.5　方法精密度

三氧化二铝测定结果的精密度见表5。

表5　三氧化二铝测定结果的精密度

质量分数/%	重复性限/%	再现性临界差/%
≤20.00	0.60	1.20
>20.00	0.80	1.50

6.6 氧化钙的测定(EGTA 络合滴定法)

6.6.1 方法提要

在适当稀释的溶液中,以三乙醇胺掩蔽铁、铝、钛和锰等,在 pH≥12.5 的条件下,以钙黄绿素-百里酚酞为指示剂,用 EGTA 标准溶液滴定。

6.6.2 试剂

6.6.2.1 氢氧化钾溶液:250 g/L。称取氢氧化钾 25 g 溶于水中并用水稀释至 100 mL,储于聚乙烯瓶中。

6.6.2.2 三乙醇胺溶液:体积比为(1+4)。

6.6.2.3 氧化钙标准工作溶液:0.5 mg/mL。

准确称取预先在 120℃ 干燥 2 h 的优级纯碳酸钙 0.892 4 g(称准至 0.000 2 g),置于 250 mL 烧杯中,用水润湿,盖上表面皿,沿杯口慢慢滴加(1+1)盐酸(GB/T 622、优级纯)溶液 5 mL,待溶解完毕后,煮沸驱尽二氧化碳,用水冲洗表面皿和杯壁,取下冷却,移入 1 000 mL 容量瓶中,用水稀释至刻度,摇匀。

6.6.2.4 EGTA 标准溶液:$c(C_{14}H_{24}N_2O_{10})=0.005\ mol/L$。

配制:称取 EGTA 1.9 g,溶于 10 mL 氢氧化钠溶液[$c(NaOH)=1\ mol/L$]中,移入 1 000 mL 容量瓶中,用水稀释至刻度,摇匀。标定方法如下:

标定:准确吸取氧化钙标准工作溶液 10 mL 于 200 mL 烧杯中,加水约 75 mL、三乙醇胺溶液 5 mL、氢氧化钾溶液 10 mL、钙黄绿素-百里酚酞混合指示剂(6.6.2.5)少许,每加一种试剂,均应搅匀,于黑色底板上,立即用 EGTA 标准溶液滴定至绿色荧光完全消失,即为终点。同时做空白试验。EGTA 标准溶液对氧化钙的滴定度 $T(CaO)$ 按式(7)计算:

$$T(CaO)=\frac{10\times\rho}{V_1-V_2} \qquad \cdots\cdots(7)$$

式中:

ρ——氧化钙标准工作溶液的质量浓度,单位为毫克每毫升(mg/mL);

V_1——标定时所耗 EGTA 标准溶液的体积,单位为毫升(mL);

V_2——空白测定时所耗 EGTA 标准溶液的体积,单位为毫升(mL)。

6.6.2.5 钙黄绿素-百里酚酞混合指示剂:称取钙黄绿素($C_{30}H_{24}N_2Na_2O_{13}$)0.20 g 和百里酚酞 0.16 g,与预先在 110℃ 干燥的氯化钾(GB/T 646)10 g 研磨均匀,装入磨口瓶中,存放于干燥器内。

6.6.3 分析步骤

准确吸取溶液 A 和溶液 B 各 25 mL 分别注入 200 mL 烧杯中,加水约 50 mL,其余步骤按 6.6.2.4 中的标定标准溶液的标定方法进行操作。

6.6.4 结果计算

氧化钙的质量分数 $w(CaO)$(%)按式(8)计算:

$$w(CaO)=\frac{T(CaO)\times(V_3-V_4)}{m} \qquad \cdots\cdots(8)$$

式中:

$T(CaO)$——EGTA 标准溶液对氧化钙的滴定度,单位为毫克每毫升(mg/mL);

V_3——试液所耗 EGTA 标准溶液的体积,单位为毫升(mL);

V_4——空白溶液所耗 EGTA 标准溶液的体积,单位为毫升(mL);

m——灰样的质量,单位为克(g)。

计算结果按 GB/T 483 数字修约规则,修约至小数点后二位。

6.6.5 方法精密度

氧化钙测定结果的精密度见表 6。

表 6 氧化钙测定结果的精密度

质量分数/%	重复性限/%	再现性临界差/%
≤5.00	0.30	0.60
5.00(不含)~10.00	0.40	0.80
>10.00	0.60	1.20

6.7 氧化镁的测定(EDTA 络合滴定法)

6.7.1 方法提要

在适当稀释的溶液中,以三乙醇胺和酒石酸钾钠掩蔽铁、铝、钛和锰等,以 EGTA 掩蔽钙,在 pH≥10的溶液中,以酸性铬蓝 K-萘酚绿 B 为指示剂,用 EDTA 标准溶液滴定。

6.7.2 试剂

6.7.2.1 酒石酸钾钠溶液:50 g/L。称取酒石酸钾钠(GB/T 1288)5 g 溶于水中,并用水稀释至 100 mL。

6.7.2.2 三乙醇胺溶液:体积比为(1+4)。

6.7.2.3 氨水(GB/T 631)溶液:体积比为(1+1)。

6.7.2.4 氧化镁标准工作溶液:0.5 mg/mL。

准确称取预先在 800℃灼烧过 1 h 的光谱纯氧化镁 0.500 0 g(称准至 0.000 2 g),置于 200 mL 烧杯中,加水 20 mL,加(1+1)盐酸(GB/T 622)10 mL,溶解完全后,移入 1 000 mL 容量瓶中,用水稀释至刻度,摇匀。

6.7.2.5 EDTA 标准溶液:$c(C_{10}H_{14}N_2O_8Na_2 \cdot 2H_2O)=0.004$ mol/L。

配制:称取 EDTA(GB/T 1401)1.5 g 于 200 mL 烧杯中,用水溶解,加数粒固体氢氧化钠(GB/T 629)调节溶液 pH 值至 5 左右,移入 1 000 mL 容量瓶中,用水稀释至刻度,摇匀。标定方法如下:

标定:准确吸取氧化镁标准工作溶液 10 mL,置于 200 mL 烧杯中,加盐酸(GB/T 629)[c(HCl)=1 mol/L]溶液 20 mL,加水约 50 mL,酒石酸钾钠溶液 5 mL、三乙醇胺溶液 5 mL,氨水溶液 15 mL,每加一种试剂均应搅匀。加酸性铬蓝 K-萘酚绿 B 混合指示剂少许或加液体混合指示剂(6.7.2.6)数滴,立即用 EDTA 标准溶液滴定,近终点时应缓慢滴定至纯蓝色,同时做空白试验。EDTA 标准溶液对氧化镁的滴定度 T(MgO),按式(9)计算:

$$T(\mathrm{MgO})=\frac{10\times\rho}{V_1-V_2} \qquad \cdots\cdots(9)$$

式中:

ρ——氧化镁标准工作溶液的质量浓度,单位为毫克每毫升(mg/mL);

V_1——标定时所耗 EDTA 标准溶液的体积,单位为毫升(mL);

V_2——空白测定时所耗 EDTA 标准溶液的体积,单位为毫升(mL)。

6.7.2.6 酸性铬蓝 K-萘酚绿 B 混合指示剂:

称取酸性铬蓝 K(HG10-1282)0.50 g 和萘酚绿 B 1.25 g,于预先在 110℃干燥的氯化钾(GB/T 646)10 g,研磨均匀,装入磨口瓶中,存放于干燥器内。或分别配成水溶液,即称取酸性铬蓝 K 0.04 g和萘酚绿 B 0.08 g,分别溶于 20 mL 水中,使用前应先经试验确定其合适的混合比例。酸性铬蓝 K 不稳定,需现用现配。

6.7.3 分析步骤

准确吸取溶液 A 和溶液 B 各 25 mL,分别注入 200 mL 烧杯中,加水约 50 mL,酒石酸钾钠溶液 5 mL、三乙醇胺溶液 5 mL、氨水溶液 15 mL,加入相应滴定钙时所消耗的 EGTA 的量,并过量 0.1 mL~0.2 mL,每加一种试剂均应搅匀,加酸性铬蓝 K-萘酚绿 B 混合指示剂少许或加液体混合指示剂数滴，立即用 EDTA 标准溶液滴定，近终点时应缓慢滴定至纯蓝色。

6.7.4 **结果计算**

氧化镁的质量分数 $w(MgO)$（%）按式（10）计算：

$$w(MgO)=\frac{T(MgO)\times(V_3-V_4)}{m} \quad \cdots\cdots(10)$$

式中：

$T(MgO)$——EDTA 标准溶液对氧化镁的滴定度，单位为毫克每毫升（mg/mL）；

V_3——试液所耗 EDTA 标准溶液的体积，单位为毫升（mL）；

V_4——空白溶液所耗 EDTA 标准溶液的体积，单位为毫升（mL）；

m——灰样的质量，单位为克（g）。

计算结果按 GB/T 483 数字修约规则，修约至小数点后二位。

6.7.5 **方法精密度**

氧化镁测定结果的精密度见表 7。

表 7 氧化镁测定结果的精密度

质量分数/%	重复性限/%	再现性临界差/%
≤2.00	0.30	0.60
>2.00	0.40	0.80

7 二氧化硅、三氧化二铁、三氧化二铝、氧化钙、氧化镁和二氧化钛的常量分析法

7.1 二氧化硅的测定（动物胶凝聚质量法）

7.1.1 **方法提要**

灰样加氢氧化钠熔融，沸水浸取，盐酸酸化，蒸发至干。于盐酸介质中用动物胶凝聚硅酸，沉淀过滤，灼烧，称重。

7.1.2 **试剂和材料**

7.1.2.1 氢氧化钠（GB/T 629）：粒状。

7.1.2.2 盐酸（GB/T 622）。

7.1.2.3 95%乙醇（GB/T 679）或无水乙醇（GB/T 678）。

7.1.2.4 盐酸溶液：体积比为（1+1）。

7.1.2.5 盐酸溶液：体积比为（1+3）。

7.1.2.6 盐酸溶液：体积比为（1+50）。

7.1.2.7 动物胶水溶液：10 g/L。称取动物胶 1 g，溶于 100 mL70℃～80℃的水中。现用现配。

7.1.3 **试验步骤**

7.1.3.1 称取灰样 0.48 g～0.52 g（称准至 0.000 2 g）于银坩埚中，用几滴乙醇（7.1.2.3）润湿，加氢氧化钠 4 g，盖上坩埚盖，放入马弗炉（4.1）中，在 1 h～1.5 h 内将炉温从室温缓慢升至 650℃～700℃，熔融 15 min～20 min。取出坩埚，用水激冷后，擦净坩埚外壁，放于 250 mL 烧杯中，加乙醇（7.1.2.3）1 mL和适量的沸水，立即盖上表面皿，待剧烈反应停止后，用少量盐酸溶液（7.1.2.4）和热水交替洗净坩埚和坩埚盖。再加盐酸溶液（7.1.2.2）20 mL，搅匀。

7.1.3.2 将烧杯置于电热板上，缓慢蒸干（带黄色盐粒）。取下，稍冷，加盐酸溶液（7.1.2.2）20 mL，盖上表面皿，热至约 80℃。加 70℃～80℃的动物胶溶液 10 mL，剧烈搅拌 1 min，保温 10 min。取下，稍冷，加热水约 50 mL，搅拌，使盐类完全溶解。用定量滤纸过滤于 250 mL 容量瓶中。将沉淀先用盐酸（7.1.2.5）洗涤 4 次～5 次，再用带橡皮头的玻璃棒以热盐酸溶液（7.1.2.6）擦净杯壁和玻璃棒，并洗涤沉淀 3 次～5 次，再用热水洗 10 次左右。

7.1.3.3 将滤纸和沉淀移入已恒重的瓷坩埚中，先在低温下灰化滤纸，然后于1 000℃±20℃的高温马弗炉(4.2)内灼烧1 h，取出稍冷，放入干燥器内，冷至室温，称重。

7.1.3.4 将滤液(7.1.3.2)冷至室温，用水稀释至刻度，摇匀，此溶液名为溶液C，以做测定其他项目之用。按上述步骤同时做空白试验，所得溶液名为溶液D。

7.1.4 结果计算

二氧化硅的质量分数 $w(SiO_2)$(%)按式(11)计算：

$$w(SiO_2)=\frac{m_1-m_2}{m}\times 100 \qquad (11)$$

式中：

m_1——二氧化硅的质量，单位为克(g)；

m_2——空白测定时二氧化硅的质量，单位为克(g)；

m——灰样的质量，单位为克(g)。

计算结果按GB/T 483数字修约规则，修约至小数点后二位。

7.1.5 方法精密度

二氧化硅测定结果的精密度见表8。

表8 二氧化硅测定结果的精密度

质量分数/%	重复性限/%	再现性临界差/%
≤60.00	0.50	0.80
>60.00	0.60	1.00

7.2 三氧化二铁和三氧化二铝的连续测定(EDTA络合滴定法)

7.2.1 方法提要

在pH=1.8~2.0的条件下，以磺基水杨酸为指示剂，用EDTA标准溶液滴定。然后加入过量的EDTA，使之与铝、钛等络合，在pH=5.9的条件下，以二甲酚橙为指示剂，以锌盐回滴剩余的EDTA，再加入氟盐置换出与铝、钛络合的EDTA，然后再用乙酸锌标准溶液滴定。

7.2.2 试剂

7.2.2.1 氨水(GB/T 631)溶液：体积比为(1+1)。

7.2.2.2 盐酸(GB/T 622)溶液：体积比为(1+5)。

7.2.2.3 EDTA溶液：11 g/L。称取EDTA($C_{10}H_{14}N_2O_8Na_2\cdot 2H_2O$)(GB/T 1401)1.1 g溶于水中，并用水稀释至100 mL。

7.2.2.4 缓冲溶液：pH值为5.9。称取三水乙酸钠($CH_3COONa\cdot 3H_2O$)(GB/T 693)200 g或无水乙酸钠(CH_3COONa)120.6 g，溶于水中，加冰乙酸(GB/T 676)6.0 mL，用水稀释至1 000 mL。

7.2.2.5 乙酸锌溶液：20 g/L。称取乙酸锌[$Zn(CH_3COO)_2\cdot 2H_2O$](HG 3-1098)2 g，溶于水中，用水稀释至100 mL。

7.2.2.6 氟化钾溶液：100 g/L。称取氟化钾($KF\cdot 2H_2O$)(GB/T 1271)10 g，溶于水中，用水稀释至100 mL。储于聚乙烯瓶中。

7.2.2.7 冰乙酸(GB/T 676)溶液：体积比为(1+3)。

7.2.2.8 三氧化二铁标准工作溶液：1 mg/mL。

准确称取已在105℃~110℃干燥1 h的优级纯三氧化二铁1.000 0 g(称准至0.000 2 g)，置于400 mL烧杯中，加入浓盐酸(GB/T 622、优级纯)50 mL，盖上表面皿，加热溶解后冷至室温，移入1 L容量瓶中，用水稀释至刻度，摇匀。

7.2.2.9 EDTA标准溶液：$c(C_{10}H_{14}N_2O_8Na_2\cdot 2H_2O)=0.004$ mol/L。

配制：称取EDTA(GB/T 1401)1.5 g于200 mL烧杯中，用水溶解，加数粒固体氢氧化钠

(GB/T 629)调节溶液 pH 值至 5 左右，移入 1 000 mL 容量瓶中，用水稀释至刻度，摇匀。标定方法如下：

标定：准确吸取三氧化二铁标准工作溶液 10 mL 于 300 mL 烧杯中，加水稀释至约 100 mL，加磺基水杨酸指示剂(7.2.2.12)0.5 mL，滴加氨水溶液至溶液由紫色恰变为黄色，再加入盐酸溶液调节溶液 pH 值至 1.8～2.0(用精密 pH 试纸检验)。

将溶液加热至约 70℃，取下，立即用 EDTA 标准溶液滴定至亮黄色(铁低时为无色，终点时温度应在 60℃左右)。EDTA 标准溶液对三氧化二铁的滴定度 $T(Fe_2O_3)$ 按式(12)计算：

$$T(Fe_2O_3)=\frac{10\times\rho}{V_1} \qquad \cdots\cdots(12)$$

式中：

ρ——三氧化二铁标准工作溶液的质量浓度，单位为毫克每毫升(mg/mL)；

V_1——标定时所耗 EDTA 标准溶液的体积，单位为毫升(mL)。

7.2.2.10　三氧化二铝标准工作溶液：1 mg/mL。

将光谱纯铝片放于烧杯中，用(1+9)盐酸(GB/T 622)溶液浸溶几分钟，使表面氧化层溶解，用倾斜法倒去盐酸溶液，用水洗涤数次后，用无水乙醇(GB/T 678)洗涤数次，放入干燥器中干燥 4 h。选用以下任一方法处理。方法一(酸溶法)：准确称取处理后的铝片 0.529 3 g(称准至 0.000 2 g)，置于 150 mL 烧杯中，加(1+1)盐酸(GB/T 622)溶液 50 mL，在电炉上低温加热溶解，将溶液移入 1 000 mL 容量瓶中，用水稀释至刻度，摇匀。方法二(碱溶法)：准确称取处理后的铝片 0.529 3 g(称准至 0.000 2 g)，置于 150 mL 烧杯中，加氢氧化钾(HGB 3006)2 g，水 10 mL，待溶解后，用(1+1)盐酸酸化，使氢氧化铝沉淀又溶解，再过量 10 mL，冷至室温，移入 1 000 mL 容量瓶中，用水稀释至刻度，摇匀。

7.2.2.11　乙酸锌标准溶液：$c[Zn(CH_3COO)_2]=0.01$ mol/L。

配制：称取乙酸锌$[Zn(CH_3COO)_2\cdot 2H_2O]$(HG 3-1098)2.3 g 或无水乙酸锌$[Zn(CH_3COO)_2]$ 1.9 g于 250 mL 烧杯中，加冰乙酸(GB/T 676)1 mL，用水溶解，移入 1 000 mL 容量瓶中，用水稀释至刻度，摇匀。标定方法如下：

标定：准确吸取三氧化二铝标准工作溶液 10 mL 于 250 mL 烧杯中，加水稀释至约 100 mL，加 EDTA溶液 10 mL，加二甲酚橙指示剂(7.2.2.13)1 滴，用氨水溶液中和至刚出现浅藕合色，再加冰乙酸溶液至浅藕合色消失，然后，加缓冲溶液 10 mL，于电炉上微沸 3 min～5 min，取下，冷至室温。

加入二甲酚橙指示剂(7.2.2.13)4 滴～5 滴，立即用乙酸锌溶液滴定至近终点，再用乙酸锌标准溶液滴定至橙红(或紫红)色。

加入氟化钾溶液 10 mL，煮沸 2 min～3 min，冷至室温，加二甲酚橙指示剂(7.2.2.13)2 滴，用乙酸锌标准溶液滴定至橙红(或紫红)色，即为终点。

乙酸锌标准溶液对三氧化二铝的滴定度 $T(Al_2O_3)$ 按式(13)计算：

$$T(Al_2O_3)=\frac{10\times\rho}{V_1} \qquad \cdots\cdots(13)$$

式中：

ρ——三氧化二铝标准工作溶液的质量浓度，单位为毫克每毫升(mg/mL)；

V_1——标定时所耗乙酸锌标准溶液的体积，单位为毫升(mL)。

7.2.2.12　磺基水杨酸指示剂溶液：100 g/L。称取磺基水杨酸(HG 3-991)10 g 溶于水中，并用水稀释至 100 mL。

7.2.2.13　二甲酚橙溶液：1 g/L。称取二甲酚橙 0.1 g 溶于 pH=5.9 的缓冲溶液中，并用该缓冲溶液稀释至 100 mL。保存期不超过两个星期。

7.2.3　分析步骤

7.2.3.1　准确吸取溶液 C 20 mL 于 250 mL 烧杯中，加水稀释至约 50 mL，其余步骤按 7.2.2.9 中的标定方法进行操作。

7.2.3.2 于滴定完铁的溶液中，加入 EDTA 溶液(7.2.2.3)20 mL，其余步骤按 7.2.2.11 中的标定方法进行操作。

7.2.4 结果计算

7.2.4.1 三氧化二铁的质量分数 $w(Fe_2O_3)$(%)按式(14)计算：

$$w(Fe_2O_3) = \frac{1.25 \times T(Fe_2O_3) \times V_3}{m} \quad \cdots\cdots (14)$$

式中：

$T(Fe_2O_3)$——EDTA 标准溶液对三氧化二铁的滴定度，单位为毫克每毫升(mg/mL)；

V_3——试液所耗 EDTA 标准溶液的体积，单位为毫升(mL)；

m——灰样的质量，单位为克(g)；

计算结果按 GB/T 483 数字修约规则，修约至小数点后二位。

7.2.4.2 三氧化二铝的质量分数 $w(Al_2O_3)$(%)按式(15)计算：

$$w(Al_2O_3) = \frac{1.25 \times T(Al_2O_3) \times V_4}{m} - 0.638w(TiO_2) \quad \cdots\cdots (15)$$

式中：

$T(Al_2O_3)$——乙酸锌标准溶液对三氧化二铝的滴定度，单位为毫克每毫升(mg/mL)；

V_4——试液所耗乙酸锌标准溶液的体积，单位为毫升(mL)；

m——灰样的质量，单位为克(g)；

0.638——由二氧化钛换算为三氧化二铝的因数。

计算结果按 GB/T 483 数字修约规则，修约至小数点后二位。

7.2.5 方法精密度

7.2.5.1 三氧化二铁测定结果的精密度。

三氧化二铁测定结果的精密度见表 9。

表 9 三氧化二铁测定结果的精密度

质量分数/%	重复性限/%	再现性临界差/%
≤5.00	0.30	0.60
5.00(不含)~10.00	0.40	0.80
>10.00	0.50	1.00

7.2.5.2 三氧化二铝测定结果的精密度

三氧化二铝测定结果的精密度见表 10。

表 10 三氧化二铝测定结果的精密度

质量分数/%	重复性限/%	再现性临界差/%
≤20.00	0.40	0.80
>20.00	0.50	1.00

7.3 氧化钙的测定(EDTA 络合滴定法)

7.3.1 方法提要

以三乙醇胺掩蔽铁、铝、钛、锰等离子，在 pH≥12.5 的条件下，以钙黄绿素-百里酚酞为指示剂，用 EDTA 标准溶液滴定。

7.3.2 试剂

7.3.2.1 氢氧化钾溶液：250 g/L。称取氢氧化钾 25 g 溶于水中，并用水稀释至 100 mL，储于聚乙烯瓶中。

7.3.2.2 三乙醇胺溶液:体积比为(1+4)。

7.3.2.3 氧化钙标准工作溶液:0.5 mg/mL。

准确称取预先在120℃干燥2 h的优级纯碳酸钙0.892 4 g(称准至0.000 2 g),置于250 mL烧杯中,用水润湿,盖上表面皿,沿杯口慢慢滴加(1+1)盐酸(GB/T 622、优级纯)溶液5 mL,待溶解完毕后,煮沸驱尽二氧化碳,用水冲洗表面皿和杯壁,取下冷却,移入1000 mL容量瓶中,用水稀释至刻度,摇匀。

7.3.2.4 EDTA标准溶液:$c(C_{10}H_{14}N_2O_8Na_2 \cdot 2H_2O)=0.004$ mol/L。

配制:称取EDTA(GB/T 1401)1.5 g于200 mL烧杯中,用水溶解,加数粒固体氢氧化钠(GB/T 629)调节溶液pH值至5左右,移入1 000 mL容量瓶中,用水稀释至刻度,摇匀。标定方法如下:

标定:准确吸取氧化钙标准工作溶液15 mL,置于250 mL烧杯中,加水稀释至约100 mL,加三乙醇胺溶液2 mL、氢氧化钾溶液10 mL、钙黄绿素-百里酚酞混合指示剂(7.3.2.5)少许,每加一种试剂,均应搅匀,于黑色底板上,立即用EDTA标准溶液滴定至绿色荧光完全消失,即为终点。同时做空白试验。EDTA标准溶液对氧化钙的滴定度$T(\mathrm{CaO})$按式(16)计算:

$$T(\mathrm{CaO})=\frac{15\times\rho}{V_1-V_2} \quad \cdots\cdots(16)$$

式中:

ρ——氧化钙标准工作溶液的质量浓度,单位为毫克每毫升(mg/mL);

V_1——标定时所耗EDTA标准溶液的体积,单位为毫升(mL);

V_2——空白测定时所耗EDTA标准溶液的体积,单位为毫升(mL)。

7.3.2.5 钙黄绿素-百里酚酞混合指示剂:称取钙黄绿素($C_{30}H_{24}N_2Na_2O_{13}$)0.20 g和百里酚酞0.16 g,与预先在110℃干燥的氯化钾(GB/T 646)10 g研磨均匀,装入磨口瓶中,存放于干燥器内。

7.3.3 试验步骤

准确吸取溶液C和溶液D各10 mL分别注入250 mL烧杯中,加水稀释至约100 mL,其余步骤按7.3.2.4中的标定方法进行操作。

7.3.4 结果计算

氧化钙的质量分数$w(\mathrm{CaO})$(%)按式(17)计算:

$$w(\mathrm{CaO})=\frac{2.5\times T(\mathrm{CaO})\times(V_3-V_4)}{m} \quad \cdots\cdots(17)$$

式中:

$T(\mathrm{CaO})$——EDTA标准溶液对氧化钙的滴定度,单位为毫克每毫升(mg/mL);

V_3——试液所耗EDTA标准溶液的体积,单位为毫升(mL);

V_4——空白溶液所耗EDTA标准溶液的体积,单位为毫升(mL);

m——灰样的质量,单位为克(g)。

计算结果按GB/T 483数字修约规则,修约至小数点后二位。

7.3.5 方法精密度

氧化钙测定结果的精密度见表11。

表11 氧化钙测定结果的精密度

质量分数/%	重复性限/%	再现性临界差/%
≤5.00	0.20	0.50
5.00(不含)~10.00	0.30	0.60
>10.00	0.40	0.80

7.4 氧化镁的测定(EDTA络合滴定、差减法)

7.4.1 方法提要

以三乙醇胺、铜试剂掩蔽铁、铝、钛及微量的铅、锰等,在pH≥10的氨性溶液中,以酸性铬蓝K-萘酚绿B为指示剂,用EDTA标准溶液滴定钙、镁合量。

7.4.2 试剂

7.4.2.1 三乙醇胺溶液:体积比为(1+4)。

7.4.2.2 氨水(GB/T 631)溶液:体积比为(1+1)。

7.4.2.3 二乙基二硫代氨基甲酸钠(简称铜试剂)溶液:50 g/L。称取铜试剂(HG 3-962)2.5 g溶于水中,加氨水溶液(7.4.2.2)5滴,用水稀释至50 mL,以快速滤纸过滤后,储于棕色瓶中。

7.4.2.4 酒石酸钾钠溶液:100 g/L。称取酒石酸钾钠(GB/T 1288)10 g溶于水中,并用水稀释至100 mL。

7.4.2.5 EDTA标准溶液:同7.3.2.4的EDTA标准溶液。其对氧化镁的滴定度$T(MgO)$按式(18)换算:

$$T(MgO) = 0.7187 \times T(CaO) \quad \cdots\cdots (18)$$

式中:

$T(CaO)$——EDTA标准溶液对氧化钙的滴定度,单位为毫克每毫升(mg/mL);

0.718 7——由氧化钙换算为氧化镁的因数。

7.4.2.6 酸性铬蓝K-萘酚绿B混合指示剂:

称取酸性铬蓝K(HG 10—1282)0.50 g和萘酚绿B 1.25 g,与预先在110℃干燥的氯化钾(GB/T 646)10 g一起,研磨均匀,装入磨口瓶中,存放于干燥器内。或分别配成水溶液,即称取酸性铬蓝K 0.04 g和萘酚绿B 0.08 g,分别溶于20 mL水中,使用前应先经试验确定其合适的混合比例。酸性铬蓝K水溶液不稳定,需现用现配。

7.4.3 分析步骤

准确吸取溶液C和溶液D各10 mL,分别注入250 mL烧杯中,用水稀释至约100 mL,加三乙醇胺溶液10 mL(若二氧化钛含量大于4.00%,可先加酒石酸钾钠溶液5 mL)、氨水溶液10 mL和铜试剂1滴,每加一种试剂均应搅匀,再加入稍少于滴钙时所消耗的EDTA标准溶液(7.3.2.4)的量,然后加酸性铬蓝K-萘酚绿B混合指示剂少许或加液体混合指示剂数滴,继续用EDTA标准溶液滴定,近终点时,应缓慢滴定至纯蓝色。

7.4.4 结果计算

氧化镁的质量分数$w(MgO)$(%)按式(19)计算:

$$w(MgO) = \frac{2.5 \times T(MgO) \times (V_1 - V_2)}{m} \quad \cdots\cdots (19)$$

式中:

$T(MgO)$——EDTA标准溶液对氧化镁的滴定度,单位为毫克每毫升(mg/mL);

V_1——试液所耗EDTA标准溶液的体积,单位为毫升(mL);

V_2——滴定氧化钙时所耗EDTA标准溶液的体积,单位为毫升(mL);

m——灰样的质量,单位为克(g)。

计算结果按GB/T 483数字修约规则,修约至小数点后二位。

7.4.5 方法精密度

氧化镁测定结果的精密度见表12。

表 12 氧化镁测定结果的精密度

质量分数/%	重复性限/%	再现性临界差/%
≤2.00	0.30	0.60
>2.00	0.40	0.80

7.5 二氧化钛的测定(过氧化氢分光光度法)

7.5.1 方法提要

在硫酸介质中,以磷酸掩蔽铁离子,钛与过氧化氢形成黄色络合物,用分光光度法进行测定。

7.5.2 试剂

7.5.2.1 磷酸(GB/T 1282)溶液:体积比为(1+1)。

7.5.2.2 硫酸(GB/T 625)溶液:体积比为(1+1)。

7.5.2.3 过氧化氢溶液:体积比为(1+9)。量取过氧化氢(HG 3-1082)10 mL,用水稀释至 100 mL,储于聚乙烯瓶中。

7.5.2.4 硫酸溶液:体积比为(1+19)。量取硫酸(GB/T 625)5 mL,缓慢加入水中,并用水稀释至 100 mL。

7.5.2.5 二氧化钛标准储备溶液:1 mg/mL。

准确称取已在 1 000℃灼烧 30 min 的优级纯二氧化钛 0.500 0 g(称准至 0.000 2 g),置于 30 mL 瓷坩埚中,加入焦硫酸钾(HG 3-921)8 g,置于马弗炉(4.1)中,逐渐升温至 800℃,并在此温度下保温 30 min,使熔融物呈透明状。取出,冷却后,放入 250 mL 烧杯中,加入硫酸溶液(6.3.2.5)150 mL 浸取,待熔融物脱落后,用硫酸溶液(6.3.2.5)洗净坩埚,在低温下加热至溶液清澈透明,冷却至室温,移入 500 mL 容量瓶中,并用硫酸溶液(6.3.2.5)稀释至刻度,摇匀。

7.5.2.6 二氧化钛标准工作溶液:0.1 mg/mL。

准确吸取二氧化钛标准储备溶液 10 mL,注入 100 mL 容量瓶中,用硫酸溶液(6.3.2.5)稀释至刻度,摇匀。

7.5.3 分析步骤

7.5.3.1 工作曲线的绘制

7.5.3.1.1 准确吸取二氧化钛标准工作溶液 0 mL,2 mL,4 mL,6 mL,8 mL,分别注入 50 mL 容量瓶中,加水至约 40 mL,加磷酸溶液 2 mL、硫酸溶液 5 mL(若出现浑浊,可于水浴上加热澄清,冷却),再加过氧化氢溶液 3 mL,用水稀释至刻度,摇匀。

7.5.3.1.2 放置 30 min 后,用 3 cm 比色皿,于波长 430 nm 处,测定吸光度。

7.5.3.1.3 以二氧化钛的质量(mg)为横坐标,吸光度为纵坐标,绘制工作曲线。

7.5.3.2 样品的测定

7.5.3.2.1 准确吸取溶液 C 和溶液 D 各 10 mL,分别注入 50 mL 容量瓶中,其余步骤同 7.5.3.1.1 和 7.5.3.1.2。

7.5.3.2.2 将所测得的灰样溶液的吸光度扣除空白溶液的吸光度后,在工作曲线上查得相应的二氧化钛的质量(mg)。

7.5.4 结果计算

二氧化钛的质量分数 $w(TiO_2)$ (%)按式(20)计算:

$$w(\mathrm{TiO_2}) = \frac{2.5 \times m(\mathrm{TiO_2})}{m} \quad \cdots\cdots\cdots\cdots (20)$$

式中:

$m(TiO_2)$——从工作曲线上查得的二氧化钛的质量,单位为毫克(mg);

m——灰样的质量,单位为克(g)。

计算结果按 GB/T 483 数字修约规则,修约至小数点后二位。

7.5.5 **方法精密度**

二氧化钛测定结果的精密度见表 13。

表 13 二氧化钛测定结果的精密度

质量分数/%	重复性限/%	再现性临界差/%
≤1.00	0.10	0.20
>1.00	0.20	0.30

8 三氧化硫的测定

本标准包括三种测定三氧化硫的方法,即硫酸钡质量法、燃烧中和法和库仑滴定法。

8.1 硫酸钡质量法

8.1.1 **方法提要**

用盐酸浸取灰样中的硫,将溶液过滤,滤液用氢氧化铵中和并沉淀铁。过滤后的溶液,加氯化钡,生成硫酸钡沉淀,称量。

8.1.2 **试剂**

8.1.2.1 盐酸(GB/T 622)溶液:体积比为(1+3)。

8.1.2.2 氨水(GB/T 631)溶液:体积比为(1+1)。

8.1.2.3 盐酸(GB/T 622)溶液:体积比为(1+1)。

8.1.2.4 氯化钡溶液:100 g/L。称取氯化钡(GB/T 652)10 g 溶于水中,并用水稀释至 100 mL。

8.1.2.5 硝酸银溶液:10 g/L。称取硝酸银(GB/T 670)1 g 溶于水中,并用水稀释至 100 mL。加几滴硝酸(GB/T 626),储于棕色瓶中。

8.1.2.6 甲基橙指示剂:2 g/L。称取甲基橙 0.2 g 溶于水中,并用水稀释至 100 mL。

8.1.2.7 滤纸:中速定性滤纸。

8.1.2.8 滤纸:慢速定量滤纸。

8.1.3 **分析步骤**

8.1.3.1 称取灰样 0.2 g~0.5 g(称准至 0.000 2 g),置于 250 mL 烧杯中,加入盐酸溶液(8.1.2.1)50 mL,盖上表面皿,加热微沸 20 min,取下,趁热加入甲基橙指示剂 2 滴,滴加氨水中和至溶液刚变色,再过量 3 滴~6 滴,待氢氧化铁沉淀下降后,用中速定性滤纸(8.1.2.7)过滤于 300 mL 烧杯中,用近沸的热水洗涤沉淀 10 次~12 次,向滤液中滴加盐酸溶液(8.1.2.3)至溶液刚变色,再过量 2 mL,往溶液中加水稀释至约 250 mL。

8.1.3.2 将溶液加热至沸,在不断搅拌下滴加氯化钡溶液 10 mL,在电热板或沙浴上微沸 5 min,保温 2h,溶液最后体积保持在 150 mL 左右。

8.1.3.3 用慢速定量滤纸(8.1.2.8)过滤,用热水洗至无氯离子为止(用硝酸银溶液检验)。

8.1.3.4 将沉淀连同滤纸移入已恒重的瓷坩埚中,先在低温下灰化滤纸,然后在 800℃~850℃的马弗炉(3.1)中灼烧 40 min,取出坩埚,稍冷,放入干燥器中,冷至室温后,称重。

8.1.3.5 每配制一批试剂或改换其他任一试剂时,应进行空白试验(除不加灰样外,其余全部同 8.1.3)。

8.1.4 **结果计算**

三氧化硫的质量分数 $w(SO_3)$(%)按式(21)计算:

$$w(SO_3)=\frac{34.3\times(m_1-m_2)}{m} \quad \cdots\cdots(21)$$

式中:

m_1——硫酸钡的质量,单位为克(g);

m_2——空白测定时硫酸钡的质量，单位为克(g)；

m——灰样的质量，单位为克(g)。

计算结果按 GB/T 483 数字修约规则，修约至小数点后二位。

8.1.5 方法精密度

三氧化硫测定结果的精密度见表 14。

表 14 三氧化硫测定结果的精密度

质量分数/%	重复性限/%	再现性临界差/%
≤5.00	0.20	0.40
>5.00	0.30	0.60

8.2 燃烧中和法

8.2.1 方法提要

灰样以活性炭粉为添加剂，于 1 300℃的空气流中分解，用过氧化氢溶液吸收，以甲基红-溴甲酚绿为指示剂，用氢氧化钠标准溶液滴定。

8.2.2 试剂和材料

8.2.2.1 活性炭粉：粒度小于 0.1 mm。

8.2.2.2 硫酸(GB/T 625)：相对密度 1.84。

8.2.2.3 过氧化氢溶液：量取过氧化氢(HG 3-1082)10 mL，稀释至 100 mL，加入适量混合指示剂(8.2.2.7)，混合均匀备用。

8.2.2.4 氢氧化钾溶液：250 g/L。称取氢氧化钾(GB/T 3006)25 g 溶于水中，并用水稀释至 100 mL。

8.2.2.5 氢氧化钠标准溶液：$c(NaOH)=0.025$ mol/L。

配制：称取氢氧化钠(GB/T 629)5 g 溶于 5 L 已煮沸并放冷的水中，充分混匀，储于聚乙烯瓶中，并隔绝二氧化碳保存。

标定：准确称取预先在 120℃干燥 1 h 的苯二甲酸氢钾(GB/T 1291)基准试剂 0.100 0 g(称准至 0.000 2 g)，置于 300 mL 烧杯中，加入已煮沸 5 min 并经中和、放冷的水 150 mL，加酚酞指示剂(8.2.2.8)2 滴～3 滴，用氢氧化钠标准溶液滴定至微红色。用氢氧化钠标准溶液对三氧化硫的滴定度 $T(SO_3)$ 按式(22)计算：

$$T(SO_3)=\frac{0.040\,03\times 1\,000\times m}{0.204\,2V_1} \qquad (22)$$

式中：

m——苯二甲酸氢钾的质量，单位为克(g)；

V_1——标定时所耗氢氧化钠标准溶液的体积，单位为毫升(mL)；

0.204 2——苯二甲酸氢钾的摩尔质量，单位为克每毫摩尔(g/m mol)；

0.040 03——三氧化硫的摩尔质量，单位为克每毫摩尔(g/m mol)。

8.2.2.6 甲基红-溴甲酚绿混合指示剂：称取溴甲酚绿 1 g 溶于 14 mL 氢氧化钠(GB/T 629)[$c(NaOH)=0.1$ mol/L]溶液中，用水稀释至 1 L。另取甲基红(HG 3-958)1 g 溶于 37 mL 氢氧化钠(GB/T 629)[$c(NaOH)=0.1$ mol/L]溶液中，用水稀释至 1 L，使用时，两种溶液等体积混合。

8.2.2.7 酚酞指示剂：10 g/L。称取酚酞 1 g 溶于 95%乙醇(GB/T 679)中，并用乙醇稀释至 100 mL。

8.2.3 仪器设备

8.2.3.1 燃烧炉：管状，硅碳棒或硅碳管加热，炉温能保持在 1 300℃±20℃，恒温带 80 mm～100 mm，配有铂铑-铂热电偶和毫伏计。

8.2.3.2 异径燃烧管：刚玉制，管长约 750 mm，一端外径 22 mm、内径 19 mm、长约 690 mm，另一端外径 10 mm、内径 7 mm、长约 60 mm。

8.2.3.3 燃烧舟：刚玉制或耐火度大于1 400℃的瓷舟，长77 mm、上宽22 mm、高8 mm。

8.2.3.4 镍铬丝推棒：直径约2 mm，长约650 mm，一端卷成直径约10 mm的圆垫，作为推进燃烧舟用。

8.2.3.5 T形玻璃管：安装推棒兼作进空气用。

8.2.3.6 气体转子流量计：最大测量范围为1 L/min。

8.2.3.7 气体过滤器：由玻璃砂烧结而成的玻璃熔板，熔板型号G_2，孔径4.9 μm～9 μm，分散气体用。

8.2.3.8 锥形瓶：250 mL。

8.2.3.9 洗气瓶：250 mL，2个，一个内装氢氧化钾溶液(8.2.2.4)，一个内装浓硫酸(8.2.2.2)。

8.2.3.10 干燥塔：250 mL，内装变色硅胶。

8.2.3.11 水力抽气泵或真空泵一台。

8.2.3.12 硅橡胶管：外径11 mm，内径6 mm。

8.2.3.13 定硫吸收器：60 mL。

8.2.4 分析步骤

8.2.4.1 按图1装好仪器，通电升温至1 300℃±20℃，往定硫吸收器和锥形瓶中注入过氧化氢溶液50 mL。

抽气

空气进口

1——洗气瓶(内装氢氧化钾溶液)；
2——洗气瓶(内装浓硫酸)；
3——干燥塔(内装变色硅胶)；
4——气体转子流量计；
5——异径燃烧管；
6——燃烧舟；
7——燃烧炉；
8——硅橡胶管；
9——玻璃三通活塞；
10——定硫吸收器；
11——气体过滤器；
12——锥形瓶；
13——滴定管；
14——玻璃三通；
15——弹簧夹；
16——吸收液下口瓶；
17——热电偶套管；
18——热电偶；
19——控温器；
20——T形玻璃管；
21——推棒。

图1 三氧化硫燃烧法测定装置示意图

8.2.4.2 开动抽气泵，调节空气流速约为 500 mL/min，并用氢氧化钠标准溶液(8.2.2.6)调节过氧化氢溶液至亮绿色，玻璃三通活塞的测管内注入约 3 mL 水。

8.2.4.3 称取灰样约 0.1 g(称准至 0.000 2 g)、活性炭粉 0.1 g 于燃烧舟中，用细镍铬丝充分混匀，放入燃烧管内，塞上带有镍铬丝推棒和 T 形玻璃管的塞子，用推棒将燃烧舟推入炉内中心恒温带，立即抽回推棒，以免变形。

8.2.4.4 燃烧 10 min 后，用氢氧化钠标准溶液(8.2.2.6)滴定至定硫吸收器内的过氧化氢溶液由红变绿，拧动玻璃三通活塞，使在侧管内的水被抽入定硫吸收器内，冲洗存在侧管内的酸，此时过氧化氢溶液又由绿变红，继续滴定至亮绿色为终点。

8.2.4.5 关上抽气泵，取出燃烧舟，接着放入装有第二个灰样的燃烧舟，重复上述操作。

8.2.5 结果计算

三氧化硫的质量分数 $w(SO_3)$(%)按式(23)计算：

$$w(SO_3) = \frac{T(SO_3) \times V_2}{10m} \qquad \cdots\cdots(23)$$

式中：

$T(SO_3)$——氢氧化钠标准溶液对三氧化硫的滴定度，单位为毫克每毫升(mg/mL)；

V_2——试液所耗氢氧化钠标准溶液的体积，单位为毫升(mL)；

m——灰样的质量，单位为克(g)。

计算结果按 GB/T 483 数字修约规则，修约至小数点后二位。

8.2.6 方法精密度

三氧化硫测定结果的精密度见表 15。

表 15 三氧化硫测定结果的精密度

质量分数/%	重复性限/%	再现性临界差/%
≤5.00	0.20	0.40
>5.00	0.30	0.60

8.3 库仑滴定法

8.3.1 方法提要

灰样在 1 150℃高温和催化剂作用下，于净化过的空气流中燃烧，煤灰中的硫酸盐分解为二氧化硫和少量的三氧化硫而逸出，被空气带到库仑定硫仪的电解池内与水化合生成亚硫酸和少量硫酸，仪器立即以自动电解碘化钾溶液生成的碘来氧化滴定亚硫酸，电解产生碘所消耗的电量经仪器转换为相应的硫含量(mg)或质量分数(%)，根据显示值计算出灰样中三氧化硫含量。

8.3.2 试剂

8.3.2.1 三氧化钨。

8.3.2.2 氢氧化钠(GB/T 629)：粒状。

8.3.2.3 电解液：称取碘化钾(GB/T 1272)5 g、溴化钾(GB/T 649)5 g，加冰乙酸(GB/T 676)10 mL，溶于水中，并用水稀释至 250 mL～300 mL。

8.3.3 仪器设备

8.3.3.1 送样程序控制器：灰样可按指定的程序前进或后退。

8.3.3.2 高温炉：用硅碳棒做加热元件，有不小于 70 mm 长的高温带(1 150℃±10℃)，燃烧管和燃烧舟需耐温 1 300℃，采用铂铑-铂热电偶。

8.3.3.3 搅拌器和电解池：搅拌器转速为 500 r/min，连续可调，电解池高约 120 mm，容量约 400 mL，内安有二块面积为 150 mm^2 的铂电解电极和二块面积为 15 mm^2 的铂指示电极，指示电极响应时间小于 1 s。

8.3.3.4 库仑积分器：电解电流 0 mA～350 mA 范围内积分线形度应为±0.1%，并配有 5～6 位数字的数码管。

8.3.3.5 空气净化系统：由抽气泵供出的约 1 500 mL/min 的空气，经过内装氢氧化钠及变色硅胶的干燥管净化、干燥。

8.3.4 试验准备

8.3.4.1 接通电源后，使高温炉升至 1 150℃，另取一组已校正过的铂铑-铂热电偶高温计测定燃烧管中高温带的位置、长度及 600℃预分解的位置。

8.3.4.2 调节送样程序控制器，使预分解及高温分解的位置分别处于高温炉的 600℃和1 150℃处。

8.3.4.3 在燃烧管中充填厚度为 3 mm 的硅酸铝棉，分别放置于高温带后端及燃烧管出口处。

8.3.4.4 将送样程序控制器、高温炉(内装燃烧管)、库仑积分器、搅拌器、电解池和空气净化系统组装在一起。

8.3.4.5 开动送气抽气泵，将抽气速度调节到 1 L/min，然后关闭电解池与燃烧管间的活塞。如抽气速度可降到 500 mL/min 以下，表示电解池、干燥管等部件均气密。否则需重新检查电解池等部件。

8.3.5 分析步骤

8.3.5.1 将炉温升至在 1 150℃。

8.3.5.2 将抽气泵的抽气速度调到 1 L/min，于抽气条件下，将 250 mL～300 mL 电解液倒入电解池内。开动搅拌器后，再将旋钮转到自动电解位置。

8.3.5.3 称取灰样 0.05 g(称准至 0.000 2 g)于燃烧舟中(当三氧化硫含量大于 10%时，可将称样量减至 0.02 g～0.03 g)，在灰样上盖一薄层三氧化钨，将送样舟置于炉内的石英托盘上，开启程序控制器，石英托盘即自动进炉，库仑滴定即开始(对三氧化硫含量高的灰样需适当延长在高温区的停留时间)，积分仪显示硫的值。

8.3.6 结果计算

三氧化硫的质量分数 $w(SO_3)$(%)按式(24)计算：

$$w(SO_3)=\frac{m(S)}{10\times m}\times 2.5 \qquad \cdots\cdots(24)$$

式中：

$m(S)$——积分仪显示的硫的质量，单位为毫克(mg)；

m——灰样的质量，单位为克(g)；

2.5——由硫换算成三氧化硫的因数。

计算结果按 GB/T 483 数字修约规则，修约至小数点后二位。

8.3.7 方法精密度

三氧化硫测定结果的精密度见表 16。

表 16 三氧化硫测定结果的精密度

质量分数/%	重复性限/%	再现性临界差/%
≤5.00	0.20	0.40
>5.00	0.40	0.80

9 五氧化二磷的测定(磷钼蓝分光光度法)

本标准包括两种测定五氧化二磷的方法：方法一和方法二。

9.1 方法一

9.1.1 方法提要

灰样用氢氟酸-高氯酸分解以脱除二氧化硅，吸取部分溶液加入钼酸铵和抗坏血酸溶液，生成磷钼蓝,用分光光度法进行测定。

9.1.2 试剂

9.1.2.1 氢氟酸(GB/T 620)。

9.1.2.2 高氯酸(GB/T 623):优级纯。

9.1.2.3 盐酸(GB/T 622):优级纯。

9.1.2.4 盐酸(GB/T 622)溶液:体积比为(1+1)。

9.1.2.5 抗坏血酸溶液:50 g/L。称取抗坏血酸 5 g 溶于水中,并用水稀释至 100 mL。现用现配。

9.1.2.6 硫酸(GB/T 625)溶液:$c(1/2H_2SO_4)=7.2$ mol/L。

9.1.2.7 钼酸铵-硫酸溶液:称取钼酸铵(GB/T 657)17.2 g 溶于硫酸溶液(9.1.2.6)中,并用该酸稀释至 1 L。

9.1.2.8 酒石酸锑钾溶液:称取酒石酸锑钾 0.34 g 溶于 250 mL 水中。

9.1.2.9 试剂溶液:往 35 mL 钼酸铵-硫酸溶液(9.1.2.7)中加入 10 mL 抗坏血酸溶液(9.1.2.5)和 5 mL酒石酸锑钾溶液(9.1.2.8),混匀。现用现配。

9.1.2.10 五氧化二磷标准储备溶液:0.229 2 g/L。

准确称取已在 110℃干燥 1 h 的优级纯磷酸二氢钾 0.439 2 g(称准至 0.000 2 g),溶于水中,移入 1 L的容量瓶中,用水稀释至刻度,摇匀。

9.1.2.11 五氧化二磷标准工作溶液:0.022 92 g/L。

准确吸取五氧化二磷标准储备溶液 10 mL,注入 100 mL 容量瓶中,用水稀释至刻度,摇匀。现用现配。

9.1.3 分析步骤

9.1.3.1 待测样品溶液的制备

称取灰样 0.100 0 g(称准至 0.000 2 g)于 30 mL 聚四氟乙烯坩埚中,用水润湿,加高氯酸 2 mL、氢氟酸 10 mL,置于电热板上低温缓缓加热(温度不高于 250℃),蒸至近干,再升高温度继续加热至白烟基本冒尽,溶液蒸至干涸但不焦黑为止。取下坩埚稍冷,加入盐酸溶液(9.1.2.4)10 mL、水 10 mL,再放在电热板上加热至近沸,并保温 2 min。取下坩埚,用热水将坩埚中的试样溶液移入 100 mL 容量瓶中,冷至室温,用水稀释至刻度,摇匀。

9.1.3.2 空白溶液的制备

同待测样品溶液的制备(9.1.3.1),只是不加入灰样。

9.1.3.3 工作曲线的绘制

9.1.3.3.1 准确吸取五氧化二磷标准工作溶液 0 mL、1 mL、2 mL、3 mL 分别注入 50 mL 容量瓶中,加入试剂溶液(9.1.2.9)5 mL,放置 1 min~2 min 后,用水稀释至刻度,摇匀。于 20℃~30℃下放置1 h后,在分光光度计上,用 1 cm~3 cm 的比色皿,在波长 650 nm 处,测定吸光度。

9.1.3.3.2 以五氧化二磷的质量(mg)为横坐标,吸光度为纵坐标,绘制工作曲线。

9.1.3.4 测定

准确吸取待测样品溶液(9.1.3.1)和空白溶液(9.1.3.2)各 10 mL,分别注入 50 mL 容量瓶中,按 9.1.3.3.1 进行操作(若测得的吸光度超出工作曲线范围,应适当减少分取溶液的量)。从工作曲线上查得相应的五氧化二磷的质量(mg)。

9.1.4 结果计算

五氧化二磷的质量分数 $w(P_2O_5)$(%)按式(25)计算:

$$w(P_2O_5)=\frac{10\times m(P_2O_5)}{m\times V_1} \qquad \cdots\cdots(25)$$

式中:

$m(P_2O_5)$——由工作曲线上查得的五氧化二磷的质量,单位为毫克(mg);

V_1——从灰样溶液总体积(100 mL)中分取的溶液的体积，单位为毫升(mL)；

m——灰样的质量，单位为克(g)。

计算结果按 GB/T 483 数字修约规则，修约至小数点后二位。

9.1.5 方法精密度

五氧化二磷测定结果的精密度见表 17。

表 17 五氧化二磷测定结果的精密度

质量分数/%	重复性限/%	再现性临界差/%
≤1.00	0.05	0.15
1.00～5.00	0.15	0.50

9.2 方法二

9.2.1 方法提要

灰样用氢氟酸-硫酸分解以脱出二氧化硅，吸取部分溶液加入钼酸铵和抗坏血酸溶液，生成磷钼蓝，用分光光度法进行测定。

9.2.2 试剂

9.2.2.1 氢氟酸(GB/T 620)。

9.2.2.2 硫酸(GB/T 625)：相对密度 1.84。

9.2.2.3 硫酸(GB/T 625)溶液：$c(1/2H_2SO_4)=0.2$ mol/L。

9.2.2.4 硫酸(GB/T 625)溶液：$c(1/2H_2SO_4)=4$ mol/L。

9.2.2.5 抗坏血酸溶液：50 g/L。称取抗坏血酸 5 g 溶于水中，并用水稀释至 100 mL。现用现配。

9.2.2.6 硫酸(GB/T 625)溶液：$c(1/2H_2SO_4)=7.2$ mol/L。

9.2.2.7 钼酸铵-硫酸溶液：称取钼酸铵(GB/T 657)17.2 g 溶于硫酸溶液(9.2.2.6)中，并用该酸稀释至 1 L。

9.2.2.8 酒石酸锑钾溶液：称取酒石酸锑钾 0.34 g 溶于 250 mL 水中。

9.2.2.9 试剂溶液：往 35 mL 钼酸铵-硫酸溶液(9.2.2.7)中加入 10 mL 抗坏血酸溶液(9.2.2.5)和 5 mL酒石酸锑钾溶液(9.2.2.8)，混匀。现用现配。

9.2.2.10 五氧化二磷标准储备溶液：229.2 g/L。

准确称取已在 110℃ 干燥 1 h 的优级纯磷酸二氢钾 0.439 2 g(称准至 0.000 2 g)，溶于水中，移入 1 L 的容量瓶中，用水稀释至刻度，摇匀。

9.2.2.11 五氧化二磷标准工作溶液：22.9 g/L。

准确吸取五氧化二磷标准储备溶液 10 mL，注入 100 mL 容量瓶中，用水稀释至刻度，摇匀。现用现配。

9.2.3 分析步骤

9.2.3.1 待测样品溶液的制备

称取灰样 0.200 0 g(称准至 0.000 2 g)，置于 30 mL 聚四氟乙烯坩埚中，氢氟酸 10 mL、硫酸(9.2.2.2)0.5 mL，于通风橱内，在电热板上低温缓缓加热，蒸至近干，再升高温度继续加热至白烟基本冒尽，溶液蒸至干涸但不焦黑为止。取下坩埚冷却后，用热水将坩埚中的熔融物洗入 100 mL 烧杯中，加硫酸溶液(9.2.2.3)20 mL 和适量水，加热至盐类溶解，冷至室温，移入 200 mL 容量瓶中，并用水稀释至刻度，摇匀，澄清后备用。

9.2.3.2 空白溶液的制备

同待测样品溶液的制备(9.2.3.1)，只是不加入灰样。

9.2.3.3 工作曲线的绘制

9.2.3.3.1 准确吸取五氧化二磷标准工作溶液 0 mL、1 mL、2 mL、3 mL 分别注入 50 mL 容量瓶中，加入试剂溶液(9.2.2.9)5 mL,放置 1 min～2 min 后,用水稀释至刻度,摇匀。于 20℃～30℃下放置1 h后,在分光光度计上,用 1 cm～3 cm 的比色皿,在波长 650 nm 处,测定吸光度。

9.2.3.3.2 以五氧化二磷的质量(mg)为横坐标,吸光度为纵坐标,绘制工作曲线。

9.2.3.4 **测定**

准确吸取待测样品溶液(9.2.3.1)和空白溶液(9.2.3.2)各 10 mL,分别注入 50 mL 容量瓶中,加入硫酸溶液(9.2.2.4)0.4 mL。再按 9.2.3.3.1 进行操作(若测得的吸光度超出工作曲线范围,应适当减少分取溶液的量)。从工作曲线上查得相应的五氧化二磷的质量(mg)。

9.2.4 **结果计算**

五氧化二磷的质量分数 $w(P_2O_5)$(%)按式(26)计算:

$$w(P_2O_5) = \frac{20 \times m(P_2O_5)}{m \times V_2} \qquad \cdots\cdots (26)$$

式中:

$m(P_2O_5)$——由工作曲线上查得的五氧化二磷的质量,单位为毫克(mg);

V_2——从灰样溶液总体积(200 mL)中分取的溶液的体积,单位为毫升(mL);

m——灰样的质量,单位为克(g)。

计算结果按 GB/T 483 数字修约规则,修约至小数点后二位。

9.2.5 **方法精密度**

同 9.1.5。

10 氧化钾和氧化钠的测定(火焰光度法)

10.1 方法提要

灰样经氢氟酸、硫酸分解,制成稀硫酸溶液,用火焰光度法测定。

10.2 试剂

10.2.1 硫酸(GB/T 625)溶液:$c(1/2H_2SO_4)=0.2$ mol/L。

10.2.2 氧化钾、氧化钠的标准混合溶液:0.4 mg/mL。

准确称取预先在 600℃灼烧 30 min 的优级纯氯化钾(GB/T 646)0.633 2 g 和优级纯氯化钠 0.754 4 g溶于水中,移入 1 000 mL 容量瓶中,用水稀释至刻度,摇匀。储于聚乙烯瓶中。

10.2.3 合成灰溶液:称取相当于 0.5 g 氧化铁、1.0 g 氧化铝、0.5 g 氧化钙、0.2 g 氧化镁、0.2 g 三氧化硫、0.01 g 五氧化二磷、0.05 g 四氧化三锰和 0.05 g 二氧化钛等相应的试剂,分别溶解后,移入 1 000 mL容量瓶中,用水稀释至刻度,摇匀。储于聚乙烯瓶中。

10.2.4 满度调节液:吸取氧化钾、氧化钠的标准混合溶液(10.2.2)、合成灰溶液(10.2.3)和硫酸溶液(10.2.1)各 100 mL,注入 1 000 mL 容量瓶中,用水稀释至刻度,摇匀,倒入 5 000 mL 聚乙烯瓶中,再重复上述操作 3 次(每次均应清洗容量瓶),将所得 4 000 mL 满度调节液充分摇匀,备用。

10.2.5 零点调节液:吸取合成灰溶液(10.2.3)和硫酸溶液(10.2.1)各 100 mL,注入 1 000 mL 容量瓶中,用水稀释至刻度,摇匀,倒入 5 000 mL 聚乙烯瓶中,再重复上述操作 1 次(每次均应清洗容量瓶),将所得 2 000 mL 零点调节液充分摇匀,备用。

10.3 分析步骤

10.3.1 待测样品溶液的制备:同 9.2.3.1。

10.3.2 空白溶液的制备:同 9.2.3.2。

10.3.3 工作曲线的绘制

10.3.3.1 准确吸取氧化钾、氧化钠的标准混合溶液 0 mL、2 mL、4 mL、6 mL、8 mL、10 mL 分别注入 100 mL 容量瓶中,加硫酸溶液(10.2.1)10 mL,合成灰溶液 10 mL,用水稀释至刻度,摇匀。

10.3.3.2 预热火焰光度计 15 min,调节最佳的空气压和燃气压,放入钾滤光镜,分别以零点调节液和满度调节液调节光栅使检流计指针读数分别在"0"和满度的位置上,反复调节到稳定为止。然后依次进行测定,记录钾的读数。

10.3.3.3 换上钠滤光镜,分别以零点调节液和满度调节液重新调节光栅使检流计指针读数分别在"0"和"1/2"满度的位置上,反复调节到稳定为止。然后依次进行测定,记录钠的读数。

10.3.3.4 分别以氧化钾、氧化钠的质量(mg)为横坐标,相应的读数为纵坐标,绘制工作曲线。

10.3.4 测定

按10.3.3.2和10.3.3.3的步骤分别对样品溶液(10.3.1)和空白溶液(10.3.2)进行测定,记录钾和钠的读数,然后从工作曲线上查出氧化钾、氧化钠的质量(mg)。

10.4 结果计算

氧化钾和氧化钠的质量分数 $w(K_2O)$(%)和 $w(Na_2O)$(%)分别按式(27)和式(28)计算:

$$w(K_2O)=\frac{0.2\times m(K_2O)}{m} \qquad \cdots\cdots(27)$$

$$w(Na_2O)=\frac{0.2\times m(Na_2O)}{m} \qquad \cdots\cdots(28)$$

式中:

$m(K_2O)$、$m(Na_2O)$——分别由工作曲线上查得的氧化钾和氧化钠的质量,单位为毫克(mg);

m——灰样的质量,单位为克(g)。

计算结果按GB/T 483数字修约规则,修约至小数点后二位。

10.5 方法精密度

氧化钾和氧化钠测定结果的精密度分别见表18和表19。

表18 氧化钾测定结果的精密度

质量分数/%	重复性限/%	再现性临界差/%
≤1.00	0.10	0.20
>1.00	0.20	0.30

表19 氧化钠测定结果的精密度

质量分数/%	重复性限/%	再现性临界差/%
≤1.00	0.10	0.20
>1.00	0.20	0.30

11 钾、钠、铁、钙、镁、锰的测定方法(原子吸收法)

11.1 方法提要

灰样经氢氟酸、高氯酸分解,在盐酸介质中,加入释放剂镧或锶消除铝、钛等对钙、镁的干扰,用空气-乙炔火焰进行原子吸收测定。

11.2 试剂

11.2.1 氢氟酸(GB/T 620):40%以上。

11.2.2 高氯酸(GB/T 623):70.0%以上。

11.2.3 盐酸(GB/T 626)溶液:体积比为(1+1)。

11.2.4 盐酸(GB/T 626)溶液:体积比为(1+3)。

11.2.5 镧溶液:50 mg/mL。称取高纯(99.99%)三氧化二镧29.4 g于400 mL烧杯中,加水50 mL,缓缓加入盐酸溶液(11.2.3)100 mL,加热溶解,冷后移入500 mL容量瓶中,加水稀释至刻度,摇匀。转入塑料瓶中。

11.2.6 锶溶液:50 mg/mL。称取经重结晶提纯的氯化锶($SrCl_2\cdot 6H_2O$)152 g于400 mL烧杯中,加

水溶解,移入 1 000 mL 容量瓶中,用水稀释至刻度,摇匀。转入塑料瓶中。

注:氯化锶提纯方法:1 000 g 氯化锶($SrCl_2 \cdot 6H_2O$)加水 400 mL,加热至 70℃左右溶解,趁热加入 400 mL 乙醇,低温重结晶后抽滤,在 40℃~50℃下烘干。

11.2.7 铝溶液:含 Al_2O_3 量 1 mg/mL。称取氯化铝($AlCl_3 \cdot 6H_2O$)4.736 g 于 400 mL 烧杯中,加水溶解,移入 1 000 mL 容量瓶中,加水稀释至刻度,摇匀。转入塑料瓶中。

11.2.8 氧化钾标准储备溶液:1 mg/mL。

称取已在 500℃灼烧 30 min 的高纯氯化钾(99.99%)1.582 9 g 于 400 mL 烧杯中,加水溶解,移入 1 000 mL 容量瓶中,加水稀释至刻度,摇匀。转入塑料瓶中。

11.2.9 氧化钠标准储备溶液:1 mg/mL。

称取已在 500℃灼烧 30 min 的高纯氯化钠(99.99%)1.885 9 g 于 400 mL 烧杯中,加水溶解,移入 1 000 mL 容量瓶中,加水稀释至刻度,摇匀。转入塑料瓶中。

11.2.10 氧化钙标准储备溶液:1 mg/mL。

称取已在 110℃烘过 1 h 的高纯碳酸钙(99.99%)1.784 0 g 于 400 mL 烧杯中,加水 50 mL,盖上表面皿,沿杯壁缓缓加入盐酸溶液(11.2.3)20 mL,溶解完全后,加热煮沸驱尽二氧化碳,用水冲洗表面皿及杯壁,冷至室温,转入 1 000 mL 容量瓶中,用水稀释至刻度,摇匀。转入塑料瓶中。

11.2.11 氧化镁标准储备溶液:1 mg/mL。

称取高纯金属镁(99.99%)0.603 0 g 于 400 mL 烧杯中,加入盐酸溶液(11.2.3)40 mL,加热溶解完全,冷至室温,移入 1 000 mL 容量瓶中,用水稀释至刻度,摇匀。转入塑料瓶中。

11.2.12 三氧化二铁标准储备溶液:1 mg/mL。

称取已在 110℃烘过 1 h 的高纯三氧化二铁(99.99%)1.0000 g 于 400 mL 烧杯中,加入盐酸溶液(11.2.3)40 mL,盖上表面皿缓缓加热溶解,冷至室温,移入 1 000 mL 容量瓶中,用水稀释至刻度,摇匀。转入塑料瓶中。

11.2.13 二氧化锰标准储备溶液:1 mg/mL。

称取高纯二氧化锰(99.99%)1.000 0 g 于 400 mL 烧杯中,加入盐酸溶液(11.2.3)40 mL,盖上表面皿,缓缓加热至全部溶解后,冷至室温,移入 1 000 mL 容量瓶中,用水稀释至刻度,摇匀。转入塑料瓶中。

注:钾、钠、铁、钙、镁、锰标准储备溶液也可使用市售的有证标准物质。

11.2.14 铁、钙、镁混合标准工作溶液:含 Fe_2O_3 量 200 μg/mL、CaO 量 200 μg/mL、MgO 量 50 μg/mL。

准确吸取三氧化二铁标准储备溶液 100 mL、氧化钙标准储备溶液 100 mL 及氧化镁标准储备溶液 25 mL 于 500 mL 容量瓶中,加水稀释至刻度,摇匀。转入塑料瓶中。

11.2.15 钾、钠、锰混合标准工作溶液:含 K_2O 量 50 μg/mL、Na_2O 量 50 μg/mL、MnO_2 量 50 μg/mL。

准确吸取氧化钾标准储备溶液、氧化钠标准储备溶液及二氧化锰标准储备溶液各 25 mL 于500 mL 容量瓶中,加水稀释至刻度,摇匀。转入塑料瓶中。

11.3 分析步骤

11.3.1 样品溶液的制备

称取灰样 0.1 g±0.01 g(称准至 0.000 2 g)于聚四氟乙烯坩埚中,用水润湿,加高氯酸 2 mL、氢氟酸 10 mL,置于电热板上低温缓缓加热(温度不高于 250℃),蒸至近干,再升高温度继续加热至白烟基本冒尽,溶液蒸至干涸但不焦黑为止。取下坩埚稍冷,加入盐酸溶液(11.2.3)10 mL、水 10 mL,再放在电热板上加热至近沸,并保温 2 min。取下坩埚,用热水将坩埚中的试样溶液移入 100 mL 容量瓶中,冷至室温,用水稀释至刻度,摇匀。

11.3.2　样品空白溶液的制备

分解一批样品应同时制备一个样品空白溶液，样品空白溶液的制备除不加样品外，其余操作同11.3.1。

11.3.3　待测样品溶液的制备

11.3.3.1　铁、钙、镁待测样品溶液：准确吸取样品溶液（11.3.1）及样品空白溶液（11.3.2）各5 mL于50 mL容量瓶中，加镧溶液2 mL（用锶作释放剂时，改加锶溶液2 mL）、盐酸溶液（11.2.4）1 mL，加水稀释至刻度，摇匀。

11.3.3.2　钾、钠、锰待测样品溶液：准确吸取样品溶液（11.3.1）及样品空白溶液（11.3.2）各5 mL于50 mL容量瓶中，加盐酸溶液（11.2.4）1 mL，加水稀释至刻度，摇匀。

11.3.4　混合标准系列溶液的制备

11.3.4.1　铁、钙、镁混合标准系列溶液：分别吸取铁、钙、镁混合标准工作溶液0 mL、1 mL、2 mL、3 mL、4 mL、5 mL、6 mL、7 mL、8 mL、9 mL、10 mL于100 mL容量瓶中，加镧溶液4 mL（用锶作释放剂时，改加锶溶液4 mL和铝溶液3 mL）、盐酸溶液（11.2.4）4 mL，用水稀释至刻度，摇匀。

11.3.4.2　钾、钠、锰混合标准系列溶液：分别吸取钾、钠、锰混合标准工作溶液0 mL、1 mL、2 mL、3 mL、4 mL、5 mL、6 mL、7 mL、8 mL、9 mL、10 mL于100 mL容量瓶中，加盐酸溶液（11.2.4）4 mL，用水稀释至刻度，摇匀。

注：11.3.4.1和11.3.4.2的混合标准系列溶液的浓度间隔视仪器性能及工作曲线弯曲情况可增大或减小。

11.3.5　铁、钙、镁、钾、钠、锰的测定

11.3.5.1　仪器工作条件的确定：除表20所规定的各元素的分析线和所使用的火焰气体外，将仪器的其他参数，如灯电流、通带宽度、燃烧器高度及转角，燃气和助燃气的流量、压力等调至最佳值。

表20　推荐的仪器工作条件

元素	分析线/nm	火焰气体
K	766.5	乙炔-空气
Na	589.0	乙炔-空气
Fe	248.3	乙炔-空气
Ca	422.7	乙炔-空气
Mg	285.2	乙炔-空气
Mn	279.5	乙炔-空气

11.3.5.2　测定：按11.3.5.1确定的仪器工作条件，分别测定标准系列溶液（11.3.4.1和11.3.4.2）及待测样品溶液（11.3.3.1和11.3.3.2）中相应元素的吸光度。

11.3.5.3　工作曲线的绘制：以标准系列溶液中测定的成分质量浓度（μg/mL）为横坐标，相应的吸光度为纵坐标，绘制各成分的工作曲线。

11.4　结果计算

各成分的质量分数 $w(\mathrm{R_mO_n})$（%）按式（29）计算：

$$w(\mathrm{R_mO_n})=\frac{\rho\times 0.001\times 100}{m} \qquad \cdots\cdots(29)$$

式中：

ρ——由工作曲线上查得的测定成分的质量浓度，单位为微克每毫升（μg/mL）；

m——灰样的质量，单位为克（g）。

计算结果按GB/T 483数字修约规则，修约至小数点后二位。

11.5　方法精密度

各成分测定结果的精密度见表21。

表 21 各成分测定结果的精密度

成分	质量分数/%	重复性限/%	再现性临界差/%
Fe_2O_3	＜5.00	0.20	0.40
	5.00～10.00	0.40	0.80
	＞10.00	0.80	1.50
CaO	＜5.00	0.20	0.40
	5.00～10.00	0.40	0.80
	＞10.00	0.80	1.50
MgO	≤2.00	0.10	0.20
	＞2.00	0.20	0.40
K_2O	≤1.00	0.10	0.20
	＞1.00	0.20	0.40
Na_2O	≤1.00	0.10	0.20
	＞1.00	0.20	0.40
MnO_2	≤0.50	0.05	0.10
	＞0.50	0.10	0.20

12 试验报告

试验报告应包含下列信息：

a) 试样编号；

b) 依据标准；

c) 使用方法；

d) 试验结果；

e) 与标准的偏离；

f) 试验中观察到的异常现象；

g) 试验日期。

ICS 71.100.01;87.060.10
G 56

中华人民共和国国家标准

GB/T 1648—2007
代替 GB/T 1648—2001

1-萘胺-8-羟基-3,6-二磺酸单钠盐（H-酸单钠盐）

1-Amino-8-hydroxy-3,6-naphthalenedisulfonic acid monosodium salt (H-acid monosodium salt)

2007-11-28 发布　　2008-06-01 实施

中华人民共和国国家质量监督检验检疫总局
中国国家标准化管理委员会　发布

前言

本标准代替 GB/T 1648—2001《1-萘胺-8-羟基-3,6-二磺酸单钠盐(H-酸单钠盐)》。

本标准与 GB/T 1648—2001《1-萘胺-8-羟基-3,6-二磺酸单钠盐(H-酸单钠盐)》的主要差异如下：

——将亚硝酸钠标准滴定溶液的浓度由 0.5 mol/L 调整为 0.1 mol/L(2001 年版的 5.2.1；本版的 5.3.1)；

——将变色酸含量的技术指标由原来的≤2.0%，修改为≤1.0%(2001 年版的第 3 章；本版的第 3 章)；

——增加了有机杂质 ω 酸的质量控制项目和测试方法(本版的 5.5)；

——将测试方法由外标法修改为面积归一化法，波长由 234 nm 修改为 254 nm(2001 年版的 5.4；本版的 5.5)；

——删除了资料性附录 A(2001 年版的附录 A)。

本标准由中国石油和化学工业协会提出。

本标准由全国染料标准化技术委员会(SAC/TC 134)归口。

本标准起草单位：沈阳化工研究院、浙江海晨化工有限公司、湖北楚源高新化工股份有限公司。

本标准主要起草人：季浩、张七男、成协松、陈翠兰、杨杰民。

本标准于 1977 年首次发布为化工部颁标准 HG/T 2-817-1977，于 1979 年修订并调整为国家标准 GB 1648—1979，1984 年修订为 GB 1648—1984，2001 年修订为 GB/T 1648—2001。

1-萘胺-8-羟基-3,6-二磺酸单钠盐
(H-酸单钠盐)

1 范围

本标准规定了1-萘胺-8-羟基-3,6-二磺酸单钠盐产品的要求、采样、试验方法、检验规则以及标志、标签、包装、运输、贮存。

本标准适用于1-萘胺-8-羟基-3,6-二磺酸单钠盐的产品质量检验,该产品主要用于染料工业和医药工业中。

结构式:

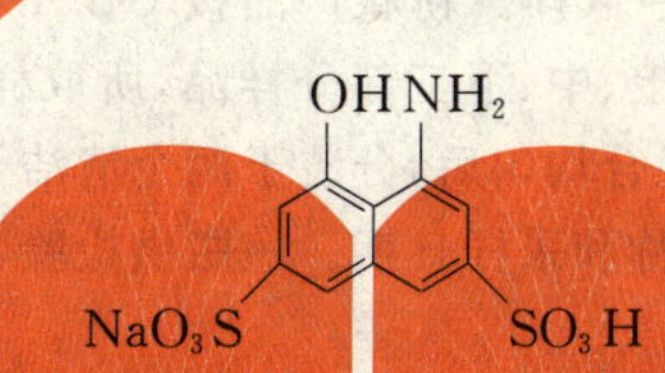

分子式:$C_{10}H_8O_7NS_2Na$

相对分子质量:341.30(按2005年国际相对原子质量)

2 规范性引用文件

下列文件中的条款通过本标准的引用而成为本标准的条款。凡是注日期的引用文件,其随后所有的修改单(不包括勘误的内容)或修订版均不适用于本标准,然而,鼓励根据本标准达成协议的各方研究是否可使用这些文件的最新版本。凡是不注日期的引用文件,其最新版本适用于本标准。

GB 191 包装储运图示标志(GB 191—2000,eqv ISO 780:1997)

GB/T 601 化学试剂 标准滴定溶液的制备

GB/T 603 化学试剂 试验方法中所用制剂及制品的制备(GB/T 603—2002,ISO 6353-1:1982,NEQ)

GB/T 1250—1989 极限数值的表示方法和判定方法

GB/T 2381—2006 染料及染料中间体 不溶物质含量的测定

GB/T 2386—2006 染料及染料中间体 水分的测定

GB/T 6678—2003 化工产品采样总则

GB/T 6682 分析实验室用水规格和试验方法(GB/T 6682—1992,neq ISO 3696:1987)

3 要求

1-萘胺-8-羟基-3,6-二磺酸单钠盐的质量应符合表1的规定。

表1 1-萘胺-8-羟基-3,6-二磺酸单钠盐的质量要求

项目	指标	
	膏状	粉状
(1)外观	灰白色至米棕色或灰棕色膏状物,贮存时外观颜色允许加深	灰白色至米棕色或灰棕色粉状物
(2)1-萘胺-8-羟基-3,6-二磺酸单钠盐质量分数(总氨基值)/%	42.0±2.0	≥85.0

表 1(续)

项目		指标	
		膏状	粉状
(3)碱不溶物质量分数(以 100%计)/%	≤	0.2	0.2
(4)变色酸双钠盐质量分数/% (HPLC)	≤	1.0	1.0
(5)T-酸双钠盐质量分数/% (HPLC)	≤	0.5	0.5
(6)ω-酸质量分数/% (HPLC)	≤	0.3	0.2
(7)水分质量分数/%	≤	—	5.0

4 采样

膏状产品从每批产品的100%桶中取样。粉状产品按 GB/T 6678—2003 中7.6规定的单元数采样。采样时用不锈钢采样器采取包括上、中、下三部分样品，所取样品总量膏状不得少于1 000 g,粉状不得少于500 g。将采取的样品仔细混合均匀后，分装于两个清洁干燥带磨口塞的广口瓶中。瓶上粘贴标签，注明:产品名称、批号、生产厂名称和采样日期。一瓶供检验，一瓶保存备查(膏状产品不留样)。

5 试验方法

警告:使用本标准的人员应有正规实验室工作的实践经验。本标准并未指出所有可能的安全问题。使用者有责任采取适当的安全和健康措施,并保证符合国家有关法规规定的条件。

5.1 一般规定

除非另有规定,仅使用确认为分析纯的试剂和 GB/T 6682 中规定的三级水。试验中所用标准滴定溶液,在没有注明其他要求时,均按 GB/T 601 和 GB/T 603 的规定制备与标定。检验结果的判定按 GB/T 1250—1989 中的5.2修约值比较法进行。

5.2 外观的评定

在自然光线下采用目视评定。

5.3 1-萘胺-8-羟基-3,6-二磺酸单钠盐含量的测定

5.3.1 试剂和溶剂

a) 碳酸钠;

b) 碳酸钠溶液:100 g/L;

c) 盐酸溶液:1+1;

d) 亚硝酸钠标准滴定溶液:$c(NaNO_2)=0.1$ mol/L,按 GB/T 601 的规定配制和标定,标定时用淀粉碘化钾试纸判定终点;

e) 淀粉碘化钾试纸。

5.3.2 分析步骤

称取 50 g 膏状 1-萘胺-8-羟基-3,6-二磺酸单钠盐样品(粉状称取 25 g,精确至 0.01 g)用水洗入 400 mL烧杯中,加入碳酸钠溶液 80 mL,搅拌溶解后,移入 1 000 mL 的容量瓶中,用水稀释至刻度,混合均匀。用移液管吸取 50 mL 样品溶液,置于预先加有 400 mL 水的 600 mL 烧杯中,在搅拌下加入盐酸溶液 20 mL,待此溶液达到 20℃～25℃时,在不停搅拌下以亚硝酸钠标准滴定溶液滴定。滴定时应将滴定管尖端插入液面下,当滴定将近终点时,提出滴定管使之与液面离开,再慢慢地逐滴加入亚硝酸钠标准滴定溶液,用淀粉碘化钾试纸试验,当用玻璃棒蘸取一滴试液于淀粉碘化钾试纸上,呈现蓝色润圈,3 min 后用同样方法试验,仍呈现蓝色润圈时即为终点。在相同条件下做一空白试验。

5.3.3 分析结果的表示与计算

1-萘胺-8-羟基-3,6-二磺酸单钠盐含量以总氨基值 w_1 计,数值以%表示,按式(1)计算:

$$w_1=\frac{cM(V-V_0)}{50\ m}\times 100 \quad \cdots\cdots (1)$$

式中:

c——亚硝酸钠标准滴定溶液浓度的准确数值,单位为摩尔每升(mol/L);

M——1-萘胺-8-羟基-3,6-二磺酸单钠盐的摩尔质量数值,单位为克每摩尔(g/mol)[$M(C_{10}H_8O_7NS_2Na)=341.3$];

V——试样消耗亚硝酸钠标准滴定溶液的体积数值,单位为毫升(mL);

V_0——空白消耗亚硝酸钠标准滴定溶液的体积数值,单位为毫升(mL);

m——试样的质量的数值,单位为克(g)。

计算结果表示到小数点后两位。

5.3.4 允许差

两次平行测定结果之差应不大于 0.2%,取其算术平均值作为测定结果。

5.4 碱不溶物含量的测定

按 GB/T 2381—2006 中的规定进行。称样 20 g,加 100 g/L 碳酸钠溶液 100 mL。

碱不溶物含量以质量分数 w_2 计,数值以%表示,按式(2)计算:

$$w_2=\frac{m_3-m_2}{m_1\cdot w_1}\times 100 \quad \cdots\cdots (2)$$

式中:

m_3——烘干后滤杯与不溶物残渣总质量数值,单位为克(g);

m_2——烘干后滤杯的质量数值,单位为克(g);

m_1——试样的质量数值,单位为克(g);

w_1——1-萘胺-8-羟基-3,6-二磺酸单钠盐的含量(%)。

5.4.1 允许差

两次平行测定结果之差应不大于 0.05%,取其算术平均值作为测定结果。

5.5 1-萘胺-8-羟基-3,6-二磺酸单钠盐中 T-酸双钠盐、变色酸双钠盐和 ω 酸含量的测定

5.5.1 方法提要

采用反相高效液相色谱法,用峰面积归一化法求得 T-酸双钠盐、变色酸双钠盐和 ω 酸的含量。

5.5.2 仪器

a) 液相色谱仪:输液泵-流量范围 0.1 mL/min~5.0 mL/min,在此范围内其流量稳定性为±1%;检测器-多波长紫外分光检测器或具有同等性能的分光检测器;

b) 色谱柱:长为 150 mm,内径为 6 mm 的不锈钢柱,固定相为 ODS C_{18}、粒径 5 μm;

c) 数据处理机:满量程 1 mV~5 mV 记录器或色谱工作站;

d) 微量注射器:10 μL;

e) 超声波发生器。

5.5.3 试剂和溶液

a) 碳酸钠;

b) 硫酸钠;

c) 磷酸;

d) 碳酸钠溶液:100 g/L;

e) 硫酸钠溶液:7 g/L,用磷酸调 pH 值为 3.1~3.4。

5.5.4　色谱分离条件

a)　流动相：甲醇与硫酸钠溶液的体积比 2∶98；

b)　波长：254 nm；

c)　柱温：室温；

d)　流速：0.8 mL/mim；

e)　进样量：2 μL。

5.5.5　分析步骤

称取 1-萘胺-8-羟基-3,6-二磺酸单钠盐粉状试样约 0.1 g(精确至 0.001 g)，置于 50 mL 小烧杯中，加少量水及 100 g/L 碳酸钠溶液 5 mL 溶解，置于 100 mL 容量瓶中，用水稀释至刻度，过滤备用(膏状试样从 5.3.2 中 50 g/L 样品溶液中吸取 2 mL 样品溶液置于 100 mL 容量瓶中，用水稀释至刻度，摇匀过滤)。立即用微量注射器吸取 2 μL 溶液注入进样阀中，进样分析，并用数据处理机进行结果处理。

分析结束后，用过滤脱气的水冲洗仪器系统约 90 min，再用甲醇冲洗仪器系统后关机。

5.5.5.1　分析结果的计算

T-酸、变色酸、ω 酸含量以 w_i 计，数值以%表示，按式(3)计算：

$$w_i=\frac{A_i}{\sum A_i}\times 100 \qquad (3)$$

式中：

A_i——试样溶液中组分 i 的峰面积数值，单位为毫伏·秒(mV·s)；

$\sum A_i$——试样溶液中组分 i 的峰面积数值之和，单位为毫伏·秒(mV·s)。

5.5.5.2　允许差

两次平行测定结果之差 T-酸和变色酸不大于 0.2%，ω 酸不大于 0.05%，取其算术平均值作为测定结果。

5.5.5.3　色谱图

色谱图见图 1。

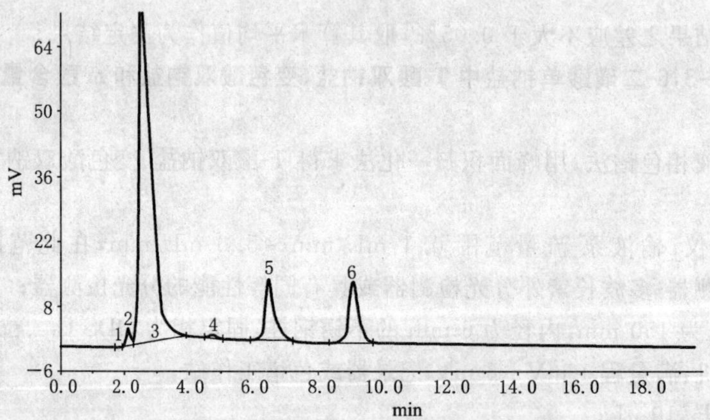

1——未知物；

2——T-酸；

3——1-萘胺-8-羟基-3,6-二磺酸单钠盐；

4——未知物；

5——变色酸；

6——ω 酸。

图 1　1-萘胺-8-羟基-3,6-二磺酸单钠盐液相色谱示意图

5.6　水分的测定

按 GB/T 2386—2006 中 3.2“烘干法”进行，烘干温度为 105℃～110℃。

6 检验规则

6.1 检验分类

表1中规定的全部项目均为出厂检验项目。

6.2 出厂检验

1-萘胺-8-羟基-3,6-二磺酸单钠盐应由生产厂的质量检验部门根据本标准的要求进行检验,生产厂应保证所有出厂的产品都符合本标准的要求。

6.3 复验

如果检验结果中有一项指标不符合本标准的规定时,应重新自两倍量的包装中取样进行检验,重新检验的结果即使只有一项指标不符合本标准的要求,整批产品也不能验收。

7 标志、标签、包装、运输和贮存

7.1 标志、标签

1-萘胺-8-羟基-3,6-二磺酸单钠盐的每个包装上都应按GB 191中的有关规定涂上牢固、清晰的标志,注明:产品名称规格、注册商标、净含量、生产厂名称、厂址、标准编号、批号、生产日期。也可将批号、生产日期打印在标签上,并和产品质量检验合格的证明一起放入包装桶内的塑料袋外面。

7.2 包装

1-萘胺-8-羟基-3,6-二磺酸单钠盐用内衬塑料袋的塑料编织袋或内衬塑料袋的铁桶或塑料桶包装,每袋(桶)净含量25 kg或50 kg。其他包装可与用户协商确定。

7.3 运输

运输中应防止曝晒、潮湿和雨淋,不得强力挤压和碰撞。

7.4 贮存

产品应贮存在阴凉、干燥、通风的库房内,防止受潮受热,远离火源,按化学品规定贮运。

ICS 83.060
G 40

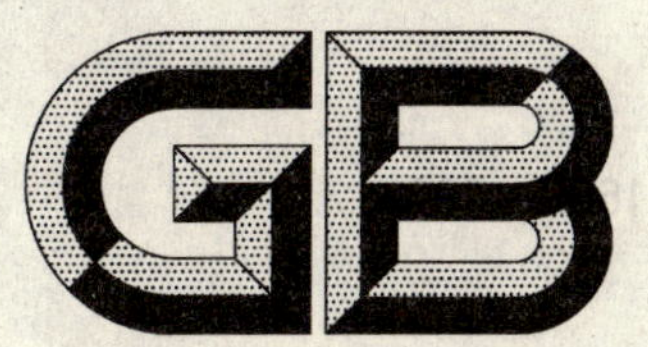

中华人民共和国国家标准

GB/T 1693—2007
代替 GB/T 1693—1981、GB/T 1694—1981

硫化橡胶　介电常数和介质损耗角正切值的测定方法

Rubber, vulcanized—Determination of dielectric constant and dielectric loss tangent

2007-05-14 发布　　2007-10-01 实施

中华人民共和国国家质量监督检验检疫总局
中国国家标准化管理委员会　发布

前言

本标准对应于美国材料与试验协会标准 ASTM D 150:1998《固态电绝缘材料体的 AC 损耗指数及介电常数(电介质一定)的测定方法》,与 ASTM D 150:1998 的一致性程度为非等效。

本标准代替 GB/T 1694—1981《硫化橡胶高频介电常数和介质损耗角正切值的测定方法》和 GB/T 1693—1981《硫化橡胶工频介电常数和介质损耗角正切值的测定方法》。

本标准与标准 GB/T 1693—1981 和 GB/T 1694—1981 相比主要内容变化如下:

——增加了前言;

——增加了警示语(本版的标题后);

——增加了规范性引用文件(本版第 2 章);

——增加了术语和定义(本版第 3 章);

——对试样的厚度进行了修改(1981 年版的 2.1;本版的 6.1);

——对电容的测量精度进行了修改(1981 年版的 3.2.1;本版的 5.2.1.1.2);

——增加了资料性附录 A、附录 B。

本标准的附录 A、附录 B 为资料性附录。

本标准由中国石油和化学工业协会提出。

本标准由全国橡标委橡胶物理和化学试验方法分技术委员会(SAC/TC 35/SC 2)归口。

本标准起草单位:西北橡胶塑料研究设计院。

本标准主要起草人:朱伟、高云。

本标准所代替标准的历次版本发布情况为:

——GB/T 1693—1979、GB/T 1693—1981(1989);

——GB/T 1694—1979、GB/T 1694—1981(1989)。

硫化橡胶　介电常数和介质损耗角正切值的测定方法

警告：使用本标准的人员应有正规实验室工作的实践经验。本标准并未指出所有可能的安全问题。使用者有责任采取适当的安全和健康措施，并保证符合国家有关法规规定的条件。

1　范围

本标准规定了介电常数和介质损耗角正切值的两种测定方法。方法 A 为工频(50 Hz)下的测定方法，方法 B 为高频电场下的测定方法。

本标准适用于硫化橡胶。

2　规范性引用文件

下列文件中的条款通过本标准的引用而成为本标准的条款。凡是注日期的引用文件，其随后所有的修改单(不包括勘误的内容)或修订版均不适用于本标准，然而，鼓励根据本标准达成协议的各方研究是否可使用这些文件的最新版本。凡是不注日期的引用文件，其最新版本适用于本标准。

GB/T 2941　橡胶物理试验方法试样制备和调节通用程序(GB/T 2941—2006，ISO 23529:2004，IDT)

3　术语和定义

下列术语和定义适用于本标准。

3.1

介质损耗　dielectric loss

绝缘材料在电场作用下，由于介质电导和介质极化的滞后效应，在其内部引起的能量损耗。

3.2

损耗角 δ　loss angle δ

在交变电场下，电介质内流过的电流向量和电压向量之间的夹角(功率因数角 ϕ)的余角(δ)。

3.3

损耗角正切 $\tan\delta$　loss tangent δ

介质损耗因数　dielectric loss factor

介质损耗角正切值。

3.4

介电常数 ε　dielectric constant

绝缘材料在电场作用下产生极化，电容器极板间有电介质存在时的电容量 C_x 与同样形状和尺寸的真空电容量 C_0 之比。

注：不同试样、不同电极的真空电容和边缘校正的计算参见附录 A。

4　测试电极

4.1　电极材料

见表 1。

表 1 电极材料

电极材料	规格要求	适应范围
铝箔和锡箔	铝箔和锡箔应退火，厚度为 0.01 mm 左右，用凡士林、变压器油、硅油或其他合适油作为粘接剂	接触电极用
导电橡胶	体积电阻系数不大于 300 Ω·cm(交流)，邵尔 A 硬度为 40～60，表面应光滑	接触电极用
铜	表面可镀防腐蚀的金属层，但镀层应均匀一致，工作面粗糙度 Ra 值应不低于 3.2	一般做辅助电极用，对软质胶可直接作接触电极用
导电粉末	石墨粉，银粉，铜粉等	管状试样内电极用

4.2 电极尺寸

4.2.1 板状试样电极

4.2.1.1 方法 A：板状电极尺寸见表 2，电极如图 1 所示。

表 2 板状试样电极尺寸

单位为毫米

D_1	D_2	D_3	D_4	H_1	H_2
25.0±0.1	29.0±0.1	40	≥40	30	5
50.0±0.1	54.0±0.1	74	≥74		

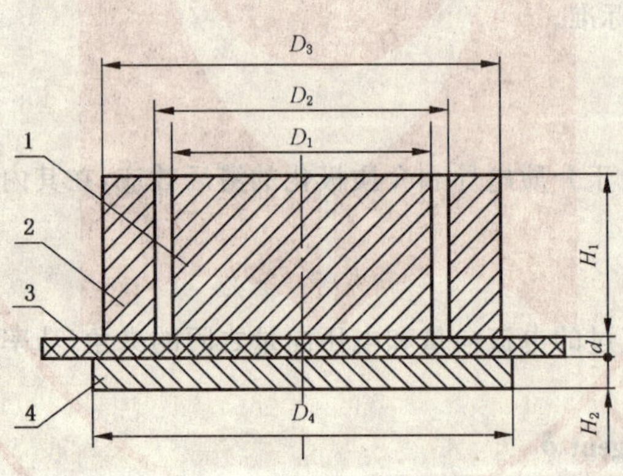

1——测量电极；
2——保护电极；
3——试样；
4——高压电极。

图 1 板状试样电极配置(工频)

4.2.1.2 方法 B：采用二电极系统。电极尺寸大小与试样尺寸相等，或电极小于试样尺寸。板状试样电极直径为 ϕ38.0 mm±0.1 mm、ϕ50.0 mm±0.1 mm、ϕ70.0 mm±0.1 mm。

4.2.2 管状试样电极

4.2.2.1 方法 A：管状试样电极尺寸见表 3，电极如图 2 所示。

表 3　管状试样电极尺寸

单位为毫米

L_1	L_2	L_3	g
25	5	≥40	2.0±0.1
50	10	≥74	

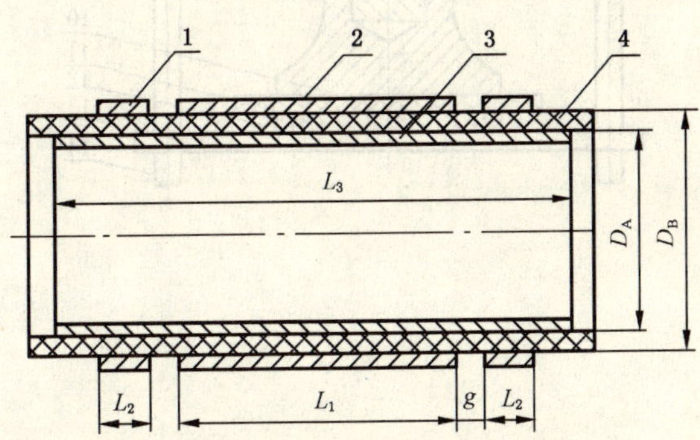

1——保护电极；

2——测量电极；

3——高压电极；

4——试样。

图 2　管状试样电极配置(工频)

4.2.2.2　方法 B：管状试样电极尺寸，电极如图 3 所示。

管状试样的电极长度为 50.0 mm±0.1 mm 或 70.0 mm±0.1 mm。

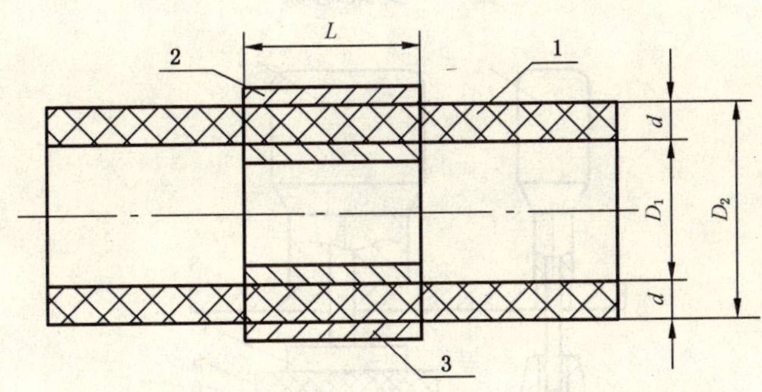

1——试样；

2——上电极；

3——下电极。

图 3　管状试样电极配置(高频)

4.3　电极装置

在进行高频测试时，根据测试频率与测试要求可用支架电极(如图 4)，当频率大于或等于 1 MHz 且小于 10 MHz 时，宜用测微电极(如图 5)；当频率大于或等于 10 MHz 时，应用测微电极。

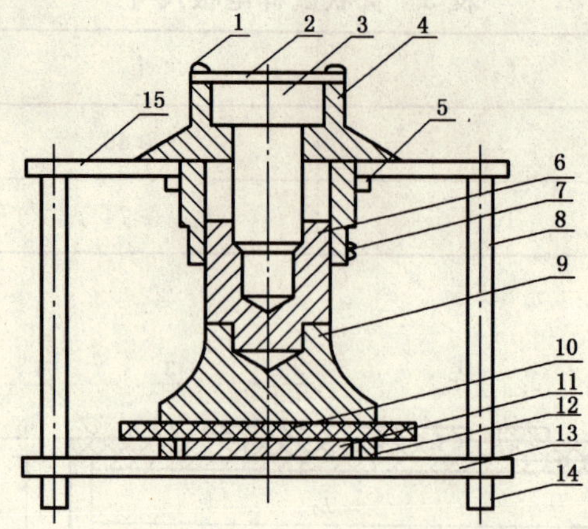

1——上盖螺钉；
2——上盖板；
3——升降螺杆；
4——上电极导轨；
5——螺帽；
6——导筒；
7——导槽螺钉；
8——绝缘杆；
9——高压电极；
10——试样；
11——测量电极；
12——保护电极；
13——绝缘板(聚四氟乙烯板)；
14——绝缘支脚；
15——有机玻璃板。

图 4 支架电极

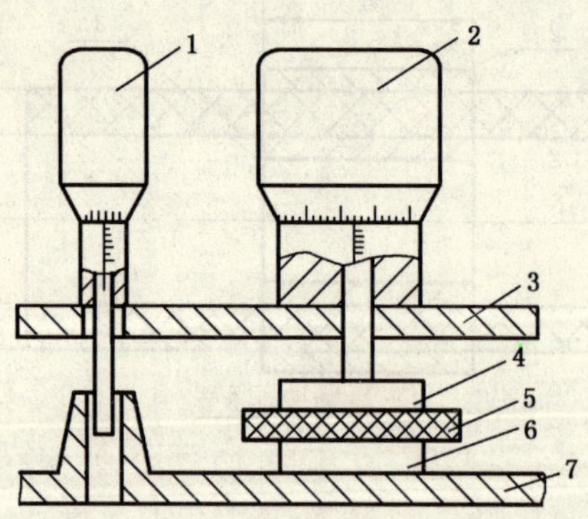

1——微调管形电容器；
2——测试样品电容器；
3——上支撑板；
4——上电极；
5——试样；
6——下电极；
7——底板。

图 5 测微电极

5 测试仪器

5.1 方法 A

5.1.1 测试仪器为工频高压电桥，其原理图如图 6 所示。

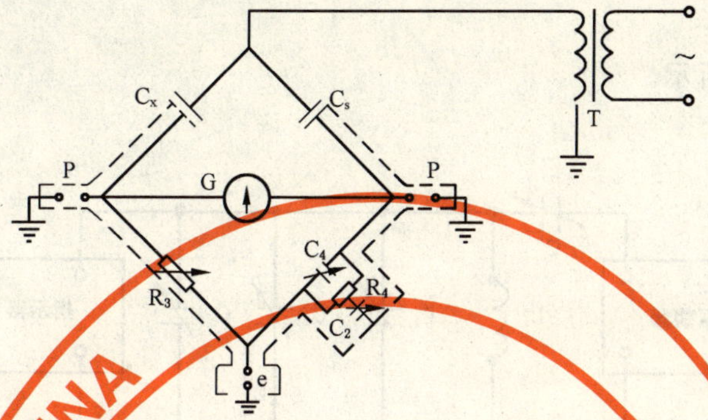

T——试验变压器；

C_s——标准电容器；

C_x——试样；

R_3——可变电阻；

C_2、C_4——可变电容；

R_4——固定电阻；

G——电桥平衡指示器；

P——放电器。

图 6 工频高压电桥原理图

5.1.2 测量范围

损耗角正切（tanδ）：0.001～1；电容（C）：40 pF～2 000 pF。

5.1.3 电桥测量误差

测量时误差不超过 10%，当试样 tanδ 小于 0.001 时测量误差不超过 0.000 1，电容的测量误差不超过 5%，标准电容器的 tanδ 应小于 0.000 1。

5.1.4 电桥必须有良好的屏蔽接地装置。

5.2 方法 B

5.2.1 方法 B 的测试仪器有两种，一种是谐振升高法（Q 表），另一种是变电纳法。

5.2.1.1 谐振升高法（Q 表）

其测试原理图如图 7 所示。

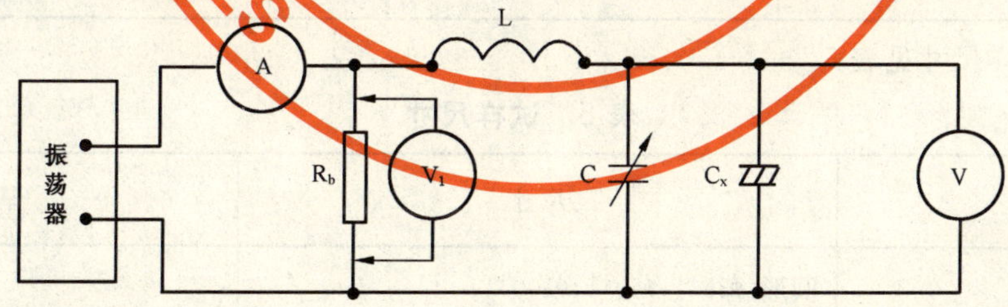

A——电流表；

R_b——耦合电阻；

L——辅助线圈；

C——标准电容；

C_x——试样；

V、V_1——电压表（用 Q 值表示）。

图 7 Q 表原理图

5.2.1.1.1　测量范围

频率为 50 Hz～50 MHz，电容 40 pF～500 pF，Q 值 10～600。

5.2.1.1.2　测量误差

电容误差：±(0.5%C+0.1 pF)，Q 值±10%；有关仪器的测量误差均为±10%。

5.2.1.2　变电钠法

其测试原理图如图 8 所示。

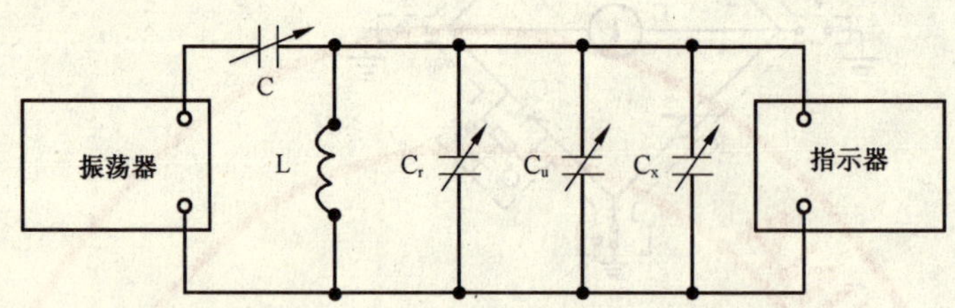

C——可调电容；

L——谐振线圈；

C_r——管形微调电容；

C_u——主电容；

C_x——试样。

图 8　高频介质损耗仪原理图

6　试样

6.1　试样尺寸

6.1.1　方法 A 试样尺寸见表 4。

表 4　试样尺寸　　单位为毫米

试样	尺寸	厚度
板状	圆形：$\phi100^{+1}_{0}$ 正方形：边长 100^{+1}_{0}	软质橡胶 1.0±0.1 硬质橡胶 2.0±0.2
管状	管长 100^{+1}_{0}	

6.1.2　方法 B 试样尺寸见表 5。

表 5　试样尺寸　　单位为毫米

试样	尺寸	厚度
板状	圆形：$\phi38^{+1}_{0}$，$\phi50^{+1}_{0}$，$\phi100^{+1}_{0}$； 正方形：边长 100^{+1}_{0}	软质橡胶 1.0±0.1 硬质橡胶 2.0±0.2
管状	管长 50^{+1}_{0}，管长 70^{+1}_{0}	

6.2　试样的制备

试样的制备应符合 GB/T 2941 的规定，也可以在符合试样厚度尺寸的胶板上用旋转裁刀进行裁切，制样方法的不同，其试验结果无可比性。

6.3 试样数量

试样的数量不少于3个。

7 硫化与试验之间的时间间隔

试样在硫化与试验之间的时间间隔按GB/T 2941的规定执行。

8 试验条件

8.1 试样表面应清洁、平滑，无裂纹、气泡和杂质等，试样表面应用蘸有无水乙醇的布擦洗。

8.2 试样应在标准实验室温度及湿度下至少调节24 h。

8.3 当试样处理有特殊要求时，可按其产品标准规定的进行。

9 试验步骤

9.1 方法A

9.1.1 试验电压为1 000 V～3 000 V，一般情况下为1 000 V，电源频率为50 Hz。

9.1.2 按设备说明书正确的连接。

9.1.3 接通电源预热30 min。

9.1.4 将试样接入电桥 C_x 的桥臂中，加上试验电压，根据电桥使用方法进行平衡，读取 R_3 和 $\tan\delta$ 或 C_4 的值。

9.2 方法B——谐振升高法(Q表法)

9.2.1 按照Q表的操作规程调整仪器，选定测量频率，测定 C_1 和 Q_1 的值。

9.2.2 将试样放入测试电极中，并调节电容器 C_v，使电路谐振，达到最大 Q 值记下调谐电容量 C_2 和 Q_2 的值。

9.2.3 将试样从测试电极中取出，调节 C_v 或测试电极的距离，使电路重新谐振，记下 C_v 或测试电极的校正电容值与 Q 值，并根据测试值计算出损耗角 $\tan\delta$ 与介电常数 ε。

9.2.4 其他高频测试仪器按其说明书进行操作，通过测试值计算出损耗角 $\tan\delta$ 和介电常数 ε。

10 试验结果

10.1 方法A

10.1.1 介质损耗角正切值($\tan\delta$)可在电桥上直接读数，按式(1)进行计算：

$$\tan\delta = 2\pi f R_4 C_4 \times 10^{-6} \qquad \cdots\cdots\cdots\cdots(1)$$

式中：

π——3.14；

f——频率50 Hz；

R_4——固定电阻阻值，单位为欧姆(Ω)；

C_4——可变电容值，单位为微法(μF)。

10.1.2 介电常数(ε)的计算见表6。

表6 介电常数的计算

tanδ	板状试样	管状试样
≤0.1	$\varepsilon=\frac{11.3dC_sR_4}{SR_3}$ ……(2)	$\varepsilon=\frac{1.8C_sR_4\ln\frac{D_B}{D_A}}{R_3(L_1+g)}$ ……(3)
>0.1	$\varepsilon=\frac{11.3dC_sR_4}{SR_3(1+\tan^2\delta)}$ ……(4)	$\varepsilon=\frac{1.8C_sR_4\ln\frac{D_B}{D_A}}{R_3(L_1+g)(1+\tan^2\delta)}$ ……(5)
式中： d——试样厚度，单位为厘米(cm)； C_s——标准电容器电容量，单位为皮法(pF)； R_4——固定电阻阻值，单位为欧姆(Ω)； R_3——可变电阻阻值，单位为欧姆(Ω)； S——电极有效面积，单位为平方厘米(cm^2)； $S=\frac{1}{4}\pi(D+g)^2$ ……(6) L_1——管状试样测量电极长度，单位为厘米(cm)； D——测量电极有效直径，单位为厘米(cm)； D_B——管外径，单位为厘米(cm)； D_A——管内径，单位为厘米(cm)； g——测量电极与环电极间距，单位为厘米(cm)； ln——自然对数； π——3.14。		

10.2 方法B

10.2.1 电容的计算

10.2.1.1 谐振升高法

应用支架电极时按式(7)计算：

$$C_x=C_1-C_2+C_a \quad \cdots\cdots(7)$$

应用测微电极时按式(8)计算：

$$C_x=C'_1-C'_2+C_a \quad \cdots\cdots(8)$$

10.2.1.2 变电纳法(配用测微电极)：

按式(9)、式(10)计算：

$$C_x=C_1-C_2+C_a \quad \cdots\cdots(9)$$

$$\text{其中：}C_a=\frac{S}{11.3d} \quad \cdots\cdots(10)$$

当电极直径为38 mm时，则 $C_a=1/d$

式中：

C_x——试样的并联等值电容，单位为皮法(pF)；

C_1——电极间距为试样厚度 d，且无试样时谐振电容量，单位为皮法(pF)；

C_2——有试样时谐振电容量，单位为皮法(pF)；

C'_1——无试样时，调节测微电极达到谐振时，测微电极的校正电容值，单位为皮法(pF)；

C'_2——有试样时，测微电极间距等于试样厚度时，测微电极的校正电容值，单位为皮法(pF)；

C_a——试样的几何电容量，单位为皮法(pF)；

S——电极面积，单位为平方厘米(cm^2)；

d——试样厚度,单位为厘米(cm)。

10.2.2 **介电常数 ε 的计算**

按式(11)计算:

$$\varepsilon = \frac{C_x}{C_a} = 14.4\frac{dC_x}{D^2} \qquad \cdots\cdots(11)$$

式中:

C_x——试样的并联等值电容,单位为皮法(pF);

d——试样的厚度,单位为厘米(cm);

D——电极的直径,单位为厘米(cm)。

10.2.3 **介质损耗角正切 tanδ 值的计算**

10.2.3.1 谐振升高法(Q 表法)按式(12)计算:

$$\tan\delta = \frac{C'(Q_1 + Q_2)}{Q_1 Q_2 C_x} \qquad \cdots\cdots(12)$$

10.2.3.2 变电纳法:各种高频损耗测试仪配用测微电极使用时按式(13)计算:

$$\tan\delta = \frac{\Delta C_i - \Delta C_0}{2C_x} \qquad \cdots\cdots(13)$$

式中:

C'——无电极时,谐振回路标准电容器指示值,单位为皮法(pF);

Q_1——无试样时,电极间距为 d 时,谐振 Q 值;

Q_2——电极间有试样时的谐振 Q 值;

ΔC_i——有试样时两次衰减至谐振峰 0.707 时,微调电容变化量,单位为皮法(pF);

ΔC_0——无试样时两次衰减至谐振峰 0.707 时,微调电容变化量,单位为皮法(pF);

C_x——试样的并联等值电容,单位为皮法(pF)。

10.2.4 **管状试样测试结果计算**

10.2.4.1 试样电容量按式(14)计算:

$$C_x = C_1 - C_2 \qquad \cdots\cdots(14)$$

式中:

C_1——无试样时,谐振电容量;

C_2——有试样时,谐振电容量。

10.2.4.2 试样介电常数按式(15)、式(16)计算:

$$\varepsilon = \frac{C_x}{C_a} \qquad \cdots\cdots(15)$$

$$\text{其中:} C_a = \frac{L}{1.8 \times \ln\frac{D_2}{D_1}} \qquad \cdots\cdots(16)$$

式中:

L——电极长度,单位为厘米(cm);

D_1、D_2——管外径和内径,单位为厘米(cm)。

10.2.4.3 损耗角正切值的计算

与 Q 表接线柱直接连线时按式(17)计算:

$$\tan\delta = \frac{C_1(Q_1 - Q_2)}{Q_1 Q_2 C_x} \qquad \cdots\cdots(17)$$

当高频介质损耗角测试仪与测微电极连接时按式(18)计算:

$$\tan\delta = \frac{\Delta C_i - \Delta C_0}{2C_x} \qquad \cdots\cdots(18)$$

式中：

C_1、Q_1——无试样时，谐振电容量及 Q 值；

C_2、Q_2——有试样时，谐振电容量及 Q 值；

ΔC_i——有试样时两次衰减至谐振峰 0.707 时，微调电容变化量，单位为皮法(pF)；

ΔC_0——无试样时两次衰减至谐振峰 0.707 时，微调电容变化量，单位为皮法(pF)。

注：不同试验环境对试验结果的影响因素参见附录 B。

10.3 试验结果以每组试验结果的中位数表示，取两位有效数字。

11 试验报告

试验报告应包括以下内容：

a) 试样编号；

b) 本标准编号或本标准名称；

c) 试验结果；

d) 实验室温度、湿度；

e) 试样的规格；

f) 测量元件及电极尺寸；

g) 试样和测试条件的调节；

h) 测量方法和测量电路；

i) 试验电压及频率；

j) 试验者；

k) 试验日期。

附 录 A
（资料性附录）
真空电容和边缘校正的计算

真空电容和边缘校正的计算见表 A.1。

表 A.1 真空电容和边缘校正的计算

电极类型	真空中直接内部电极的电容	边缘上杂散场的校正
屏蔽电极： 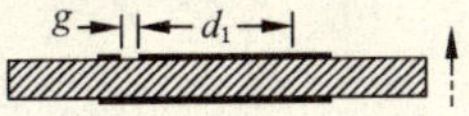 非屏蔽电极： 电极直径与样品直径相等。 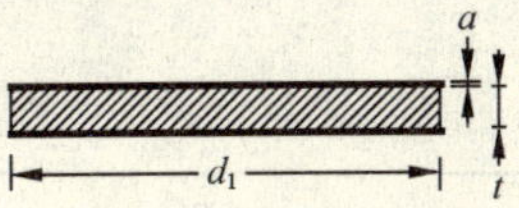	$C_v=\varepsilon_0(A/t)=0.008\ 854\ 2(A/t)$ $A=(\pi/4)(d_1+B^4 g)^2$	$C_e=0$ 其中： $a<<t$， $C_e=(0.008\ 7-0.002\ 52\ln t)p$
比样品小的相等电极： 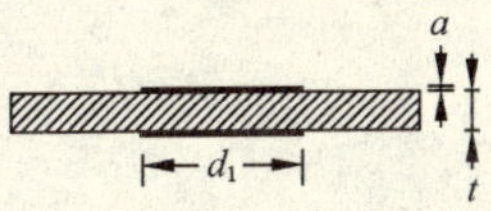	$C_v=0.006\ 954(d_1^2/t)$	$C_e=(0.001\ 9K'_x-0.002\ 52\ln t+0.006\ 8)p$
不相等的电极： 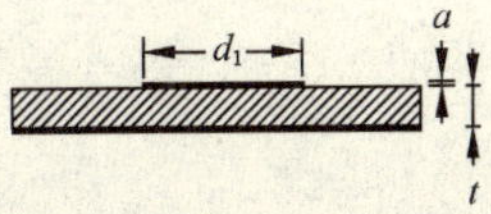		$C_e=(0.004\ 1K'_x-0.003\ 34\ln t+0.012\ 2)p$
圆形屏蔽电极： 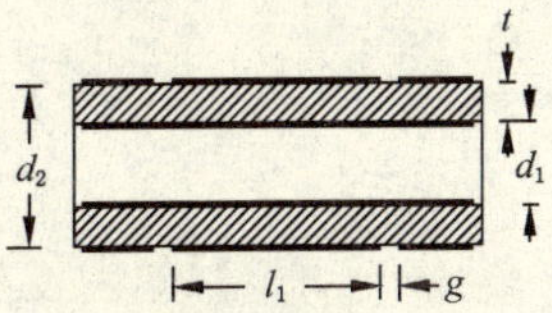	$C_v=0.055\ 632(l_1+B^4 g)/\ln(d_2/d_1)$	$C_e=0$
圆形非屏蔽电极： 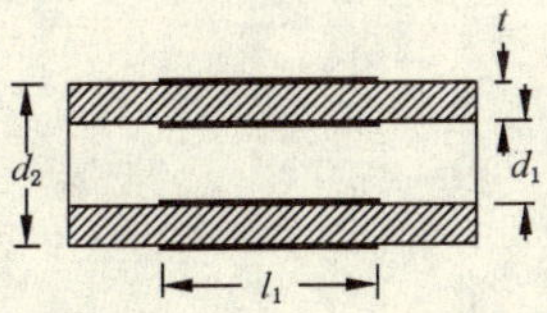	$C_v=(0.055\ 632 l_1)/\ln(d_2/d_1)$	如果 $t/(t+d_1)<(1/10)$， $C_e=(0.003\ 8K'_x-0.005\ 04\ln t+0.013\ 6)p$ $p=\pi(d_1+t)$

表 A.1（续）

电极类型	真空中直接内部电极的电容	边缘上杂散场的校正
其中： C_v——面积的真空电容； g——屏蔽缺口，单位为毫米(mm)； B——1.28； ε_0——真空介电常数(0.008 854 2 pF/mm)； A——电极面积，单位为平方毫米(mm^2)； C_e——边缘电容； t——样品厚度； p——测量低压周长； d_1——样品的内径； K'_x——样品介电常数的近似值，并且 $a<<t$； l——测量低压的长度； d_2——样品的外径； ln——自然对数。		

附 录 B
（资料性附录）
试验结果的影响因素

试验结果的影响因素见表 B.1。

表 B.1 试验结果的影响因素

影响因素	影 响 结 果
频率	介质损耗角将随着频率的升高而减小，介电常数也有所变化。
温度	温度对绝缘材料的影响与频率一样，随着温度的变化介电常数和介质损耗角也有所变化。
电压	电压的增加将改变偏振的大小和频率，电容传导力也将受到影响。
湿度	湿度的增加将使介电常数和介质损耗角增大。
气候	天气、自然现象、杂质、紫外线、太阳生热的温度和潮气在内的天气情况使绝缘材料表面有所变化，并且外观被沉淀的杂质反应后将引起表面粗糙，并有可能破裂。
试验介质（水）	水的浸入对绝缘材料的影响近似于 100％的湿度，与在 100％湿度下相比，水被材料吸收的速度更快。
退化	在电压和温度的影响下，材料的表面及其内部由于潮气发生尺寸变化，将引起介电常数和介质损耗角将被增加并引起测量频率发生错误。
试验条件	从以上可以看出测试条件不同将对材料有很大的影响，所以应严格按照试验条件执行。
测试电路	测试电路的不同，所测试的结果也不相同且测试结果不能比较。

ICS 87.040
G 50

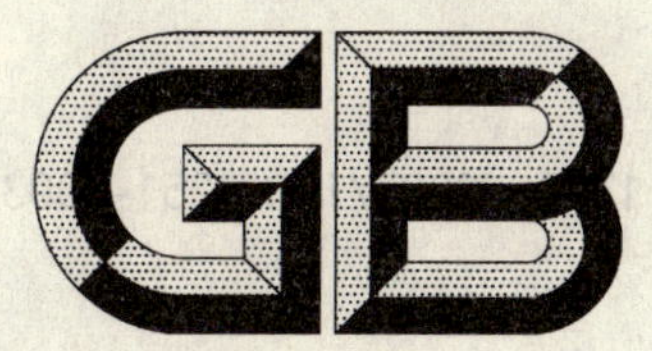

中华人民共和国国家标准

GB/T 1725—2007/ISO 3251:2003
代替 GB/T 1725—1979(1989),GB/T 6740—1986,GB/T 6751—1986

色漆、清漆和塑料　不挥发物含量的测定

**Paints, varnishes and plastics—
Determination of non-volatile-matter content**

(ISO 3251:2003,IDT)

2007-09-11 发布　　2008-04-01 实施

中华人民共和国国家质量监督检验检疫总局
中国国家标准化管理委员会　发布

前 言

本标准等同采用 ISO 3251:2003《色漆、清漆和塑料　不挥发物含量的测定》(英文版)。

本标准代替 GB/T 1725—1979(1989)《涂料固体含量测定法》、GB/T 6740—1986《漆料挥发物和不挥发物的测定》和 GB/T 6751—1986《色漆和清漆　挥发物和不挥发物的测定》。

本标准与 GB/T 1725—1979(1989)、GB/T 6740—1986 和 GB/T 6751—1986 的主要技术差异为:

——本标准将三个标准的内容合并,其适用范围还增加了聚合物分散体和缩聚树脂等。

——本标准规定了某些特殊样品的测试步骤,并规定了各种类别样品的试验参数。

——本标准规定了测试结果的误差范围。

本标准由中国石油和化学工业协会提出。

本标准由全国涂料和颜料标准化技术委员会归口。

本标准起草单位:中国化工建设总公司常州涂料化工研究院。

本标准主要起草人:周湘玲、黄宁。

GB/T 1725 于 1979 年首次发布,1989 年确认;GB/T 6740 于 1986 年首次发布;GB/T 6751 于 1986 年首次发布。三个标准本次均为第一次修订。

本标准委托全国涂料和颜料标准化技术委员会负责解释。

色漆、清漆和塑料　不挥发物含量的测定

1　范围

本标准规定了测定色漆、清漆、色漆与清漆用漆基、聚合物分散体和缩聚树脂如酚醛树脂(可熔酚醛、线型酚醛树脂溶液等)的不挥发物含量的方法。

本标准也适用于含有颜料、填料和其他助剂(如增稠助剂和成膜助剂)的分散体。本标准也能用于未增塑的聚合物分散体和胶乳,其不挥发剩余物(主要为聚合材料和少量助剂如乳化剂、保护胶体、稳定剂、作为成膜助剂加入的溶剂,特别是用于胶乳浓缩液中的防腐剂)在试验条件下应化学稳定。对可增塑的样品,不挥发剩余物通常包括增塑剂。

注1:样品的不挥发物含量不是一个绝对量,取决于测定时采用的加热温度和时间。所以采用本方法时,由于溶剂的滞留、热分解和低分子量组分的挥发,使所得到的不挥发剩余物含量仅仅是相对值而非真值,因此本方法主要用于同类产品不同批次的测试。

注2:本方法适用于合成胶乳,只要其加热时间合适(ISO 124 规定加热时 2 g 试样在相继两段加热时间内的质量损失应少于 0.5 mg)。

注3:测定不挥发物的方法通常还包括采用红外线或微波辐射的干燥方式。由于这些方法不通用,对这些方法是不能进行标准化的规定。一些聚合物组分在此处理条件下会分解而得到错误的结果。

ISO 3233:1998　色漆和清漆　通过测量干涂层密度来测定不挥发物的体积分数,它规定了测定色漆、清漆及有关产品不挥发物的体积分数的方法。

2　规范性引用文件

下列文件中的条款通过本标准的引用而成为本标准的条款。凡是注日期的引用文件,其随后所有的修改单(不包括勘误的内容)或修订版均不适用于本标准,然而,鼓励根据本标准达成协议的各方研究是否可使用这些文件的最新版本。凡是不注日期的引用文件,其最新版本适用于本标准。

GB/T 3186—2006　色漆、清漆和色漆与清漆用原材料　取样(ISO 15528:2000,IDT)

GB/T 6753.4—1998　色漆和清漆　用流出杯测定流出时间(eqv ISO 2431:1993)

GB/T 8298—2001　浓缩天然胶乳　总固体含量的测定(eqv ISO 124:1997,Latex,rubber—Determination of total solids content)

GB/T 20777—2006　色漆和清漆　试样的检查和制备(ISO 1513:1992,IDT)

ISO 123:2001　胶乳　取样

3　术语和定义

下列术语和定义适用于本标准。

3.1

不挥发物　non-volatile matter

在规定的试验条件下,样品经挥发而得到的剩余物的质量分数。

4　仪器设备

普通实验室仪器和设备以及下列仪器设备。

4.1　适用于色漆、清漆、色漆与清漆用漆基和聚合物分散体

金属或玻璃的平底皿,直径为(75±5)mm,边缘高度至少为 5 mm。

经有关方商定也可以使用不同直径的皿,商定的皿的直径应在规定值的±5%范围内。

注 1:胶乳样品,建议使用带盖的皿。

注 2:黏稠的聚合物分散体或乳液,建议使用约 0.1 mm 厚的铝箔。裁成可以对折的大小约为(70±10)mm×(120±10)mm的矩形,通过轻轻挤压对折的两部分而使黏稠液体完全铺开。

4.2 适用于液态交联树脂(酚醛树脂)

金属或玻璃的平底皿,底面的内径为(75±1)mm,边缘高度至少为 5 mm。

也可以使用不同直径的皿,此时用式(1)计算用于试验的样品质量 m,单位为克(g):

$$m = 3 \times \left(\frac{d}{75}\right)^2 \qquad \cdots\cdots(1)$$

式中:

d——皿底的直径,单位为毫米(mm);

3——试验的标准样品量,单位为克(g);

75——皿的标准直径,单位为毫米(mm)。

4.3 烘箱

能在安全条件下进行试验。对于最高温度 150℃的情况,能保持在规定或商定温度(见第 7 章)的±2℃的范围内;对于温度在 150℃~200℃的情况,能保持在规定或商定温度(见第 7 章)的±3.5℃的范围内。烘箱应装有强制通风装置。酚醛树脂例外,此时可以使用在烘箱 1/3 高度的位置装有有孔的金属搁板的能自然对流的烘箱。

警告:为了防止爆炸或起火,对于含有易燃挥发性物质的样品应小心处理。应按国家有关规定执行。

某些用途的样品,在真空条件下干燥更好。此时试验条件应商定或按 GB/T 8298—2001 规定的方法进行。仲裁试验,所有各方都应使用构造相同的烘箱。

4.4 分析天平

能准确称量至 1 mg、0.1 mg。

4.5 干燥器

装有适宜的干燥剂,例如用氯化钴浸过的干燥硅胶。

5 取样

按 GB/T 3186:2006 的规定取色漆、清漆和色漆与清漆用漆基的代表性样品。按 ISO 123 的规定取聚合物分散体和胶乳样品的代表性样品。

按 GB/T 20777—2006 的规定,检查和制备色漆和清漆的试样。

6 试验步骤

进行两次平行测定。

除油和清洗皿(4.1 或 4.2)。

为了提高测量精度,建议在烘箱(4.3)中于规定或商定的温度下将皿干燥规定或商定的时间(见第 7 章)。然后放置在干燥器(4.5)中直至使用。

称量洁净干燥的皿的质量(m_0),称取待测样品(见第 7 章)(m_1)至皿中铺匀(全部称量精确至 1 mg)。对高黏度样品(在剪切速率为 100 s^{-1}时,黏度 $\eta \geqslant 500$ mPa·s,或按 GB/T 6753.4—1998 用 6 mm 的流出杯测得的流出时间 $t \geqslant 74$ s)或结皮样品,用一个已称重的金属丝(如未涂漆的弯曲纸质回形针)将试样铺平。如有必要,可另加 2 mL 合适的溶剂。

用于色漆和清漆及其他用途(如研磨剂,摩擦衬片,铸造用粘合剂,制模材料)的缩聚树脂称取较多的试样量,因为这些用途的材料需采用较厚的涂层进行测试以便缩聚树脂的单体能发生交联反应。对于比较试验，待测样品在皿中的涂层厚度应相同。因此皿的直径应为(75±1)mm，或按4.2中给出的公式进行计算。

注1：待测样品是否完全铺平及铺平的时间对不挥发物含量影响很大。如果待测样品由于黏度大等原因而未完全铺平，则表观不挥发物含量会增大。

为了提高测量精度，测试色漆、清漆和色漆与清漆用漆基时，建议另加2 mL易挥发的适宜的溶剂。

建议在称量过程中，应盖住皿。

对于易挥发性的样品，建议将充分混匀的样品放入一个带塞的瓶中或放入可称重的吸管或10 mL的不带针头的注射器中，用减量法称取试样(精确至1 mg)至皿中，并在皿底铺平。

如果加入溶剂，建议将盛有试样的皿于室温下放置(10～15)min。

水性体系例如聚合物分散体和胶乳加热时会溅出。这是因为表面会结皮，而结皮也会受到烘箱中的温度、空气流速以及相对湿度的影响，在这种情况下，皿中的材料层厚度要尽可能地薄。

称量完毕并加入稀释剂后，将皿转移至事先调节到规定或商定温度(见第7章)的烘箱中，保持规定或商定的加热时间(见第7章)。

加热时间结束后，将皿转移至干燥器中使之冷却至室温，或者放置在无灰尘的大气中冷却。

注2：不使用干燥器会影响方法的精密度。

称量皿和剩余物的质量(m_2)，精确至1 mg。

7 补充的试验条件

对于本标准中规定的试验方法的任何特殊的用途，除了上面章节中提到的内容外还需给出更详细的说明。

为使本试验方法能得以实施，如合适，应规定以下试验参数。

a) 试验温度(见表1和表2)；

b) 加热时间(见表1和表2)；

c) 试样量(见表1和表2)。

表1 色漆、清漆、色漆与清漆用漆基和液态酚醛树脂的试验参数

加热时间 min	温度 ℃	试样量 g	产品类别示例
20	200	1±0.1[a]	粉末树脂
60	80	1±0.1[a]	硝酸纤维素，硝酸纤维素喷漆，多异氰酸酯树脂[b]
60	105	1±0.1[a]	纤维素衍生物，纤维素漆，空气干燥型漆，多异氰酸酯树脂[b]
60	125	1±0.1[a]	合成树脂(包括多异氰酸酯树脂[b])，烘烤漆，丙烯酸树脂(首选条件)
60	150	1±0.1[a]	烘烤型底漆，丙烯酸树脂
30	180	1±0.1[a]	电泳漆
60	135[c]	3±0.5	液态酚醛树脂

[a] 试样量经有关方商定可以不是1 g。若是这种情况，建议试样量不要超过(2±0.2)g。对于含有沸点为160℃～200℃溶剂的树脂，建议烘箱温度为160℃。如有更高沸点的溶剂，试验条件应由有关方商定。

[b] 试验参数根据待测的多异氰酸酯树脂各自的类型而定。

[c] 可使用交替的温度，建议交替的温度为120℃和150℃。

表 2 聚合物分散体的试验参数

加热时间 min	温度 ℃	试样量 g	方法[a]
120	80	1±0.2[b]	A
60	105	1±0.2[b]	B
60	125	1±0.2[b]	C
30	140	1±0.2[b]	D

a 试验条件根据待测的聚合物分散体和乳液的类型而定,应选择有关方商定的条件。

b 试样量经有关方商定可以不是 1 g,然而不能超过 2.5 g。试样量也可为 0.2 g～0.4 g,精确至 0.1 mg。在这种情况下,试验时间可以减少(由待测分散体的类型而定),只要所得到的结果与本表中所给的条件下获得的结果相同。

8 结果的表示

用式(2)计算不挥发物的质量分数 w,数值以%表示。

$$w = \frac{m_2 - m_0}{m_1 - m_0} \times 100 \qquad \cdots\cdots(2)$$

式中:

m_0——空皿的质量,单位为克(g);

m_1——皿和试样的质量,单位为克(g);

m_2——皿和剩余物的质量,单位为克(g)。

如果色漆、清漆和漆基的两个结果(两次测定)之差大于 2%(相对于平均值)或者聚合物分散体的两个结果之差大于 0.5%,例如 53.7%和 53.1%。则需按第 6 章所述的试验步骤重做。

计算两个有效结果(两次测定)的平均值,报告其试验结果,准确至 0.1%。

9 精密度

9.1 重复性限(r)

重复性限 r,是指在重复性条件下,使用本试验方法所得到的两个单一试验结果(每个单一试验结果都是两次测定的平均值)的绝对差值低于该限值时,可预期其置信度为 95%。重复性条件是指在同一实验室,由同一操作者采用标准的试验方法,在短的时间间隔内对同一试样进行测试的条件。采用本试验方法:

对于色漆、清漆和漆基 r 为两个试验结果平均值的 2%。

对于聚合物分散体 r 为两个试验结果平均值的 0.6%。

9.2 再现性限(R)

再现性限 R,是指在再现性条件下,使用本试验方法所得到的两个单一试验结果(每个单一试验结果都是两次测定的平均值)的绝对差值低于该限值时,可预期其置信度为 95%。再现性条件是指在不同实验室的操作者采用标准的试验方法对同一试样进行测试的条件。采用本试验方法:

对于色漆、清漆和漆基 R 为两个试验结果平均值的 4%。

对于聚合物分散体 R 为两个试验结果平均值的 1%。

10 试验报告

试验报告至少应包括以下内容：

a） 本标准编号；

b） 识别待测样品所需的全部细节(厂商，商标名称，批号等)；

c） 皿的型号；

d） 烘箱的型号；

e） 烘箱的温度和加热时间；

f） 所加入的溶剂类型(若加入)；

g） 按第8章规定表示的试验结果；

h） 与规定的试验方法的任何不同之处；

i） 试验日期。

ICS 87.040
G 50

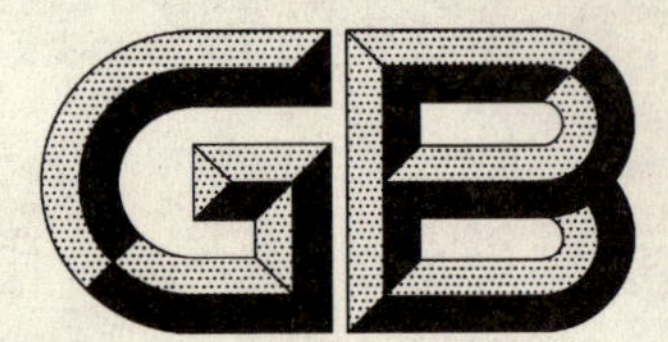

中华人民共和国国家标准

GB/T 1730—2007
代替 GB/T 1730—1993

色漆和清漆　摆杆阻尼试验

Paints and varnishes—Pendulum damping test

(ISO 1522:1998,MOD)

2007-09-11 发布　　2008-04-01 实施

中华人民共和国国家质量监督检验检疫总局
中国国家标准化管理委员会　发布

前　言

本标准修改采用 ISO 1522:1998《色漆和清漆　摆杆阻尼试验》(英文版)。

本标准根据 ISO 1522:1998《色漆和清漆　摆杆阻尼试验》重新起草。

本标准在采用国际标准时进行了补充,这些技术性差异用垂直单线标识在它们所涉及的条款的页边空白处。在附录 E 中给出了技术性差异及其原因的一览表以供参考。ISO 1522:1998 中有关技术勘误的内容已包括在本标准中,这些勘误内容用垂直双线标识在它们所涉及的条款的页边空白处。

本标准与 ISO 1522:1998(E)相比,主要技术差异为:

——将科尼格和珀萨兹摆杆式阻尼试验统称为“A 法”;该部分等同采用 ISO 1522:1998;

——增加了“B 法——双摆杆式阻尼试验”(见本标准第 6 章);

——增加了“附录 D(规范性附录)双摆的校准”;

——所用试验方法均采用现行国家标准,其中部分方法系修改采用相应国际标准;

——采用了等同采用 ISO 15528:2000 的国家标准 GB/T 3186—2006。ISO 15528:2000 是由 ISO 1512:1991和 ISO 842:1984 合并修订而成;

——删除了国际标准的前言。

本标准代替 GB/T 1730—1993《漆膜硬度测定法　摆杆阻尼试验》。

本标准与 GB/T 1730—1993 相比,主要技术差异为:

——A 法中明确珀萨兹摆的阻尼时间为(430±10)s;

——A 法中增加了可适用的底材范围,如金属板;

——A 法中取消了涂层阻尼时间的计算;

——A 法中增加了对测量结果精密度的要求;

——B 法中将原标准中双摆硬度定义的内容(4.1)归入 6.4.4 中;

——B 法中将原标准中关于试验前对仪器调整的内容(4.4.1、4.4.2、4.4.4)归入附录 D 中;

——B 法中取消摆杆初始位置为“5.5°”的要求,规定从大于 5°的合适位置开始;

——明确按 B 法测定,需在同一试板上平行测量两次,取两次测定值的平均值;

——增加了仪器的校准,即附录 B、附录 C、附录 D;

——增加了本标准与 ISO 1522:1998 技术性差异及其原因一览表,即附录 E。

本标准的附录 A、附录 B、附录 C、附录 D 为规范性附录,附录 E 为资料性附录。

本标准由中国石油和化学工业协会提出。

本标准由全国涂料和颜料标准化技术委员会归口。

本标准起草单位:中国化工建设总公司常州涂料化工研究院。

本标准主要起草人:周文沛。

本标准于 1988 年首次发布,1993 年第一次修订,本次为第二次修订。

本标准委托全国涂料和颜料标准化技术委员会负责解释。

引　言

科尼格(König)摆、珀萨兹(Persoz)摆及双摆具有相同的原理——摆杆接触越软的涂膜表面它的摆幅衰减的越快,但三者在尺寸、摆动周期和摆动幅度方面各不相同。

摆杆和漆膜之间的相互作用是复杂的,取决于涂膜弹性和粘弹性两种性质,且这三种试验方法所得结果之间不可能建立通用的关系。在规定的阻尼时间测量中只许使用一种类型的摆杆。

就作为一特定目的(使用)摆杆所具有的优点来说,以下条件可作为指南:

a) 在摩擦因数较低的表面上,珀萨兹(Persoz)摆可能会打滑,这会使结果无效;然而,在色漆和清漆的场合中这种情况难得出现。

b) 应该注意的是三种仪器均反映了涂料的物理性质对其环境的敏感性,因而,试验应在控制温度和湿度、并在无气流情况下进行。漆膜厚度及底材性质也可能影响阻尼时间。

色漆和清漆 摆杆阻尼试验

1 范围

本标准是色漆、清漆及相关产品的取样和试验方法系列标准之一。

本标准规定了在单层或多层的色漆、清漆及相关产品的涂层上进行摆杆阻尼试验的标准条件。

2 规范性引用文件

下列文件中的条款通过本标准的引用而成为本标准的条款。凡是注日期的引用文件，其随后所有的修改单(不包括勘误的内容)或修订版均不适用于本标准，然而，鼓励根据本标准达成协议的各方研究是否可使用这些文件的最新版本。凡是不注日期的引用文件，其最新版本适用于本标准。

GB/T 308 滚动轴承 钢球(GB/T 308—2002,ISO 3290:1998,NEQ)

GB/T 3186—2006 色漆、清漆和色漆与清漆用原材料 取样(ISO 15528:2000,IDT)

GB/T 9271 色漆和清漆 标准试板(GB/T 9271—1988,eqv ISO 1514:1984)

GB 9278 涂料试样状态调节和试验的温湿度(GB 9278—1988,eqv ISO 3270:1984,Paints and varnishes and their raw materials—Temperatures and humidities for conditioning and testing)

GB/T 13452.2 色漆和清漆 漆膜厚度的测定(GB/T 13452.2—1992,eqv ISO 2808:1974)

GB/T 20777—2006 色漆和清漆 试样的检查和制备(ISO 1513:1992,IDT)

ASTM D 4366:1995 用摆杆阻尼试验测定有机涂层硬度的试验方法

3 需要的补充资料

对任一特定的应用而言，本标准规定的试验方法需要用补充资料来完善。补充资料的内容在附录A中列出。

4 原理

静止在涂膜表面的摆杆开始摆动，用在规定摆动周期内测得的数值表示振幅衰减的阻尼时间。阻尼时间越短，硬度越低。本方法分为A法和B法，A法为科尼格和珀萨兹摆杆式阻尼试验，B法为双摆杆式阻尼试验。

5 科尼格和珀萨兹摆杆式阻尼试验(A法)

5.1 仪器

5.1.1 摆杆

下面所描述的二种摆杆均包含一个用横杆连接的开口框架，在横杆下面嵌入二个钢球作为支点，在框架底部形成一个指针。两种摆杆在外形，质量，摆动时间和其他细节上的差别，见5.1.1.1和5.1.1.2中的描述。

摆杆应避免气流和振动，建议使用保护罩。

5.1.1.1 科尼格摆(见图1)以直径为(5±0.005)mm，滚珠间距为(30±0.2)mm，硬度为HRC[1](63±3)或(1 600±32)HV 30[2]的两个分开的滚珠轴承来支承，并且利用与横杆连接的垂直杆上的滑动重锤

1) HRC=洛氏硬度。

2) HV=按照DIN 50133测定维氏硬度。

保持平衡，且可通过该重锤调节固有摆动频率。在一块抛光的玻璃平板上摆动周期应为(1.4±0.02)s，从位移6°到位移3°的阻尼时间应为(250±10)s。摆的总质量应为(200±0.2)g。

5.1.1.2 珀萨兹摆(见图2)以直径为(8±0.005)mm，滚珠间距为(50±1)mm，硬度为HRC[1](59±1)的两个分开的不锈钢珠来支承。没有平衡器。在一块抛光的玻璃平板上摆动周期应为(1±0.001)s，从位移12°到位移4°的阻尼时间应为(430±10)s。摆的总质量应为(500±0.1)g，其静止时的重心应在支轴面下方(60±0.1)mm处，指针尖端在支轴面下方(400±0.2)mm处。

单位为毫米

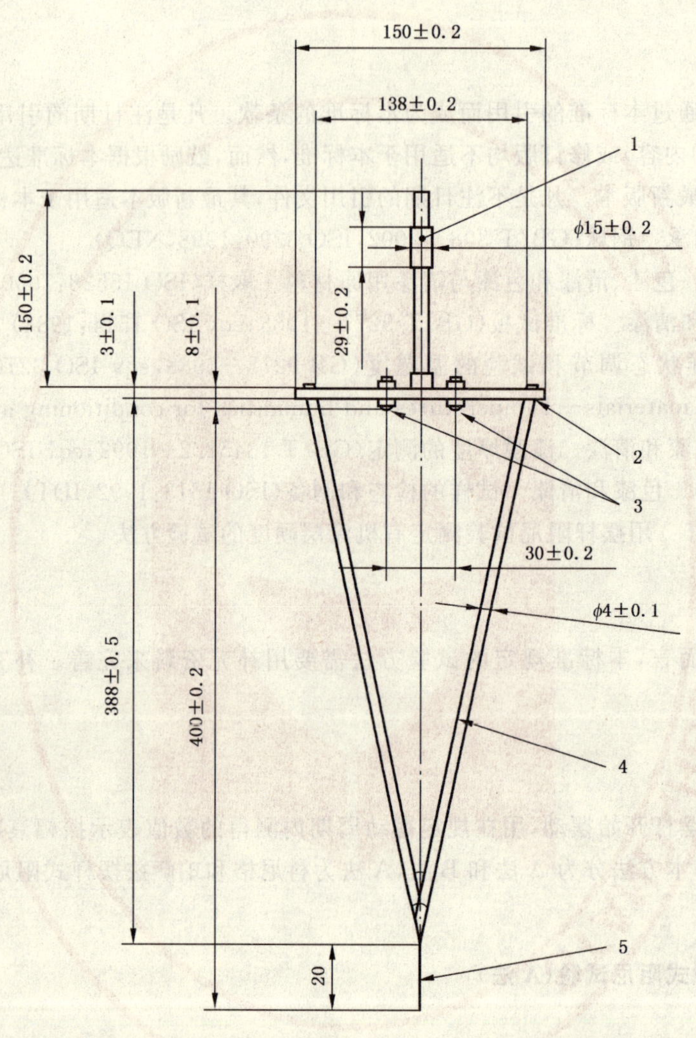

1——平衡器(可调节)；

2——横杆，宽为12±0.1；

3——滚珠，ϕ5；

4——框架；

5——尖端。

图1 科尼格摆

5.1.2 仪器座，用于支撑试板和摆杆。

该仪器座为两种摆所共用，它有一承重垂直杆，并与一具有工作平面上的水平台相连接，其尺寸通常为95 mm×110 mm，其厚度不小于10 mm。该仪器座还装有一个能使摆离开工作台面的镫形件及一个能使摆无振动地降落到试板上的机械装置。

5.1.3 标尺，在仪器座前面。用来表示摆杆的位移角度，如摆杆离开静止中心由6°～3°(科尼格摆)或12°～4°(珀萨兹摆)。标尺可以水平移动，亦可锁住不动，以便使标尺的零位和摆杆尖端的测试位置重合。

此标尺可以标在一面镜子上，或者将一面镜子放在标尺的后面，有助于消除观察时的视觉误差。

5.1.4 秒表或其他计时装置，用于记录摆杆摆动的阻尼时间。

5.1.5 抛光(抹光)的玻璃平板，用于校准摆杆。

5.2 取样

待测试的样品(或在多层体系场合中每一道产品)的代表性样品按GB/T 3186—2006中的规定进行取样。

按GB/T 20777—2006中的规定检查和制备用于测试的每份样品。

5.3 试板

5.3.1 底材

按GB/T 9271中的规定选择一种底材，确保试板平整，坚硬且无变形。推荐使用金属或玻璃板，尺寸近似为100 mm×100 mm×5 mm。

单位为毫米

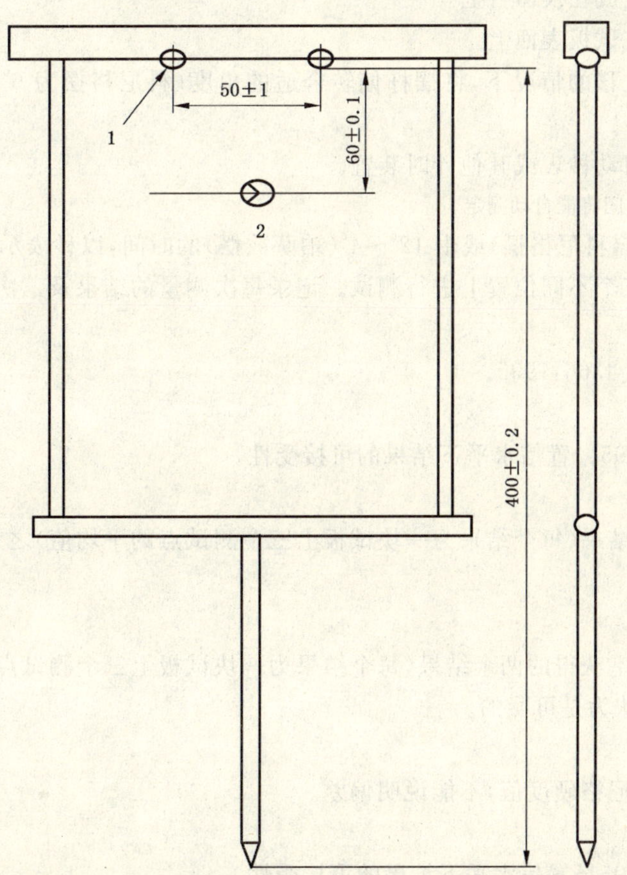

1——钢珠，φ0.8；

2——重心。

图2 珀萨兹摆

5.3.2 处理和涂装

除另有规定外，试板应按 GB/T 9271 的规定来处理每一块试板，然后用待试产品或体系所规定的方法涂装。涂层应该平整没有表面缺陷。

5.3.3 干燥和状态调节

每一块涂装过的试板在规定的条件和时间下干燥(或加热)和放置(如果可以用)。在测试前，试板在温度为(23±2)℃和相对湿度为(50±5)%的条件下调节最少 16 h(除非另有规定)。

涂层表面上的手印、灰尘或其它污染物会使结果的准确性降低，所以试板应以适当的方法贮存和运送。

5.3.4 涂层的厚度

干涂层的厚度以 GB/T 13452.2 中规定的方法之一测定，以微米表示。

5.4 操作步骤

5.4.1 仪器校准

每一个仪器的校准步骤在附录 B 和附录 C 中给出。

5.4.2 环境条件

在(23±2)℃和相对湿度(50±5)%条件下进行试验，除非另有规定(也见 GB 9278)。

5.4.3 摆杆阻尼时间的测定

5.4.3.1 将试板涂膜面向上放在仪器台上。

5.4.3.2 将摆杆轻轻地放在试板表面上。

5.4.3.3 在支轴没有横向位移的情况下，将摆杆偏转合适的角度(科尼格摆为 6°，珀萨兹摆为 12°)并将它放到预定的停点处。

5.4.3.4 放开摆杆并同时启动秒表或其他计时装置。

注：就自动装置来说，阻尼时间将能自动测定。

5.4.3.5 记录振幅由 6°～3°(科尼格摆)或由 12°～4°(珀萨兹摆)的时间，以秒表示。

5.4.3.6 在同一块试板的三个不同位置上进行测试。记录每次测量的结果及三次测量的平均值。

5.5 精密度

这些数据取自 ASTM D 4366:1995。

5.5.1 科尼格摆

以下准则应用于判断在 95%置信水平下结果的可接受性。

5.5.1.1 重复性(*r*)

同一操作者获得的两个结果(每个结果为一块试板上三个测试点的平均值)之差如果大于它们平均值的 8%，则认为是可疑的。

5.5.1.2 再现性(*R*)

不同操作者在不同实验室获得的两个结果(每个结果为一块试板上三个测试点的平均值)之差如果大于它们平均值的 23%，则认为是可疑的。

5.5.1.3 偏差

如果仅按本方法测定科尼格硬度值，不能说明偏差。

5.5.2 珀萨兹摆

以下准则应用于判断在 95%置信水平下结果的可接受性。

5.5.2.1 重复性(*r*)

同一操作者获得的两个结果(每个结果为一块试板上三个测试点的平均值)之差如果大于它们平均值的 3%，则认为是可疑的。

5.5.2.2 再现性(*R*)

不同操作者在不同实验室获得的两个结果(每个结果为一块试板上三个测试点的平均值)之差如果

大于它们平均值的8%,则认为是可疑的。

5.5.2.3 偏差

如果仅按本方法测定珀萨兹硬度值,不能说明偏差。

5.6 试验报告

试验报告应至少包括下列内容:

a) 识别受试产品必要的全部细节;

b) 注明本标准编号;

c) 附录A中所涉及的补充资料;

d) 注明为提供上述c)所涉及资料参照的国际标准、国家标准、产品规格或其他文件;

e) 与本试验方法规定的任何不同之处;

f) 试验结果,如5.4.3.6所述;

g) 使用的摆杆(科尼格或珀萨兹);

h) 试验日期。

6 双摆杆式阻尼试验(B法)

6.1 仪器

6.1.1 双摆(见图3) 摆的总质量为(120±1)g,摆杆上端至下端的长度是(500±1)mm。摆杆横杆下的二个钢珠符合GB/T 308中8CⅢ的规格要求。在未涂漆玻璃板上摆杆摆动角从5°位移到2°的阻尼时间应为(440±6)s。

摆杆应避免气流和振动,建议使用保护罩。

6.1.2 仪器座,用于支撑试板和摆杆。

有一个很重的垂直支承杆,并与一具有工作平面的水平台相连接。

当摆杆离开水平工作台时,有一移动框架支承摆杆。

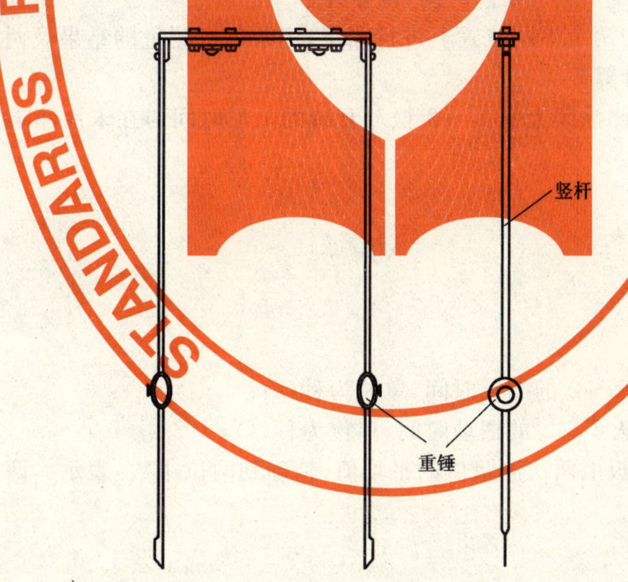

图3 双摆

6.1.3 标尺 底座(6.1.4)前装有一块能表示摆杆偏离静止中心角度的标尺,上面标有5°~2°。标尺零位与摆静止时的摆尖处于同一垂直位置。可将标尺制作在镜子上或在标尺后装上一面镜子,以消除视觉误差。亦可使用光电控制装置,监视摆杆偏移角度,自动记录摆动次数。

6.1.4 底座 座底设有可调垫脚螺丝,以支承仪器和调整工作台的水平。

6.1.5 同5.1.4。

6.2 取样

同5.2。

6.3 试板

6.3.1 底材

玻璃板，应平整、无任何可见的划痕等缺陷，尺寸为90 mm×120 mm×(1.2～2.0)mm。

6.3.2 处理和涂装

同5.3.2。

6.3.3 干燥和状态调节

同5.3.3。

6.3.4 涂层的厚度

同5.3.4。

6.4 操作步骤

6.4.1 仪器校准

仪器校准步骤在附录D中给出。

6.4.2 环境条件

同5.4.2。

6.4.3 双摆硬度的测定

6.4.3.1 将被测试板涂膜朝上，放置在水平工作台上，然后使摆杆慢慢降落到试板上。摆杆的支点距涂膜边缘应不少于20 mm。

6.4.3.2 将移动框架垂直，使摆杆紧贴移动框架，摆杆指针指在零点上。

6.4.3.3 移动框架置于水平位置，在钢球没有横向位移的情况下，将摆杆偏转，停在大于5°的合适位置处。

6.4.3.4 松开摆杆，记录摆幅由5°～2°的时间，以秒计。

6.4.3.5 可在同一块试板的两个不同位置上进行测量，记录每次测量的结果及两次测量的平均值。

6.4.4 涂膜硬度的结果与计算

涂膜硬度是以摆杆在被测涂膜上从5°～2°摆动衰减的阻尼时间与在未涂漆玻璃板上从5°～2°摆动衰减的阻尼时间的比值表示。

计算公式如下：

$$X = \frac{t}{t_0}$$

式中：

X——涂膜硬度值；

t——摆杆在涂膜上从5°～2°的摆动时间，单位为秒(s)；

t_0——摆杆在玻璃板上从5°～2°的摆动时间，单位为秒(s)。

涂膜硬度应以同一块试板上两次测量值的平均值（精确到两位小数）表示。两次测量值之差不应大于平均值的5%。

6.5 试验报告

试验报告应包括下列内容：

a) 被试产品的型号和名称；

b) 注明本标准编号；

c) 注明参照在本标准中涉及到的国家标准和其他文件；

d) 与本试验所规定的程序的任何不同之处；

e) 试验结果；

f) 试验日期。

附 录 A
（规范性附录）
需要的补充资料

为了使本方法能够正常进行，应适当提供本附录中所列条款的补充资料。

所需资料最好应由有关双方商定，也可以部分或全部取自与受试产品有关的国际标准、国家标准或其他文件。

a) 底材的材料、厚度和表面处理；

b) 受试涂料施涂于底材的方法，包括在多层体系中涂层间的干燥时间和干燥条件；

c) 试验前，涂层干燥（或烘干）和放置（如适用）的时间和条件；

d) 干涂层的厚度（以微米计），按 GB/T 13452.2 规定的测量方法，不管它是单一涂层还是多涂层体系；

e) 与 5.4.2 规定不同的试验温度和相对湿度（见 GB 9278）。

附 录 B
（规范性附录）
科尼格摆的校准

B.1 按以下步骤检查校准摆和水平工作台：

B.1.1 将一块抛光的玻璃平板放在水平工作台上，并将摆杆轻轻静置在玻璃表面上。确保摆没有振动。

B.1.2 在玻璃平板表面上放一水平仪。通过调节仪器基座上的螺丝使玻璃平板成水平。

B.1.3 用一块柔软的不起毛的布沾合适的溶剂将玻璃平板擦干净。

B.1.4 用柔软的薄绸沾合适的溶剂将支承球擦干净。将摆杆放置在环境条件下并把它静止放在玻璃平板上。

B.1.5 检查标尺相对于摆杆指针的位置。摆杆静止时，它的指针应该指在标尺的零位。如果指针没指在零位，移动标尺以获得正确的零位设置。

B.2 按以下步骤检查摆杆在玻璃平板上的摆动持续时间：

B.2.1 将摆杆偏转到6°，释放并同时启动秒表或其他计时装置。

B.2.2 测定摆杆摆动100次的时间应是(140±2)s。

B.2.3 如果测得的时间小于规定值，向下移动重锤，继续调节直到获得规定的时间。如果调节不到所需的时间，仪器应判定有故障并要修理。

B.3 按以下步骤检查摆杆在玻璃平板上的阻尼持续时间：

B.3.1 将摆杆偏转到6°，释放并同时启动秒表或其他计时装置。

B.3.2 测定振幅从6°衰减到3°的时间是否是(250±10)s(相当于摆杆摆动172～185次)。

附 录 C
（规范性附录）
珀萨兹摆的校准

C.1 按以下步骤检查校准摆和水平工作台：

C.1.1 将一块抛光的玻璃平板放在水平工作台上，并将摆杆轻轻静置在玻璃表面上。确保摆没有振动。

C.1.2 在玻璃平板表面上放一水平仪。通过调节仪器基座上的螺丝使玻璃平板成水平。

C.1.3 用一块柔软的不起毛的布沾合适的溶剂将玻璃平板擦干净。

C.1.4 用柔软的薄绸沾合适的溶剂将支承球擦干净。将摆杆放置在环境条件下并把它静止放在玻璃平板上。

C.2 按以下步骤检查摆杆在玻璃平板上的摆动持续时间：

C.2.1 将摆杆偏转到12°，释放并同时启动秒表或其他计时装置。

C.2.2 测定摆杆摆动100次的时间应是(100±0.1)s。

C.2.3 如果此值没有达到，重新擦拭玻璃平板和摆杆的支承球、重新检查玻璃平板的水平，并重新测试。此时不允许调节仪器标尺。

C.3 按以下步骤检查摆杆在玻璃平板上的阻尼持续时间：

C.3.1 将摆杆偏转到12°，释放并同时启动秒表或其他计时装置。

C.3.2 测定振幅从12°衰减到4°的时间是否是(430±10)s。

C.3.3 如果此值没有达到，按C.2.3的描述重复检查玻璃平板和仪器。

附 录 D
（规范性附录）
双摆的校准

D.1 按以下步骤检查校准摆和水平工作台：

D.1.1 调节仪器底座后面的垫脚螺丝，使水平锤两顶尖相对。

D.1.2 用软绸布（或棉纸）沾合适的溶剂将校准玻璃平板擦干净。

D.1.3 用软绸布（或棉纸）沾合适的溶剂将支承钢球擦干净，如发现钢球表面有所损坏时可稍微转动钢球，改变它与玻璃平板的接触点。如磨损严重时应更换新球。

D.1.4 将玻璃平板放在仪器的水平工作台上并将摆杆轻轻静置在玻璃表面上，确保摆杆没有振动。

D.1.5 检查标尺相对于摆杆指针的位置，摆杆静止时，它的指针应该指在标尺的零处，如果指针没指在零位，移动标尺以获得正确的零位设置。

D.2 按以下步骤检查摆杆在玻璃平板上的阻尼持续时间：

D.2.1 将摆杆偏转到大于5°的合适位置。

D.2.2 释放摆杆，当摆杆摆至5°时，启动秒表或其它计时装置。

D.2.3 测定摆杆摆至2°时，阻尼持续时间应为(440±6)s。

D.2.4 如果测得的时间小于规定值，同时向下调节两竖杆上的重锤位置。反之，向上调节两重锤位置。

D.2.5 重复D.2.1～D.2.4，直到获得规定的时间。

附 录 E
（资料性附录）
本标准与 ISO 1522:1998 技术性差异及其原因

表 E.1 给出了本标准与 ISO 1522:1998 技术性差异及其原因的一览表

表 E.1 本标准与 ISO 1522:1998 技术性差异及其原因

本标准的章条编号	技术性差异	原因
4	在原理中增加了"本方法分为 A 法和 B 法，A 法为科尼格和珀萨兹摆杆式阻尼试验，B 法为双摆杆式阻尼试验。"	本标准增加双摆杆式阻尼试验。与科尼格和珀萨兹摆杆式阻尼试验测试原理相同。
6	增加 B 法双摆杆式阻尼试验及其相关内容。	双摆杆式阻尼试验在我国使用广泛，增加相关内容适合我国国情。
附录 D	增加双摆的校准。	国际标准中有科尼格摆和珀萨兹摆的校准，增加此内容使标准内容完整，便于操作。

ICS 87.040
G 50

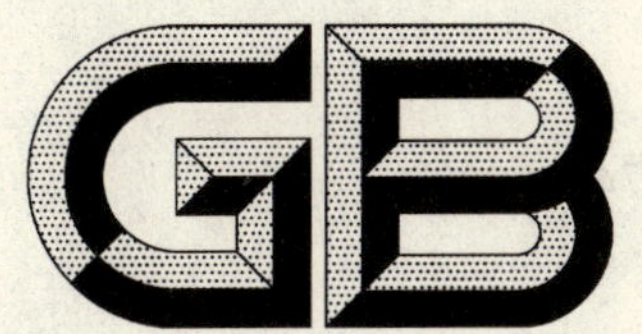

中华人民共和国国家标准

GB/T 1740—2007
代替 GB/T 1740—1979(1989)

漆膜耐湿热测定法

Determination of resistance to heat and humidity of paint films

2007-09-11 发布　　2008-04-01 实施

中华人民共和国国家质量监督检验检疫总局
中国国家标准化管理委员会　发布

前 言

本标准代替 GB/T 1740—1979(1989)《漆膜耐湿热测定法》。

本标准与前版 GB/T 1740—1979(1989)主要技术差异为:

——改变了试样检查评定方法,综合评定等级由原来的 3 个等级改为 5 个等级,增加了单项评定的规定。

本标准由中国石油和化学工业协会提出。

本标准由全国涂料和颜料标准化技术委员会归口。

本标准起草单位:中国化工建设总公司常州涂料化工研究院。

本标准主要起草人:张平。

本标准于 1979 年首次发布,1989 年确认,本次为第一次修订。

本标准委托全国涂料和颜料标准化技术委员会负责解释。

漆膜耐湿热测定法

1 范围

本标准规定了色漆、清漆或相关产品的涂层抗高温、高湿环境能力的试验方法。

本标准适用于漆膜耐湿热性能的测定。

2 规范性引用文件

下列文件中的条款通过本标准的引用而构成本标准的条款。凡是注日期的引用文件，其随后所有的修改单(不包括勘误的内容)或修订版均不适用于本标准，然而，鼓励根据本标准达成协议的各方研究是否可使用这些文件的最新版本。凡是不注日期的引用文件，其最新版本适用于本标准。

GB/T 1765 测定耐湿热、耐盐雾、耐候性(人工加速老化)的漆膜制备法

GB/T 1766 色漆和清漆 涂层老化的评级方法(GB/T 1766—1995，neq ISO 4628:1980)

GB/T 3186—2006 色漆、清漆和色漆与清漆用原材料 取样(ISO 15528:2000,IDT)

GB/T 6682 分析实验室用水规格和试验方法(GB/T 6682—1992,neq ISO 3696:1987)

GB/T 9271 色漆和清漆 标准试板(GB/T 9271—1988,eqv ISO 1514:1984)

GB/T 13452.2 色漆和清漆 漆膜厚度的测定(GB/T 13452.2—1992，eqv ISO 2808:1974)

3 术语和定义

本标准采用下列术语和定义：

3.1

耐湿热性 resistance to heat and humidity

漆膜对高温高湿环境作用的抵抗能力。

4 试剂

符合 GB/T 6682 规定的纯度，至少为 3 级水。

5 仪器设备

设备符合试验条件的调温调湿箱。

6 取样

按 GB/T 3186—2006 的规定，取受试产品(或复合涂层体系中的每个产品)的代表性样品。

7 试验样板

7.1 材料和尺寸

除非另有规定，选用符合 GB/T 9271 要求的底材，尺寸约为 150 mm×70 mm×1 mm。

7.2 试板的处理和涂装

除非另有规定，按 GB/T 9271 的规定处理每一块底材。

除另有规定或商定，按照 GB/T 1765 的要求涂覆受试产品或体系。

除非另有规定试板可用待试产品或体系进行封边，封背。

如果试板的背面和边缘上的涂层与被试产品不同，则应比被试产品有更好的抗高温高湿性能。

7.3 干燥和状态调节

将每一块已涂装的试板在规定的条件下干燥(或烘烤)并放置规定的时间。除非另有规定，试验前试板应在温度为(23±2)℃和相对湿度为(50±5)%的条件下至少调节16 h。

7.4 涂层厚度

按GB/T 13452.2规定的非破坏性方法之一，测定样板干涂层的厚度，以微米计。

8 试验步骤

8.1 试板垂直悬挂于搁板上，试板的正面不允许相互接触。将搁板放入预先调到温度为(47±1)℃、相对湿度为(96±2)%的调温调湿箱中，也可采用其他商定的温度和湿度。当温度和湿度达到设定值时，开始计算试验时间。试验过程中试板表面不应出现凝露。

8.2 连续试验48 h检查一次。两次检查后，每隔72 h检查一次。每次检查后，试板应变换位置。

8.3 试板检查时必须避免指印，在光线充足或灯光直接照射下与标准板比较，结果以3块试板中级别一致的两块为准。

8.4 试板四周边缘、板孔周围5 mm以内及外来因素引起的破坏现象不作考查。

8.5 试验时间

试验进行到：

a) 双方约定的时间；

b) 双方约定的停止指标。

9 结果的评定

试验结果按GB/T 1766中相关规定进行，可根据需要选择以下两种评定方法：

9.1 分别评定试板生锈、起泡、变色、开裂或其他破坏现象。

9.2 按表1评定综合破坏等级。

表1 综合破坏等级

等级	破坏现象			
	生锈	起泡	变色	开裂
1	0(S0)	0(S0)	很轻微	0(S0)
2	1(S1)	1(S1)、1(S2)	轻微	1 (S1)
3	1(S2)	3(S1)、2(S2)、1(S3)	明显	1(S2)
4	2(S2)、1(S3)	4(S1)、3(S2)、2(S3)、1(S4)	严重	2 (S2)
5	3(S2)、2(S3) 1(S4)、1(S5)	5(S1)、4(S2)、3(S3)、 2(S4)、1(S5)	完全	3(S3)
注：漆膜有数种破坏现象，评定等级时应按破坏最严重的一项评定。				

10 试验报告

试验报告至少包括下列内容：

a) 受试产品必要的全部细节；

b) 注明本标准编号；

c) 试验的结果，如第9章指出的；

d) 所用调温调湿箱的类型；

e) 设备是以连续方式还是非连续方式操作(非连续方式运行时要说明频率)；

f) 试验的时间；

g) 与规定试验方法的任何不同之处；

h) 试验日期。

ICS 87.040
G 50

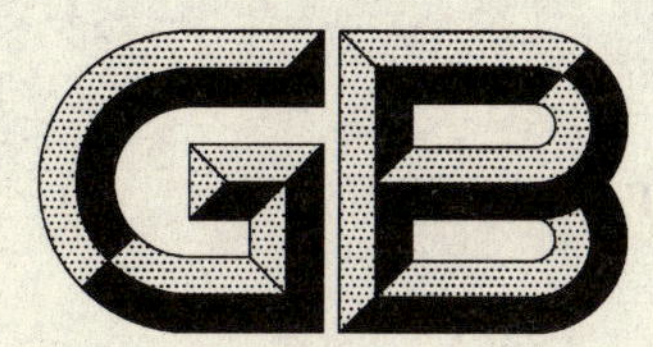

中华人民共和国国家标准

GB/T 1741—2007
代替 GB/T 1741—1979(1989)

漆膜耐霉菌性测定法

Test method for determining the resistance of paints film to mold

2007-09-11 发布　　2008-04-01 实施

中华人民共和国国家质量监督检验检疫总局
中国国家标准化管理委员会　发布

前言

本标准代替 GB/T 1741—1979(1989)《漆膜耐霉菌测定法》。

本标准与 GB/T 1741—1979(1989)相比，主要技术差异为：

——形式更加严谨。本标准划分为范围、规范性引用文件、术语和定义、试验原理、试验条件、霉菌菌种及混合霉菌孢子(种子)悬浮液的制备、检验程序、结果观察共8章。

——修改了试验方法与试验时间。前版根据不同试样选择试验方法，即甲法和乙法，这两种方法实际上为同一试验方法，即培养皿法，其试验时间为14 d。本标准的试验方法分为培养皿检测法与湿室悬挂法两种，试验时间为28 d。

——对仪器设备要求更高。本标准增加了恒温恒湿培养箱、湿度计、霉菌孢子液喷雾箱、生物安全柜、冰箱等试验设备。

——对漆膜制备作了要求。

——试验菌种的选择更具科学性，更符合实际使用环境。

——增加了阳性对照试验与阴性对照试验，以判断试验的可靠性。

——对孢子悬浮液孢子浓度作出规定。

——增加持久性防霉试验内容。

——修改了评级方法。

本标准由中国石油和化学工业协会提出。

本标准由全国涂料和颜料标准化技术委员会归口。

本标准起草单位：广东省微生物研究所(广东省微生物分析检测中心)、中国化工建设总公司常州涂料化工研究院(国家涂料质量监督检测中心)。

本标准主要起草人：彭红、赵玲、陈仪本、欧阳友生、谢小保。

漆膜耐霉菌性测定法

1 范围

本标准规定了建筑涂料中的内、外墙漆膜耐霉菌性能测试方法及结果评定。

其他漆膜耐霉性能的测定也可参照本标准执行。

本测试应该由具有一定微生物知识的人员操作。

本标准适用于内墙和外墙漆膜耐霉菌性能的测定，其他类型的漆膜耐霉菌性可参照本标准测定。

2 规范性引用文件

下列文件中的条款通过本标准的引用而成为本标准的条款。凡是注日期的引用文件，其随后所有的修改单(不包括勘误的内容)或修订版均不适用于本标准，然而，鼓励根据本标准达成协议的各方研究是否可使用这些文件的最新版本。凡是不注日期的引用文件，其最新版本适用于本标准。

GB/T 1727—1992 漆膜一般制备法

GB/T 3186 色漆、清漆和色漆与清漆用原材料 取样(GB/T 3186—2006,ISO 15528:2000,IDT)

3 术语和定义

3.1

霉菌 mould

是指能在建筑涂膜上生长的一类丝状真菌。这类真菌可通过产生有机酸酶或其他分泌物对漆膜发生侵蚀和破坏，改变其理化性能并降低漆膜的使用寿命。

3.2

耐霉 antimould

耐霉，也称防霉、抗霉等，是指建筑涂膜具有耐受或阻止、抑制霉菌孢子及菌丝体的生长与繁殖的能力。

4 试验原理

模拟自然界适合霉菌生长的环境条件，按霉菌生长的生理特点进行设计的试验，用以测定漆膜在这种条件下对霉菌的耐受作用，并用肉眼(必要时借助放大镜)观察方法检验长霉的程度，以此来评价漆膜防霉性能。外墙漆膜中的高分子聚合物，受阳光和氧气的作用，以及大气中的风、霜、雨、露、高温、严寒等物理性和机械性变化，导致高聚物中分子链断裂、降解、发生不可逆的变化，使涂层结构破坏，抗霉能力下降。所以外墙漆膜还须经耐老化试验后再进行耐霉菌性能试验。

5 试验条件

5.1 主要设备与材料

5.1.1 恒温恒湿培养箱(25℃～30℃、相对湿度 $h \geqslant 85\%$)、高压灭菌锅、湿度计、天平(精确度0.01 g)、离心机、霉菌孢子液喷雾箱、生物安全柜(也允许用超净工作台)、冰箱。

5.1.2 无色玻璃试管、ϕ90 mm 无色玻璃培养皿、ϕ400 mm 无色玻璃培养皿、三角瓶(容量为 50 mL、100 mL、250 mL 和 500 mL)、无色玻璃漏斗、酒精灯、喷雾器、铝板(或玻璃、木片、马口铁片等)、玻璃或塑料密闭容器、接种环。

5.2 培养基和试剂

5.2.1 无机盐培养基(供检验样品用)的配制

试剂

硝酸铵(NH_4NO_3)	1.5 g
磷酸氢二钾(K_2HPO_4)	1.0 g
氯化钾(KCl)	0.25 g
硫酸镁($MgSO_4$)	0.5 g
硫酸亚铁($FeSO_4$)	0.002 g
琼脂	(15～20) g
无离子水(蒸馏水)	1 000 mL

pH 值为 6.0～6.5

制法:将上述组成的无机盐培养基加热分装在三角瓶中,放入高压灭菌锅于 121℃、(0.10～0.11)MPa 蒸汽压力下灭菌 30 min。

5.2.2 无机营养液(为试验需要准备充足的营养液)

试剂

硝酸铵(NH_4NO_3)	1.0 g
磷酸氢二钾(K_2HPO_4)	0.7 g
磷酸二氢钾(KH_2PO_4)	0.7 g
氯化钠(NaCl)	0.005 g
硫酸锌($ZnSO_4$)	0.002 g
硫酸锰($MnSO_4$)	0.001 g
硫酸镁($MgSO_4$)	0.7 g
硫酸亚铁($FeSO_4$)	0.002 g
无离子水(蒸馏水)	1 000 mL

pH 值为 6.0～6.5

制法:将上述组成的无机营养液加热分装在三角瓶中,放入高压灭菌锅于 121℃、(0.10～0.11)MPa 蒸汽压力下灭菌 30 min。

5.2.3 马铃薯-蔗糖培养基(供培养霉菌用)

试剂

马铃薯	200 g
蔗糖	20 g
琼脂	20 g
无离子水(蒸馏水)	1 000 mL

制法:马铃薯切片,加无离子水(蒸馏水)加热至 100℃,提取 20 min 后过滤,取汁。加入其余成分,定量,加热完全融化后分装入试管,放入高压灭菌锅于 121℃、(0.10～0.11)MPa 灭菌 30 min,趁热取出试管,分开斜放在横棍上,待其自然凝固成斜面后,存放于阴凉清洁处备用。

5.3 分散剂

吐温 80

5.4 无菌水

用 100 份无离子水(蒸馏水)加 0.005 份分散剂(吐温 80),按 10 mL/支分装到无色玻璃试管中,放入高压灭菌锅于 121℃、(0.10～0.11)MPa 灭菌 30 min 后备用。

5.5 试验样品的准备

5.5.1 漆膜载体的准备

金属面板。软钢皮或铝板、镀锌(或镀锡)铁片等金属面板(特殊情况下还可用合金),其厚度大约有1 mm,切取 50 mm×50 mm 大小的小块,用磨砂纸使其表面粗糙,并用酒精清洁面板。面板在试验期间不能有生锈情况出现,若发现"生锈"情况则应暂停该试验,另外选择面板。

木质面板。要求试验面板厚度不大于 15 mm,面板上无树节、污点或其他缺陷,四周光滑平整,且木材应烘干,避免感染有其他木腐型真菌,木质面板不应以木心材制作,因为它所含的某些物质可能在测试时会抑制霉菌的生长,并且保证面板无残留有防变色剂等化学物质。切取 50 mm×50 mm 大小的小块。

其他材料。如矿石建筑板、复合木板、玻璃等等,这些材料的厚度至少要有 1 mm,切取 50 mm×50 mm大小的小块。特殊情况下也可选用滤纸片作为载体。

5.5.2 漆膜制备

按照 GB/T 3186 的规定进行取样,若没有特别要求,试验者可以把油漆、涂料样品涂在 50 mm×50 mm载体面板(可以根据试验样品的实际应用选择载体)的一面,每种涂料样品需制作六块,按照 GB/T 1727—1992要求制作漆膜(特殊样品根据产品使用要求进行制膜),样板应平整、无锈、无油污等。若以木片作为漆膜载体,则要求漆膜封住整个木片。样板制作完毕,应把样板存放在干燥的环境中,漆膜实干后备用。

5.5.3 外墙漆膜的持久性防霉试验

漆膜制备好后,室温下置于缓慢流动的自来水中冲洗 24 h,注意水流不能直接冲刷到漆膜上。取出试验涂片在室温下晾干后,待试样状况稳定后(不应有起泡、脱落、开裂等现象)考察漆膜的耐霉性能。

注:根据产品的使用要求,可以选择其他持久性耐老化方法。

5.5.4 阳性对照样品

在试验过程中用 3 张 50 mm×50 mm 的无菌定性滤纸作为阳性对照样品,要求该滤纸本身不具备防霉功能。

5.5.5 阴性对照样品

用 5.5.2 中 3 块制备好的漆膜作为阴性对照样品。

6 霉菌菌种及混合霉菌孢子(种子)悬浮液的制备

6.1 检验菌种

试验中内外墙漆膜的试验菌种如表 1 所示:

表 1 内墙漆膜防霉试验菌种名称

序号	中文名称	拉丁名
1	黑曲霉	aspergillus niger
2	黄曲霉	aspergillus flavus
3	球毛壳霉	chaetomium globosum
4	腊叶芽枝霉	cladosporium herbarum
5	宛氏拟青霉	paecilomyces varioti
6	桔青霉	penicillium citrinum
7	绿色木霉	trichoderma viride
8	出芽短梗霉	aureobasidium pullulans

表 2　外墙漆膜防霉试验菌种名称

序号	中文名称	拉丁名
1	黑曲霉	aspergillus niger
2	黄曲霉	aspergillus flavus
3	球毛壳霉	chaetomium globosum
4	腊叶芽枝霉	cladosporium herbarum
5	宛氏拟青霉	paecilomyces varioti
6	桔青霉	penicillium citrinum
7	绿色木霉	trichoderma viride
8	出芽短梗霉	aureobasidium pullulans
9	链格孢	alternata alternata

注：根据产品的使用要求，也可适当增加其他菌种作为检测菌种。所有菌种均来自国家或省级微生物菌种保藏中心的典型菌种。

6.2　霉菌菌种培养与孢子悬浮液的制备

6.2.1　菌种制备与储存

6.2.1.1　菌种制备

菌种和冷冻干孢子应按提供者的建议进行操作和贮存，接种试管上需标明菌种的接种日期，接种需要在生物安全柜里操作(也允许用超净工作台)。

6.2.1.2　菌种贮存

马铃薯-蔗糖培养基斜面保藏的菌种可以贮存在3℃～10℃的冰箱中4个月。制备孢子悬浮液的菌种，从接种试管上标明的接种日期算起，应在室温条件下培养不少于7天，但不超过28天。

6.2.2　霉菌孢子悬浮液的制备

6.2.2.1　在制备霉菌孢子悬浮液前，不能取下装有菌种的试管塞子，一支打开的菌种试管应只制备一次孢子悬浮液。

6.2.2.2　应使用无菌水(5.4)制备孢子悬浮液。

6.2.2.3　将一支按5.4制备好的无菌水试管中的无菌水倒入一支斜面菌种中，用无菌接种环在无菌操作条件下轻刮菌种表面以洗出孢子，把洗出的孢子液倒入无菌三角瓶中。将试验需要的几种霉菌孢子液都收集到该三角瓶中。

6.2.2.4　振荡三角瓶以充分混匀孢子混合液，并使成团的孢子分散。孢子混合液用快速纤维滤纸过滤除去菌丝碎片、琼脂块和孢子团。

6.2.2.5　以4 000 r/min的速度离心已过滤的孢子混合液，去掉上层清液。用50 mL无菌水沉淀悬浮物，再离心。用此方法清洗孢子三次。混合的孢子液用无机营养液稀释，制备的孢子悬浮液应含有孢子8×10^5 cfu/mL～1.2×10^6 cfu/mL。

6.2.2.6　孢子悬浮液每次可以制备新鲜的，或者放在3℃～10℃的冰箱中，但在接种样品前孢子悬浮液在冰箱的存放时间不能超过4天。

7　检验程序

检验程序的接种过程必须有充分设施保证人员与环境的安全，建议该接种过程在霉菌孢子悬浮液喷雾箱中进行，接种完毕待样品从喷雾箱中取出后需对该喷雾箱消毒(用70%～75%的乙醇溶液对该喷雾箱喷雾，并用干净的布浸上70%～75%的乙醇溶液对霉菌孢子悬浮液可能滴落、溅洒或喷雾到的表面擦拭)。

孢子悬浮液接种于样品上有喷洒、涂抹、浸泡 3 种方式。对水不浸润的漆膜样品不宜选用涂抹、浸泡两种方式;一般漆膜样品都可选用喷洒方式接种,该方式要求具有一定雾粒直径大小的喷洒器;一定大小样品的表面,孢子悬浮液需均匀分布于样品的整个表面。雾粒喷洒到样品表面不应形成明显液滴。每个测试样品需接种 1 mL 左右孢子悬浮液。

7.1 培养皿法

7.1.1 培养基平皿的准备

对于直径小于 75 mm 的样品,选用 ϕ90 mm 无色玻璃培养皿,对于直径在 75 mm～350 mm 的样品,选用 ϕ400 mm 无色玻璃大培养皿。将足够的营养盐培养基倒入适合的无菌培养皿中,培养基厚度为 3 mm ～ 6 mm。

7.1.2 接种

7.1.2.1 试验样品

培养皿中的培养基凝固后,表面放上样品,把准备好的孢子悬浮液均匀接种到整个漆膜样品与周围培养基的表面。待样品表面水分稍干后盖好皿盖。每种样品做 3 个平行。

7.1.2.2 阳性对照

把 5.5.4 中准备的无菌过滤纸,分别平放在营养盐培养基上,把准备好的孢子悬浮液均匀接种到整个滤纸与周围培养基的表面,稍干后盖好皿盖。

7.1.2.3 阴性对照

取 5.5.5 3 块制备好的漆膜作为阴性对照样品,分别平放在无菌的无机营养盐培养基上,每个样品接上与样品相同接种量的无菌水,稍干后盖好皿盖。

7.1.3 培养

7.1.3.1 温度、湿度控制

把已接种的测试样品、阳性对照样品和阴性对照样品放在培养箱中,温度控制在 25℃～30℃,相对湿度控制在不低于 85%的条件下培养。

7.1.3.2 培养时间

在培养 7 天后检查阳性对照样品上接种菌的活力,如果在任何一张滤纸上肉眼都看不到霉菌生长,则该试验被认为无效,应重新进行试验。若滤纸上肉眼可清楚看见霉菌生长,则继续培养。培养至 28 天,检查结果。

7.2 悬挂法

对于大件样品、不规则样品,无法用 7.1 中培养皿法测试的样品,可以用悬挂法进行检测。

7.2.1 容器的准备

使用带紧密盖子的、能安置样品的玻璃或塑料容器,容器的大小与形状应使得在它内部空间的底部具有足够敞露的水表面积,保证放置的样品有足够的空间,不相互干扰,并保持容器内相对湿度大于 85%。

7.2.2 接种

漆膜试验样品与阳性滤纸对照样的接种。把准备好的混合孢子悬浮液,接种于整个漆膜试验样品和滤纸的表面,每种样品做 3 个平行。

取 5.5.5 3 块制备好的漆膜作为阴性对照样品,用与试验样品同样的接种方式和相同的接种量对该样品表面加无菌水,做 3 个平行。

7.2.3 样品的放置

7.2.3.1 试验漆膜样品与阳性对照

试验样品与阳性对照样品稍微晾干后,放置在 7.2.1 容器内,安置方式应确保样品不被水触及或溅到,可以采用悬挂的方式把样品悬挂于容器中,注意样品放置不得互相接触,注明试样编号和试验日期。

7.2.3.2 阴性对照

按照 7.2.1 方法准备的另一容器放置阴性对照样品，以与 7.2.3.1 同样安置方式，确保样品不被水触及或溅到，可以采用悬挂的方式把样品悬挂于容器中。

7.2.4 培养

7.2.4.1 温度、湿度控制

把已接种的漆膜试验样品、阳性对照样品和阴性对照样品放在培养箱中，温度控制在 25℃～30℃，相对湿度控制在不低于 85％的条件下培养。

7.2.4.2 培养时间

在培养 7 天后检查阳性对照样品上接种菌的活力，如果在任何一张滤纸上肉眼都看不到霉菌生长，则该试验被认为无效，应重新进行试验。若滤纸上肉眼可清楚看见霉菌生长，则继续培养。培养至 28 天，检查结果。

8 结果观察

试验结束，立即检查样品的外观，必要时对样品进行影相。如果试验仅检查直观效果，样品应从培养箱拿出，直接从正面或侧面观察样板表面霉菌、菌体、菌丝生长情况。经检验的样品应先用肉眼检查，如有必要再用放大镜（放大倍数约为 50 倍）进行检查。应按以下等级评定及表述长霉程度，报告应给出试验所采用的培养方法、测试周期。

0 级——在放大约 50 倍下无明显长霉；

1 级——肉眼看不到或很难看到长霉，但在放大镜下可见明显见到长霉；

2 级——肉眼明显看到长霉，在样品表面的覆盖面积为 10％～30％；

3 级——肉眼明显看到长霉，在样品表面的覆盖面积为 30％～60％；

4 级——肉眼明显看到长霉，在样品表面的覆盖面积大于 60％。

同时阴性对照样品肉眼不应观察到霉菌生长。

ICS 87.040
G 50

中华人民共和国国家标准

GB/T 1771—2007/ISO 7253:1996
代替 GB/T 1771—1991

色漆和清漆 耐中性盐雾性能的测定

Paints and varnishes—
Determination of resistance to neutral salt spray(fog)

(ISO 7253:1996,IDT)

2007-09-11 发布 2008-04-01 实施

中华人民共和国国家质量监督检验检疫总局
中国国家标准化管理委员会 发布

前言

本标准等同采用 ISO 7253:1996《色漆和清漆　耐中性盐雾性能的测定》(英文版)。

本标准代替 GB/T 1771—1991《色漆和清漆　耐中性盐雾性能的测定》。

本标准与前版 GB/T 1771—1991 的主要技术差异为:

——前版系等效采用 ISO 7253:1984;

——由采用符合 GB/T 6682 中规定的纯度为三级的水改为采用符合 GB/T 6682 中规定的至少纯度为三级的水;

——试验溶液质量浓度由(50±10)g/L 改为(50±5)g/L;

——喷雾收集量由(1～2)mL/h 改为(1～2.5)mL/h;

——由分析纯盐酸或氢氧化钠溶液改为由分析纯盐酸或碳酸氢钠溶液来调整试验溶液 pH 值;

——在任一 24 h 为周期的检查时间由不应超过 60 min 改为不应超过 30 min;

——增加了试样检查评定程序;

——增加了仪器设备校验程序;

——对试板划痕的制备规定更加详细;

——取消了划痕刀具的推荐。

本标准的附录 A、附录 B、附录 C 均为规范性附录。

本标准由中国石油和化学工业协会提出。

本标准由全国涂料和颜料标准化技术委员会归口。

本标准起草单位:中国化工建设总公司常州涂料化工研究院。

本标准主要起草人:曹晓东。

本标准于 1979 年首次发布,1991 年第一次修订,本次为第二次修订。

本标准委托全国涂料和颜料标准化技术委员会负责解释。

色漆和清漆　耐中性盐雾性能的测定

1　范围

本标准规定了测定涂层耐中性盐雾性能的方法。

本标准所规定的方法可以作为色漆或涂料体系质量的检测手段。

2　规范性引用文件

下列文件中的条款通过本标准的引用而成为本标准的条款。凡是注日期的引用文件，其随后所有的修改单(不包括勘误的内容)或修订版均不适用本标准，然而，鼓励根据本标准达成协议的各方研究是否可使用这些文件的最新版本。凡是不注日期的引用文件，其最新版本适用于本标准。

GB/T 3186—2006　色漆、清漆和色漆与清漆用原材料　取样(ISO 15528:2000,IDT)

GB/T 6682　分析实验室用水规格和试验方法(GB/T 6682—1992,neq ISO 3696:1987)

GB/T 9271　色漆和清漆　标准试板(GB/T 9271—1988,eqv ISO 1514:1984)

GB 9278　涂料试样状态调节和试验的温湿度(GB 9278—1988,eqv ISO 3270:1984,Paints and varnishes and their raw materials—Temperatures and humidities for conditioning and testing)

GB/T 13452.2　色漆和清漆　漆膜厚度的测定(GB/T 13452.2—1992,eqv ISO 2808:1974)

GB/T 20777—2006　色漆和清漆　试样的检查和制备(ISO 1513:1992,IDT)

ISO 3574:1999　商业级和冲压级的冷轧碳素钢薄板

ISO 4628-1:2003　色漆和清漆　涂层破坏的评定　一般类型破坏的程度、数量和大小的评定　第1部分:通则和评级方法

ISO 4628-2:2003　色漆和清漆　涂层破坏的评定　一般类型破坏的程度、数量和大小的评定　第2部分:起泡程度的表示方法

ISO 4628-3:2003　色漆和清漆　涂层破坏的评定　一般类型破坏的程度、数量和大小的评定　第3部分:锈蚀程度的表示方法

ISO 4628-4:2003　色漆和清漆　涂层破坏的评定　一般类型破坏的程度、数量和大小的评定　第4部分:开裂程度的表示方法

ISO 4628-5:2003　色漆和清漆　涂层破坏的评定　一般类型破坏的程度、数量和大小的评定　第5部分:剥落程度的表示方法

3　原理

将涂过漆的试板曝露于中性盐雾中，用有关各方预先约定的原则或标准评定盐雾曝露的结果。

4　需要补充的信息

对于任何特定的应用，本标准所规定的试验方法需要用补充信息来加以完善，补充信息的项目在附录A中列出。

5　试验溶液

5.1　试验溶液配制：将氯化钠溶于符合GB/T 6682中规定的至少纯度为三级的水中，质量浓度为(50±5)g/L。氯化钠应是白色，质量分数≥99.5%，而且基本上不含铜和镍，碘化钠的质量分数≤0.1%。

5.2 试验溶液(5.1)的pH值应调整至使试验箱内(见第6章)收集的喷雾溶液的pH值在6.5～7.2之间。超出范围时,可加入分析纯盐酸或碳酸氢钠溶液来进行调整。

注:应注意在喷雾时由于试验溶液中二氧化碳损失可能引起pH值的变化。这种变化可以由减少溶液中二氧化碳含量来避免,例如,在将溶液加到仪器设备之前先加热到35℃以上或用新煮沸过的水配制溶液。

5.3 试验溶液注入仪器的贮罐前应予过滤,以防止固体物质堵塞喷嘴。

6 仪器设备

设备为盐雾试验箱,应包括如下部件。

6.1 盐雾箱,应由耐盐水溶液腐蚀的材料制成或用它衬里,而且应带有可防止冷凝水滴落到试板上的罩盖。为保证喷雾均匀分布,该箱的容积应不小于0.4 m^3。

盐雾箱的大小和形状应能使喷雾收集器(6.4)收集到的溶液的量在10.2规定的限度内。

容积大于2 m^3 的盐雾箱为便于操作在设计和结构上应给予仔细的考虑。应考虑的因素列于附录B中。

6.2 恒温控制元件,温度应由箱内的恒温元件控制,使得盐雾箱内各部件保持在规定温度范围内(见10.1)。该元件距箱壁应至少100 mm。温度计应整体置于箱内,其距四壁、箱顶和箱端均应在100 mm以上,并能够在箱外读数。

6.3 喷雾装置应由一个压缩空气供给器、一个喷雾溶液的储罐和一个或多个由耐盐水腐蚀的材料制成的喷嘴组成。供给喷雾的压缩空气应通过滤清器以除去油分和固体颗粒,压力保持在(70～170) kPa。空气在进入喷嘴之前应通过装填水的饱和塔柱使其加湿。装填水应至少符合GB/T 6682规定的三级水,其温度比盐雾箱高出几摄氏度。水的温度取决于所用的空气压力和喷嘴的类型,调节空气压力使箱内回收速度及收集的溶液浓度保持在规定的范围内(见10.2)。

盛放试验溶液的储罐应由耐盐水溶液腐蚀的材料制成,并设有保持槽内恒定水位高度的装置。

喷嘴应由惰性材料制造,如玻璃或塑料。为了防止盐雾箱内形成压力,通常是把装置的空气排放到实验室外大气中,而且外部环境应不会影响盐雾箱内。

注:应采用可调节的缓冲板以防止喷雾直接冲击试验样板,以有助于在盐雾箱内喷雾分布均匀。

6.4 喷雾收集装置,由化学惰性材料制成。放于盐雾箱内放置试验样板的地方,至少有一个靠近喷雾嘴,一个远离喷雾嘴。其位置要求只能收集喷雾液而不是试板或盐雾箱部件或支架上滴下的液体。收集装置的数量应至少为喷雾嘴的两倍。

注:玻璃或塑料漏斗的管子最好能插到带有刻度的量筒中。漏斗的直径为100 mm,其收集面积为80 cm^2。

6.5 试板支架,能以与垂直面成15°～25°的角度支撑试板,通用的支架由惰性非金属材料如玻璃、塑料或适宜的涂过漆的木材制成。此外,如果需要悬挂试板的话,所使用的材料应是合成纤维、棉纱线或其他惰性绝缘材料,不应使用金属材料。试板可以放置于盐雾箱内不同的水平面上,但其所处的位置应避免盐溶液液滴从一个水平面上的试板或支架上滴到下面的其他试板上。

6.6 如果该装置已经作过不同于本试验规定的试验,则在试验前应彻底清洗。

6.7 可根据需要按附录C的规定对本装置进行校验。

7 取样

按GB/T 3186—2006的规定,取受试产品(或多涂层体系中的每个产品)的代表性样品。

按GB/T 20777—2006的规定,检查和制备试验样品。

8 试验样板

8.1 材料和尺寸

除非另有规定或商定,试验样板应使用符合GB/T 9271规定的底材,尺寸约为150 mm×100 mm

×1 mm。

注：试板尺寸也可采用 150 mm×100 mm×(0.8～1.5)mm 或 150 mm×70 mm×(0.8～1.5) mm。

8.2 试板的处理和涂漆

除非另外商定，按 GB/T 9271 的规定处理每一块试板，然后用待试产品或体系按规定方法进行涂装。

除非另有规定，试板的背面和边缘也用待试产品或体系涂覆。

如果试板的背面和边缘上的涂层与被试产品不同，则应具有比被试产品更好的耐腐蚀性。

8.3 干燥和状态调节

涂覆试板按标准规定时间和条件干燥，除另有规定，应在温度(23±2)℃和相对湿度(50±5)%、具有空气循环、不受阳光直接曝晒的条件下，状态调节至少 16 h，然后尽快投入试验。

8.4 涂层厚度

用 GB/T 13452.2 规定的非破坏性方法之一测定干涂层的厚度，以 μm 计。

8.5 划痕的刻制

如需划痕，所有的划痕距试板的每一条边和划痕相互之间应至少为 25 mm。

划痕应为透过涂层至底材的直线。

实施划痕时使用一种带有硬尖的划痕工具，划痕应有两侧平行或上部加宽的断面，金属底材划痕宽度为 0.3 mm～1.0 mm，另有规定者除外。

可以划出一道或两道划痕。除非另有规定，划痕应与试板长边平行。

划痕不允许使用如手术刀、刮胡刀、小刀、针等工具。

对铝板底材来说，应使两条划痕相互垂直但不交叉。一条划痕应与铝板轧制方向平行而另一条划痕与铝板轧制方向呈垂直角度。

注：如果使用镀锌板或镀锌合金钢板，划至锌镀层与划至金属底材结果会有不同，有关方应商定划痕划破涂层及镀层的程度。

9 试板的曝露方法

9.1 不应将试板放置在雾粒从喷嘴出来的直线轨迹上。

9.2 每块试板的受试表面朝上，与垂线夹角是 20°±5°。

注：曝露于盐雾箱中的每块试板的置放角度是很重要的。

当有不同形状的涂漆工件试验时，曝露方法由有关方面商定。进行这种试验时，特别重要的是应将这些不同形状的部件按其正常状态放置。在此要求下，部件放置应尽可能避免妨碍气流的流动。如果部件妨碍了气流的流动，其他试板和部件则不能同时进行试验。

试板涂层的破坏程度随放置的方位不同而不同，对此应给予适当的考虑。

9.3 试板的排列应不使其互相接触或与箱体接触，受试表面应曝露在盐雾能无阻碍地沉降的地方。

10 操作条件

10.1 盐雾箱内的温度应为(35±2)℃。

10.2 对面积为 80 cm^2 的水平喷雾收集装置来说，在最小周期为 24 h 测得的盐雾溶液的平均收集速率应为 1 mL/h～2.5 mL/h。

收集到的溶液的氯化钠浓度应为(50±10)g/L，pH 值应为 6.5～7.2(见 5.2)。

10.3 已喷雾过的试验溶液不应重复使用。

11 程序

除另有规定，应进行两次平行测定。

11.1 按第 10 章规定的条件,进行调试。

11.2 按第 9 章规定,将试板(或部件)排放在盐雾箱内。

11.3 关闭盐雾箱并使试验溶液通过喷嘴开始流动。在整个规定试验周期内应连续喷雾。因为检查、重新排列或取出试板;检查和补充贮槽中的溶液;以及检查是否满足第 10 章规定的条件等而短时间的日常中断(见 12 章)除外。

12 试板的检查

应定期检查试板,同时注意不应损伤受试表面。应快速检查试板,在任一 24 h 内盐雾箱停止时间不得超过 30 min。不允许使试板变干。

如有可能,应在每天的相同时间内检查。

在规定的试验周期结束时,从设备中取出试板,用清洁的温水冲洗以除去试板表面上的试验溶液残留物。而后立即把试板弄干并检查试板表面的损坏现象,如起泡、生锈、及从划痕处锈蚀的蔓延程度。试板检查应按照 ISO 4628-1～5:2003 进行(见附录 A 中 g)。

如果需要,将试板置于 GB 9278 中规定的标准条件下和规定时间内,而后检查受试表面的损坏现象。

如果需要检查底材的损坏情况,则应按商定的方法把漆膜除去。

13 精密度

目前还没有相关精密度的数据可供使用。

由于对涂层破坏的评价具有主观因素,因此精密度将取决于若干因素。这些因素包括评价方法、试板的制备、涂层厚度、试板的干燥和状态调节状况和划痕的刻制。

本方法对于不同涂层耐盐雾性能很有用,对于耐盐雾性显著不同的一系列涂层,提供相对等级是十分有用的。

14 试验报告

本试验报告应至少包括以下内容:

a) 识别受试产品所需的全部细节;
b) 注明本标准编号;
c) 参照附录 A 中提及的补充信息的条款;
d) 参照上述 c)中提及的补充资料的国际或国家标准,产品规格或其他文件;
e) 试验周期;
f) 是否划痕(在曝露前),如果划痕,其种类和位置(见 8.5);
g) 试板位置是否有变化;
h) 按照规定的要求,(报告)试验结果;
i) 与规定的试验程序任何不同之处;
j) 试验日期。

附 录 A
(规范性附录)
需要补充的信息

本附录中所列各项补充资料应适合于能实现本方法。

所需要资料最好经有关各方同意,可以部分地或全部地来自与受试样品有关的国际标准或国家标准或其他文件。

a) 所使用的底材及其表面处理方法(见 8.1 和 8.2);

b) 涂料施涂至底材上的方法(见 8.2);

c) 试验前试板干燥(或烘烤)和状态调节(如需要)时间和条件(见 8.3);

d) 干涂层厚度(以 μm 计),用 GB/T 13452.2 的方法测量厚度,是单一涂层还是复合涂层(见 8.4);

e) 曝露前要刻制的划痕的数量和位置;

f) 实验日期(见第 12 章);

g) 在评定耐性时,试验涂层将如何进行检查和将注意什么特性。

附 录 B
（规范性附录）
体积大于 2 m^3 的盐雾箱的设计和结构应考虑的因素（见 6.1）

B.1 喷嘴和缓冲板的数量和位置应能使在 10.2 规定的限度内产生均匀的喷雾分布。

B.2 收集装置的数量应能控制 6.4 要求的喷雾速率。

B.3 加热、绝缘和控制装置应能使盐雾箱内放置试板的所有位置上的温度均匀。

B.4 顶盖的设计（如辅助顶盖）必须能防止液滴落到试板上（如 6.1 中要求的那样）。

附 录 C
（规范性附录）
设备的校验（见6.7）

C.1 概述

为质量保证的目的（如使用ISO 9000系列国际标准时），有必要进行全部实验设备的相互关系的评价，以便确定涂层体系与本标准述及的试验方法之间的相应关系。如果将涂层或涂层体系在分别试验运行下曝露但试验条件相同时，是否会导致结果不再现或再现破坏的程度。

在很大的或人可进入的盐雾箱的情况下，有必要确定：用相同的试验样板，曝露体积内的任何一个位置是使性能相当或破坏程度相同。

有必要借助于这样的方法评估再现性：在规定时间内，将一定数量的由同样制备的参照试板进行相同的曝露，而且应将本国家标准内的操作参数调整以获得再现性。

C.2 参照样板

C.2.1 参照试板应是符合ISO 3574:1999中CR4级的钢板，其尺寸大约为150 mm×75 mm，厚度为(1±0.2)mm。

C.3 参照试板的制备

C.3.1 用GB/T 9271中规定的打磨法处理参照试板。

C.3.2 试验前立即用软毛刷或超声波清洗装置使用合适的有机溶剂小心地清洗参照样板。再用溶剂冲洗并使其干燥。

注1：沸程为60℃～120℃的烃类溶剂是适宜的。

注2：如结果相当，也可使用经有关方商定的其他清洗方法。

C.3.3 将参照试板称重，准确至1 mg。

C.3.4 用可自粘的防水箔片保护参照试板的背面。

C.4 程序

C.4.1 将6块参照试板面朝上地放在支架上（见6.5），与垂直面的角度为$(20\pm5)^\circ$，分布在盐雾箱内，以便能测定分布的影响。

注：更大的盐雾箱需要的参照试板也更多。

C.4.2 曝露参照试板96 h，间断时间总计不超过30 min。

C.4.3 曝露结束时，除去保护片，用软尼龙刷或垫除去疏松的粘附着的腐蚀产物，在自来水下冲洗曝露面。用如下之一的化学方法清除化学腐蚀残留物，应小心，不让所使用的化学品对试板产生过大的影响（见注）。

a) 将试板浸入体积分数为50%盐酸（密度1.18 g/mL）水溶液中，每升溶液加入3.5 g六亚甲基四胺的抑制剂。

b) 将试板浸入体积分数为20%盐酸（密度1.18 g/mL）水溶液中，每升溶液加入1 mL的炔丙基醇抑制剂。

注：在实际中这些方法约需15 min。

C.4.4 在腐蚀性产物被清除后，用自来水彻底冲洗试板，并用丙酮冲洗，而后干燥。

C.4.5 再次称重参照试板，并计算其质量损失，以每平方米曝露面积的克重计。

如果参照样板的质量损失的平均值为(130±20)g/m² 而且个别板的质量损失不大于或小于平均值 25 g/m² 或不超过商定的值，该仪器应该认为是满意的。

ICS 67.220.20
X 42

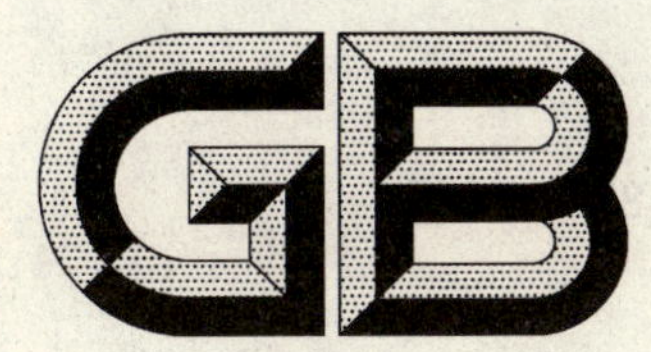

中华人民共和国国家标准

GB 1887—2007
代替 GB 1887—1998

食品添加剂 碳酸氢钠

Food additive—Sodium bicarbonate

2007-10-29 发布　　　　2008-06-01 实施

中华人民共和国国家质量监督检验检疫总局
中国国家标准化管理委员会　发布

前 言

本标准的第5章、第8章为强制性的，其余为推荐性的。

本标准与国际食品法典委员会(CAC)标准《碳酸氢钠(2002)》一致性程度为非等效。

本标准代替GB 1887—1998《食品添加剂　碳酸氢钠》。

本标准与GB 1887—1998相比主要变化如下：

——指标参数相应调整(1998版3.2，本版第5章)；

——增加控制了氯化物含量、白度的指标及试验方法(本版第5章)；

——改进了干燥减量的测定方法(1998版4.3，本版6.5)；

——改进了pH值的测定方法(1998版4.4，本版6.6)；

——改进了重金属含量的测定方法(1998版4.6，本版6.8)；

——改进了包装和贮存部分(1998版第6章，本版第9章)。

本标准由中国石油和化学工业协会提出。

本标准由全国化学标准化技术委员会无机化工分会(SAC/TC 63/SC 1)和全国食品添加剂标准化技术委员会(SAC/TC 11)共同归口。

本标准起草单位：天津化工研究设计院、天津碱厂、内蒙古远兴天然碱股份有限公司、锡林郭勒苏尼特碱业有限公司、山东海化集团有限公司小苏打厂、中国石化集团南京化学工业有限公司连云港碱厂、自贡鸿鹤化工股份有限公司、江苏德邦兴华化工股份有限公司、青岛碱业股份有限公司、衡阳市裕华化工实业有限公司、衡阳市海联盐卤化工有限公司、广州市南先化工有限公司、内蒙古远兴天然碱股份有限公司碱湖试验站。

本标准主要起草人：刘幽若、赵美敬、王平、付永礼、马文元、李培军、耿文法、邹红、刘真、韩洋、李莉莉、李业泳、高润庚、李永忠。

本标准所代替标准的历次版本发布情况：

——GB 1887—1990、GB 1887—1998。

食品添加剂 碳酸氢钠

1 范围

本标准规定了食品添加剂碳酸氢钠的要求、试验方法、检验规则、标志、标签、包装、运输和贮存。

本标准适用于食品添加剂碳酸氢钠。该产品可作膨松剂或食品工业用加工助剂使用。

2 规范性引用文件

下列文件中的条款通过本标准的引用而成为本标准的条款。凡是注日期的引用文件,其随后所有的修改单(不包括勘误的内容)或修订版本均不适用于本标准。然而,鼓励根据本标准达成协议的各方研究是否可使用这些文件的最新版本。凡是不注日期的引用文件,其最新版本适用于本标准。

GB/T 191—2000 包装储运图示标志(eqv ISO 780:1997)

GB/T 3051—2000 无机化工产品中氯化物含量测定的通用方法 汞量法(neq ISO 5790:1979)

GB/T 5009.74—2003 食品添加剂中重金属限量试验

GB/T 5009.76—2003 食品添加剂中砷的测定

GB/T 6678 化工产品采样总则

GB/T 6682—1992 分析实验室用水规格和试验方法(neq ISO 3696:1987)

GB/T 9724 化学试剂 pH 值测定通则

HG/T 3696.1 无机化工产品化学分析用标准滴定溶液的制备

HG/T 3696.2 无机化工产品化学分析用杂质标准溶液的制备

HG/T 3696.3 无机化工产品化学分析用制剂及制品的制备

3 符号

分子式:$NaHCO_3$

相对分子质量:84.01(按 2005 年国际相对原子质量)

4 性状

白色结晶粉末。

5 要求

食品添加剂碳酸氢钠应符合表 1 要求。

表 1 要求

指 标 项 目		指 标
总碱量(以 $NaHCO_3$ 计)质量分数/%		99.0～100.5
干燥减量质量分数/%	≤	0.20
pH 值(10 g/L 水溶液)	≤	8.5
砷(As)质量分数/%	≤	0.000 1
重金属(以 Pb 计)质量分数/%	≤	0.000 5
铵盐含量		通过试验

表 1(续)

指 标 项 目		指 标
澄清度		通过试验
氯化物(以 Cl 计)质量分数/%	≤	0.40
白度	≥	85

6 试验方法

6.1 安全提示

本试验方法中使用的部分试剂具有毒性或腐蚀性,操作时须小心谨慎!如溅到皮肤上应立即用水冲洗,严重者应立即治疗。

6.2 一般规定

本标准所用试剂和水,在没有注明其他要求时,均指分析纯试剂和 GB/T 6682 中规定的三级水。试验中所用标准滴定溶液、杂质标准溶液、制剂及制品,在没有注明其他要求时,均按 HG/T 3696.1、HG/T 3696.2、HG/T 3696.3 的规定制备。

6.3 鉴别试验

6.3.1 钠的鉴别

用盐酸润湿铂丝,在火焰上燃烧至无色,再蘸取少许试验溶液在火焰上燃烧,火焰即呈鲜黄色。

6.3.2 碳酸氢盐的鉴别

6.3.2.1 取试样少许,加盐酸溶液(1+2)后可产生气体,该气体通入氢氧化钙溶液(3 g/L)中有白色沉淀产生。

6.3.2.2 在试验溶液中滴加硫酸镁溶液(120 g/L)时,在常温下无沉淀,煮沸后产生白色沉淀。

6.4 总碱量的测定

6.4.1 方法提要

试料溶于水,以溴甲酚绿-甲基红作指示剂,用盐酸标准滴定溶液滴定。

6.4.2 试剂

6.4.2.1 盐酸标准滴定溶液:$c(\mathrm{HCl})\approx 1$ mol/L;

6.4.2.2 溴甲酚绿-甲基红指示液。

6.4.3 分析步骤

称取约 2.5 g 试样,精确至 0.000 2 g,置于 250 mL 锥形瓶中,加 50 mL 水使全部溶解。滴加 10 滴溴甲酚绿-甲基红指示液,用盐酸标准滴定溶液滴定至试验溶液由绿色变为暗红色后,煮沸 2 min,冷却至室温,用盐酸标准滴定溶液继续滴定至暗红色为终点。

同时进行空白试验。空白试验应与测定平行进行,并采用相同的分析步骤,取相同量的所有试剂(标准滴定溶液除外),但空白试验不加试样。

6.4.4 结果计算

总碱量以碳酸氢钠($NaHCO_3$)的质量分数 w_1 计,数值以%表示,按式(1)计算:

$$w_1 = \frac{[(V_1 - V_0)/1\,000]cM}{m} \times 100 \qquad \cdots\cdots(1)$$

式中:

V_1——滴定试验溶液所消耗的盐酸标准滴定溶液体积的数值,单位为毫升(mL);

V_0——空白试验所消耗的盐酸标准滴定溶液体积的数值,单位为毫升(mL);

c——盐酸标准滴定溶液浓度的准确数值,单位为摩尔每升(mol/L);

m——试料质量的数值,单位为克(g);

M——碳酸氢钠($NaHCO_3$)的摩尔质量的数值,单位为克每摩尔(g/mol)(M=84.01)。

取平行测定结果的算术平均值为测定结果,两次平行测定结果的绝对差值不大于0.2%。

6.5 干燥减量的测定

6.5.1 方法提要

将试料置于真空干燥箱中放置4 h后取出,测定其干燥减量。

6.5.2 仪器、设备

6.5.2.1 称量瓶:ϕ50 mm×30 mm;

6.5.2.2 真空泵;

6.5.2.3 真空表:−0.1 MPa;

6.5.2.4 真空干燥箱:温度能控制在40℃±2℃。

6.5.3 分析步骤

用已于真空干燥箱中干燥至质量恒定的称量瓶,称取约5 g试样,精确至0.000 2 g。慢慢摇动称量瓶使试料厚度均匀,放入真空干燥箱中用真空泵抽取真空0.04 MPa,并保持此真空度,在40℃±2℃条件下,放置4 h,取出称量。

6.5.4 结果计算

干燥减量以质量分数w_2计,数值以%表示,按式(2)计算:

$$w_2=\frac{m_1-m_2}{m}\times 100 \qquad \cdots\cdots(2)$$

式中:

m_1——干燥前称量瓶和试料的质量的数值,单位为克(g);

m_2——干燥后称量瓶和试料的质量的数值,单位为克(g);

m——试料的质量的数值,单位为克(g)。

取平行测定结果的算术平均值为测定结果,两次平行测定结果的绝对差值不大于0.02%。

6.6 pH值的测定

6.6.1 仪器

酸度计:精度为0.02 pH单位。

6.6.2 分析步骤

称取1.00 g±0.01 g试样,置于250 mL烧杯中。加入约100 mL无二氧化碳的水,使试样溶解,在10 min内(从加水开始计时)按GB/T 9724的规定进行测定。

6.7 砷含量的测定

6.7.1 方法提要

同GB/T 5009.76—2003第8章。

6.7.2 试剂

6.7.2.1 盐酸溶液:1+3;

6.7.2.2 砷标准溶液:1 mL溶液含有砷(As)1 μg

称取1.00 mL按HG/T 3696.2要求配制的砷标准溶液,置于1 000 mL容量瓶中,用水稀释至刻度,摇匀。该溶液使用前制备。

6.7.2.3 其他试剂同GB/T 5009.76—2003第9章。

6.7.3 仪器、设备

同GB/T 5009.76—2003第10章。

6.7.4 分析步骤

称取1.00 g±0.01 g试样,置于100 mL烧杯中。加入10 mL盐酸溶液将试样溶解。

用移液管移取1 mL砷标准溶液,作为标准比对溶液,以下按GB/T 5009.76—2003第11章规定进行测定。

6.8 重金属含量的测定

6.8.1 方法提要

同 GB/T 5009.74—2003 第 2 章。

6.8.2 试剂

6.8.2.1 盐酸溶液:1+3;

6.8.2.2 硫化钠溶液(此溶液应遮光、加盖密闭保存于棕色瓶中,配制后三个月内有效);

6.8.2.3 其他试剂同 GB/T 5009.74—2003 第 3 章。

6.8.3 仪器、设备

同 GB/T 5009.74—2003 第 4 章。

6.8.4 分析步骤

称取 2.00 g±0.01 g 试样,置于 100 mL 烧杯中。滴加少量水润湿,加入 8 mL 盐酸溶液,煮沸5 min。冷却后,加入 1 滴酚酞指示液,用氨水溶液中和至试液呈粉红色。全部转移至 50 mL 比色管中,加入 5 mL pH 值为 3.5 的乙酸盐缓冲溶液,10 mL 硫化钠溶液,用水稀释至刻度,摇匀。在暗处放置 5 min 后,在白色背景下观察,其色度不得深于标准比色溶液。

用移液管移取 1 mL 铅标准溶液,置于 100 mL 烧杯中,以下从"加入 8 mL 盐酸溶液,"开始。与试验溶液同时同样进行处理。

6.9 铵盐的检验

称取约 1 g 试样,精确至 0.01 g。置于 50 mL 烧杯中,加 10 mL 水溶解。在加热至沸过程中无氨味。

6.10 澄清度的检验

6.10.1 方法提要

在室温下用定量水溶解试样,在相同条件下和标准比较。

6.10.2 试剂

6.10.2.1 六次甲基四胺溶液:100 g/L

称取 10.0 g±0.1 g 预先于硅胶干燥器中干燥 24 h 的六次甲基四胺,置于烧杯中,加少量水溶解,全部转移至 100 mL 容量瓶中,用水稀释至刻度,摇匀。

6.10.2.2 硫酸联氨溶液:10 g/L

称取 1.0 g±0.1 g 预先于硅胶干燥器中干燥 24 h 的硫酸联氨,置于烧杯中,加少量水溶解,全部转移至 100 mL 容量瓶中,用水稀释至刻度,摇匀。

6.10.2.3 标准比浊溶液

用移液管移取 25 mL 六次甲基四胺溶液和 25 mL 硫酸联氨溶液,置于干燥的试剂瓶中,摇匀,室温下放置 24 h,制成标准比浊溶液 A。此溶液有效日期 60 d。

用移液管移取 10.0 mL 标准比浊溶液 A,置于 1 000 mL 容量瓶中,用水稀释至刻度,摇匀,制成标准比浊溶液 B。此溶液有效日期 1 d。

6.10.3 分析步骤

称取 1.00 g±0.01 g 试样,置于 25 mL 比色管中。加水溶解后,用水稀释至刻度,摇匀。放置5 min后,与标准比浊溶液比较,对着黑色背景,从比色管上方观察,试验溶液的澄清度不得低于标准比浊溶液所示的澄清度。

标准比浊溶液是用移液管移取 5.00 mL 标准比浊液 B,置于 25 mL 比色管中,用水稀释至刻度,摇匀。

6.11 氯化物含量的测定

6.11.1 汞量法(仲裁法)

6.11.1.1 方法提要

同 GB/T 3051—2000 第 3 章。

6.11.1.2 试剂

同 GB/T 3051—2000 第 4 章。

6.11.1.3 仪器、设备

同 GB/T 3051—2000 第 5 章。

6.11.1.4 分析步骤

称取约 2 g 试样，精确至 0.01 g。置于锥形瓶中，加 40 mL 水溶解。滴加 2 滴溴酚蓝指示液，滴加硝酸溶液中和至黄色，再滴加氢氧化钠溶液至呈蓝色，再用硝酸溶液调至恰呈黄色，并过量 2 滴～3 滴。加入 1 mL二苯偶氮碳酰肼指示液，用硝酸汞标准滴定溶液滴定至溶液由黄色变为紫色，即为终点。

同时进行空白试验。空白试验应与测定平行进行，并采用相同的分析步骤，取相同量的所有试剂(标准滴定溶液除外)，但空白试验不加试样。

保存滴定后的废液，按 GB/T 3051—2000 附录 D 要求处理。

6.11.1.5 结果计算

氯化物含量以氯(Cl)的质量分数 w_3 计，数值以%表示，按式(3)计算：

$$w_3=\frac{[(V-V_0)/1\,000]c\,M}{m}\times 100 \qquad (3)$$

式中：

V——滴定试验溶液所消耗的硝酸汞标准滴定溶液体积的数值，单位为毫升(mL)；

V_0——空白试验所消耗的硝酸汞标准滴定溶液体积的数值，单位为毫升(mL)；

c——硝酸汞标准滴定溶液浓度的准确数值，单位为摩尔每升(mol/L)；

m——试料质量的数值，单位为克(g)；

M——氯(Cl)的摩尔质量的数值，单位为克每摩尔(g/mol)(M=35.45)。

取平行测定结果的算术平均值为测定结果，两次平行测定结果的绝对差值不大于 0.01%。

6.11.2 目视比浊法

6.11.2.1 方法提要

在酸性介质中加入硝酸银溶液，银离子与氯离子生成白色的氯化银悬浊液，与同时同样处理的标准比浊溶液进行对比。

6.11.2.2 试剂

6.11.2.2.1 95%(体积分数)乙醇溶液；

6.11.2.2.2 硝酸溶液：1+6；

6.11.2.2.3 硝酸银溶液：17 g/L；

6.11.2.2.4 氯化物标准溶液：1 mL 溶液含氯(Cl)0.10 mg

移取 10.00 mL 按 HG/T 3696.2 要求配制的氯化物标准溶液，置于 100 mL 容量瓶中，用水稀释至刻度，摇匀。

6.11.2.3 分析步骤

称取 1.00 g±0.01 g 试样，置于 50 mL 烧杯中，加入适量的水使之溶解，全部转移至 100 mL 容量瓶中，用水稀释至刻度，摇匀。用移液管移取 25 mL 上述试验溶液，置于 50 mL 比色管中，加入 1 mL 体积分数为 95%乙醇溶液，3 mL 硝酸溶液和 2 mL 硝酸银溶液，用水稀释至刻度，轻轻摇匀。静置 10 min 后，于黑背景下与标准比浊溶液比对，所产生的浊度不得深于标准比浊溶液。

标准比浊溶液是移取 0.50 mL、1.50 mL、2.00 mL、2.50 mL、5.00 mL 氯化物标准溶液，与试料同时同样处理。

6.12 白度的测定

6.12.1 仪器、设备

白度计：带有标准白度板和工作白度板，分度值 0.2 度；

标准白度板。

6.12.2 分析步骤

用定期标定过的标准白度板校正工作白度板。将白度仪调整至工作状态，将试样均匀地置于粉末皿中，使试样面超过粉末皿约 2 cm。用光洁的玻璃板覆盖在试样的表面上，压紧试样，并稍加旋转，移去玻璃板。沿水平方向观察试样表面，应无凹凸不平、疵点和斑痕异常情况。

将试样皿置于仪器台上，测定白度值，读准至 0.1 度；将试样皿在仪器台上旋转 90°，测定白度值，读准至 0.1 度；再旋转 90°，测定白度值，读准至 0.1 度。三次读数结果极差不得大于 0.5 度。

取平行测定结果的算术平均值为测定结果。两次平行测定结果的绝对差值不大于 1 度。

7 检验规则

7.1 本标准规定的所有指标项目为出厂检验项目，应逐批检验。

7.2 生产企业用相同材料，基本相同的生产条件，连续生产或同一班组生产的同一级别的食品添加剂碳酸氢钠为一批。每天产量为一批。

7.3 按 GB/T 6678 的规定确定采样单元数。采样时，将采样器自包装袋的上方斜插入至料层深度的 3/4 处采样。将采得的样品混匀后，按四分法缩分至不少于 500 g，分装于两个清洁干燥的具塞广口瓶或塑料袋中，密封。瓶或袋上粘贴标签，注明：生产厂名、产品名称、批号、采样日期和采样者姓名。一份作为实验室样品，另一份保存备查，保留时间由生产厂根据实际需要确定。

7.4 食品添加剂碳酸氢钠应由生产厂的质量监督检验部门按照本标准的规定进行检验。生产厂应保证每批出厂的产品都符合本标准的要求。

7.5 检验结果如有一项指标不符合本标准要求时，应重新自两倍量的包装中采样进行复验，复验结果即使只有一项指标不符合本标准的要求时，则整批产品为不合格。

8 标志、标签

8.1 食品添加剂碳酸氢钠包装上应有牢固清晰的标志，内容包括：生产厂名、厂址、产品名称、商标、“食品添加剂”字样、净含量、批号或生产日期、保质期、生产许可证号、卫生许可证号、“QS”质量安全标志、本标准编号及 GB/T 191—2000 中规定的“怕晒”、“怕雨”标志。

8.2 每批出厂的食品添加剂碳酸氢钠都应附有质量证明书。内容包括：生产厂名、厂址、产品名称、商标、“食品添加剂”字样、净含量、批号或生产日期、保质期、生产许可证号、卫生许可证号、“QS”质量安全标志、产品质量符合本标准的证明和本标准编号。

9 包装、运输、贮存

9.1 食品添加剂碳酸氢钠采用以下包装方式：

9.1.1 塑料编织袋包装：内包装采用食品用聚乙烯塑料薄膜袋，内袋用维尼龙绳或其他质量相当的绳人工扎口，或用与其相当的其他方式封口；外包装采用塑料编织袋，外袋用维尼龙绳或其他质量相当的线缝口，缝线整齐，针距均匀，无漏缝和跳线现象。或内外袋袋口对齐，折边缝合，用维尼龙绳或其他质量相当的线缝口，缝线整齐，针距均匀，无漏缝和跳线现象。每袋净含量为 25 kg、50 kg。

9.1.2 复膜袋包装：折边缝合，用维尼龙绳或其他质量相当的线缝口，缝线整齐，针距均匀，无漏缝和跳线现象。每袋净含量为 25 kg、50 kg。

9.1.3 小袋包装：采用食品用聚乙烯塑料薄膜袋，厚度不得小于 0.05 mm。使用热合封口，不得泄漏。每袋净含量为 250 g 或 500 g。将一定数量的小袋包装装入塑料编织袋或纸箱，其性能和检验方法应符合有关规定。

9.1.4 根据用户要求协商确定包装容量和方式。

9.2 食品添加剂碳酸氢钠在运输过程中应有遮盖物，防止日晒、雨淋、受潮。不得与酸类、挥发性有机物等有毒有害物品混运。

9.3 食品添加剂碳酸氢钠应贮存在专用库房内,并需离地离墙码放,置于阴凉干燥处,防止日晒、雨淋、受潮。不得与酸类、挥发性有机物等有毒有害物品混贮。

9.4 食品添加剂碳酸氢钠在符合本标准包装、运输、贮存条件下,自生产之日起保质期为12个月。逾期应重新检验是否符合本标准要求。

ICS 67.220.20
X 42

中华人民共和国国家标准

GB 1891—2007
代替 GB 1891—1996

食品添加剂 硝酸钠

Food additive—Sodium nitrate

2007-10-29 发布　　2008-06-01 实施

中华人民共和国国家质量监督检验检疫总局
中国国家标准化管理委员会　发布

前　言

本标准的第5章、第8章和第10章为强制性的，其余为推荐性的。

本标准修改采用《日本食品添加剂公定书》第七版（2000年）《硝酸钠》。

本标准根据《日本食品添加剂公定书》第七版（2000年）重新起草。

考虑到我国国情，在采用《日本食品添加剂公定书》第七版（2000年）时，本标准做了一些修改。本标准与《日本食品添加剂公定书》第七版（2000年）的主要差异如下：

——对标准要求中的部分指标进行了适当的调整（本版的第5章）；

——硝酸钠含量测定，日本食品添加剂公定书第七版采用蒸溜法，本标准采用银量法；

——本标准硝酸钠含量测定依据GB/T 13025.5—1991《制盐工业通用试验方法　氯离子的测定》（本版的6.4）；

——本标准重金属含量测定依据GB/T 5009.74—2003《食品添加剂中重金属限量试验》（本版的6.7）；

——本标准砷含量测定依据GB/T 5009.76—2003《食品添加剂中砷的测定》（本版的6.8）。

本标准代替GB 1891—1996《食品添加剂　硝酸钠》。

本标准与GB 1891—1996相比主要变化如下：

——指标参数相应调整（1996版3.2，本版第5章）；

——改进了硝酸钠含量的测定方法（1996版4.10，本版6.4）。

本标准由中国石油和化学工业协会提出。

本标准由全国化学标准化技术委员会无机化工分会（SAC/TC 63/SC 1）和全国食品添加剂标准化技术委员会（SAC/TC 11）共同归口。

本标准主要起草单位：天津化工研究设计院、杭州龙山化工有限公司。

本标准主要起草人：邓乐平、张静娟。

本标准所代替标准的历次版本发布情况：

——GB 1891—1980、GB 1891—1986、GB 1891—1996。

食品添加剂　硝酸钠

1　范围

本标准规定了食品添加剂硝酸钠的要求、试验方法、检验规则、标志、包装、运输、贮存和安全。

本标准适用于食品添加剂硝酸钠。该产品可作护色剂、防腐剂使用。

2　规范性引用文件

下列文件中的条款通过本标准的引用而成为本标准的条款。凡是注日期的引用文件，其随后所有的修改单（不包括勘误的内容）或修订版本均不适用于本标准，然而，鼓励根据本标准达成协议的各方研究是否可使用这些文件的最新版本。凡是不注日期的引用文件，其最新版本适用于本标准。

GB 190—1990　危险货物包装标志

GB/T 191—2000　包装储运图示标志(eqv ISO 780:1997)

GB/T 3051—2000　无机化工产品中氯化物含量测定的通用方法　汞量法(neq ISO 5790:1979)

GB/T 5009.74—2003　食品添加剂中重金属限量试验

GB/T 5009.76—2003　食品添加剂中砷的测定

GB/T 6678　化工产品采样总则

GB/T 6682　分析实验室用水规格和试验方法(ISO 3696:1987)

HG/T 3696.1　无机化工产品化学分析用标准滴定溶液的制备

HG/T 3696.2　无机化工产品化学分析用杂质标准溶液的制备

HG/T 3696.3　无机化工产品化学分析用制剂及制品的制备

3　符号

分子式：$NaNO_3$

相对分子质量：84.99(按 2005 年国际相对原子质量)

4　性状

白色细小结晶，允许带淡灰色、淡黄色。

5　要求

食品添加剂　硝酸钠应符合表 1 要求：

表 1　要求

项　目		指　标
硝酸钠($NaNO_3$)(以干基计)质量分数/%		99.3～100.5
氯化物(以 Cl 计)质量分数/%	≤	0.20
水分质量分数/%	≤	1.5
重金属(以 Pb 计)质量分数/%	≤	0.000 5
砷(As)质量分数/%	≤	0.000 2
注：水分以出厂检验为准。		

6 试验方法

6.1 安全提示

本试验方法中使用的部分试剂具有毒性或腐蚀性，操作时须小心谨慎！如溅到皮肤上应立即用水冲洗，严重者应立即治疗。

6.2 一般规定

本标准所用试剂和水在没有注明其他要求时，均指分析纯试剂和GB/T 6682中规定的三级水。试验中所用标准滴定溶液、杂质标准溶液、制剂及制品，在没有注明其他要求时，均按HG/T 3696.1、HG/T 3696.2、HG/T 3696.3的规定制备。

6.3 鉴别试验

6.3.1 取试验溶液，加等量硫酸混匀，冷却后小心加入硫酸亚铁溶液(80 g/L)，使成两液层，介面处显示棕色。

6.3.2 取试验溶液，加硫酸与铜丝，加热即产生红棕色气体。

6.3.3 取铂丝，用盐酸润湿后，先在无色火焰中烧至无色，再蘸取试验溶液少许，在无色火焰上燃烧，火焰即显黄色。

6.4 硝酸钠含量的测定

6.4.1 方法提要

用盐酸将硝酸钠转化为氯化钠，加热蒸干除去硝酸和多余的盐酸，用银量法测定氯离子。

6.4.2 试剂和溶液

6.4.2.1 盐酸溶液：4+1；

6.4.2.2 硝酸银标准滴定溶液：$c(AgNO_3)$约0.1 mol/L；

6.4.2.3 铬酸钾溶液：100 g/L；

6.4.2.4 石蕊溶液：10 g/L。

6.4.3 分析步骤

称取约0.8 g预先在105℃～110℃下干燥至恒量的试样(也可以直接称样，计算结果时减掉水分)，精确至0.000 2 g，置于一个小烧杯中。加20 mL盐酸溶液，盖上表面皿，在蒸气浴(或可调电炉)上蒸发至干。再加20 mL盐酸溶液溶解残留物，再次蒸发至干。继续加热，直至残留物溶于水时对石蕊显中性。将溶液转移至100 mL容量瓶中，稀释至刻度，摇匀。移取25 mL溶液置于150 mL烧杯中，加4滴铬酸钾指示液，在均匀搅拌下，用硝酸银标准滴定溶液滴定，至呈现稳定的淡橘红色悬浊液即为终点，同时做空白试验。

空白试验应与测定平行进行，并采用相同的分析步骤，取相同量的所有试剂，但空白试验不加试样。

6.4.4 结果计算

硝酸钠含量以硝酸钠($NaNO_3$)的质量分数w_1计，数值以%表示，按式(1)计算：

$$w_1=\frac{c(V-V_0)M}{m\times(25/100)\times 1\,000}\times 100 \qquad \cdots\cdots(1)$$

式中：

V——滴定试样溶液所消耗硝酸银标准滴定溶液的体积的数值，单位为毫升(mL)；

V_0——滴定空白溶液所消耗硝酸银标准滴定溶液的体积的数值，单位为毫升(mL)；

c——硝酸银标准滴定溶液浓度的准确数值，单位为摩尔每升(mol/L)；

m——试料质量的数值，单位为克(g)；

M——硝酸钠($NaNO_3$)的摩尔质量的数值，单位为克每摩尔(g/mol)(M=84.99)。

取平行测定结果的算术平均值为测定结果，两次平行测定结果的绝对差值不大于0.2%。

6.5 氯化物含量的测定

6.5.1 方法提要

同GB/T 3051—2000第3章。

6.5.2 试剂和材料

6.5.2.1 尿素；

6.5.2.2 其他同 GB/T 3051—2000 第 4 章。

6.5.3 仪器、设备

微量滴定管:分度值 0.01 mL 或 0.02 mL。

6.5.4 分析步骤

6.5.4.1 参比溶液的制备

在 250 mL 锥形瓶中加 50 mL 水,加 3 g 尿素,加热溶解。在微沸下滴加(1+1)硝酸溶液至无气泡产生,冷却。加 2 滴～3 滴溴酚蓝指示液,用氢氧化钠溶液(1 mol/L)调至溶液呈蓝色,用(1+13)硝酸溶液调至溶液由蓝色变为黄色再过量 2 滴～6 滴。加入 1 mL 二苯偶氮碳酰肼指示液,使用微量滴定管,用浓度 $c[1/2Hg(NO_3)_2]$约为 0.05 mol/L 的硝酸汞标准滴定溶液滴定至紫红色。记录硝酸汞标准滴定溶液的体积。此溶液在使用前配制。

6.5.4.2 测定

称取约 10 g 试样,精确至 0.01 g,置于 250 mL 锥形瓶中,加约 50 mL 水,加热使试样完全溶解。加 3 g 尿素,加热溶解,在微沸下滴加(1+1)硝酸溶液,至无细小气泡产生,冷却,加 2 滴溴酚蓝指示液,用氢氧化钠溶液(1 mol/L)调至溶液呈蓝色,用(1+13)硝酸溶液调至溶液由蓝色变为黄色再过量 2 滴～6 滴。加入 1 mL 二苯偶氮碳酰肼指示液,使用微量滴定管用浓度 $c[1/2Hg(NO)_2]$约为 0.05 mol/L的硝酸汞标准滴定溶液滴定至溶液由黄色变为与参比溶液相同的紫红色为终点。

将滴定后的含汞废液收集于瓶中,按 GB/T 3051—2000 附录 D 规定的方法进行处理。

6.5.5 结果计算

氯化物含量以氯(Cl)的质量分数 w_2 计,数值以%表示,按式(2)计算:

$$w_2 = \frac{c(V - V_0)M}{m \times 1\,000} \times 100 \qquad \cdots\cdots(2)$$

式中:

V——滴定试样溶液所消耗硝酸汞标准滴定溶液的体积的数值,单位为毫升(mL);

V_0——参比溶液所消耗硝酸汞标准滴定溶液的体积的数值,单位为毫升(mL);

c——硝酸银汞标准滴定溶液浓度的准确数值,单位为摩尔每升(mol/L);

m——试料质量的数值,单位为克(g);

M——氯(Cl)的摩尔质量的数值,单位为克每摩尔(g/mol)(M=35.45)。

取平行测定结果的算术平均值为测定结果,两次平行测定结果的绝对差值不大于 0.02%。

6.6 水分的测定

6.6.1 仪器、设备

6.6.1.1 称量瓶:ϕ50 mm×30 mm。

6.6.2 分析步骤

用预先在 105℃～110℃ 干燥至质量恒定的称量瓶称取约 5 g 试样,精确至 0.000 2 g,于 105℃～110℃ 干燥至质量恒定。

6.6.3 结果计算

水分含量以质量分数 w_3 计,数值以%表示,按式(3)计算:

$$w_3 = \frac{m - m_1}{m} \times 100 \qquad \cdots\cdots(3)$$

式中:

m——试料质量的数值,单位为克(g);

m_1——干燥后试料的质量的数值,单位为克(g)。

取平行测定结果的算术平均值为测定结果,两次平行测定结果的绝对差值不大于 0.02%。

6.7 重金属含量的测定

6.7.1 方法提要

同 GB/T 5009.74—2003 第 2 章。

6.7.2 试剂和材料

6.7.2.1 盐酸溶液：4＋1；

6.7.2.2 其他同 GB/T 5009.74—2003 第 3 章。

6.7.3 仪器、设备

同 GB/T 5009.74—2003 第 4 章。

6.7.4 分析步骤

称取(2.00±0.01 g)试样，精确至 0.01 g，置于 100 mL 烧杯中，加 10 mL 水溶解，加入 2 mL 盐酸溶液，置于水浴上加热至干。取出烧杯，再加入 1 mL 盐酸溶液，并以少量水冲洗杯壁，再蒸干。加水溶解残渣，全部转移至 50 mL 纳氏比色管中，加水至 25 mL，以下按 GB/T 5009.74—2003 第 6 章操作。

标准比色溶液是用移液管移取 1 mL 铅标准溶液(1 mL 溶液含有 10 μgPb)，与试样同时同样处理。

6.8 砷含量的测定

6.8.1 方法提要

同 GB/T 5009.76—2003 第 8 章。

6.8.2 试剂

6.8.2.1 硫酸；

6.8.2.2 砷标准溶液：1 mL 溶液含有砷(As)1 μg

移取 1.00 mL 按 HG/T 3696.2 要求配制的砷标准溶液，置于 1 000 mL 容量瓶中，用水稀释至刻度，摇匀。

6.8.2.3 其他同 GB/T 5009.76—2003 第 9 章。

6.8.3 仪器、设备

同 GB/T 5009.76—2003 第 10 章。

6.8.4 分析步骤

称取(1.00±0.01 g)试样，精确至 0.01 g，置于 100 mL 烧杯中。加入 2 mL 硫酸，在可调电炉上蒸发至三氧化硫的浓烟出现。取下烧杯，以少量水冲洗杯壁，再次蒸发至浓烟出现，取出后冷却。用约 25 mL水将残渣移入测砷装置的锥形瓶中，加水至总体积约 40 mL，以下按 GB/T 5009.76—2003 第 11 章操作。

标准比色溶液是用移液管移取 2 mL 砷标准溶液(1 mL 溶液含有 1 μgAs)，与试样同时同样处理。

7 检验规则

7.1 本标准表 1 要求中所列项目均为出厂检验项目，应逐批检验。

7.2 每批产品不超过 20 t。

7.3 按 GB/T 6678 中的规定确定采样单元数。采样时，将采样器自袋的中心垂直插入至料层深度的 3/4 处采样。将采出的样品混匀，用四分法缩分至不少于 500 g。将样品分装于两个清洁、干燥密封的容器中，密封，并粘贴标签，注明生产厂名、产品名称、批号、采样日期和采样者姓名。一份供检验用，另一份保存三个月备查。

7.4 食品添加剂硝酸钠应由生产厂的质量监督检验部门按照本标准规定进行检验，生产厂应保证所有出厂的产品都符合本标准要求。

7.5 检验结果如有一项指标不符合本标准要求，应重新自两倍量的包装中采样进行复验，复验结果即使只有一项指标不符合本标准的要求时，则整批产品为不合格。

8 标志、标签

8.1 食品添加剂硝酸钠包装容器上应有牢固清晰的标志，内容包括：生产厂名、厂址、产品名称、商标、

"食品添加剂"字样、净含量、批号或生产日期、保质期、生产许可证号、卫生许可证号、本标准编号，以及GB 190—1990中的"氧化剂"标志和GB/T 191—2000中规定的"怕热"和"怕湿"标志。

8.2 每批出厂的食品添加剂硝酸钠都应附有质量证明书，内容包括：生产厂名、厂址、产品名称、商标、"食品添加剂"字样、净含量、批号或生产日期、生产许可证号及卫生许可证号、产品质量符合本标准的证明和本标准编号。

9 包装、运输、贮存

9.1 食品添加剂硝酸钠应用内衬食品级聚乙烯薄膜的双层牛皮纸袋作内包装。外包装为塑料编织袋。每袋净重25 kg。内袋扎口，外袋应牢固缝合。缝线整齐，针距均匀，无漏缝和跳线现象。或按照用户要求自行确定包装。

9.2 运输过程中，防止雨淋，不得受潮和包装不受污损，禁止与有害、有毒物质及其他污染物品混贮、混运。

9.3 食品添加剂硝酸钠贮存于干燥通风的食品添加剂专用库房内，并需离地离墙码放，防止受潮污染。

9.4 食品添加剂硝酸钠在符合标准包装、运输、贮存条件下，自出厂之日起保质期为2年，逾期检验合格，仍可继续使用。

10 安全

10.1 硝酸钠为一级无机氧化剂，加热至380℃时分解为亚硝酸钠和氧，加热至更高温度时则生成氧、氮、氮氧化物的混合气体。当与有机物，硫磺或亚硫酸盐等混合时，能引起燃烧爆炸。硝酸钠引起的火灾可以用大量的水扑灭。

10.2 硝酸钠生产和存放场所应备有消防器材，急救药品。

ICS 67.220.20
X 42

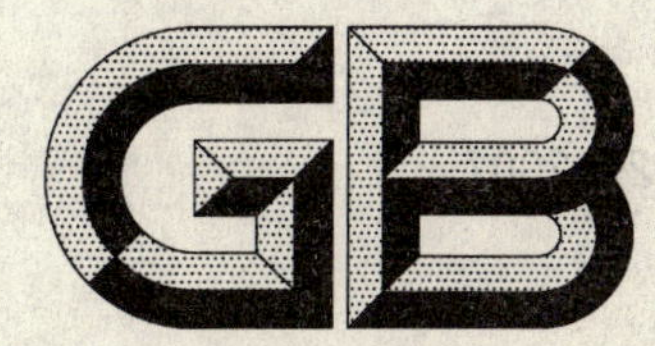

中华人民共和国国家标准

GB 1892—2007
代替 GB 1892—1980

食品添加剂　硫酸钙

Food additive—Calcium sulfate

2007-10-29 发布　　　　2008-06-01 实施

中华人民共和国国家质量监督检验检疫总局
中国国家标准化管理委员会　发布

前 言

本标准的第5章和第8章为强制性的，其余为推荐性的。

本标准与美国食品化学品法典(FCC)第五版(2004)《食品添加剂　硫酸钙》(英文版)的一致性程度为非等效。

本标准代替GB 1892—1980《食品添加剂　硫酸钙》。

本标准与GB 1892—1980的主要差异如下：

——要求中增加了分型，一型为无水硫酸钙；二型为二水硫酸钙(本版第5章，1980年版第1章)；

——要求中硫酸钙的质量分数指标由原来的95%提高到98%(本版第5章，1980年版第2章)；

——要求中增加了铅含量、硒含量、干燥减量指标(本版第5章，1980年版第2章)；

——鉴别方法中取消了钙盐鉴别方法2和硫酸盐鉴别方法2(本版6.3.3和6.3.4，1980年版第9章)；

——增设了铅含量的测定方法，删除了重金属含量的指标和试验方法(本版6.5，1980年版第11章)；

——试验方法中增加了硒及干燥减量的测定方法(本版6.8,6.9)。

本标准由中国石油和化学工业协会提出。

本标准由全国化学标准化技术委员会无机化工分会(SAC/TC 63/SC 1)和全国食品添加剂标准化技术委员会(SAC/TC 11)共同归口。

本标准主要起草单位：天津化工研究设计院。

本标准主要起草人：刘幽若、武莉莉。

本标准所代替标准的历次版本发布情况：

——GB 1892—1980。

食品添加剂 硫酸钙

1 范围

本标准规定了食品添加剂硫酸钙的要求、试验方法、检验规则、标志、标签、包装、运输和贮存。

本标准适用于天然石膏除杂后制备的硫酸钙(又名石膏)。该产品可作稳定剂和凝固剂、增稠剂和酸度调节剂使用。

2 规范性引用文件

下列文件中的条款通过本标准的引用而成为本标准的条款。凡是注日期的引用文件,其随后所有的修改单(不包括勘误的内容)或修订版本均不适用于本标准,然而,鼓励根据本标准达成协议的各方研究是否可使用这些文件的最新版本。凡是不注日期的引用文件,其最新版本适用于本标准。

GB/T 191—2000 包装储运图示标志(eqv ISO 780:1997)

GB/T 5009.12—2003 食品中铅的测定方法

GB/T 5009.75—2003 食品添加剂中铅的测定

GB/T 5009.76—2003 食品添加剂中砷的测定

GB/T 6678 化工产品采样总则

GB/T 6682 分析实验室用水规格和试验方法(neq ISO 3696:1987)

GB/T 8946 塑料编织袋

HG/T 3696.1 无机化工产品化学分析用标准滴定溶液的制备

HG/T 3696.2 无机化工产品化学分析用杂质标准溶液的制备

HG/T 3696.3 无机化工产品化学分析用制剂及制品的制备

3 符号

分子式:$CaSO_4$

相对分子质量:136.14(按2001年国际相对原子质量)

分子式:$CaSO_4 \cdot 2H_2O$

相对分子质量:172.14(按2001年国际相对原子质量)

4 性状

白色粉末。

5 要求

食品添加剂硫酸钙应符合表1要求。

表1 要求

项 目		指 标	
		无水硫酸钙($CaSO_4$)	二水硫酸钙($CaSO_4 \cdot 2H_2O$)
硫酸钙($CaSO_4$)质量分数(以干基计)/%	≥	98.0	98.0
铅(Pb)质量分数/%	≤	0.000 2	0.000 2

表 1 （续）

项　　目		指　　标	
		无水硫酸钙($CaSO_4$)	二水硫酸钙($CaSO_4 \cdot 2H_2O$)
砷(As)质量分数/%	≤	0.000 2	0.000 2
氟化物(以 F 计)质量分数/%	≤	0.005	0.003
干燥减量质量分数/%		≤1.5	19.0～23.0
硒(Se)质量分数/%	≤	0.003	0.003

6 试验方法

6.1 安全提示

本试验方法中使用的部分试剂具有毒性或腐蚀性，操作时须小心谨慎！如溅到皮肤上应立即用水冲洗，严重者应立即治疗。

6.2 一般规定

本标准所用试剂和水在没有注明其他要求时，均指分析纯试剂和 GB/T 6682 中规定的三级水。试验中所用标准滴定溶液、杂质标准溶液、制剂及制品，在没有注明其他要求时，均按 HG/T 3696.1、HG/T 3696.2、HG/T 3696.3 的规定制备。

6.3 鉴别试验

6.3.1 试剂

6.3.1.1 盐酸；

6.3.1.2 草酸铵；

6.3.1.3 冰乙酸；

6.3.1.4 硝酸；

6.3.1.5 氯化钡溶液：100 g/L；

6.3.1.6 乙酸铅溶液：100 g/L，滴加冰乙酸使溶液澄清；

6.3.1.7 乙酸铵溶液：100 g/L；

6.3.1.8 氨水溶液：2＋3。

6.3.2 性状鉴别方法

称取约 2 g 试样，于 140℃±2℃烘 20 min，加 1.5 mL 水搅拌，放置 5 min，呈黏糊状固体。

6.3.3 钙盐鉴别方法

称取 0.2 g 试样，加 10 mL 盐酸，加热溶解，取此溶液作为试样溶液 A(用作钙盐和硫酸盐的鉴别方法)。取适量试样溶液 A 加氨水调节至碱性，加草酸铵溶液即发生白色沉淀，此沉淀在盐酸中溶解，但在乙酸中不溶解。

6.3.4 硫酸盐鉴别方法

取试样溶液 A，加氯化钡溶液即发生白色沉淀，在盐酸或硝酸中均不溶解。

6.4 硫酸钙含量的测定

6.4.1 方法提要

用三乙醇胺掩蔽少量的三价铁、三价铝和二价锰等离子，在 pH 值为 12.5 时，以钙试剂为指示剂，用乙二胺四乙酸二钠标准溶液滴定钙离子。

6.4.2 试剂

6.4.2.1 盐酸溶液：2＋3；

6.4.2.2 甲基红指示液：体积分数为 0.1%乙醇溶液；

6.4.2.3 氢氧化钾溶液：100 g/L；

6.4.2.4 三乙醇胺溶液：化学纯，2+3；

6.4.2.5 钙试剂：称取 10 g 于105℃～108℃下烘干 2 h 的氯化钠，于研钵中研细，再称取 0.1 g 钙羧酸试剂在同一研钵中与氯化钠混匀，贮于带盖棕色瓶中。置于硅胶干燥器保存。

6.4.2.6 乙二胺四乙酸二钠标准滴定溶液：c(EDTA)≈0.05 mol/L。

6.4.3 分析步骤

称取约 0.1 g 预先在 250℃干燥至质量恒定的试样，精确至 0.000 2 g，置于 300 mL 锥形瓶中，加 4 mL 盐酸溶液，加 20 mL 水，加热溶解。加 1 滴甲基红指示液，滴加氢氧化钾溶液至溶液显橙红色，并过量 5 mL。加 10 mL 三乙醇胺溶液和少量钙试剂，用乙二胺四乙酸二钠标准滴定溶液滴定至溶液由酒红色变为纯蓝色。

6.4.4 结果计算

硫酸钙含量以硫酸钙($CaSO_4$)的质量分数 w_1 计，数值以%表示，按式(1)计算：

$$w_1 = \frac{c \cdot V \cdot M \times 10^{-3}}{m} \times 100 \qquad \cdots\cdots(1)$$

式中：

c——乙二胺四乙酸二钠标准滴定溶液浓度的准确数值，单位为摩尔每升(mol/L)；

V——滴定消耗的乙二胺四乙酸二钠标准滴定溶液的体积的数值，单位为毫升(mL)；

m——试料质量的数值，单位为克(g)；

M——硫酸钙($CaSO_4$)的摩尔质量的数值，单位为克每摩尔(g/mol)(M=136.1)。

取平行测定结果的算术平均值为测定结果；两次平行测定结果的绝对差值不大于 0.2%。

6.5 铅含量的测定

6.5.1 双硫腙分光光度法(仲裁法)

6.5.1.1 警示：本章中所使用的部分溶液和试剂对人体有害，应避免吸入或与皮肤接触，使用溶液或试剂的操作应在通风橱中进行。

6.5.1.2 方法提要

试样经处理加入柠檬酸铵、氰化钾和盐酸羟胺等，消除铁、铜、锌等离子干扰，在 pH 值为 8.5～9.0 时，铅离子与双硫腙生成红色络合物，用三氯甲烷提取。

6.5.1.3 分析步骤

称取 2.00 g±0.01 g 试样，置于锥形瓶中，用水润湿。然后按照 GB/T 5009.75—2003 的 6.2 进行操作。

6.5.2 原子吸收法

6.5.2.1 方法提要

样品经溶解，导入原子吸收分光光度计中，原子化后测量其在 283.3 nm 处的吸光度。

6.5.2.2 试剂

6.5.2.2.1 盐酸溶液：1+1；

6.5.2.2.2 铅标准溶液：1 mL 溶液含铅(Pb)0.010 mg；

准确吸取 1 mL 按 HG/T 3696.2 配制的铅标准溶液，移入 100 mL 容量瓶中，加水稀释至刻度，摇匀。该溶液使用前制备。

6.5.2.3 仪器、设备

原子吸收分光光度计。

6.5.2.4 分析步骤

6.5.2.4.1 试样溶液的制备

称取 3.00 g±0.01 g 样品置于 150 mL 烧杯中，用水润湿，滴加盐酸溶液至溶解，加热沸腾，冷却。同时制备空白溶液。

6.5.2.4.2 萃取分离

将试样溶液和空白溶液，分别置于 125 mL 分液漏斗中，补加水至 60 mL，以下操作按 GB/T 5009.12—2003 中 17.2 萃取分离“加 2 mL 柠檬酸铵溶液……，以下操作与试样相同”进行。制得试样萃取液、空白萃取液和铅标准萃取液。

6.5.2.4.3 测定

按 GB/T 5009.12—2003 中 17.3.2 和 17.3.3 进行操作。以铅标准萃取液中铅质量为横坐标，吸收值为纵坐标，绘制工作曲线。

6.5.2.4.4 结果计算

铅(Pb)含量以质量分数 w_2 计，数值以%表示，按式(2)计算：

$$w_2 = \frac{(m_1 - m_2)/10^6}{m} \times 100 \qquad \cdots\cdots(2)$$

式中：

m_1——从工作曲线上查出试样萃取液中铅的质量的数值，单位为微克(μg)；

m_2——从工作曲线上查出空白萃取液中铅的质量的数值，单位为微克(μg)；

m——试料的质量的数值，单位为克(g)。

取平行测定结果的算术平均值为测定结果，两次平行测定结果的绝对值不大于 0.000 05%。

6.6 砷含量的测定

称取 1.00 g±0.01 g 试样，置于锥形瓶中，用水润湿，加 10 mL 盐酸加热溶解，冷却。用移液管移取 2 mL 砷标准溶液置于另一只锥形瓶中，加入 5 mL 盐酸。然后按照 GB/T 5009.76—2003 的第二章砷斑法中的 11 条进行操作。

6.7 氟化物含量的测定

6.7.1 方法提要

在高氯酸介质中，通过蒸汽蒸馏使氟自试样中分离，氟与茜素氨羧络合剂和硝酸镧的混合剂形成蓝色络合物，将试液的颜色与标准比对溶液进行比较。

6.7.2 试剂

6.7.2.1 高氯酸；

6.7.2.2 硝酸银溶液：17 g/L；

6.7.2.3 冰乙酸溶液：1+16；

6.7.2.4 乙酸钠溶液：250 g/L；

6.7.2.5 酚酞指示液：10 g/L；

6.7.2.6 丙酮；

6.7.2.7 玻璃珠；

6.7.2.8 氢氧化钠溶液：40 g/L；

6.7.2.9 盐酸溶液：1+10；

6.7.2.10 茜素氨羧络合剂

称取 0.192 5 g 茜素氨羧络合剂，加少量的水及氢氧化钠溶液溶解。加 0.125 g 乙酸钠，用冰乙酸溶液调至溶液 pH 值为 5.0(此时溶液呈红色)，用水稀释至 500 mL 摇匀，于冰箱中保存。当出现沉淀时，应重新制备。

6.7.2.11 硝酸镧溶液

称取 0.216 5 g 硝酸镧，用少量冰乙酸溶液溶解，加水至 450 mL，用乙酸钠溶液调节至 pH 值为 5.0(用精密 pH 试纸检验)，用水稀释至 500 mL，于冰箱中保存。生霉后重新制备。

6.7.2.12 缓冲溶液

称取 44 g 乙酸钠溶于 400 mL 水中，加 22 mL 冰乙酸，再滴加冰乙酸调至溶液 pH 值为 4.7(用精密 pH 试纸检验)，然后加水稀释至 500 mL 。

6.7.2.13 氟化物标准溶液：1 mL 溶液含氟(F)0.01 mg。

用移液管移取 1.0 mL 按 HG/T 3696.2 配制的氟化物标准溶液,置于 100 mL 容量瓶中,用水稀释至刻度,摇匀。

6.7.3 仪器、设备

测氟蒸馏装置:见图 1。

6.7.4 分析步骤

称取 2.00 g±0.01 g 试样,置于 250 mL 三口烧瓶(见测氟装置示意图)中,加 10 粒～20 粒玻璃珠。慢慢加入 10 mL 高氯酸,用约 8 mL 水冲洗瓶壁,加 3 滴～5 滴硝酸银溶液。瓶塞上的温度计应密塞,并将水银球插入试验溶液中。连接好水蒸汽发生器及直形冷凝器,将冷凝器的末端接上玻璃弯管,并使弯管插入盛有 10 mL 0.1 mol/L 氢氧化钠溶液和 2 滴酚酞指示液的 250 mL 容量瓶中。水蒸汽发生器中加 500 mL 水,滴加 1 mol/L 氢氧化钠溶液使溶液呈碱性。打开螺丝夹,加热至近沸。关闭螺丝夹,将水蒸汽通入三口烧瓶中。三口烧瓶同时加热,并调节水蒸汽进入量,使温度上升后保持在 135℃～140℃之间。如果容量瓶中的溶液褪色,补加适量 0.1 mol/L 氢氧化钠溶液,直到馏出液约为 200 mL,停止蒸馏,摇匀。用 0.1 mol/L 氢氧化钠溶液或盐酸溶液调节至 pH 值为 7.0,然后再加 2 滴盐酸溶液,加水至刻度,摇匀。移取出 25 mL 置于 50 mL 纳氏比色管中,加 5 mL 茜素氨羧络合剂、3 mL缓冲溶液,混匀,慢慢加入 5 mL 硝酸镧溶液,振摇,再加入 10 mL 丙酮,加水至 5 mL,室温放置 20 min。与标准比对溶液比较,其蓝色不得深于标准比对溶液。

标准比对溶液是取一定量氟化物标准溶液,与试样溶液同时同样处理。

测定无水硫酸钙含量取 1 mL 氟化物标准溶液;测定二水硫酸钙含量取 0.6 mL 氟化物标准溶液。

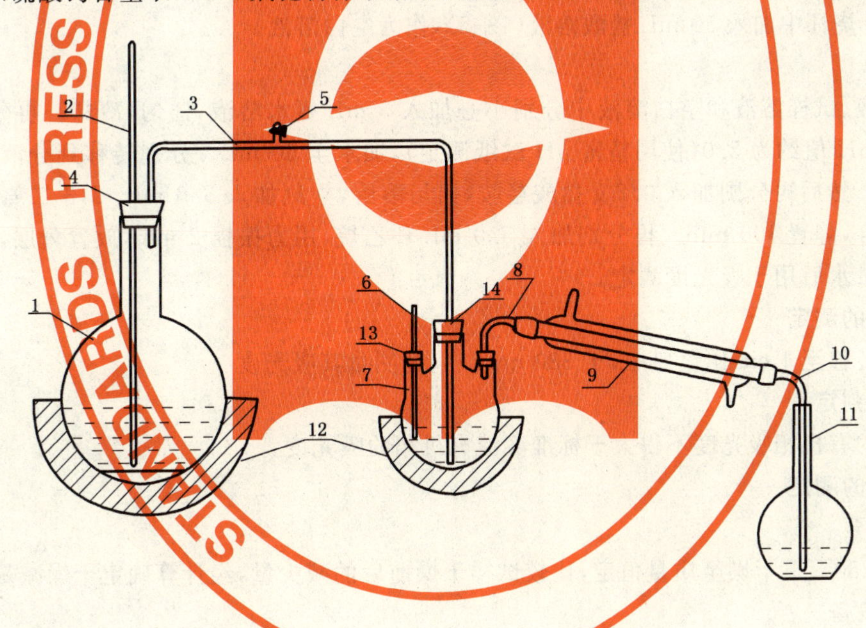

1——蒸汽发生器(1 000 mL 烧瓶);
2——安全管(ϕ5 mm);
3——玻璃管(ϕ5 mm);
4——橡皮塞;
5——三通管和螺丝夹;
6——温度计(200℃);
7——三口烧瓶(250 mL);
8、10——玻璃弯管;
9——直形冷凝器(500 mm);
11——容量瓶(250 mL);
12——加热套或电炉;
13、14——橡皮塞。

图 1 测氟装置示意图

6.8 硒含量的测定

6.8.1 方法提要

用环乙烷离心萃取以除去痕量水,在 380 nm 下用分光光度计测定萃取液的吸光度值。

6.8.2 试剂和材料

6.8.2.1 环乙烷；

6.8.2.2 盐酸溶液：1+5；

6.8.2.3 盐酸溶液：2+5；

6.8.2.4 氨水溶液：1+3；

6.8.2.5 2,3-二氨基萘溶液

称取 0.1 g 2,3-二氨基萘溶液和 0.5 g 盐酸羟胺溶解于 100 mL 盐酸溶液[c(HCl)=0.1 mol/L]中。

6.8.2.6 硒标准溶液：1 mL 溶液含硒(Se)1 μg

移取 1.00 mL 按 HG/T 3696.2 要求配制的硒标准溶液，置于 1 000 mL 容量瓶中，用水稀释至刻度、摇匀。

6.8.2.7 精密 pH 试纸：0.5～5.0。

6.8.3 分析步骤

6.8.3.1 标准溶液的制备

移取 6.0 mL 硒标准溶液，置于 150 mL 烧杯中，加入 50 mL 盐酸溶液(1+5)，混匀。

6.8.3.2 试样溶液的制备

称取 0.20 g±0.01 g 试样，置于 150 mL 烧杯中，加入 25 mL 盐酸溶液(2+5)溶解。如有必要边搅拌加热至沸，并于蒸汽浴上蒸 15 min，冷却至室温。加水至 50 mL。

6.8.3.3 空白溶液的制备

于 150 mL 烧怀中加入 50 mL 盐酸溶液(1+5)，作为空白溶液。

6.8.4 萃取

在标准溶液、试样溶液和空白溶液中分别小心加入 5 mL 氨水溶液，摇匀，冷却。再分别滴加氨水溶液使各溶液 pH 值约为 2.0(使用精密 pH 试纸测定)，加水至 60 mL。分别转移到分液漏斗中，并加水至约 80 mL。然后再分别加入 0.2 g 盐酸羟胺，摇匀溶解，立刻加入 5.0 mL 2,3-二氨基萘溶液，塞紧塞子振摇混合，静置 100 min。再分别加入 5.0 mL 环乙烷，用力振摇 2 min，放置分层。将有机相再经离心分离痕量水后用于吸光度测定。

6.8.5 吸光度的测定

将有机相转移至 1 cm 比色皿中，于 380 nm 波长处测量其吸光度。

6.8.6 结果的判定

试样溶液的有机相吸光度不得大于标准溶液有机相的吸光度。

6.9 干燥减量的测定

6.9.1 方法提要

将试样在 250℃下干燥至质量恒定，比较试样干燥前后的减少量，经计算确定干燥减量。

6.9.2 仪器、设备

高温炉：250℃±5℃。

6.9.3 分析步骤

称取约 10 g 无水硫酸钙或约 5 g 二水硫酸钙，精确至 0.01 g，置于预先在 250℃±5℃下干燥至质量恒定的瓷坩锅中，在 250℃±5℃的高温炉中烘至质量恒定，取出后置于干燥器中冷却，称量。

6.9.4 结果计算

干燥减量以质量分数 w_3 计，数值以%表示，按式(3)计算：

$$w_3 = \frac{m_1 - m_2}{m} \times 100 \qquad \cdots\cdots(3)$$

式中：

m_1——干燥前试料和称量瓶的质量的数值，单位为克(g)；

m_2——干燥后试料和称量瓶的质量的数值，单位为克(g)；

m——试料的质量的数值，单位为克(g)。

取平行测定结果的算术平均值为测定结果，两次平行测定结果的绝对差值不大于0.05%。

7 检验规则

7.1 本标准要求中所列项目均为出厂检验项目，必须逐批检验。

7.2 每批产品不超过25 t。

7.3 按GB/T 6678的规定确定采样单元数。采样时，将采样器自包装袋的中心垂直插入至料层深度的3/4处采样。将采得的样品混匀后，按四分法缩分至约500 g，分装于两个清洁干燥的容器中，密封，并粘贴标签，注明生产厂名、产品名称、批号、采样日期和采样者姓名。一份用于检验，另一份保存三个月备查。

7.4 食品添加剂硫酸钙应由生产厂的质量监督检验部门按本标准的规定进行检验，生产厂应保证所有出厂的产品都符合本标准的要求。

7.5 检验结果如有指标不符合本标准要求时，应重新自两倍量的包装中采样进行复验，复验结果即使只有一项指标不符合本标准要求时，则整批产品为不合格。

8 标志、标签

8.1 食品添加剂硫酸钙包装容器上应有牢固清晰的标志，内容包括：生产厂名、厂址、产品名称、商标、“食品添加剂”字样、净含量、批号或生产日期、保质期、生产许可证号、卫生许可证号、本标准编号，以及GB/T 191—2000中规定的“怕晒”和“怕雨”标志。

8.2 每批出厂的产品都应附有质量证明书。内容包括：生产厂名、厂址、产品名称、商标、“食品添加剂”字样、净含量、批号或生产日期、生产许可证号及卫生许可证号、产品质量符合本标准的证明和本标准编号。

9 包装、运输和贮存

9.1 食品添加剂硫酸钙应用内衬食品级聚乙烯薄膜的双层牛皮纸袋作内包装，外包装袋采用塑料编织袋，其性能和检验方法应符合GB/T 8946中c型的规定。每袋净重25 kg。内袋扎口，外袋应牢固缝合。缝线整齐，针距均匀，无漏缝和跳线现象。

9.2 食品添加剂硫酸钙在运输过程中应有遮盖物，防止雨淋、受潮，防止爆晒、受热。

9.3 食品添加剂硫酸钙应贮存于干燥通风的食品添加剂专用库房内，并需离地离墙码放，防止受潮污染。

9.4 食品添加剂硫酸钙产品保质期自生产之日起为二年，愈期应重新检验是否符合本标准要求。

ICS 67.220.20
X 42

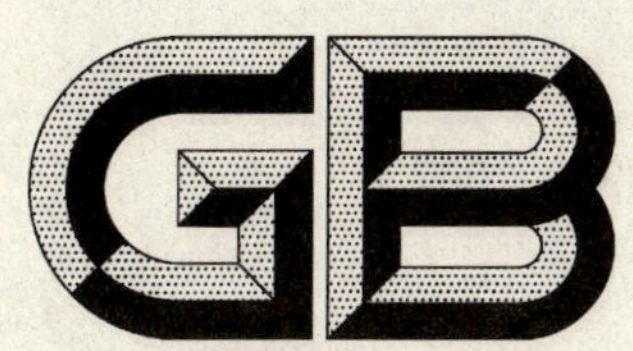

中华人民共和国国家标准

GB 1898—2007
代替 GB 1898—1996

食品添加剂　碳酸钙

Food additive—Calcium carbonate

2007-10-29 发布　　　　2008-06-01 实施

中华人民共和国国家质量监督检验检疫总局
中国国家标准化管理委员会　发布

前言

本标准的第7章和第10章为强制性的，其余为推荐性的。

本标准与美国食品化学品法典(FCC)第五版(2004)《碳酸钙》与《石灰石(粉碎)》(英文版)的一致性程度为非等效。

本标准代替GB 1898—1996《食品添加剂 沉淀碳酸钙》。

本标准与GB 1898—1996的主要差异如下：

——标准适用范围中增加了重质碳酸钙产品(1996年版第1章；本版第1章)；

——该产品在食品加工中的用途由"疏松剂、钙质补充剂"改为"食品添加剂"(1996年版第1章；本版第1章)；

——增加了术语和定义、符号(本版第3章、第4章)；

——增加了产品分类，并增设对应指标(1996年版第3章；本版第5章、第7章)；

——增设了氟含量、铅含量、汞含量和镉含量的指标(1996年版第3章；本版第7章)；

——碱金属及镁含量的测定方法中灼烧温度由(450～550)℃改为(800±25)℃(1996年版4.6.2；本版8.7.2)；

——砷含量的测定方法中增设了二乙氨基二硫代甲酸银比色法，并规定为仲裁法(见本版8.9)；

——增设了氟含量、铅含量、汞含量和镉含量的测定方法(见本版8.11、8.12、8.13、8.14)。

本标准由中国石油和化学工业协会提出。

本标准由全国化学标准化技术委员会无机化工分会(SAC/TC 63/SC 1)和全国食品添加剂标准化技术委员会(SAC/TC 11)共同归口。

本标准主要起草单位：天津化工研究设计院、上海大宇生化有限公司、桂林市红星化工有限责任公司、灵川县华鑫化工有限公司。

本标准主要起草人：王彦、胡志彤、陆萍、林尚鹏、赵康、农政荣。

本标准于1980年首次发布，1987年第一次修订，1996年第二次修订。

食品添加剂　碳酸钙

1　范围

本标准规定了食品添加剂碳酸钙的要求、试验方法、检验规则、标志、标签、包装、运输和贮存。

本标准适用于食品添加剂轻质碳酸钙和重质碳酸钙。该产品可作面粉处理剂、膨松剂、稳定剂和食品工业用加工助剂使用。

2　规范性引用文件

下列文件中的条款通过本标准的引用而成为本标准的条款。凡是注日期的引用文件，其随后所有的修改单(不包括勘误的内容)或修订版本均不适用于本标准，然而，鼓励根据本标准达成协议的各方研究是否可使用这些文件的最新版本。凡是不注日期的引用文件，其最新版本适用于本标准。

GB/T 191—2000　包装储运图示标志(eqv ISO 780:1997)

GB/T 6678　化工产品采样总则

GB/T 6682　分析实验室用水规格和试验方法(neq ISO 3696:1987)

GB/T 5009.12—2003　食品中铅的测定方法

GB/T 5009.17—2003　食品中总汞的测定方法

GB/T 5009.18—2003　食品中氟的测定方法

GB/T 5009.75—2003　食品添加剂中铅的测定

GB/T 5009.76—2003　食品添加剂中砷的测定

HG/T 3696.1　无机化工产品化学分析用标准滴定溶液的制备

HG/T 3696.2　无机化工产品化学分析用杂质标准溶液的制备

HG/T 3696.3　无机化工产品化学分析用制剂及制品的制备

3　术语和定义

3.1

轻质碳酸钙　light calcium carbonate

用化学法沉淀制得的碳酸钙。

3.2

重质碳酸钙　ground limestone

用优质的方解石型或石灰石为原料经机械方法粉碎，制得的碳酸钙。

4　符号

分子式：$CaCO_3$

相对分子质量：100.09(按 2005 年相对原子质量)

5　产品分类

食品添加剂碳酸钙分为 2 类：

Ⅰ类：用于面粉处理剂、疏松剂、稳定剂、酵母营养剂、矿物质类食品营养强化剂；

Ⅱ类：用于胶姆糖中填充剂。

6 性状

白色粉末。

7 要求

食品添加剂碳酸钙应符合表1要求。

表1 要 求

项 目		指标			
		轻质碳酸钙		重质碳酸钙	
		Ⅰ	Ⅱ	Ⅰ	Ⅱ
碳酸钙($CaCO_3$)的质量分数(以干基计)/%		98.0～100.5	97.0～100.5	98.0～100.5	97.0～100.5
盐酸不溶物的质量分数/%	≤	0.20	1.0	0.20	1.0
游离碱的质量分数/%		合格	—	合格	—
碱金属及镁的质量分数/%	≤	1.0	2.0	1.0	2.0
钡(Ba)的质量分数/%	≤	0.030		0.030	
砷(As)的质量分数/%	≤	0.000 3		0.000 3	
干燥减量的质量分数/%	≤	2.0		2.0	
氟(F)的质量分数/%	≤	0.005		0.005	
铅(Pb)的质量分数/%	≤	0.000 3		0.000 3	
汞(Hg)的质量分数/%	≤	0.000 1		0.000 1	
镉(Cd)的质量分数/%	≤	0.000 2		0.000 2	

8 试验方法

8.1 安全提示

本试验方法中使用的部分试剂具有毒性或腐蚀性，操作时须小心谨慎！如溅到皮肤上应立即用水冲洗，严重者应立即治疗。

8.2 一般规定

本标准所用试剂和水在没有注明其他要求时，均指分析纯试剂和GB/T 6682中规定的三级水。试验中所用标准滴定溶液、杂质标准溶液、制剂及制品，在没有注明其他要求时，均按HG/T 3696.1、HG/T 3696.2、HG/T 3696.3的规定制备。

8.3 鉴别试验

8.3.1 钙的鉴别

取试样少许，加盐酸溶液(1+2)溶解后，以酚酞溶液(10 g/L)作指示液，用氨水溶液(1+3)调至中性，加入乙酸铵溶液(35 g/L)即产生白色沉淀，此沉淀能溶解于盐酸溶液(1+2)，而不溶于冰乙酸。

8.3.2 碳酸盐的鉴别

取试样少许，加盐酸溶液(1+2)后可产生气体，该气体通入氢氧化钙溶液(3 g/L)中有白色沉淀产生。

8.4 碳酸钙含量的测定

8.4.1 方法提要

用三乙醇胺掩蔽少量三价铁、三价铝和二价锰等离子，在pH值大于12的介质中，以钙试剂羧酸钠盐作指示剂，用乙二胺四乙酸二钠标准滴定溶液滴定钙离子。

8.4.2 试剂

8.4.2.1 盐酸溶液:1+1;

8.4.2.2 氢氧化钠溶液:100 g/L;

8.4.2.3 三乙醇胺溶液:1+3;

8.4.2.4 乙二胺四乙酸二钠(EDTA)标准滴定溶液:c(EDTA)约为0.02 mol/L;

8.4.2.5 钙试剂羧酸钠盐指示剂。

8.4.3 分析步骤

称取约0.6 g预先在200℃±5℃下干燥4 h的试样,精确至0.000 2 g,置于250 mL烧杯中。用少量水润湿,盖上表面皿,滴加盐酸溶液至试料完全溶解,全部转移至250 mL容量瓶中,加水至刻度,摇匀。用移液管移取25 mL试验溶液,置于250 mL锥形瓶中。加入30 mL水、5 mL三乙醇胺溶液,摇动下滴加氢氧化钠溶液,当溶液刚成混浊时,加入0.1 g钙试剂羧酸钠盐指示剂,继续滴加氢氧化钠溶液至试验溶液由蓝色变为酒红色,过量0.5 mL。用乙二胺四乙酸二钠标准滴定溶液滴定至溶液由酒红色变为纯蓝色。同时作空白试验。

8.4.4 结果计算

碳酸钙含量以碳酸钙($CaCO_3$)的质量分数w_1计,数值以%表示,按式(1)计算:

$$w_1=\frac{(V_1-V_2)cM}{m\times 25/250\times 1\,000}\times 100=\frac{(V_1-V_2)cM}{m} \qquad \cdots\cdots(1)$$

式中:

V_1——滴定试验溶液所消耗的乙二胺四乙酸二钠标准滴定溶液的体积的数值,单位为毫升(mL);

V_2——滴定空白溶液所消耗的乙二胺四乙酸二钠标准滴定溶液的体积的数值,单位为毫升(mL);

c——乙二胺四乙酸二钠标准滴定溶液浓度的准确数值,单位为摩尔每升(mol/L);

m——试料质量的数值,单位为克(g);

M——碳酸钙($CaCO_3$)的摩尔质量的数值,单位为克每摩尔(g/mol)(M=100.09)。

取平行测定结果的算术平均值为测定结果,两次平行测定结果的绝对差值不大于0.2%。

8.5 盐酸不溶物含量的测定

8.5.1 试剂

8.5.1.1 盐酸溶液:1+1;

8.5.1.2 硝酸银溶液:10 g/L。

8.5.2 分析步骤

称取约5 g试样,精确至0.01 g,置于高型烧杯中。加水润湿后,缓慢加入25 mL盐酸溶液,加热至沸腾。趁热用中速定量滤纸过滤,用热水冲洗烧杯,并洗涤滤纸至滤液无氯离子为止(用硝酸银溶液检验)。将滤纸连同不溶物移入已于850℃～900℃下灼烧至质量恒定的瓷坩埚中,在电炉上灰化后,于850℃～900℃下灼烧至质量恒定。

8.5.3 结果计算

盐酸不溶物含量以质量分数w_2计,数值以%表示,按式(2)计算:

$$w_2=\frac{m_2-m_1}{m}\times 100 \qquad \cdots\cdots(2)$$

式中:

m_1——坩埚质量的数值,单位为克(g);

m_2——盐酸不溶物及坩埚质量的数值,单位为克(g);

m——试料质量的数值,单位为克(g)。

取平行测定结果的算术平均值为测定结果,两次平行测定结果的绝对差值不大于0.05%。

8.6 游离碱含量的测定

8.6.1 试剂

8.6.1.1 盐酸标准滴定溶液：$c(HCl)$约为 0.1 mol/L；

8.6.1.2 酚酞指示液：10 g/L。

8.6.2 分析步骤

称取 3.00 g±0.01 g 试样，置于 100 mL 烧杯中，加入 30 mL 新煮沸放冷的水，摇匀。3 min 后干过滤，用移液管移取 20 mL 滤液，加 2 滴酚酞指示液，加入 0.20 mL 盐酸标准滴定溶液，红色消失即为合格。

8.7 碱金属及镁含量的测定

8.7.1 试剂

8.7.1.1 硫酸；

8.7.1.2 盐酸溶液：1+9；

8.7.1.3 氨水溶液：1+1；

8.7.1.4 草酸铵溶液：40 g/L。

8.7.2 分析步骤

称取约 1 g 试样，精确至 0.000 2 g，置于 250 mL 烧杯中，加水润湿后缓慢加入 30 mL 盐酸溶液溶解试料，煮沸并除去二氧化碳，冷却后加氨水溶液中和，加入 60 mL 草酸铵溶液，于水浴上加热 1 h。冷却后全部转移至 100 mL 容量瓶中，加水至刻度，摇匀，干过滤。用移液管移取 50 mL 滤液，置于已于 800℃±25℃下灼烧至质量恒定的瓷坩埚中，加入 0.5 mL 硫酸，蒸发至干，于 800℃±25℃下灼烧至质量恒定。

8.7.3 结果计算

碱金属及镁含量以质量分数 w_3 计，数值以%表示，按式(3)计算：

$$w_3 = \frac{m_2 - m_1}{m \times 50/100} \times 100 = \frac{200(m_2 - m_1)}{m} \quad \cdots\cdots (3)$$

式中：

m_1——坩埚质量的数值，单位为克(g)；

m_2——坩埚及残渣灼烧物质量的数值，单位为克(g)；

m——试料质量的数值，单位为克(g)。

取平行测定结果的算术平均值为测定结果，两次平行测定结果的绝对差值不大于 0.2%。

8.8 钡含量的测定

8.8.1 方法提要

在微酸性介质中，铬酸根离子与钡离子生成铬酸钡沉淀，与标准比浊溶液比较。

8.8.2 试剂

8.8.2.1 乙酸钠；

8.8.2.2 盐酸溶液：1+3；

8.8.2.3 冰乙酸溶液：1+19；

8.8.2.4 铬酸钾溶液：50 g/L；

8.8.2.5 钡标准溶液：1 mL 溶液含钡(Ba)0.1 mg。

配制：用移液管移取 10 mL 按 HG/T 3696.2 配制的钡标准溶液置于 100 mL 容量瓶中，用水稀释至刻度，摇匀。

8.8.3 分析步骤

称取 1.00 g±0.01 g 试样，置于烧杯中。加水润湿后缓慢加入 8 mL 盐酸溶液溶解，移入 50 mL 纳氏比色管中。用移液管移取 3 mL 钡标准溶液于另一个纳氏比色管中，各加水至 20 mL。分别加入2 g

乙酸钠、1 mL 冰乙酸溶液和 0.5 mL 铬酸钾溶液，加水至刻度，放置 15 min 后比较其浊度。试验溶液所呈浊度不得深于标准比浊溶液。

8.9 砷(As)含量的测定

称取 0.25 g±0.01 g 试样，置于锥形瓶中，用水润湿。用移液管移取 0.75 mL 砷标准溶液(1 mL 溶液含有 1 μg As)作为标准比对溶液，置于另一只锥形瓶中。各加入 5 mL 盐酸溶液(1+3)，使试料完全溶解。然后按照 GB/T 5009.76—2003 中的"第一法　二乙氨基二硫代甲酸银比色法中 6.2 限量试验"进行操作，或按照 GB/T 5009.76—2003 中的"第二法　砷斑法中 11 测定"进行操作。

二乙氨基二硫代甲酸银比色法为仲裁法。

8.10 干燥减量的测定

8.10.1 仪器

称量瓶：ϕ40 mm×25 mm。

8.10.2 分析步骤

用已于 200℃±5℃下干燥至恒重的称量瓶称取约 2 g 试样，精确至 0.000 2 g。于 200℃±5℃下干燥 4 h，称量，精确至 0.000 2 g。

8.10.3 结果计算

干燥减量以质量分数 w_4 计，数值以%表示，按式(4)计算：

$$w_4 = \frac{m_1 - m_2}{m} \times 100 \qquad \cdots\cdots(4)$$

式中：

m_1——干燥前称量瓶和试料质量的数值，单位为克(g)；

m_2——干燥后称量瓶和试料质量的数值，单位为克(g)；

m——试料质量的数值，单位为克(g)。

取平行测定结果的算术平均值为测定结果，两次平行测定结果的绝对差值不大于 0.1%。

8.11 氟含量的测定

称取 0.10 g±0.01 g 试样，置于烧杯中，用水润湿。然后按照 GB/T 5009.18—2003 中的"第三法　氟离子选择电极法"中 13.1 条"加 10 mL 盐酸(1+11)，……"及其以下步骤操作结束并计算。

8.12 铅含量的测定

8.12.1 双硫腙比色法(仲裁法)

8.12.1.1 警示：本章中所使用的部分溶液和试剂对人体有害，应避免吸入或与皮肤接触，使用溶液或试剂的操作应在通风橱中进行。

8.12.1.2 方法提要

样品经处理加入柠檬酸铵、氰化钾和盐酸羟胺等，消除铁、铜、锌等离子干扰，在 pH 值为 8.5～9.0 时，铅离子与双硫腙生成红色络合物，用三氯甲烷提取，与标准系列比较作定量试验。

8.12.1.3 定量测定

称取 2.00 g±0.01 g 试样，置于锥形瓶中，用水润湿。然后按照 GB/T 5009.75—2003 中 6.2 的定量测定进行操作。

8.12.2 原子吸收法

8.12.2.1 方法提要

样品经溶解后，在一定 pH 条件下铅与 DDTC 形成络合物，经 4-甲基戊酮-2 萃取分离，导入原子吸收光谱仪中，火焰原子化后，吸收 283.3 nm 共振线，其吸收量与铅含量成正比，与标准比对溶液系列比较定量。

8.12.2.2 试剂

8.12.2.2.1　盐酸溶液：1+1；

8.12.2.2.2　铅标准溶液：1 mL 溶液含铅(Pb)0.001 mg

配制：用移液管吸取 1 mL HG/T 3696.2 中所配置的铅标准溶液，移入 100 mL 容量瓶中，加水至刻度，摇匀。用移液管吸取 10 mL，移入 100 mL 容量瓶中，加水至刻度，摇匀。使用前配制。

8.12.2.2.3　柠檬酸铵溶液：250 g/L；

8.12.2.2.4　溴百里酚蓝水溶液：250 g/L；

8.12.2.2.5　二乙基二硫代氨基甲酸钠(DDTC)溶液(50 g/L)：称取 5 g 二乙基二硫代氨基甲酸钠，用水溶解并加水至 100 mL。

8.12.2.2.6　氨水溶液：1+1；

8.12.2.2.7　4-甲基戊酮-2(MIBK)。

8.12.2.3　仪器

原子吸收分光光度计。

8.12.2.4　测定步骤

8.12.2.4.1　试样测定溶液的制备

称取 3.00 g±0.01 g 样品置于 150 mL 烧杯中，用水润湿(盖上表面皿)，滴加盐酸溶液至溶解，加热沸腾，冷却。同时制备空白测定溶液。

8.12.2.4.2　萃取分离

将试样测定溶液和空白测定溶液，分别置于 125 mL 分液漏斗中，补加水至 60 mL，以下操作按 GB/T 5009.12—2003 中 17.2 萃取分离“加 2 mL 柠檬酸铵溶液……，以下操作与试样相同。”进行操作。制得试样萃取液、空白萃取液和铅标准萃取液。

8.12.2.4.3　测定

按 GB/T 5009.12—2003 中 17.3.2、17.3.3 进行测定，以铅标准萃取液中铅质量为横坐标，吸收值为纵坐标，绘制工作曲线。

8.12.3　结果计算

铅含量以铅(Pb)质量分数 w_5 计，数值以%表示，按式(5)计算：

$$w_5=\frac{(m_1-m_0)/10^6}{m}\times 100 \qquad \cdots\cdots(5)$$

式中：

m_1——从工作曲线上查出的试样萃取液中铅的质量的数值，单位为微克(μg)；

m_0——从工作曲线上查出的空白萃取液中铅的质量的数值，单位为微克(μg)；

m——试料的质量的数值，单位为克(g)。

取平行测定结果的算术平均值为测定结果，两次平行测定结果的绝对差值不大于 0.000 05%。

8.13　汞含量的测定

8.13.1　冷原子吸收光谱法(仲裁法)

8.13.1.1　方法提要

样品溶解在酸性溶液中，所含的汞化合物成离子状态存在，加入还原剂还原成原子态(元素汞蒸气)。通过气流带出汞，进入石英管内在波长为 253.7 nm 处测定汞，在一定浓度范围其吸收值与汞含量成正比，在工作曲线上查得汞含量。

8.13.1.2　试剂

8.13.1.2.1　硝酸溶液：1+4；

8.13.1.2.2　硝酸-重铬酸钾溶液；

称取 5.0 g 重铬酸钾溶于水中，加入 5 mL 硝酸，用水稀释至 100 mL。

8.13.1.2.3　氯化亚锡溶液：100 g/L；

8.13.1.2.4　汞标准储备溶液：1 mL 溶液含汞(Hg)1.0 mg；

称取 0.135 4 g 预先经硫酸干燥器中干燥 24 h 的氯化汞，置于 100 mL 烧杯中。用硝酸-重铬酸钾溶液溶解，全部转移至 100 mL 容量瓶中，用硝酸-重铬酸钾溶液稀释至刻度，摇匀。置于冰箱内保存，有效期一年。

8.13.1.2.5　汞标准溶液：1 mL 溶液含汞(Hg)1 μg

用移液管移取 10 mL 汞标准储备液，置于 100 mL 容量瓶中，用硝酸-重铬酸钾溶液稀释至刻度，摇匀。此溶液应在使用当天配置。

8.13.1.3　仪器、设备

测汞仪或原子吸收分光光度计：配有汞空心阴极灯、冷原子蒸气发生装置、消解器。

8.13.1.4　测定步骤

8.13.1.4.1　试验溶液和空白试验溶液的制备

称取(1.00±0.01)g 样品置于 150 mL 烧杯中，用水润湿(盖上表面皿)，滴加硝酸溶液至溶解，加热沸腾，冷却。全部移入 50 mL 容量瓶中，用水稀释至刻度，摇匀。同时制备空白试验溶液。

8.13.1.4.2　工作曲线的绘制

用移液管移取 0.00 mL、0.50 mL、1.00 mL、1.50 mL、2.00 mL、3.00mL 汞标准溶液，分别置于 6 个 50 mL 容量瓶中，此系列溶液为汞标准工作溶液。用移液管分别移取汞标准工作溶液各 5.00 mL，置于仪器的汞蒸气发生器的还原瓶中，连接抽气装置，沿壁迅速加入 3 mL 氯化亚锡溶液，并立即盖紧还原瓶，通入载气，从仪器读取显示的最高吸收值。以汞质量为横坐标，吸收值为纵坐标，绘制工作曲线。

8.13.1.4.3　测定

用移液管分别移取试验溶液和空白试验溶液各 5.00 mL，以下按 8.13.1.4.2 从“置于仪器的汞蒸气发生器的还原瓶中，……测得其吸收值”开始进行操作，测得其吸收值，从工作曲线上查出汞的质量。

注：每次测定以后用水彻底清洗粘在石英管上的 $SnCl_2$，必要时可用 $K_2Cr_2O_7$ 溶液(5 g/L)清洗一次石英管，再用水洗净。

8.13.1.5　结果计算

汞含量以汞(Hg)的质量分数 w_6 计，数值以%表示，按式(6)计算：

$$w_6 = \frac{(m_1 - m_0)/10^6}{m} \times 100 \qquad \cdots\cdots(6)$$

式中：

m_1——从工作曲线上查出的试验溶液中汞的质量的数值，单位为微克(μg)；

m_0——从工作曲线上查出的空白试验溶液中汞的质量的数值，单位为微克(μg)；

m——试料的质量的数值，单位为克(g)。

取平行测定结果的算术平均值为测定结果，两次平行测定结果的绝对差值不大于 0.000 02%。

8.13.2　分光光度法

称取(1.00±0.01)g 样品置于 150 mL 烧杯中，稍用水润湿(盖上表面皿)，滴加硫酸溶液(1+19)至溶解，加热沸腾，冷却。全部移入 50 mL 容量瓶中，用水稀释至刻度。同时制备空白试验溶液。转移至 125 mL 分液漏斗中。以下按照 GB/T 5009.17—2003 中 22.2.3 和 22.2.4 操作。按照式(5)进行结果计算。

8.14　镉含量的测定

8.14.1　方法提要

试样经处理后，在酸性溶液中镉离子导入原子吸收仪中，原子化以后，吸收 228.8 nm 共振线，其吸收量与镉含量成正比，与标准系列比较定量。

8.14.2　试剂

8.14.2.1　盐酸溶液：1+4；

8.14.2.2　镉标准溶液:1 mL 溶液含镉(Cd)0.001 mg;

配制:用移液管吸取 1 mL HG/T 3696.2 中所配置的镉标准溶液,移入 100 mL 容量瓶中,加水至刻度,摇匀。用移液管吸取 10 mL,移入 100 mL 容量瓶中,加水至刻度,摇匀。使用前配制。

8.14.3　仪器

原子吸收分光光度计。

8.14.4　测定步骤

8.14.4.1　试验溶液和空白试验溶液的制备

称取(1.00±0.01)g 样品置于 150 mL 烧杯中,用水润湿(盖上表面皿),滴加盐酸溶液至溶解,加热沸腾,冷却。全部移入 50 mL 容量瓶中,用水稀释至刻度。同时制备空白试验溶液。

8.14.4.2　工作曲线的绘制

用移液管移取 0.00 mL、0.50 mL、1.00 mL、2.00 mL、3.00 mL、4.00 mL 镉标准溶液,分别置于 6 个 50 mL 容量瓶中,用移液管分别加入 5 mL 盐酸溶液,用水稀释至刻度,摇匀,此系列溶液为镉标准工作溶液。使用乙炔-空气火焰,在波长 228.8 nm 处将原子吸收分光光度计调至最佳工作状态,以水为参比,测量吸光度。以镉质量为横坐标,吸收值为纵坐标,绘制工作曲线。

8.14.4.3　测定

试验溶液和空白试验溶液,按 8.14.1.2 从“使用乙炔-空气火焰,……测量吸光度。”进行操作,测得其吸收值,从工作曲线上查出镉的质量。

8.14.4.4　结果计算

镉含量以镉(Cd)的质量分数 w_7 计,数值以%表示,按式(7)计算:

$$w_7 = \frac{(m_1 - m_0)/10^6}{m} \times 100 \quad \cdots\cdots\cdots\cdots(7)$$

式中:

m_1——从工作曲线上查出的试验溶液中镉的质量的数值,单位为微克(μg);

m_0——从工作曲线上查出的空白试验溶液中镉的质量的数值,单位为微克(μg);

m——试料的质量的数值,单位为克(g)。

取平行测定结果的算术平均值为测定结果,两次平行测定结果的绝对差值不大于 0.000 02%。

9　检验规则

9.1　本标准第 7 章中所列项目均为出厂检验项目,应逐批检验。

9.2　每批产品不得大于 20 t。

9.3　按 GB/T 6678 中的规定确定采样单元数。采样时,将采样器自袋的中心垂直插入至料层深度的 3/4 处采样。将采出的样品混匀,用四分法缩分至不少于 500 g。将样品分装于两个清洁、干燥的容器中,密封,并粘贴标签,注明生产厂名、产品名称、批号、采样日期和采样者姓名。一份供检验用,另一份保存三个月备查。

9.4　食品添加剂碳酸钙应由生产厂的质量监督检验部门按照本标准规定进行检验,生产厂应保证所有出厂的产品都符合本标准要求。

9.5　检验结果如有一项指标不符合本标准要求,应重新自两倍量的包装中采样进行复验,复验结果即使只有一项指标不符合本标准的要求时,则整批产品为不合格。

10　标志、标签

10.1　食品添加剂碳酸钙外包装上应有牢固清晰的标志,内容包括:生产厂名、厂址、产品名称、“食品添加剂”字样、类别、商标、净含量、批号或生产日期、生产许可证号、卫生许可证号、“QS”质量安全标志及本标准编号,以及 GB/T 191—2000 中规定的“怕雨”标志。

10.2 每批出厂的食品添加剂碳酸钙都应附有质量证明书，内容包括：生产厂名、厂址、产品名称、“食品添加剂”字样、类别、商标、净含量、批号或生产日期、卫生许可证号、“QS”质量安全标志及本标准编号，生产许可证号、产品质量符合本标准的证明及本标准编号。

11 包装、运输、贮存

11.1 食品添加剂碳酸钙应用内衬食品级聚乙烯薄膜的双层牛皮纸袋作内包装，外包装为塑料编织袋或纸桶。每袋(或桶)净重 25 kg。内袋扎口，外袋应牢固缝合。缝线整齐，针距均匀，无漏缝和跳线现象。或按照用户要求进行包装。

11.2 运输过程中，防止雨淋，不得受潮和包装不得受到污损，禁止与有害、有毒物质及其他污染物品混贮、混运。

11.3 食品添加剂碳酸钙贮存于干燥通风的食品添加剂专用库房内，并需下垫垫层，防止受潮。

11.4 食品添加剂碳酸钙保质期为 2 年，逾期检验合格，仍可继续使用。

ICS 85.060
Y 32

中华人民共和国国家标准

GB/T 1912—2007
代替 GB/T 1912—1989

字典纸

Bible paper

2007-12-05 发布　　　　2008-09-01 实施

中华人民共和国国家质量监督检验检疫总局
中国国家标准化管理委员会　发布

前言

本标准是对 GB/T 1912—1989《字典纸》的修订。

本标准自实施之日起，代替 GB/T 1912—1989《字典纸》。

本标准与 GB/T 1912—1989 相比，在主要技术指标方面进行了完善和补充，主要变化如下：

——用抗张指数替代原裂断长；

——设定了同批纸亮度(白度)的范围；

——提高了不透明度值；

——根据印刷品质量要求调整了尘埃度技术指标；

——减少了卷筒纸轴的接头数等；

——增加了纸张表面强度；

——对纸张色差作了规定。

本标准由中国轻工业联合会提出。

本标准由全国造纸工业标准化技术委员会(SAC/TC 141)归口。

本标准起草单位：浙江仙鹤特种纸有限公司、南京爱德印刷有限公司、南京林业大学、山东省造纸工业研究设计院。

本标准主要起草人：邢洁芳、王敏良、孙平、周易汉、戴红旗、汪进。

本标准所代替标准的历次版本发布情况为：

——GB/T 1912—1989。

本标准由全国造纸工业标准化技术委员会(SAC/TC 141)负责解释。

字典纸

1 范围

本标准规定了字典纸的产品分类、要求、试验方法、检验规则、标志、包装、运输和贮存的要求。

本标准适用于供轮转和平版印刷的工具书、科技刊物等高级印刷用纸。

2 规范性引用文件

下列文件中的条款通过本标准的引用而成为本标准的条款。凡是注日期的引用文件，其随后所用的修改单（不包括勘误内容）或修订版均不适用于本标准，然而鼓励根据本标准达成协议的各方研究是否可使用这些文件的最新版本。凡是不注日期的引用文件，其最新版本适用于本标准。

GB/T 450 纸和纸板试样的采取(GB/T 450—2002,eqv ISO 186:1994)

GB/T 451.1 纸和纸板尺寸及偏斜度的测定

GB/T 451.2 纸和纸板定量的测定(GB/T 451.2—2002,eqv ISO 536:1995)

GB/T 451.3 纸和纸板厚度的测定(GB/T 451.3—2002,idt ISO 534:1988)

GB/T 453 纸和纸板抗张强度的测定(恒速加荷法)(GB/T 453—2002,idt ISO 1924-1:1992)

GB/T 456 纸和纸板平滑度的测定(别克法)(GB/T 456—2002,idt ISO 5627:1995)

GB/T 457 纸耐折度的测定(肖伯尔法)(GB/T 457—2002,eqv ISO 5626:1993)

GB/T 462 纸和纸板 水分的测定(GB/T 462—2003,ISO 287:1985,MOD)

GB/T 1540 纸和纸板吸水性的测定 可勃法(GB/T 1540—2002,neq ISO 535:1991)

GB/T 1541 纸和纸板 尘埃度的测定(GB/T 1541—2007)

GB/T 1543 纸和纸板 不透明度(纸背衬)的测定(漫反射法)(GB/T 1543—2005,ISO 2471:1998,MOD)

GB/T 2828.1 计数抽样检验程序 第1部分:按接收质量限(AQL)检索的逐批检验抽样计划(GB/T 2828.1—2003,ISO 2859-1:1999,IDT)

GB/T 2679.15 纸和纸板印刷表面强度的测定(电动加速法)(GB/T 2679.15—1997,eqv ISO 3783:1980)

GB/T 7974 纸、纸板和纸浆亮度(白度)的测定(漫射/垂直法)(GB/T 7974—2002,neq ISO 2470:1999)

GB/T 7975 纸和纸板 颜色的测定法(漫反射法)

GB/T 10342 纸张的包装和标志

GB/T 10739 纸、纸板和纸浆试样处理和试验的标准大气条件(GB/T 10739—2002,eqv ISO 187:1990)

GB/T 12914 纸和纸板抗张强度的测定(恒速拉伸法)(GB/T 12914—1991,eqv ISO 1924-2:1985)

GB/T 13528 纸和纸板表面pH值的测定法(GB/T 13528—1992,neq TAPPI T 529om:1982)

QB/T 2594 纸和纸板表面强度的测定(蜡棒法)(QB/T 2594—2003,neq TAPPI T 459om-99)

3 产品分类

字典纸按质量分为优等品、一等品、合格品三个等级。

4 要求

4.1 字典纸的技术指标应符合表1规定或符合订货合同的规定。

表 1

指标名称		单位	规定		
			优等品	一等品	合格品
定量		g/m²	25.0±1.3 28.0±1.3	30.0±1.5 33.0±1.5	35.0±1.5 40.0±2.0
紧度 ≥		g/cm³	0.75	0.70	0.70
横向耐折度 仅对 40 g/m² 纸 ≥		次	5	4	3
纵向抗张指数 ≥		N·m/g	39.2	34.3	29.4
平滑度	正反面均 ≥	s	100	50	40
	正反面差 ≤	%	25	35	40
亮度(白度) ≥		%	80.0		
不透明度	40 g/m² ≥	%	80.0	78.0	77.0
	35 g/m² ≥		79.0	77.0	76.0
	33 g/m² ≥		77.0	76.0	75.0
	30 g/m² ≥		76.0	75.0	74.0
	28 g/m² ≥		75.0	74.0	73.0
	25 g/m² ≥		74.0	73.0	71.0
交货水分		%	6.0±1.0		
表面吸水性(正反均)(Cobb)		g/m²	40.0±5.0		
表面强度(正/反) ≥	蜡棒法	A	11	9	8
	电动加速法(中粘油墨)	cm/s	100	80	60
尘埃度	≥0.2 mm²～0.5 mm² ≤	个/m²	40	60	80
	>0.5 mm²～1.5 mm² ≤		2	4	6
	>1.5 mm²		不应有		
pH		—	>6.5		

4.2 字典纸主要为卷筒纸,也可按合同生产平板纸。

4.2.1 卷筒纸宽度为 787 mm、880 mm 等,平板纸为 787 mm×1 092 mm,880 mm×1 230 mm。颜色以白色为主。同批纸张色差 ΔE^* 应不超过 3.0(CIELAB),同批纸张亮度(白度)偏差应不超过±1.5%,也可按用户要求进行生产。

4.2.2 卷筒纸直径为 800 mm～1 000 mm,直径偏差应不超过±30 mm,纸幅宽度偏差应不超过$^{-1}_{+3}$ mm,平板纸尺寸偏差应不超过±3 mm,偏斜度应不超过 3 mm。

4.2.3 优等品、一等品和合格品卷筒纸每卷纸轴的接头数应分别不超过1个、2个和3个,接头宽度≤20 mm,断头处应用双面胶粘接,接头处应有明显标志。接头应牢固平直,不应有上下层粘连现象。

4.3 纸张的纤维组织应均匀,纸面应平整,不应有砂子、硬质块、褶子、皱纹、裂口和明显条痕及影响印刷使用的外观缺陷。

4.4 纸张切边应整齐、洁净，卷筒纸端面应平整，全幅应松紧一致。

5 试验方法

5.1 试样处理和测定按 GB/T 10739 进行。

5.2 试样的采取按 GB/T 450 进行。

5.3 尺寸及偏斜度按 GB/T 451.1 测定。

5.4 定量按 GB/T 451.2 测定。

5.5 紧度按 GB/T 451.3 测定。

5.6 抗张强度按 GB/T 12914 或 GB/T 453 测定，仲裁时按 GB/T 12914 测定。

5.7 平滑度按 GB/T 456 测定。

5.8 耐折度按 GB/T 457 测定。

5.9 水分按 GB/T 462 测定。

5.10 表面吸水性按 GB/T 1540 测定，试验时间为 60 s。

5.11 尘埃度按 GB/T 1541 测定。

5.12 不透明度按 GB/T 1543 测定。

5.13 表面强度按 QB/T 2594 或 GB/T 2679.15 测定，两种方法有一种符合标准则判为合格。

5.14 亮度（白度）按 GB/T 7974 测定。

5.15 颜色按 GB/T 7975 测定。

5.16 纸张表面 pH 值按 GB/T 13528 测定。

5.17 在自然光下用目测检查 4.3、4.4。

6 检验规则

6.1 字典纸应由生产厂的质量检验部门按标准的规定进行检验，生产厂应保证所有出厂的产品都符合本标准的要求，每卷（件）纸都应附有产品质量合格证。

6.2 交收检验以同一类型、同一规格字典纸的交货量为一批，但不多于 50 t。

6.3 交收检验的抽样检查按 GB/T 2828.1 进行，样本单位为件（卷）。接收质量限（AQL）：平滑度、抗张指数、耐折度、不透明度、表面强度、pH，AQL＝4.0，定量、亮度（白度）、紧度、尘埃度、交货水分、表面吸水性、外观缺陷、色差，AQL＝6.5。抽样方案采用正常检验二次抽样方案，检查水平为 S-4。见表 2。

表 2

批量（卷或件）	抽样方案				
	正常检验二次抽样方案　检查水平 S-4				
	样本量	AQL＝4.0		AQL＝6.5	
		Ac	Re	Ac	Re
26～90	3	0	1	—	—
	5	—	—	0	2
	5(10)	—	—	1	2
91～500	8	0	2	0	3
	8(16)	1	2	3	4
501～1 200	13	0	3	1	3
	13(26)	3	4	4	5

6.4 可接收性的确定：第一次检验的样品数量应等于该方案给出的第一样本量。如果第一样本中发现的不合格品数小于或等于第一接收数，应认为该批是可接收的；如果第一样本中发现的不合格品数大于或等于第一拒收数，应认为该批是不可接收的。如果第一样本中发现的不合格品数介于第一接收数与

第一拒收数之间，应检验由方案给出样本量的第二样本并累计在第一样本和第二样本中发现的不合格品数。如果不合格品累计数小于或等于第二接收数，则判定批是可接收的；如果不合格品累计数大于或等于第二拒收数，则判定该批是不可接收的。

6.5　需方有权检查该批产品的质量是否符合本标准的要求，若对产品质量有异议，应在到货后一个月内通知供方，由供需双方共同取样进行复验，如不符合本标准规定，则判为批不可接收，由供方负责处理；若符合本标准的规定，则判为批可接收，由需方负责处理。

7　标志、包装、运输和贮存

7.1　字典纸的包装和标志按 GB/T 10342 的规定或按合同规定执行。

7.2　卷筒字典纸包装时，内用塑料膜防潮，塑料膜宽度应以能包住纸筒端面为准，再包两层 80 g/m² 牛皮纸，两端用瓦楞纸包角，外用镀膜编织布包裹，接口处用单面封箱胶带粘牢。

7.3　卷筒纸两端折叠好后用木塞塞牢，再用两道编织带打好。

7.4　运输时应使用有篷而洁净的运输工具，以防受潮；装卸时不应钩吊，不应将纸从高处扔下。

7.5　纸张应妥善贮存于通风仓库的垫板上，防止纸张因地气导致变质。

ICS 85.060
Y 32

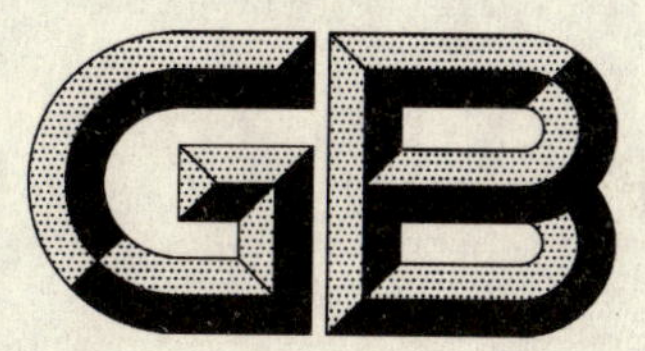

中华人民共和国国家标准

GB/T 1914—2007
代替 GB/T 1914—1993,GB/T 12912—1991

化学分析滤纸

Chemical analytical filter paper

2007-12-05 发布　　2008-09-01 实施

中华人民共和国国家质量监督检验检疫总局
中国国家标准化管理委员会　发布

前　言

本标准代替 GB/T 1914—1993《化学分析滤纸》和 GB/T 12912—1991《化学分析滤纸分离性能的测定法》。

本标准与 GB/T 1914—1993 相比主要变化如下：

——对定性滤纸的灰分作了调整，其质量水平有所提高；

——增加了附录 A 分离性能的测定方法。

本标准的附录 A 为规范性附录。

本标准由中国轻工业联合会提出。

本标准由全国造纸工业标准化技术委员会(SAC/TC 141)归口。

本标准起草单位：杭州新华纸业有限公司。

本标准主要起草人：刘海涛、郑人楷、姚亚金。

本标准所代替标准的历次版本发布情况为：

——GB/T 1914—1980、GB/T 1914—1993、GB/T 1915—1980、GB/T 12912—1991。

化学分析滤纸

1 范围

本标准规定了化学分析用的定性滤纸和定量滤纸的产品分类、规格尺寸及其偏差、要求、试验方法、检验规则及标志、包装、运输和贮存。

本标准适用于定性分析和定量分析用滤纸。

2 规范性引用文件

下列文件中的条款通过本标准的引用而成为本标准的条款。凡是注日期的引用文件，其随后所有的修改单(不包括勘误的内容)或修订版均不适用于本标准，然而，鼓励根据本标准达成协议的各方研究是否可使用这些文件的最新版本。凡是不注日期的引用文件，其最新版本适用于本标准。

GB/T 450 纸和纸板试样的采取(GB/T 450—2002,eqv ISO 186:1994)

GB/T 451.1 纸和纸板尺寸及偏斜度的测定

GB/T 451.2 纸和纸板定量的测定(GB/T 451.2—2002,eqv ISO 536:1995)

GB/T 453 纸和纸板抗张强度的测定(恒速加荷法)(GB/T 453—2002,idt ISO 1924-1:1992)

GB/T 462 纸和纸板 水分的测定(GB/T 462—2003,ISO 287:1985,MOD)

GB/T 742 纸、纸板和纸浆 残余物(灰分)的测定(900℃)(GB/T 742—2003,ISO 2144:1997,MOD)

GB/T 1541 纸和纸板尘埃度的测定法(GB/T 1541—1989,neq TAPPI T 437om:1985)

GB/T 1545.2 纸、纸板和纸浆 水抽提液 pH 的测定(GB/T 1545.2—2003,ISO 6588:1981,MOD)

GB/T 2828.1 计数抽样检验程序 第1部分:按接收质量限(AQL)检索的逐批检验抽样计划(GB/T 2828.1—2003,ISO 2859-1:1999,IDT)

GB/T 7974 纸、纸板和纸浆亮度(白度)的测定 漫射/垂直法(GB/T 7974—2002,neq ISO 2470:1999)

GB/T 10340—1989 纸和纸板过滤速度测定法(GB/T 10340—1989,neq BS 6410:1984)

GB/T 10739 纸、纸板和纸浆试样处理和试验的标准大气条件(GB/T 10739—2002,eqv ISO 187:1990)

GB/T 12914 纸和纸板抗张强度的测定法(恒速拉伸法)(GB/T 12914—1991,eqv ISO 1924-2:1985)

3 产品分类、规格尺寸及其偏差

3.1 化学分析滤纸按照用途分为定性滤纸和定量滤纸两类。

3.1.1 定性滤纸按照滤水速度的不同分为三种型号：

a) 101 型——快速定性滤纸；

b) 102 型——中速定性滤纸；

c) 103 型——慢速定性滤纸。

3.1.2 定量滤纸按照滤水速度的不同分为三种型号：

a) 201 型——快速定量滤纸；

b） 202 型——中速定量滤纸；

c） 203 型——慢速定量滤纸。

3.2 规格尺寸及其偏差

3.2.1 定性滤纸的规格分为方形和圆形两种，方形滤纸尺寸为 600 mm×600 mm、300 mm×300 mm，尺寸偏差应不超过±3 mm，偏斜度应不超过 3 mm。圆形滤纸直径为 55 mm、70 mm、90 mm、110 mm、125 mm、150 mm、180 mm、230 mm、270 mm，直径偏差应不超过±1 mm。

3.2.2 定量滤纸为圆形滤纸，其直径为 55 mm、70 mm、90 mm、110 mm、125 mm、150 mm、180 mm、230 mm、270 mm，直径偏差应不超过±1 mm。

3.2.3 亦可根据订货合同的规定，生产其他规格尺寸的产品。

4 要求

4.1 定性滤纸分为优等品、一等品、合格品，其技术指标应符合表 1 规定，或按订货合同规定。

表 1 定性滤纸技术指标

项目		要求								
		优等品			一等品			合格品		
		快速 101	中速 102	慢速 103	快速 101	中速 102	慢速 103	快速 101	中速 102	慢速 103
定量	g/m²	80±4.0			80±4.0			80±5.0		
分离性能（沉淀物）	—	氢氧化铁	硫酸铅	硫酸钡（热）	氢氧化铁	硫酸铅	硫酸钡（热）	氢氧化铁	硫酸铅	硫酸钡（热）
滤水时间	s	≤35	>35～≤70	>70～≤140	≤35	>35～≤70	>70～≤140	≤35	>35～≤70	>70～≤140
裂断长 ≥	km	1.50	1.90	1.90	1.50	1.90	1.90	1.50	1.90	1.90
湿耐破度 ≥	mm 水柱[1)]	130	150	200	120	140	180	120	140	180
灰分 ≤	%	0.11			0.13			0.15		
水抽提液 pH 值	—	6.0～8.0								
亮度 ≥	%	85.0								
尘埃度 ≥0.2 mm²～0.3 mm² ≤	个/m²	70			80			90		
尘埃度 >0.3 mm²～0.7 mm² ≤	个/m²	8			10			12		
尘埃度 >0.7 mm²	个/m²	不应有			不应有			不应有		
交货水分	%	7.0±3.0								

1） 1 mm 水柱=9.8 Pa。

4.2 定量滤纸分为优等品、一等品、合格品，其技术指标应符合表2规定，或按订货合同规定。

表2 定量滤纸技术指标

项目		要求								
		优等品			一等品			合格品		
		快速 201	中速 202	慢速 203	快速 201	中速 202	慢速 203	快速 201	中速 202	慢速 203
定量	g/m²	80±4.0			80±4.0			80±5.0		
分离性能（沉淀物）	—	氢氧化铁	硫酸铅	硫酸钡（热）	氢氧化铁	硫酸铅	硫酸钡（热）	氢氧化铁	硫酸铅	硫酸钡（热）
滤水时间	s	≤35	>35～≤70	>70～≤140	≤35	>35～≤70	>70～≤140	≤35	>35～≤70	>70～≤140
湿耐破度 ≥	mm水柱	130	150	200	120	140	180	120	140	180
灰分 ≤	%	0.009			0.010			0.011		
水抽提液pH值	—	5.0～8.0								
亮度 ≥	%	85.0								
尘埃度 ≥0.2 mm²～0.3 mm² ≤	个/m²	70			80			90		
尘埃度 >0.3 mm²～0.7 mm² ≤	个/m²	8			10			12		
尘埃度 >0.7 mm²	个/m²	不应有			不应有			不应有		
交货水分	%	7.0±3.0								

4.3 纸的切边应整齐、洁净，不应有毛边、裂口等外观纸病。

4.4 纸的纤维组织应均匀，纸面应洁净。

4.5 纸面不应有肉眼可见的金属杂质、砂粒、煤屑等硬质块，不应有折子、条痕、透明点、针孔等。纸面不应有明显的掉毛现象。

4.6 纸面不应有大于1.5 mm²的突出纸面的纤维束和浆块。

5 试验方法

5.1 试样的采取

按GB/T 450进行，试样处理和试验的标准大气按GB/T 10739规定。

5.2 尺寸及偏斜度

按GB/T 451.1进行。

5.3 定量

按GB/T 451.2进行。

5.4 分离性能

按附录A进行。

5.5 滤水时间

切取10 cm×10 cm规格的试样至少10片（小直径的圆形滤纸不必裁切，可直接测定），将试样对折后再对折，折成纸锥，然后放入玻璃漏斗中，用水润湿后，从漏斗中取出纸锥悬搁在圈架上。倒入 25 mL 温度为 23℃±2℃的水，初始滤出的 5 mL 水不计时，用秒表计量滤出 10 mL 水所需的时间，该时间即为该试样的滤水时间。计算 10 片试样滤水时间的平均值，精确至 1 s。以平均值表示测定结果。滤水时间测定装置见图 1。

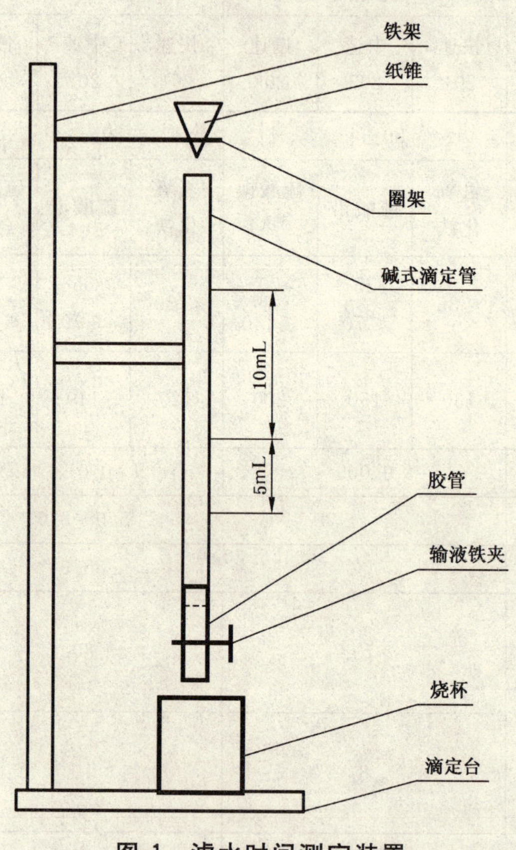

图 1　滤水时间测定装置

5.6　裂断长

按 GB/T 453 或 GB/T 12914 进行，仲裁时按 GB/T 12914 规定进行测定。

5.7　湿耐破度

用赫尔茨贝格式仪测定，仪器应符合 GB/T 10340—1989 中第 5 章、第 6 章的规定。圆筒装满水后，关闭阀门。打开水阀，使圆筒水位下降至 325 mm 处。再缓缓旋开气阀，旋开气阀的速度以漏斗管中水位 5 s 内上升 20 mm～30 mm 为宜，使试样上承受的水压逐渐升高，直至试样破裂，读出此时漏斗管中水位上升的高度，此高度即为该试样的湿耐破度，单位为 mm 水柱。每份纸样测四点，以平均值表示测定结果。

5.8　灰分

按 GB/T 742 规定进行测定。

5.9　水抽提液 pH 值

按 GB/T 1545.2 规定进行测定。

5.10　亮度

按 GB/T 7974 规定进行测定。

5.11　尘埃度

按 GB/T 1541 规定进行测定。

5.12　交货水分

按 GB/T 462 规定进行测定。

5.13 **外观质量**

目测检验。

6 检验规则

6.1 以一次交货量为一批，但不应多于5 t。

6.2 产品交收检验按GB/T 2828.1规定进行。方形滤纸的样本单位为“包”，圆形滤纸的样本单位为“盒”。接收质量限(AQL)：分离性能、灰分、湿耐破度为4.0，定量、裂断长、亮度、滤水时间、pH、尘埃度、尺寸及偏斜度、交货水分为6.5。抽样方案采用正常检验二次抽样方案，检查水平为S-2。对应不同的批量的样本量、判定数组见表3。

表3 抽样方案

批量/包或盒	正常检验二次抽样方案　特殊检查水平S-2				
	样本量	AQL=4.0		AQL=6.5	
		Ac	Re	Ac	Re
≤50	3	0	1	0	1
51～150	3	0	1	—	—
	5	—	—	0	2
	5(10)	—	—	1	2
151～3 200	8	0	2	0	3
	8(16)	1	2	3	4
3 201～35 000	13	0	3	1	3
	13(26)	3	4	4	5
35 001～300 000	20	1	3	2	5
	20(40)	4	5	6	7

6.3 可接收性的确定：第一次检验的样品数量应等于该方案给出的第一样本量。如果第一样本中发现的不合格品数小于或等于第一接收数，应认为该批是可接收的。如果第一样本中发现的不合格品数大于或等于第一拒收数，应认为该批是不可接收的。如果第一样本中发现的不合格品数介于第一接收数与第一拒收数之间，应检验由方案给出样本量的第二样本并累计在第一样本和第二样本中发现的不合格品数。如果不合格品累计数小于或等于第二接收数，则判定该批是可接收的；如果不合格品累计数大于或等于第二拒收数，则判定该批是不可接收的。

6.4 需方若对产品质量有异议，应在到货后一个月内(或按合同规定)通知供方共同复验。复验结果如不符合本标准规定，则判为批不合格，由供方负责处理；如符合本标准规定，则判为批合格，由需方负责处理。

7 标志、包装、运输和贮存

7.1 产品的标志与包装按7.2、7.3、7.4、7.5、7.6规定进行，或按合同规定进行。

7.2 每盒圆形滤纸应标明产品名称、产品标准编号、商标、企业名称、地址、型号、规格、数量、生产日期，并在纸盒上贴上滤速标签。方形定性滤纸每包应标明产品名称、产品标准编号、商标、企业名称、型号、规格、滤速、数量、生产日期。产品的外包装纸箱上应标明产品名称、产品标准编号、商标、企业名称、地址、型号、规格、数量、体积、质量、生产日期，并印上规范的“怕湿”、“小心轻放”图形标志。每箱产品应贴上产品合格证和滤速标签。

7.3 滤速标签分为快速、中速、慢速三种，根据产品的滤速，贴上相应的滤速标签。

7.4 方形定性滤纸 600 mm×600 mm 规格的每箱装 10 包，每包为 100 张；300 mm×300 mm 规格的每箱装 20 包，每包为 200 张。每包用定量不低于 40 g/m^2、施胶度不小于 0.5 mm 的牛皮纸包装，包装时产品不应有折叠、窝边及窝角现象，纸张正、反面的朝向应一致。

7.5 圆形定性滤纸和定量滤纸每箱装 50 盒，每盒为 100 张。每 100 张滤纸放入聚乙烯塑料袋后再装入纸盒。

7.6 产品的外包装用瓦楞纸箱，瓦楞纸箱内各面衬垫一张防潮纸，产品装箱后纸箱用胶带纸封口，方形滤纸纸箱用塑料带打“#”字箍牢，圆形滤纸纸箱用塑料带打两道平行箍牢。

7.7 产品运输时，应使用具有防护措施的洁净的运输工具，不应和有污染性的物资共同运输。

7.8 产品在搬运过程中应注意轻放，不应抛扔。

7.9 产品应妥善贮存于干燥、清洁、无污染的仓库内，以防雨雪、尘埃、潮气和酸、碱、氯、氨的影响。产品不应与有污染性的物资混装贮存。产品贮存时货箱应架空，不应与地面直接接触。

附　录　A
（规范性附录）
分离性能测定方法

A.1　原理

A.1.1　滤纸的分离性能是指滤纸能将悬浊液分离为澄清的液体和固体沉淀两部分的能力。

A.1.2　化学分析滤纸具有无数的微细孔隙。不同型号的滤纸其孔隙大小和多少是不同的。当悬浊液倾于其上时，其液体部分因重力和毛细管作用渗过纸层而流下，其固体沉淀部分则因颗粒大于孔隙不能通过而被阻留于纸面上。于是悬浊液被分离为液、固两部分。本方法是用规定的沉淀物按所规定的方法进行试验，以判别滤纸所具有的分离性能。

A.2　仪器、试剂

A.2.1　一般实验室用玻璃仪器。

A.2.2　本试验所用试剂均为化学纯试剂；水质为蒸馏水或同等纯度的去离子水。

A.3　悬浊液配制

A.3.1　氢氧化铁悬浊液制备

A.3.1.1　应用的试剂

a)　三氯化铁溶液：称取 10 g 三氯化铁($FeCl_3 \cdot 6H_2O$)，溶于 100 mL 蒸馏水中。

b)　稀氨水：用 28%的浓氨水，按体积比稀释成 1∶1 的溶液。

A.3.1.2　制备方法

常温时量取 100 mL 三氯化铁溶液于 500 mL 烧杯中，连续搅拌，缓缓加入 30 mL 稀氨水，搅拌均匀后，即配制成氢氧化铁悬浊液，作为过滤试验用。

A.3.2　硫酸铅悬浊液制备

A.3.2.1　应用的试剂

a)　乙酸铅溶液：称取 10 g 乙酸铅[$Pb(CH_3COOH)_2 \cdot 3H_2O$]，溶于 100 mL 蒸馏水中。

b)　稀硫酸溶液：约 3 mol/L。量取 167 mL 浓硫酸(H_2SO_4，密度 1.84 g/mL)，缓缓倾入 833 mL 蒸馏水中，连续搅拌。

c)　稀硫酸溶液：量取 5 mL 浓硫酸(H_2SO_4，密度 1.84 g/mL)，缓缓倾入 100 mL 蒸馏水中，连续搅拌。

d)　95%乙醇。

A.3.2.2　制备方法

常温时量取 100 mL 乙酸铅溶液于 500 mL 烧杯中，连续搅拌，缓缓加入 40 mL 稀硫酸溶液[A.3.2.1 b)]和 80 mL 95%乙醇，搅拌均匀后，即配制成硫酸铅悬浊液，作为过滤试验用。

A.3.3　硫酸钡悬浊液制备

A.3.3.1　应用的试剂

a)　硫酸钾溶液：称取 0.55 g 硫酸钾(K_2SO_4)，溶于 275 mL 水中。

b)　稀盐酸溶液：约 6 mol/L。量取 500 mL 浓盐酸(密度 1.19 g/mL)，倾入 500 mL 蒸馏水中。

c)　氯化钡溶液：50 g/L。称取 5.85 g 氯化钡($BaCl_2 \cdot 2H_2O$)，溶于 100 mL 蒸馏水中。

A.3.3.2　制备方法

量取 275 mL 硫酸钾溶液于 500 mL 烧杯中，加入 2 mL 稀盐酸溶液，用表面皿盖住杯口，将溶液加热至沸，连续搅拌，用滴管逐滴加入 25 mL 氯化钡溶液，搅拌均匀后，即配制成硫酸钡悬浊液。保持硫酸钡悬浊液温度在 70℃～100℃时做过滤试验。

A.4 试验步骤

A.4.1 快速滤纸规定能分离氢氧化铁；中速滤纸规定能分离硫酸铅；慢速滤纸规定能分离硫酸钡(热)。

A.4.2 将纸样裁切成直径 100 mm 的圆形试样或 100 mm×100 mm 的方形试样，对折后再对折，折成纸锥，将纸锥置于颈长为 150 mm 的 60°锥度的漏斗中，用蒸馏水湿润后做过滤沉淀物的试验。

A.4.3 根据滤纸的速别将相应的悬浊液倾入放有试样的漏斗中，过滤沉淀物，过滤时应搅拌烧杯中的悬浊液，并注意漏斗内的悬浊液离试样边沿应不少于 5 mm。

A.4.4 氢氧化铁悬浊液及硫酸钡悬浊液在做过滤试验时，应收集 30 mL～50 mL 滤液于洁净的 100 mL锥形烧瓶内。

A.4.5 硫酸铅悬浊液在做过滤试验时，当滤液量约为 50 mL 时，应按以下次序清洗漏斗内滤纸表面保留的沉淀物：先用 10 mL 稀硫酸溶液[A.3.2.1c)]，再用 10 mL95％乙醇，最后用 10 mL 蒸馏水。收集本试验中所有的滤液于洁净的 200 mL 锥形烧瓶内。

A.4.6 对着黑色背景目测检查锥形烧瓶中的滤液，若滤液澄清透明、无沉淀，则试验结果为合格；若滤液混浊、有沉淀，则试验结果为不合格。

A.4.7 每份纸样应平行试验两次，两次试验结果均为合格时，则判定滤纸的分离性能为合格；两次试验中，若有一次试验结果不合格时，则判定滤纸的分离性能为不合格。

ICS 29.035.01
K 15

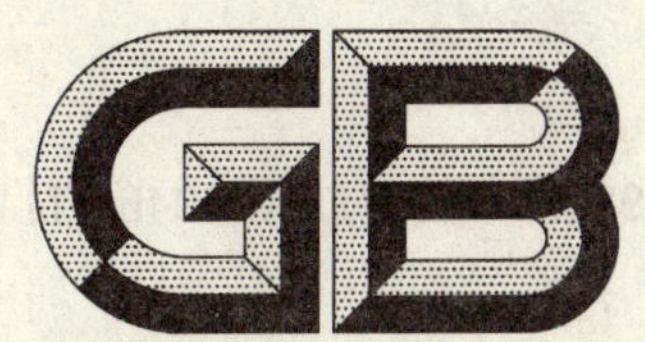

中华人民共和国国家标准

GB/T 1981.1—2007/IEC 60464-1:1998
代替 GB/T 1981.1—2004

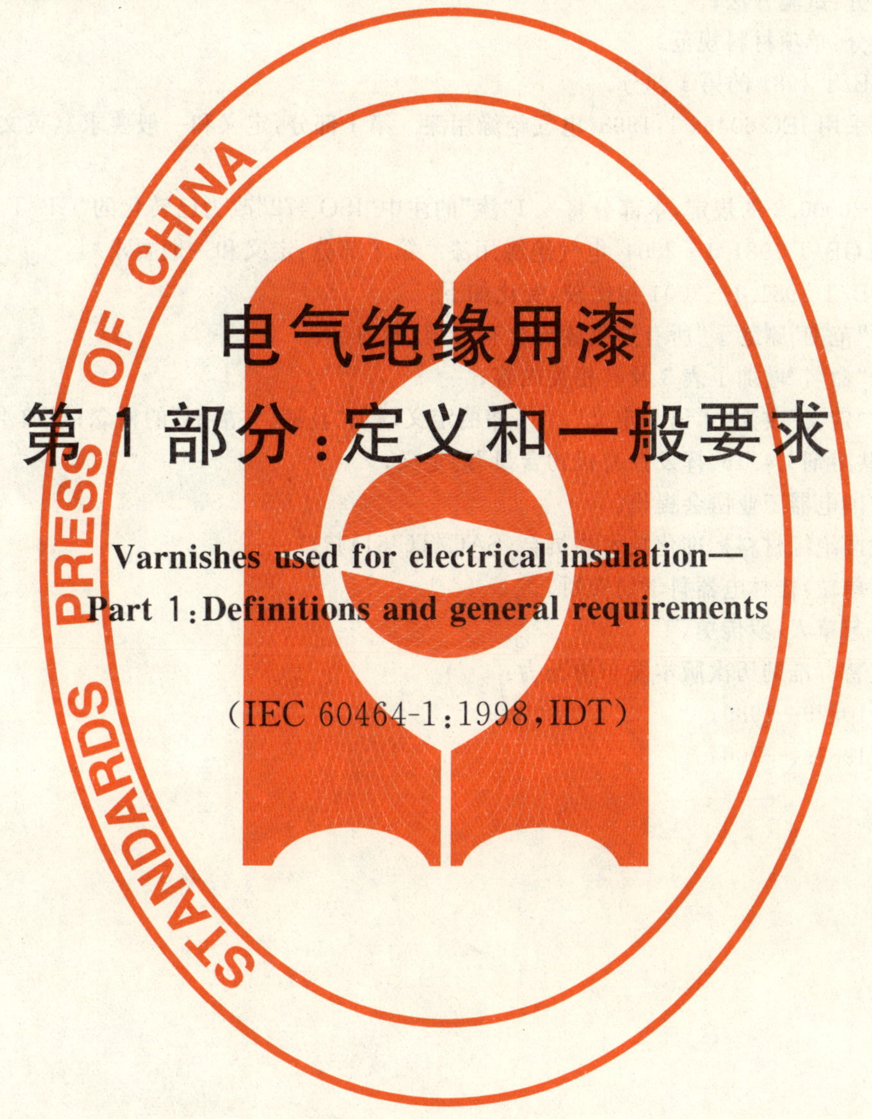

电气绝缘用漆
第1部分:定义和一般要求

Varnishes used for electrical insulation—
Part 1:Definitions and general requirements

(IEC 60464-1:1998,IDT)

2007-12-03 发布 2008-05-20 实施

中华人民共和国国家质量监督检验检疫总局
中国国家标准化管理委员会 发布

前　言

GB/T 1981《电气绝缘用漆》分为以下几个部分：

——第1部分：定义和一般要求；

——第2部分：试验方法；

——第3部分：单项材料规范。

本部分为GB/T 1981的第1部分。

本部分等同采用IEC 60464-1:1998《电气绝缘用漆　第1部分：定义和一般要求》(英文版)及2006第1次修正。

根据GB/T 20000.2的规定，本部分将4.1“漆”的注中“ISO 472”改为已转化的“GB/T 2035”。

本部分代替GB/T 1981.1—2004《电气绝缘用漆　第1部分：定义和一般要求》。

本部分与GB/T 1981.1—2004相比较，变化如下：

——第1章“范围”删除了“所有这类漆均含有溶剂”的内容；

——第3章“命名”增加了表3及其相关内容；

——第4章“定义”改为“术语和定义”；4.1漆的定义增加“乳液、共溶剂”的概念；增加4.14“乳液”、4.15“共溶剂”、4.16“挥发性有机物含量”的定义；

本部分由中国电器工业协会提出。

本部分由全国绝缘材料标准化技术委员会(SAC/TC 51)归口。

本部分起草单位：桂林电器科学研究所。

本部分主要起草人：罗传勇。

本部分所代替标准的历次版本发布情况为：

——GB/T 10579—1989；

——GB/T 1981.1—2004。

电气绝缘用漆
第1部分:定义和一般要求

1 范围

GB/T 1981的本部分涉及电气绝缘用漆。漆可用作覆盖装饰或浸渍,可在室温或高温下干燥或固化。

2 规范性引用文件

下列文件中的条款通过GB/T 1981的本部分的引用而成为本部分的条款。凡是注日期的引用文件,其随后所有的修改单(不包括勘误的内容)或修订版均不适用于本部分,然而,鼓励根据本部分达成协议的各方研究是否可使用这些文件的最新版本。凡是不注日期的引用文件,其最新版本适用于本部分。

ISO 1043-1 塑料 符号和缩略语 第1部分:基本聚合物及其特性

3 命名

根据用途不同绝缘漆的命名见表1。

表1 绝缘漆根据用途命名

应　用	符 号 代 码
覆盖漆	FV
浸渍漆	IV

有关应用的符号代码可作为应用种类的简称。根据实际需要,也可增补更多的应用和有关的符号代码。

根据组成和应用目的,绝缘漆可在室温或高温下干燥或固化。专用绝缘漆根据其所含树脂或主要活性部分的组成而命名。常用的树脂见表2。有关树脂和聚合物的符号及其特性见ISO 1043-1。

表2 基本树脂

树　脂	符 号 代 码
丙烯酸树脂	A
环氧(脂肪族或芳香族)	EP
三聚氰胺-甲醛	MF
酚醛	PF
聚氨酯	PUR
饱和聚酯	SP
有机硅	SI
不饱和聚酯	UP

有关树脂种类命名及其符号代码见表3。

表3 树脂种类

种 类	符号代码
有机溶剂基	S
水基	W
乳液类	E

有关符号代码可用作聚合物的简称。根据实际需要,可增补更多命名和有关符号代码。

4 术语及定义

4.1

漆 varnish

一种或多种树脂溶解在溶剂中的一种溶液或乳液。漆可包含其他组分,如干燥剂、催化剂、活性稀释剂、染料、颜料或共溶剂。在干燥/固化过程中,释放出溶剂和副产物,同时,活性组分聚合和/或交联形成固态物。干燥或固化可在室温下进行,或者通过加热进行。

注:本部分所指树脂和各种基本树脂的定义是根据GB/T 2035。

4.2

树脂 resin

分子量不确定但通常较高的一种固体、半固体或准固体的有机材料,遭受应力时有流动倾向,通常有一个软化或熔化范围,且分子链段通常呈螺旋状。从广义上讲,凡是作为塑料基材的任何聚合物都可以称为树脂。

4.2.1

丙烯酸树脂(A) acrylic resin

由丙烯酸或丙烯酸衍生物聚合,或与其他单体(丙烯酸单体占最大量)共聚而制成的树脂。

4.2.2

环氧树脂(EP) epoxy resin

含有能够交联的环氧基团的树脂。

4.2.3

三聚氰胺-甲醛树脂(MF) melamine-formaldehyde resin

由三聚氰胺与甲醛或与能产生亚甲基桥的化合物缩聚反应而制得的氨基树脂。

4.2.4

酚醛树脂(PF) phenol-formaldehyde resin

由酚类和醛类通过缩聚反应而制得的酚醛类树脂。

4.2.5

聚氨酯树脂(PUR) polyurethane resin

固化后分子链中的重复结构单元是氨基甲酸酯的树脂。

4.2.6

饱和聚酯树脂(SP) saturated polyester resin

分子链中具有酯型重复结构单元的树脂。

4.2.7

有机硅树脂(SI) silicone resin

聚合物主链由交替的硅原子和氧原子组成的树脂。

4.2.8

不饱和聚酯树脂(UP)　unsaturated polyester resin

聚合物主链中具有可与不饱和单体或预聚物发生交联的碳-碳不饱和键的聚酯树脂。

4.3

稀释剂　diluent

一种液体添加剂,其作用是降低漆的固体含量和粘度。

4.4

固化　cure;curing

通过聚合和/或交联反应将预聚物或聚合物组分转变成更加稳定,呈现可使用状态的过程。

4.5

聚合　polymerization

将单体或单体混合物转变成聚合物的过程。

注:将预聚物或聚合物组分转变成聚合物的过程称之为聚合作用。

4.6

交联　crosslinking

在聚合链间产生多重分子间的共价键或离子键的过程。

4.7

粘附　adherence

两个物体表面通过界面力结合在一起的状态。

4.8

孔隙　void

无规定形状、封闭式的含有空气或其他气体的孔穴。

注:术语"气泡"是指近似球形的孔隙。

4.9

贮存期　shelf life

在规定条件下,材料能保持其基本特性的贮存时间。

4.10

覆盖漆(FV)　finishing varnish

用于设备或设备零部件的表面,以增强抵抗外界影响或改进设备外观的漆。

4.11

浸渍漆(IV)　impregnating varnish

能填充或浸渍电器元件的绕组和线圈,具有填充缝隙和孔隙作用,以保护和粘结绕组和线圈的漆。

4.12

室温固化漆　ambient curing varnish

不需加热能在室温下干燥或固化的漆。

4.13

热固化漆　hot curing varnish

需要加热才能固化的漆。

4.14

乳液　emulsion

两种不混溶液体组成的稳定、胶质状的混合物。

4.15

共溶剂　co-solvent

一般为一种亲水的极性溶剂,以低浓度使用可使在聚合物树脂和主要溶剂(通常为水)之间形成桥接,更利于乳化。

4.16

挥发性有机物含量　volatile organic compound content

在干燥或固化过程中,从水基漆或乳胶漆中失去的有机物含量,以漆中树脂损失质量表示。

5　一般要求

对于交付的所有产品,除了应符合本部分的要求外,还应符合单项材料规范的要求。

5.1　颜色

漆的干燥物或固化物的颜色应符合供需双方商定的要求。

5.2　供货条件

漆应装在坚固、干燥和清洁的容器里,以保证在运输、搬运和贮存中充分保护漆,每个容器上至少应清晰、持久地标明下述内容:

——标准编号;

——漆的名称;

——批号;

——生产日期;

——生产商名称或商标;

——规定的贮存温度或温度范围及最后使用日期;

——任何危险性警示,例如可燃性(闪点)和毒性;

——合适的组分混合说明(例如对于双组分漆);

——容量。

推荐使用的容器尺寸为:1 L、2.5 L、5 L、25 L 和 200 L。

5.3　贮存期

在规定温度条件下,当贮存在最初的密封容器中时,漆应能在使用期限到达之前保持其原有特性。

ICS 67.220.20
X 42

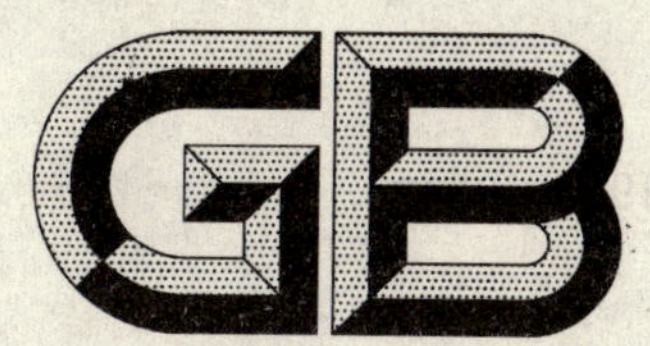

中华人民共和国国家标准

GB 1986—2007
代替 GB 1986—1989

食品添加剂　单、双硬脂酸甘油酯

Food additive—Glyceryl mono-and distearate

2007-10-29 发布　　　　2008-06-01 实施

中华人民共和国国家质量监督检验检疫总局
中国国家标准化管理委员会　发布

前言

本标准第3章技术要求为强制性，其余为推荐性。

本标准的技术要求参考采用美国《食品用化学品法典》(FCC，V)的技术规格。

本标准代替GB 1986—1989《食品添加剂　单硬脂酸甘油酯(40 %)》。

本标准与GB 1986—1989相比主要变化如下：

——修改了标准的名称；

——感官要求代替了原外观要求；

——理化指标中取消了碘值、凝固点、游离酸、重金属和铁指标，增加了酸值、游离甘油、灼烧残渣和铅指标；

——提供了单甘油酯含量、碘值、皂化值和熔点的试验方法，供标准使用者参考。

本标准的附录A为资料性附录。

本标准由中国轻工业联合会提出。

本标准由全国食品发酵标准化中心归口。

本标准起草单位：中国食品添加剂生产应用工业协会、杭州油脂化工有限公司、中国食品发酵工业研究院。

本标准主要起草人：唐建光、靳英、李惠宜、蒋海刚、柴秋儿。

本标准所代替标准的历次版本发布情况为：

——GB 1986—1989。

食品添加剂　单、双硬脂酸甘油酯

1　范围

本标准规定了食品添加剂单、双硬脂酸甘油酯的技术要求、试验方法、检验规则、标志、包装、运输、贮存及保质期。

本标准适用于氢化棕榈油或硬脂酸与甘油反应生成的含有单、双硬脂酸甘油酯和少量三硬脂酸甘油酯的产品，在食品工业中作为乳化剂。

2　规范性引用文件

下列文件中的条款通过本标准的引用而成为本标准的条款。凡是注日期的引用文件，其随后所有的修改单(不包括勘误的内容)或修订版均不适用于本标准，然而，鼓励根据本标准达成协议的各方研究是否可使用这些文件的最新版本。凡是不注日期的引用文件，其最新版本适用于本标准。

GB/T 601　化学试剂　标准滴定溶液的制备

GB/T 603　化学试剂　试验方法中所用制剂及制品的制备(GB/T 603—2002,ISO 6353-1:1982,NEQ)

GB/T 617　化学试剂　熔点范围测定通用方法(GB/T 617—2006,ISO 6353-1:1982,NEQ)

GB/T 5009.11　食品中总砷及无机砷的测定

GB/T 5009.12　食品中铅的测定

GB/T 5534　动植物油脂皂化值的测定(GB/T 5534—1995,idt ISO 3657:1988)

GB/T 6682　分析实验室用水规格和试验方法(GB/T 6682—1992,neq ISO 3696:1987)

GB/T 9741　化学试剂　灼烧残渣测定通用方法(GB/T 9741—1988,eqv ISO 6353-1:1982)

GB/T 18953　橡胶配合剂　硬脂酸　定义及试验方法(GB/T 18953—2003,ISO 8312:1999,MOD)

定量包装商品计量监督管理办法　国家质量监督检验检疫总局第75号令

食品添加剂卫生管理办法　卫生部[2002]第26号令

3　技术要求

3.1　感官要求

乳白色或浅黄色蜡状固体，无杂质，无臭无味。

3.2　理化指标

应符合表1的规定。

表1　理化指标

项　　目		指　标
酸值(以 KOH 计)/(mg/g)	≤	5.0
游离甘油/%	≤	7.0
灼烧残渣/%	≤	0.5
砷(以 As 计)/(mg/kg)	≤	2.0
铅(以 Pb 计)/(mg/kg)	≤	2.0

4 试验方法

除非另有说明，在分析中仅使用确认为分析纯的试剂和 GB/T 6682 中规定的水。

4.1 感官检验

将样品置于清洁、干燥的白瓷盘中，在自然光线下，观察其色泽，嗅其味。

4.2 鉴别试验

取适量样品一份，加三等份水，加热到熔点以上 2℃～5℃，并保持此温度，应形成不可逆凝胶。

4.3 理化检验

4.3.1 酸值

4.3.1.1 试剂和材料

a) 乙醇：95%。

b) 氢氧化钾标准溶液：0.1 mol/L，按 GB/T 601 方法配制。

c) 酚酞指示液：1 %，按 GB/T 603 方法配制。

4.3.1.2 分析步骤

称取 10 g 样品(准确至 0.001 g)，置于锥形瓶中，加 50 mL 中性热乙醇（在加热后的乙醇中加入 2 mL酚酞指示液，用 0.1 mol/L 氢氧化钾标准溶液中和至微红色，并保持 30 s 不褪色)使样品溶解，用 0.1 mol/L 氢氧化钾标准溶液滴定至呈微红色，并维持 30 s 不褪色为终点。

4.3.1.3 结果计算

酸值按式(1)计算：

$$X_1 = \frac{V \times c \times 56.1}{m} \qquad (1)$$

式中：

X_1——酸值(以 KOH 计)，单位为毫克每克(mg /g)；

V——滴定时消耗的氢氧化钾标准溶液体积，单位为毫升(mL)；

c——氢氧化钾标准溶液的浓度，单位为摩尔每升(mol/L)；

56.1——氢氧化钾的毫摩尔质量，单位为克每毫摩尔(g/mmol)；

m——样品质量，单位为克(g)。

4.3.1.4 允许差

实验结果以两次平行测定结果的算术平均值为准(保留一位小数)。在重复性条件下获得的两次独立测定结果与算术平均值的绝对差值不得超过 0.2 mg/g。

4.3.2 游离甘油

4.3.2.1 试剂和材料

a) 乙酸：化学纯。

b) 三氯甲烷：化学纯，同时应符合以下条件。取三个 500 mL 锥形瓶，分别加入 20 mL 高碘酸溶液，在其中两只锥形瓶中加入 50 mL 三氯甲烷和 10 mL 水，另一只加 50 mL 水，再往每只锥形瓶中加入 20 mL 碘化钾溶液均匀混合，放置 1 min～5 min，按照 4.3.2.2 分析步骤用 0.1 mol/L硫代硫酸钠标准溶液滴定，有三氯甲烷和无三氯甲烷的滴定量差不超过 0.5 mL。

c) 高碘酸溶液：溶解 2.7 g 高碘酸在 50 mL 水和 950 mL 乙酸的混合液中，避光保存在干净具塞玻璃瓶中。

d) 碘化钾溶液：质量分数为 15%。

e) 硫代硫酸钠标准溶液：0.1 mol/L，按 GB/T 601 方法配制和标定。

f) 淀粉指示液：0.5%，按 GB/T 603 方法配制。

4.3.2.2 分析步骤

将单甘油酯含量测定方法中萃取后的水相(见 A.1.2.2)集中到 500 mL 碘量瓶中，加 20.0 mL 高碘酸溶液，同时用75 mL水代替样品做两次空白试验，静置30 min～90 min。在每一锥形瓶中各加15 mL 15%碘化钾溶液，再放置1 min～5 min，加100 mL水，用0.1 mol/L硫代硫酸钠标准溶液进行滴定，滴定时用一磁力搅拌器搅拌以保持溶液充分混合，至碘的棕色消褪后，加2 mL淀粉指示液，并继续滴至蓝色消褪为止。

4.3.2.3 结果计算

游离甘油的质量分数按式(2)计算：

$$X_2=\frac{(V_0-V_1)\times c\times 2.30}{m}\times 100 \quad \cdots\cdots(2)$$

式中：

X_2——游离甘油的质量分数，%；

V_0——空白滴定消耗硫代硫酸钠标准溶液的体积，单位为毫升(mL)；

V_1——样品滴定消耗硫代硫酸钠标准溶液的体积，单位为毫升(mL)；

c——硫代硫酸钠标准溶液的浓度，单位为摩尔每升(mol/L)；

2.30——甘油相对分子质量除以40；

m——样品质量，单位为克(g)。

4.3.2.4 允许差

实验结果以两次平行测定结果的算术平均值为准(保留一位小数)。在重复性条件下获得的两次独立测定结果与算术平均值的绝对差值不得超过0.2%。

4.3.3 灼烧残渣

按GB/T 9741规定的方法测定，样品称量约5 g。

4.3.4 砷

按GB/T 5009.11规定的方法测定。

4.3.5 铅

按GB/T 5009.12规定的方法测定。

5 检验规则

5.1 批次的确定

由生产单位的质量检验部门按照其相应的规则确定产品的批号，经最后混合且有均一性质量的产品为一批。

5.2 取样方法和取样量

在每批产品中随机抽取样品，每批按包装件数的3%抽取小样，每批不得少于三个包装，每个包装抽取样品不得少于100 g，将抽取试样迅速混合均匀，分装入两个洁净、干燥的瓶中，瓶上注明生产厂、产品名称、批号、数量及取样日期，一瓶作检验，一瓶密封留存备查。

5.3 出厂检验

5.3.1 出厂检验项目包括感官、游离甘油、酸值三项。

5.3.2 每批产品应经生产厂检验部门按本标准规定的方法检验，并出具产品合格证后方可出厂。

5.4 型式检验

本标准技术要求中规定的所有项目均为型式检验项目。型式检验每半年进行一次，或当出现下列情况之一时进行检验：

——原料、工艺发生较大变化时；

——停产后重新恢复生产时；

——出厂检验结果与平常记录有较大差别时；

——国家质量监督检验机构或用户提出要求时。

5.5 判定规则

对全部技术要求进行检验,检验结果中若有一项指标不符合本标准要求时,应重新双倍取样进行复检。复检结果即使有一项不符合本标准,则整批产品判为不合格。

如供需双方对产品质量发生异议时,可由双方协商选定仲裁机构,按本标准规定的检验方法进行仲裁。

6 标志、包装、运输、贮存和保质期

6.1 标志

产品的标志应符合卫生部[2002]第 26 号令第四章的要求。

6.2 包装

产品的包装应采用国家批准的、并符合相应的食品包装用卫生标准的材料,包装净含量偏差应符合国家质量监督检验检疫总局第 75 号令。

6.3 运输

产品在运输过程中不得与有毒、有害及污染物质混合载运,避免雨淋日晒等。

6.4 贮存

产品应贮存在通风、清洁、干燥的地方,不得与有毒、有害及有腐蚀性等物质混存。

6.5 保质期

产品自生产之日起,在符合上述储运条件、原包装完好的情况下,保质期应不少于两年。

附 录 A
（资料性附录）
单甘油酯含量、熔点、碘值和皂化值的测定

A.1 单甘油酯含量

A.1.1 气相色谱法（仲裁法）

A.1.1.1 方法提要

由于单甘油酯的沸点很高，不能直接进入色谱柱，否则会堵塞色谱柱。在本方法中，通过单甘油酯和硅烷化试剂（BSTFA、TMCS）进行化学衍生化反应，形成挥发性硅烷衍生物，降低了沸点，就可以通过气相色谱进行分析。

A.1.1.2 试剂和材料

a) 吡啶：分析纯。
b) 十四烷：分析纯。
c) *N*,*O*-双三甲基硅三氟乙酰胺（BSTFA）：分析纯。
d) 三甲基氯硅烷（TMCS）：分析纯。
e) 甘油：分析纯。
f) 棕榈酸、硬脂酸、单肉豆蔻酸甘油酯、单棕榈酸甘油酯和单硬脂酸甘油酯标准品：纯度不低于99%。

A.1.1.3 仪器

a) 气相色谱仪。
b) 色谱柱：EC-5 毛细管柱（相当于 SE-54），柱长 30 m，内径 0.25 mm，涂抹厚度 0.25 μm。
c) 氢火焰离子化检测器（FID）。

A.1.1.4 色谱参考条件

a) 柱箱温度：初温 120℃，以 15℃/min 的速率升温至 340℃并维持 30 min。
b) 进样口温度：320℃。
c) 检测器温度：350℃。
d) 载气：氮气（毛细管内流速 1 mL/min）。
e) 氢气：60 mL/min。
f) 空气：500 mL/min。
g) 分流比：1∶10～1∶50。
h) 进样量：1 μL～5 μL。

A.1.1.5 分析步骤

a) 准确称取十四烷和标准品各 100 mg 置于 10 mL 容量瓶中，以吡啶定容作为标样。标准品包括棕榈酸、硬脂酸、甘油、单肉豆蔻酸甘油酯、单棕榈酸甘油酯和单硬脂酸甘油酯 6 种含量最高的物质。
b) 准确称取 100 mg 十四烷和 600 mg 待测样品置于 10 mL 容量瓶中，以吡啶定容。精确量取 0.10 mL样液到 2.5 mL 螺旋盖样品瓶，加 0.1 mL TMCS 和 0.2 mL BSTFA 后猛烈摇匀，置 70℃烘箱反应 20 min，得待测样液。
c) 待气相色谱仪达到指定条件后，进混合标液和待测样液进行测定。

A.1.1.6 结果计算

a) 进标样可以得反应因子 *R*，结果按式（A.1）计算：

$$R=\left(\frac{A_s}{A_d}\right)\times\left(\frac{m_d}{m_s}\right) \qquad \cdots\cdots(A.1)$$

式中：

R——反应因子；

A_s——标样峰面积；

A_d——内标物峰面积；

m_d——内标物称样量，单位为克(g)；

m_s——标样称样量，单位为克(g)。

b) 样品中单甘油酯的质量分数按式(A.2)计算：

$$X_4=\frac{(m_d/m)\times(A_u/A_d)}{R} \qquad \cdots\cdots(A.2)$$

式中：

X_4——样品单甘酯的质量分数，%；

m_d——内标物称样量，单位为克(g)；

m——样品称样量，单位为克(g)；

A_u——待测组分峰面积；

A_d——内标物峰面积；

R——反应因子。

c) 通过以上公式分别计算出棕榈酸、硬脂酸、甘油、单肉豆蔻酸甘油酯、单棕榈酸甘油酯和单硬脂酸甘油酯的含量。棕榈酸和硬脂酸含量之和为游离脂肪酸含量；甘油为游离甘油含量；单棕榈酸甘油酯和单硬脂酸甘油酯含量之和为总单甘油酯含量。

A.1.1.7 允许差

实验结果以两次平行测定结果的算术平均值为准(保留一位小数)。在重复性条件下获得的两次独立测定结果与算术平均值的绝对差值不超过0.5%。

A.1.2 高碘酸法

A.1.2.1 试剂和材料

a) 高碘酸溶液：溶解2.7 g高碘酸在50 mL水和950 mL乙酸的混合液中，避光保存在干净带塞子的玻璃瓶中。

b) 碘化钾：化学纯，15%溶液。

c) 硫代硫酸钠标准溶液：0.1 mol/L，按GB/T 601方法配制和标定。

d) 乙酸：化学纯。

e) 淀粉指示液：0.5%，按GB/T 603方法配制。

f) 三氯甲烷：化学纯，同时应符合以下条件。取三个500 mL锥形瓶，分别加入20 mL高碘酸溶液，在其中两只烧瓶中加入50 mL三氯甲烷和10 mL水，另一只加50 mL水，再往每只烧瓶中加入20 mL碘化钾溶液均匀混合，放置1 min～5 min，按照A.1.2.2分析步骤用0.1 mol/L硫代硫酸钠标准溶液滴定，有三氯甲烷和无三氯甲烷的滴定量之差不超过0.5 mL。

A.1.2.2 分析步骤

先将样品熔融(不超过其熔点10℃的温度)，并充分混合。精确称取试样0.2 g(准确至0.000 1 g)，放入100 mL烧杯中，加三氯甲烷25 mL使之溶解。将此溶液移入一分液漏斗，另用25 mL三氯甲烷淋洗烧杯，然后再用25 mL水清洗，所有洗液均加入分液漏斗中。加塞密闭，强烈振摇30 s～60 s，然后静置使三氯甲烷与水相分层(如形成乳浊状，则可加冰乙酸1 mL～2 mL破乳)。将水溶液层转入500 mL碘量瓶中，再分别用25 mL水萃取三氯甲烷溶液两次。将萃取后的水溶液集中到同一碘量瓶中用于测定游离甘油的含量。把萃取后的三氯甲烷溶液放入500 mL碘量瓶中，同时用50 mL三氯甲烷和

10 mL水做两次空白试验。分别加 20 mL 高碘酸液并轻轻摇动，再静置 30 min～90 min。在每一烧瓶中各加 15 mL 15%碘化钾溶液，再放置 1 min～5 min，加 100 mL 水，用 0.1 mol/L 硫代硫酸钠标准溶液进行滴定，滴定时用一磁力搅拌器搅拌以保持溶液的充分混合，至碘的棕色消褪后，加 2 mL 淀粉指示液，并继续滴至蓝色消褪为止。

A.1.2.3 结果计算

样品中单甘油酯的质量分数按式(A.3)计算：

$$X_5 = \frac{(V_0 - V_1) \times c \times 17.927}{m} \times 100 \qquad \text{(A.3)}$$

式中：

X_5——单硬脂酸甘油酯的质量分数，%；

V_0——空白滴定消耗硫代硫酸钠标准溶液的体积，单位为毫升(mL)；

V_1——样品滴定消耗硫代硫酸钠标准溶液的体积，单位为毫升(mL)；

c——硫代硫酸钠标准溶液的物质的量浓度，单位为摩尔每升(mol/L)；

17.927——单硬脂酸甘油酯的相对分子质量除以 20；

m——样品的质量，单位为克(g)。

A.1.2.4 允许差

实验结果以两次平行测定结果的算术平均值为准(保留一位小数)。在重复性条件下获得的两次独立测定结果与算术平均值的绝对差值不超过 1.0%。

A.2 熔点

按 GB/T 617 规定的方法测定，样品称量约 4 g。

A.3 碘值

按 GB/T 18953 规定的方法测定。

A.4 皂化值

按 GB/T 5534 规定的方法测定。

ICS 67.220.20
X 41

中华人民共和国国家标准

GB 1987—2007
代替 GB 1987—1986

食品添加剂 柠檬酸

Food additive—Ctric acid

2007-10-29 发布　　2008-06-01 实施

中华人民共和国国家质量监督检验检疫总局
中国国家标准化管理委员会 发布

前言

本标准理化指标非等效采用联合国粮农组织/世界卫生组织食品添加剂联合专家委员会的《食品添加剂标准纲要》第一卷[Compendium of Food Additive Specifications，Volume 1，Joint FAO/WHO Expert Committee on Food Additive(JECFA)]，参考《英国药典》BP—2003 版(British Pharmacopeia—2003)和《美国药典》USP—27 版(United Stated Pharmacopeia—27)，其中草酸盐、硫酸灰分指标严于 BP—2003 版，砷盐指标严于 USP—27 版。

本标准试验方法参考采用了 BP—2003 版、USP—27 版、《中华人民共和国药典》(2000 年版)中的试验方法。

本标准代替 GB 1987—1986《食品添加剂　柠檬酸》。

本标准与 GB 1987—1986 相比主要变化如下：

——增加了无水柠檬酸理化指标；

——调整了一水柠檬酸含量范围；

——取消了钡盐指标；

——增加了水分、透光率和水不溶物指标；

——试验方法对应指标的改变做了相应的增减和修改。

本标准由中国轻工业联合会提出。

本标准由全国食品添加剂标准化技术委员会归口。

本标准由中国食品发酵工业研究院负责起草。

本标准主要起草人：张蔚、郭新光、康永璞。

本标准所代替标准的历次版本发布情况为：

——GB 1987—1980、GB 1987—1986。

食品添加剂　柠檬酸

1　范围

本标准规定了食品加工用柠檬酸的产品分类、要求、分析方法、检验规则、标志、包装、运输和贮存。

本标准适用于由淀粉质或糖质原料发酵制得的柠檬酸产品，在食品加工中用于酸味剂、抗氧化增效剂及调味剂。

2　规范性引用文件

下列文件中的条款通过本标准的引用而成为本标准的条款。凡是注日期的引用文件，其随后所有的修改单(不包括勘误的内容)或修订版均不适用于本标准，然而，鼓励根据本标准达成协议的各方研究是否可使用这些文件的最新版本。凡是不注日期的引用文件，其最新版本适用于本标准。

GB/T 191　包装储运图示标志(GB/T 191—2000,eqv ISO 780:1997)

GB/T 601　化学试剂　标准滴定溶液的制备

GB/T 602　化学试剂　杂质测定用标准溶液的制备

GB/T 603　化学试剂　试验方法中所用制剂及制品的制备(GB/T 603—2002,ISO 6353-1:1982,NEQ)

GB/T 606　化学试剂　水分测定通用方法　卡尔·费休法(GB/T 606—2003,ISO 6353-1:1982,NEQ)

GB/T 5009.11—2003　食品中总砷及无机砷的测定

GB/T 5009.12　食品中铅的测定

GB/T 6682　分析实验室用水规格和试验方法(GB/T 6682—1992,neq ISO 3696:1987)

3　化学名称、分子式、结构式和相对分子质量

3.1　化学名称

2-羟基丙烷-1,2,3 三羧酸。

3.2　无水柠檬酸

3.2.1　分子式：$C_6H_8O_7$。

3.2.2　相对分子质量：192.12。

3.3　一水柠檬酸

3.3.1　分子式：$C_6H_8O_7 \cdot H_2O$。

3.3.2　相对分子质量：210.14。

3.4　结构式

```
      CH2—COOH                  CH2—COOH
       |                         |
HO—C—COOH               HO—C—COOH·H2O
       |                         |
      CH2—COOH                  CH2—COOH
     柠檬酸                     一水柠檬酸
```

4　产品分类

按是否含结晶水分为以下两类。

4.1 无水柠檬酸。

4.2 一水柠檬酸。

5 要求

5.1 感官要求

本品为无色或白色结晶状颗粒或粉末(二级略显灰黄色);无臭,味极酸;易溶于水,溶于乙醇,微溶于乙醚;水溶液呈酸性反应,一水柠檬酸在干燥空气中略有风化。

5.2 理化要求

应符合表1的要求。

表1 柠檬酸理化要求

项　目		无水柠檬酸	一水柠檬酸
含量/%		99.5～100.5	99.5～100.5
透光率/%	≥	96.0	95.0
水分/%		≤0.5	7.5～9.0
易炭化物	≤	1.0	1.0
硫酸灰分/%	≤	0.05	0.05
氯化物/%	≤	0.005	0.005
硫酸盐/%	≤	0.01	0.015
草酸盐/%	≤	0.01	0.01
钙盐/%	≤	0.02	0.02
铁/(mg/kg)	≤	5	5
砷盐/(mg/kg)	≤	1	1
铅/(mg/kg)	≤	0.5	0.5
水不溶物		过滤时间不超过1 min,滤膜基本不变色,目视可见杂色颗粒不超过3个	过滤时间不超过1 min,滤膜基本不变色,目视可见杂色颗粒不超过3个

6 分析方法

本标准中所用的水,在未注明其他要求时,均指符合GB/T 6682中三级以上的水。

本标准中所用的试剂,在未注明规格时,均指分析纯(AR)。若有特殊要求须另作明确规定。

本标准所用溶液在未注明用何种溶剂配制时,均指水溶液。

6.1 外观

称取试样10 g,肉眼观察、嗅闻作出判断,做好记录。

6.2 鉴别试验

6.2.1 仪器

6.2.1.1 坩埚:25 mL。

6.2.1.2 具塞比色管:25 mL。

6.2.2 试剂和溶液

6.2.2.1 硫酸溶液(5%):按GB/T 603配制。

6.2.2.2 硫酸汞溶液:称取氧化汞5 g,先加水40 mL,然后缓缓加入浓硫酸20 mL,边加边搅拌,再加水40 mL搅拌使之溶解。

6.2.2.3 高锰酸钾溶液$\left[c=\left(\frac{1}{5}KMnO_4\right)=0.1\ mol/L\right]$:按 GB/T 601 配制。

6.2.2.4 氢氧化钠溶液(50 g/L):称取氢氧化钠 5 g,用水溶解,加水稀释至 100 mL。

6.2.2.5 吡啶-乙酸酐溶液:将吡啶和乙酸酐按 3∶1 混合。

6.2.2.6 柠檬酸试样溶液:用水配制,每毫升含柠檬酸 5 mg。

6.2.3 分析步骤

6.2.3.1 取少量试样于 25 mL 坩埚内,用直火炽灼,即缓缓分解,但不得发生焦糖臭。

6.2.3.2 吸取柠檬酸试样溶液 2 mL 于 25 mL 比色管中,用氢氧化钠溶液(6.2.2.4)调至中性,加硫酸溶液(6.2.2.1)1 滴。加热至沸。再加高锰酸钾溶液(6.2.2.3)1 滴,摇匀,紫色即消退。再加入硫酸汞溶液(6.2.2.2)1 滴,产生白色沉淀。

6.2.3.3 称取试样 5 mg 于 25 mL 比色管中,加吡啶-乙酸酐溶液(6.2.2.5)约 5 mL,即生成黄色到红色或紫红色的溶液。

6.3 含量

6.3.1 仪器

6.3.1.1 三角瓶:150 mL。

6.3.1.2 碱式滴定管。

6.3.2 试剂和溶液

6.3.2.1 氢氧化钠标准滴定溶液[$c(NaOH)=0.5\ mol/L$]:按 GB/T 601 配制与标定。

6.3.2.2 酚酞指示液(10 g/L):按 GB/T 603 配制。

6.3.2.3 无二氧化碳的水:按 GB/T 603 配制。

6.3.3 分析步骤

称取试样 1 g(精确至 0.000 1 g)于三角瓶内,加入无二氧化碳的水(6.3.2.3)50 mL 溶解,加酚酞指示液(6.3.2.2)3 滴,用氢氧化钠标准滴定溶液(6.3.2.1)滴定至粉红色为终点。同时作空白试验。

6.3.4 计算

一水柠檬酸的含量按式(1)计算,无水柠檬酸的含量按式(2)计算。

$$X_1=\frac{(V_1-V_0)\times c\times 0.064\,04}{m_1\times(1-0.085\,66)}\times 100 \qquad (1)$$

$$X_2=\frac{(V_1-V_0)\times c\times 0.064\,04}{m_1}\times 100 \qquad (2)$$

式中:

X_1——一水柠檬酸的含量(以无水计),%;

V_1——试样滴定所耗氢氧化钠标准滴定溶液的体积,单位为毫升(mL);

V_0——空白滴定所耗氢氧化钠标准滴定溶液的体积,单位为毫升(mL);

c——氢氧化钠标准滴定溶液的浓度,单位为摩尔每升(mol/L);

0.064 04——与 1.00 mL 氢氧化钠[$c(NaOH)=1.000\ mol/L$]相当的以克表示的无水柠檬酸的克数;

m_1——试样质量,单位为克(g);

0.085 66——一水柠檬酸中水的理论含量,即 18/210.14=0.085 66;

X_2——无水柠檬酸的含量,%。

6.3.5 允许差

同一试样两次测试结果的绝对差值,不得超过算术平均值的 0.2%。

6.4 透光率

6.4.1 仪器

6.4.1.1 容量瓶:100 mL。

6.4.1.2 分光光度计。

6.4.2 试验步骤

称取 50 g 试样(精确至 0.01 g),加水溶解,定容至 100 mL,摇匀;用 1 cm 比色皿,以水为空白对照,在波长 405 nm 下测定样液的透光率,记录读数。

6.4.3 允许差

同一试样两次测试结果的绝对差值,不得超过算术平均值的 0.2%。

6.5 水分

6.5.1 仪器

微量水分测定器(卡尔·费休水分测定仪)。

6.5.2 试剂和溶液

6.5.2.1 无水甲醇。

6.5.2.2 卡尔·费休试剂:按 GB/T 606 配制和滴定。

6.5.3 分析步骤

取无水甲醇 20 mL,在搅拌下用卡尔·费休试剂(6.5.2.2)滴定至终点,不记录读数。然后迅速加入适量的试样(一水柠檬酸 0.1 g,无水柠檬酸取 1 g),继续滴定至终点。

6.5.4 计算

样品的水分按式(3)计算:

$$X_3 = \frac{V_2 \times T}{m_2} \times 100 \qquad \cdots\cdots(3)$$

式中:

X_3——样品的水分,%;

V_2——试样滴定时消耗卡尔·费休试剂的体积,单位为毫升(mL);

T——卡尔·费休试剂对水的滴定度,单位为克每毫升(g/mL);

m_2——试样质量,单位为克(g)。

6.5.5 允许差

同一试样两次测试结果的绝对差值,无水柠檬酸不得超过算术平均值的 5%;一水柠檬酸不得超过算术平均值的 2%。

6.6 易炭化物

6.6.1 仪器

6.6.1.1 具塞比色管:25 mL。

6.6.1.2 恒温水浴锅:精度±1℃。

6.6.2 试剂和溶液

6.6.2.1 盐酸溶液(1%):吸取盐酸 24 mL,稀释至 1 000 mL。

6.6.2.2 碘化钾。

6.6.2.3 硫酸溶液$\left[c\left(\frac{1}{2}H_2SO_4\right)=1\ mol/L\right]$:按 GB/T 601 配制。

6.6.2.4 硫代硫酸钠标准滴定溶液$[c(Na_2S_2O_3)=0.1\ mol/L]$:按 GB/T 601 配制和标定。

6.6.2.5 过氧化氢溶液(3%):吸取 30%过氧化氢 10 mL,加水稀释至 100 mL。

6.6.2.6 氢氧化钠溶液(300 g/L):称取氢氧化钠 30 g,用水溶解,加水稀释至 100 mL。

6.6.2.7 淀粉指示液(10 g/L):按 GB/T 603 配制。

6.6.2.8 三氯化铁。

6.6.2.9 氯化钴。

6.6.2.10 黄色原液

称取三氯化铁(6.6.2.8)46 g,溶于约 900 mL 盐酸溶液(6.6.2.1)中,再用此盐酸溶液稀释至 1 000 mL。

标定时，用盐酸溶液(6.6.2.1)调整此黄色原液，使其每毫升含 46 mg $FeCl_3 \cdot 6H_2O$。溶液应避光保存，现用现标定。

标定：吸取新配制的三氯化铁溶液 10 mL，加入水 15 mL、碘化钾(6.6.2.2)4 g、盐酸溶液(6.6.2.1) 5 mL，立即塞上瓶盖避光静置 15 min，加入水 100 mL，析出的碘用硫代硫酸钠标准滴定溶液(6.6.2.4)滴定至浅黄色，加淀粉指示液(6.6.2.7)0.5 mL，继续滴定至终点。

注：每毫升 0.1 mol/L 硫代硫酸钠标准滴定溶液相当于 27.03 mg $FeCl_3 \cdot 6H_2O$。

6.6.2.11　红色原液

称取氯化钴(6.6.2.9)60 g，溶于约 900 mL 盐酸溶液(6.6.2.1)中，再用此盐酸溶液稀释至 1 000 mL。标定时用盐酸溶液(6.6.2.1)调整此红色原液，使其每毫升含 59.5 mg $CoCl_2 \cdot 6H_2O$。溶液应避光保存，现用现标定。

标定：吸取新配制的氯化钴溶液 5.0 mL，加入过氧化氢溶液(6.6.2.5)5 mL 和氢氧化钠溶液(6.6.2.6)10 mL，缓缓煮沸 10 min，冷却。再加碘化钾(6.6.2.2)2 g、硫酸溶液(6.6.2.3)60 mL，立即塞上瓶盖，轻轻摇动，使沉淀溶解。析出的碘，用硫代硫酸钠标准滴定溶液(6.6.2.4)滴定至浅黄色，加淀粉指示液(6.6.2.7)0.5 mL，继续滴定至溶液呈粉红色时为终点。

注：每毫升 0.1 mol/L 硫代硫酸钠标准滴定溶液相当于 23.79 mg $CoCl_2 \cdot 6H_2O$。

6.6.2.12　色泽限度标准溶液：黄色原液和红色原液按 9：1 混合。

6.6.3　分析步骤

称取试样 0.75 g 于一支 25 mL 具塞比色管中，加入浓硫酸 10 mL，在 90℃±1℃水浴中加热 1 min 后迅速振摇均匀，继续在 90℃±1℃水浴中加热 1 h，取出，迅速冷却(天热时应用冰水冷却)。缓缓倒入 1 cm 比色皿中，以水为空白，用波长 500 nm 下测定吸光度为 A；同样操作测定色泽限度标准溶液(6.6.2.12)吸光度为 A_1。

6.6.4　计算

易炭化物吸光度比值按式(4)计算：

$$K = A/A_1 \quad \cdots\cdots(4)$$

式中：

K——易炭化物吸光度比值；

A——样液的吸光度值；

A_1——标准溶液的吸光度值。

判定：$K \leqslant 1.0$ 时为合格。

6.6.5　允许差

同一试样两次测定结果的绝对差值，不得超过算术平均值的 5%。

6.7　硫酸灰分

6.7.1　仪器

6.7.1.1　坩埚：石英或铂坩埚。

6.7.1.2　干燥器(用变色硅胶作干燥剂)。

6.7.1.3　天平：感量 0.1 mg。

6.7.1.4　高温炉。

6.7.2　试剂

浓硫酸。

6.7.3　分析步骤

称取试样 2 g(称准至 0.000 2 g)于已恒重的石英或铂坩埚内，缓缓炽灼至完全炭化。放冷，加浓硫酸 0.5 mL～1.0 mL 使其湿润，于低温下加热至硫酸烟雾除尽后，在 700℃～800℃高温炉中灼烧至完全灰化。取出，置于干燥器内冷却，称量。再于 700℃～800℃灼烧，直至恒重。

6.7.4 计算

硫酸灰分按式(5)计算:

$$X_4 = \frac{m_4 - m_3}{m - m_3} \times 100 \qquad \cdots\cdots(5)$$

式中:

X_4——硫酸灰分,%;

m_4——炽灼后试样和坩埚的质量,单位为克(g);

m_3——坩埚的质量,单位为克(g);

m——炽灼前试样和坩埚的质量,单位为克(g)。

6.7.5 允许差

同一试样两次测定结果的绝对差值,不得超过限量的10%。

6.8 氯化物

6.8.1 仪器

具塞比色管:25 mL。

6.8.2 试剂和溶液

6.8.2.1 硝酸溶液(13%):按 GB/T 603 配制。

6.8.2.2 硝酸银溶液[$c(AgNO_3)=0.1$ mol/L]:按 GB/T 603 配制。

6.8.2.3 氯化物标准溶液Ⅰ(含氯 0.1 g/L):按 GB/T 602 配制。

6.8.2.4 氯化物标准溶液Ⅱ(含氯 0.005 g/L):吸取氯化物标准溶液Ⅰ5 mL,加水稀释至 100 mL。

6.8.3 分析步骤

称取试样 1 g(精确至 0.000 1 g),加水溶解至 15 mL,再加硝酸溶液(6.8.2.1)1 mL 后,立即加入硝酸银溶液(6.8.2.2)1 mL,避光静置 2 min,在黑色背景下与标准管同时进行横向目视比浊,其乳白度不得超过按下列方法制备的标准管。

标准管的配制:吸取氯化物标准溶液Ⅱ(6.8.2.4)10 mL,加水 5 mL,与上述试样管同时作同样处理。

6.9 硫酸盐

6.9.1 仪器

6.9.1.1 具塞比色管:50 mL。

6.9.1.2 烧杯:50 mL。

6.9.2 试剂和溶液

6.9.2.1 盐酸溶液(6 mol/L):按 GB/T 601 配制。

6.9.2.2 氯化钡溶液(250 g/L):称取氯化钡 25 g,用水溶解,加水稀释至 100 mL。

6.9.2.3 乙酸溶液(30%):按 GB/T 603 配制。

6.9.2.4 乙醇溶液(30%):量取乙醇(96%)313 mL,用水稀释至 1 000 mL。

6.9.2.5 硫酸盐标准溶液Ⅰ(0.1 g/L):称取硫酸钾 0.181 g,用乙醇溶液(6.9.2.4)稀释至 1 000 mL。

6.9.2.6 硫酸盐标准溶液Ⅱ(含硫酸根 0.01g/L):吸取硫酸盐标准溶液Ⅰ(6.9.2.5)10.0 mL,用乙醇溶液(6.9.2.4)稀释至 100 mL。

6.9.2.7 硫酸盐标准溶液Ⅲ(含硫酸根 0.015 g/L):吸取硫酸盐标准溶液Ⅰ(6.9.2.5)15 mL,用乙醇溶液(6.9.2.4)稀释至 100 mL。

6.9.3 分析步骤

称取试样 1 g(准确至 0.01 g)于 50 mL 具塞比色管中,加水 15 mL 溶解,此液为试样溶液。

取两支 50 mL 具塞比色管,分别加入氯化钡溶液(6.9.2.2)1 mL,再加硫酸盐标准溶液 1 mL,振摇,静置 1 min。于一支比色管中吸入试样溶液 15 mL,另一支比色管中吸入硫酸盐标准溶液 10 mL 和水 5 mL(标准管),再各加入盐酸溶液(6.9.2.1)1 mL 和乙酸溶液(6.9.2.4)0.5 mL,摇匀,5 min 后,试样管的乳白度不得深于标准管。

无水柠檬酸用硫酸盐标准溶液Ⅱ(6.9.2.6);一水柠檬酸用硫酸盐标准溶液Ⅲ(6.9.2.7)。

6.10 草酸盐

6.10.1 仪器

6.10.1.1 具塞比色管:25 mL。

6.10.1.2 试管:15mm×180 mm。

6.10.2 试剂和溶液

6.10.2.1 盐酸。

6.10.2.2 盐酸苯肼溶液(10 g/L):按 GB/T 603 配制。

6.10.2.3 铁氰化钾溶液(50 g/L):称取铁氰化钾 5 g,用水溶解,加水稀释至 100 mL。

6.10.2.4 锌粒。

6.10.2.5 草酸标准溶液Ⅰ(0.25 g/L):称取草酸($C_2H_2O_4 \cdot 2H_2O$)0.175 g,用水溶解,加水稀释至 500 mL。

6.10.2.6 草酸标准溶液Ⅱ(0.01 g/L):吸取草酸标准溶液Ⅰ(6.10.2.5)4 mL,用水稀释至 100 mL。

6.10.3 分析步骤

称取试样 0.4 g(准确至 0.01 g)于试管中,加入水 4 mL,加入盐酸 3 mL 及锌粒 1 g,煮沸 1 min,放置 2 min。移入盛有 0.25 mL 盐酸苯肼溶液(6.10.2.2)的试管中,加热至沸,迅速冷却,倒入 25 mL 具塞比色管内,加入等体积的盐酸和铁氰化钾溶液(6.10.2.3)0.25 mL,振摇,放置 30 min 与按下述方法制备的标准管进行目视比色,试样管产生的粉红色不得深于标准管。

标准管的制备:吸取草酸溶液Ⅱ(6.10.2.6)4 mL 于具塞比色管中,与上述试样管同时同样处理。

6.11 钙盐

6.11.1 仪器

具塞比色管:25 mL。

6.11.2 试剂和溶液

6.11.2.1 96%乙醇。

6.11.2.2 乙酸溶液(2 mol/L):量取冰乙酸 118 mL,用水稀释至 1 000 mL。

6.11.2.3 乙酸溶液(6 mol/L):量取冰乙酸 350 mL,用水稀释至 1 000 mL。

6.11.2.4 草酸铵溶液(40 g/L):称取草酸铵 4 g,用水溶解,加水稀释至 100 mL。

6.11.2.5 钙标准溶液Ⅰ(含钙 1 g/L):称取于 105℃~110℃烘干的碳酸钙 2.5 g,加入 6 mol/L 乙酸 12 mL 溶解,加水稀释至 1 000 mL。

6.11.2.6 钙标准溶液Ⅱ(含钙 0.01 g/L):吸取钙标准溶液Ⅰ1 mL,加水稀释至 100 mL。

6.11.2.7 钙的乙醇标准溶液(含钙 0.1 g/L):吸取钙标准溶液Ⅰ10 mL,加 96%乙醇溶液稀释至 100 mL。

6.11.2.8 试样溶液:称取柠檬酸 0.50 g,加水溶解至 15 mL。

6.11.3 分析步骤

吸取钙的乙醇标准溶液(6.11.2.7)0.20 mL 和草酸铵溶液(6.11.2.4)1 mL 于比色管中,1 min 后加入乙酸溶液(6.11.2.2)1 mL 和试样溶液 15 mL,摇匀,放置 15 min 后与下述方法制备的标准管目视比浊,其乳白度不得超过标准管。

标准管的制备:吸取草酸铵溶液(6.11.2.4)1 mL 和钙标准溶液Ⅱ(6.11.2.6)10 mL,加入乙酸溶液(6.11.2.2)1 mL 和水 5 mL 摇匀。

6.12 铁

6.12.1 仪器

具塞比色管:50 mL。

6.12.2 试剂和溶液

6.12.2.1 盐酸溶液(6 mol/L):按 GB/T 601 配制。

6.12.2.2 过硫酸铵溶液(10 g/L):称取过硫酸铵 1 g,用水溶解,加水稀释至 100 mL。

6.12.2.3 硫氰酸铵溶液(80 g/L):称取硫氰酸铵 8 g,用水溶解,加水稀释至 100 mL。

6.12.2.4 正丁醇。

6.12.2.5 铁标准溶液Ⅰ(含铁 0.1 g/L):按 GB/T 602 配制。

6.12.2.6 铁标准溶液Ⅱ(含铁 0.01 g/L):吸取铁标准溶液Ⅰ 10 mL,加水稀释至 100 mL。

6.12.3 试验步骤

称取试样 2 g(称准至 0.01 g),加水 10 mL 溶解,再加盐酸溶液(6.12.2.1)3 mL、过硫酸铵(6.12.2.2)3 mL 和硫氰酸铵溶液(6.12.2.3)3 mL,然后加水稀释至 25 mL,摇匀,加入正丁醇(6.12.2.4)20 mL,振摇分层,与按下述方法制备的标准管进行目视比色,其样品管醇层颜色不得深于标准管。

标准管的制备:吸取铁标准溶液Ⅱ(6.12.2.6)1 mL,与试样管同时同样处理。

6.13 砷盐

按 GB/T 5009.11—2003 中第二法测定。

6.14 铅

称取样品 1 g,精确至 0.01 g,加水溶解并定容至 50 mL,摇匀,不经消化,作为试液。以下按 GB/T 5009.12测定。

6.15 水不溶物

6.15.1 仪器

6.15.1.1 锥形瓶:1 000 mL。

6.15.1.2 真空抽滤装置:ϕ50 mm 抽滤装置。

6.15.1.3 滤膜:孔径 0.2 μm。

6.15.1.4 滤膜:孔径 0.8 μm。

6.15.2 试剂和溶液

水:通过 0.2 μm 滤膜过滤的水。

6.15.3 试验步骤

称取试样 50 g,搅拌溶解于 400 mL 水中,用直径 50 mm、孔径 0.8 μm 的滤膜真空抽滤,真空度不低于 0.09 MPa,用 100 mL 水冲洗抽滤杯内壁及容器,抽滤结束,观察滤膜颜色及杂质状况,记录结果,整个操作过程应在洁净环境中(10 万级以上)进行。

判定:过滤时间不超过 1 min,滤膜基本不变色,目视可见杂色颗粒不超过 3 个,符合试验。

7 检验规则

7.1 组批:同工艺、在一定时间间隔内,连续生产的均质产品为一批。

7.2 取样:按表 2 抽取样本。

表 2 抽样表

批量范围/袋	样本大小/袋
≤25	3
26～150	8
151～500	13
＞500	20

7.3 将取样钎插入每个样本 5/6 处,抽取不少于 100 g 样品,每批抽取总样品量不少于 1 kg。将抽取

的样品迅速混匀，用四分法缩分后，分别装入两个干燥、洁净的容器中，贴上标签。一份进行理化分析，另一份留存备查。

7.4 出厂检验

7.4.1 产品出厂前，按本标准规定逐批进行检验。

7.4.2 出厂检验项目：含量、透光率、水分、易炭化物、氯化物、硫酸盐、草酸盐、钙盐、铁、水不溶物。

7.5 型式检验

7.5.1 型式检验项目：除出厂检验项目外，还有鉴别试验、硫酸灰分、砷盐、重金属。

7.5.2 产品一般情况下，型式检验每三个月一次，遇有下列情况之一时按本标准进行全项检验：

——正常生产时，至少每年对产品检验一次；

——正常生产时，如原料、配方或工艺有较大改变，可能影响产品质量时；

——产品长期停产，又恢复生产时；

——出厂检验结果与平常记录有较大差别时；

——国家质量监督部门提出要求时。

7.6 判定规则

7.6.1 当检验结果中，有一项检验项目不合格时，应重新自同批产品中抽取两倍量样本进行复验，以复验结果为准。如有一项不合格，则判整批为不合格品。

7.6.2 若复验结果不符合标签上标注的“优级”或“一级”理化指标要求，但符合下一级别要求时，则按下一级要求判定。

7.6.3 当供需双方对产品质量发生异议时，由双方协商选定仲裁单位，按本标准进行复验。

8 标志、包装、运输和贮存

8.1 标志

产品的外包装上应有明显的标志。标志内容应包括产品名称、厂名、厂址、净含量、生产日期、批号、执行标准号等。

产品的外包装标志应使用符合 GB/T 191 要求。

8.2 包装

8.2.1 产品内包装材料应符合食品包装材料的卫生要求。

8.2.2 包装要求：内包装封口严密，不得透气，外包装不得受到污染。

8.3 贮存和运输

8.3.1 产品在运输过程中应轻拿轻放，严防污染、雨淋和曝晒。

8.3.2 运输工具应清洁、无毒、无污染。严禁与有毒、有害、有腐蚀性的物质混装混运。

8.3.3 产品贮存在阴凉、干燥、通风无污染的环境下，不应露天堆放。最佳贮存温度 30℃、相对湿度 50%以下保存。

ICS 77.150.40
H 62

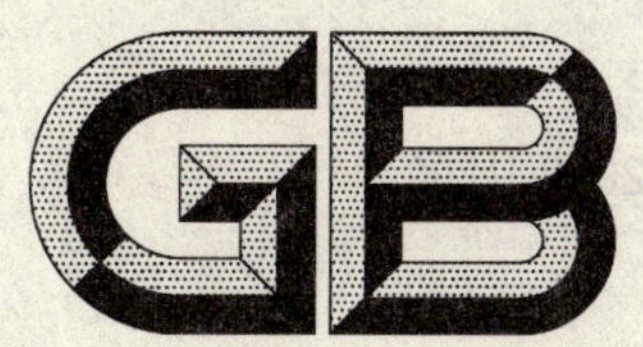

中华人民共和国国家标准

GB/T 2072—2007
代替 GB/T 2072—1993
部分代替 GB/T 11088—1989

镍及镍合金带材

Nickel and nickel alloy strips

2007-04-30 发布　　2007-11-01 实施

中华人民共和国国家质量监督检验检疫总局
中国国家标准化管理委员会　发布

前言

本标准参考 ISO 6208：1992《镍及镍合金厚板、薄板和带材》、ASTM B162—99(2005)《镍厚板、薄板和带材》及 ASTM B127—05《镍铜合金(UNS N04400)厚板、薄板和带材》。

本标准代替 GB/T 2072—1993《镍及镍合金带》，并部分代替 GB/T 11088—1989《电真空器件用镍及镍合金板和带》。

本标准与 GB/T 2072—1993 和 GB/T 11088—1989 相比，主要有如下变动：

——增加了纯镍牌号 N5、N7 及其化学成分要求。其中 N5 牌号的化学成分等同 ISO 标准的 NW2201 牌号和 ASTM 标准的 UNS N02201 牌号的要求，N7 牌号的化学成分等同 ISO 标准的 NW2200 牌号和 ASTM 标准的 UNS N02200 牌号的要求；

——增加了镍合金牌号 NCu30 及其化学成分要求，其化学成分等同 ISO 标准的 NW4400 牌号和 ASTM 标准的 UNS N04400 牌号的要求；

——带材的宽度统一规定为 20 mm～250 mm，根据带材厚度规定了其最短长度要求；

——带材的厚度允许偏差统一规定为双向偏差；

——增加了部分规格带材的室温力学性能要求；

——提高了部分规格带材的杯突试验要求；

——参考 ISO 标准和 ASTM 标准，新增了镍及镍合金牌号 N5、N7 和 NCu30 的力学性能、工艺性能要求。

本标准由中国有色金属工业协会提出。

本标准由全国有色金属标准化技术委员会归口。

本标准由宝钛集团有限公司、沈阳铜兴产业有限公司负责起草。

本标准主要起草人：张平辉、黄永光、李献军、张明祥、王丽、刘刚、刘关强。

本标准由全国有色金属标准化技术委员会负责解释。

本标准所代替标准的历次版本发布情况为：

——GB/T 2072—1980、GB/T 2072—1993。

——GB/T 11088—1989。

镍及镍合金带材

1 范围

本标准规定了镍及镍合金带材的要求、试验方法、检验规则和包装、标志、运输、贮存及订货单内容等。

本标准适用于仪表、电讯及电子工业部门用的镍及镍合金带材。

2 规范性引用文件

下列文件中的条款通过本标准的引用而成为本标准的条款。凡是注日期的引用文件，其随后所有的修改单(不包括勘误的内容)或修订版均不适用于本标准，然而，鼓励根据本标准达成协议的各方研究是否可使用这些文件的最新版本。凡是不注日期的引用文件，其最新版本适用于本标准。

GB/T 228—2002　金属材料　室温拉伸试验方法

GB/T 4156　金属杯突试验方法(厚度 0.2～2 mm)

GB/T 5235　加工镍及镍合金　化学成分和产品形状

GB/T 8647(所有部分)　镍化学分析方法

GB/T 8888　重有色金属加工产品的包装、标志、运输和贮存

YS/T 325　镍铜合金(NiCu28-2.5-1.5)化学分析方法

3 要求

3.1 产品分类

3.1.1 牌号、状态、规格

产品的牌号、状态和规格应符合表 1 的规定。

表 1　带材的牌号、状态、规格

牌号	状态	规格/mm		
		厚度	宽度	长度[a]
N4，N5，N6，N7，NMg0.1，DN，NSi0.19，NCu40-2-1，NCu28-2.5-1.5，NW4-0.15，NW4-0.1，NW4-0.07，NCu30	软态(M) 半硬态(Y_2) 硬态(Y)	0.05～0.15	20～250	≥5 000
		>0.15～0.55		≥3 000
		>0.55～1.2		≥2 000

[a] 厚度为 0.55 mm～1.20 mm 的带材，允许交付不超过批重 15%的长度不短于 1 m 的带材。

3.1.2 标记示例

产品标记按产品名称、牌号、供应状态、规格和标准编号的顺序表示。标记示例如下：

示例 1：

用 NMg0.1 制造的、软态的、厚度为 2.0 mm、宽度为 150 mm 的普通级带材，标记为：

镍带 NMg0.1 M　2.0×150　GB/T 2072—2007

示例 2：

用 NCu28-2.5-1.5 制造的、半硬态的、厚度为 0.8 mm、宽度为 200 mm 的普通级带材，标记为：

镍带 NCu28-2.5-1.5 Y_2　0.8×200　GB/T 2072—2007

示例 3：

用 NW4-0.15 制造的、硬态的、厚度为 0.2 mm、宽度为 100 mm 的较高级带材，标记为：

镍带 NW4-0.15 Y 较高级　0.2×100　GB/T 2072—2007

3.2　化学成分

产品的化学成分应符合 GB/T 5235 的规定。

3.3　外形尺寸及尺寸允许偏差

3.3.1　带材的外形尺寸及尺寸允许偏差应符合表 2 的规定。

3.3.2　带材应平直，允许有轻微的波浪。带材的侧边弯曲度每米不大于 3 mm。

3.3.3　带材的两边应切齐，无裂边和卷边。

表 2　带材的尺寸允许偏差

单位为毫米

厚　度	厚度允许偏差		规定宽度范围的宽度允许偏差	
	普通级	较高级	20～150	>150～250
0.05～0.09	±0.005	±0.003	$_{-0.6}^{0}$	$_{-1.0}^{0}$
>0.09～0.15	±0.010	±0.007		
>0.15～0.30	±0.015	±0.010		
>0.30～0.45	±0.020	±0.015		
>0.45～0.55	±0.025	±0.020		
>0.55～0.85	±0.030	±0.025		
>0.85～0.95	±0.035	±0.030	$_{-1.0}^{0}$	$_{-1.5}^{0}$
>0.95～1.20	±0.040	±0.035		

注 1：当需方要求厚度偏差仅为"+"或"−"时，其值为表中数值的 2 倍。

注 2：若合同中未注明时，厚度允许偏差按普通级执行。

3.4　力学性能

带材的纵向室温力学性能应符合表 3 的规定。

表 3　带材的室温力学性能

牌　号	产品厚度/mm	状态	抗拉强度 R_m/(N/mm²)	规定非比例延伸强度 $R_{p0.2}$/(N/mm²)	断后伸长率/%	
					$A_{11.3}$	A_{50}
N4,NW4-0.15 NW4-0.1,NW4-0.07	0.25～1.2	软态(M)	≥345	—	≥30	—
		硬态(Y)	≥490	—	≥2	—
N5	0.25～1.2	软态(M)	≥350	≥85[a]	—	≥35
N7	0.25～1.2	软态(M)	≥380	≥105[a]	—	≥35
		硬态(Y)	≥620	≥480[a]	—	≥2
N6,DN,NMg0.1 NSi0.19	0.25～1.2	软态(M)	≥392	—	≥30	—
		硬态(Y)	≥539	—	≥2	—
NCu28-2.5-1.5	0.5～1.2	软态(M)	≥441	—	≥25	—
		半硬态(Y_2)	≥568	—	≥6.5	—
NCu30	0.25～1.2	软态(M)	≥480	≥195[a]	≥25	—
		半硬态(Y_2)	≥550	≥300[a]	≥25	—
		硬态(Y)	≥680	≥620[a]	≥2	—

表 3（续）

牌　　号	产品厚度/mm	状态	抗拉强度 R_m/(N/mm²)	规定非比例延伸强度 $R_{p0.2}$/(N/mm²)	断后伸长率/%	
					$A_{11.3}$	A_{50}
NCu40-2-1	0.25～1.2	软态(M) 半硬态(Y_2) 硬态(Y)	报实测	—	报实测	—
注：需方对性能有其他要求时，指标由双方协商确定。						
a　规定非比例延伸强度不适于厚度小于 0.5 mm 的带材。						

3.5　工艺性能

除 NCu28-2.5-1.5、NCu40-2-1、NCu30 外，当需方要求并在合同中注明时，其他牌号的软态带材可进行杯突试验，冲头直径为 10 mm，其结果应符合表 4 的规定。

表 4　带材的杯突试验

单位为毫米

带材厚度	0.10～0.20	>0.20～0.55	>0.55～1.20
杯突深度，不小于	7.5	8.0	8.5

3.6　表面质量

3.6.1　带材表面应光滑、清洁，不允许有分层、裂纹、起皮、气泡、起刺、压折和夹杂。

3.6.2　带材表面允许有轻微的且不使带材厚度超出允许偏差的局部的划伤、斑点、凹坑、压入物和辊印、修磨痕迹等缺陷。

3.6.3　带材表面的轻微氧化色、发暗和局部的轻微油迹，不作为报废的依据。

4　试验方法

4.1　带材的化学成分仲裁分析方法按 GB/T 8647、YS/T 325 或供需双方商定的其他方法进行。

4.2　带材的力学性能试验按 GB/T 228 进行。比例试样选 P04 试样，非比例试样选 P5 试样。

4.3　带材的杯突试验按 GB/T 4156 进行。

4.4　带材的外形尺寸用相应精度的量具进行测量。厚度在距端部不小于 100 mm 和距边部不小于 5 mm处测量(宽度小于 50 mm 的带材在距边部不小于 3 mm 处测量)，测量范围以外的厚度超差不作为报废的依据。

4.5　带材的表面质量用目视检查。

5　检验规则

5.1　检查和验收

5.1.1　带材应由供方技术监督部门进行检验，保证产品质量符合本标准的规定，并填写质量证明书。

5.1.2　需方应对收到的产品按本标准的规定进行检验。检验结果与本标准及订货合同的规定不符时，应以书面形式向供方提出，由供需双方协商解决。属于表面质量及尺寸偏差的异议，应在收到产品之日起一个月内提出，属于其他性能的异议，应在收到产品之日起三个月内提出。如需仲裁，仲裁取样应由供需双方共同进行。

5.2　组批

带材应成批提交验收，每批应由同一牌号、状态和规格的产品组成，其批重应不大于 2 000 kg。

5.3　检验项目

每批带材应进行化学成分、外形尺寸、力学性能和表面质量的检验。当需方要求并在合同中注明时，带材应进行工艺性能的检验。

5.4 取样

带材的取样应符合表5的规定。

表5 取样规定

检验项目	取样规定	要求的章条号	试验方法的章条号
化学成分	每批带材上取1个样。允许供方以原铸锭或坯料的分析结果报出	3.2	4.1
室温拉伸	每批带材任取2卷,每卷沿轧制方向取1个试样	3.4	4.2
杯突	每批带材任取2卷,每卷取1个试样	3.5	4.3
外形尺寸	逐卷	3.3	4.4
表面质量	逐卷	3.6	4.5

5.5 检验结果的判定

5.5.1 化学成分不合格时,判该批产品不合格。

5.5.2 带材尺寸偏差、表面质量不合格时,判该卷产品不合格。

5.5.3 力学性能和工艺性能试验结果中若有试样不合格时,应从该批带材中取双倍数量的试样进行重复试验。重复试验结果全部合格时,则判该批产品合格;若重复试验仍有试样不合格时,则判该批产品不合格,但允许供方逐卷检验,合格者组批交货。

6 标志、包装、运输和贮存

6.1 标志

每件产品应附有标签或标牌,其上注明:

a) 供方技术监督部门的检印;

b) 生产厂名称;

c) 产品牌号、规格和状态;

d) 产品批号。

6.2 包装、包装标志、运输和贮存

产品的包装、包装标志、运输和贮存应符合GB/T 8888的规定。

6.3 质量证明书

每批产品应附有质量证明书,其上注明:

a) 供方名称、地址;

b) 产品名称;

c) 产品牌号、规格和状态;

d) 批号;

e) 净重和件数;

f) 各项分析检验结果和技术监督部门印记;

g) 本标准编号;

h) 出厂日期(或包装日期)。

7 订货单(或合同)内容

订购本标准所列材料的订货单(或合同)内应包括下列内容:

a) 产品名称;

b) 牌号和状态;

c） 规格尺寸及尺寸允许偏差的精度等级；

d） 产品净重；

e） 杯突试验；

f） 本标准编号；

g） 其他。

ICS 25.100.01
J 41

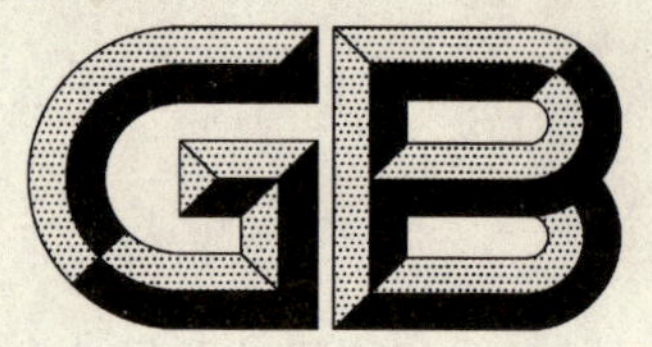

中华人民共和国国家标准

GB/T 2075—2007/ISO 513:2004
代替 GB/T 2075—1998

切削加工用硬切削材料的分类和用途大组和用途小组的分类代号

Classification and application of hard cutting materials for metal removal with defined cutting edges —Designation of the main groups and groups of application

(ISO 513:2004,IDT)

2007-07-26 发布　　2007-12-01 实施

中华人民共和国国家质量监督检验检疫总局
中国国家标准化管理委员会　发布

前　言

本标准等同采用 ISO 513:2004《用刀刃切除金属的硬切削材料的分类和用途　大组和用途小组的代号》。

本标准等同翻译 ISO 513:2004。

为便于使用，本标准做了下列编辑性修改：

——删除 ISO 引言，增加了前言；

——“本国际标准”改为“本标准”；

本标准代替 GB/T 2075—1998《切削加工用硬切削材料的用途　切屑形式大组和用途小组的分类代号》。

本标准与 GB/T 2075—1998 相比变化如下：

——大组代号由原来的三种改为六种，分类原则不同。原标准的大组代号为 P、M、K 三种，按切屑的形式分类；本标准的大组代号为 P、M、K、N、S、H 六种，按被加工材料分类。识别颜色 P、M、K 与原标准相同，分别为蓝、黄、红，新增加的 N、S、H 分别为绿、褐、灰。

——增加一些小组代号。

——本标准取消了原标准中小组中的“使用和工作条件”。

——硬材料组增加了一些种类。硬质合金增加了 HF：主要含碳化钨（WC）的未涂层的硬质合金，粒度<1 μm。陶瓷增加了 CR：主要含增强氧化铝（Al_2O_3）的陶瓷。金刚石增加了 DM：单晶金刚石。氮化硼取消了原标准的 BN：聚晶氮化硼。增加了三种：BL：含少量立方氮化硼的立方晶体氮化硼；BH：含大量立方氮化硼的立方晶体氮化硼；BC：上述的涂层氮化硼。

——取消了原标准附录 A 和附录 B。

本标准由中国机械工业联合会提出。

本标准由全国刀具标准化技术委员会（SAC/TC 91）归口。

本标准起草单位：成都工具研究所、郑州市钻石精密制造有限公司。

本标准主要起草人：查国兵、许刚、张凤鸣。

本标准所代替标准的历次版本发布情况为：

——GB 2075—87；GB/T 2075—1998。

引　言

由于不同的制造商采用不同方法生产具有不同特性的硬切削材料，使得在目前按照这些特性对硬切削材料牌号进行标准化是不可行的。

因此，本标准只限于硬切削材料按用途进行分类，并只限于一个由大组和用途小组构成的分类代号方法（颜色标志和识别符号）。

切削加工用硬切削材料的分类和用途 大组和用途小组的分类代号

1 范围

本标准规定了包括硬质合金、陶瓷、金刚石和氮化硼在内的，通过切除金属进行加工的硬切削材料的分类和用途，并规定了它们的应用。

本标准对于其他的用途(诸如采矿和其他冲击工具、拉丝模、金属塑性变形工具、比较仪测头等)是不适用的。

2 代号

硬切削材料用途组的代号包括按表1～表4给出的字母符号，后面跟“-”和第3章规定的用途大组和用途小组的代号。

表1 硬质合金

字母符号	材 料 组
HW	主要含碳化钨(WC)的未涂层的硬质合金，粒度≥1 μm
HF	主要含碳化钨(WC)的未涂层的硬质合金，粒度<1 μm
HT[a]	主要含碳化钛(TiC)或氮化钛(TiN)或者两者都有的未涂层的硬质合金
HC	上述硬质合金，进行了涂层

a HT类硬质合金也可称为“金属陶瓷”。

表2 陶瓷

字母符号	材 料 组
CA	主要含氧化铝(Al_2O_3)的陶瓷
CM	主要以氧化铝(Al_2O_3)为基体，但含有非氧化物成分的混合陶瓷
CN	主要含氮化硅(Si_3N_4)的氮化物陶瓷
CR	主要含氧化铝(Al_2O_3)的增强陶瓷
CC	上述的陶瓷，进行了涂层

表3 金刚石

字母符号	材 料 组
DP	聚晶金刚石
DM	单晶金刚石

表4 氮化硼

字母符号	材 料 组
BL	含少量立方氮化硼的立方晶体氮化硼
BH	含大量立方氮化硼的立方晶体氮化硼
BC	上述的氮化硼，进行了涂层

示例：HW-P10，HC-K20，CA-K10

3 分类

3.1 用途大组

本标准规定了六个用途大组，见表 5，依照不同的被加工工件材料进行划分，用一个大写字母和一个识别颜色来表示。

3.2 用途小组

每个用途大组都被分成若干用途小组，每个用途小组用其所属用途大组的标识字母和一个分类数字号来表示。

切削材料制造商应依据材料牌号相应的耐磨性和韧性，按照适当的顺序，排列其牌号与用途小组的对应关系。

表 5 硬切削材料的分类和用途

用途大组			用途小组			
字母符号	识别颜色	被加工材料	硬切削材料			
P	蓝色	钢： 除不锈钢外所有带奥氏体结构的钢和铸钢	P01 P10 P20 P30 P40 P50	P05 P15 P25 P35 P45	↑ a	↓ b
M	黄色	不锈钢： 不锈奥氏体钢或铁素体钢，铸钢	M01 M10 M20 M30 M40	M05 M15 M25 M35	↑ a	↓ b
K	红色	铸铁： 灰铸铁，球状石墨铸铁，可锻铸铁	K01 K10 K20 K30 K40	K05 K15 K25 K35	↑ a	↓ b
N	绿色	非铁金属： 铝，其他有色金属，非金属材料	N01 N10 N20 N30	N05 N15 N25	↑ a	↓ b
S	褐色	超级合金和钛： 基于铁的耐热特种合金，镍，钴，钛，钛合金	S01 S10 S20 S30	S05 S15 S25	↑ a	↓ b
H	灰色	硬材料： 硬化钢，硬化铸铁材料，冷硬铸铁	H01 H10 H20 H30	H05 H15 H25	↑ a	↓ b

a 增加速度，增加切削材料的耐磨性。

b 增加进给量，增加切削材料的韧性。

4 重要说明

一个用途小组并不等同于一个切削材料的牌号。在同一用途小组中,来自不同制造商的材料牌号可以是不同的,以至于其相关的使用场合和性能级别也不相同。

因此,本标准不规定牌号对照表的资料。

ICS 77.160
H 70

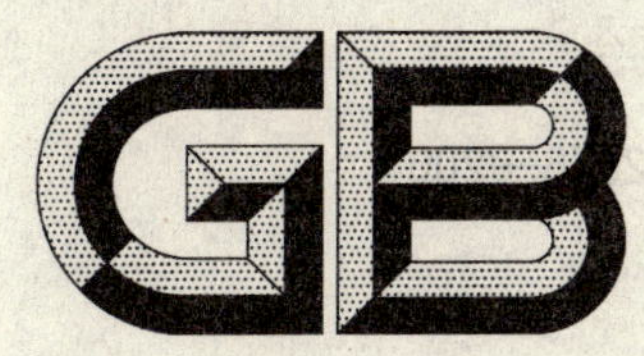

中华人民共和国国家标准

GB/T 2076—2007
代替 GB/T 2076—1987

切削刀具用可转位刀片型号表示规则

Indexable inserts for cutting tools—Designation

(ISO 1832:2004,MOD)

2007-11-23 发布　　2008-06-01 实施

中华人民共和国国家质量监督检验检疫总局
中国国家标准化管理委员会　发布

前言

本标准修改采用ISO 1832:2004《切削刀具用可转位刀片型号表示规则》。

本标准根据ISO 1832:2004重新起草,并纳入了ISO 1832 Technical Corrigendum 1-2005《切削刀具用可转位刀片型号表示规则　技术勘误1》。

本标准与ISO 1832:2004相比,有如下技术性差异:

a)　修改了第3章第4段ISO/TC 29关于刀片断屑槽形式和宽度表示代号的规定;

b)　表1中增加了不等边不等角六边形刀片的表示代号——F;

c)　4.3.2及表4中增加了F型规格的要求;

d)　表5中增加了3种V型刀片的规格:12.7 mm、15.875 mm、19.05 mm;

e)　表10中双倒棱刀刃的代号由“K”改为“Q”。

本标准代替GB/T 2076—1987《切削刀具用可转位刀片型号表示规则》。

本标准与GB/T 2076—1987相比,主要有如下变动:

——适用范围扩大,原国家标准仅适用于硬质合金和陶瓷可转位刀片,修订后的国家标准不仅适用于硬质合金和陶瓷可转位刀片,还适用于镶有立方氮化硼及聚晶金刚石的刀片;

——增加了镶片式切削刀片的型号表示规则;

——增加了圆形刀片d值的允许偏差要求;

——对菱形刀片的U级允许偏差不再做规定;

——增加了不等边刀片和圆形刀片的刀片边长的代号规定;

——对圆形刀片的刀尖转角形状或刀尖圆弧半径代号的规定由原“00”改为“MO”;

——在原国标基础上增加了两种刀片切削刃截面形状的代号规定。

本标准的附录A、附录B为资料性附录。

本标准由中国有色金属工业协会提出。

本标准由全国有色金属标准化技术委员会归口。

本标准由株洲硬质合金集团有限公司、株洲钻石切削刀具股份有限公司负责起草。

本标准主要起草人:陈莹、邓秋元、杨建国、李竞荣、陈东伟。

本标准所代替标准的历次版本发布情况为:

——GB/T 2076—1980、GB/T 2076—1987。

切削刀具用可转位刀片型号表示规则

1 范围

本标准规定了切削刀具用硬质合金或其他切削材料的可转位刀片的型号表示规则。

本标准适用于切削刀具用硬质合金或其他切削材料的可转位刀片，还适用于镶有立方氮化硼及聚晶金刚石的刀片。

2 规范性引用文件

下列文件中的条款通过本标准的引用而成为本标准的条款。凡是注日期的引用文件，其随后所有的修改单(不包括勘误的内容)或修订版均不适用于本标准，然而，鼓励根据本标准达成协议的各方研究是否可使用这些文件的最新版本。凡是不注日期的引用文件，其最新版本适用于本标准。

GB/T 2075　切削加工用硬切削材料的分类和用途　大组和用途小组的分类代号

GB/T 12204　金属切削　基本术语(ISO 3002-1:1982,NEQ)

ISO 3002-1:1982/AMD.1:1992　切削和磨削加工的基本参数　第1部分:切削刀具工作部分的几何参数通用术语、基准坐标系、刀具和工作角度、断屑槽　修改1

ISO 16462　镶片式或整体立方氮化硼刀片尺寸及类型

ISO 16463　镶片式聚晶金刚石刀片尺寸及类型

3 型号表示规则

可转位刀片的型号表示规则用九个代号表征刀片的尺寸及其他特性。代号①～⑦是必须的，代号⑧和⑨在需要时添加，见示例1。

示例1:一般表示规则

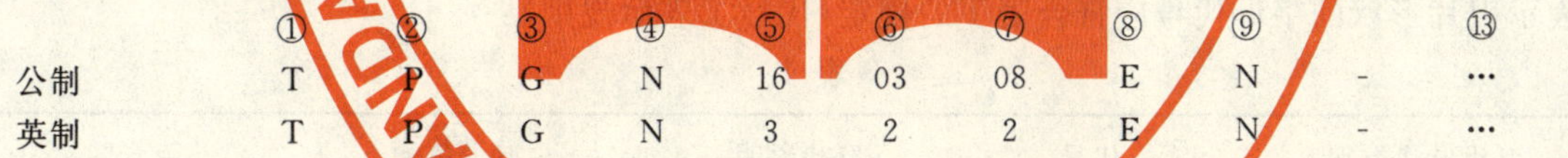

	①	②	③	④	⑤	⑥	⑦	⑧	⑨		⑬
公制	T	P	G	N	16	03	08	E	N	-	…
英制	T	P	G	N	3	2	2	E	N	-	…

镶片式刀片的型号表示规则用十二个代号表征刀片的尺寸及其他特性。代号①～⑦和⑪、⑫是必须的，代号⑧、⑨和⑩在需要时添加，代号⑪、⑫与代号⑨之间用短横线"-"隔开，见示例2。

示例2:符合ISO 16462、ISO 16463的刀片表示规则

	①	②	③	④	⑤	⑥	⑦	⑧	⑩	⑨		⑪	⑫		⑬
切削刀片	S	N	M	A	15	06	08	E		(N)	-	B	L	-	…
磨削刀片	T	P	G	T	16	T3	AP	S	01520	R	-	M	028	-	…

注:依照GB/T 12204，可转位刀片不同几何角度的表示规则和代号，有以下惯例:

——刀片适用于手持工具系统；

——参考面 P_r 平行于刀片底面；

——假定的工作面 P_f 垂直于参考面 P_r，平行于进给运行的工作方向。只有在刀片有一个或几个修光刃时，才需要说明工作面。

工件进给方向应平行于修光刃(见表9中的注1)。

除标准代号之外，制造商可以用补充代号⑬表示一个或两个刀片特征，以更好地描述其产品(如不同槽型)。该代号应用短横线“-”与标准代号隔开，并不得使用⑧、⑨和⑩位已用过的代号。

建议不增加或扩展本标准规定的表示规则。如确实需要增加或扩展本标准规定的表示规则，最好不采用增加位数的方式，而采用在相应的数位增加表示符号的方式，以保持与本标准的一致性，同时用简略图描叙清楚或给出详细的说明。

总之，如果第④位代号中使用了符号“X”，它也可能同时在第⑤、⑥、⑦位中被使用，其代表意义若没有在本标准给出，则应用简略图描叙清楚，或按照4.4给出详细说明。

型号表示规则中各代号的意义如下：

代号	表示	意义		
①	字母代号表示	刀片形状(见4.1)	表征可转位刀片的必需代号	按照ISO 16462、ISO 16463表征镶嵌或整体切削刀片的必需代号，特别说明的除外
②	字母代号表示	刀片法后角(见4.2)		
③	字母代号表示	允许偏差等级(见4.3)		
④	字母代号表示	夹固形式及有无断屑槽(见4.4)		
⑤	数字代号表示	刀片长度(见4.5)		
⑥	数字代号表示	刀片厚度(见4.6)		
⑦	字母或数字代号表示	刀尖角形状(见4.7)		
⑧[a]	字母代号表示	切削刃截面形状(见5.2)		
⑨[a]	字母代号表示	切削方向(见5.3)		
⑩[b]	数字代号表示	切削刃长度(见6.2)		
⑪	字母代号表示	镶嵌或整体切削刃类型及镶嵌角数量(见6.3)		
⑫	字母或数字代号表示	镶刃长度(见6.4)		
⑬	制造商代号或符合GB/T 2075规定的切削材料表示代号			

[a] 可转位刀片和镶片式刀片的可选代号。

[b] 镶片式刀片的可选代号。

4 代号

4.1 表示刀片形状的字母代号应符合表1的规定(代号①表示规则)。

表1

刀片形状类别	代号	形状说明	刀尖角 ε_r	示意图
Ⅰ 等边等角	H	正六边形	120°	
	O	正八边形	135°	
	P	正五边形	108°	
	S	正方形	90°	
	T	正三角形	60°	

表 1(续)

刀片形状类别	代号	形状说明	刀尖角 ε_r	示意图
Ⅱ 等边不等角	C	菱形	80°[a]	
	D		55°[a]	
	E		75°[a]	
	M		86°[a]	
	V		35°[a]	
	W	等边不等角的六边形	80°[a]	
Ⅲ 等角不等边	L	矩形	90°	
Ⅳ 不等边不等角	A	平行四边形	85°[a]	
	B		82°[a]	
	K		55°[a]	
	F	不等边不等角六边形	82°[a]	
Ⅴ 圆形	R	圆形	—	

a 所示角度是指较小的角度。

4.2 表示刀片法后角大小的字母代号应符合表 2 的规定(代号②表示规则)。

4.2.1 常规刀片法后角,依托主切削刃(见表 2 中示意图)从表 2 所列代号中选取。

表 2

示意图	代号	法后角
α_n	A	3°
	B	5°
	C	7°
	D	15°
	E	20°
	F	25°
	G	30°
	N	0°
	P	11°
	O	其他需专门说明的法后角

4.2.2 如果所有的切削刃都用来作主切削刃，不管法后角是否不同，用较长一段切削刃的法后角来选择法后角表示代号。这段较长的切削刃亦即作为主切削刃，表示刀片长度(见代号⑤)。

4.3 表示刀片主要尺寸允许偏差等级的字母代号应符合表3的规定(代号③表示规则)。

4.3.1 主要尺寸包括：d(刀片内切圆直径)、s(刀片的厚度)和 m(刀尖位置尺寸)。图1至图3三种图示情况的 m 值有所不同。

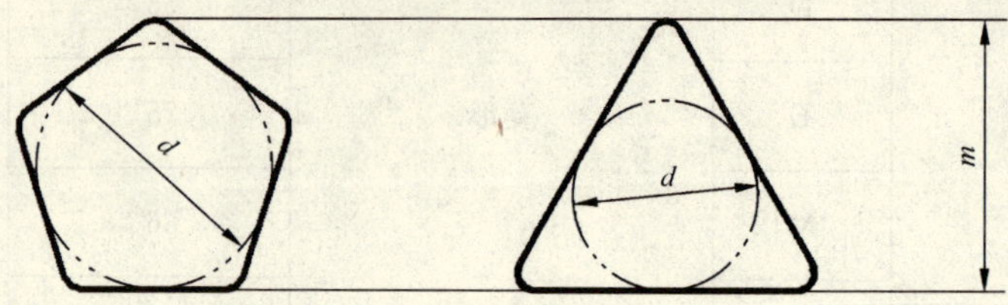

图 1 刀片边为奇数，刀尖为圆角

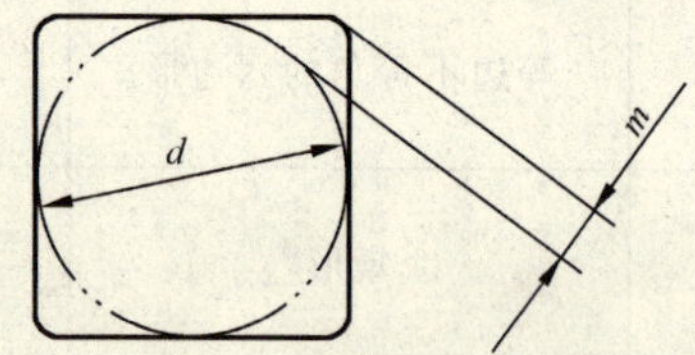

图 2 刀片边为偶数，刀尖为圆角

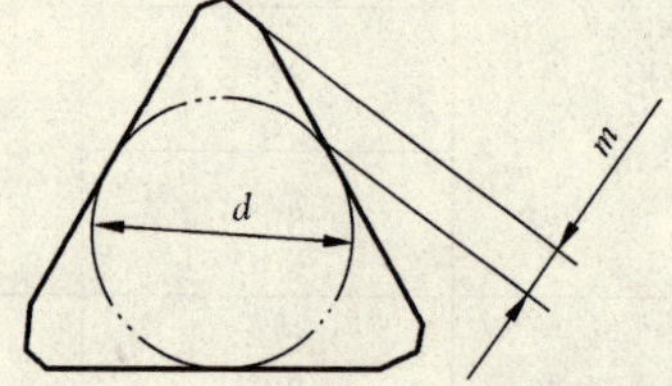

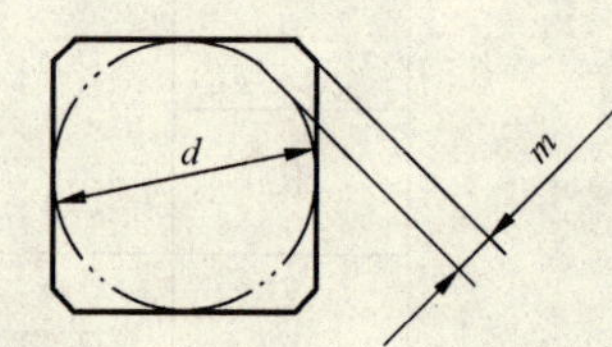

图 3 带修光刃的刀片(见表9中注1)

表 3

偏差等级代号	允许偏差/mm			允许偏差/in		
	d	m	s	d	m	s
A[a]	±0.025	±0.005	±0.025	±0.001	±0.000 2	±0.001
F[a]	±0.013	±0.005	±0.025	±0.000 5	±0.000 2	±0.001
C[a]	±0.025	±0.013	±0.025	±0.001	±0.000 5	±0.001
H	±0.013	±0.013	±0.025	±0.000 5	±0.000 5	±0.001
E	±0.025	±0.025	±0.025	±0.001	±0.001	±0.001
G	±0.025	±0.025	±0.13	±0.001	±0.001	±0.005
J[a]	±0.05～±0.15[b]	±0.005	±0.025	±0.002～±0.006[b]	±0.000 2	±0.001
K[a]	±0.05～±0.15[b]	±0.013	±0.025	±0.002～±0.006[b]	±0.000 5	±0.001
L[a]	±0.05～±0.15[b]	±0.025	±0.025	±0.002～±0.006[b]	±0.001	±0.001
M	±0.05～±0.15[b]	±0.08～±0.2[b]	±0.13	±0.002～±0.006[b]	±0.003～±0.008[b]	±0.005
N	±0.05～±0.15[b]	±0.08～±0.2[b]	±0.025	±0.002～±0.006[b]	±0.003～±0.008[b]	±0.001
U	±0.08～±0.25[b]	±0.13～±0.38[b]	±0.13	±0.003～±0.01[b]	±0.005～±0.015[b]	±0.005

[a] 通常用于具有修光刃的可转位刀片。

[b] 允许偏差取决于刀片尺寸的大小(见表4、表5)，每种刀片的尺寸允许偏差应按其相应的尺寸标准表示。

4.3.2 形状为 H、O、P、S、T、C、E、M、W、F 和 R 的刀片，其 *d* 尺寸的 J、K、L、M、N 和 U 级允许偏差；刀尖角大于、等于 60°的形状为 H、O、P、S、T、C、E、M、W 和 F 的刀片，其 *m* 尺寸的 M、N 和 U 级允许偏差均应符合表 4 的规定。

表 4

内切圆基本尺寸 *d*		*d* 值允许偏差				*m* 值允许偏差			
		J、K、L、M、N 级		U 级		M、N 级		U 级	
mm	in	mm	in	mm	in	mm	in	mm	in
4.76	3/16	±0.05	±0.002	±0.08	±0.003	±0.08	±0.003	±0.13	±0.005
5.56	7/32								
6[a]	—								
6.35	1/4								
7.94	5/16								
8[a]	—								
9.525	3/8								
10[a]	—								
12[a]	—	±0.08	±0.003	±0.13	±0.005	±0.13	±0.005	±0.2	±0.008
12.7	1/2								
15.875	5/8								
16[a]	—	±0.1	±0.004	±0.18	±0.007	±0.15	±0.006	±0.27	±0.011
19.05	3/4								
20[a]	—								
25[a]	—	±0.13	±0.005	±0.25	±0.01	±0.18	±0.007	±0.38	±0.015
25.4	1								
31.75	1¼	±0.15	±0.006	±0.25	±0.01	±0.2	±0.008	±0.38	±0.15
32[a]	—								
刀片形状	H	O	P	S	T	C、E、M	W	F	R（只有d的允许偏差）

a 只适用于圆形刀片。

4.3.3 角刀尖为 55°（D 形）、35°（V 形）的菱形刀片，其 *m* 尺寸、*d* 尺寸的 M、N 级允许偏差应符合表 5 的规定。

表 5

内切圆基本尺寸 d		d 值允许偏差		m 值允许偏差		刀片形状
mm	in	mm	in	mm	in	
5.56	7/32	±0.05	±0.002	±0.11	±0.004	D
6.35	1/4					
7.94	5/16					
9.525	3/8					
12.7	1/2	±0.08	±0.003	±0.15	±0.006	
15.875	5/8	±0.1	±0.004	±0.18	±0.007	
19.05	3/4					
6.35	1/4	±0.05	±0.002	±0.16	±0.006	V
7.94	5/16					
9.525	3/8					
12.7	1/2	±0.08	±0.003	±0.2	±0.008	
15.875	5/8	±0.1	±0.004	±0.27	±0.011	
19.05	3/4					

4.4 表示刀片有、无断屑槽和中心固定孔的字母代号应符合表 6 的规定(代号④表示规则)。

表 6

代号	固定方式	断屑槽[a]	示意图
N	无固定孔	无断屑槽	
R		单面有断屑槽	
F		双面有断屑槽	
A	有圆形固定孔	无断屑槽	
M		单面有断屑槽	
G		双面有断屑槽	
W	单面有 40°～60°固定沉孔	无断屑槽	
T		单面有断屑槽	

表 6(续)

代号	固定方式	断屑槽[a]	示意图
Q	双面有 40°～60°固定沉孔	无断屑槽	
U		双面有断屑槽	
B	单面有 70°～90°固定沉孔	无断屑槽	
H		单面有断屑槽	
C	双面有 70°～90°固定沉孔	无断屑槽	
J		双面有断屑槽	
X[b]	其他固定方式和断屑槽形式，需附图形或加以说明		—

a 断屑槽的说明见 GB/T 12204。

b 不等边刀片通常在④号位用 X 表示，刀片宽度的测定（垂直于主切削刃或垂直于较长的边）以及刀片结构的特征需要予以说明。如果刀片形状没有列入①号位的表示范围，则此处不能用代号 X 表示。

4.5 表示刀片长度的数字代号应符合表 7 的规定（代号⑤表示规则）。

表 7

刀片形状类别	数字代号
Ⅰ-Ⅱ 等边形刀片	——在采用公制单位时，用舍去小数部分的刀片切削刃长度值表示。如果舍去小数部分后，只剩下一位数字，则必须在数字前加“0”。 如：切削刃长度 15.5 mm，表示代号为：15 切削刃长度 9.525 mm，表示代号为：09 ——在采用英制单位时，用刀片内切圆的数值作为表示代号。数值取按 1/8 英寸为单位测量得到的分数的分子。 a) 当取用数字是整数时，用一位数字表示 如：内切圆直径 1/2 in 表示代号为 4(1/2=4/8) b) 当取用数字不是整数时，用两位数字表示 如：内切圆直径 5/16 in 表示代号为 2.5(5/16=2.5/8) ——附录 A 给出了等边形刀片常用标准内切圆尺寸的代号。
Ⅲ-Ⅳ 不等边形刀片	通常用主切削刃或较长的边的尺寸值作为表示代号。刀片其他尺寸可以用符号 X 在④表示，并需附示意图或加以说明。 ——在采用公制单位时，用舍去小数部分后的长度值表示。 如：主要长度尺寸 19.5 mm 表示代号为：19 ——在采用英制单位时，用按 1/4 英寸为单位测量得到的分数的分子表示。 如：主要长度尺寸 3/4 in 表示代号为：3
Ⅴ 圆形刀片	——在采用公制单位时，用舍去小数部分后的数值表示。 如：刀片尺寸 15.875 mm 表示代号为：15 对公制圆形尺寸，结合代号⑦中的特殊代号，上述规则同样适用。 ——在采用英制单位时，表示方法与等边形刀片相同。（见Ⅰ-Ⅱ类）。

4.6 表示刀片厚度的数字代号应符合表 8 的规定(代号⑥表示规则)。

刀片厚度(s)是指刀尖切削面与对应的刀片支撑面之间的距离,其测量方法见图 4。圆形或倾斜的切削刃视同尖的切削刃。

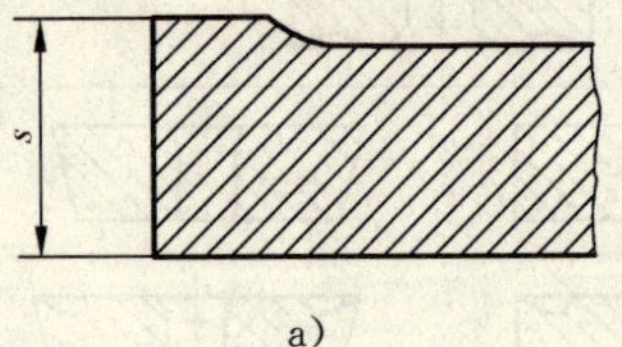

a)

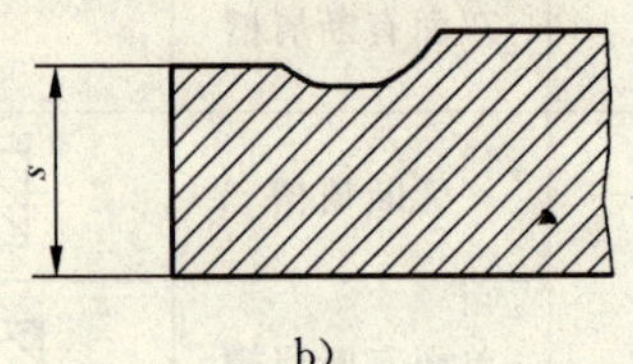

b)

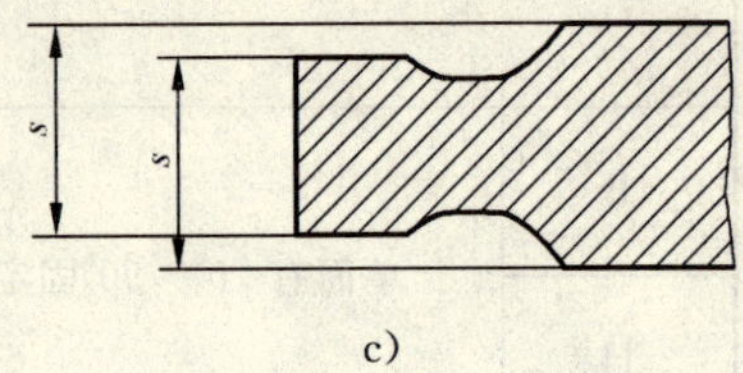

c)

图 4 刀片厚度

表 8

数字代号表示规则
——在采用公制单位时,用舍去小数值部分的刀片厚度值表示。若舍去小数部分后,只剩下一位数字,则必须在数字前加“0”。 如:刀片厚度 3.18 mm 表示代号为:03 当刀片厚度整数值相同,而小数值部分不同,则将小数部分大的刀片代号用“T”代替 0,以示区别。 如:刀片厚度 3.97 mm,表示代号为:T3。 ——在采用英制单位时,用按 1/16 英寸为单位测量得到的分数的分子表示。 a) 当数值是一个整数时,用一位数值表示。 如:主要长度尺寸 1/8 in 表示代号为:2(1/8=2/16) b) 当数值不是一个整数时,用两位数值表示。 如:主要长度尺寸 3/32 in 表示代号为:1.5(3/32=1.5/16) 注:附录 B 给出了标准刀片厚度的表示代号。

4.7 表示刀尖形状的字母或数字代号应符合表 9 的规定(代号⑦表示规则)。

表 9

数字或字母代号
1) 若刀尖角为圆角,则其代号表示为: a) 在采用公制单位时,用按 0.1 mm 为单位测量得到的圆弧半径值表示,如果数值小于 10,则在数字前加“0”。 如:刀尖圆弧半径:0.8 mm,表示代号为:08。 如果刀尖角不是圆角时,则表示代号为:00。 b) 在采用英制单位时,则用下列代号表示: 0——尖角(不是圆形); 1——圆弧半径 1/64 in; 2——圆弧半径 1/32 in; 3——圆弧半径 3/64 in; 4——圆弧半径 1/16 in; 6——圆弧半径 3/32 in; 8——圆弧半径 1/8 in; X——其他尺寸圆弧半径。

表 9(续)

数字或字母代号

2) 若刀片具有修光刃(见示意图),则用下列代号表示:

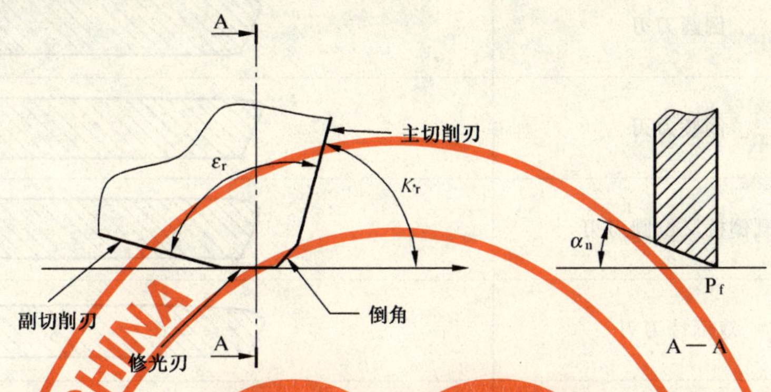

注 1:修光刃是副切削刃的一部分。

注 2:具有修光刃的刀片,根据其类型可能有或没有削边,本标准没有对其作出规定。标准刀片有无削边体现在尺寸标准上,非标准刀片有无削边则由供应商的产品样本给出。

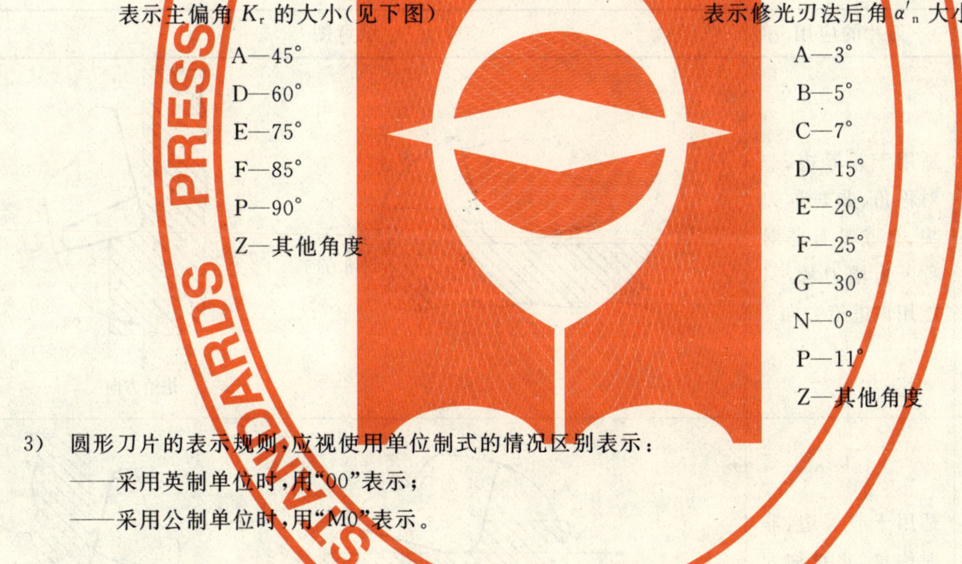

表示主偏角 K_r 的大小(见下图)

A—45°
D—60°
E—75°
F—85°
P—90°
Z—其他角度

表示修光刃法后角 α'_n 大小

A—3°
B—5°
C—7°
D—15°
E—20°
F—25°
G—30°
N—0°
P—11°
Z—其他角度

3) 圆形刀片的表示规则,应视使用单位制式的情况区别表示:

——采用英制单位时,用“00”表示;

——采用公制单位时,用“M0”表示。

5 可转位刀片的可选代号

5.1 一般规定

除了 ISO 16462 和 ISO 16463 中规定的以外,本标准中 4.1～4.7 中所规定的代号是可转位刀片型号表示中所必须有的代号。按第 3 章的规定,如有必要才采用 5.2 和 5.3 中所规定的代号。

如果刀刃截面形状说明和切削方向中只需表示其中一个,则该代号占第 8 位。如果刀刃截面形状说明或切削方向都需表示,则该两个代号分别占第 8 位和第 9 位。

注:如有必要,5.2 和 5.3 中所规定的代号可用于符合 ISO 16462 和 ISO 16463 规定的镶片式刀片。

5.2 表示刀片切削刃截面形状的字母代号应符合表 10 的规定(代号⑧表示规则)。

表 10

代号	刀片切削刃截面形状	示意图
F	尖锐刀刃	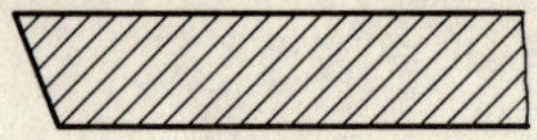
E	倒圆刀刃	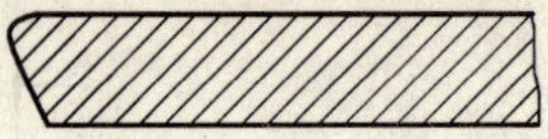
T	倒棱刀刃	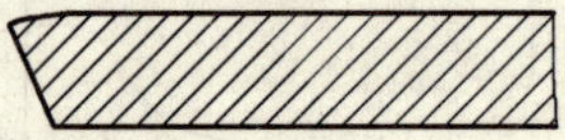
S	既倒棱又倒圆刀刃	
Q	双倒棱刀刃	
P	既双倒棱又倒圆刀刃	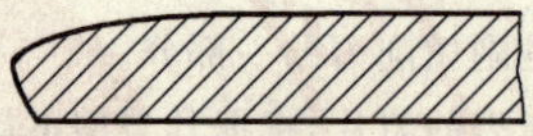

5.3 表示刀片切削方向的字母代号应符合表 11 的规定(代号⑨表示规则)。

表 11

代号	切削方向	刀片的应用	示意图
R	右切	适用于非等边、非对称角、非对称刀尖、有或没有非对称断屑槽刀片,只能用该进给方向	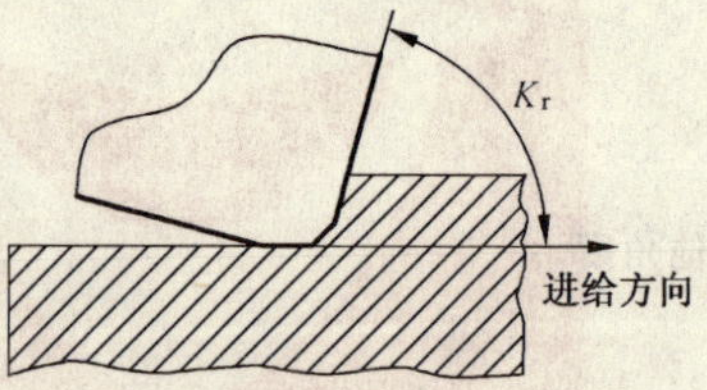 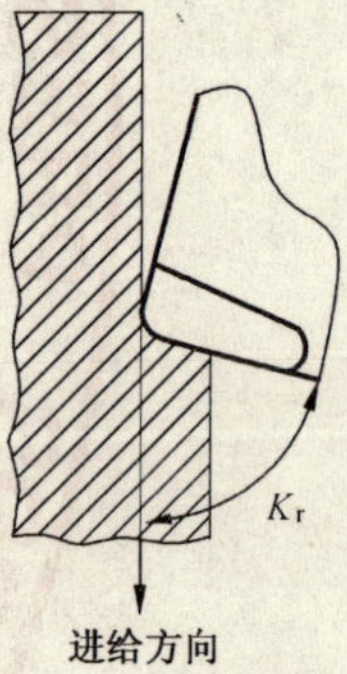 K_r 进给方向 K_r 进给方向
L	左切	适用于非等边、非对称角、非对称刀尖、有或没有非对称断屑槽刀片,只能用该进给方向	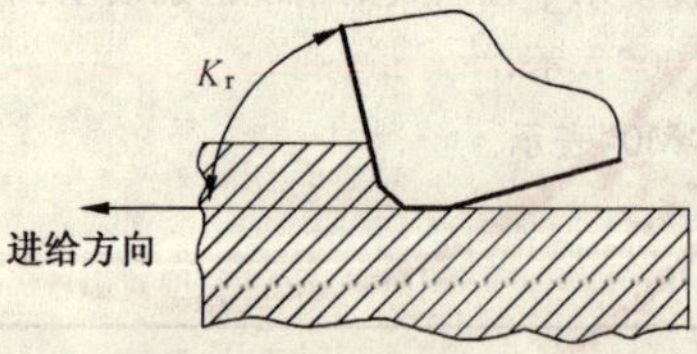 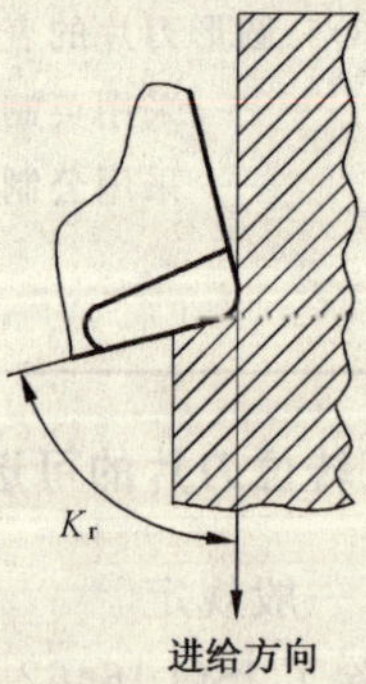 K_r 进给方向 K_r 进给方向
N	双向	适用于有对称刀尖、对称角、对称边和对称断屑槽的刀片,可能采用两个进给方向	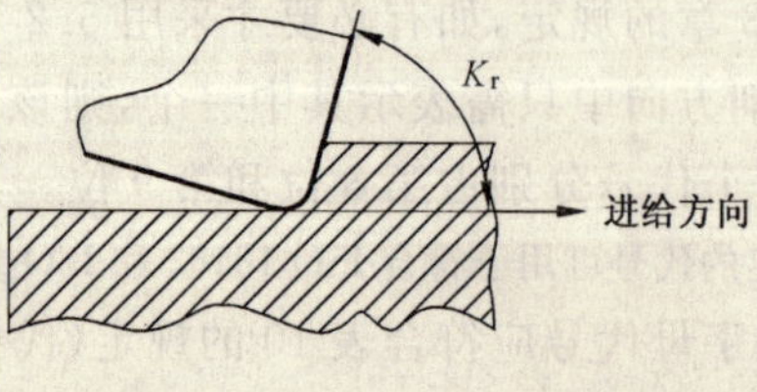 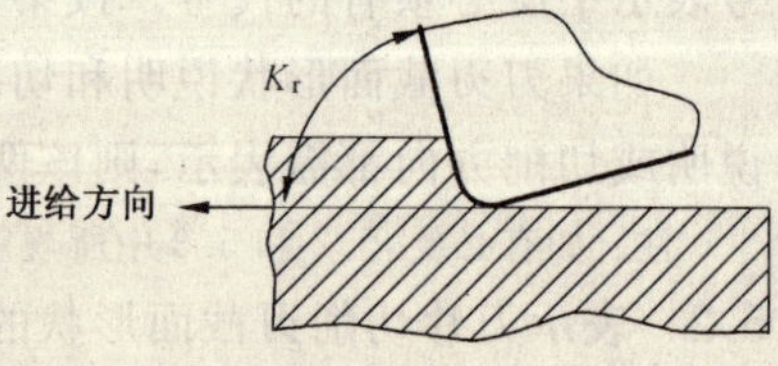 K_r 进给方向 K_r 进给方向

6 镶片式刀片的附加代号

6.1 一般规定

6.3 和 6.4 给出的代号⑪和⑫用于表示符合 ISO 16462 和 ISO 16463 的镶片式刀片。需要时可以使用代号⑩。代号⑪和⑫与代号⑨之间应用短横线“－”隔开，参看第 3 章示例 2。

6.2 表示切削刃情况的字母代号(代号⑩表示规则)

6.2.1 最多代号数

根据切削刃的情况用不多于 5 位数字的代号表示。

6.2.2 倒圆

倒圆类别表示代号为：E(见图 5)。倒圆没有尺寸代码。

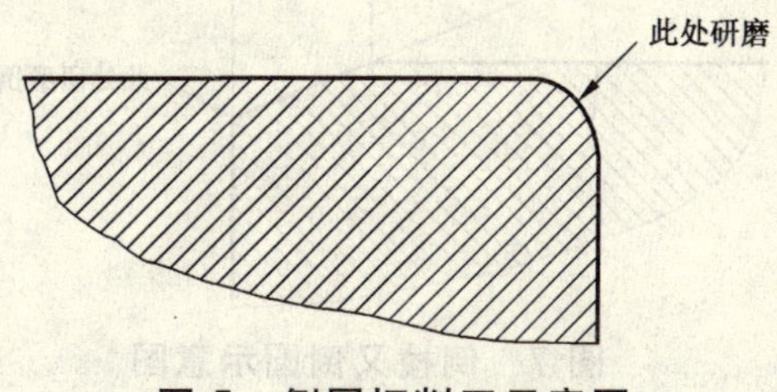

图 5 倒圆切削刃示意图

示例：SNMA150608E

6.2.3 倒棱

倒棱类别表示代号为：T(见图 6)。

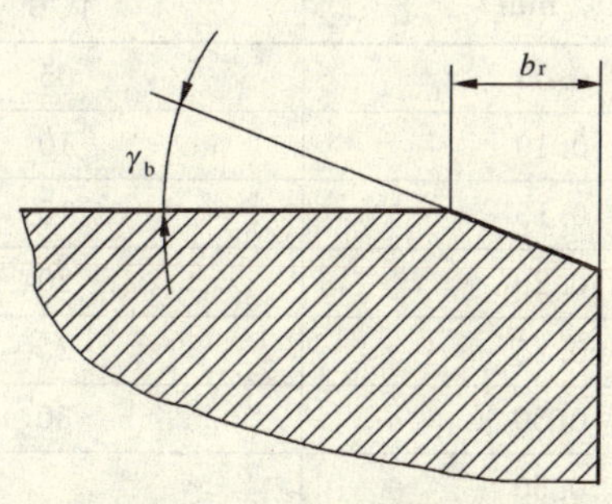

图 6 倒棱示意图

倒棱形状用 5 位阿拉伯数字表示，见表 12。前三位阿拉伯数字代码表示倒棱的宽度 b_γ，以 0.01 mm为单位计算；后两位阿拉伯数字表示倒棱的角度 γ_b。

表 12

代号	b_r/mm	代号	γ_b
005	0.05	05	5°
010	0.10	10	10°
015	0.15	15	15°
020	0.20	20	20°
025	0.25	25	25°
030	0.30	30	30°
050	0.50		
070	0.70		

表 12(续)

代号	b_r/mm	代号	γ_b
100	1.00		
150	1.50		
200	2.00		

示例:SNMA150608 T05020

6.2.4 既倒棱又倒圆

既倒棱又倒圆类别表示代号为:S(见图 7)。

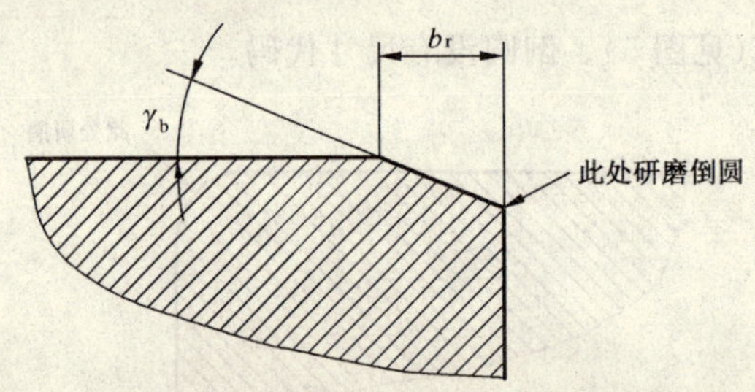

图 7 倒棱又倒圆示意图

既倒棱又倒圆形状用 5 位阿拉伯数字表示,见表 13。前三位阿拉伯数字代码表示既倒棱又倒圆的总宽度 b_r,以 0.01 mm 为单位计算;后两位阿拉伯数字表示倒棱的角度 γ_b。倒圆没有尺寸代码。

表 13

代号	b_r/mm	代号	γ_b
005	0.05	05	5°
010	0.10	10	10°
015	0.15	15	15°
020	0.20	20	20°
025	0.25	25	25°
030	0.30	30	30°
050	0.50		
070	0.70		
100	1.00		
150	1.50		
200	2.00		

示例:SNMA150608 S05020

6.2.5 双倒棱

双倒棱类别的表示代号为:Q(见图 8)。

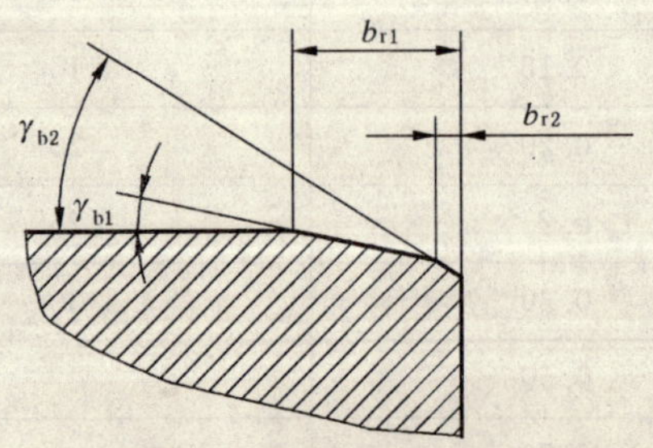

图 8 双倒棱示意图

双倒棱形状用 5 位阿拉伯数字表示,见表 14。前三位阿拉伯数字代码表示双倒棱的总宽度 b_{r1},以

0.01 mm 为单位计算；后两位阿拉伯数字表示双倒棱的较小角度 γ_{b1}；$b_{r2}\times\gamma_{b2}$ 取决于 $b_{r1}\times\gamma_{b1}$。

表 14

代号	b_{r1}/mm	γ_{b1}	b_{r2}/mm	γ_{b2}
05015	0.50	15°	0.10	30°
07015	0.70	15°	0.15	30°
10015	1.00	15°	0.20	30°
15010	1.50	10°	0.25	30°
20010	2.00	10°	0.25	30°

示例：SNMA150608 Q15010

6.2.6 既双倒棱又倒圆

既双倒棱又倒圆类别的表示代号为：P(见图 9)。

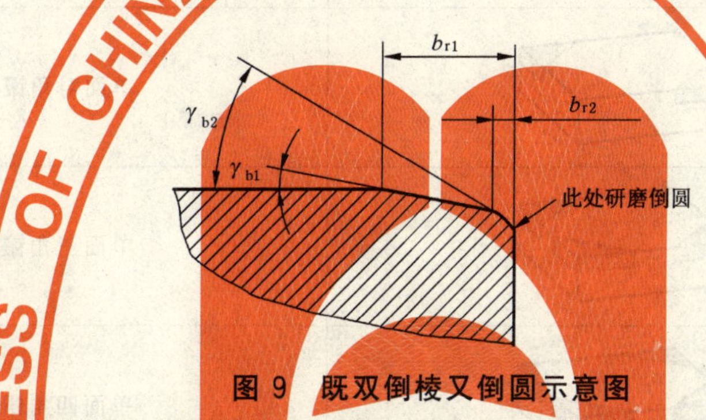

图 9 既双倒棱又倒圆示意图

既双倒棱又倒圆形状用 5 位阿拉伯数字表示，见表 15。前三位阿拉伯数字代码表示既双倒棱又倒圆的总宽度 b_{r1}，以 0.01 mm 为单位计算；后两位阿拉伯数字表示双倒棱的较小角度 γ_{b1}；$b_{r2}\times\gamma_{b2}$ 取决于 $b_{r1}\times\gamma_{b1}$。倒圆没有尺寸代码。

表 15

代号	b_{r1}/mm	γ_{b1}	b_{r2}/mm	γ_{b2}
05015	0.50	15°	0.10	30°
07015	0.70	15°	0.15	30°
10015	1.00	15°	0.20	30°
15010	1.50	10°	0.25	30°
20010	2.00	10°	0.25	30°

示例：SNMA150608 P15010

6.3 表示镶片式或整体刀片的切削刃类型和镶嵌角数量的字母代号(代号⑪表示规则)

镶片式或整体刀片的切削刃类型和镶嵌角数量用一个字母代号表示，其字母代号应符合表 16 的规定。

表 16

代号	示意图	说明
S		整体刀片

表 16(续)

代号	示意图	说明
F		单面全镶刀片
E	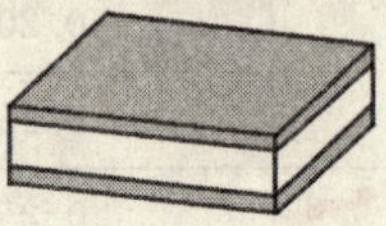	双面全镶刀片
A	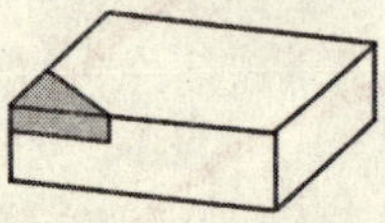	单面单角镶片刀片
B	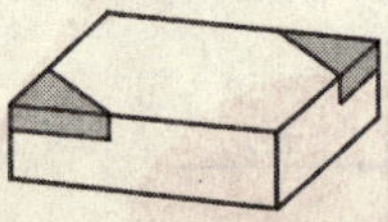	单面对角镶片刀片
C	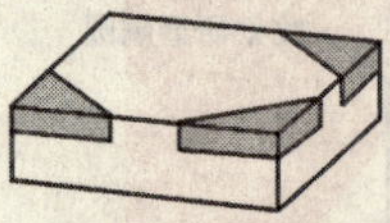	单面三角镶片刀片
D	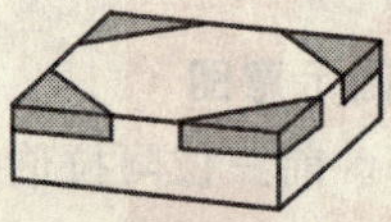	单面四角镶片刀片
G	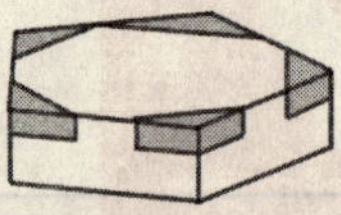	单面五角镶片刀片
H	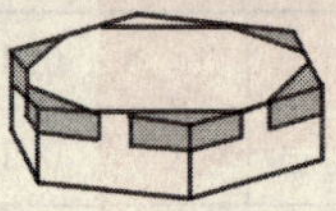	单面六角镶片刀片
J	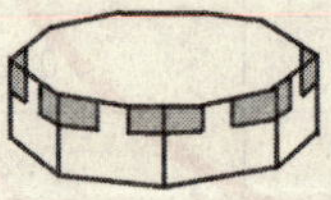	单面八角镶片刀片
K	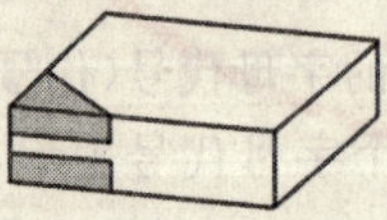	双面单角镶片刀片
L	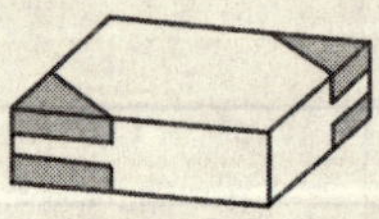	双面对角镶片刀片
M	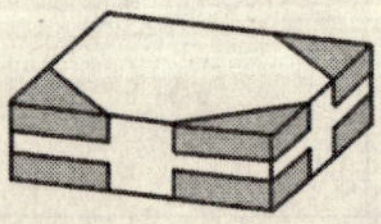	双面三角镶片刀片

表 16(续)

代号	示意图	说明
N	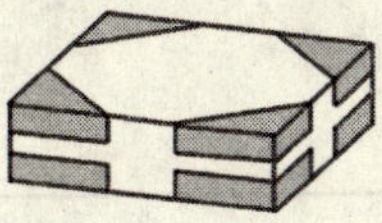	双面四角镶片刀片
P		双面五角镶片刀片
Q	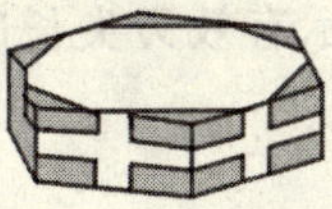	双面六角镶片刀片
R	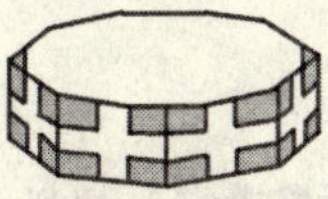	双面八角镶片刀片
T	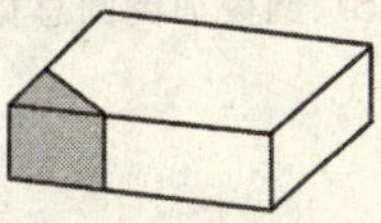	单角全厚镶片刀片
U	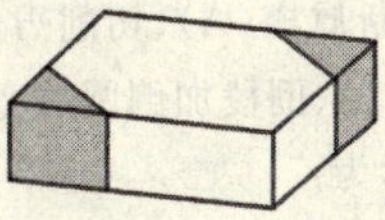	对角全厚镶片刀片
V	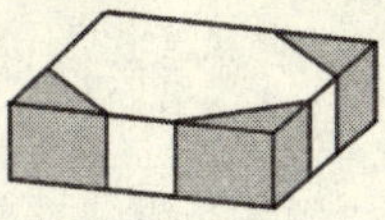	三角全厚镶片刀片
W	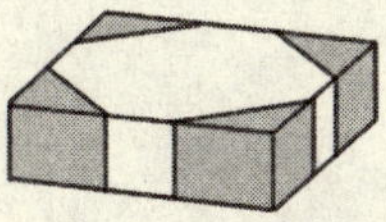	四角全厚镶片刀片
X	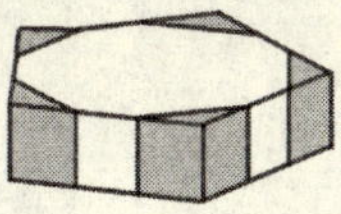	五角全厚镶片刀片
Y	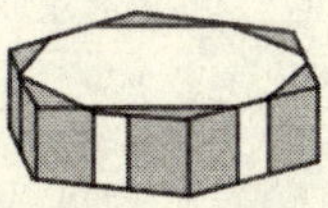	六角全厚镶片刀片
Z	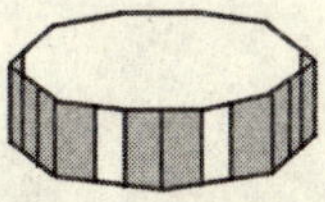	八角全厚镶片刀片

示例:SNMA150608S05020-B

6.4 表示镶刃长度的字母代号(代号⑫表示规则)

6.4.1 表示镶刃长度的代号可以为一位字母代号,也可为三位数字代号。

6.4.2 该代号可以为表 16 中所用 A、B、C、D、G、H、J、K、L、M、N、P、Q、R、T、U、V、W、X、Y、Z 中的字母。

6.4.3 镶刃长度是标准长度,用一位字母代号表示,见表 17。

表 17

代号	说明	切削刃长度 l_1 不小于
L	长	见 ISO 16462 和 ISO 16463
S	短	

6.4.4 如果镶刃长度不是标准长度时,用 3 位数字代码表示有效刃尖长度,以 0.1 mm 计。如果刃尖长度小于 10.0 mm 时,则在前面加 0。

示例:镶刃长度 4.5 mm,代号为 045

示例:镶刃长度 10.7 mm,代号为 107

6.5 标注示例

标注示例 1:

正方形(S)、0°法后角(N)、允许偏差 M 级(M)、有圆形固定孔无断屑槽(A)、切削刃长度 15.875 mm(15)、刀片厚度 6.35 mm(06)、刀尖圆弧半径 0.8 mm (08)、切削刃为既倒棱又倒圆(S)、倒棱加倒圆总宽度 0.5 mm(050)、较小角度 20°(20)、单面对角镶嵌(B),镶刃长度 l_1=3.0 mm(L)的镶片刀片表示为:

SNMA150608S05020-BL

标注示例 2:

正方形(S)、0°法后角(N)、允许偏差 M 级(M)、有圆形固定孔无断屑槽(A)、切削刃长度 15.875 mm(15)、刀片厚度 6.35 mm(06)、刀尖圆弧半径 0.8 mm (08)、切削刃为既倒棱又倒圆(S)、倒棱加倒圆总宽度 0.5 mm(050)、较小角度 20°(20)、单面对角镶嵌(B),镶刃长度 l_1=4.5 mm(045)的镶片刀片表示为:

SNMA150608S05020-B045

附 录 A

（资料性附录）

依照等边形和圆形刀片的标准内切圆的刀片尺寸表示代号（代号⑤表示规则）

A.1 非公制等边形和圆形刀片

非公制等边形和圆形刀片的表示代号见表 A.1。

表 A.1

<table>
<tr><th colspan="2">内切圆尺寸
d</th><th colspan="12">各种形状刀片尺寸的表示代号（代号⑤表示规则）</th></tr>
<tr><th>mm</th><th>in</th><th>H</th><th>O</th><th>P</th><th>S</th><th>T</th><th>C</th><th>D</th><th>E</th><th>M</th><th>V</th><th>W</th><th>R[a]</th></tr>
<tr><td>3.97</td><td></td><td>—</td><td>—</td><td>—</td><td>03</td><td>06</td><td>—</td><td>04</td><td>—</td><td>—</td><td>06</td><td>02</td><td>—</td></tr>
<tr><td></td><td>5/32</td><td colspan="12">1.2</td></tr>
<tr><td>4.76</td><td></td><td>—</td><td>—</td><td>—</td><td>04</td><td>08</td><td>04</td><td>05</td><td>04</td><td>04</td><td>08</td><td>L3</td><td>—</td></tr>
<tr><td></td><td>3/16</td><td colspan="12">1.5</td></tr>
<tr><td>5.56</td><td></td><td>—</td><td>—</td><td>—</td><td>05</td><td>09</td><td>05</td><td>06</td><td>05</td><td>05</td><td>09</td><td>03</td><td>—</td></tr>
<tr><td></td><td>7/32</td><td colspan="12">1.8</td></tr>
<tr><td>6.35</td><td></td><td>03</td><td>02</td><td>04</td><td>06</td><td>11</td><td>06</td><td>07</td><td>06</td><td>06</td><td>11</td><td>04</td><td>06</td></tr>
<tr><td></td><td>1/4</td><td colspan="12">2</td></tr>
<tr><td>7.94</td><td></td><td>04</td><td>03</td><td>05</td><td>07</td><td>13</td><td>08</td><td>09</td><td>08</td><td>07</td><td>13</td><td>05</td><td>07</td></tr>
<tr><td></td><td>5/16</td><td colspan="12">2.5</td></tr>
<tr><td>9.525</td><td></td><td>05</td><td>04</td><td>07</td><td>09</td><td>16</td><td>09</td><td>11</td><td>09</td><td>09</td><td>16</td><td>06</td><td>09</td></tr>
<tr><td></td><td>3/8</td><td colspan="12">3</td></tr>
<tr><td>12.7</td><td></td><td>07</td><td>05</td><td>09</td><td>12</td><td>22</td><td>12</td><td>15</td><td>13</td><td>12</td><td>22</td><td>08</td><td>12</td></tr>
<tr><td></td><td>1/2</td><td colspan="12">4</td></tr>
<tr><td>15.875</td><td></td><td>09</td><td>06</td><td>11</td><td>15</td><td>27</td><td>16</td><td>19</td><td>16</td><td>15</td><td>27</td><td>10</td><td>15</td></tr>
<tr><td></td><td>5/8</td><td colspan="12">5</td></tr>
<tr><td>19.05</td><td></td><td>11</td><td>07</td><td>13</td><td>19</td><td>33</td><td>19</td><td>23</td><td>19</td><td>19</td><td>33</td><td>13</td><td>19</td></tr>
<tr><td></td><td>3/4</td><td colspan="12">6</td></tr>
<tr><td>25.4</td><td></td><td>14</td><td>10</td><td>18</td><td>25</td><td>44</td><td>25</td><td>31</td><td>26</td><td>25</td><td>44</td><td>17</td><td>25</td></tr>
<tr><td></td><td>1</td><td colspan="12">8</td></tr>
<tr><td>31.75</td><td></td><td>18</td><td>13</td><td>23</td><td>31</td><td>54</td><td>32</td><td>38</td><td>32</td><td>31</td><td>59</td><td>21</td><td>31</td></tr>
<tr><td></td><td>1 1/4</td><td colspan="12">10</td></tr>
<tr><td colspan="14">注：边长 l 由下列公式得出：
——等边形刀片（形状类别 H、O、P、S、T）
$l=d\times\tan(180^\circ/n)$
n 是指多边形的边数
——菱形刀片（C、D、E、M、V 形）和 W 类刀片
$l=d/2\times[\cot(\varepsilon_{r1}/2)+\cot(\varepsilon_{r2}/2)]$
ε_{r1}、ε_{r2} 是指原角和钝角刀尖包含的角度。</td></tr>
<tr><td colspan="14">[a] 见表 9 中 3)，公制圆形刀片见 A.2。</td></tr>
</table>

如果除了表 A.1 给出的代号以外还需要给出其他重要信息，那么在代号④处用“X”表示。

A.2 公制圆形刀片

公制圆形刀片的表示代号见表 A.2。

表 A.2

内切圆尺寸 *d*		公制圆形刀片的尺寸表示代号(R形)[a]
mm	in	
6		06
	0.236	—
8		08
	0.315	—
10		10
	0.394	—
12		12
	0.472	—
16		16
	0.63	—
20		20
	0.787	—
25		25
	0.984	—
32		32
	1.26	—

[a] 见表 9 中 3)。

附 录 B
（资料性附录）
标准刀片的厚度表示代号（代号⑥表示规则）

表 B.1

刀片厚度 *s*		刀片厚度代号	
mm	in	公制	英制
1.59	1/16	01	1
1.98	5/64	T1	1.2
2.38	3/32	02	1.5
3.18	1/8	03	2
3.97	5/32	T3	2.5
4.76	3/16	04	3
5.56	7/32	05	3.5
6.35	1/4	06	4
7.94	5/16	07	5
9.52	3/8	09	6
12.7	1/2	12	8

如果除了表 B.1 给出的代号以外还需要给出其他重要信息，那么在代号④处用“X”表示。

ICS 77.160
H 70

中华人民共和国国家标准

GB/T 2078—2007
代替 GB/T 2078—1987

带圆角圆孔固定的硬质合金可转位刀片尺寸

Indexable hardmetal(carbide)insers with rounded corners, with cylindrical fixing hole—Dimensions

(ISO 3364:1997,MOD)

2007-11-23 发布　　　　2008-06-01 实施

中华人民共和国国家质量监督检验检疫总局
中国国家标准化管理委员会　发布

前　言

本标准修改采用ISO 3364:1997《带圆角圆孔固定的硬质合金可转位刀片尺寸》。

本标准与ISO 3364:1997相比,有如下技术性差异:

——表2中增加了一个型号:TNMM160404。

本标准代替GB/T 2078—1987《带圆孔的硬质合金可转位刀片》。

本标准与GB/T 2078—1987相比,主要有如下变动:

——增加了刀片类型的说明,取消了不等边不等角刀片(FN)、带35°刀尖角、0°法后角菱形刀片(VN)、带0°法后角圆形刀片(RN)等类型;

——对刀片断屑槽的形状和尺寸不作规定,由制造商根据自己的情况予以补充说明;

——刀片的允许偏差只规定了M级,取消了U级。

本标准的附录A、附录B、附录C为规范性附录,附录D为资料性附录。

本标准由中国有色金属工业协会提出。

本标准由全国有色金属标准化技术委员会归口。

本标准由株洲硬质合金集团有限公司、株洲钻石切削刀具股份有限公司负责起草。

本标准主要起草人:陈莹、邓秋元、杨建国、李竞荣、陈东伟。

本标准所代替标准的历次版本发布情况为:

——GB/T 2078—1980、GB/T 2078—1987。

带圆角圆孔固定的硬质合金可转位刀片尺寸

1 范围

本标准规定了带有圆角、圆形固定孔和带有 0°法后角的硬质合金可转位刀片的尺寸。

本标准适用于带有圆角、圆形固定孔和带有 0°法后角的硬质合金可转位刀片，通过顶部和孔夹固方式或只用孔夹固的方式安装在切削、钻削工具上。

2 规范性引用文件

下列文件中的条款通过本标准的引用而成为本标准的条款。凡是注日期的引用文件，其随后所有的修改单(不包括勘误的内容)或修订版均不适用于本标准，然而，鼓励根据本标准达成协议的各方研究是否可使用这些文件的最新版本。凡是不注日期的引用文件，其最新版本适用于本标准。

GB/T 2075 切削加工用硬切削材料的用途——切屑形式大组和用途小组的分类代号(ISO 513:1991,IDT)

GB/T 2076 切削刀具用可转位刀片型号表示规则(ISO 1832:2004,MOD)

3 刀片类型

3.1 本标准中包含的可转位刀片有以下几种类型：

——TN:带有 0°法后角的正三角形刀片；

——SN:带有 0°法后角的正方形刀片；

——CN:带有 0°法后角、80°刀尖角的菱形刀片；

——DN:带有 0°法后角、55°刀尖角的菱形刀片；

——WN:带有 0°法后角、80°刀尖角的六边形刀片。

3.2 本标准中包含的可转位刀片可以单面带断屑槽，可以双面带断屑槽，也可以双面都不带断屑槽。

3.3 本标准没有规定断屑槽的形状和尺寸，因此，如有必要，可以附示意图或加以说明。

3.4 表 C.1 给出了刀片尺寸的范围。

4 互换性

4.1 尺寸及允许偏差

本标准中所包含的硬质合金可转位刀片应符合 GB/T 2076 中 M 级允许偏差。附录 A 给出了符合 GB/T 2076 的允许偏差值。孔的尺寸及允许偏差应符合表 1 的规定，刀片尺寸应符合表 2 至表 6 中的规定。

4.2 带断屑槽刀片的厚度(S)

带断屑槽刀片的厚度(S)是指刀片尖角处的切削刃与相对的刀片的支撑面之间的距离。图 1 中的 a)和 b)是单面带断屑槽的刀片，c)是双面带断屑槽的刀片。

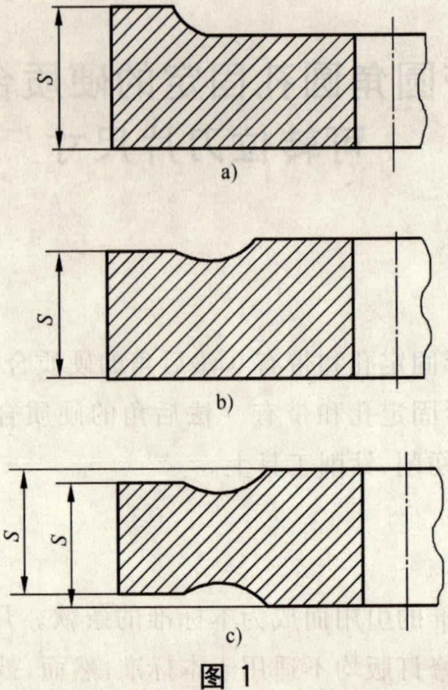

图 1

4.3 固定孔

为了保证装夹刀片的可换性，固定孔 d_1 与刀片的内切圆直径 d 的关系应符合表 1 的规定。

表 1

单位为毫米

直　径	尺　寸					
d	6.35	9.525	12.7	15.875	19.05	25.4
d_1 ±0.08	2.26	3.81	5.16	6.35	7.94	9.12

5 型号和标志

5.1 型号

本标准包含的硬质合金可转位刀片的型号应符合 GB/T 2076 的规定。

作为刀片型号的补充，可以增加下列一条或两条信息：

——遵循 GB/T 2075 的使用分组代号；

——硬质合金牌号的商业名称。

5.2 标志

刀片上应标注下列符号(除非刀片过小无法标注)：

——用途分组代号，或硬质合金牌号的商业名称(如刀片够大也可以两个同时标注)。

6 测量

附录 B 给出了本标准包含的刀片的 m 尺寸的测量方法。

7 推荐尺寸

表 2 至表 6 给出了常用的刀片尺寸。通常它们是首选尺寸。当需要其他尺寸的刀片时，推荐表 C.1 中非阴影部分的尺寸作为第二选择，表中阴影部分的刀片尺寸不做推荐。

7.1 正三角形刀片

正三角形刀片如图 2 所示，主要尺寸及允许偏差应符合表 2 的规定。

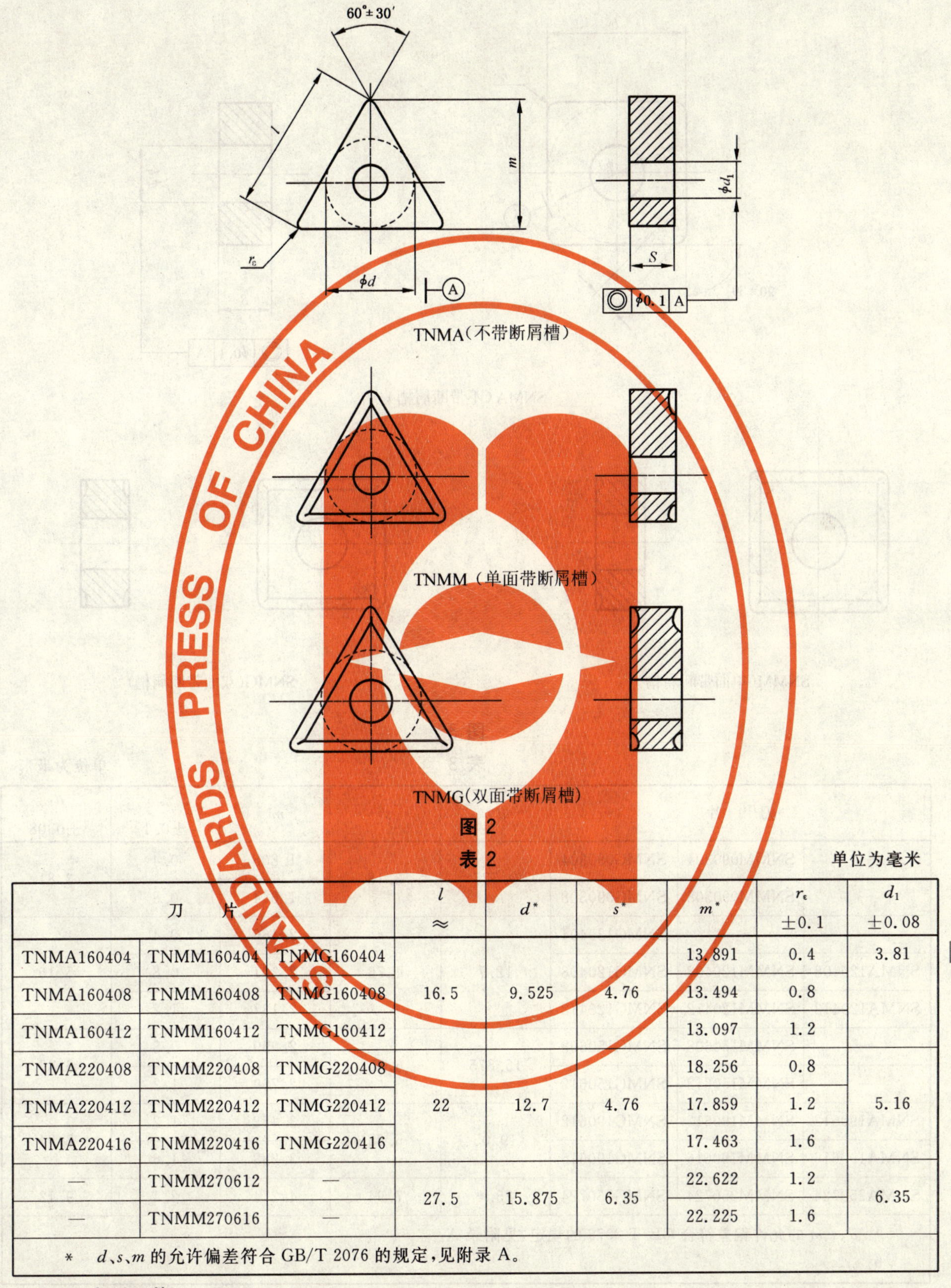

图 2

表 2

单位为毫米

刀	片		l ≈	d^*	s^*	m^*	r_ε ±0.1	d_1 ±0.08
TNMA160404	TNMM160404	TNMG160404	16.5	9.525	4.76	13.891	0.4	3.81
TNMA160408	TNMM160408	TNMG160408				13.494	0.8	
TNMA160412	TNMM160412	TNMG160412				13.097	1.2	
TNMA220408	TNMM220408	TNMG220408	22	12.7	4.76	18.256	0.8	5.16
TNMA220412	TNMM220412	TNMG220412				17.859	1.2	
TNMA220416	TNMM220416	TNMG220416				17.463	1.6	
—	TNMM270612	—	27.5	15.875	6.35	22.622	1.2	6.35
—	TNMM270616	—				22.225	1.6	
* d、s、m 的允许偏差符合 GB/T 2076 的规定,见附录 A。								

7.2 正方形刀片

正方形刀片如图 3 所示,主要尺寸及允许偏差应符合表 3 的规定。

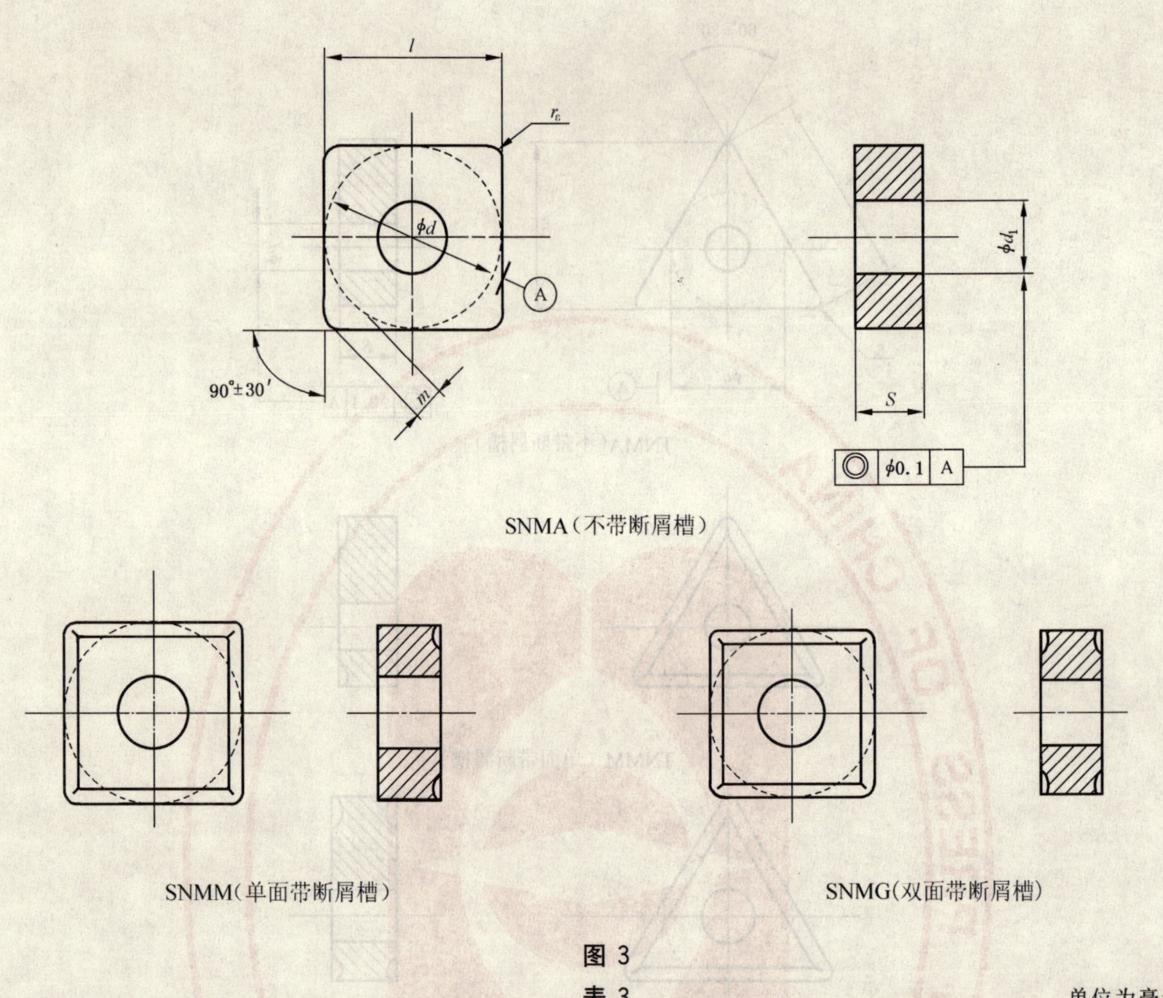

SNMA（不带断屑槽）

SNMM(单面带断屑槽)　　SNMG(双面带断屑槽)

图 3

表 3

单位为毫米

刀片			d[ab]	s[a]	m[a]	r_ε ±0.1	d_1 ±0.08
—	SNMM090304	SNMG090304	9.525	3.18	1.808	0.4	3.81
—	SNMM090308	SNMG090308			1.644	0.8	
—	—	SNMG120404	12.7	4.76	2.466	0.4	5.16
SNMA120408	SNMM120408	SNMG120408			2.301	0.8	
SNMA120412	SNMM120412	SNMG120412			2.137	1.2	
—	SNMM150608	SNMG150608	15.875	6.35	2.959	0.8	6.35
—	SNMM150612	SNMG150612			2.759	1.2	
SNMA190612	SNMM190612	SNMG190612	19.05	6.35	3.452	1.2	7.94
SNMA190616	SNMM190616	SNMG190616			3.288	1.6	
SNMA250724	SNMM250724	SNMG250724	25.4	7.94	4.274	2.4	9.12

a　d、s、m 的允许偏差符合 GB/T 2076 的规定，见附录 A。

b　$d=l$。

7.3　带 80°刀尖角的菱形刀片

带 80°刀尖角的菱形刀片如图 4 所示，主要尺寸及允许偏差应符合表 4 的规定。

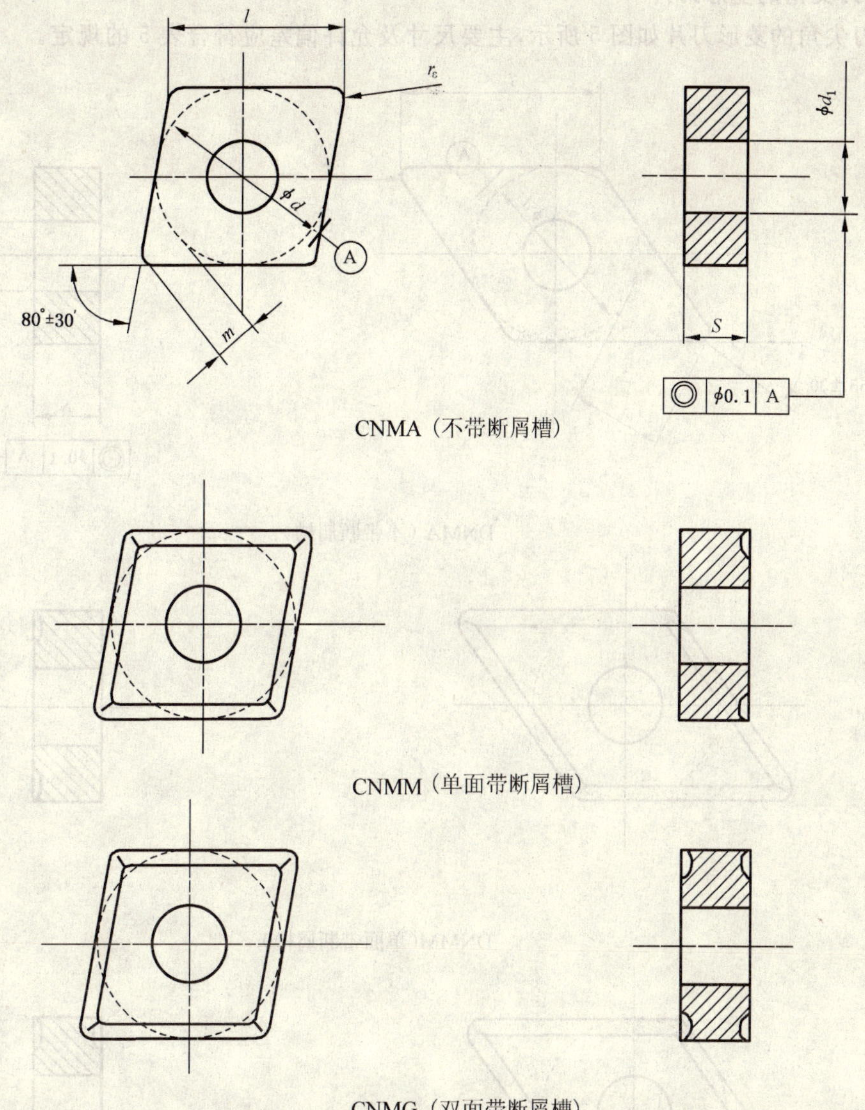

CNMA（不带断屑槽）

CNMM（单面带断屑槽）

CNMG（双面带断屑槽）

图 4

表 4

单位为毫米

<table>
<tr><td colspan="3" rowspan="2">刀　片</td><td>l</td><td rowspan="2">d^*</td><td rowspan="2">s^*</td><td rowspan="2">$m_1{}^*$</td><td rowspan="2">$m_2{}^*$</td><td>r_ε</td><td>d_1</td></tr>
<tr><td>≈</td><td>±0.1</td><td>±0.08</td></tr>
<tr><td>—</td><td>—</td><td>CNMG120404</td><td rowspan="3">12.9</td><td rowspan="3">12.7</td><td rowspan="3">4.76</td><td>3.308</td><td>1.818</td><td>0.4</td><td rowspan="3">5.16</td></tr>
<tr><td>CNMA120408</td><td>CNMM120408</td><td>CNMG120408</td><td>3.088</td><td>1.697</td><td>0.8</td></tr>
<tr><td>CNMA120412</td><td>CNMM120412</td><td>CNMG120412</td><td>2.867</td><td>1.576</td><td>1.2</td></tr>
<tr><td>—</td><td>CNMM160608</td><td>CNMG160608</td><td rowspan="2">16.1</td><td rowspan="2">15.875</td><td rowspan="2">6.35</td><td>3.97</td><td>2.182</td><td>0.8</td><td rowspan="2">6.35</td></tr>
<tr><td>—</td><td>CNMM160612</td><td>CNMG160612</td><td>3.749</td><td>2.061</td><td>1.2</td></tr>
<tr><td>—</td><td>—</td><td>CNMG190608</td><td rowspan="3">19.3</td><td rowspan="3">19.05</td><td rowspan="3">6.35</td><td>4.852</td><td>2.667</td><td>0.8</td><td rowspan="3">7.94</td></tr>
<tr><td>CNMA190612</td><td>CNMM190612</td><td>CNMG190612</td><td>4.632</td><td>2.545</td><td>1.2</td></tr>
<tr><td>CNMA190616</td><td>CNMM190616</td><td>CNMG190616</td><td>4.411</td><td>2.424</td><td>1.6</td></tr>
<tr><td colspan="10">*　d、s、m_1、m_2 的允许偏差符合 GB/T 2076 的规定，见附录 A。</td></tr>
</table>

7.4 带 55°刀尖角的菱形刀片

带 55°刀尖角的菱形刀片如图 5 所示，主要尺寸及允许偏差应符合表 5 的规定。

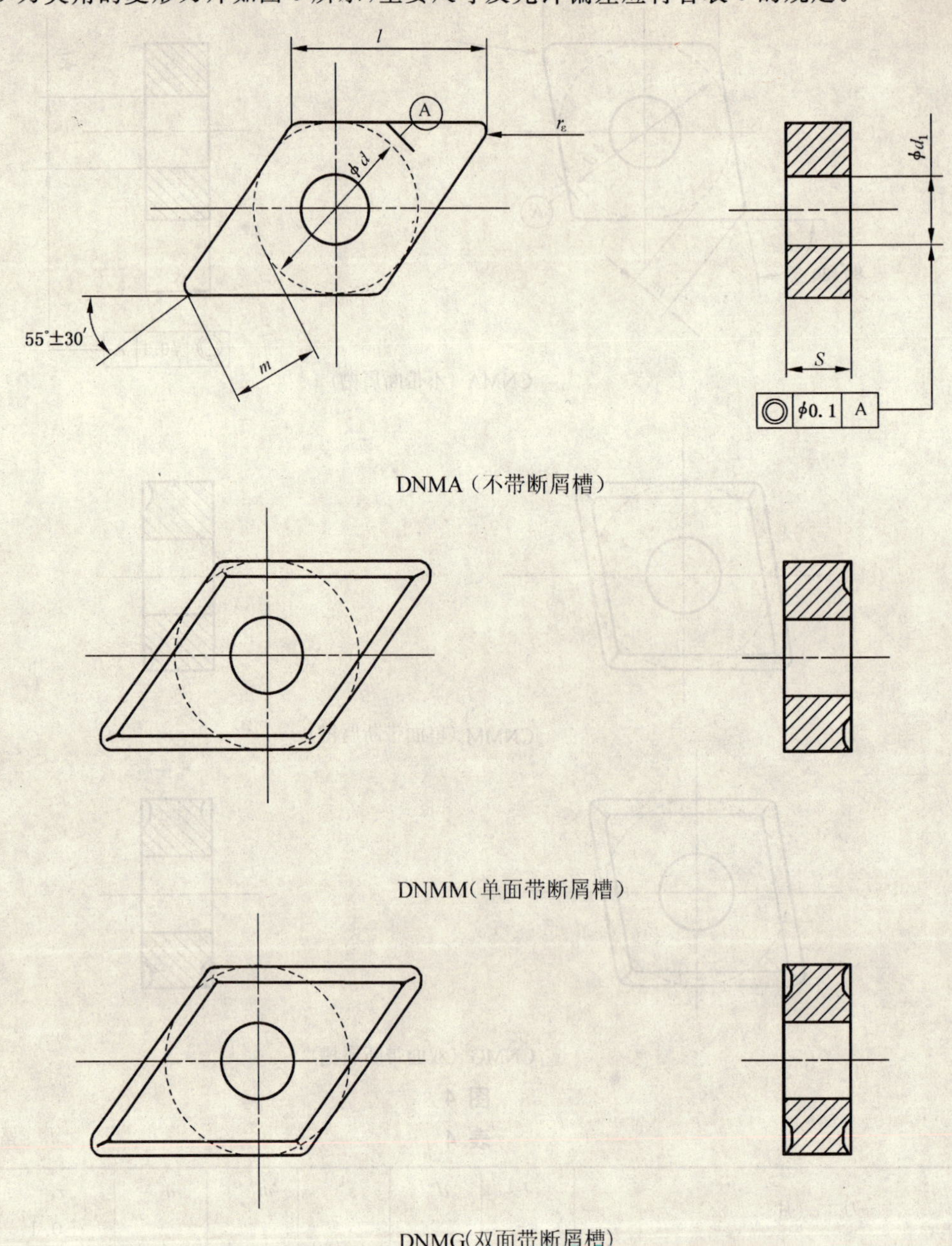

图 5

表 5 单位为毫米

刀片			l ≈	d^*	s^*	m^*	r_ε ±0.1	d_1 ±0.08
DNMA150604	—	DNMG150604	15.5	12.7	6.35	6.939	0.4	5.16
DNMA150608	DNMM150608	DNMG150608				6.477	0.8	
DNMA150612	DNMM150612	DNMG150612				6.014	1.2	
DNMA150616	DNMM150616	DNMG150616				5.552	1.6	
* d、s、m 的允许偏差符合 GB/T 2076 的规定，见附录 A。								

7.5 带 80°刀尖角的六边形刀片

带 80°刀尖角的六边形刀片如图 6 所示，主要尺寸及允许偏差应符合表 6 的规定。

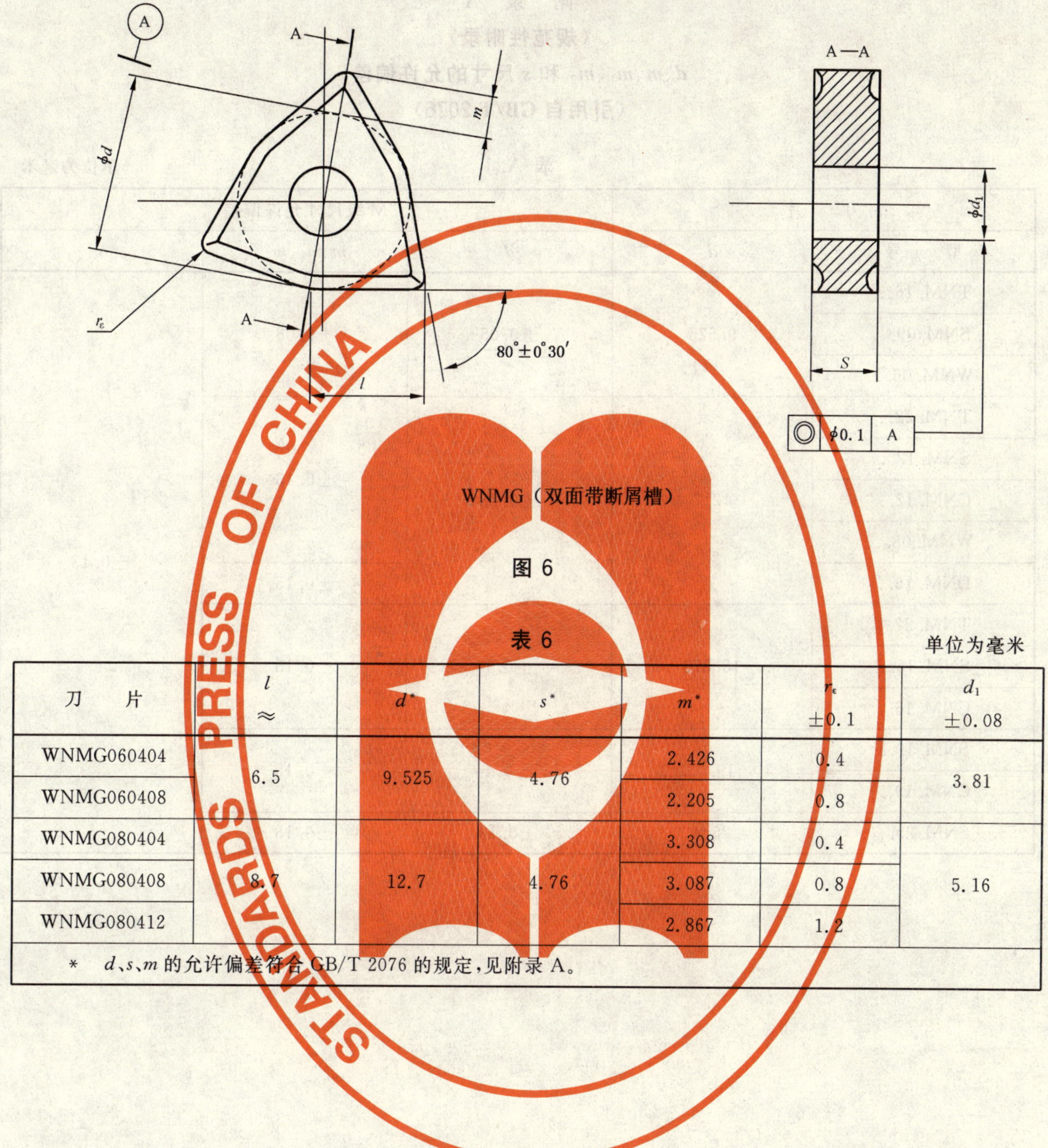

WNMG（双面带断屑槽）

图 6

表 6

单位为毫米

刀　　片	l ≈	d^*	s^*	m^*	$r_ε$ ±0.1	d_1 ±0.08
WNMG060404	6.5	9.525	4.76	2.426	0.4	3.81
WNMG060408				2.205	0.8	
WNMG080404	8.7	12.7	4.76	3.308	0.4	5.16
WNMG080408				3.087	0.8	
WNMG080412				2.867	1.2	
* d、s、m 的允许偏差符合 GB/T 2076 的规定，见附录 A。						

附 录 A
（规范性附录）
d、m、m_1、m_2 和 s 尺寸的允许偏差
（引用自 GB/T 2076）

表 A.1

单位为毫米

<table>
<tr><th colspan="2">刀 片</th><th colspan="3">M级尺寸允许偏差</th></tr>
<tr><th>型 号</th><th>d</th><th>d</th><th>m、m₁、m₂</th><th>s</th></tr>
<tr><td>TNM.16..</td><td rowspan="3">9.525</td><td rowspan="3">±0.05</td><td rowspan="3">±0.08</td><td rowspan="14">±0.13</td></tr>
<tr><td>SNM.09..</td></tr>
<tr><td>WNM.06..</td></tr>
<tr><td>TNM.22..</td><td rowspan="5">12.7</td><td rowspan="5">±0.08</td><td rowspan="4">±0.13</td></tr>
<tr><td>SNM.12..</td></tr>
<tr><td>CNM.12..</td></tr>
<tr><td>WNM.08..</td></tr>
<tr><td>DNM.15..</td><td>±0.15</td></tr>
<tr><td>TNM.27..</td><td rowspan="3">15.875</td><td rowspan="3">±0.1</td><td rowspan="3">±0.15</td></tr>
<tr><td>SNM.15..</td></tr>
<tr><td>CNM.16..</td></tr>
<tr><td>SNM.19..</td><td rowspan="2">19.05</td><td rowspan="2">±0.1</td><td rowspan="2">±0.15</td></tr>
<tr><td>CNM.19..</td></tr>
<tr><td>SNM.25..</td><td>25.4</td><td>±0.13</td><td>±0.18</td></tr>
</table>

附 录 B
（规范性附录）
m 尺寸的测量方法

B.1 正三角形刀片

正三角形刀片的 m 尺寸是以正三角形的一边与所对角的关系来测量的。将刀片置于图 B.1 所示的平面上，测量前先用尺寸与 m 的基本尺寸相同的块规将千分表校准在零位上，当测量刀片时，就可在千分表上直接读出偏差。

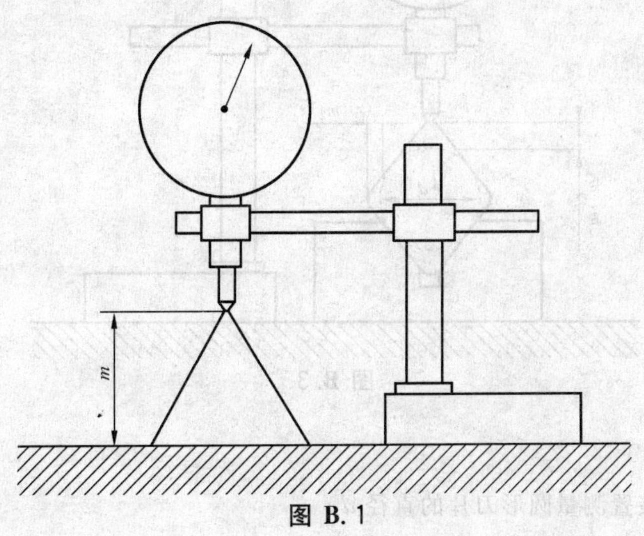

图 B.1

B.2 正方形刀片

正方形刀片的 m 尺寸是借助于标准圆柱的直径来测量的。该圆柱的直径与刀片内切圆的基本尺寸 d 相同。将刀片置于图 B.2 所示的 90°的 V 形块上，测量前先将标准圆柱置于 90°V 形块上，再在其上加一尺寸与 m 的基本尺寸相同的块规，将千分表校准上零位上。当测量刀片时，就可在千分表上直接读出偏差。标准圆柱的直径偏差为±0.002 mm。

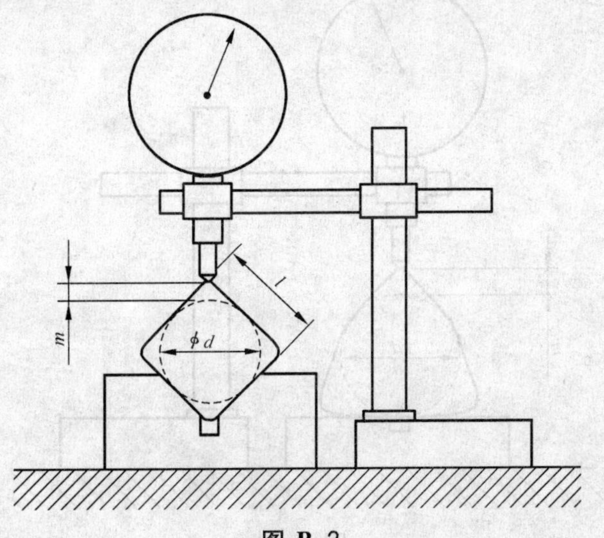

图 B.2

B.3　菱形刀片

菱形刀片的 m、m_1、m_2 尺寸是借助于标准圆柱的直径来测量的。该圆柱的直径与刀片内切圆的基本尺寸 d 相同。将刀片置于图 B.3 所示的 55°、80°或 100°的 V 形块上。测量前先将标准圆柱置于相应 V 形块上，再将其上加一尺寸与 m、m_1、m_2 的基本尺寸相同的块规，将千分表校准在零位上。当测量刀片时，就可以在千分表上直接读出偏差。标准圆柱的直径偏差为±0.002 mm。

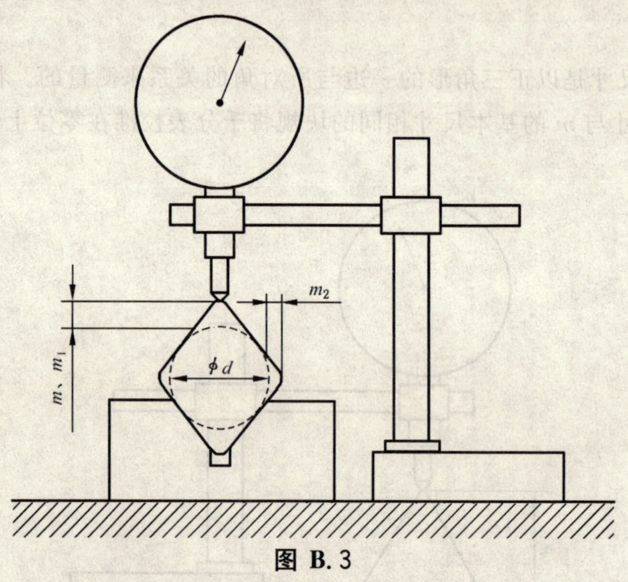

图 B.3

B.4　圆形刀片

采用千分尺或类似装置测量圆形刀片的直径 d。

B.5　六边形刀片

六边形刀片的 m 尺寸是借助于标准圆柱的直径来测定的。该圆柱的直径与刀片内切圆的基本尺寸 d 相同。将刀片置于图 B.4 所示的 160°的 V 形块上，测量前先将标准圆柱置于相应 V 形块上，再在其上加一尺寸与 m 的基本尺寸相同的块规，将千分表校准在零位上。当测量刀片时，就可以在千分表上直接读出偏差。标准圆柱的直径偏差为±0.002 mm。

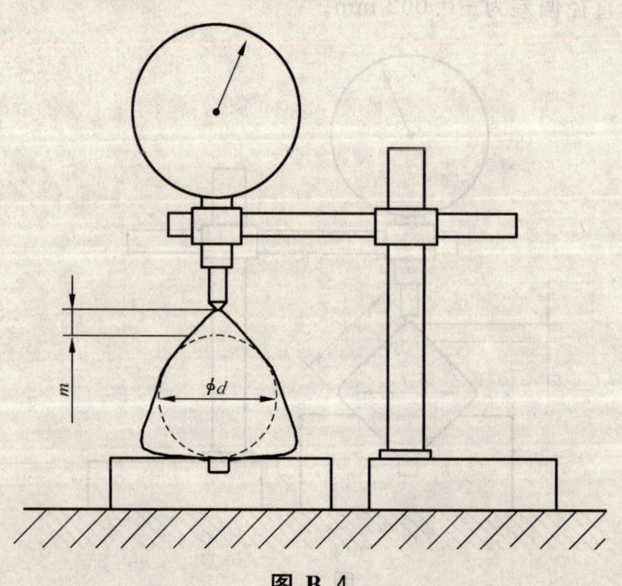

图 B.4

附 录 C
（规范性附录）
本标准列出的带圆角圆孔固定的可转位刀片的尺寸范围

表 C.1

单位为毫米

d	不带断屑槽(A)							单面带断屑槽(M)						双面带断屑槽(G)						
	型号	刀尖圆弧半径 r_ε						型号	刀尖圆弧半径 r_ε					型号	刀尖圆弧半径 r_ε					
		$d/2$	0.4	0.8	1.2	1.6	2.4		0.4	0.8	1.2	1.6	2.4		$d/2$	0.4	0.8	1.2	1.6	2.4
6.35	TNMA1103	—						TNMM1103						TNMG1103	—					
9.525	TNMA1603							TNMM1603						TNMG1603						
	TNMA1604		+	+	+			TNMM1604		+	+			TNMG1604		+	+	+		
12.7	TNMA2204			+	+	+		TNMM2204		+	+	+		TNMG2204			+	+	+	
15.875	TNMA2706							TNMM2706			+	+		TNMG2706						
19.05	TNMA3309							TNMM3309						TNMG3309						
9.525	SNMA0903							SNMM0903	+	+				SNMG0903	—	+	+			
12.7	SNMA1203							SNMM1203						SNMG1203						
	SNMA1204			+	+			SNMM1204		+	+			SNMG1204		+	+	+		
15.875	SNMA1504							SNMM1504						SNMG1504						
	SNMA1506							SNMM1506		+	+			SNMG1506			+	+		
19.05	SNMA1906				+	+		SNMM1906			+	+		SNMG1906				+	+	
25.4	SNMA2507						+	SNMM2507					+	SNMG2507						+
	SNMA2509							SNMM2509						SNMG2509						
12.7	CNMA1204			+	+			CNMM1204		+	+			CNMG1204	—	+	+	+		
15.875	CNMA1606							CNMM1606		+	+			CNMG1606			+	+		
19.05	CNMA1906				+	+		CNMM1906			+	+		CNMG1906			+	+	+	
25.4	CNMA2509							CNMM2509						CNMG2509						
12.7	DNMA1504							DNMM1504						DNMG1504						
	DNMA1506	—	+	+	+	+		DNMM1506		+	+	+		DNMG1506	—	+	+	+	+	
15.875	DNMA1906							DNMM1906						DNMG1906						
9.525														WNMG0604	—	+	+			
12.7														WNMG0804		+	+	+		

[+] 本标准的首选推荐(见表 2 至表 6)。

[ ] 非阴影部分,第二推荐,本标准未包含。

[阴影] 阴影部分,不推荐。

附 录 D
（资料性附录）
参 考 资 料

a） GB/T 2079 无孔的硬质合金可转位刀片(ISO 883:1995,MOD)；

b） GB/T 2080 带圆角沉孔固定的硬质合金可转位刀片尺寸(ISO 6987:1998,IDT)；

c） GB/T 2081 硬质合金可转位铣刀片(ISO 3365:1985,IDT)。

ICS 77.160
H 70

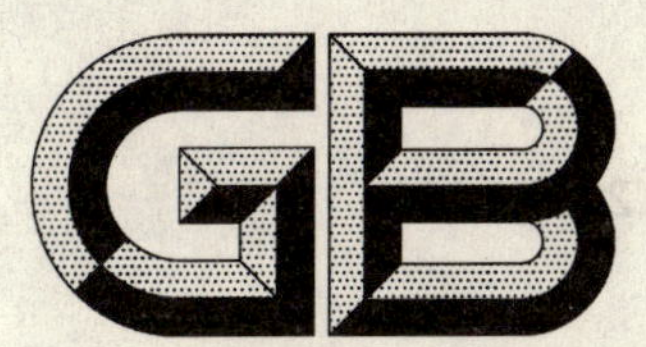

中华人民共和国国家标准

GB/T 2080—2007
代替 GB/T 2080—1987

带圆角沉孔固定的硬质合金可转位刀片尺寸

Indexable hard material inserts with rounded corners, with partly cylindrical fixing hole—Dimensions

(ISO 6987:1998,IDT)

2007-11-23 发布　　2008-06-01 实施

中华人民共和国国家质量监督检验检疫总局
中国国家标准化管理委员会　发布

前　言

本标准等同采用 ISO 6987:1998《带圆角沉孔固定的硬质合金可转位刀片尺寸》。

本标准根据 ISO 6987:1998 翻译起草。

为便于使用，本标准作了如下编辑性修改：

——删除了国际标准前言。

本标准代替 GB/T 2080—1987《带沉孔的硬质合金可转位刀片》。

本标准与 GB/T 2080—1987 相比，主要有如下变动：

——将原国标中的带 7°法后角的正三角形刀片 TCMW130304、TCMT130304 的 m 值基本尺寸由 11.513 mm 修订为 11.51 mm；TCMW130308、TCMT130308 的 m 值基本尺寸由 11.116 mm 修订为 11.113 mm；

——增加了带 11°法后角的正三角形刀片的尺寸及允许偏差的规定；

——将原国标中的带 7°法后角的正方形刀片 SCMW15××××、SCMT15××××、SCMW19××××和 SCMT19××××的 m 值的允许偏差由±0.15 mm 修订为±0.1 mm；

——增加了带 11°法后角的正方形刀片的尺寸及允许偏差的规定；

——增加了刀尖角为 80°、带 11°法后角的菱形刀片的尺寸及允许偏差的规定；

——增加了刀尖角为 35°菱形刀片的尺寸及允许偏差的规定；

——删去了圆形 7°法后角、无断屑槽刀片的尺寸及允许偏差的规定。增加了法后角为 11°圆形刀片的尺寸及允许偏差的规定；

——将原国标中的带 7°法后角的圆形刀片 RCMT3209M0 的 d 值允许偏差由±0.15 mm 修订为±0.13 mm；

——删去了刀尖角为 80°的等边不等角六边形、7°法后角、无断屑槽刀片的尺寸及允许偏差的规定。

本标准的附录 A、附录 B、附录 C 为规范性附录，附录 D 为资料性附录。

本标准由中国有色金属工业协会提出。

本标准由全国有色金属标准化技术委员会归口。

本标准由株洲硬质合金集团有限公司、株洲钻石切削刀具股份有限公司负责起草。

本标准主要起草人：陈莹、邓秋元、杨建国、李竞荣、陈东伟。

本标准所代替标准的历次版本发布情况为：

——GB/T 2080—1980、GB/T 2080—1987。

带圆角沉孔固定的硬质合金可转位刀片尺寸

1 范围

本标准规定了带圆角、沉孔固定的硬质合金可转位刀片的尺寸。

本标准适用于通过沉头螺钉固定或其他方式(如插销固定)安装在切削、钻削工具上的,带圆角的、沉孔固定的硬质合金可转位刀片。

2 规范性引用文件

下列文件中的条款通过本标准的引用而成为本标准的条款。凡是注日期的引用文件,其随后所有的修改单(不包括勘误的内容)或修订版均不适用于本标准,然而,鼓励根据本标准达成协议的各方研究是否可使用这些文件的最新版本。凡是不注日期的引用文件,其最新版本适用于本标准。

GB/T 2075 切削加工用硬切削材料的用途 切屑形式大组和用途小组的分类代号(ISO 513:1991,IDT)

GB/T 2076 切削刀具用可转位刀片型号表示规则(ISO 1832:2004,MOD)

3 刀片类型

本标准中包含的硬质合金可转位刀片有以下几种类型:

——TC:带有7°法后角的正三角形刀片;

——TP:带有11°法后角的正三角形刀片;

——SC:带有7°法后角的正方形刀片;

——SP:带有11°法后角的正方形刀片;

——CC:带有7°法后角、80°刀尖角的菱形刀片;

——CP:带有11°法后角、80°刀尖角的菱形刀片;

——DC:带有7°法后角、55°刀尖角的菱形刀片;

——VB:带有5°法后角、35°刀尖角的菱形刀片;

——VC:带有7°法后角、35°刀尖角的菱形刀片;

——RC:带有7°法后角的圆形刀片;

——RP:带有11°法后角的圆形刀片;

——WC:带有7°法后角、80°刀尖角的六边形刀片。

本标准中包含的可转位刀片可以带断屑槽(用符号T表示),也可以不带断屑槽(用符号W表示)。

本标准没有规定断屑槽的形状和尺寸,因此,如有必要,可以附示意图或加以说明。

表C.1至表C.4给出了刀片尺寸的范围。

4 互换性

4.1 尺寸及允许偏差

本标准中所包含的硬质合金可转位刀片应符合GB/T 2076中M级允许偏差,VC型刀片应符合GB/T 2076中G级允许偏差。附录A给出了符合GB/T 2076的M级偏差值。

孔的尺寸及允许偏差应符合表1的规定，刀片尺寸应符合表3至表12中的规定。

4.2 带断屑槽刀片的厚度

带断屑槽刀片的厚度是指刀片尖角处的切削刃与相对的刀片的支撑面之间的距离 s，如图1所示。

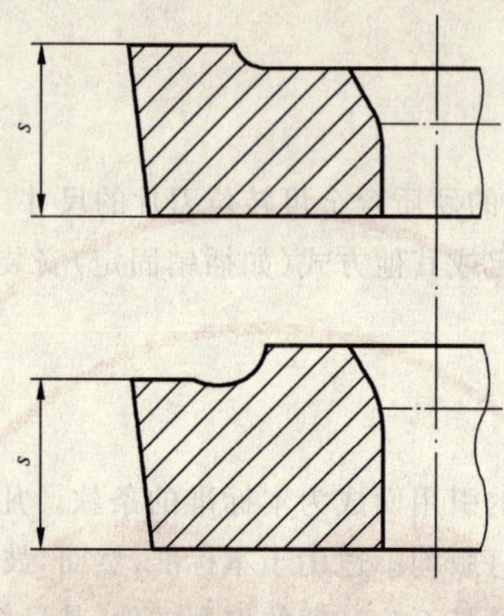

图 1

4.3 固定孔

4.3.1 为了保证刀片的可换性，使用锥头为40°或60°的沉头螺钉，刀片上的固定孔采用沉孔，即部分为圆柱形，其尺寸与刀片的内切圆直径有关。图2和表1给出的是固定孔的相关尺寸。

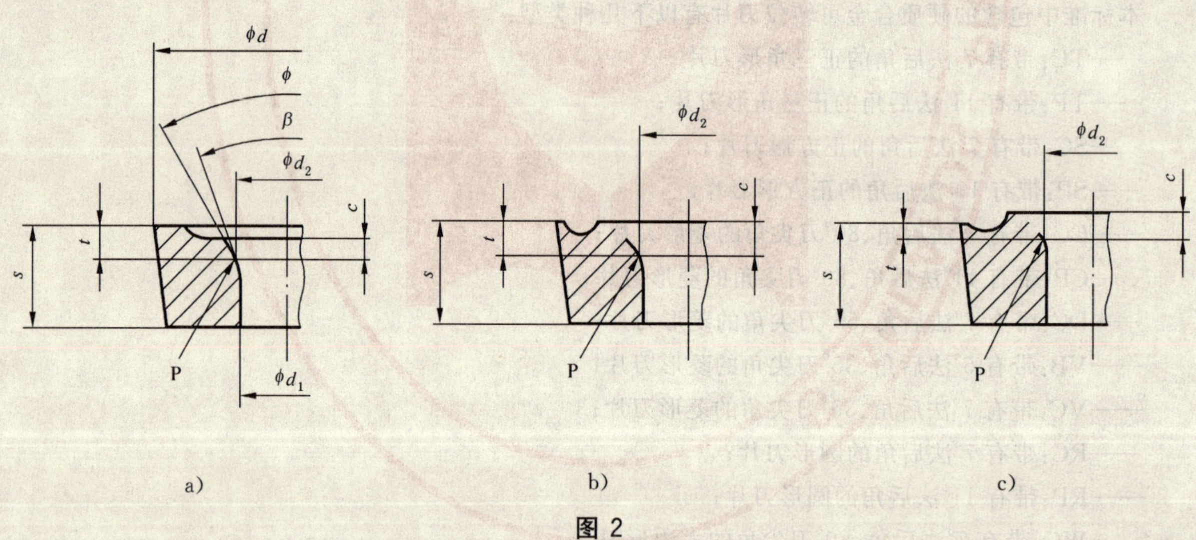

图 2

表 1

单位为毫米

<table>
<tr><td rowspan="2">d</td><td rowspan="2">刀片形状</td><td>T、S、C、D、V、W</td><td>4.76</td><td>5.56</td><td>6.35</td><td>7.94</td><td>9.525</td><td>12.7</td><td>15.875</td><td>19.05</td><td>25.4</td><td>—</td></tr>
<tr><td>R</td><td>—</td><td>—</td><td>6</td><td>8</td><td>10/12</td><td>—</td><td>16</td><td>20</td><td>25</td><td>32</td></tr>
<tr><td colspan="3">d_1 JS13</td><td>2.15</td><td>2.5</td><td>2.8</td><td>3.4</td><td>4.4</td><td>5.5</td><td>5.5</td><td>6.5</td><td>8.6</td><td>8.6</td></tr>
<tr><td colspan="3">d_2 JS13</td><td>2.7</td><td>3.3</td><td>3.75</td><td>4.5</td><td>6</td><td>7.5</td><td>7.5</td><td>9</td><td>12</td><td>12</td></tr>
</table>

4.3.2 P 点的位置，由直径 d_2（具体参见表 1）、从刀片尖角处切削刃测量的 t 和从上端面处测量的 c 确定。

4.3.3 t 和 c 有一定的范围，应分别满足：

$0.05d_1 \leqslant t \leqslant 0.3d_1$ 和 $0.15d_1 \leqslant c \leqslant 0.3d_1$

4.3.4 应注意有以下三种情况：

a) 上端面低于切削刃的刀片，参见图 2a)；

b) 上端面与切削刃齐平的刀片，参见图 2b)；

c) 上端面高于切削刃的刀片，参见图 2c)。

4.3.5 t 和 c 的尺寸必须能满足 4.3.4 中的所有情况。

4.3.6 孔的圆柱部分直径 d_1 尺寸应符合表 1 的规定。

4.3.7 d_1 和 P 之间的轮廓由生产厂决定，但必须满足下述要求：

——必须能使用锥头为 β 角 40°～60°之间的沉头螺钉；

——孔应该有个 $\phi \geqslant 65°$ 的上锥形部分；

——带有锥头为 40°的螺钉的接触线与带有锥头为 60°的螺钉的接触线之间的距离应尽可能小。

4.3.8 P 点之上的轮廓由生产厂决定。

5 型号和标志

5.1 型号

本标准包含的硬质合金可转位刀片的名称应符合 GB/T 2076 的规定。

作为刀片型号的补充，可以增加下列一条或两条信息：

——遵循 GB/T 2075 的使用分组代号；

——硬质合金牌号的商业名称。

5.2 标志

刀片上应标注下列符号（除非刀片过小无法标注）：

——用途分组代号，或硬质合金牌号的商业名称（如刀片够大也可以两个同时标注）。

6 测量

附录 B 给出了本标准包含的刀片的 m 尺寸的测量方法。

7 推荐尺寸

表 3 至表 12 给出了常用的刀片尺寸。通常它们是首选尺寸。当需要其他尺寸的刀片时，推荐表 C.1 至表 C.4 中非阴影部分的尺寸作为第二选择，表中阴影部分的刀片尺寸不做推荐。

注：m 值由刀尖圆弧半径 r_ε 的精确值计算得出。r_ε 应符合表 2 的规定，精确到小数点后第三位数。

表 2

r_ε 代号	02	04	08	12	16	20	24	32
r_ε 的精确值 mm	0.203 2[a]	0.397	0.794	1.191	1.588	1.984	2.381	3.175
[a] 精确到小数点后第四位数。								

7.1 带 7°法后角的正三角形刀片（TC）

带 7°法后角的正三角形刀片如图 3 所示，主要尺寸及允许偏差应符合表 3 的规定。

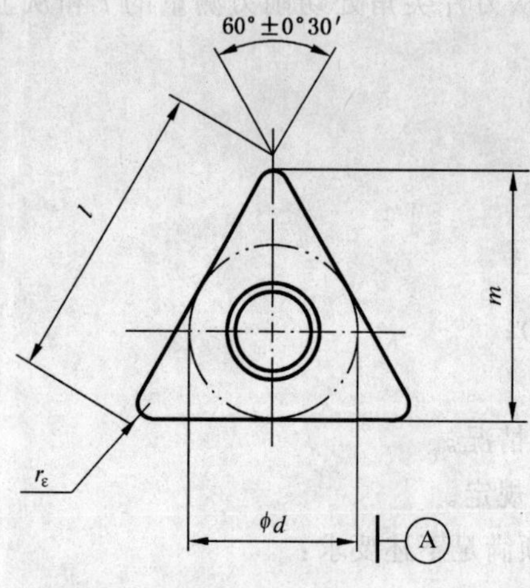

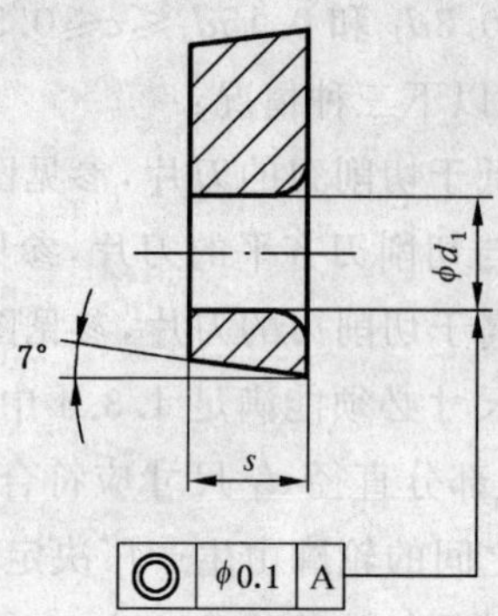

TCMW（不带断屑槽）

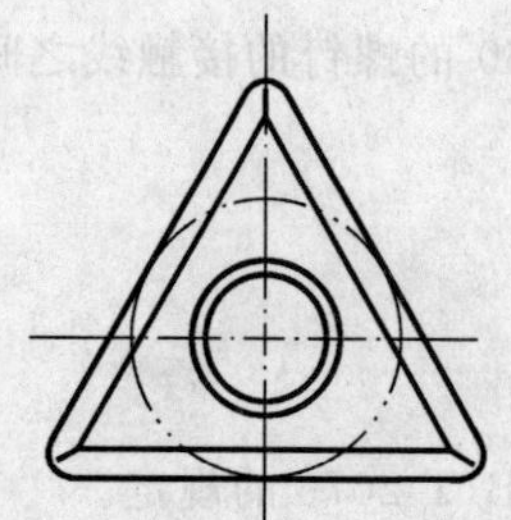

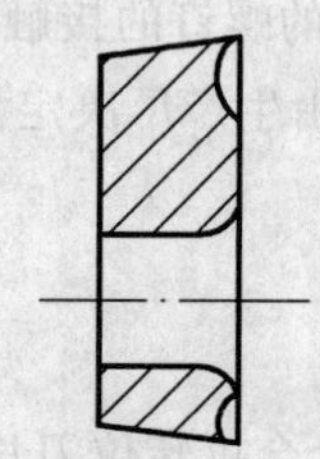

TCMT（带断屑槽）

图 3

表 3

单位为毫米

刀片		l ≈	d^*	s^*	m^*	$r_ε$ ±0.1	d_1 JS13
TCMW090204	TCMT090204	9.6	5.56	2.38	7.943	0.4	2.5
TCMW110202	TCMT110202	11	6.35		9.322	0.2	2.8
TCMW110204	TCMT110204				9.128	0.4	
TCMW130304	TCMT130304	13.6	7.94	3.18	11.51	0.4	3.4
TCMW130308	TCMT130308				11.113	0.8	
TCMW16T304	TCMT16T304	16.5	9.525	3.97	13.891	0.4	4.4
TCMW16T308	TCMT16T308				13.494	0.8	
TCMW16T312	TCMT16T312				13.097	1.2	
TCMW220404	TCMT220404	22	12.7	4.76	18.653	0.4	5.5
TCMW220408	TCMT220408				18.256	0.8	
TCMW220412	TCMT220412				17.859	1.2	
TCMW220416	TCMT220416				17.463	1.6	

* d、s、m 的允许偏差符合 GB/T 2076 的规定，见附录 A。

7.2 带有 11°法后角的正三角形刀片(TP)

带 11°法后角的正三角形刀片如图 4 所示,主要尺寸及允许偏差应符合表 4 的规定。

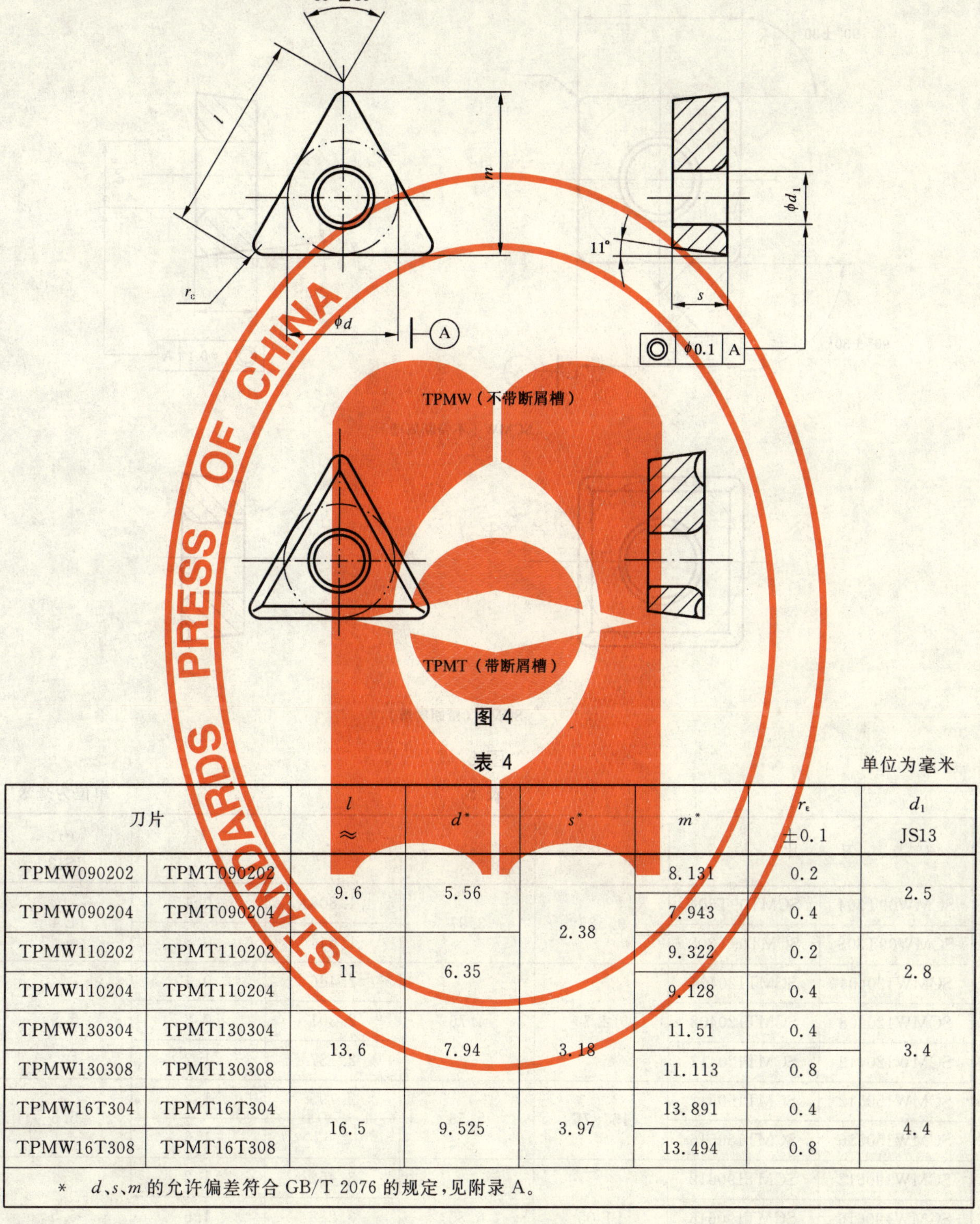

图 4

表 4

单位为毫米

刀片		l ≈	d^*	s^*	m^*	r_ε ±0.1	d_1 JS13
TPMW090202	TPMT090202	9.6	5.56	2.38	8.131	0.2	2.5
TPMW090204	TPMT090204				7.943	0.4	
TPMW110202	TPMT110202	11	6.35		9.322	0.2	2.8
TPMW110204	TPMT110204				9.128	0.4	
TPMW130304	TPMT130304	13.6	7.94	3.18	11.51	0.4	3.4
TPMW130308	TPMT130308				11.113	0.8	
TPMW16T304	TPMT16T304	16.5	9.525	3.97	13.891	0.4	4.4
TPMW16T308	TPMT16T308				13.494	0.8	

* d、s、m 的允许偏差符合 GB/T 2076 的规定,见附录 A。

7.3 带有7°法后角的正方形刀片(SC)

带有7°法后角的正方形刀片如图5所示，主要尺寸及允许偏差应符合表5的规定。

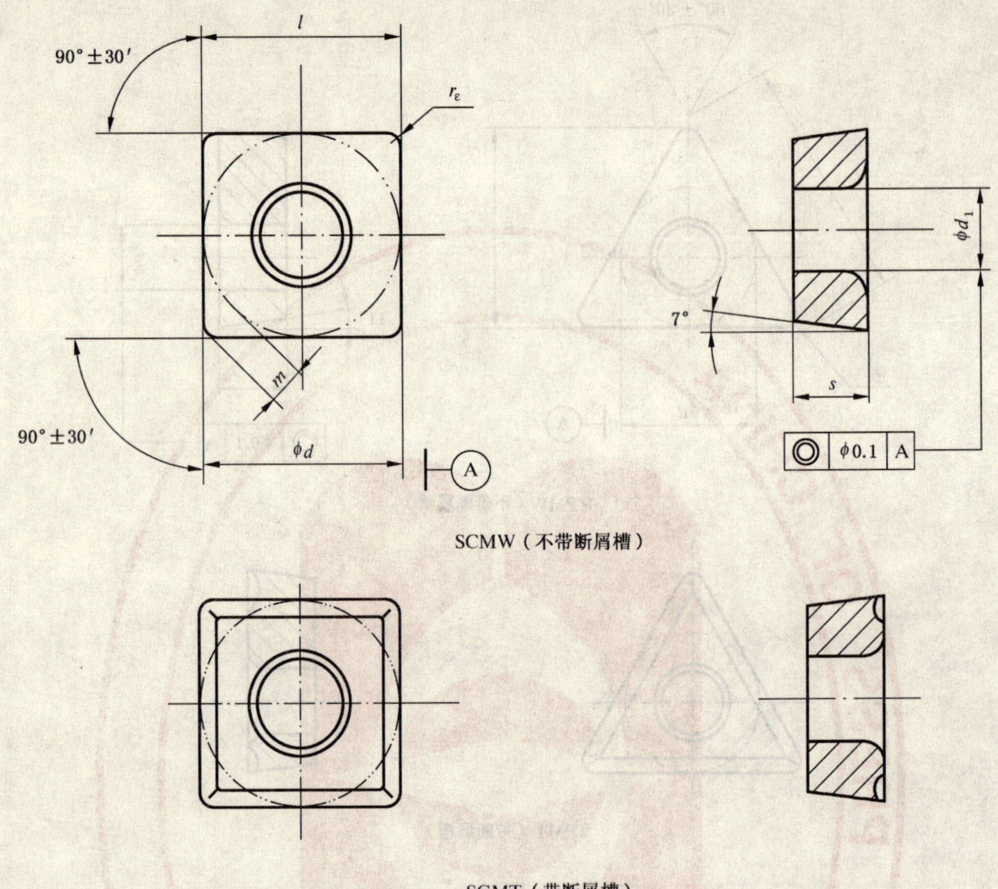

SCMW（不带断屑槽）

SCMT（带断屑槽）

图5

表5

单位为毫米

刀片		d^*	s^*	m^*	$r_ε$ ±0.1	d_1 JS13
SCMW09T304	SCMT09T304	9.525	3.97	1.808	0.4	4.4
SCMW09T308	SCMT09T308			1.644	0.8	
SCMW120404	SCMT120404	12.7	4.76	2.466	0.4	5.5
SCMW120408	SCMT120408			2.301	0.8	
SCMW120412	SCMT120412			2.137	1.2	
SCMW150512	SCMT150512	15.875	5.56	2.795	1.2	5.5
SCMW150516	SCMT150516			2.63	1.6	
SCMW190612	SCMT190612	19.05	6.35	3.452	1.2	6.5
SCMW190616	SCMT190616			3.288	1.6	
SCMW190624	SCMT190624			2.959	2.4	

* d、s、m 的允许偏差符合 GB/T 2076 的规定，见附录 A。

7.4 带有 11°法后角的正方形刀片(SP)

带有 11°法后角的正方形刀片如图 6 所示，主要尺寸及允许偏差应符合表 6 的规定。

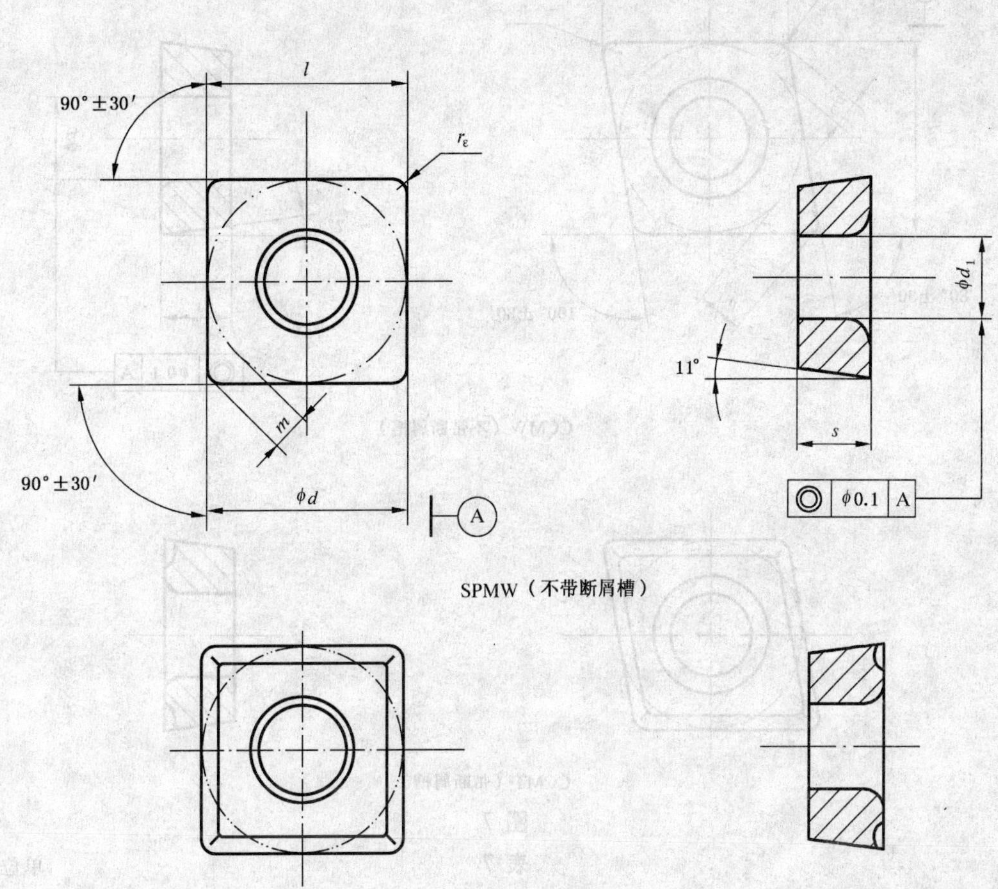

图 6

表 6

单位为毫米

刀片		d^*	s^*	m^*	r_ε ±0.1	d_1 JS13
SPMW090304	SPMT090304	9.525	3.97	1.808	0.4	4.4
SPMW090308	SPMT090308			1.644	0.8	
SPMW09T304	SPMT09T304	9.525	3.97	1.808	0.4	4.4
SPMW09T308	SPMT09T308			1.644	0.8	

* d、s、m 的允许偏差符合 GB/T 2076 的规定，见附录 A。

7.5 带有7°法后角、80°刀尖角的菱形刀片(CC)

带有7°法后角、80°刀尖角的菱形刀片如图7所示,主要尺寸及允许偏差应符合表7的规定。

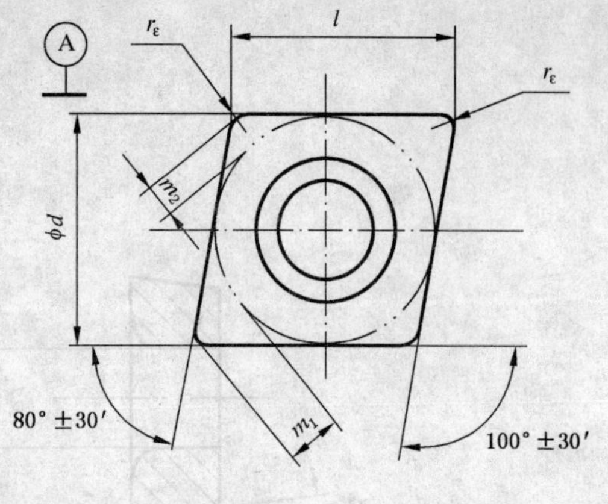

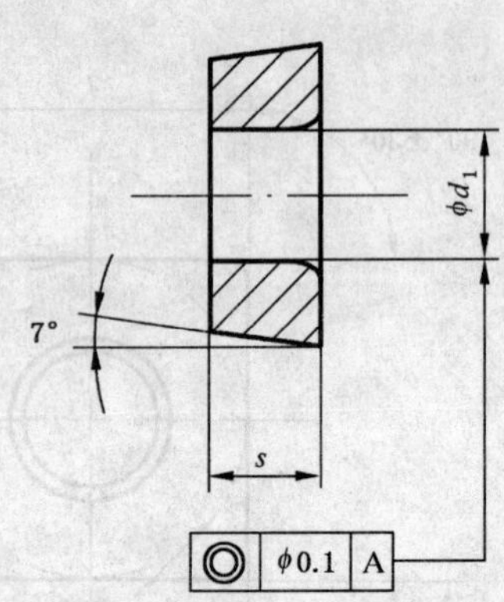

CCMW(不带断屑槽)

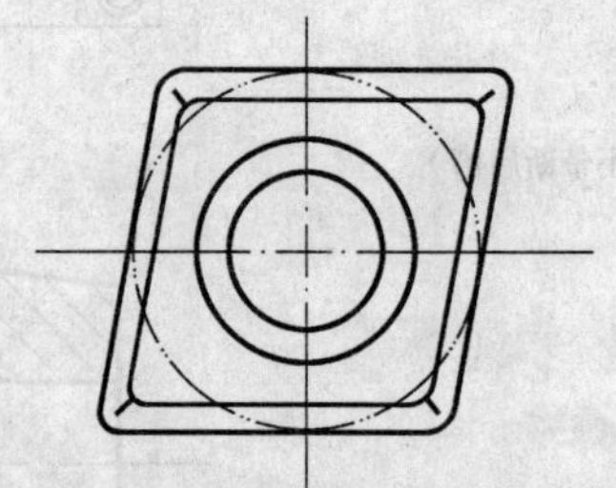

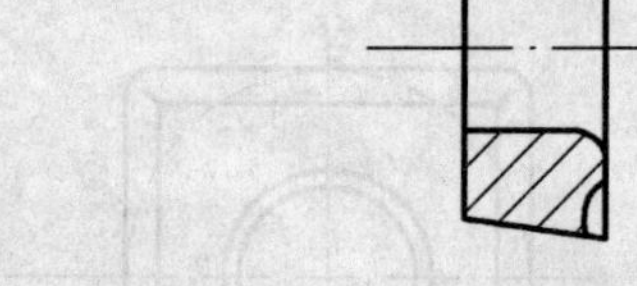

CCMT(带断屑槽)

图 7

表 7

单位为毫米

刀片		l ≈	d^*	s^*	m_1^*	m_2^*	r_ε ±0.1	d_1 JS13
CCMW060202	CCMT060202	6.4	6.35	2.38	1.652	0.908	0.2	2.8
CCMW060204	CCMT060204				1.544	0.848	0.4	
CCMW080304	CCMT080304	8.1	7.94	3.18	1.986	1.091	0.4	3.4
CCMW080308	CCMT080308				1.765	0.97	0.8	
CCMW09T304	CCMT09T304	9.7	9.525	3.97	2.426	1.333	0.4	4.4
CCMW09T308	CCMT09T308				2.206	1.212	0.8	
CCMW120404	CCMT120404	12.9	12.7	4.76	3.308	1.818	0.4	5.5
CCMW120408	CCMT120408				3.088	1.697	0.8	
CCMW120412	CCMT120412				2.867	1.576	1.2	
CCMW160512	CCMT160512	16.1	15.875	5.56	3.749	2.061	1.2	5.5
CCMW160516	CCMT160516				3.529	1.939	1.6	
CCMW190612	CCMT190612	19.3	19.05	6.35	4.632	2.545	1.2	6.5
CCMW190616	CCMT190616				4.411	2.424	1.6	
CCMW190624	CCMT190624				3.97	2.182	2.4	

* d_1、s、m_1、m_2 的允许偏差符合GB/T 2076的规定,见附录A。

7.6 带有 11°法后角、80°刀尖角的菱形刀片(CP)

带有 11°法后角、80°刀尖角的菱形刀片如图 8 所示，主要尺寸及允许偏差应符合表 8 的规定。

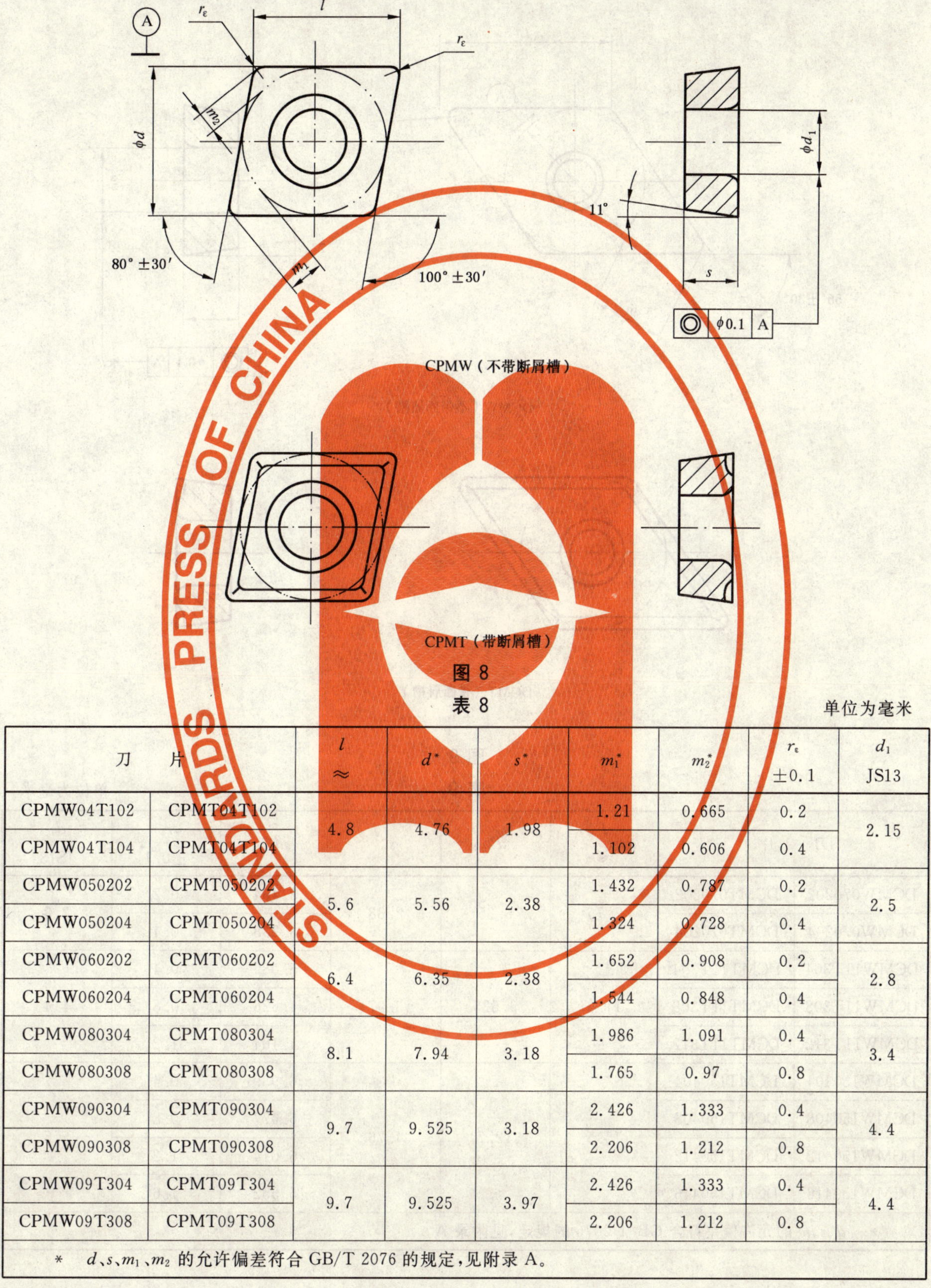

图 8

表 8

单位为毫米

刀片		l ≈	d^*	s^*	m_1^*	m_2^*	r_ε ±0.1	d_1 JS13
CPMW04T102	CPMT04T102	4.8	4.76	1.98	1.21	0.665	0.2	2.15
CPMW04T104	CPMT04T104				1.102	0.606	0.4	
CPMW050202	CPMT050202	5.6	5.56	2.38	1.432	0.787	0.2	2.5
CPMW050204	CPMT050204				1.324	0.728	0.4	
CPMW060202	CPMT060202	6.4	6.35	2.38	1.652	0.908	0.2	2.8
CPMW060204	CPMT060204				1.544	0.848	0.4	
CPMW080304	CPMT080304	8.1	7.94	3.18	1.986	1.091	0.4	3.4
CPMW080308	CPMT080308				1.765	0.97	0.8	
CPMW090304	CPMT090304	9.7	9.525	3.18	2.426	1.333	0.4	4.4
CPMW090308	CPMT090308				2.206	1.212	0.8	
CPMW09T304	CPMT09T304	9.7	9.525	3.97	2.426	1.333	0.4	4.4
CPMW09T308	CPMT09T308				2.206	1.212	0.8	

* d、s、m_1、m_2 的允许偏差符合 GB/T 2076 的规定，见附录 A。

7.7 带有7°法后角、55°刀尖角的菱形刀片(DC)

带有7°法后角、55°刀尖角的菱形刀片如图9所示，主要尺寸及允许偏差应符合表9的规定。

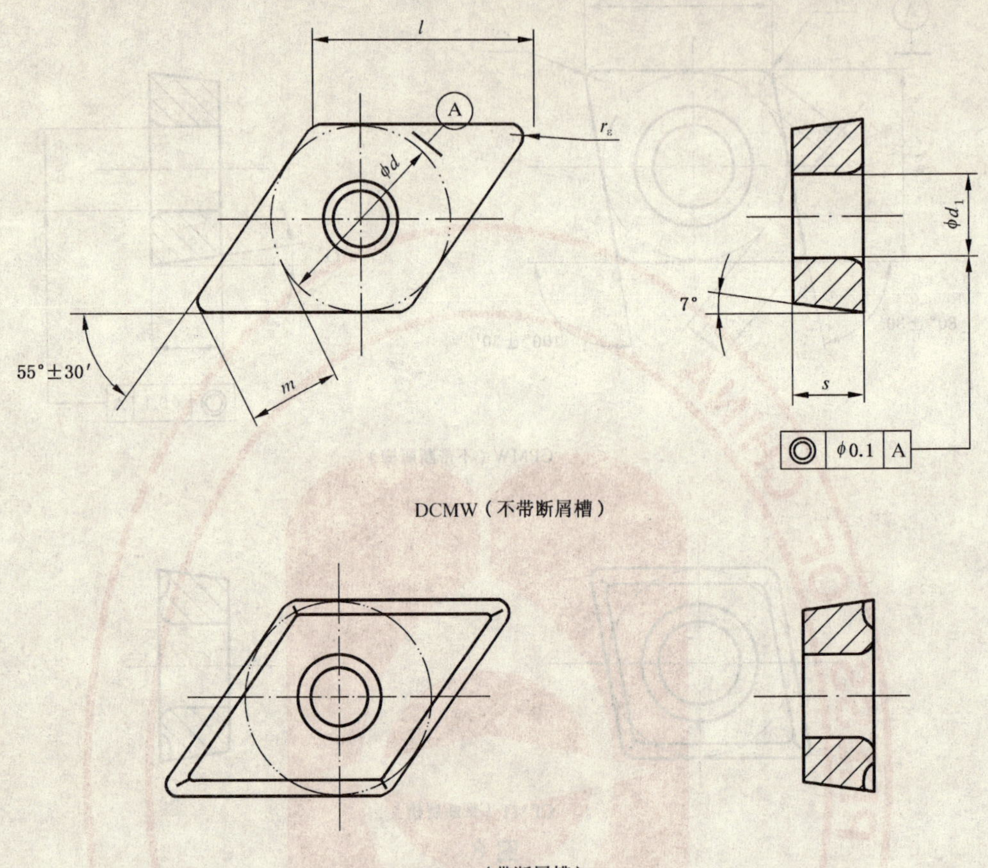

图9

表9

单位为毫米

刀片		l ≈	d^*	s^*	m^*	r_ε ±0.1	d_1 JS13
DCMW070202	DCMT070202	7.75	6.35	2.38	3.464	0.2	2.8
DCMW070204	DCMT070204				3.238	0.4	
DCMW11T304	DCMT11T304	11.6	9.525	3.97	5.089	0.4	4.4
DCMW11T308	DCMT11T308				4.626	0.8	
DCMW11T312	DCMT11T312				4.164	1.2	
DCMW150404	DCMT150404	15.5	12.7	4.76	6.939	0.4	5.5
DCMW150408	DCMT150408				6.477	0.8	
DCMW150412	DCMT150412				6.014	1.2	
DCMW150416	DCMT150416				5.552	1.6	
* d、s、m 的允许偏差符合 GB/T 2076 的规定，见附录 A。							

7.8 带有 35°刀尖角的菱形刀片(VB 和 VC)

带有 35°刀尖角的菱形刀片如图 10 所示,主要尺寸及允许偏差应符合表 10 的规定。

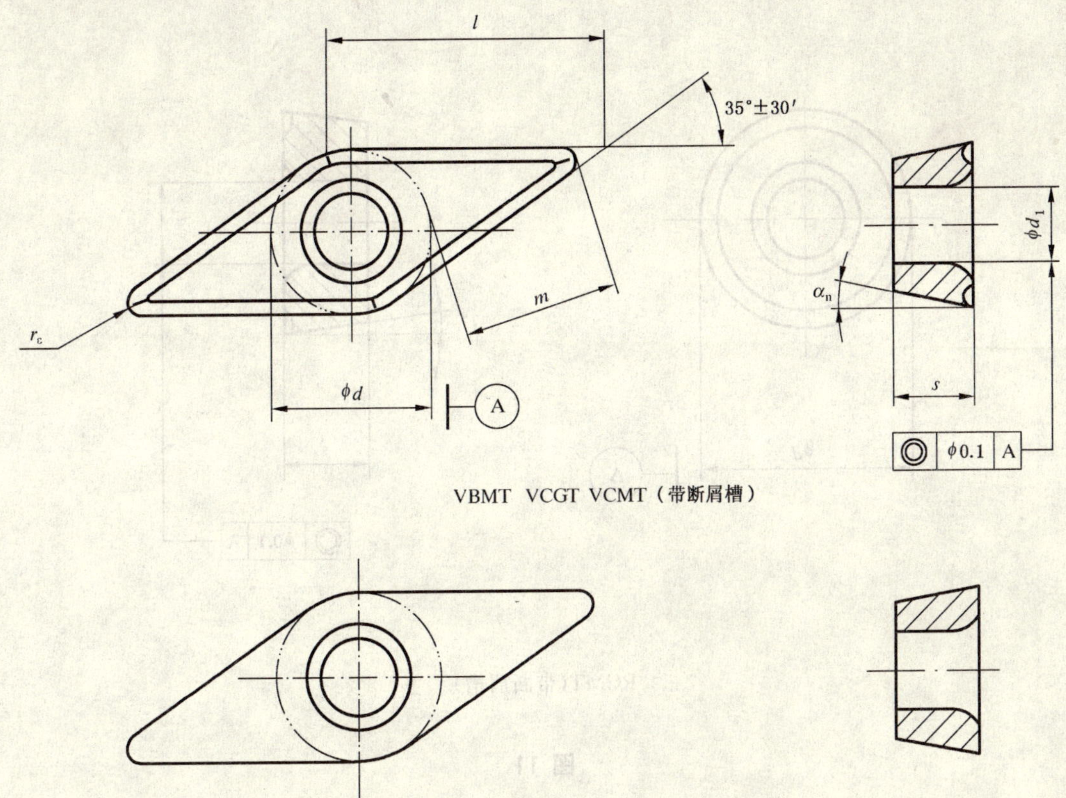

VBMW VCGW VCMW(不带断屑槽)

图 10

表 10

单位为毫米

刀	片	l ≈	d^*	s^*	m^*	r_ε ±0.1	d_1 JS13	α_n ±1°
VBMW110302	VBMT110302	11.1	6.35	3.18	6.911	0.2	2.8	5°
VBMW110304	VBMT110304				6.46	0.4		
VBMW160404	VBMT160404	16.6	9.525	4.76	10.152	0.4	4.4	
VBMW160408	VBMT160408				9.229	0.8		
VBMW160412	VBMT160412				8.306	1.2		
VCGW110304	VCGT110304	11.1	6.35	3.18	6.46	0.4	2.8	7°
VCMW110304	VCMT110304							
VCGW160404	VCGT160404	16.6	9.525	4.76	10.152	0.4	4.4	
VCGW160408	VCGT160408				9.229	0.8		
VCMW160404	VCMT160404				10.152	0.4		
VCMW160408	VCMT160408				9.229	0.8		

* d、s、m 的允许偏差符合 GB/T 2076 的规定,见附录 A。

7.9 带有 7°法后角的圆形刀片(RC)

带有 7°法后角的圆形刀片如图 11 所示,主要尺寸及允许偏差应符合表 11 的规定。

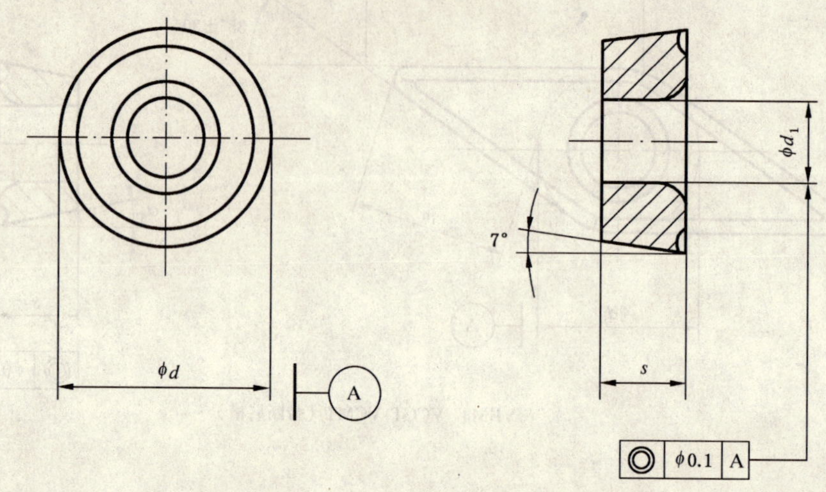

RCMT(带断屑槽)

图 11

表 11

单位为毫米

刀片	d^*	s^*	d_1 JS13
RCMT0602M0	6	2.38	2.8
RCMT0803M0	8	3.18	3.4
RCMT10T3M0	10	3.97	4.4
RCMT1204M0	12	4.76	4.4
RCMT1605M0	16	5.56	5.5
RCMT2006M0	20	6.35	6.5
RCMT2507M0	25	7.94	8.6
RCMT3209M0	32	9.52	8.6

* d、s 的允许偏差符合 GB/T 2076 的规定,见附录 A。

7.10 带有 11°法后角的圆形刀片(RP)

带有 11°法后角的圆形刀片如图 12 所示,主要尺寸及允许偏差应符合表 12 的规定。

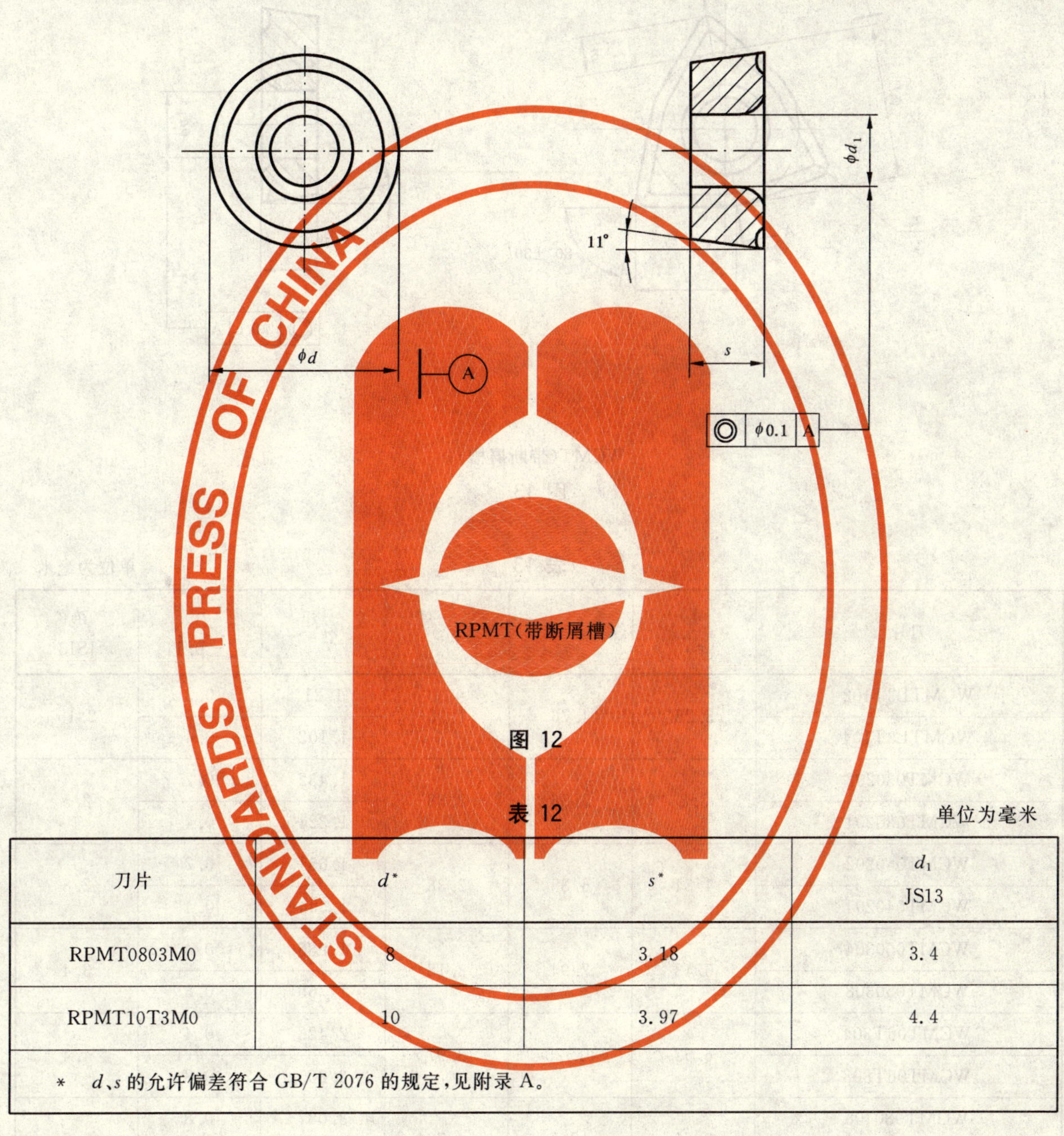

图 12

表 12

单位为毫米

刀片	d^*	s^*	d_1 JS13
RPMT0803M0	8	3.18	3.4
RPMT10T3M0	10	3.97	4.4

* d、s 的允许偏差符合 GB/T 2076 的规定,见附录 A。

7.11 带有7°法后角、80°刀尖角的六边形刀片(WC)

带有7°法后角、80°刀尖角的六边形刀片如图13所示，主要尺寸及允许偏差应符合表13的规定。

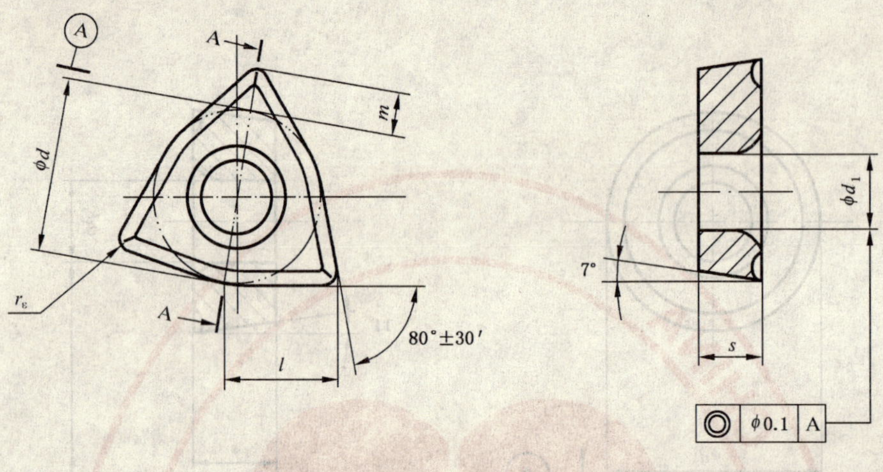

WCMT(带断屑槽)

图 13

表 13

单位为毫米

刀片	l ≈	d*	s*	m*	r_ε ±0.1	d_1 JS13
WCMTL3T102	3.26	4.76	1.98	1.21	0.2	2.15
WCMTL3T104				1.102	0.4	
WCMT030202	3.8	5.56	2.38	1.432	0.2	2.5
WCMT030204				1.324	0.4	
WCMT040202	4.34	6.35	2.38	1.651	0.2	2.8
WCMT040204				1.544	0.4	
WCMT050304	5.43	7.94	3.18	1.986	0.4	3.4
WCMT050308				1.765	0.8	
WCMT06T304	6.52	9.525	3.97	2.426	0.4	4.4
WCMT06T308				2.205	0.8	
WCMT080408	8.69	12.7	4.76	3.087	0.8	5.5
WCMT080412				2.867	1.2	

* d、s、m 的允许偏差符合 GB/T 2076 的规定，见附录 A。

附　录　A
（规范性附录）
d、m、m_1、m_2 和 s 尺寸的允许偏差
（引用自 GB/T 2076）

表 A.1

单位为毫米

刀片		M级尺寸允许偏差		
型号	d	d	m、m_1 和 m_2	s
CPM. . . T1. .	4.76	±0.05	±0.08	±0.05[a]
CPM. 04. . WCM. L3. .				±0.13
TPM. . . 02. . CPM. . . 02. .	5.56	±0.05	±0.08	±0.05[a]
RPM. . . 02. .			—	
TPM. 09. . TCM. 09. . CPM. 05. . WCM. 03. .			±0.08	±0.13
RCM. 06. . RPM. 06. .	6	±0.05	—	
TPM. 11. . TCM. 11. . CPM. 06. . CCM. 06. . WCM. 04. .	6.35	±0.05	±0.08	
DCM. 07. .			±0.11	
VBM. 11. . VCM. 11. .			±0.16[b]	
TPM. 13. . TCM. 13. . CPM. 08. . CCM. 08. . WCM. 05. .	7.94	±0.05	±0.08	
RPM. 07. .			—	
VCM. 13. .			±0.16[b]	
RPM. 08. . RCM. 08. .	8	±0.05	—	

表 A.1(续)

单位为毫米

刀片		M级尺寸允许偏差		
型号	*d*	*d*	m、m_1 和 m_2	*s*
TPM. 16..	9.525	±0.05	±0.08	±0.13
TCM. 16..				
SPM. 09..				
SCM. 09..				
CPM. 09..				
CCM. 09..				
WCM. 06..				
DCM. 11..			±0.11	
RPM. 09..			—	
VBM. 16..			±0.16[b]	
VCM. 16..				
RPM. 10..	10	±0.05	—	
RCM. 10..				
RPM. 12..M0	12	±0.08	—	
RCM. 12..				
TCM. 22..	12.7	±0.08	±0.13	
SPM. 12..				
SCM. 12..				
CPM. 12..				
CCM. 12..				
WCM. 08..				
DCM. 15..			±0.15	
RPM. 12..00			—	
SCM. 15..	15.875	±0.1	±0.15	
CCM. 16..				
RCM. 16..	16		—	
SCM. 19..	19.05		±0.15	
CCM. 19..				
RCM. 20..	20		—	
RCM. 25..	25	±0.13	—	
RCM. 32..	32			

[a] 未包含在 GB/T 2076 中。

[b] 包含在 ISO 1832:1991 的修改单中,已被 GB/T 2076 所采纳。

附 录 B
(规范性附录)
m 尺寸的测量方法

B.1 正三角形刀片

正三角形刀片的 m 尺寸是以正三角形的一边与所对角的关系来测量的。将刀片置于图 B.1 所示的平面上,测量前先用尺寸与 m 的基本尺寸相同的块规将千分表校准在零位上,当测量刀片时,就可在千分表上直接读出偏差。

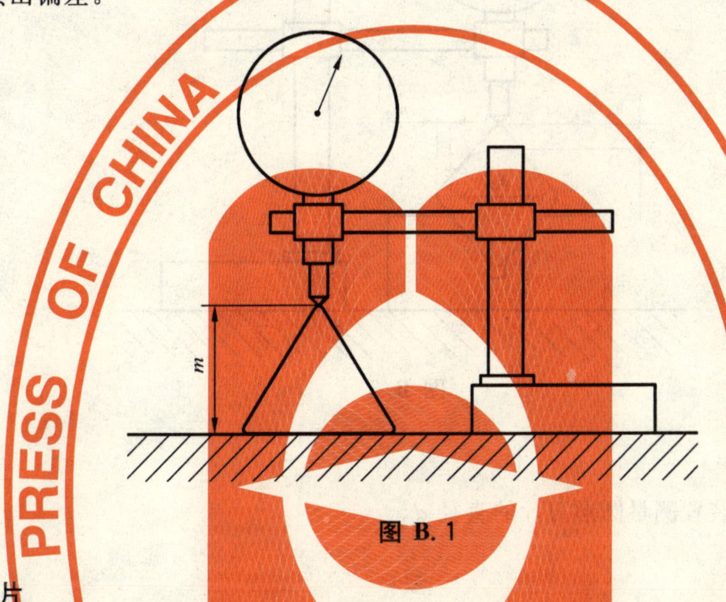

图 B.1

B.2 正方形刀片

正方形刀片的 m 尺寸是借助于标准圆柱的直径来测量的。该圆柱的直径与刀片内切圆的基本尺寸 d 相同。将刀片置于图 B.2 所示的 90°的 V 形块上,测量前先将标准圆柱置于 90°V 形块上,再在其上加一尺寸与 m 的基本尺寸相同的块规,将千分表校准上零位上。当测量刀片时,就可在千分表上直接读出偏差。标准圆柱的直径偏差为±0.002 mm。

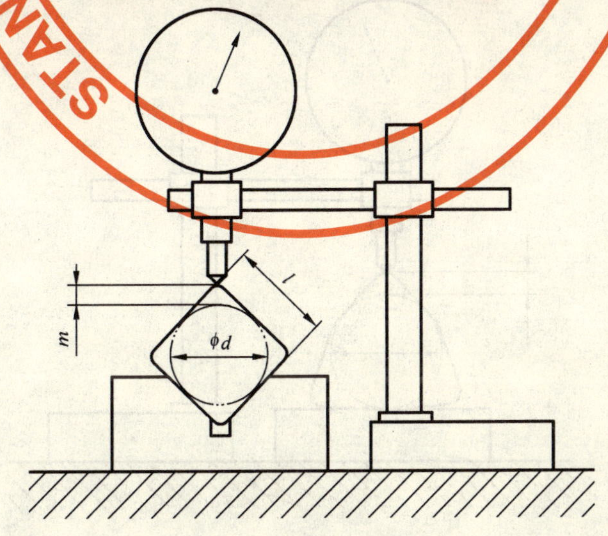

图 B.2

B.3 菱形刀片

菱形刀片的 m、m_1、m_2 尺寸是借助于标准圆柱的直径来测量的。该圆柱的直径与刀片内切圆的基本尺寸 d 相同。将刀片置于图 B.3 所示的 35°、55°、80°或 100°的 V 形块上。测量前先将标准圆柱置于相应 V 形块上，再将其上加一尺寸与 m、m_1、m_2 的基本尺寸相同的块规，将千分表校准在零位上。当测量刀片时，就可以在千分表上直接读出偏差。标准圆柱的直径偏差为±0.002 mm。

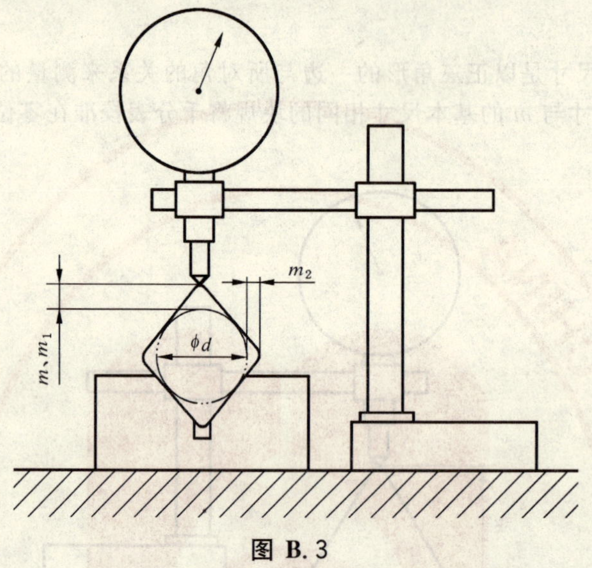

图 B.3

B.4 圆形刀片

采用千分尺或类似装置测量圆形刀片的直径 d。

B.5 六边形刀片

六边形刀片的 m 尺寸是借助于标准圆柱的直径来测定的。该圆柱的直径与刀片内切圆的基本尺寸 d 相同。将刀片置于图 B.4 所示的 160°的 V 形块上，测量前先将标准圆柱置于相应 V 形块上，再在其上加一尺寸与 m 的基本尺寸相同的块规，将千分表校准在零位上。当测量刀片时，就可以在千分表上直接读出偏差。标准圆柱的直径偏差为±0.002 mm。

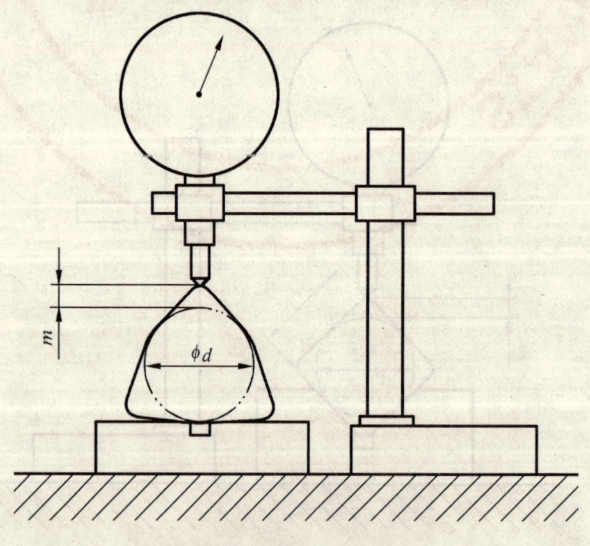

图 B.4

附 录 C
（规范性附录）
尺寸范围

表 C.1

单位为毫米

d	不带断屑槽(W)							带断屑槽(T)						
	型号	$\frac{d}{2}$	刀尖圆弧半径 r_ε					型号	$\frac{d}{2}$	刀尖圆弧半径 r_ε				
			0.2	0.4	0.8	1.2	1.6			0.2	0.4	0.8	1.2	1.6
5.56	TPMW 0902		+	+				TPMT 0902		+	+			
6.35	TPMW 1102		+	+				TPMT 1102		+	+			
	TPMW 1103							TPMT 1103						
7.94	TPMW 1303			+	+			TPMT 1303			+	+		
9.525	TPMW 16T3			+	+			TPMT 16T3			+	+		
12.7	TPMW 2204							TPMT 2204						
9.525	SPMW 0903							SPMT 0903						
	SPMW 09T3			+	+			SPMT 09T3			+	+		
12.7	SPMW 1204							SPMT 1204						
4.76	CPMW 04T1		+	+				CPMT 04T1		+	+			
5.56	CPMW 0502		+	+				CPMT 0502		+	+			
6.35	CPMW 0602		+	+				CPMT 0602		+	+			
7.94	CPMW 0803			+	+			CPMT 0803			+	+		
9.525	CPMW 0903			+	+			CPMT 0903			+	+		
	CPMW 09T3			+	+			CPMT 09T3			+	+		
12.7	TPMW 1204							TPMT 1204						
7.94	RPMW 070300							RPMT 070300						
9.525	RPMW 09T300							RPMT 09T300						
12.7	RPMW 120400							RPMT 120400						
6	RPMW 0602M0							RPMT 0602M0						
8	RPMW 0803M0							RPMT 0803M0	+					
10	RPMW 10T3M0							RPMT 10T3M0	+					
12	RPMW 1204M0							RPMT 1204M0						

+ 本标准的首选推荐。

□ 非阴影部分，第二推荐，本标准未包含。

■ 阴影部分，不推荐。

表 C.2

单位为毫米

d	不带断屑槽(A)								单面带断屑槽(M)							
	型号	刀尖圆弧半径 r_ε							型号	刀尖圆弧半径 r_ε						
		$\frac{d}{2}$	0.2	0.4	0.8	1.2	1.6	2.4		$\frac{d}{2}$	0.2	0.4	0.8	1.2	1.6	2.4
5.56	TCMW 0902			+					TCMT 0902			+				
6.35	TCMW 1102		+	+					TCMT 1102		+	+				
	TCMW 1103								TCMT 1103							
7.94	TCMW 1303			+	+				TCMT 1303			+	+			
9.525	TCMW 16T3			+	+	+			TCMT 16T3			+	+	+		
12.7	TCMW 2204			+	+	+	+		TCMT 2204			+	+	+	+	
9.525	SCMW 09T3			+	+				SCMT 09T3			+	+			
12.7	SCMW 1204			+	+	+			SCMT 1204			+	+	+		
15.875	SCMW 1505					+	+		SCMT 1505					+	+	
19.05	SCMW 1906					+	+	+	SCMT 1906					+	+	+
25.4	SCMW 2507								SCMT 2507							
6.35	CCMW 0602		+	+					CCMT 0602		+	+				
7.94	CCMW 0803			+	+				CCMT 0803			+	+			
9.525	CCMW 09T3			+	+				CCMT 09T3			+	+			
12.7	CCMW 1204			+	+	+			CCMT 1204			+	+	+		
15.875	CCMW 1605					+	+		CCMT 1605					+	+	
19.05	CCMW 1906					+	+	+	CCMT 1906					+	+	+
6.35	DCMW 0702		+	+					DCMT 0702		+	+				
7.94	DCMW 0903								DCMT 0903							
9.525	DCMW 11T3			+	+	+			DCMT 11T3			+	+	+		
12.7	DCMW 1504			+	+	+	+		DCMT 1504			+	+	+	+	
15.875	DCMW 1905								DCMT 1905							
6	RCMW 0602M0								RCMT 0602M0	+						
8	RCMW 0803M0								RCMT 0803M0	+						
10	RCMW 10T3M0								RCMT 10T3M0	+						
12	RCMW 1204M0								RCMT 1204M0	+						
16	RCMW 1605M0								RCMT 1605M0	+						
20	RCMW 2006M0								RCMT 2006M0	+						
25	RCMW 2507M0								RCMT 2507M0	+						
32	RCMW 3209M0								RCMT 3209M0	+						

[+] 本标准的首选推荐(见表 2 至表 6)。

[ ] 非阴影部分，第二推荐，本标准未包含。

[阴影] 阴影部分，不推荐。

表 C.3

单位为毫米

d	单面带断屑槽(M)				
	型号	刀尖圆弧半径 r_ε			
		0.2	0.4	0.8	1.2
4.76	WCMT L3T1	+	+		
5.56	WCMT 0302	+	+		
6.35	WCMT 0402	+	+		
7.94	WCMT 0503		+	+	
9.525	WCMT 06T3		+	+	
12.7	WCMT 0804			+	+

表 C.4

单位为毫米

d	型号	G级公差				M级公差			
		刀尖圆弧半径 r_ε				刀尖圆弧半径 r_ε			
		0.2	0.4	0.8	1.2	0.2	0.4	0.8	1.2
6.35	VBMW 1103、VBMT 1103					+	+		
9.525	VBMW 1604、VBMT 1604						+	+	+
6.35	VCGW 1103、VCGT 1103 VCMW 1103、VCMT 1103		+				+		
7.94	VCGW 13T3、VCGT 13T3 VCMW 13T3、VCMT 13T3								
9.525	VCGW 1604、VCGT 1604 VCMW 1604、VCMT 1604		+	+			+	+	

+ 本标准的首选推荐。

非阴影部分,第二推荐,本标准未包含。

阴影部分,不推荐。

附 录 D
（资料性附录）
参 考 资 料

a） GB/T 2078 带圆孔的硬质合金可转位刀片(ISO 3364:1997,MOD)

b） GB/T 2079 无孔的硬质合金可转位刀片(ISO 883:1985,MOD)

c） GB/T 2081 硬质合金可转位铣刀片(ISO 3365:1985,MOD)

ICS 77.160
H 71

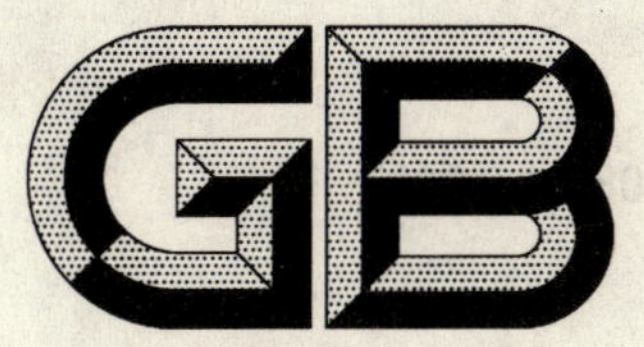

中华人民共和国国家标准

GB/T 2085.1—2007
代替 GB/T 2082—1989、GB/T 2085—1989

铝 粉
第1部分:空气雾化铝粉

Aluminium powder—
Part 1:Air atomized aluminium powder

2007-04-30 发布　　　　2007-11-01 实施

中华人民共和国国家质量监督检验检疫总局
中国国家标准化管理委员会　发布

前言

GB/T 2085《铝粉》分为两个部分：

——第 1 部分：空气雾化铝粉；

——第 2 部分：球磨铝粉。

本部分为 GB/T 2085 的第 1 部分。

本部分代替 GB/T 2082—1989《工业铝粉》、GB/T 2085—1989《易燃铝粉》。

本部分与 GB/T 2082—1989、GB/T 2085—1989 相比，主要变化如下：

——在第 1 章"范围"中增加了"耐火材料、炸药、焊接"用途；

——规定并采用了全新的牌号表示方法；

——根据目前钢铁冶金行业使用空气雾化铝粉的情况，将原工业铝粉标准中的牌号 FLG1 的 200 μm的筛下由原来规定的不大于 28%，修订为不大于 15%；工业铝粉标准中的牌号 FLG2 新增了 200 μm 的筛下物不大于 15%的要求；

——根据空气雾化铝粉在耐火材料生产和钛白粉生产中的应用情况，本次修订新增加了两个牌号 FLPA125 和 FLPA80，并对其粒度和化学成分做出了规定；

——按照烟花行业使用空气雾化铝粉的情况，新增加了三个牌号 FLPA280、FLPA180、FLPA160B，并对其粒度和化学成分做出了规定；

——检验方法采用了 GB/T 6987《铝及铝合金化学分析方法》、YS/T 617《铝、镁及其合金粉理化性能测定方法》的相关规定；

——增加了"订货单(或合同)内容"的规定。

本部分由中国有色金属工业协会提出。

本部分由全国有色金属标准化技术委员会归口并负责解释。

本部分由兰州铝业股份有限公司西北铝加工分公司负责起草。

本部分主要起草人：张继光、李建荣、段瑞芬、侯波、任柏峰、刘德飞。

本部分所代替标准历次版本的发布情况为：

——GB/T 2082—1980、GB/T 2082—1989；

——GB/T 2085—1980、GB/T 2085—1989。

铝 粉
第1部分:空气雾化铝粉

1 范围

本部分规定了空气雾化铝粉的产品分类、技术要求、试验方法、检验规则和标志、包装、运输、贮存及合同内容。

本部分适用于空气雾化法生产的供冶金、化工、耐火材料、炸药、烟火和焊接使用的空气雾化铝粉(以下简称铝粉)。

2 规范性引用文件

下列文件中的条款通过本部分的引用而成为本部分的条款。凡是注日期的引用文件,其随后所有的修改单(不包括勘误的内容)或修订版本均不适用于本部分,然而,鼓励根据本部分达成协议的各方研究是否可使用这些文件的最新版本。凡是不注日期的引用文件,其最新版本适用于本部分。

GB 190—1990 危险货物包装标志

GB 12463—1990 危险货物运输包装通用技术条件

GB/T 3199 铝及铝合金加工产品 包装、标志、运输、贮存

GB/T 4456 包装用聚乙烯吹塑薄膜

GB/T 5314 粉末冶金用粉末的取样方法

GB/T 6987 (所有部分)铝及铝合金化学分析方法

YS/T 617.1 铝、镁及其合金粉理化性能测定方法 第1部分 活性铝、活性镁、活性铝镁量的测定 气体容量法

YS/T 617.3 铝、镁及其合金粉理化性能测定方法 第3部分 水分的测定 干燥失重法

YS/T 617.6 铝、镁及其合金粉理化性能测定方法 第6部分 粒度分布的测定 筛分法

YS/T 617.8 铝、镁及其合金粉理化性能测定方法 第8部分 松装密度的测定

3 要求

3.1 牌号

3.1.1 铝粉牌号采用“FLPA”加二至四位数字(或数字后再加一位英文字母)的形式表示,如表1。

3.1.2 牌号中的“FLPA”为空气雾化铝粉的标识代号。

3.1.3 牌号中的数字代表铝粉筛分试验选择的筛网最大孔径。

3.1.4 牌号中的字母标识筛分试验所选筛网最大孔径相同的粉末中,粒度分布不同和(或)松装密度等物理性能有差异的不同粉末。

3.2 粒度分布、松装密度及典型用途

铝粉的粒度分布、松装密度及典型用途如表1所示。需方对粒度分布、松装密度有特殊要求时,可与供方另行协商。

表 1

牌　　号	粒度分布		松装密度/(g/cm³) ≥	典型用途示例	备注
	粒度/μm	质量分数/% ≤			
FLPA2500	≥2 500	0.3	—	冶金及特种铁合金行业	代替 FLG1[1)]
	<200	15			
FLPA1000	≥1 000	0.3	—	冶金及特种铁合金行业	代替 FLG2[1)]
	<200	15			
FLPA630	≥630	0.3	0.96	烟火及炸药行业	代替 FLP1[2)]
	≥450	12			
	<250	20			
FLPA500	≥500	0.3	—	冶金行业	代替 FLG3[1)]
FLPA450	≥450	0.3	0.96	烟火及炸药行业	代替 FLP2[2)]
	≥250	10			
	<140	20			
FLPA280	≥280	10	0.96	烟火及焊接行业	—
	<180	40			
FLPA250	≥250	0.3	0.96	烟火及炸药行业	代替 FLP3[2)]
	≥160	10			
	<100	30			
FLPA180	≥180	10	0.96	烟火、摩擦材料及焊接行业	—
	<140	45			
FLPA160A	≥160	0.3	—	冶金及化工行业	代替 FLG4[1)]
FLPA160B	≥160	10	0.96	烟火及化工行业	
	<125	50			
FLPA140	≥140	0.3	0.97	炸药及焊接行业	代替 FLP4[2)]
	≥100	15			
FLPA125	≥125	0.3	—	化工及耐火材料行业	—
FLPA80	≥80	5	—	耐火材料行业	—

注：经供需双方商定并在合同中注明，可供应其他牌号的铝粉。

1) 原 GB/T 2082—1989 中的牌号。

2) 原 GB/T 2085—1989 中的牌号。

3.3 化学成分

铝粉化学成分应符合表 2 的规定。

表 2

牌　号	质量分数/%					
	Al[1) ≥	活性铝 ≥	杂质 ≤			
			Fe	Si	Cu	H_2O
FLPA2500	98	—	0.5	0.5	0.1	0.2
FLPA1000	98	—	0.5	0.5	0.1	0.2
FLPA630	—	97	0.5	0.5	0.1	0.2
FLPA500	98	—	0.5	0.5	0.1	0.2
FLPA450	—	97	0.5	0.5	0.1	0.2
FLPA280	—	95	0.5	0.5	0.1	0.1
FLPA250	—	96	0.5	0.5	0.1	0.2
FLPA180	—	95	0.5	0.5	0.1	0.1
FLPA160A	98	—	0.5	0.5	0.1	0.2
FLPA160B	—	95	0.5	0.5	0.1	0.1
FLPA140	—	96	0.5	0.5	0.1	0.2
FLPA125	98	—	0.5	0.5	0.1	0.2
FLPA80	98	—	0.5	0.5	0.1	0.2

1) 铝含量采用差减法计算求得，即为 100%减去杂质含量总和(Fe+Si+Cu+H_2O)。

3.4 外观要求

3.4.1 铝粉呈银灰色或灰色。

3.4.2 铝粉中应无夹杂物和粉块。

4 试验方法

4.1 铝粉的粒度分布按 YS/T 617.6 规定的机械振动筛分法进行测定。

4.2 铝粉的松装密度按 YS/T 617.8 规定的容量计法进行测定。

4.3 活性铝量按 YS/T 617.1 的规定进行测定。

4.4 杂质 Fe、Si、Cu 等元素的质量分数按 GB/T 6987 规定的方法进行测定；水分按 YS/T 617.3 规定的方法进行测定。

4.5 外观用肉眼检查。

5 检验规则

5.1 检查和验收

5.1.1 铝粉应由供方质量检验部门进行检验，并保证产品质量符合本部分的规定。

5.1.2 需方可对收到的铝粉按本部分的规定进行检验。当检验结果与本部分的规定不符时，从收到产品之日起三个月内以书面形式向供方提出，由供需双方协商解决。如需仲裁时，由需方在供需双方共同取样检验判断。

5.2 组批

空气雾化铝粉应成批提交验收，每批由同一牌号的铝粉组成，批重不得超过 5 000 kg。如需方对批重有特殊要求，可与供方协商，并在合同中注明。

5.3　检验项目

每批产品入库和出厂前都应进行外观质量、粒度分布、松装密度和化学成分的检验。需方有特殊要求时，由供需双方协商，并在合同中注明。

5.4　取样

5.4.1　每批空气雾化铝粉应按照 GB/T 5314 的规定取样和分样，将所取样品混匀，用四分法缩分出不少于 250 g 的平均试样。

5.4.2　将平均试样分成两等份，一份供检验分析用，另一份封装于密闭的容器中，交实验室封存 6 个月供备查。

5.5　检验结果的判定

5.5.1　当化学成分不符合本部分的规定时，判该批产品不合格。

5.5.2　当粒度分布或松装密度检验结果不符合本部分规定时，从该批中重取双倍件数，对不符合本部分规定的项目进行重复试验。如果重复试验结果仍不符合本部分规定，则判该批粉末不合格。但经双方协商同意，可逐件检验，合格者交货。

6　包装、标志、贮存、运输

6.1　包装

6.1.1　铝粉采用金属容器或纸箱或塑料编织袋内衬塑料袋复合包装。内、外包装应封闭严密，完整无损。每件全重不得超过 60 kg。

6.1.2　铝粉采用密封性能好的塑料袋作为内包装。塑料袋用聚乙烯制造，膜的厚度不得小于0.1 mm。塑料袋接缝和封口处应热合牢固，无硬伤、孔洞、污垢，其物理、机械性能符合 GB/T 4456 的规定。

6.1.3　铝粉外包装用塑料编织袋应为防水、防撒漏型，内粘塑料薄膜；外包装用金属容器应做好防锈处理，其内、外表面应干燥、光滑，无毛刺、无破损，并符合 GB 12463—1990。

6.1.4　铝粉外包装用纸箱应具有一定的弯曲性能，折缝时应无裂缝，装配时无破裂或表皮断裂，板层间粘合牢固。封口采用胶带粘贴。

6.1.5　需方对产品包装有其他特殊要求时，由供需双方另行协商，并在合同中注明。

6.2　标志

在每个包装上用油漆或其他不易退色的颜料注明：

a)　生产单位名称、商标；
b)　牌号；
c)　批号；
d)　净重；
e)　本部分编号；
f)　生产日期；
g)　危险货物标志，标志的尺寸、颜色和使用方法执行 GB 190—1990 的规定。

6.3　质量证明书

每批产品应附有产品质量证明书，注明：

a)　生产厂名称、地址、电话；
b)　产品名称；
c)　牌号；
d)　批号；
e)　件数和净重；
f)　检验结果和生产单位质量监督检验部门印记；

g) 本部分编号；

h) 出厂日期。

6.4 装卸及运输

6.4.1 铝粉包装后在装卸、运输作业时，应做到轻装轻卸，严禁摔、碰、撞、击、拖拉、倾倒和滚动。不允许与火种接近。

6.4.2 铝粉应用棚车或集装箱运输。车辆应做好防静电措施。

6.5 贮存

铝粉应贮存在通风、干燥的库房内，严禁与氧化剂、酸类、碱类混合贮存，并避免阳光直晒。

6.6 其他

其他要求按 GB/T 3199。

7 订货单(或合同)内容

订购本部分中的产品的订货单(或合同)应包括以下内容：

a) 产品名称；

b) 牌号；

c) 重量；

d) 本部分编号；

e) 本部分规定的应在合同中注明的事项；

f) 增加本部分以外内容时的协商结果。

ICS 77.160
H 71

中华人民共和国国家标准

GB/T 2085.2—2007
代替 GB/T 2083—1989、GB/T 2084—1989、GB/T 2086—1989

铝 粉
第 2 部分:球磨铝粉

Aluminum powder—
Part 2:Inflammable fine aluminum powder

2007-04-30 发布 2007-11-01 实施

中华人民共和国国家质量监督检验检疫总局
中国国家标准化管理委员会 发布

前　言

GB/T 2085《铝粉》分为两个部分：

——第1部分：空气雾化铝粉；

——第2部分：球磨铝粉。

本部分为GB/T 2085的第2部分。

本部分是对GB/T 2083—1989《涂料铝粉》、GB/T 2084—1989《发气铝粉》、GB/T 2086—1989《易燃细铝粉》的整合修订。

本部分代替GB/T 2083—1989、GB/T 2084—1989、GB/T 2086—1989。

本部分与GB/T 2083—1989，GB/T 2084—1989、GB/T 2086—1989相比，主要变化如下：

——规定并采用了全新的牌号表示方法；

——新增加了FLQ45A、FLQ355C、FLQ80B、FLQ63A、FLQ80C、FLQ63B等六个牌号，并对其理化性能做出了明确规定；

——检验方法采用了GB/T 6987《铝及铝合金化学分析方法》、YS/T 617《铝、镁及其合金粉理化性能测定方法》的相关规定；

——细化了“包装、标志、贮存、运输”的内容；

——增加了“订货单(或合同)内容”。

本部分由中国有色金属工业协会提出。

本部分由全国有色金属标准化技术委员会归口并负责解释。

本部分由东北轻合金有限责任公司负责起草。

本部分主要起草人：石广福、宋晓辉、王雪玲、任柏峰、刘德飞。

本部分所代替标准历次版本的发布情况为：

——GB/T 2083—1980、GB/T 2083—1989；

——GB/T 2084—1980、GB/T 2084—1989；

——GB/T 2086—1980、GB/T 2086—1989。

铝 粉
第2部分:球磨铝粉

1 范围

本部分规定了干式球磨铝粉的产品分类、技术要求、试验方法、检验规则和标志、包装、运输、贮存及合同内容。

本部分适用于干式球磨法生产的供防腐涂层、化工催化剂、日用装饰、加气混凝土发气剂、农药、化工、火药、炸药和烟花爆竹等使用的球磨铝粉(以下简称铝粉)。

2 规范性引用文件

下列文件中的条款通过本部分的引用而成为本部分的条款。凡是注日期的引用文件,其随后所有修改单(不包括勘误的内容)或修改版均不适用于本部分,但鼓励根据本部分达成协议的各方研究是否可使用这些文件的最新版本,凡是不注日期的引用文件,其最新版本适用于本部分。

GB 190—1990 危险货物包装标志

GB 12463—1990 危险货物运输包装通用技术条件

GB/T 3199 铝及铝合金加工产品 包装、标志、运输、贮存

GB/T 4456 包装用聚乙烯吹塑薄膜

GB/T 5314 粉末冶金用粉末的取样方法

GB/T 6987(所有部分)铝及铝合金化学分析方法

YS/T 617.1 铝、镁及其合金粉理化性能测定方法 第1部分:活性铝、活性镁、活性铝镁量的测定 气体容量法

YS/T 617.3 铝、镁及其合金粉理化性能测定方法 第3部分:水分的测定 干燥失重法

YS/T 617.5 铝、镁及其合金粉理化性能测定方法 第5部分:铝粉中油脂含量的测定

YS/T 617.6 铝、镁及其合金粉理化性能测定方法 第6部分:粒度分布的测定 筛分法

YS/T 617.8 铝、镁及其合金粉理化性能测定方法 第8部分:松装密度的测定

YS/T 617.9 铝、镁及其合金粉理化性能测定方法 第9部分:铝粉附着率的测定

YS/T 617.10 铝、镁及其合金粉理化性能测定方法 第10部分:铝粉盖水面积的测定

3 要求

3.1 牌号

3.1.1 铝粉牌号采用“FLQ”加二至三位数字(或数字后再加一位英文字母)的形式表示,如表1。

3.1.2 牌号中的”FLQ”为球磨铝粉的标识代号。

3.1.3 牌号中的数字代表铝粉筛分试验选择的筛网最大孔径。

3.1.4 牌号中的字母标识筛分试验所选筛网最大孔径相同的粉末中,粒度分布不同和(或)盖水面积等物理性能有差异的不同粉末。

3.2 粒度分布、松装密度、附着率、盖水面积及典型用途

铝粉的粒度分布、松装密度、附着率、盖水面积及典型用途如表1所示。需方有特殊要求时,可与供方另行协商。

表 1

牌号	粒度分布		松装密度/(g/cm^3)	附着率/%≥	盖水面积/(m^2/g) ≥	典型用途示例	备　注
	粒度/μm ≥	质量分数/% ≤					
FLQ355A	355	0.3	≥0.3	—	—	农药、化工、火药、炸药等	代替 FLX$_1$[1)]
	160	8					
FLQ355B	355	5	≥0.3	—	—	农药等	—
	160	30					
FLQ250	250	0.3	≥0.4	—	—	农药、化工、火药、炸药等	代替 FLX$_2$[1)]
	100	8					
FLQ224	224	0.3	≥0.5	—	—		代替 FLX$_3$[1)]
	80	10					
FLQ160	160	0.3	≥0.5	—	—		代替 FLX$_4$[1)]
	63	12					
FLQ80A	80	1.0	—	80	0.6	防腐涂层、化工催化剂、日用装饰等	代替 FLU$_1$[2)]
FLQ80B	80	1.5	≤0.25	—	—	加气混凝土发气剂等	—
FLQ80C	80	1.0	≤0.22	—	—	烟花爆竹等	—
FLQ80D	80	1.0	—	—	0.42	加气混凝土发气剂等	代替 FLQ$_1$[3)]
FLQ80E	80	1.0	—	—	0.60		代替 FLQ$_2$[3)]
FLQ80F	80	0.5	—	—	0.60		代替 FLQ$_3$[3)]
FLQ63A	63	0.3	≤0.25	—	—	烟花爆竹等	—
FLQ63B	63	1.0		—	—		—
FLQ56	56	0.3	≤0.22	80	0.7	防腐涂层、化工催化剂、日用装饰等	代替 FLU$_2$[2)]
	45	0.5					
FLQ45	45	0.1		80	0.9		

注：经供需双方商定并在合同中注明，可供应其他牌号的铝粉。

1) 原 GB/T 2083—1989 中的牌号。

2) 原 GB/T 2086—1989 中的牌号。

3) 原 GB/T 2084—1989 中的牌号。

3.3　化学成分

铝粉化学成分应当符合表 2 的规定。

表 2 球磨铝粉化学成分

牌　号	质量分数/%							
	活性铝 ≥	杂质 ≤						
		Fe	Si	Cu	Mn	H_2O	油脂	Cu+Zn
FLQ355A	94	0.7	0.5	—	—	0.08	0.7	0.05
FLQ355B	94	0.7	0.5	—	—	0.08	1.0	1.0
FLQ250	94	0.7	0.5	—	—	0.08	0.8	0.05
FLQ224	92	0.8	0.7	—	—	0.08	0.9	0.05
FLQ160	90	1.0	0.8	—	—	0.08	1.0	0.05
FLQ80A	82	0.6	0.6	0.10	0.01	0.10	3.8	—
FLQ80B	90	—	—	—	—	—	3.5	—
FLQ80C	80	—	—	—	—	—	3.5	—
FLQ80D	85	—	—	—	—	—	2.8	—
FLQ80E	85	—	—	—	—	—	2.8	—
FLQ80F	85	—	—	—	—	—	3.0	—
FLQ63A	88	—	—	—	—	—	3.5	—
FLQ63B	80	—	—	—	—	—	3.5	—
FLQ56	82	0.6	0.6	0.1	0.01	0.1	3.8	—
FLQ45	80	0.6	0.6	0.1	0.01	0.1	3.8	—

3.4 外观要求

3.4.1 铝粉呈银灰(白)色、花瓣状。

3.4.2 铝粉中应无夹杂物和粉块。

4 试验方法

4.1 FLQ56、FLQ45 铝粉的粒度分布按 YS/T 617.6 规定的乙醇筛洗法进行测定。其他牌号按 YS/T 617.6规定的风力手动筛分法进行测定。

4.2 铝粉的松装密度按 YS/T 617.8 规定的漏斗法进行测定。

4.3 铝粉附着率按 YS/T 617.9 规定的方法进行测定。

4.4 铝粉盖水面积按 YS/T 617.10 规定的方法进行测定。

4.5 活性铝量按 YS/T 617.1 的规定进行测定。

4.6 FLQ80C、FLQ63A 按 YS/T 617.5 的方法 2 测定油脂含量。其他牌号按 YS/T 617.5 的方法 1 测定油脂含量。

4.7 杂质 Fe、Si、Cu、Mn、Zn 等元素的质量分数按 GB/T 6987 规定的方法进行测定;水分按 YS/T 617.3规定的方法进行测定。

4.8 外观用肉眼检查。

4.9 经供需双方协商,可采用其他检验方法。

5 检验规则

5.1 检查和验收

5.1.1 铝粉应由供方质量检验部门进行检验,并保证产品符合本部分规定。

5.1.2 需方可对收到的铝粉按本部分的规定进行检验。检验结果与本部分的规定不符时，从收到产品之日起三个月内以书面形式向供方提出，由供需双方协商解决。如需仲裁时，由需方在供需双方共同取样检验判断。

5.2 组批

球磨铝粉应成批提交验收，每批由同一牌号的球磨铝粉组成，批重不得超过 5 000 kg。如需方对批重有特殊要求，可与供方协商，并在合同中注明。

5.3 检验项目

每批产品出厂前都应进行粒度分布、松装密度、附着率、盖水面积和化学成分、外观质量的检验。需方有特殊要求的，由供需双方协商，并在合同中注明。

5.4 取样

5.4.1 每批铝粉应按照 GB/T 5314 的规定取样和分样，将所取样品混匀，用四分法缩分出不少于 250 g 的平均试样。

5.4.2 将平均试样分成两等份，一份供检验分析用，另一份封装于密闭的容器中，交实验室封存 6 个月供备查。

5.5 检验结果的判定

5.5.1 当化学成分不符合本部分的规定时，判该批产品不合格。

5.5.2 当粒度分布、松装密度、附着率、盖水面积检验结果不符合本部分规定时，从该批中重取双倍件数，对不符合本部分规定的项目进行重复试验。如果重复试验结果仍不符合本部分规定，则判该批粉末不合格。但经双方协商同意，可逐件检验，合格者交货。

6 包装、标志、贮存、运输

6.1 包装

6.1.1 铝粉采用铝桶、铁桶等金属容器或纸箱或塑料编织袋内衬塑料袋复合包装。内、外包装应封闭严密，完整无损。

6.1.2 铝粉采用密封性能好的塑料袋作为内包装。塑料袋用聚乙烯制造，膜的厚度不得小于0.1 mm。塑料袋接缝和封口处应热合牢固，无硬伤、孔洞、污垢，其物理、机械性能符合 GB 4456 的规定。

6.1.3 铝粉外包装用塑料编织袋应为防水、防撒漏型，内粘塑料薄膜；外包装用金属容器应做好防锈处理，其内、外表面应干燥、光滑，无毛刺、无破损，并符合 GB 12463—1990。

6.1.4 铝粉外包装用纸箱应具有一定的弯曲性能，折缝时应无裂缝，装配时无破裂或表皮断裂，板层间粘合牢固。封口采用胶带粘贴。

6.1.5 需方对产品包装有其他特殊要求时，由供需双方另行协商，并在合同中注明。

6.2 标志

在每个包装上用油漆或其他不易退色的颜料注明：

a) 生产厂名称、商标；

b) 牌号；

c) 批号；

d) 净重；

e) 本部分编号；

f) 生产日期；

g) “易燃”、“防潮”字样；

h) 危险货物标志，标志的尺寸、颜色和使用方法执行 GB 190—1990 的规定。

6.3 质量证明书

每批产品应附有产品质量证明书，注明：

a) 生产厂名称、地址、电话；

b) 产品名称；

c) 牌号；

d) 批号；

e) 件数和净重；

f) 检验结果和供方质量监督检验部门印记；

g) 本部分编号；

h) 出厂日期。

6.4 装卸及运输

6.4.1 铝粉包装后在装卸、运输作业时，应做到轻装轻卸，严禁摔、碰、撞、击、拖拉、倾倒和滚动。不允许与火种接近。

6.4.2 空铝粉应用棚车或集装箱运输。车辆应做好防静电措施。

6.5 贮存

铝粉应贮存在通风、干燥的库房内，严禁与氧化剂、酸类、碱类混合贮存，并避免阳光直晒。

6.6 其他

其他要求按 GB/T 3199。

7 订货单(或合同)内容

订购本部分中的产品的订货单(或合同)应包括以下内容：

a) 产品名称；

b) 牌号；

c) 重量；

d) 本部分规定的应在合同中注明的事项；

e) 本部分编号；

f) 增加本部分以外内容时的协商结果。